ENCYCLOPEDIA OF PHYSICS

EDITED BY
S. FLÜGGE

VOLUME V · PART 1
PRINCIPLES OF QUANTUM THEORY I

WITH 7 FIGURES

SPRINGER-VERLAG
BERLIN · GÖTTINGEN · HEIDELBERG
1958

HANDBUCH DER PHYSIK

HERAUSGEGEBEN VON
S. FLÜGGE

BAND V · TEIL 1
PRINZIPIEN DER QUANTENTHEORIE I

MIT 7 FIGUREN

SPRINGER-VERLAG
BERLIN · GÖTTINGEN · HEIDELBERG
1958

ISBN-13: 978-3-642-80540-0   e-ISBN-13: 978-3-642-80539-4
DOI: 10.1007/978-3-642-80539-4

Titel Nr. 5739

Inhaltsverzeichnis.

Die allgemeinen Prinzipien der Wellenmechanik[1].

Von

W. PAULI.

A. Unrelativistische Theorie.

1. Unbestimmtheitsprinzip und Komplementarität[2]. Die letzte entscheidende Wendung der Quantentheorie ist erfolgt durch DE BROGLIEs Entdeckung der Materiewellen[3], HEISENBERGs Auffindung der Matrizenmechanik[4] und SCHRÖDINGERs[5] allgemeine wellenmechanische Differentialgleichung, welche die Verbindung zwischen diesen beiden Ideenkreisen herzustellen ermöglichte. Durch HEISENBERGs Unbestimmtheitsprinzip[6]: und die an dieses anschließenden prinzipiellen Erörterungen BOHRs[7] kamen dann die Grundlagen der Theorie zu einem vorläufigen Abschluß.

Diese Grundlagen betreffen direkt die teilchen- und wellenartige Doppelnatur von Licht und Materie und führen zur lange vergeblich gesuchten Lösung des Problems einer widerspruchslosen vollständigen Beschreibung der hiermit zusammenhängenden Erscheinungen. Diese Lösung wird erkauft durch einen Verzicht auf die eindeutige Objektivierbarkeit der Naturvorgänge, d.h. auf die klassische raum-zeitliche und kausale Naturbeschreibung, die wesentlich auf der eindeutigen Trennbarkeit von Erscheinung und Beobachtungsmittel beruht.

Um an die bekannten Schwierigkeiten, die der gleichzeitigen Benutzung des Lichtquanten- und des Wellenbegriffes entgegenstehen, zu erinnern, betrachten wir als Beispiel eine punktförmige, annähernd monochromatische Lichtquelle, die einem Beugungsgitter (dessen Auflösungsvermögen der Einfachheit halber als unendlich groß angenommen werde) gegenübersteht. Nach der Wellentheorie wird dann das durch das Gitter abgebeugte Licht nur an ganz bestimmte Stellen gelangen können, die einem Gangunterschied von einer ganzen Zahl von Wellen des von den einzelnen Strichen des Gitters ausgehenden Lichtes entsprechen. Wir können auf Grund des durch ein überaus großes Erfahrungsmaterial gestützten *Superpositionsprinzips* annehmen, daß dieses Ergebnis der Wellentheorie der

---

[1] Dieser Artikel wurde bereits in der 2. Aufl. des Handbuchs der Physik von GEIGER und SCHEEL, Bd. XXIV, Teil 1 (1933) veröffentlicht. Hier wurden einige kleinere Änderungen vorgenommen und die letzten 30 Seiten weggelassen, an deren Stelle die ausführlichen Artikel von J. SCHWINGER und G. KÄLLÉN in diesem Bande getreten sind.

[2] Vgl. W. HEISENBERG, Die physikalischen Prinzipien der Quantentheorie. Leipzig 1930; N. BOHR, Atomtheorie und Naturbeschreibung (im folgenden zitiert als A. u. N.). Berlin 1931; Solvay-Kongreß 1927; L. DE BROGLIE, Introduction à l'étude de la mécanique ondulatoire. Paris 1930 (in deutscher Übersetzung Leipzig 1929); E. SCHRÖDINGER, Vorlesungen über Wellenmechanik. Berlin 1928.

[3] L. DE BROGLIE: Ann. d. Phys. (10) **3**, 22 (1925), (Thèses, Paris 1924); vgl. auch A. EINSTEIN, Berl. Ber. **1925**, S. 9.

[4] W. HEISENBERG: Z. Physik **33**, 879 (1925); vgl. auch M. BORN u. P. JORDAN, Z. Physik **34**, 858 (1925); M. BORN, W. HEISENBERG u. P. JORDAN, Z. Physik **35**, 557 (1926); P. A. M. DIRAC, Proc. Roy. Soc. Lond. **109**, 642 (1925).

[5] E. SCHRÖDINGER: Ann. d. Phys. (4) **79**, 361, 489, 734 (1926); **80**, 437 (1926); **81**, 109 (1926). Zusammengefaßt in Abhandlungen zur Wellenmechanik. Leipzig 1927.

[6] W. HEISENBERG: Z. Physik **43**, 172 (1927).

[7] N. BOHR: Naturwiss. **16**, 245 (1928) (auch abgedruckt in A. u. N. als Aufsatz II).

Wirklichkeit entspricht, und zwar, was für derartige Phänomene typisch ist, auch für beliebig schwache Intensitäten der einfallenden Strahlung, also auch für ein einziges leuchtendes Atom. Vom korpuskularen Standpunkt aus wird nun dieser Vorgang so dargestellt, daß erst im leuchtenden Atom ein Emissionsprozeß stattfindet, sodann (nach der betreffenden Ausbreitungszeit des Lichtes) am Beugungsgitter ein mit einem beobachtbaren Rückstoß verbundener Streuprozeß stattfindet und endlich an der angegebenen Stelle ein Absorptionsprozeß erfolgt. Daß das Licht hinter dem Gitter nur an solche Stellen gelangen kann, die bestimmten diskreten (wellentheoretisch berechenbaren) Richtungen des abgebeugten Quants entsprechen, hängt vom Vorhandensein *aller* Atome des Beugungsgitters ab. Führt man nun die Annahme ein, daß es möglich wäre, auch die Stelle des Beugungsgitters festzustellen, an welcher es vom Lichtquant getroffen wird, ohne den Charakter der Beugungserscheinung zu verändern, so wird man auf unüberwindbare Schwierigkeiten geführt. Das Verhalten eines Lichtquants müßte in jedem Zeitmoment von den Lagen aller überhaupt existierenden Atome mitbestimmt sein, vor allem aber würde in diesem Fall die Angabe eines klassischen Wellenfeldes nicht mehr ausreichen, um das weitere statistische Verhalten des Quants vorherzusagen. Es gibt nämlich, wie sogleich noch zu erläutern sein wird, kein Wellenfeld mit der Eigenschaft, daß seine Intensität an allen Stellen des Gitters mit Ausnahme eines einzigen Gitterstriches verschwindet, und daß außerdem noch nur bestimmte Richtungen der gebeugten Strahlen in ihm vertreten sind. Es ist nur möglich, entweder die eine oder die andere Eigenschaft durch ein Wellenfeld zu realisieren. Um Widersprüche mit dem Superpositionsprinzip zu vermeiden, muß deshalb notwendig gefordert werden: Jede Feststellung, daß ein bestimmter Strich des Gitters vom Lichtquant getroffen wurde, und daß die übrigen Striche von diesem Quant bestimmt nicht getroffen wurden, eliminiert den Einfluß der übrigen Striche auf die hinter dem Gitter beobachtete Beugungserscheinung; diese wird dann dieselbe sein müssen, wie wenn nur der eine getroffene Strich vorhanden wäre.

Diese Forderung ist natürlich nicht an die spezielle Form des herangezogenen Beugungsversuches gebunden, sondern läßt sich für jeden möglichen Interferenzversuch verallgemeinern. Ein solcher beruht ja immer darauf, daß die Lichtwellen, die verschiedene Wege durchlaufen haben und deshalb einen Phasenunterschied aufweisen, an einer Stelle wieder zusammentreffen. Zu postulieren ist, daß die Feststellung, das Lichtquant habe in einem bestimmten Falle *einen* dieser Wege eingeschlagen, die anderen Wege dagegen nicht, jede darauf folgende Beobachtbarkeit der wellentheoretischen Interferenzfigur ausschließt. (Vgl. hierzu Ziff. 16.)

Wie bereits erwähnt, ist diese Forderung in einer anderen allgemeineren enthalten, die wir folgendermaßen formulieren können: *Alle (eventuell nur statistischen) Eigenschaften anderer (früherer oder späterer) Messungsergebnisse an einem Lichtquant, die aus der Kenntnis eines bestimmten Messungsergebnisses gefolgert werden können, sollen durch Angabe eines bestimmten, zu diesem Messungsergebnis gehörigen Wellenfeldes eindeutig bestimmt sein.* Von diesem Wellenfeld ist zu fordern, daß es stets durch Superposition ebener Wellen verschiedener Richtung und Wellenlänge erzeugt werden kann. Man spricht daher auch von einem Wellenpaket. Bereits ohne die möglichen Messungsergebnisse an einem Lichtquant genauer zu analysieren, können wir sagen, daß die Kenntnis, das Lichtquant befinde sich in einem gewissen raumzeitlichen Gebiet, in dem ihm zugeordneten Wellenpaket darin zum Ausdruck kommen muß, daß die Wellenamplituden nur innerhalb des betreffenden raumzeitlichen Gebietes merklich von Null verschieden

sind. Wir bezeichnen nun die komplex geschriebene Phase einer ebenen Welle
mit

$$e^{i\left(\sum_i k_i x_i - \omega t\right)},\tag{1.1}$$

worin der Vektor $\vec{k}$ mit den Komponenten k_i die Richtung der Wellennormale
und den Betrag 2π dividiert durch die Wellenlänge λ besitzt (im folgenden wird
er stets als Ausbreitungsfaktor der Welle bezeichnet), während ω die „Kreisfrequenz" oder 2πmal die Schwingungszahl ν bedeutet. Die Frequenz ω ist eine
durch die Natur der Wellen eindeutig bestimmte Funktion von k_1, k_2, k_3, und
zwar ist bei elektromagnetischen Wellen im Vakuum einfach

$$\sum_i k_i^2 = \frac{\omega^2}{c^2},\tag{1.2}$$

worin c die universelle Vakuumlichtgeschwindigkeit bedeutet. Es ist aber wichtig
zu bemerken, daß die folgenden Schlüsse von der speziellen Form der Funktion
$\omega(k_1, k_2, k_3)$ unabhängig sind. Im allgemeinsten Wellenfeld kann dann jede Komponente irgendeiner Feldstärke dargestellt werden durch

$$u(\vec{x_i}, t) = \int A(\vec{k})\, e^{i((\vec{k}\,\vec{x}) - \omega t)}\, d^3 k,\tag{1.3}$$

worin $A(\vec{k})$ eine Funktion von k_1, k_2, k_3 bedeutet. Durch elementare Überlegungen läßt sich nun zeigen: Wenn $u(\vec{x}, t)$ für ein festes t nur innerhalb eines räumlichen Gebietes mit den Dimensionen $\Delta x_1, \Delta x_2, \Delta x_3$, und gleichzeitig $A(\vec{k})$ nur
innerhalb eines Gebietes des „$\vec{k}$-Raumes" mit den Dimensionen $\Delta k_1, \Delta k_2, \Delta k_3$
merklich von Null verschieden ist, so können die drei Produkte $\Delta x_i \Delta k_i$ nicht
beliebig klein sein, müssen vielmehr mindestens von der Größenordnung 1 sein

$$\Delta x_i \Delta k_i \sim 1.\tag{1.4}$$

Von einer quantitativen Verschärfung dieses Satzes und seinem Beweis wird
später die Rede sein. Ein analoger Satz gilt ferner für die Ausdehnung Δt des
Zeitintervalles, innerhalb dessen $u(\vec{x}, t)$ für einen festen Raumpunkt x_1, x_2, x_3
merklich von Null verschieden ist und der Ausdehnung des Intervalles $\Delta \omega$ der
Frequenzen, die zu dem erwähnten Gebiet des $\vec{k}$-Raumes gehören, in welchen $A(\vec{k})$
im wesentlich liegt. Es gilt auch hier wieder

$$\Delta \omega \Delta t \sim 1.\tag{1.4'}$$

Aus der Bedingung (1.4) folgt unmittelbar, daß bei einem Wellenpaket von
der Breite des Abstandes zweier Gitterstriche, die Winkelbreite des gebeugten
Strahlenbündels so groß ist, daß es (mindestens) zwei aufeinanderfolgende
Beugungsmaxima umfaßt, die Beugungserscheinung also in der Tat ganz verwischt wird.

Da die Messungen an einem Lichtquant stets mit Hilfe seiner Wechselwirkung
mit materiellen Körpern erfolgt, lassen sich aus den Bedingungen (1.4), (1.4'),
die für die widerspruchlose Durchführung der korpuskularen Darstellungsweise
bei den Interferenzerscheinungen wesentlich sind, Rückschlüsse über die materiellen Körper ziehen. Der Lichtquantenbegriff wurde zu dem Zweck eingeführt,
um dem Austausch von Energie und Bewegungsgröße zwischen Licht und Materie Rechnung zu tragen. Unter der Voraussetzung, daß die Erhaltungssätze
von Impuls und Energie für diesen Austausch strenge Gültigkeit besitzen —

und nur durch diese Erhaltungssätze sind ja Energie und Impuls überhaupt definiert —, wird dieser Austausch nämlich bekanntlich richtig beschrieben, wenn dem Lichtquant ein Impuls $\vec{p}$ in seiner Fortpflanzungsrichtung vom Betrag $\hbar\,\dfrac{\omega}{c}$ und eine Energie vom Betrag $\hbar\cdot\omega$ zugeschrieben wird, worin die universelle Konstante $\hbar$ Plancks Konstante h dividiert durch 2π bedeutet. Mit Rücksicht auf die Definition des Vektors $\vec{k}$ und die Beziehung (1.2) läßt sich dies auch schreiben

$$\vec{p} = \hbar\vec{k}; \qquad E = \hbar\omega. \tag{I}$$

Die Relationen (1.4), (1.4') haben dann zur Folge, daß der Ort des Lichtquants (zu einer bestimmten Zeit) nicht zugleich mit einem Impuls, die Energie des Lichtquants nicht zugleich mit dem Zeitpunkt, bei welchem dieses einen bestimmten Ort passiert, bestimmt sein kann, und zwar gilt

$$\Delta p_i\,\Delta x_i \sim \hbar; \qquad \Delta E\,\Delta t \sim \hbar. \tag{II}$$

Dies sind die zuerst von Heisenberg aufgestellten Unsicherheitsrelationen; ihre hier gegebene Ableitung rührt von Bohr her. Nun kann z.B. bei einem Streuprozeß eine Wechselwirkung des Lichtquants mit einem materiellen Körper stattfinden, sobald sie räumlich-zeitlich zusammenfallen, wobei als Δx und Δt für beide die gleichen sind. Könnte man p_i und E des materiellen Körpers vor und nach der Wechselwirkung genauer messen, als es der Bedingung (II) entspricht, so könnte man mittels der Erhaltungssätze sich auch für das Lichtquant eine genauere Kenntnis von Δp_i und ΔE verschaffen, als es der Bedingung (II) entspricht. *Will man also diese Bedingung für das Lichtquant und außerdem die Erhaltungssätze von Energie und Impuls für seine Wechselwirkung mit materiellen Körpern streng aufrechterhalten, so müssen diese Unsicherheitsrelationen allgemein gelten, nicht nur für die Lichtquanten, sondern auch für materielle Körper jeder Art* (sowohl für Elektronen und Protonen als auch für makroskopische Körper).

Die einfachste Interpretation dieser *allgemeinen* Begrenzung der Anwendbarkeit des klassischen Partikelbildes, zu der man auf diese Weise geführt wird, besteht in der Annahme, daß auch die gewöhnliche Materie wellenartigen Eigenschaften besitzt, wobei auch hier Ausbreitungsvektor und Frequenz der Welle durch die nun als universell postulierten Beziehungen (I) bestimmt sind. *Das Vorhandensein des Dualismus von Wellen und Teilchen und der Gültigkeit von* (I) *auch bei der Materie* bildet eben den Inhalt von de Broglies Annahme der Materiewellen, die inzwischen eine so glänzende experimentelle Bestätigung durch Versuche über die Beugung von (geladenen und ungeladenen) Materiestrahlen an Kristallgittern erfahren hat.

Die Notwendigkeit der Universalität des Welle-Korpuskel-Dualismus für die allgemeine widerspruchsfreie Beschreibung der Erscheinungen läßt sich gut an dem oben diskutierten Beispiel der Beugung des Lichtquants an einem Gitter illustrieren. Man könnte nämlich zunächst daran denken, die Stelle, an der das Lichtquant das Gitter trifft, auf folgende Weise annähernd zu bestimmen. Man denke sich gewisse Teile des Gitters gegeneinander beweglich angeordnet und stelle fest, welcher dieser Teile den Rückstoß durch das Lichtquant erfährt; dieser Teil wäre dann als der vom Lichtquant getroffene anzusehen. Eine solche Versuchsanordnung ist in der Tat möglich, aber es ist nicht richtig, daß die Beugungserscheinung dann noch dieselbe sein wird wie in dem Falle, wo die Teile des Gitters starr miteinander verbunden sind. Zunächst muß der Impuls der in Frage kommenden Gitterteile, bevor das Lichtquant sie trifft, sicher mit einer geringeren Unbestimmtheit behaftet sein, als der Rückstoßimpuls Δp_i

durch das Lichtquant beträgt, damit letzterer beobachtbar ist. Nun kommt die Wellennatur der Gitterteile zur Geltung, und aus ihr folgt gemäß (II) eine Unbestimmtheit $\Delta x_i > \dfrac{\hbar}{\Delta p_i}$ der Lage der beweglichen Gitterteile gegeneinander. Diese ist gerade von solcher Größe, daß die resultierende Beugungserscheinung dieselbe wird, wie wenn nur der getroffene Teil des Gitters allein vorhanden wäre.

Alles, was bisher über die Beugung von Lichtquanten gesagt wurde, gilt auch für die Beugung von Materiewellen. Nur der Zusammenhang zwischen Frequenz und Wellenzahl, der bei den Lichtquanten durch (1.2) gegeben war, ist bei den Materiewellen ein anderer. Gemäß der relativistischen Mechanik eines Massenpunktes besteht für diesen zwischen Energie und Impuls die Beziehung

$$\frac{E^2}{c^2} = m^2 c^2 + \sum_i p_i^2, \tag{1.5}$$

worin m die Ruhmasse des Teilchens bedeutet.

Gemäß (I) folgt daraus für die Wellen

$$\frac{\omega^2}{c^2} = \frac{m^2 c^2}{\hbar^2} + \sum_i k_i^2 = \frac{\omega_0^2}{c^2} + \sum_i k_i^2 \tag{1.5'}$$

mit

$$\omega_0 = \frac{m\,c}{\hbar}. \tag{1.6}$$

Die *Verknüpfung* (I) zwischen Energie-Impuls- und Frequenz-Ausbreitungsvektor ist *relativistisch-invariant*, da sowohl $\left(\vec{p}, i\,\dfrac{E}{c}\right)$ als auch $\left(\vec{k}, i\,\dfrac{\omega}{c}\right)$ die Komponenten eines Vierervektors bilden; ebenso sind die Beziehungen (1.5) und (1.5') invariant. Für $m=0$ gehen (1.5), (1.5') über in die entsprechenden Gesetze für Energie und Impuls eines Lichtquants.

Nicht nur Energie und Impuls eines Teilchens lassen sich mit einfachen charakteristischen Größen der ihm zugeordneten Welle in Verbindung bringen, sondern auch *die Geschwindigkeit des Teilchens*; diese ist nämlich (wie DE BROGLIE gezeigt hat) gleich der *Gruppengeschwindigkeit der Welle*. In der Tat ist erstere bestimmt durch[1]

$$dE = \sum_i v_i\,dp_i$$

oder

$$v_i = \frac{\partial E}{\partial p_i}, \tag{1.7}$$

letztere durch

$$v_i = \frac{\partial \omega}{\partial k_i}, \tag{1.7'}$$

und beide Ausdrücke stimmen gemäß (I) überein. Dieser Umstand ist wesentlich dafür, daß in Fällen, wo Beugungseffekte vernachlässigt werden können, die Wellenpakete sich längs der klassisch mechanischen Bahnen, im hier betrachteten kräftefreien Fall also geradlinig bewegen (vgl. Ziff. 4). Im Falle des Gesetzes (1.5) folgt übrigens

$$v_i = \frac{\partial E}{\partial p_i} = \frac{c^2 p_i}{E}, \tag{1.5a}$$

---

[1] Es sei hier bemerkt, daß dieser Ausdruck für die Gruppengeschwindigkeit auch den richtigen Zusammenhang zwischen Phasengeschwindigkeit und Strahlgeschwindigkeit im Falle dispergierender Kristalle liefert. Da Wellennormale und Strahl hier nicht dieselbe Richtung haben, ist hier auch $\vec{v}$ nicht mehr parallel zu $\vec{k}$, aber die Relation (1.7') ist auch hier gültig.

also $p_i = \dfrac{E}{c^2} v_i$ und durch Einsetzen in (1.5)

$$\left.\begin{aligned}
\frac{E^2}{c^2}\left(1 - \frac{v^2}{c^2}\right) &= m^2 c^2, \\[4pt]
E &= \frac{m c^2}{\sqrt{1 - v^2/c^2}}, \\[4pt]
p_i &= \frac{m v_i}{\sqrt{1 - v^2/c^2}};
\end{aligned}\right\} \tag{1.5b}$$

das sind die wohlbekannten Ausdrücke für Energie und Impuls durch die Geschwindigkeit.

Im *unrelativistischen Fall*, wo $|p| \ll mc$, der für das Folgende sehr wichtig ist, folgt

$$\frac{E}{c} = \sqrt{m^2 c^2 + \sum_i p_i^2} = m c\left(1 + \frac{1}{2 m^2 c^2}\sum_i p_i^2\right)$$

oder

$$E = m c^2 + \frac{1}{2m}\sum_i p_i^2, \tag{1.8}$$

also auch

$$\omega = \omega_0 + \frac{\hbar}{2m}\sum_i k_i^2. \tag{1.8'}$$

Wir bemerken noch, wovon in Abschnitt B, Ziff. 18 ausführlich die Rede sein wird, daß wir hier in Übereinstimmung mit der Erfahrung beim Ausziehen der Quadratwurzel das positive Vorzeichen von E und ω vorausgesetzt haben, daß aber

$$E = -\left(m c^2 + \frac{1}{2m}\sum_i p_i^2\right) \tag{1.9}$$

auch eine formale Möglichkeit gewesen wäre. Beschränken wir uns aber auf die erstere, so ist es zweckmäßig, durch Verlegung des Nullpunktes der Energie

$$E' = E - m c^2; \quad \omega' = \omega - \omega_0 \tag{1.10}$$

einzuführen. Dann gilt

$$\left.\begin{aligned}
E' &= \frac{1}{2m}\sum_i p_i^2, \\[4pt]
\omega' &= \frac{\hbar}{2m}\sum_i k_i^2, \\[4pt]
v_i &= \frac{p_i}{m} = \frac{\hbar k_i}{m},
\end{aligned}\right\} \tag{1.11}$$

also

$$\lambda = \frac{2\pi}{|k|} = \frac{2\pi\hbar}{m v}, \tag{1.12}$$

wenn v den Betrag der Geschwindigkeit bedeutet. Dies ist die berühmte von DE BROGLIE aufgestellte Formel für die Wellenlänge der Materiewellen.

Die Unsicherheitsrelationen (II) für die Materie zeigen, daß schon im kräftefreien Fall die klassische Kinematik für die materiellen Teilchen nicht unbeschränkt angewendet werden kann. Denn diese Relationen enthalten die Aussage, daß jede genaue Kenntnis des Teilchenortes zugleich eine prinzipielle Unbestimmtheit, nicht nur Unbekanntheit des Impulses zur Folge hat und umgekehrt. Die

Unterscheidung zwischen (prinzipieller) *Unbestimmtheit* und *Unbekanntheit* und der Zusammenhang beider Begriffe sind für die ganze Quantentheorie entscheidend. Dies möge näher erläutert werden am Beispiel einer Versuchsanordnung, bei welcher ein Lichtquant die Möglichkeit hat, durch zwei Löcher zu treten und auf einem dahinterliegenden Schirm (im statistischen Mittel bei oftmaliger Wiederholung des Versuches) eine Beugungsfigur zu erzeugen. In diesem Fall ist es unbestimmt, durch welches Loch das Lichtquant geflogen ist. Wenn dagegen eine Versuchsanordnung vorliegt, bei der sicher nur ein Loch für das Lichtquant geöffnet ist, bei der aber nicht festgestellt ist, welches der beiden Löcher das offene ist, dann sagen wir: es ist unbekannt, durch welches Loch das Lichtquant geflogen ist. Offenbar besteht die Beugungsfigur im letzteren Fall in der Addition der (eventuell noch mit Gewichtsfaktoren zu versehenden) Intensitäten in den Beugungsfiguren für ein einzelnes Loch. Verallgemeinernd können wir sagen: *Bei Unbestimmtheit einer Eigenschaft eines Systems bei einer bestimmten Anordnung (bei einem bestimmten Zustand des Systems) vernichtet jeder Versuch, die betreffende Eigenschaft zu messen, (mindestens teilweise) den Einfluß der früheren Kenntnisse vom System auf die (eventuell statistischen) Aussagen über spätere mögliche Messungsergebnisse.* Deshalb ist es berechtigt, zu sagen, daß in diesem Fall die Messung das System in einen neuen Zustand überführt. Dabei bleibt übrigens ein Teil der vom Meßapparat auf das System übertragenen Wirkungen selbst wieder unbestimmt.

So müssen, um den Ort eines Teilchens zu bestimmen und um seinen Impuls zu bestimmen, *einander ausschließende Versuchsanordnungen* benutzt werden. Bei ersteren sind stets räumlich fixierte Apparatteile (Maßstäbe, Uhren, Blenden) vorhanden, auf die ein unbestimmter Betrag von Impuls übertragen wird; letztere machen eine genaue raumzeitliche Verfolgung der Teilchen unmöglich. Es würde auch nichts nützen, wenn man diesen Ort früher bestimmt hätte. Die Beeinflussung des Systems durch den Messungsapparat für den Impuls (Ort) ist eine solche, daß innerhalb der durch die Ungenauigkeitsrelationen gegebenen Grenzen die Benutzbarkeit der früheren Orts-(Impuls-) Kenntnis für die Voraussagbarkeit der Ergebnisse späterer Orts- (Impuls-) Messungen verlorengegangen ist. Wenn aus diesem Grunde die Benutzbarkeit *eines* klassischen Begriffes in einem ausschließenden Verhältnis zu der eines *anderen* steht, nennen wir diese beiden Begriffe (z. B. Orts- und Impulskoordinaten eines Teilchens) mit BOHR *komplementär*. In Analogie zum Terminus „Relativitätstheorie" könnte man die moderne Quantentheorie daher auch „Komplementaritätstheorie" nennen.

Man wird sehen, daß diese „Komplementarität" kein Analogon in der klassischen Gastheorie besitzt, die ja auch mit statistischen Gesetzmäßigkeiten operiert[1]. Diese Theorie enthält nämlich nicht die erst durch die Endlichkeit des Wirkungsquantums geltend werdende Aussage, daß durch Messungen an einem System die durch frühere Messungen gewonnenen Kenntnisse über das System unter Umständen notwendig verlorengehen müssen, d. h. nicht mehr verwertet werden können. (Diese Aussage bedingt übrigens auch den wesentlichen Unterschied der neuen Theorie gegenüber der früheren Theorie von BOHR, KRAMERS und SLATER.) Wie bereits erwähnt, geht hier durch die eindeutige Objektivierbarkeit der physikalischen Phänomene und damit auch die Möglichkeit ihrer kausalen raumzeitlichen Beschreibung verloren. Wenn diese Vorgänge

---

[1] Andererseits weist N. BOHR, Faraday lecture [J. Chem. Soc. **1932**, 349, insbes. S. 376 u. 377] darauf hin, daß auch in der klassischen statistischen Mechanik, freilich in einem etwas anderen Sinne, von Komplementarität der Kenntnis der mikroskopischen Molekularbewegung einerseits, der makroskopischen Temperatur des Systems andererseits, gesprochen werden kann.

überhaupt beschrieben werden sollen, so muß eine außerhalb des zu beschreibenden (beobachteten) Systems stehende, durch Beobachtung vollzogene *Wahl* gesetzt werden, wobei es willkürlich ist, an welche Stelle die Trennung von Beobachtungsmittel und Erscheinung gelegt wird (s. hierzu Ziff. 9).

Im folgenden soll dargelegt werden, wie bei dieser Sachlage in widerspruchsfreier Weise *statistische* Charakterisierungen der Zustände und *statistische* Gesetzmäßigkeiten aufgestellt werden können.

2. Orts- und Impulsmessung. Zur näheren Charakterisierung des Zustandes eines materiellen Teilchens ist es vor allem nötig, zu untersuchen, wieweit dem Ortsbegriff und dem Impulsbegriff des Teilchens auch außerhalb des Gültigkeitsbereiches der klassischen Mechanik ein Sinn zukommt. Was zunächst den Ort des Teilchens betrifft, so braucht man zu seiner Festlegung eine Wirkung des Teilchens, die dieses nur ausüben kann, wenn es sich an einem bestimmten Ort befindet. Glücklicherweise besitzen wir in der Zerstreuung des Lichtes eine solche Wirkung, die übrigens sowohl von den elektrischen Elementarteilchen als auch von makroskopischen Körpern ausgeübt wird. Denken wir uns z.B. die (x, y)-Ebene beleuchtet, und zwar mittels eines Wellenzuges einer begrenzten Länge, so daß ein bestimmter Punkt $x_0 y_0$ dieser Ebene zu einer bestimmten Zeit t_0 beleuchtet wird. Diese Zeit hat einen Spielraum Δt, der nicht kleiner sein kann als $1/\nu$, wenn ν die mittlere Frequenz des Lichtes ist. Durch Verwendung möglichst kurzwelligen Lichtes kann Δt jedoch zunächst möglichst klein gemacht werden. Wir können ferner die Intensität des Lichtes uns so groß denken, daß praktisch mit Sicherheit mindestens ein Lichtquant vom Teilchen gestreut wird, falls es das Lichtbündel passiert. Man kann nun irgendeine optische Vergrößerungsvorrichtung (Camera obscura, Lupe, Mikroskop) benutzen, um durch eine grobe makroskopische Ortsbestimmung der Wirkung eines gestreuten Quants eine feine Ortsbestimmung des materiellen Teilchens zu erreichen. Und zwar genügt es zu diesem Zweck, ein einziges Lichtquant zu beobachten. Für die Genauigkeitsgrenzen der Ortsbestimmung sind dabei stets die Grenzen der optischen Abbildung maßgebend, wobei letztere durch die von der klassischen Wellenoptik beschriebenen Beugungseffekte bedingt sind. So ist bekanntlich z.B. beim Mikroskop die Genauigkeitsgrenze Δx der Abbildung gegeben durch

$$\Delta x \sim \frac{\lambda'}{\sin \varepsilon}, \tag{2.1}$$

wobei λ' die Wellenlänge der gestreuten Strahlung bedeutet, die von der der einfallenden Strahlung verschieden sein kann, während ε den halben Öffnungswinkel des Objektivs bedeutet. Die Richtung des gestreuten Quants muß dabei als innerhalb dieses Winkels ε prinzipiell unbestimmt betrachtet werden, also wird die Komponente des Impulses des materiellen Teilchens in der x-Richtung nach dem Stoß unbestimmt um

$$\Delta p_x \sim \frac{\hbar}{\lambda'} \sin \varepsilon, \tag{2.2}$$

woraus zunächst eine Bestätigung der Ungenauigkeitsrelation

$$\Delta p_x \, \Delta x \sim \hbar$$

resultiert. Wir wollen aber außerdem diskutieren, mit welcher Genauigkeit durch das in Rede stehende Gedankenexperiment eine Ortsbestimmung überhaupt möglich ist. Offenbar ist es gemäß (2.1) hierfür günstig, die Wellenlänge der gestreuten Strahlung möglichst klein zu machen. Wäre die Wellenlänge der gestreuten

Strahlung gleich derjenigen der einfallenden Strahlung, so könnte die Genauigkeit der Ortsmessung beliebig gesteigert werden dadurch, daß diese Wellenlänge beliebig klein gemacht werden kann. Gleichzeitig damit könnte dann, wie bereits oben erwähnt, auch der Zeitpunkt der Ortsbestimmung in ein beliebig kleines Intervall eingeschlossen werden. Gemäß dem COMPTON-Effekt findet aber eine Änderung der Frequenz der gestreuten Strahlung statt, die durch Energie und Impulssatz bestimmt ist. Diese hat zur Folge, daß selbst im Limes $v \to \infty$ $\left(\lambda = \frac{c}{v} \to 0\right)$ die Frequenz v' der gestreuten Strahlung einen endlichen Wert nicht überschreiten kann. Sind $\vec{p}$ und $E = c\sqrt{m^2 c^2 + \vec{p}^2}$ Impuls und Energie des materiellen Teilchens vor dem Streuprozeß, so wird in diesem Limes, der für v' ein Maximum, für $\lambda' = c/v'$ also ein Minimum bedeutet,

$$\left.\begin{aligned} v' &\sim \frac{E}{h} = \frac{m_0 c^2}{h} \frac{1}{\sqrt{1 - v^2/c^2}}, \\ \lambda' &\sim \frac{h c}{E} = \frac{h}{m c} \sqrt{1 - \frac{v^2}{c^2}}. \end{aligned}\right\} \tag{2.3}$$

(Dabei sind sehr kleine Streuwinkel außer Betracht gelassen, da sie aus geometrischen Gründen zur Ortsbestimmung ungeeignet sind[1].) Für die maximale Genauigkeit einer Ortsbestimmung *mit Hilfe des hier diskutierten Experimentes* der Streuung eines Lichtquants durch ein optisches Instrument folgt also

$$\left.\begin{aligned} \Delta x &\sim \frac{h c}{E} = \frac{h}{m c} \sqrt{1 - \frac{v^2}{c^2}}, \\ \Delta t &\sim \frac{1}{v'} \sim \frac{h}{E} = \frac{h}{m c^2} \sqrt{1 - \frac{v^2}{c^2}}. \end{aligned}\right\} \tag{2.4}$$

Letzteres folgt daraus, daß die Zeitdauer des Streuprozesses, d.h. die Zeit, innerhalb der eine Wechselwirkung zwischen Lichtquant und materiellem Teilchen stattfinden kann, niemals wesentlich kleiner sein kann als die Lichtperioden der einfallenden und gestreuten Strahlung. Diese Zeitdauer der Ortsmessung ist deshalb wichtig, weil sie die Benutzbarkeit des Messungsresultates für die Voraussage späterer Ortsmessungen mitbestimmt. Eine Wiederholbarkeit der Ortsmessung zu einem späteren Zeitpunkt ist nämlich in folgendem Sinne vorhanden. Bestimmt man den Ort nach Ablauf der Zeit τ noch einmal, so wird das Resultat dieser Bestimmung zwar im Einzelfall nicht voraussagbar sein, im Mittel, bei vielen wiederholten Versuchen, wird man aber eine gewisse mittlere Lage $\bar{x}(t_0 + \tau)$ mit einem gewissen mittleren Fehler $\Delta = \sqrt{\overline{(\Delta x)^2}}$ finden. Es wird dann sowohl $\bar{x}(t_0 + \tau) - \bar{x}(t_0)$, als auch $\Delta(t_0 + \tau) - \Delta(t_0)$ durch Verkleinerung von τ beliebig klein gemacht werden können. Wäre der Zeitpunkt der ersten Ortsbestimmung gänzlich unbestimmt geblieben, so würde sie sich zur Vorhersage des Resultates einer anderen Ortsbestimmung nicht verwenden lassen und wäre in diesem Sinne physikalisch nicht von Interesse.

Die in (2.4) gegebene Genauigkeitsgrenze für Ortsbestimmungen ist zunächst höchstens für Atomkerne und Elektronen von Belang, da bereits für Atome als

---

[1] Für den Fall, daß die einfallende Strahlung der ursprünglichen Bewegungsrichtung des Teilchens entgegengesetzt gerichtet ist, während die gestreute Strahlung ihr parallel ist, folgt z.B. aus Energie- und Impulssatz

$$v' = v \frac{E + c p_x}{2 h v - c p_x + E},$$

also für $h v \gg E$

$$v' \sim \frac{E + c p_x}{2 h} = \frac{1}{2}\left(1 + \frac{v_x}{c}\right) \frac{m c^2}{h} \frac{1}{\sqrt{1 - v^2/c^2}}.$$

Ganzes ihre Dimension im allgemeinen größer als ihr h/mc ist. Ob ferner dieser Grenze für die erstgenannten Teilchen eine prinzipielle Bedeutung zukommt[1] oder ob sie durch indirekte Methoden umgehbar ist, läßt sich durch elementare Überlegungen nicht von vornherein entscheiden und hängt ganz davon ab, auf welchen Grundlagen eine relativistische Quantenmechanik erfolgreich ausgebaut werden kann. Überdies wurde hier, um das Problem nicht zu sehr zu komplizieren und den Bereich unserer gegenwärtigen Kenntnisse nicht überschreiten zu müssen, die atomistische Konstitution der Maßstäbe und Uhren selbst noch nicht besonders berücksichtigt; deshalb werden hier auch die möglichen Beschränkungen der Existenz beliebig kleiner Blenden, Linsen oder Spiegel mit Absicht noch außer Betracht gelassen. Wir legen hier zunächst Wert auf die *positive* Feststellung, daß dem Begriff des Ortes eines materiellen Teilchens zu einer bestimmten Zeit auch außerhalb des Geltungsbereiches der klassischen Mechanik ein Sinn zukommt. Die Ortsbestimmung ist nämlich jedenfalls mit einer größeren Genauigkeit möglich, als die Wellenlänge der Materiewellen

$$\lambda_m = \frac{h}{|p|} = \frac{h}{mv}\sqrt{1 - \frac{v^2}{c^2}}$$

beträgt, da nach (2.4)

$$\Delta x \sim \lambda_m \cdot \frac{v}{c}. \tag{2.5}$$

Mindestens in der unrelativistischen Quantentheorie, wo $v \ll c$ gilt, ist also die folgende Grundannahme natürlich. *In jedem Zustand eines Systems, zunächst bei einem kräftefreien Teilchen, existiert in jedem Zeitmoment t eine Wahrscheinlichkeit $W(x_1, x_2, x_3; t)\, dx_1\, dx_2\, dx_3$ dafür, daß das Teilchen sich innerhalb des Spielraums dx_1, dx_2, dx_3 am Ort x_1, x_2, x_3 befindet.*

Diese Grundannahme ist weder selbstverständlich noch eine direkte Folge aus den Unsicherheitsrelationen (II). Dies erhellt daraus, daß beim Lichtquant eine solche Ortsangabe außerhalb der Grenzen der klassischen geometrischen Optik nicht in sinnvoller Weise möglich ist. Der Lichtquantenort kann nicht genauer bestimmt werden, als die Wellenlänge des Lichtes beträgt, und dies in einer Zeit, die nicht kleiner sein kann als die Lichtperiode. Es gibt deshalb keine Lichtquantendichte mit analogen Eigenschaften wie die Dichte der Materieteilchen[2]. Überhaupt reicht die Analogie zwischen Licht und Materie, wie aus dem folgenden noch deutlicher werden wird, nicht so weit, als es ursprünglich schien. Sie erschöpft sich vielmehr völlig in den fundamentalen Beziehungen (I) zwischen Energie-Impuls und Frequenz-Wellenzahl, die sowohl für Lichtquanten als auch für Materieteilchen Geltung haben.

In der Formulierung der Grundannahme ist eine Auszeichnung des Ortes vor der Zeit enthalten, da die Ortskoordinaten nur bis auf einen Spielraum dx_i, die Zeitkoordinate aber exakt festgelegt gedacht ist[3]. In Wahrheit ist, wie wir ge-

---

[1] Dieser Standpunkt wird von L. Landau u. R. Peierls, Z. Physik **69**, 56 (1931), vertreten.

[2] In der Literatur, sogar in einigen Lehrbüchern, finden sich darüber vielfach unrichtige Angaben.

[3] Auf diesen Umstand ist besonders von E. Schrödinger (Berl. Ber. 1931, S. 238) hingewiesen worden. In diesem Zusammenhang wird dort auch betont, daß eine ideale, d.h. die Zeit exakt angebende Uhr, eine unendlich große Energieunsicherheit, also auch eine unendlich große Energie besitzen würde. Nach unserer Meinung bedeutet das allerdings *nicht*, daß die Benutzung des gewöhnlichen Zeitbegriffes in der Quantenmechanik widerspruchsvoll sei, da eine solche ideale Uhr beliebig angenähert werden kann. Man denke sich z.B. einen sehr kurzen (im Limes unendlich kurzen) Lichtwellenzug, der (infolge des Vorhandenseins geeigneter Spiegel) einen geschlossenen Weg beschreibt. (Dabei bleibt allerdings, wie im Text bereits hervorgehoben, die Frage der Existenz solcher Spiegel noch außer Diskussion.)

sehen haben, dieser Zeitpunkt nicht genauer fixierbar als $\Delta t = \Delta x/c$, wenn die Größenordnung des Fehlers der Ortsbestimmung Δx beträgt. Nur im Grenzfall der unrelativistischen Quantentheorie, in der sozusagen c als unendlich groß betrachtet wird, erscheint es eine sinnvolle Idealisation, bei festem Δx die Länge Δt der Zeitstrecke zu vernachlässigen, als mathematisch gleich Null zu setzen.

Wir kommen nun zur Frage der Impulsbestimmung des Teilchens. Auch hierfür kann nach Bohr die Streuung eines Lichtquants durch das Teilchen benutzt werden, da der Doppler-Effekt in einer bestimmten Richtung der gestreuten Strahlung (zusammen mit Frequenz und Richtung der einfallenden Strahlung) eine Rückschluß auf die Geschwindigkeit des Materieteilchens zuläßt. Da die Genauigkeit der Bestimmung von ν' durch die endliche Zeitdauer T der Wechselwirkung zwischen Licht und Materie gemäß

$$\Delta \nu' = \frac{1}{T} \tag{2.6}$$

begrenzt wird, ist es in diesem Fall — umgekehrt wie bei der Ortsbestimmung — günstig, diese Zeitdauer groß zu wählen. Betrachten wir der Einfachheit halber näher den Fall, daß das materielle Teilchen sich vor dem Prozeß in der $+x$-Richtung bewegt, daß also bereits bekannt sei, daß $p_y = p_z = 0$ ist, und daß in der $-x$-Richtung Strahlung auf das Teilchen auffällt, die in der $+x$-Richtung gestreut wird, so daß gilt

$$-\frac{h\nu}{c} + p_x = p_x' + \frac{h\nu'}{c}$$

oder

$$p_x' = p_x - \frac{h\nu}{c} - \frac{h\nu'}{c} \tag{2.7}$$

und

$$h\nu - h\nu' = E' - E. \tag{2.8}$$

Da ν gegeben ist, würde aus einer genauen Kenntnis von ν' hieraus eine genaue Kenntnis von p_x (und p_x') folgen. Um die Verknüpfung der Ungenauigkeit Δp_x von p_x mit der Ungenauigkeit $\Delta \nu'$ von ν' zu finden, haben wir aus (2.8) zunächst $\partial \nu'/\partial p_x$ zu berechnen, wobei p_x' gemäß (2.7) als Funktion von p_x und ν' zu denken und ν festzuhalten ist. Mit Rücksicht auf

$$\frac{\partial E'}{\partial p_x'} = v_x'; \qquad \frac{\partial E}{\partial p_x} = v_x$$

(welche Relation auch im relativistischen Fall gültig ist) findet man

$$-h\frac{\partial \nu'}{\partial p_x} = v_x'\left(1 - \frac{h}{c}\frac{\partial \nu'}{\partial p_x}\right) - v_x; \qquad h\frac{\partial \nu'}{\partial p_x}\left(1 - \frac{v_x'}{c}\right) = v_x - v_x'.$$

Für die Ungenauigkeit folgt daraus zunächst

$$h\Delta\nu' = \frac{(v_x - v_x')}{1 - v_x'/c}\, \Delta p_x.$$

Nun ist v_x' für kleine ν nahezu gleich v_x, für wachsende ν nimmt es ab, wird schließlich negativ und geht für sehr große ν endlich über in $-c$. Der Nenner $1 - \dfrac{v_x'}{c}$ wächst also hierbei von $1 - \dfrac{v_x}{c}$ bis 2 und größenordnungsmäßig gilt immer

$$h\Delta\nu' \sim (v_x - v_x')\,\Delta p_x, \tag{2.9}$$

also nach (2.6) auch

$$\Delta p_x \sim \frac{h}{(v_x - v'_x)\, T}\,. \qquad (2.10)$$

Andererseits gilt für die prinzipielle Unbestimmtheit der Lage des Teilchens nach dem Prozeß

$$\Delta x \sim (v_x - v'_x)\, T\,,$$

da es unbestimmt bleiben muß, in welchem Zeitpunkt innerhalb des Intervalles T das Teilchen seine Geschwindigkeit ändert. Wir finden auf diese Weise die Unbestimmtheitsrelation

$$\Delta p_x\, \Delta x \sim h$$

wieder bestätigt. Die Gl. (2.10) zeigt darüber hinaus, daß der Impuls des Teilchens sogar in beliebig kurzer Zeit bestimmt werden könnte, wenn die (bestimmte) Geschwindigkeitsänderung des Teilchens beim Prozeß beliebig groß werden könnte. In Wahrheit kann sie aber nicht größer werden als $2c$, so daß der Größenordnung nach gilt

$$\Delta p_x \sim \frac{h}{c\,\Delta t}\,. \qquad (2.11)$$

Hierin ist jetzt Δt an Stelle von T geschrieben, um damit anzudeuten, daß T zugleich die Unbestimmtheit des Zeitpunktes angibt, in welchem der Wert p_x realisiert war. Die Resultate (2.10), (2.11) sind übrigens als untere Grenze des Fehlers Δp_x von den speziellen Voraussetzungen über Richtung des Lichtstrahles und der Geschwindigkeit der Materie unabhängig.

Im Falle kräftefreier Teilchen ist die Beschränkung der Genauigkeit der Impulsmessung durch die Zeitdauer T nicht wesentlich, da die Impulse des Teilchens hier zeitlich konstant sind. Wir werden also annehmen dürfen: *In jedem Zustand eines Systems, zunächst bei einem kräftefreien Teilchen, existiert eine Wahrscheinlichkeit $W(p_1, p_2, p_3)\, dp_1\, dp_2\, dp_3$ dafür, daß der Impuls des Teilchens innerhalb des Spielraumes dp_1, dp_2, dp_3 die Werte p_1, p_2, p_3 besitzt.* (Diese Annahme ist im Falle freier Strahlung offenbar auch für ein Lichtquant zutreffend.)

Die Messungen des Impulses sind übrigens, auch abgesehen von ihrer Genauigkeitsbegrenzung (2.10), im allgemeinen nicht „wiederholbar", da bei ihnen eine unter Umständen große, wenn auch *bekannte* Änderung des Impulses eintritt. Nur wenn die Zeitdauer T der Messung so lang gewählt wird, daß bei gegebenem Δp_x auch $(p'_x - p_x)$ klein gemacht werden kann (langwelliges einfallendes Licht), wird eine auf die erste Messung unmittelbar folgende zweite Impulsmessung wieder zum selben Resultat führen. In allen Fällen aber, auch bei kurzdauernden Messungen, ist das Resultat einer folgenden Impulsmessung auf Grund der vorangehenden voraussagbar. Dieser Sachverhalt ist wichtig für die Frage der Impulsmessung an gebundenen Teilchen, da, wie wir sehen werden, bei diesen nur eine begrenzte Zeitdauer für die Messung zur Verfügung steht.

3. Wellenfunktion kräftefreier Teilchen. Es handelt sich nun darum, für die Wahrscheinlichkeiten $W(x_1, x_2, x_3)$ und $W(p_1, p_2, p_3)$ von Ort und Impuls eines Teilchens solche Grundannahmen einzuführen, die mit der Unsicherheitsrelation (II) und dem Wellencharakter der Materie im Einklang sind. Dabei beschränken wir uns zunächst auf das unrelativistische Gebiet, wo die Geschwindigkeit der Teilchen klein gegen die Lichtgeschwindigkeit ist und die Schwingungszahl der Wellen mit ihrem Phasenvektor $\vec{k}$ in der Beziehung (1.8')

$$\omega = \omega_0 + \frac{\hbar}{2m} \sum_i k_i^2 \qquad (1.8')$$

miteinander stehen. Durch die Beschränkung auf das unrelativistische Gebiet sind übrigens Lichtquanten von vornherein aus der Betrachtung ausgeschlossen. Auf die hiermit zusammenhängenden Fragen wird erst im folgenden Abschnitt eingegangen. Denken wir uns also wie in (1.3) Funktionen

$$\psi(\vec{x}, t) = \frac{1}{\sqrt{(2\pi)^3}} \int A(\vec{k})\, e^{i\,[(\vec{k}\,\vec{x})-\omega t]}\, d^3 k \tag{3.1}$$

gebildet, worin k und ω stets der Beziehung (1.8′) genügen, also stets positiv sind. Die Zweckmäßigkeit des Faktors $\dfrac{1}{\sqrt{(2\pi)^3}}$ wird sich später ergeben. Ferner bilden wir die konjugiert komplexe Funktion

$$\psi^*(\vec{x}, t) = \frac{1}{\sqrt{(2\pi)^3}} \int A^*(\vec{k})\, e^{-i\,[(\vec{k}\,\vec{x})-\omega t]}\, d^3 k. \tag{3.1*}$$

Führt man nach (I) in (3.1), (3.1*) statt $\vec{k}$ und ω den Impuls $\vec{p} = \hbar\vec{k}$ und die Energie $E = \hbar\omega$ des Partikels ein, so läßt sich dies auch schreiben

$$\psi(\vec{x}, t) = \frac{1}{\sqrt{(2\pi\hbar)^3}} \int A(\vec{p})\, e^{\frac{i}{\hbar}\,[(\vec{p}\,\vec{x})-Et]}\, d^3 p, \tag{3.1′}$$

$$\psi^*(\vec{x}, t) = \frac{1}{\sqrt{(2\pi\hbar)^3}} \int A^*(\vec{p})\, e^{-\frac{i}{\hbar}\,[(\vec{p}\,\vec{x})-Et]}\, d^3 p. \tag{3.1′*}$$

[Es unterscheiden sich hierin $A(\vec{p})$ und $A(\vec{k})$ um einen solchen Zahlenfaktor, daß $|A(p)|^2\, dp_1\, dp_2\, dp_3 = |A(k)|^2\, dk_1\, dk_2\, dk_3.$] Setzen wir

$$\varphi(\vec{p}) = A(\vec{p})\, e^{-\frac{i}{\hbar}Et}, \tag{3.2}$$

so daß also $\varphi(\vec{p})$ der Gleichung

$$-\frac{\hbar}{i}\,\frac{\partial\varphi}{\partial t} = E\,\varphi = \left(E_0 + \sum_i \frac{p_i^2}{2m}\right)\varphi \tag{3.3}$$

genügt, so läßt sich dies auch schreiben

$$\psi(\vec{x}, t) = \frac{1}{\sqrt{(2\pi\hbar)^3}} \int \varphi(\vec{p})\, e^{\frac{i}{\hbar}(\vec{p}\,\vec{x})}\, d^3 p, \tag{3.1″}$$

$$\psi^*(\vec{x}, t) = \frac{1}{\sqrt{(2\pi\hbar)^3}} \int \varphi^*(\vec{p})\, e^{-\frac{i}{\hbar}(\vec{p}\,\vec{x})}\, d^3 p. \tag{3.1″*}$$

Die Umkehr dieser Relationen lautet nach dem FOURIERschen Integraltheorem

$$\varphi(\vec{p}) = \frac{1}{\sqrt{(2\pi\hbar)^3}} \int \psi(\vec{x}, t)\, e^{-\frac{i}{\hbar}(\vec{p}\,\vec{x})}\, d^3 x \tag{3.4}$$

bzw.

$$A(\vec{p}) = \frac{1}{\sqrt{(2\pi\hbar)^3}} \int \psi(\vec{x}, t)\, e^{-\frac{i}{\hbar}\,[(\vec{p}\,\vec{x})-Et]}\, d^3 x \tag{3.4′}$$

und

$$A(\vec{k}) = \frac{1}{\sqrt{(2\pi)^3}} \int \psi(\vec{x}, t)\, e^{-i\,[(\vec{k}\,\vec{x})-\omega t]}\, d^3 x. \tag{3.4″}$$

Ferner gilt die Vollständigkeitsrelation

$$\int \psi^*\psi\, d^3 x = \int \varphi^*\varphi\, d^3 p = \int A^* A\, d^3 p, \tag{3.5}$$

die auch den Grund für die Wahl des Zahlenfaktors in (3.1) und (3.1′) darstellt.

Es ist leicht zu sehen, daß vermöge (1.8') diese Funktionen den Differential-gleichungen genügen

$$-\frac{\hbar}{i}\frac{\partial\psi}{\partial t} = \left(E_0 - \frac{\hbar^2}{2m}\Delta\right)\psi, \tag{3.6}$$

$$+\frac{\hbar}{i}\frac{\partial\psi^*}{\partial t} = \left(E_0 - \frac{\hbar^2}{2m}\Delta\right)\psi^*, \tag{3.6*}$$

worin wie in (1.6)

$$E_0 = \hbar\omega_0 = mc^2$$

gesetzt ist, und Δ den Laplaceschen Operator bedeutet. Umgekehrt ist (3.1) die allgemeine[1] Lösung dieser Differentialgleichung (3.6), wenn für jede in (3.1) vorkommende Partialwelle die Beziehung (1.8') erfüllt ist. Diese Beziehung war gemäß (I) aus der Beziehung

$$E = E_0 + \frac{1}{2m}\sum_i p_i^2 \tag{1.8}$$

zwischen Energie und Impuls eines Teilchens in der klassischen Partikelmechanik entstanden. Formal geht (3.6) direkt aus (1.8) hervor, wenn man die auf Raum-Zeitfunktionen wirkenden Operatoren[2]

$$\boldsymbol{E} = -\frac{\hbar}{i}\frac{\partial}{\partial t}; \quad \boldsymbol{p}_i = \frac{\hbar}{i}\frac{\partial}{\partial x_i} \tag{3.7}$$

einführt und dann (1.8) durch die mit (3.6) identische Operatorgleichung

$$\boldsymbol{E}\psi = \left(E_0 + \frac{1}{2m}\sum_i \boldsymbol{p}_i^2\right)\psi \tag{3.8}$$

ersetzt. Diese ist dann überdies formal analog zu (3.3).

Im folgenden werden wir es auch mit allgemeineren Operatoren zu tun haben, die aber alle die Eigenschaft der *Linearität* besitzen. Darunter ist zu verstehen, daß der betreffende Operator $\boldsymbol{D}$ der Bedingung genügt

$$\boldsymbol{D}(c_1\psi_1 + c_2\psi_2) = c_1\boldsymbol{D}\psi_1 + c_2\boldsymbol{D}\psi_2, \tag{3.9}$$

worin c_1 und c_2 zwei beliebige Konstante sind und ψ_1 und ψ_2 beliebige Funktionen irgendwelcher Variabler bedeuten. Diese Variablen können unter Umständen statt eines Kontinuums von Werten wie die Raum-Zeitkoordinaten nur diskreter Werte oder sogar nur einer endlichen Anzahl von Werten fähig sein. Stets aber sind die Funktionen $\boldsymbol{D}\psi$ als von denselben Variablen abhängig zu denken wie die Funktionen ψ. Zu den speziellen Operatoren (3.7) zurückkehrend, bemerken wir, daß die Zuordnung gerade dieser Operatoren zu den Energie- und Impuls-größen nur einen anderen Ausdruck für die Bildung des Fourierschen Integrals (3.1'') beim Aufbau von Raum-Zeitfunktionen $\psi(\vec{x}; t)$ aus Impulsfunktionen $\varphi(\vec{p})$ darstellt.

Eine physikalische Bedeutung bekommen die hier eingeführten Funktionen erst dadurch, daß sie mit den Wahrscheinlichkeiten $W(\vec{k})$ und $W(\vec{p})$ von Energie und Impuls des Teilchens in dem betreffenden Zustand in Verbindung gebracht

---

[1] Damit dieser Ausdruck auch den Fall umfaßt, daß ψ eine *Summe* über verschiedene ebene Wellen neben dem *Integral* enthält, müssen für die $A(\vec{k})$ gewisse Singularitäten zu-gelassen und die Integrale dann im Stieltjesschen Sinn verstanden werden.

[2] Fettdruck markiert in diesem Artikel i. a. Operatoren. Dreidimensionale Vektoren werden daher durch einen Pfeil über dem Buchstaben bezeichnet.

werden. Hierbei ist wesentlich, zu beachten, daß erstens diese Wahrscheinlichkeiten W *nie negativ* sein können, und daß zweitens zu jedem Zeitpunkt

$$\int W(\vec{x})\, d^3x = 1 \tag{3.10}$$

und

$$\int W(\vec{p})\, d^3p = 1 \tag{3.10'}$$

gelten muß. Der einfachste Ansatz für $W(\vec{x})$, der diesen Forderungen genügt, ist der, daß $W(\vec{x})$ *eine definite quadratische Form* der Werte von (eventuell mehreren) Funktionen $\psi_\varrho, \psi_\varrho^*, \ldots (\varrho = 1, 2, \ldots)$ ist, von denen jede den Gln. (3.6) bzw. (3.6*) genügt

$$W(\vec{x}) = Q(\psi_\varrho, \psi_\varrho^*). \tag{3.11}$$

(Daß man ohne Formen vierten oder höheren Grades auskommt, kann natürlich nur der Erfolg lehren.). Um dann auch noch die zeitliche Konstanz von

$$W(\vec{x})\, d^3x$$

gemäß (3.6) und (3.6*) zu erreichen, muß notwendig

$$Q(\psi_\varrho, \psi_\varrho^*) = \sum_\varrho C_\varrho\, \psi_\varrho^*\, \psi_\varrho \tag{3.12}$$

gesetzt werden, worin C_ϱ positive reelle Zahlen sind. Man erkennt dies sowohl aus (3.1) mittels des FOURIERschen Satzes, als auch aus (3.6) durch partielle Integration. Zum Beispiel ergibt sich auf die letztere Weise zunächst

$$-\frac{1}{2}\frac{\hbar}{i}\frac{\partial}{\partial t}(\psi^2) = E_0\psi^2 - \frac{\hbar^2}{2m}\sum_i \frac{\partial}{\partial x_i}\left(\psi\,\frac{\partial\psi}{\partial x_i}\right) + \frac{\hbar}{2m}\,(\mathrm{grad}\,\psi)^2,$$

$$+\frac{1}{2}\frac{\hbar}{i}\frac{\partial}{\partial t}(\psi^{*\,2}) = E_0\psi^{*\,2} - \frac{\hbar^2}{2m}\sum_i \frac{\partial}{\partial x_i}\left(\psi^*\,\frac{\partial\psi^*}{\partial x_i}\right) + \frac{\hbar}{2m}\,(\mathrm{grad}\,\psi^*)^2,$$

aber

$$\frac{\hbar}{i}\frac{\partial}{\partial t}(\psi\psi^*) = \frac{\hbar^2}{2m}\sum_i \frac{\partial}{\partial x_i}\left(\psi^*\,\frac{\partial\psi}{\partial x_i} - \psi\,\frac{\partial\psi^*}{\partial x_i}\right),$$

also ist weder $\int \psi^2 d^3x$ nach $\int \psi^{*\,2} d^3x$ noch irgendeine Liniearkombination von beiden zeitlich konstant, wohl aber (unter der Annahme, daß die durch partielle Integration über eine sehr große Kugel entstehenden Randintegrale im Limes eines unendlich großen Integrationsgebietes verschwinden)

$$\int \psi\psi^*\, d^3x = \mathrm{const}. \tag{3.13}$$

Wir merken noch für spätere Anwendungen an, daß die letzte der angeschriebenen Differentialgleichungen die Form der Kontinuitätsgleichung

$$\frac{\partial\varrho}{\partial t} + \mathrm{div}\,\vec{i} = 0 \tag{3.14}$$

annimmt, wenn neben $\varrho = \psi^*\psi$

$$\vec{i} = \frac{\hbar}{2m i}\,(\psi^*\,\mathrm{grad}\,\psi - \psi\,\mathrm{grad}\,\psi^*) \tag{3.15}$$

gesetzt wird.

Wenn wir ausdrücklich festsetzen, die zeitliche Ableitung einer reellen Funktion als neue (zweite) Funktion zu zählen, können wir sagen: In (3.8) ist enthalten, daß *eine einzige reelle Funktion nicht ausreicht, um aus Wellen der Form* (3.1) *eine nach Integration über das Volumen zeitlich konstante, nirgends negative Wahrscheinlichkeit aufzubauen*[1]! Vielmehr sind dazu mindestens zwei reelle Funktionen oder eine komplexe Funktion und ihre Konjugierte notwendig. Die Konstanten C_ϱ können offenbar in die ψ miteinbezogen werden, so daß

$$W(\vec{x}) = \sum_\varrho \psi_\varrho^* \psi_\varrho = \sum_\varrho |\psi_\varrho|^2 \qquad (3.12')$$

der allgemeinste Ansatz für die Wahrscheinlichkeit $W(\vec{x})$ ist. Wir werden später sehen, daß in der Tat mehrere ψ-Funktionen nötig sein können, und zwar dann, wenn es sich um Teilchen mit einem Drehimpuls handelt. Vorläufig wollen wir aber der Einfachheit halber hiervon absehen und nur mit einer komplexen ψ-Funktion operieren, so daß

$$W(\vec{x}) = |\psi|^2 = \psi^* \psi \qquad (3.12'')$$

wird mit der Normierungsbedingung

$$\int \psi^* \psi \, d^3x = 1. \qquad (3.13')$$

Gemäß der Kontinuitätsgleichung (3.14) können wir nunmehr den Ausdruck (3.15) als *statistische Stromdichte* oder *Wahrscheinlichkeitsstrom* interpretieren. Es gibt $\vec{i}(x)$ die Wahrscheinlichkeit dafür an, daß durch die Flächeneinheit senkrecht zur x-Achse das Teilchen pro Zeiteinheit eher in der positiven als in der negativen x-Richtung hindurchtritt.

Nunmehr ist es leicht, auch die Wahrscheinlichkeitsdichte $W(\vec{p})$ im Impulsraum anzugeben, die übrigens im kräftefreien Fall zeitlich konstant sein wird (nicht nur ihr Integral), da hier der Teilchenimpuls konstant ist. Diese Wahrscheinlichkeitsdichte ist gegeben durch

$$W(\vec{p}) = |A(\vec{p})|^2 = A^*A = \varphi^* \varphi. \qquad (3.16)$$

Man könnte vielleicht zunächst daran denken, $W(\vec{p})$ durch

$$W(\vec{p}) = C(\vec{p}) |A(\vec{p})|^2$$

zu definieren, wo $C(\vec{p})$ eine noch allgemeiner zu bestimmende positive Funktion wäre. Wegen der aus (3.1') folgenden Vollständigkeitsrelation (3.5) ist es jedoch notwendig, $C(p) \equiv 1$ zu setzen, da aus

$$\int W(\vec{x}) \, d^3x = 1$$

---

[1] Es hängt dies damit zusammen, daß der Realteil $u = \frac{1}{2}(\psi + \psi^*)$ von ψ [für den Imaginärteil $v = \frac{1}{2i}(\psi - \psi^*)$ gilt ganz Analoges] gemäß (3.6), (3.6*) keiner Differentialgleichung, die hinsichtlich der zeitlichen Ableitung von erster Ordnung ist, genügt, sondern nur der „iterierten" Differentialgleichung zweiter Ordnung

$$\left(-\frac{\hbar}{i}\frac{\partial}{\partial t} + \frac{\hbar^2}{2m}\varDelta - E_0\right)\left(+\frac{\hbar}{i}\frac{\partial}{\partial t} + \frac{\hbar^2}{2m}\varDelta - E_0\right)u = 0$$

oder

$$\left[\hbar^2 \frac{\partial^2}{\partial t^2} + \left(\frac{\hbar^2}{2m}\varDelta - E_0\right)^2\right]u = 0.$$

Ein aus u quadratisch gebildeter Ausdruck, dessen Volumintegral zeitlich konstant ist, müßte nicht nur u und seine räumlichen Ableitungen, sondern auch die erste zeitliche Ableitung enthalten.

notwendig
$$\int W(\vec{p})\, d^3 p = 1$$
folgen muß.

Die Mittel zur statistischen Beschreibung irgendeines Zustandes eines materiellen Teilchens im kräftefreien Fall sind hiermit vollständig gegeben. Jeder solche Zustand ist beschrieben durch ein Wellenpaket $\psi(\vec{x}, t)$ der Form (3.1), aus welchem gemäß (3.4) eindeutig das „Paket" $\varphi(\vec{p})$ im Impulsraum folgt. Diese Funktionen $\psi(\vec{x}, t)$ und $\varphi(\vec{p})$ — man nennt sie oft „Wahrscheinlichkeitsamplituden" — sind aber, was ihre Phase betrifft, *nicht direkt beobachtbar*; dies gilt vielmehr nur von den Wahrscheinlichkeitsdichten $W(\vec{x}, t)$ und $W(\vec{p})$. Die komplexe Wellenfunktion selber hat somit einen nur *symbolischen Charakter* und dient dazu, den Zusammenhang zwischen $W(\vec{x}, t)$ und $W(\vec{p})$ zu vermitteln[1].

Aus den entwickelten Grundlagen lassen sich verschiedene einfache Folgerungen ziehen, welche direkt mit dem Experiment verglichen werden können. Insbesondere kann man Mittelwerte über irgendwelche Funktionen von $\vec{x}$ oder $\vec{p}$ bilden und ihren Zusammenhang sowie ihre zeitliche Veränderung untersuchen. Zum Beispiel ist

$$\bar{x}_l = \int x_l \psi^* \psi\, d^3 x; \qquad \bar{p}_l = \int p_l \varphi^* \varphi\, d^3 p. \tag{3.17}$$

Ferner ist von Interesse die mittlere Ausdehnung der Pakete im gewöhnlichen Raum und im Impulsraum, die gegeben wird durch die „mittleren Querschnitte"

$$\overline{(\Delta x_l)^2} = \int (x_l - \bar{x}_l)^2 \psi^* \psi\, d^3 x; \qquad \overline{(\Delta p_l)^2} = \int (p_l - \bar{p}_l)^2 \varphi^* \varphi\, d^3 p. \tag{3.18}$$

Das Verhalten des Mittelpunktes eines Paketes ergibt sich aus der Umformung gemäß (3.1'') und (3.4) und durch partielle Integration

$$\bar{x}_l = \frac{1}{\sqrt{(2\pi)^3}} \int x_l \psi^*\, d^3 x \int \varphi(\vec{k})\, e^{i(\vec{k}\vec{x})}\, d^3 k = \frac{1}{\sqrt{(2\pi)^3}} \int \psi^*\, d^3 x \int \varphi(\vec{k}) \frac{1}{i} \frac{\partial}{\partial k_l} \left(e^{i(\vec{k}\vec{x})} \right) d^3 k$$

$$= \frac{1}{\sqrt{(2\pi\hbar)^3}} \int \psi^*\, d^3 x \int i\hbar \frac{\partial}{\partial p_l} [\varphi(\vec{p})]\, e^{\frac{i}{\hbar}(\vec{p}\vec{x})}\, d^3 p$$

$$= \frac{1}{\sqrt{(2\pi\hbar)^3}} \int i\hbar \frac{\partial}{\partial p_l} [\varphi(\vec{p})]\, d^3 p \int \psi^* e^{\frac{i}{\hbar}(\vec{p}\vec{x})}\, d^3 x = \int \varphi^*(\vec{p})\, i\hbar \frac{\partial}{\partial p_l} [\varphi(\vec{p})]\, d^3 p,$$

also

$$\bar{x}_l = \int \varphi^*(\vec{p}) \cdot i\hbar \frac{\partial \varphi(\vec{p})}{\partial p_l}\, d^3 p = \int \varphi^*(\vec{k}) \left(i \frac{\partial}{\partial k_l} \right) \varphi(\vec{k})\, d^3 k \tag{3.19}$$

oder auch

$$\bar{x}_l = \int A^*(\vec{k})\, e^{i\omega t} \left(i \frac{\partial}{\partial k_l} \right) [A(\vec{k})\, e^{-i\omega t}]\, d^3 k,$$

also schließlich

$$\bar{x}_l = \int A^* i \frac{\partial A}{\partial k_l}\, d^3 k + t \int \frac{\partial \omega}{\partial k_l}\, A^* A\, d^3 k. \tag{3.20}$$

Hierin ist enthalten, daß

$$\frac{d\bar{x}_l}{dt} = \overline{\left(\frac{\partial \omega}{\partial k_l} \right)} = \overline{\left(\frac{\partial E}{\partial p_l} \right)} = \bar{v}_l = \frac{\bar{p}_l}{m}, \tag{3.21}$$

---

[1] Die mathematische Frage, ob bei gegebenen Funktionen $W(\vec{x})$ und $W(\vec{p})$ die Wellenfunktionen ψ stets eindeutig bestimmt ist, wenn es eine solche zugehörige Wellenfunktion überhaupt gibt [d.h. wenn $W(\vec{x})$ und $W(\vec{p})$ physikalisch vereinbar sind], ist noch nicht allgemein untersucht worden.

was den Satz von der Gruppengeschwindigkeit darstellt. Aus der Kontinuitätsgleichung (3.14) folgt andererseits leicht durch Multiplikation mit x_l und partielle Integration

$$\frac{d\bar{x}_l}{dt} = \int i_l \, d^3x = \frac{1}{m} \, \psi^* \left(\frac{\hbar}{i} \, \frac{\partial \psi}{\partial x_l} \right) d^3x, \tag{3.22}$$

also folgt durch Vergleich mit (3.21) weiter

$$\bar{p}_l = \int \varphi^*(\vec{p}) \, p_l \, \varphi(\vec{p}) \, d^3p = \int \psi^* \left(\frac{\hbar}{i} \, \frac{\partial}{\partial x_l} \, \psi \right) d^3x, \tag{3.23}$$

was man auch leicht direkt verifiziert. Die Beziehungen (3.19) und (3.23) lassen sich weitgehend verallgemeinern. Sei $F(x_i)$ irgendeine ganze rationale Funktion der x_i, $F(p_l)$ irgendeine ganze rationale Funktion der p_j, so gilt

$$\overline{F(x_l)} = \int \psi^* F(x_l) \, \psi \, d^3x = \int \varphi^* F \left(i\hbar \frac{\partial}{\partial p_l} \right) \varphi \, d^3p, \tag{3.24}$$

$$\overline{F(p_l)} = \int \psi^* F \left(\frac{\hbar}{i} \frac{\partial}{\partial x_l} \right) \psi \, d^3x = \int \varphi^* F(p_l) \, \varphi \, d^3p, \tag{3.24'}$$

wie unmittelbar durch partielle Integration unter Benutzung des Fourierschen Integraltheorems verifiziert werden kann[1].

Es ist deshalb z.B.

$$\overline{p_l^2} = \int \varphi^* p_l^2 \, \varphi \, d^3p = \int \psi^* \left(- \hbar^2 \frac{\partial^2 \psi}{\partial x_l^2} \right) d^3x = + \hbar^2 \int \frac{\partial \psi^*}{\partial x_l} \cdot \frac{\partial \psi}{\partial x_l} \, d^3x,$$

$$\overline{x_l^2} = \int \psi^* x_l^2 \, \psi \, d^3x = \int \varphi^* \left(- \hbar^2 \frac{\partial^2 \varphi}{\partial p_l^2} \right) d^3p = + \hbar^2 \int \frac{\partial \varphi^*}{\partial p_l} \cdot \frac{\partial \varphi}{\partial p_l} \, d^3p.$$

Um entsprechende Beziehungen für $\overline{(\Delta x_l)^2}$ und $\overline{(\Delta p_l)^2}$ aufzustellen, sind nur geringe Modifikationen dieser Gleichungen erforderlich. Diese ergeben sich am einfachsten, wenn wir den Übergang zu einem neuen Bezugssystem betrachten,

$$x' = x - x_0 - vt; \quad t' = t,$$

für den wir hier naturgemäß die Galilei-Transformation benutzen müssen, da die Relativitätskorrektionen vorläufig konsequent vernachlässigt werden. Da hier gilt

$$p_x' = p_x - mv; \quad E' = E - p_x v + \frac{m}{2} v^2,$$

müssen wir, um gemäß (3.3) das Bestehen der Gleichung

$$- \frac{\hbar}{i} \frac{\partial \varphi'}{\partial t} = E' \varphi'$$

zu erreichen, setzen

$$\varphi' = \varphi \, e^{-\frac{i}{\hbar} \left[\frac{m}{2} v^2 - p_x v \right] t} \, e^{\frac{i}{\hbar} f},$$

worin f von t unabhängig so zu bestimmen ist, daß die Funktion

$$\psi' = \frac{1}{\sqrt{(2\pi\hbar)^3}} \int \varphi'(\vec{p'}) \, e^{\frac{i}{\hbar}(\vec{p'} \vec{x'})} \, d^3p'$$

die Eigenschaft hat

$$W'(\vec{x'}) = W(\vec{x})$$

oder

$$\psi'^*(\vec{x'}) \, \psi'(\vec{x'}) = \psi^*(\vec{x}) \, \psi(\vec{x}).$$

---

[1] Über Verallgemeinerungen dieser Relation für andere als ganz-rationale F siehe Abschnitt B, Ziff. 18c.

Um dies zu erreichen, genügt es, $f = p_x\, x_0$ zu setzen. Dann erhält man endgültig

$$\varphi'(\vec{p}') = \varphi(\vec{p})\, e^{-\frac{i}{\hbar}\left[\frac{m}{2} v^2 t - p_x(x_0 + v t)\right]}, \tag{3.25}$$

$$\psi'(x') = \psi(x)\, e^{-\frac{i}{\hbar}\left[m v (x - x_0) - \frac{m}{2} v^2 t\right]} \tag{3.26}$$

oder

$$\psi'(x', t') = \psi(x' + x_0 + v t')\, e^{-\frac{i}{\hbar}\left[m v x' + \frac{m}{2} v^2 t'\right]}. \tag{3.26'}$$

Man verifiziert leicht, daß diese Funktion in der Tat der Gleichung

$$-\frac{\hbar}{i}\,\frac{\partial \psi'}{\partial t'} = E_0 - \frac{\hbar^2}{2m}\, \Delta'\, \psi'$$

genügt. Für die Stromdichte (3.15) folgt daraus weiter

$$\vec{i}' = \vec{i} - \vec{v}\, \psi^*\, \psi, \tag{3.27}$$

was offenbar eine unmittelbar anschauliche Bedeutung besitzt[1].

Da nun der Mittelpunkt eines Wellenpaketes sich gemäß (3.20) mit konstanter Geschwindigkeit bewegt, können wir ein Bezugssystem K' einführen, welches sich mit dem Mittelpunkt des Paketes mitbewegt, so daß sich dieses dauernd im neuen Koordinatenursprung in Ruhe befindet. Wir haben dann in diesem neuen System

$$\bar{x} = 0; \quad \bar{p} = 0$$

und

$$\overline{x^2} = \overline{(x - \bar{x})^2} = \overline{(\Delta x)^2}; \quad \overline{p^2} = \overline{(p - \bar{p})^2} = \overline{(\Delta p)^2}.$$

Die vollständige Schreibweise wäre $\overline{x_i'} = 0, \ldots$ usw.; um die Bezeichnung zu vereinfachen, soll im folgenden zunächst der eindimensionale Fall betrachtet und der Akzent weggelassen werden. Der letztere Mittelwert

$$\overline{p^2} = \int p^2 \varphi^* \varphi\, dp = \hbar^2 \int \frac{\partial \psi^*}{\partial x} \cdot \frac{\partial \psi}{\partial x}\, dx$$

ist zeitlich konstant, während

$$\overline{x^2} = \int x^2 \psi^* \psi\, dx = \hbar^2 \int \frac{\partial \varphi^*}{\partial p} \cdot \frac{\partial \varphi}{\partial p}\, dp$$

zeitlich veränderlich ist. Und zwar folgt aus der letzten Form gemäß (3.2) sogleich

$$\overline{x^2} = \hbar^2 \int \frac{\partial A^*}{\partial p} \cdot \frac{\partial A}{\partial p}\, dp + i \hbar t \int \frac{\partial E}{\partial p}\left(A^* \frac{\partial A}{\partial p} - A \frac{\partial A^*}{\partial p}\right) dp + t^2 \int \left(\frac{\partial E}{\partial p}\right)^2 A^* A\, dp \tag{3.28}$$

oder

$$\overline{x^2} = \hbar^2 \int \frac{\partial A^*}{\partial p} \cdot \frac{\partial A}{\partial p}\, dp + \frac{\hbar\, i\, t}{m} \int p\left(A^* \frac{\partial A}{\partial p} - A \frac{\partial A^*}{\partial p}\right) dp + \frac{t^2}{m^2}\, \overline{p^2}. \tag{3.28'}$$

Der mittlere Querschnitt eines beliebigen Wellenpaketes nach jeder Koordinatenrichtung ist also im kräftefreien Fall eine quadratische Funktion der Zeit. Er wächst also (eventuell nach Durchlaufen eines Minimums) sowohl später als auch früher beliebig stark an. Es ist einfach, (3.28') in den Koordinatenraum umzuschreiben. Bezeichnet ψ_0 den Wert von ψ für $t = 0$, $\overline{(x^2)}_0 = \int x^2 \psi_0^* \psi_0\, d^3 x$ den Wert von $\overline{(x^2)}$

---

[1] V. Bargmann: Ann. of Math. **59**, 1 (1954) insbes. § 6g gibt eine gruppentheoretische Anwendung hiervon.

zur Zeit $t=0$, $\vec{i}_0 = \dfrac{\hbar}{2m_i}(\psi_0^* \cdot \mathrm{grad}\,\psi_0 - \psi_0\,\mathrm{grad}\,\psi_0^*)$ den Wert von $\vec{i}$ zur Zeit $t=0$, so erhält man

$$\overline{x} = (\overline{x^2})_0 + 2t \int (x\,i_0)\,d^3x + \frac{t^2}{m^2}\,\overline{p^2} \tag{3.29'}$$

und im *ungestrichenen* Koordinatensystem (mit $\varrho = \psi^*\psi$)

$$\overline{\Delta x^2} = \overline{(\Delta x^2)}_0 + 2t \int (x - \bar{x})\left(i_0 - \frac{\varrho_0}{m}\,p\right) d^3x + \frac{t^2}{m^2}\,\overline{(\Delta p^2)}. \tag{3.29}$$

Dieses Resultat enthält nichts besonders für die Quantentheorie Charakteristisches, da sich für ein System von kräftefrei bewegten Punkten, die mit der Dichte ϱ und der Stromdichte $\vec{i}$ sowie mit dem mittleren Quadrat des Impulses $\overline{(\Delta p^2)}$ verteilt sind, dasselbe ergeben würde. Es sei aber daran erinnert, daß die Stetigkeit von $\bar{x}$ und $\overline{\Delta x}$ als Funktion der Zeit [bei beliebig kleinem $\overline{(\Delta x)^2_0}$] für die Wiederholbarkeit der Ortsmessung wesentlich ist. Ebenso kann man im dreidimensionalen Fall die zeitliche Änderung des Mittelwertes $\overline{\Delta x_l \Delta x_m}$ der Produkte zweier Koordinaten berechnen. Es ergibt sich dann analog der in t quadratische Ausdruck

$$\overline{\Delta x_l \Delta x_m} = \overline{(\Delta x_l \Delta x_m)}_0 + t \int \left[(x_l - \bar{x}_l)\left(i_{m_0} - \frac{\varrho_0}{m}\,p_m\right) + \left. + (x_m - \bar{x}_m)\left(i_{l_0} - \frac{\varrho_0}{m}\,p_l\right)\right] d^3x + \frac{t^2}{m^2}\,\overline{\Delta p_l \Delta p_m}. \right\} \tag{3.30}$$

Für die Quantentheorie charakteristisch ist aber der Umstand, daß zwischen den Werten $\overline{(\Delta x)^2}$ und $\overline{(\Delta p)^2}$ eine der Unsicherheitsrelation entsprechende Beziehung besteht, indem nämlich nicht beide Ausdrücke zugleich beliebig klein gemacht werden können[1]. Man erkennt dies am einfachsten durch Umformung der Ungleichung

$$D = \left|\frac{x}{2\,\overline{x^2}}\,\psi + \frac{\partial\psi}{\partial x}\right|^2 \geq 0.$$

Es wird

$$D = \frac{x^2}{4\,(\overline{x^2})^2}\,\psi\psi^* + \frac{x}{2\,\overline{x^2}}\left(\psi\,\frac{\partial\psi^*}{\partial x} + \psi^*\,\frac{\partial\psi}{\partial x}\right) + \frac{\partial\psi}{\partial x}\,\frac{\partial\psi^*}{\partial x}$$

$$= \frac{1}{4}\left(\frac{x}{\overline{x^2}}\right)^2 \psi\psi^* + \frac{1}{2}\,\frac{\partial}{\partial x}\left(\frac{x}{\overline{x^2}}\,\psi\psi^*\right) - \frac{1}{2}\,\frac{1}{\overline{x^2}}\,\psi\psi^* + \frac{\partial\psi}{\partial x}\,\frac{\partial\psi^*}{\partial x}$$

$$= \frac{1}{4}\,\frac{1}{(\overline{x^2})^2}\cdot\left[x^2 - 2\,\overline{x^2}\right]\psi\psi^* + \frac{1}{2}\,\frac{\partial}{\partial x}\left(\frac{x}{\overline{x^2}}\,\psi\psi^*\right) + \frac{\partial\psi}{\partial x}\,\frac{\partial\psi^*}{\partial x},$$

also integriert

$$\int D\,d^3x = \frac{1}{\hbar^2}\,\overline{p^2} - \frac{1}{4}\,\frac{1}{\overline{x^2}} \geq 0,$$

also

$$\overline{p^2}\,\overline{x^2} = \overline{(\Delta p)^2}\,\overline{(\Delta x)^2} \geq \frac{\hbar^2}{4}. \tag{3.31}$$

Dies ist die quantitative Verschärfung der Unsicherheitsrelation. Das Gleichheitszeichen in (3.31) gilt nur, wenn

$$\frac{1}{2}\,\frac{x}{\overline{x^2}}\,\psi + \frac{\partial\psi}{\partial x} = 0$$

---

[1] Vgl. hierzu H. Weyl, Gruppentheorie und Quantenmechanik, 2. Aufl., Anhang 1, Leipzig 1931; W. Heisenberg, Die physikalischen Prinzipien der Quantentheorie, S. 13. Leipzig 1930. Für Verallgemeinerungen E. U. Condon, Science, Lancaster, Pa. **1929**; H. P. Robertson, Phys. Rev. **34**, 163 (1929), und vor allem E. Schrödinger (Berl. Ber. **1930**, 296), wo Sätze der Form (3.28), (3.29) zum erstenmal allgemein bewiesen sind.

oder

$$\psi = C\, e^{-\frac{1}{4}\frac{x^2}{\overline{x^2}}}.\tag{3.32}$$

Interessiert man sich für das Produkt $\overline{(\varDelta p_l^2)}\,(\overline{\varDelta x_l^2})$ nur für einen bestimmten Wert des Index l, so ist die Abhängigkeit von den übrigen Koordinaten gleichgültig. Will man das Minimum für alle drei Koordinaten erreichen, so muß man setzen

$$\psi = C\, e^{-\frac{1}{4}\left(\frac{x_1^2}{\overline{x_1^2}}+\frac{x_2^2}{\overline{x_2^2}}+\frac{x_3^2}{\overline{x_3^2}}\right)}.\tag{3.32'}$$

Während $\overline{\varDelta p_l^2}$ zeitlich konstant ist, ändert sich $\overline{\varDelta x_l^2}$ mit der Zeit; wird das Minimum von $\overline{(\varDelta p_l)^2}\,(\overline{\varDelta x_l})^2$ für $t=0$ erreicht, so muß das in t lineare Glied in (3.29) verschwinden (was man auch unmittelbar verifiziert), für frühere oder spätere Zeiten wird also dann das in Rede stehende Produkt einen größeren Wert erhalten. Durch nachträgliche Messungen kann es zwar wieder verkleinert werden, aber niemals unter das Minimum.

Die Impulsfunktion $\varphi(\vec{p})$, welche diesem Minimum entspricht, ist, wie aus der vollen Symmetrie des Minimumproblems in bezug auf p_x und x hervorgeht, ebenfalls die GAUSSsche Fehlerfunktion

$$\varphi(\vec{p}) = C\, e^{-\frac{1}{4}\frac{p_x^2}{(\varDelta p_x)^2}}\tag{3.33}$$

bzw.

$$\varphi(\vec{p}) = C\, e^{-\frac{1}{4}\left[\frac{p_1^2}{(\varDelta p_1)^2}+\frac{p_2^2}{(\varDelta p_2)^2}+\frac{p_3^2}{(\varDelta p_3)^2}\right]},\tag{3.33'}$$

wie man auch unmittelbar durch Nachrechnen gemäß (3.4) bestätigt.

Zum Schluß sei eine allgemeine Methode beschrieben, um die zeitabhängige Gl. (3.6) zu lösen, wenn ψ für $t=0$ als Raumfunktion ψ_0 vorgegeben ist. Diese Frage kann sofort beantwortet werden, wenn es uns gelingt, eine „Grundlösung" $U(\vec{x};t)$ zu finden mit der Eigenschaft, daß U für $t=0$ singulär wird in solcher Weise, daß für jedes endliche Integrationsgebiet

$$\lim_{t\to 0}\int\limits_{(V)} U\, d^3x = \begin{cases} 1, & \text{wenn der Nullpunkt in } V \text{ liegt,}\\ 0, & \text{wenn der Nullpunkt außerhalb } V \text{ liegt.} \end{cases}\tag{3.34}$$

Wegen des linearen Charakters der Differentialgleichung ist dann nämlich

$$\begin{aligned} \psi(x_i;t) &= -\int U(\overline{x}_i - x_i;t)\,\psi(\overline{x}_i;0)\,d^3\overline{x}\\ &= \int U(\overline{x}_i;t)\,\psi(x_i + \overline{x}_i;0)\,d^3\overline{x} \end{aligned}\tag{3.35}$$

die gesuchte Lösung.

Um die Grundlösung U für den kräftefreien Fall der unrelativistischen Wellenmechanik zu finden, ist es zweckmäßig, sich an die formale Analogie der Differentialgleichung

$$\frac{\partial\psi}{\partial t} = \frac{i\,\hbar}{2m}\,\varDelta\psi\tag{3.36}$$

mit der Wärmeleitungs- oder Diffusionsgleichung zu erinnern[1]. (Wir haben hier der Einfachheit halber $E_0=0$ gesetzt, da dies durch Abspaltung des Faktors $e^{-\frac{i}{\hbar}E_0 t}$ aus der ψ-Funktion leicht erreicht werden kann.) Es ist hier aber für den

---

[1] Auf diese Analogie ist besonders von P. EHRENFEST, Z. Physik **45**, 455 (1927), hingewiesen worden; vgl. für das Folgende auch L. DE BROGLIE, Wellenmechanik, Kap. 13.

Wärmeleitungskoeffizienten eine imaginäre Zahl einzusetzen. Unsere Grundlösung entspricht dann der einem ,,Wärmepol'' zugeordneten Lösung der Wärmeleitungsgleichung und lautet zunächst im eindimensionalen Fall

$$U(x, t) = \frac{C}{\sqrt{t}}\, e^{-\frac{im}{2\hbar}\frac{x^2}{t}}.$$

Von dieser Funktion ist zunächst leicht zu verifizieren, daß sie der Differentialgleichung

$$\frac{\partial \psi}{\partial t} = \frac{i\,\hbar}{2m}\frac{\partial^2 \psi}{\partial x^2}$$

genügt. Sodann gilt

$$\int_{x_1}^{x_2} U(x, t)\, dx = C\sqrt{\frac{2\hbar}{m}} \int_{\sqrt{\frac{m}{2\hbar}}\frac{x_1}{\sqrt{t}}}^{\sqrt{\frac{m}{2\hbar}}\frac{x_2}{\sqrt{t}}} e^{i\xi^2}\, d\xi.$$

Nun ist für $\lim a \to +\infty$; $\lim b \to +\infty$

$$\lim \int_a^b e^{i\xi^2}\, d\xi = 0,$$

für $\lim a \to -\infty$; $\lim b \to +\infty$

$$\lim \int_a^b e^{i\xi^2}\, d\xi = \int_{-\infty}^{\infty} e^{i\xi^2}\, d\xi = \sqrt{\pi}\, e^{i\,\pi/4},$$

also ist in der Tat, wie in (3.34) verlangt wird,

$$\lim_{t \to 0} \int_{x_1}^{x_2} U\, dx = \begin{cases} 0, \\ 1, \end{cases} \text{wenn der Nullpunkt } x = 0 \begin{cases} \text{außerhalb} \\ \text{innerhalb} \end{cases} \text{des Intervalls } (x_1\, x_2) \text{ liegt,}$$

sobald wir noch die Konstante C zu

$$C = e^{-i\pi/4}\sqrt{\frac{m}{2\pi\hbar}}$$

normieren. Wir haben also schließlich

$$U(x, t) = e^{-i\pi/4}\sqrt{\frac{m}{2\pi\hbar}}\frac{1}{\sqrt{t}}\, e^{\frac{im}{2\hbar}\frac{x^2}{t}}. \tag{3.37}$$

Für den dreidimensionalen Fall erhält man hieraus sofort durch Produktbildung

$$U(x_1, x_2, x_3; t) = U(x_1, t)\, U(x_2, t)\, U(x_3, t) = e^{-\frac{3\pi}{4}i}\left(\frac{m}{2\pi\hbar}\right)^{\frac{3}{2}} t^{-\frac{3}{2}} e^{\frac{im}{2\hbar}\frac{x_1^2 + x_2^2 + x_3^2}{t}}. \tag{3.38}$$

Einsetzen dieses Ausdruckes in (3.35) ergibt dann die allgemeine Lösung

$$\psi(x_1, x_2, x_3; t)$$

der Wellengleichung[1]. Beim Aufsuchen der Grundlösung U hätte man auch von ihrer Zerlegung in räumliche Fourier-Komponenten gemäß (3.1), (3.4) unter Benutzung von (3.34) ausgehen können.

---

[1] Spezielle Lösungen der Wellengleichung, insbesondere für den Fall, daß für $\psi(x_i; 0)$ die Gausssche Fehlerfunktion (3.32) eingesetzt wird, findet man bei W. Heisenberg, Z. Physik **43**, 172 (1927); E. H. Kennard, Z. Physik **44**, 326 (1927); C. G. Darwin, Proc. Roy. Soc. Lond., Ser. A **117**, 258 (1927).

4. Wellenfunktion im Fall eines Teilchens, das unter dem Einfluß von Kräften steht.

Die Beschreibung der Zustände eines Systems von Teilchen, die Kräften unterworfen sind, durch statistische Begriffe und Gesetzmäßigkeiten, ist aus denen für kräftefreie Teilchen durch Verallgemeinerung entstanden. Offenbar müssen diese Begriffe und Gesetze in sich widerspruchsfrei sein und diejenigen der klassischen Punktmechanik als Grenzfall enthalten. Abgesehen von dieser allgemeinen Forderung kann nur der Erfolg über die Brauchbarkeit bestimmter Annahmen entscheiden. Man kann diese Annahmen, zunächst für den Fall eines einzigen Teilchens und immer mit Vernachlässigung der Relativitätskorrektionen, folgendermaßen formulieren:

1. Die Wahrscheinlichkeit, zu einem bestimmten Zeitpunkt t die Ortskoordinaten x_i des Teilchens zwischen x_i und $x_i + dx_i$ zu finden, ist auch hier ein sinnvoller Begriff. Sie ist wieder gegeben durch

$$W(x_1\, x_2\, x_3;\, t)\; d^3x = \psi^* \psi\, d^3x, \tag{4.1}$$

worin $\psi(\vec{x}, t)$ eine selbst nicht beobachtbare, im allgemeinen komplexe Wellenfunktion, und ψ^* die dazu konjugierte komplexe Funktion bedeutet. Bei dieser Schreibweise ist ψ normiert gedacht gemäß

$$\int \psi \psi^*\, d^3x = 1. \tag{4.2}$$

Diese Annahme ist deshalb sehr naheliegend, weil die Ortsbestimmung in so kurzen Zeiten erfolgen kann, daß das Vorhandensein der Kräfte hierbei keine Rolle spielt. Aus (4.2) folgt bereits für die zeitliche Veränderung der ψ die Bedingung

$$\frac{d}{dt} \int \psi \psi^*\, d^3x = 0.$$

Dies ist nur erfüllbar, wenn für jeden Zeitpunkt $\partial\psi/\partial t$ und $\partial\psi^*/\partial t$ bei gegebenem ψ und ψ^* bereits mitbestimmt sind. (Über die Notwendigkeit, bei Teilchen mit Eigendrehimpuls mehrere Funktionen zu gebrauchen, vgl. Ziff. 13.)

2. Wenn wir setzen

$$-\frac{\hbar}{i}\frac{\partial\psi}{\partial t} = H\psi, \tag{4.3}$$

so soll H ein *linearer* und kein allgemeinerer Operator sein. Wie bereits erwähnt, ist dies eine Zuordnung einer neuen Funktion $H\psi$ zur Funktion ψ mit der Eigenschaft, daß für beliebige Konstanten c, die auch komplex sein können, gilt

$$H(c\psi) = cH\psi,$$

und für zwei beliebige Funktionen $\psi_1,\, \psi_2$

$$H(\psi_1 + \psi_2) = H\psi_1 + H\psi_2.$$

[Aus diesen beiden Eigenschaften folgt übrigens, daß $H\psi$ nicht explizite von ψ^* abhängt.]

Die Forderung der Linearität des Operators H kann als eine Verallgemeinerung des *Superpositionsprinzips* angesehen werden, da sie ja, wie wir gesehen haben, im kräftefreien Fall direkt diesem der Wellenlehre entstammenden Prinzip Ausdruck gibt. Dieses Prinzip ist wesentlich für eine widerspruchslose Formulierung des Messungsbegriffes, sobald die Koppelung des Systems mit dem Meßapparat selbst quantentheoretisch beschrieben wird (vgl. Ziff. 9).

Damit die Konstanz von $\int \psi \psi^* d^3x$ auf Grund von (4.3) erfüllt ist, muß H die Eigenschaft haben

$$\int \left[\psi^* H\psi - \psi (H\psi)^*\right] d^3x = 0. \tag{4.4}$$

Hierbei ist von der Wellengleichung

$$+ \frac{\hbar}{i} \frac{\partial \psi^*}{\partial t} = (H\psi)^* \tag{4.3*}$$

Gebrauch gemacht. Dies muß zunächst gelten für alle regulären Funktionen, die im Unendlichen hinreichend rasch verschwinden. Einen Operator H, der diese Eigenschaft besitzt, nennt man Hermitesch[1]. Wegen der Linearität von H folgt aus (4.4) für zwei beliebige Funktionen

$$\int \left[\psi_1^* H\psi_2 - \psi_2 (H\psi_1)^*\right] d^3x = 0. \tag{4.4'}$$

3. Der Zusammenhang (3.1''), (3.4) von ψ mit der gemäß (3.16) die Wahrscheinlichkeit $W(\vec{p}, t)\, d^3p$ für den Impuls bestimmenden „Amplitude" $\varphi(\vec{p})$ wird auch hier beibehalten[2], nur ist diese Wahrscheinlichkeit jetzt nicht mehr konstant. (Über Impulsbestimmung an gebundenen Teilchen vgl. Ziff. 15, S. 132.) Die Sätze (3.23), (3.24) bleiben dann bestehen, ebenso die Vollständigkeitsrelation (3.5).

Vom Standpunkt der unrelativistischen Wellenmechanik aus ist der einzige Weg zur Auffindung des Operators H bei einem bestimmten System der Vergleich des Verhaltens der allgemeinen Lösung der Gl. (4.3) mit den Eigenschaften der mechanischen Bahnen desselben Systems in der klassischen Theorie in geeigneten Grenzfällen, wie es dem Bohrschen Korrespondenzgedanken entspricht. Zwischen verschiedenen korrespondenzmäßigen Möglichkeiten für H kann zunächst nur die Erfahrung entscheiden.

Als einfachstes Beispiel betrachten wir ein Teilchen in einem äußeren Kraftfeld mit der Potentialfunktion $V(\vec{x})$. Die klassische Hamilton-Funktion lautet hier

$$H(p_i, x_i) = \sum_i \frac{p_i^2}{2m} + V(x_i).$$

Im Hinblick darauf, daß der Erwartungswert von p_i^2 gemäß (3.24')

$$\overline{p_i^2} = \int p_i^2 \,|\varphi(\vec{p})|^2\, d^3p = - \hbar^2 \int \psi^* \frac{\partial^2 \psi}{\partial x_i^2}\, d^3x$$

beträgt, liegt es nahe, mit Schrödinger[3] die Wellengleichung in der Form

$$- \frac{\hbar}{i} \frac{\partial \psi}{\partial t} = - \frac{\hbar^2}{2m} \Delta \psi + V\psi \tag{4.5}$$

anzunehmen. Wir wollen hieraus einige Folgerungen über Mittelwerte ziehen, die den in der vorigen Ziffer formulierten Sätzen über das Verhalten des Mittel-

---

[1] Es sei hier bemerkt, daß aus (4.4) allein noch nicht die Linearität von H folgt. Zum Beispiel hat auch der nichtlineare Operator $H\psi = i\psi \frac{\partial \psi^*}{\partial x}$ $\left(\text{wobei } (H\psi)^* = - i\psi^* \frac{\partial \psi}{\partial x}\right)$ die Eigenschaft (4.4), da $\psi^* H\psi - \psi(H\psi)^* = \frac{i}{2} \frac{\partial}{\partial x}(\psi^2 \psi^*)$. Es ist also nötig, das Superpositionsprinzip als neue Annahme zu formulieren.

[2] Dies wurde allgemein zuerst von P. Jordan, Z. Physik **40**, 809 (1927), bemerkt.

[3] E. Schrödinger: Ann. d. Phys. **79**, 361 (1926). Auf die Notwendigkeit einer *statistischen* Deutung der Wellenfunktion hat besonders M. Born [Z. Physik **38**, 803 (1926)] in seiner Behandlung der Stoßvorgänge hingewiesen.

punktes und der Querschnitte der Wellenpakete analog ist. Zunächst folgt aus (4.5) wieder die Kontinuitätsgleichung

$$\frac{\partial \varrho}{\partial t} + \operatorname{div} \vec{i} = 0$$

mit $\varrho = \psi^* \psi$ und dem ursprünglichen Ausdruck (3.15)

$$i_k = \frac{\hbar}{2mi} \left(\psi^* \frac{\partial \psi}{\partial x_k} - \psi \frac{\partial \psi^*}{\partial x_k} \right)$$

für die Stromdichte; denn bei der Berechnung von $\partial \varrho / \partial t$ fällt der Term mit $V\psi$ fort.

Es folgen hieraus weiter sofort die in (3.17), (3.23), (3.22) angegebenen Zusammenhänge

$$\overline{x_k} = \int x_k \psi^* \psi \, d^3x; \qquad \overline{p_k} = \int p_k \varphi^* \varphi \, d^3p = \int \psi^* \left(\frac{\hbar}{i} \frac{\partial \psi}{\partial x_k} \right) d^3x;$$

$$\frac{d\overline{x_k}}{dt} = \int i_k \, d^3x = \frac{1}{m} \overline{p_k} = \left(\frac{\partial H}{\partial p_k} \right).$$

Wir erhalten jedoch etwas Neues, wenn wir die Änderung $d\overline{p_k}/dt$ von $\overline{p_k}$ mit der Zeit berechnen, da diese ja im kräftefreien Fall verschwindet, während das nun nicht mehr zutrifft. Zu diesem Zweck bilden wir zunächst

$$m \frac{\partial i_k}{\partial t} = \frac{1}{2} \left[(H\psi)^* \frac{\partial \psi}{\partial x_k} - \psi^* \frac{\partial}{\partial x_k} (H\psi) + (H\psi) \frac{\partial \psi^*}{\partial x_k} - \psi \frac{\partial}{\partial x_k} (H\psi)^* \right]$$

$$= \frac{\hbar^2}{4m} \left[-(\Delta \psi^*) \frac{\partial \psi}{\partial x_k} + \psi^* \frac{\partial}{\partial x_k} (\Delta \psi) - (\Delta \psi) \frac{\partial \psi^*}{\partial x_k} + \psi \frac{\partial}{\partial x_k} \Delta \psi^* \right]$$

$$+ \frac{1}{2} \left[V\psi^* \frac{\partial \psi}{\partial x_k} - \psi^* \frac{\partial}{\partial x_k} (V\psi) + V\psi \frac{\partial \psi^*}{\partial x_k} - \psi \frac{\partial}{\partial x_k} (V\psi^*) \right].$$

Die zweite Klammer vereinfacht sich sofort zu $-\frac{\partial V}{\partial x_k} \psi^* \psi$. Die erste Klammer ist wie folgt umzuformen. Es ist für beliebige Funktionen u, v

$$v \Delta u - u \Delta v = \sum_l \frac{\partial}{\partial x_l} \left(v \frac{\partial u}{\partial x_l} - u \frac{\partial v}{\partial x_l} \right).$$

Setzt man hierin einmal $v = \psi^*$, $u = \frac{\partial \psi}{\partial x_k}$, das andere Mal $v = \psi$, $u = \frac{\partial \psi^*}{\partial x_k}$, so kommt mit Einführung der Kraft $K_l = -\frac{\partial V}{\partial x_l} = -\frac{\partial H}{\partial x_l}$

$$m \frac{\partial i_k}{\partial t} = -\sum_l \frac{\partial T_{kl}}{\partial x_l} + K_k \psi^* \psi \tag{4.6}$$

mit

$$T_{kl} = \frac{\hbar^2}{4m} \left[-\psi^* \frac{\partial^2 \psi}{\partial x_k \partial x_l} - \psi \frac{\partial^2 \psi^*}{\partial x_k \partial x_l} + \frac{\partial \psi}{\partial x_k} \frac{\partial \psi^*}{\partial x_l} + \frac{\partial \psi^*}{\partial x_k} \frac{\partial \psi}{\partial x_l} \right]. \tag{4.7}$$

Man kann den Tensor T_{kl}, welcher übrigens die Symmetriebedingung

$$T_{kl} = T_{lk} \tag{4.7'}$$

erfüllt, als Spannungstensor bezeichnen[1]. Man erhält daraus zunächst

$$\frac{d\overline{p_k}}{dt} = m \frac{d^2 \overline{x_k}}{dt^2} = m \int \frac{\partial i_k}{\partial t} d^3x = \int K_k \psi^* \psi \, d^3x = \overline{K_k} = -\overline{\left(\frac{\partial V}{\partial x_k} \right)} = -\overline{\left(\frac{\partial H}{\partial x_k} \right)}, \tag{4.8}$$

---

[1] Eine relativistische Verallgemeinerung hiervon bei E. Schrödinger, Ann. d. Phys. **82**, 265 (1927); vgl. dazu auch Ziff. 18 dieses Artikels.

was bedeutet, daß die zeitliche Ableitung des Mittelwertes von p_k gleich ist dem Mittelwert der Kraft über das Wellenpaket[1]. Letzterer ist im allgemeinen verschieden vom Wert der Kraft an der Stelle des Mittelpunktes $\overline{x}_k$ des Wellenpaketes. Nur wenn das Paket in Übereinstimmung mit den Unsicherheitsrelationen $\Delta p_k \, \Delta x_k \sim \hbar$ so gewählt werden kann, daß im Gebiet des Paketes die Kraft nur wenig variiert, erhält man ein Verhalten des Paketes, das dem eines klassischen Partikels ähnlich ist, dessen Bahn die Bewegungsgleichung

$$m \frac{d^2 x_k}{dt^2} = - \frac{\partial V}{\partial x_k}$$

erfüllt (vgl. Ziff. 12).

Eine andere Folgerung aus (4.6) betrifft den Virialsatz[2]. Durch Multiplikation von (4.6) mit x_k und partielle Integration ergibt sich nämlich zunächst

$$m \frac{d}{dt} \int x_k \, i_k \, d^3x = + \int T_{kk} \, d^3x - \int x_k \frac{\partial V}{\partial x_k} \psi^* \psi \, d^3x \,.$$

Wegen (4.7) ergibt sich weiter für das erste Integral der rechten Seite durch partielle Integration

$$\frac{\hbar^2}{m} \int \frac{\partial \psi^*}{\partial x_k} \frac{\partial \psi}{\partial x_k} \, d^3x = \frac{\overline{p_k^2}}{m} \,,$$

also

$$m \frac{d}{dt} \int x_k \, i_k \, d^3x = \frac{\overline{p_k^2}}{m} - \overline{\left(x_k \frac{\partial V}{\partial x_k} \right)} \,. \tag{4.9}$$

Summiert man noch über den Index k, so erhält man das Analogon zum Virialsatz.

Endlich kann man analog wie in (3.29) die zeitliche Veränderung des Querschnittes eines Wellenpaketes betrachten, wobei dieser gegeben ist durch

$$\overline{(\Delta x_k)^2} = \int (x_k - \overline{x_k})^2 \psi^* \psi \, d^3x \,. \tag{4.10}$$

Nur wird es wegen der Wirksamkeit der Kräfte im allgemeinen jetzt nicht mehr möglich sein, den Verlauf von $\overline{(\Delta x_k)^2}$ für endliche Zeiten anzugeben, vielmehr wird man statt dessen den ersten und zweiten Differentialquotienten von $\overline{(\Delta x_k)^2}$ nach der Zeit berechnen. Zunächst ergibt sich, da ja $\int (x_k - \overline{x_k}) \psi^* \psi \, d^3x = 0$,

$$\frac{d}{dt} \overline{(\Delta x_k)^2} = \int (x_k - \overline{x_k})^2 \frac{\partial}{\partial t} (\psi^* \psi) \, d^3x$$

und mit Anwendung der Kontinuitätsgleichung und partieller Integration

$$\frac{d}{dt} \overline{(\Delta x_k)^2} = 2 \int (x_k - \overline{x_k}) \, i_k \, d^3x \,, \tag{4.11}$$

ferner wegen $\dfrac{d\overline{x}_k}{dt} = \int i_k \, d^3x = \dfrac{\overline{p_k}}{m}$

$$\frac{1}{2} \frac{d^2}{dt^2} \overline{(\Delta x_k)^2} = \int (x_k - \overline{x_k}) \frac{\partial i_k}{\partial t} \, d^3x - \left(\int i_k \, d^3x \right)^2$$

und mit Benutzung von (4.9)

$$\frac{m}{2} \frac{d^2}{dt^2} \overline{(\Delta x_k)^2} = \frac{\overline{p_k^2} - (\overline{p_k})^2}{m} + \overline{(\Delta x_k \, \Delta K_k)}$$

---

[1] P. Ehrenfest: Z. Physik 45, 455 (1927).
[2] A. Sommerfeld: Atombau und Spektrallinien, Bd. 2, 2. Aufl., S. 171 ff. Braunschweig 1944.

oder

$$\frac{m}{2}\,\frac{d^2}{dt^2}\,\overline{(\Delta x_k)^2} = \overline{\frac{(p-\overline{p_k})^2}{m}} + \overline{(\Delta x_k\,\Delta K_k)}. \tag{4.12}$$

Die Relationen (4.11) und (4.12) stellen die natürliche Verallgemeinerung von (3.29) dar.

Bevor wir die Frage der Kopplung mehrerer Teilchen besprechen, sollen noch diejenigen Modifikationen der Wellengleichung angegeben werden, die bei Anwesenheit eines äußeren Magnetfeldes erforderlich sind. Sind Φ_k die Komponenten des Vektorpotentials und ist e die Ladung des Teilchens, c die Lichtgeschwindigkeit, so ist die magnetische Feldstärke gegeben durch[1]

$$\mathscr{H}_{kl} = \frac{\partial \Phi_l}{\partial x_k} - \frac{\partial \Phi_k}{\partial x_l}, \tag{4.13}$$

die elektrische Feldstärke bekommt einen Zusatz

$$\mathscr{E}_k = -\frac{1}{c}\,\frac{\partial \Phi_k}{\partial t}, \tag{4.14}$$

falls Φ_k explizite von der Zeit abhängt, und die Kraft wird

$$\left.\begin{aligned}
K_k &= -\frac{\partial V}{\partial x_k} + e\left(\mathscr{E}_k + \frac{1}{c}\sum_l \mathscr{H}_{kl}\dot{x}_l\right)\\
&= -\frac{\partial V}{\partial x_k} + \frac{e}{c}\left[-\frac{\partial \Phi_k}{\partial t} + \sum_l\left(\frac{\partial \Phi_l}{\partial x_k} - \frac{\partial \Phi_k}{\partial x_l}\right)\dot{x}_i\right].
\end{aligned}\right\} \tag{4.15}$$

Bekanntlich lassen sich die mechanischen Bewegungsgleichungen

$$m\,\frac{d^2 x_k}{dt^2} = K_k$$

mit diesem Wert der Kraft in der kanonischen Form schreiben[2]

$$\frac{dx_k}{dt} = \frac{\partial H}{\partial p_k}, \quad \frac{dp_k}{dt} = -\frac{\partial H}{\partial x_k},$$

wenn

$$H = \sum_k \frac{1}{2m}\left(p_k - \frac{e}{c}\,\Phi_k\right)^2 + V(x). \tag{4.16}$$

Es wird dann

$$\dot{x} = \frac{1}{m}\left(p_k - \frac{e}{c}\,\Phi_k\right); \quad p_k = m\dot{x}_k + \frac{e}{c}\,\Phi_k; \tag{4.16'}$$

der Zusammenhang zwischen Impuls und Geschwindigkeit wird also geändert.

Der Umstand, daß die klassische HAMILTON-Funktion (4.16) aus derjenigen ohne Magnetfeld dadurch hervorgeht, daß p_k durch $p_k - \frac{e}{c}\,\Phi_k$ ersetzt wird, legt es nahe, daß die Wellengleichung des Teilchens im Magnetfeld aus derjenigen ohne Magnetfeld (4.5) dadurch entsteht, daß der Operator $\frac{\hbar}{i}\,\frac{\partial}{\partial x_k}$ durch den

---

[1] Wir bevorzugen die Schreibweise von $\mathscr{H}$ als schiefsymmetrischer Tensor ($\mathscr{H}_{kl} = -\mathscr{H}_{lk}$), so daß $\mathscr{H}_{23}$, $\mathscr{H}_{31}$, $\mathscr{H}_{12}$ bzw. die 1, 2, 3-Komponente von $\mathscr{H}$ bedeuten. Das vektorielle Produkt $[\vec{\dot{x}}\times\vec{\mathscr{H}}]$ hat dann die 1-Komponente $\dot{x}_2\mathscr{H}_{12} - \dot{x}_3\mathscr{H}_{31}$, und dies ist wegen $\mathscr{H}_{31} = \mathscr{H}_{13}$, $\mathscr{H}_{11} = 0$ in der Tat gleich $\sum_l \mathscr{H}_{1l}x_l$.

[2] In historischer Hinsicht sei bemerkt, daß dies zuerst von LARMOR gezeigt wurde in dem Buch Aether and matter, Cambridge 1900.

Operator $\left(\frac{\hbar}{i}\frac{\partial}{\partial x_x}-\frac{e}{c}\Phi_k\right)$ ersetzt wird. Man erhält dann an Stelle von (4.5) die allgemeinere Gleichung

$$-\frac{\hbar}{i}\frac{\partial\psi}{\partial t}=\frac{1}{2m}\sum_k\left(\frac{\hbar}{i}\frac{\partial}{\partial x_k}-\frac{e}{c}\Phi_k\right)\left(\frac{\hbar}{i}\frac{\partial}{\partial x_k}-\frac{e}{c}\Phi_k\right)\psi+V\psi=0,\qquad(4.17)$$

was man auch schreiben kann:

$$-\frac{\hbar}{i}\frac{\partial\psi}{dt}=\frac{1}{2m}\sum_k\left[-\hbar^2\frac{\partial^2}{\partial x_k^2}\psi-\frac{\hbar e}{ic}\frac{\partial}{\partial x_k}(\Phi_k\psi)-\frac{\hbar e}{ic}\Phi_k\frac{\partial\psi}{\partial x_k}+\frac{e^2}{c^2}\Phi_k^2\psi\right]+V\psi=0.\quad(4.17')$$

Die Rechtfertigung für diesen Ansatz liegt darin, daß aus dieser Gleichung Sätze über die Mittelwerte von p_k, x_k und den Gesamtstrom $\bar{i}_k=\int i_k d^3x$ und ihre zeitlichen Ableitungen folgen, die den entsprechenden Bewegungsgleichungen der klassischen Mechanik analog sind.

Zunächst gilt wieder eine Kontinuitätsgleichung wie (3.14)

$$\frac{\partial}{\partial t}(\psi^*\psi)+\operatorname{div}\vec{i}=0,$$

womit zugleich bewiesen ist, daß $\boldsymbol{H}$ in der Tat ein Hermitescher Operator ist. Für den Strom $\vec{i}$ gilt jetzt aber der neue Ausdruck

$$i_k=\frac{1}{2m}\left[\psi^*\left(\frac{\hbar}{i}\frac{\partial}{\partial x_x}-\frac{e}{c}\Phi_k\right)\psi-\psi\left(\frac{\hbar}{i}\frac{\partial}{\partial x_k}+\frac{e}{c}\Phi_k\right)\psi^*\right]\qquad(4.18)$$

oder

$$i_k=\frac{\hbar}{2m}\left(\psi^*\frac{\partial\psi}{\partial x_k}-\psi\frac{\partial\psi^*}{\partial x_k}\right)-\frac{e}{mc}\Phi_k\psi^*\psi.\qquad(4.18')$$

Bilden wir

$$\overline{p_k}=\int p_k\,\varphi^*\,\varphi\,d^3p=\int\psi^*\frac{\hbar}{i}\frac{\partial\psi}{\partial x_k}d^3x$$

und entsprechend (3.22)

$$\frac{d\overline{x}_k}{dt}=\frac{d}{dt}\int x_k\psi^*\psi\,d^3x=\int i_k d^3x,\qquad(3.22')$$

so finden wir

$$\frac{d\overline{x}_k}{dt}=\frac{1}{m}\left(\overline{p_k}-\frac{e}{c}\overline{\Phi_k}\right),\qquad(4.16'')$$

was zu (4.16') analog ist.

Ferner findet man analog zu (4.6) und (4.7)

$$m\frac{\partial i_k}{\partial t}=-\sum_l\frac{\partial T_{kl}}{\partial x_l}+\left(-\frac{\partial V}{\partial x_k}-\frac{e}{c}\frac{\partial\Phi_k}{\partial t}\right)\psi^*\psi+\frac{e}{c}\sum_l\mathscr{H}_{kl}i_l\qquad(4.19)$$

mit

$$\left.\begin{aligned}T_{kl}=\frac{\hbar^2}{4m}&\left[-\psi^*\left(\frac{\partial}{\partial x_l}-\frac{ie}{\hbar c}\Phi_l\right)\left(\frac{\partial\psi}{\partial x_k}-\frac{ie}{\hbar c}\Phi_k\psi\right)-\psi\left(\frac{\partial}{\partial x_l}+\frac{ie}{\hbar c}\Phi_l\right)\left(\frac{\partial\psi^*}{\partial x_k}+\frac{ie}{\hbar c}\Phi_k\psi^*\right)+\right.\\&\left.+\left(\frac{\partial\psi}{\partial x_k}-\frac{ie}{\hbar c}\Phi_k\psi\right)\left(\frac{\partial\psi^*}{\partial x_l}+\frac{ie}{\hbar c}\Phi_l\psi^*\right)+\left(\frac{\partial\psi^*}{\partial x_k}+\frac{ie}{\hbar c}\Phi_k\psi^*\right)\left(\frac{\partial\psi}{\partial x_l}-\frac{ie}{\hbar c}\Phi_l\psi\right)\right]\end{aligned}\right\}(4.20)$$

oder

$$\left.\begin{aligned}T_{kl}=\frac{\hbar^2}{4m}&\left\{\left[-\psi^*\frac{\partial^2\psi}{\partial x_l\partial x_k}-\psi\frac{\partial^2\psi^*}{\partial x_l\partial x_k}+\frac{\partial\psi}{\partial x_l}\frac{\partial\psi^*}{\partial x_k}+\frac{\partial\psi^*}{\partial x_l}\frac{\partial\psi}{\partial x_k}\right]+\right.\\&\left.+\frac{2ie}{\hbar c}\left[\Phi_k\left(\psi^*\frac{\partial\psi}{\partial x_l}-\psi\frac{\partial\psi^*}{\partial x_l}\right)+\Phi_l\left(\psi^*\frac{\partial\psi}{\partial x_k}-\psi\frac{\partial\psi^*}{\partial x_k}\right)\right]+\frac{4e^2}{\hbar^2c^2}\Phi_k\Phi_l\psi^*\psi\right\},\end{aligned}\right\}(4.21)$$

so daß die Symmetriebedingung $T_{kl} = T_{lk}$ wieder erfüllt ist. Setzen wir im Hinblick auf (4.15)

$$\overline{K_k} = \int \left[-\left(\frac{\partial V}{\partial x_k} + \frac{e}{c} \frac{\partial \Phi_k}{\partial t} \right) \psi^* \psi + \frac{e}{c} \sum_l \mathscr{H}_{kl} i_l \right] d^3 x, \qquad (4.22)$$

so erhalten wir aus (4.19) wegen $\int i_k \, d^3 x = \dfrac{d \overline{x_k}}{dt}$

$$m \frac{d^2 \overline{x_k}}{dt^2} = \overline{K_k} \qquad (4.23)$$

als Analogon zur Bewegungsgleichung. Ferner mit

$$\overline{x_k K_k} = \int \left[- x_k \left(\frac{\partial V}{\partial x_k} + \frac{e}{c} \frac{\partial \Phi_k}{\partial t} \right) \psi^* \psi + \frac{e}{c} \sum_l \mathscr{H}_{kl} x_k i_l \right] d^3 x \qquad (4.22')$$

ganz analog wie früher

$$m \frac{d}{dt} \int x_k i_k \, d^3 x = \int T_{kk} \, d^3 x + \overline{x_k K_k}.$$

Durch partielle Integration folgt aus (4.20)

$$\int T_{kk} \, d^3 x = \frac{\hbar^2}{m} \int \left(\frac{\partial \psi^*}{\partial x_k} + \frac{i e}{\hbar c} \Phi_k \psi^* \right) \left(\frac{\partial \psi}{\partial x_k} - \frac{i e}{\hbar c} \Phi_k \psi \right) d^3 x$$

$$= -\frac{1}{m} \overline{\left(p_k - \frac{e}{c} \Phi_k \right)^2} = m \overline{\dot{x}_k^2}.$$

Die letzten beiden Ausdrücke können allerdings erst vom Standpunkt eines systematischen Operatorkalküls voll gerechtfertigt werden, der erst später besprochen wird. Mit diesem Vorbehalt erhalten wir

$$m \frac{d}{dt} \int x_k i_k \, d^3 x = m \overline{\dot{x}_k^2} + \overline{x_k K_k}, \qquad (4.24)$$

also das Analogon zum Virialsatz (4.9). Ebenso ergibt sich analog zu (4.11) und (4.12)

$$\frac{d}{dt} \overline{(\Delta x_k)^2} = 2 \int (x_k - \overline{x_k}) i_k \, d^3 x, \qquad (4.25)$$

$$\frac{m}{2} \frac{d^2}{dt^2} \overline{(\Delta x_k)^2} = m \overline{(\dot{x}_k - \overline{\dot{x}_k})^2} + \overline{(x_k - \overline{x_k}) K_k}. \qquad (4.26)$$

Bekanntlich ist es ein wichtiger Umstand, daß die Potentiale Φ_k nur bis auf einen zusätzlichen Gradienten bestimmt sind, da durch einen solchen die magnetischen Feldstärken $\mathscr{H}_{kl}$ nicht verändert werden. Es ist also eine erlaubte Substitution, zu setzen

$$\Phi_k' = \Phi_k + \frac{\partial f}{\partial x_k}, \qquad (4.27)$$

worin f eine beliebige Funktion der Raumkoordinaten ist. Ja es kann sogar f die Zeit explizite enthalten, nur hat man dann gleichzeitig zu setzen

$$V' = V - \frac{e}{c} \frac{\partial f}{\partial t}, \qquad (4.27')$$

um den Ausdruck (4.15) für die Kraft invariant zu erhalten. In der Tat wird dann

$$\frac{\partial V'}{\partial x_k} + \frac{e}{c} \frac{\partial \Phi_k'}{\partial t} = \frac{\partial V}{\partial x_k} + \frac{e}{c} \frac{\partial \Phi_k}{\partial t}; \qquad \mathscr{H}_{kl} = \mathscr{H}_{kl}'.$$

Da in der Wellengleichung (4.17) nicht nur die magnetische und elektrische Feldstärke und die Kraft, sondern auch die Potentiale V und Φ_k selbst eingehen,
könnte es vielleicht zunächst scheinen, als ob die aus dieser Wellengleichung
folgenden physikalischen Resultate auch von den Absolutwerten der Potentiale
abhingen. Dem ist aber nicht so; ist nämlich ψ eine Lösung der Wellengleichung
(4.17) für die Potentiale V und Φ_k, so erhält man eine Lösung ψ' für die durch
(4.27), (4.27') gegebenen Potentiale V' und Φ_k' durch die Substitution

$$\psi' = \psi \exp\left(\frac{i\,e}{\hbar\,c}\,f\right). \tag{4.27''}$$

Die durch (4.27), (4.27'), (4.27'') definierte Gruppe von Substitutionen pflegt man
als *Eichgruppe* zu bezeichnen, Größen, die gegenüber diesen Substitutionen sich
nicht ändern, als *eichinvariante* Größen[1]. Das Bemerkenswerte ist, daß nicht
nur die Wahrscheinlichkeitsdichte $\psi\psi^*$, sondern auch der durch (4.18) gegebene
Strom $\vec{i}$ sowie der durch (4.20) definierte Spannungstensor $T_{k\,l}$ eichinvariante
Größen sind. Von diesem Gesichtspunkt aus muß die Wellengleichung (4.17)
insbesondere die spezielle Wahl des Hamilton-Operators in dieser Gleichung, als
eine sehr naturgemäße bezeichnet werden. Andererseits beruhte diese Gleichung
wesentlich auf der Voraussetzung, daß die Feldgrößen V und Φ_k selbst als klassische Größen (vorgegebene Raumzeitfunktionen) betrachtet werden können, derart, daß von einem etwaigen Einfluß des Wirkungsquantums auf die Definition
dieser Feldgrößen abgesehen werden kann.

5. Wechselwirkung mehrerer Teilchen. Operatorkalkül. Die Art und Weise,
wie die aus mehreren Teilsystemen bestehenden Gesamtsysteme in der Quantentheorie beschrieben werden, ist für diese Theorie von fundamentaler Wichtigkeit
und am meisten charakteristisch. Sie zeigt einerseits die Fruchtbarkeit des
Schrödingerschen Gedankens der Einführung einer ψ-Funktion, die einer linearen Gleichung genügt, andererseits den rein symbolischen Charakter dieser Funktion, die von den Wellenfunktionen der klassischen Theorie (Oberflächenwellen
von Flüssigkeiten, elastische Wellen, elektromagnetische Wellen) prinzipiell verschieden ist.

Wenn ein System von mehreren Teilchen vorliegt, erhält man *keine* genügende
Beschreibung des Systems durch die Angabe der Wahrscheinlichkeit dafür, *eines*
der Teilchen an einem bestimmten Ort zu finden. Denken wir uns z.B. ein
System bestehend aus zwei materiellen Teilchen, die sich in einem geschlossenen
Kasten befinden. Dieser Kasten sei durch eine Trennungswand mit einer kleinen
verschließbaren Öffnung in zwei Teile geteilt. Durch plötzliches Schließen der
Öffnung und Auseinandernehmen der beiden Hälften läßt sich dann von jedem
Teilchen feststellen, in welcher Hälfte des Kastens es sich im betreffenden Moment befunden hat. Man kann nun nicht nur untersuchen, wie groß für jedes
Teilchen die Wahrscheinlichkeit ist, sich in der einen bzw. in der anderen Hälfte
zu befinden, sondern auch, wie häufig es ist, daß sich die Teilchen in derselben
oder in verschiedenen Hälften des Kastens befinden. Statt der Trennungswände
lassen sich auch „Mikroskope" mit kurzwelliger Strahlung verwenden, und statt

---

[1] Die Invarianz der Wellengleichung gegenüber der in Rede stehenden Gruppe von
Substitutionen ist (im Falle einer relativistischen Verallgemeinerung dieser Gleichung) zuerst
von V. Fock, Z. Physik **39**, 226 (1927), angegeben worden. Die Analogie dieser Gruppe
zur Eichgruppe in einer älteren Theorie von Weyl über Gravitation und Elektrizität wurde
von F. London, Z. Physik **42**, 375 (1927), angegeben. Von Weyl selbst [Z. Physik **56**, 330
(1929)] wurde der Zusammenhang dieser Gruppe mit dem Erhaltungssatz für die Ladung
bei Ableitung der Wellengleichung aus einem Variationsprinzip hervorgehoben. Über die
Eichgruppe in der relativistischen Wellengleichung vgl. Ziff. 18d.

einer Teilung eines endlichen Volumens in nur zwei Teile läßt sich dann eine beliebig feine Unterteilung des Raumes erreichen. Es seien also nunmehr N Teilchen vorhanden und ihre Koordinaten seien $x_k^{(1)}, x_k^{(2)}, \ldots, x_k^{(N)}$, wofür wir auch einfacher schreiben $q_1 \ldots q_f$, wobei $f = 3N$ die Anzahl der Freiheitsgrade des Systems bezeichnet; ferner möge einfach dq für das mehrdimensionale Volumelement $dq_1 dq_2 \ldots dq_f$ geschrieben werden. Die Grundannahme für die Beschreibung eines Systems mit mehreren materiellen Teilchen kann dann folgendermaßen formuliert werden:

1. *In jedem Zeitmoment t existiert eine Wahrscheinlichkeit*

$$W(q_1 \ldots q_f; t)\, dq \tag{5.1}$$

dafür, zugleich die Koordinaten des ersten Teilchens im Bereich $(q_k, q_k + dq_k)$ $(k = 1, 2, 3)$, die des zweiten Teilchens in $(q_k, q_k + dq_k)$ $(k = 4, 5, 6)$, die des N-ten Teilchens in $(q_k, q_k + dq_k)$ $(k = f - 2, f - 1, f)$ zu finden.

Zur Erläuterung dieses Wahrscheinlichkeitsbegriffes ist zu bemerken, daß man hier zunächst die Unterscheidbarkeit der Teilchen vorausgesetzt hat; die Wahrscheinlichkeit, das erste Teilchen an der Stelle $x_k^{(1)}, x_k^{(1)} + dx_k^{(1)}$ und das zweite an der Stelle $x_k^{(2)}, x_k^{(2)} + dx_k^{(2)}$ zu finden, wird im allgemeinen verschieden sein von der Wahrscheinlichkeit, das zweite Teilchen an der Stelle $x_k^{(1)}, x_k^{(1)} + dx_k^{(1)}$ und das erste an der Stelle $x_k^{(2)}, x_k^{(2)} + dx_k^{(2)}$ zu finden oder, was dasselbe ist, es kommt auf die Reihenfolge der $x_k^{(p)}$ in den Argumenten $q_1 \ldots q_f$ von W an. Eine solche Unterscheidbarkeit ist sicher vorhanden, wenn die beiden Teilchen verschiedenartig sind, z.B. verschiedene Masse haben (wie Elektron und Proton, oder wie die Kerne zweier verschiedener Isotopen). Die Existenz exakt gleichartiger Individuen in der Natur, wie z.B. zwei Elektronen oder zwei Protonen oder zwei α-Teilchen, zwingt uns aber in diesem Fall zu einer besonderen Vorsicht, die übrigens in den Grundlagen der jetzigen Quantentheorie noch nicht direkt zum Ausdruck kommt. Man kann bei *gleichartigen* Teilchen nur fragen nach der Wahrscheinlichkeit dafür, *eines* der Teilchen in $(x_k^{(1)}, x_k^{(1)} + dx_k^{(1)})$, *ein anderes* in $(x_k^{(2)}, x_k^{(2)} + dx_k^{(2)})$, ein letztes in $(x_k^{(N)}, x_k^{(N)} + dx_k^{(N)})$ zu finden. Sind also mehrere unter sich gleichartige Teilchen vorhanden, so wird man nur solchen Funktionen W einen Sinn zusprechen können, die in den Koordinaten der gleichartigen Teilchen symmetrisch sind. Auf diesen Fall kommen wir in Ziff. 14 ausführlich zurück; vorläufig sehen wir hiervon ab.

Durch Integration von W über die Koordinaten aller Teilchen bis auf eines gelangt man zu N neuen Funktionen

$$W_1(x_1, x_2, x_3), \quad W_2(x_4, x_5, x_6), \quad \ldots \quad W_N(x_{3N-2}, x_{3N-1}, x_{3N}),$$

welche die Wahrscheinlichkeit angeben, ein bestimmtes der Teilchen an einer bestimmten Raumstelle zu finden, wobei nicht gefragt wird, an welchen Raumstellen sich die übrigen Teilchen befinden. Diese Funktionen sagen weniger über das System aus als die ursprüngliche Funktion von f Argumenten, in dem letztere offenbar nicht eindeutig aus ersteren gefolgert werden kann, sondern nur das Umgekehrte gilt. (Im obigen Beispiel des aus zwei Hälften bestehenden Kastens mit den beiden Teilchen folgt z.B. aus der Angabe „für jedes der Teilchen ist es gleich wahrscheinlich, in der ersten oder zweiten Hälfte des Kastens zu sein" noch nichts über die relativen Häufigkeiten der Fälle „beide Teilchen sind in derselben Hälfte" und „beide Teilchen sind in verschiedenen Hälften".)

Nur in einem speziellen Fall ist die Kenntnis der Funktionen $W_1 \ldots W_N$ gleichwertig mit der Kenntnis der Funktion $W(q_1, q_2, \ldots q_f)$, nämlich wenn diese

Funktion W in ein Produkt zerfällt:

$$W(q_1 \ldots q_f) = W_1(q_1, q_2, q_3)\, W_2(q_4, q_5, q_6) \ldots W_N(q_{3N-2}, q_{3N-1}, q_{3N}).$$

In diesem Spezialfall sagen wir, daß die Teilchen statistisch unabhängig voneinander sind.

Die Existenz der Wahrscheinlichkeit $W(q_1 \ldots q_f; t)$ enthält die Aussage oder ist nur unter der Voraussetzung möglich, daß die Ortsmessungen der verschiedenen Teilchen einander nicht grundsätzlich stören, derart, daß die Benutzbarkeit der Ortskenntnis eines Teilchens für die Voraussage von anderen Messungen (z. B. des Ortes dieses Teilchens zu einer späteren Zeit) durch die Kenntnis des Ortes des anderen Teilchens nicht verlorengeht. Diese Sachlage hängt sehr eng zusammen mit der Frage, inwiefern die *Gleichzeitigkeit* der Ortsmessungen der verschiedenen Teilchen für die Existenz der Wahrscheinlichkeit wesentlich ist. Dies soll besagen: unter welchen Umständen existiert eine Wahrscheinlichkeit

$$W(x_k^{(1)}, t^{(1)}; x_k^{(2)}, t^{(2)}; \ldots; x_k^{(N)}, t^{(N)})\, dq_1 \ldots dq_{3N} \tag{5.2}$$

dafür, daß das erste Teilchen zur Zeit $t^{(1)}$ im Raumelement $x_k^{(1)}$, $x_k^{(1)} + dx_k^{(1)}$, ferner das zweite Teilchen zur Zeit $t^{(2)}$ im Raumelement $x_k^{(2)}$, $x_k^{(2)} + dx_k^{(2)}$, ferner das N-te Teilchen zur Zeit $t^{(N)}$ im Raumelement $x^{(N)}$, $x_k^{(N)} + dx_k^{(N)}$ zu finden. Im allgemeinen, d. h. wenn irgendwelche Wechselwirkungskräfte zwischen den Teilchen vorhanden sind, ist die gegenseitige Störungsfreiheit der Messungen dann und nur dann garantiert, wenn für die Entfernung r_{ab} irgendeines Paares (a, b) von Teilchen und die zugehörigen Zeiten gilt

$$|t_a - t_b| < \frac{r_{ab}}{c}. \tag{5.3}$$

Die Veränderung der Kraftwirkung des Teilchens a auf das Teilchen b, die durch die Ortsmessung von a hervorgerufen wird, kann sich nämlich höchstens mit Lichtgeschwindigkeit c fortpflanzen. *Insofern man in einer relativistischen Quantenmechanik überhaupt die Wahrscheinlichkeit $W(x_1\, x_2\, x_3; t)\, dx_1\, dx_2\, dx_3$ für den Ort eines Teilchens als existierend annimmt, muß man allgemein die Wahrscheinlichkeit (5.2) als existierend annehmen, wenn die Argumentwerte die Bedingung (5.3) erfüllen*[1]. In der unrelativistischen Wellenmechanik ist es konsequent, c sozusagen als unendlich groß zu betrachten und sich daher auf den Fall zu beschränken, daß $t^{(1)} = t^{(2)} = \cdots = t^{(N)} = t$.

2. Als eine natürliche Verallgemeinerung der analogen Annahme bei *einem* Teilchen nehmen wir auch hier die Existenz einer Funktion[2]

$$\psi(q_1 \ldots q_f; t)$$

an, derart, daß

$$W(q_1 \ldots q_f; t)\, dq = \psi^* \psi\, dq. \tag{5.4}$$

Diese Funktion ψ soll wieder einer Gleichung vom Typ (4.3)

$$-\frac{\hbar}{i} \frac{\partial \psi}{\partial t} = \boldsymbol{H} \psi$$

genügen, worin $\boldsymbol{H}$ *ein linearer* Operator ist. Die Funktion $(\boldsymbol{H}\psi)(q_1 \ldots q_f; t)$ ist dabei eindeutig bestimmt durch die Funktion $\psi(q_1 \ldots q_f; t)$ für den *gleichen*

---

[1] Siehe hierzu: P. A. M. Dirac, V. Fock u. B. Podolsky, Phys. Z. Sowjet. **2**, 468 (1932); F. Bloch, Phys. Z. Sowjet. **5**, 301 (1934).

[2] Über die Notwendigkeit mehrerer ψ-Funktionen für Teilchen mit Spin vgl. Ziff 13.

Zeitpunkt t, ohne daß die Kenntnis von ψ zu anderen Zeiten nötig wäre. Um die Bedingung

$$\frac{d}{dt}\int \psi\,\psi^*\,dq = 0$$

zu erfüllen, muß H ein HERMITEscher Operator sein, d.h. für zwei beliebige Funktionen ψ_1, ψ_2, die nur gewisse Regularitätsbedingungen erfüllen müssen, muß analog zu Gl. (4.4) gelten

$$\int \psi_1^*\,H\,\psi_2\,dq = \int \psi_2\,[H\,\psi_1]^*\,dq.$$

3. In Verallgemeinerung von (3.1'') und (3.4) nehmen wir auch an, daß

$$\varphi(p_1 \ldots p_f; t) = \frac{1}{\sqrt{(2\pi\hbar)^f}}\int \psi(q_1 \ldots q_f; t)\, e^{-\frac{i}{\hbar}(p_1 q_1 + \cdots + p_f q_f)}\,dq \tag{5.5}$$

mit der Umkehrung

$$\psi(q_1 \ldots q_f; t) = \frac{1}{\sqrt{(2\pi\hbar)^f}}\int \varphi(p_1 \ldots p_f; t)\, e^{+\frac{i}{\hbar}(p_1 q_1 + \cdots + p_f q_f)}\,dp \tag{5.5'}$$

gemäß

$$W(p_1 \ldots p_f; t)\,dp = \varphi\,\varphi^*\,dp \tag{5.6}$$

die Wahrscheinlichkeit dafür angibt, zur Zeit t die Impulse der Teilchen zwischen p_k und $p_k + dp_k$ zu finden. Es ist hierin $dq = dq_1 \ldots dq_f$ und $dp = dp_1 \ldots dp_f$ gesetzt. Es gilt ferner die Vollständigkeitsrelation

$$\int \varphi^*\,\varphi\,dp \equiv \int \psi^*\,\psi\,dq. \tag{5.7}$$

Ganz analog zu (3.24), (3.24') folgert man daraus durch partielle Integration, wenn F eine ganze rationale Funktion von f Variablen bedeutet

$$\overline{F(q_1 \ldots q_f)} = \int \psi^*\,F\,\psi\,dq = \int \varphi^*\left[F\left(i\hbar\,\frac{\partial}{\partial p_1}, \ldots, i\hbar\,\frac{\partial}{\partial p_f}\right)\varphi\right]dp. \tag{5.8}$$

$$\overline{F(p_1 \ldots p_f)} = \int \varphi^*\,F\,\varphi\,dp = \int \psi^*\left[F\left(\frac{\hbar}{i}\,\frac{\partial}{\partial q_1}, \ldots, \frac{\hbar}{i}\,\frac{\partial}{\partial q_f}\right)\psi\right]dq, \tag{5.8'}$$

Auf die Bedeutung dieser Relationen kommen wir sogleich zurück.

Was die Wahl des HAMILTON-Operators H betrifft, so ist zunächst anzunehmen, daß in dem Fall, wo keine Wechselwirkung zwischen den Teilchen stattfindet, diese aber beliebigen *äußeren* Kräften unterworfen sein können, der HAMILTON-Operator in unabhängige Summanden zerfallen wird

$$H = H^{(1)} + H^{(2)} + \cdots + H^{(N)}, \tag{5.9}$$

derart, daß $H^{(1)}$ nur eine die Koordinaten des ersten Teilchens enthaltende Funktion $\psi(x_k^{(1)})$ verändert, eine nur die Koordinaten der anderen Teilchen enthaltende Funktion aber in sich überführt. Überdies gilt dann

$$H^{(1)}[\psi(q^{(1)})\,\psi(q^{(2)} \ldots q^{(N)})] = \{H^{(1)}[\psi(q^{(1)})]\}\,\psi(q^{(2)} \ldots q^{(N)})$$

und entsprechendes für die Operatoren $H^{(2)} \ldots H^{(N)}$. Sind dann also

$$\psi^{(1)}(q^{(1)}), \ldots, \psi^{(N)}(q^{(N)})$$

irgendwelche Lösungen der Wellengleichungen

$$-\frac{\hbar}{i}\,\frac{\partial \psi^{(a)}}{\partial t} = H^{(a)}\,\psi^{(a)}, \qquad a = 1, 2, \ldots N$$

der isolierten Systeme, so ist

$$\psi = \psi^{(1)} \cdot \psi^{(2)} \dots \psi^{(N)} \tag{5.10}$$

eine Lösung (allerdings nicht die allgemeinste Lösung) von

$$-\frac{\hbar}{i}\frac{\partial \psi}{\partial t} = H\psi = [H^{(1)} + H^{(2)} + \dots + H^{(N)}]\,\psi.$$

Einer additiven Zerlegung des Hamilton-Operators in unabhängige Summanden entspricht also eine Produktzerlegung der Wellenfunktion in unabhängige Faktoren. Dies ist im Einklang mit dem Umstand, daß bei statistisch unabhängigen Teilchen die Wahrscheinlichkeit $W(q_1 \dots q_f; t)$ in ein Produkt zerfällt. Da ψ für alle Zeiten eindeutig bestimmt ist durch seinen Verlauf für eine bestimmte Zeit t_0, können wir nämlich sagen: Wenn für ungekoppelte Teilchen die Wellenfunktion für einen bestimmten Zeitpunkt in ein Produkt zerfällt, so trifft dies für alle Zeiten zu. Also gilt auch: Sind mechanisch ungekoppelte Teilchen für einen bestimmten Zeitpunkt t_0 statistisch unabhängig, so sind sie dies für alle Zeiten.

Auf Grund der vorigen Ziffer kennen wir also nun den Hamilton-Operator H_0 für ungekoppelte Teilchen, die äußeren Kräften unterworfen sind. Er ist gegeben durch

$$H_0 = \sum_{a=1}^{N}\left[-\frac{\hbar^2}{2m^{(a)}}\sum_{k=1}^{3}\left(\frac{\partial}{\partial x_k^{(a)}} - \frac{i}{\hbar}\frac{e^{(a)}}{c}\,\Phi_k^{(a)}\left(x_i^{(a)}\right)\right)^2 + V^{(a)}\left(x_i^{(a)}\right)\right]. \tag{5.11}$$

Wenn die Kräfte zwischen den Teilchen sich aus einem Potential ableiten lassen, das nur von ihren Lagekoordinaten abhängt und welches wir schreiben können $V(q_1 \dots q_f)$, ist es naheliegend, zu setzen

$$-\frac{\hbar}{i}\frac{\partial \psi}{\partial t} = H\psi = H_0\,\psi + V(q_1 \dots q_f)\,\psi. \tag{5.12}$$

Unter diese Voraussetzung fallen die Coulombschen elektrischen Kräfte zwischen geladenen Teilchen, deren Potential ja gegeben ist durch

$$V = \sum_{(a,\,b)}' \frac{e_a e_b}{r_{ab}} \tag{5.13}$$

[in der Summe ist $a \neq b$ und jedes Paar (a, b) nur einmal zu nehmen]. Auf die Frage der magnetischen Wechselwirkung zwischen zwei Teilchen soll erst bei der Besprechung der relativistischen Quantentheorie näher eingegangen werden.

Die Ansätze (5.11) bis (5.13) für die unrelativistische Wellengleichung des Mehrkörperproblems enthalten, abgesehen von einer notwendigen Ergänzung betreffend den Spin (vgl. Ziff. 13), die Grundlage für die rechnerische Behandlung des Atom- und Molekülbaues. Was ihre prinzipielle Stellung betrifft, so ist zu betonen, daß in ihr die Potentiale $\Phi_k^{(a)}$, $V^{(a)1}$ und V aus der klassischen Theorie übernommen werden; insbesondere gilt dies für das Coulombsche Potential (5.13), das ja seinerseits wieder eine Konsequenz der Maxwellschen Gleichungen ist. So beruht die heutige Wellenmechanik auf zwei verschiedenen Grundannahmen. Erstens der Gleichung für die (nur symbolisch aufzufassenden) Materiewellen, welche logisch als eine dem Wirkungsquantum Rechnung tragende sinngemäße Verallgemeinerung der klassischen Partikelmechanik anzusehen ist. Zweitens

---

[1] Die „äußeren Kräfte" sind als ein Hilfsbegriff anzusehen, dessen Anwendung dann praktisch ist, wenn die diese Kräfte erzeugenden Körper nicht in das betrachtete System mit einbezogen werden. Ihre Elimination wäre im Prinzip allgemein möglich, wenn eine Berücksichtigung der Retardierung der Kräfte in der Quantentheorie streng durchführbar wäre.

den MAXWELLschen elektrodynamischen Gleichungen, die allerdings ebenfalls einer quantentheoretischen Umdeutung bedürfen (vgl. die beiden folgenden Artikel in diesem Bande).

In diesem Kapitel wollen wir jedoch die Potentiale einfach als vorgegebene Raum-Zeit-Funktionen betrachten. Es lassen sich dann zunächst die Kontinuitätsgleichung (3.14) und die Gl. (3.22′) für die zeitliche Änderung des Stromes unmittelbar auf unseren Fall übertragen. Dabei ist es zweckmäßig, statt $e^{(a)}$, $m^{(a)}$, $\Phi_k^{(a)}(x_l^{(a)})$, worin $k = 1, 2, 3$, $(a) = 1 \ldots N$, die Bezeichnung e_k, m_k, Φ_k, $\ldots$ mit $k = 1, 2 \ldots f$ einzuführen, so daß z.B. $m_1 = m_2 = m_3 = m^{(1)}$; $m_4 = m_5 = m_6 = m^{(2)}$. Dann gibt es zunächst im f-dimensionale Lagenraum einen Stromvektor i_k mit f Komponenten ($k = 1 \ldots f$), dessen physikalische Bedeutung die ist, daß z.B. i_1 die Wahrscheinlichkeit, daß bei gegebenen Lagen aller Teilchen das erste Teilchen eher in der Richtung von $-x_1$ nach $+x_1$ als in der umgekehrten durch die senkrecht auf x_1 stehende Flächeneinheit hindurchtritt. Dieser Vektor $\vec{i}$ im f-dimensionalen Lagenraum ist gegeben durch

$$\dot{i}_k = \frac{\hbar}{2 m_k i}\left(\psi^* \frac{\partial \psi}{\partial q_k} - \psi \frac{\partial \psi^*}{\partial q_k}\right) - \frac{e_k}{m_k c}\,\Phi_k \psi^* \psi, \tag{5.14}$$

und genügt der Kontinuitätsgleichung

$$\frac{\partial(\psi^* \psi)}{\partial t} + \sum_{k=1}^{f} \frac{\partial i_k}{\partial q_k} = 0. \tag{5.15}$$

Ebenso ist jetzt auch der Spannungstensor im f-dimensionalen Raum zu nehmen und gegeben durch den zu (4.20) völlig analogen Ausdruck

$$T_{\varkappa\lambda} = \frac{\hbar^2}{4 m_\lambda}\left[-\psi^*\left(\frac{\partial}{\partial q_\lambda} - \frac{i e_\lambda}{\hbar c}\Phi_\lambda\right)\left(\frac{\partial \psi}{\partial q_\varkappa} - \frac{i e_\varkappa}{\hbar c}\Phi_\varkappa \psi\right) \right.$$
$$- \psi\left(\frac{\partial}{\partial q_\lambda} + \frac{i e_\lambda}{\hbar c}\Phi_\lambda\right)\left(\frac{\partial \psi^*}{\partial q_\varkappa} + \frac{i e_\varkappa}{\hbar c}\Phi_\varkappa \psi^*\right)$$
$$+ \left(\frac{\partial \psi}{\partial q_\varkappa} - \frac{i e_\varkappa}{\hbar c}\Phi_\varkappa \psi\right)\left(\frac{\partial \psi^*}{\partial q_\lambda} + \frac{i e_\lambda}{\hbar c}\Phi_\lambda \psi^*\right) \tag{5.16}$$
$$\left.+ \left(\frac{\partial \psi^*}{\partial q_\varkappa} + \frac{i e_\varkappa}{\hbar c}\Phi_\varkappa \psi^*\right)\left(\frac{\partial \psi}{\partial q_\lambda} - \frac{i e_\lambda}{\hbar c}\Phi_\lambda \psi\right)\right].$$

Die Symmetriebedingung $T_{\varkappa\lambda} = T_{\lambda\varkappa}$ gilt hier nur, wenn $\varkappa$ und λ zum selben Teilchen gehören. Analog zu (4.19) gilt dann

$$m\frac{\partial i_\varkappa}{\partial t} = -\sum_\lambda \frac{\partial T_{\varkappa\lambda}}{\partial q_\lambda} + \left(-\frac{\partial\left(V + \sum_a V^{(a)}\right)}{\partial q_\varkappa} - \frac{e_\varkappa}{c}\frac{\partial \Phi_\varkappa}{\partial t}\right)\psi^* \psi$$
$$+ \frac{e_\varkappa}{c}\sum_\lambda\left(\frac{\partial \Phi_\lambda}{\partial q_\varkappa} - \frac{\partial \Phi_\varkappa}{\partial q_\lambda}\right)i_\lambda. \tag{5.17}$$

Nach unseren Annahmen über Φ_k sind in der letzten Summe nur drei Terme (die auf dasselbe Teilchen bezüglichen) von Null verschieden. Ferner gilt wieder analog zu (4.16″) und zu (4.23)

$$\frac{d\overline{q_k}}{dt} = \int i_k\,dq = \frac{1}{m_k}\left(\overline{p_k} - \frac{e_k}{c}\overline{\Phi_k}\right), \tag{5.18}$$

$$m\frac{d^2\overline{q_k}}{dt^2} = \overline{K_k}, \tag{5.19}$$

wenn $\overline{K_k}$ wie in (4.22) definiert wird.

Die zuletzt erwähnten Relationen, die Bewegungsgleichungen, können sehr allgemein mittels des Operatorkalküls aus der Wellengleichung abgeleitet werden. Wir knüpfen zunächst an die Relationen (5.5), (5.5′) an, aus denen die Beziehungen (5.8), (5.8′) folgen, wenn F eine ganze rationale Funktion bedeutet. Dies führt dazu, den Impulsen und Koordinaten Operatoren zuzuordnen, die folgendermaßen wirken

$$p_k \psi(q_1 \ldots q_f) = \frac{\hbar}{i} \frac{\partial}{\partial q_k} \psi; \qquad q_k \psi(q_1 \ldots q_f) = q_k \psi; \tag{5.20}$$

$$p_k \varphi(p_1 \ldots p_f) = p_k \varphi(p_1 \ldots p_f); \qquad q_k \varphi(p_1 \ldots p_f) = -\frac{\hbar}{i} \frac{\partial}{\partial p_k} \varphi. \tag{5.20′}$$

Es folgen daraus die grundlegenden *Vertauschungsrelationen* (im folgenden als V.-R. abgekürzt)

$$\left. \begin{array}{l} p_k q_l - q_l p_k = \delta_{lk} \dfrac{\hbar}{i}, \quad \delta_{lk} = \begin{cases} 1 & \text{für} \quad l = k \\ 0 & \text{für} \quad l \neq k \end{cases} \\[2ex] p_k p_l - p_l p_k = 0, \\[1ex] q_k q_l - q_l q_k = 0. \end{array} \right\} \tag{5.21}$$

Zum Beispiel ist

$$p_k q_k \psi = \frac{\hbar}{i} \frac{\partial}{\partial q_k} (q_k \psi); \qquad q_k p_k \psi = q_k \frac{\hbar}{i} \frac{\partial}{\partial q_k} \psi,$$

also in der Tat

$$(p_k q_k - q_k p_k) \psi = \frac{\hbar}{i} \left(\frac{\partial}{\partial q_k} (q_k \psi) - q_k \frac{\partial \psi}{\partial q_k} \right) = \frac{\hbar}{i} \psi.$$

Das gleiche hätte sich ergeben, wenn man die $\varphi(p_1 \ldots p_f)$ zur Vertifikation der V.-R. benutzt hätte. Auf analoge Weise verifiziert man ferner die übrigen V.-R. (5.21). Diese Form der V.-R. ist nur ein anderer Ausdruck für den Zusammenhang (5.5), (5.5′) von $\varphi(p)$ mit $\psi(q)$.

Es ist ferner zu betonen, daß die p_k und q_k Hermitesche (lineare) Operatoren sind. Solche sind ja definiert durch die zu (4.4′) analoge Beziehung

$$\int \psi_1^*(H \psi_2) \, dq = \int \psi_2 (H \psi_1)^* \, dq, \tag{5.22}$$

die für beliebige Funktionen ψ_1 und ψ_2 gültig sein muß, was man für die Operatoren (5.20) leicht bestätigt. Wir erwähnen weiter, daß durch zweimalige Anwendung von (5.22) für zwei als Hermitesch vorausgesetzte Operatoren folgt

$$\int (H_1 \psi_1)^* (H_2 \psi_2) \, dq = \int \psi_2 (H_2 [H_1 \psi_1])^* \, dq,$$

$$\int (H_2 \psi_2)^* (H_1 \psi_1) \, dq = \int \psi_1 (H_1 [H_2 \psi_2])^* \, dq,$$

also

$$\int \psi_2 (H_2 [H_1 \psi_1])^* \, dq = \int \psi_1^* (H_1 [H_2 \psi_2]) \, dq. \tag{5.23}$$

Daraus folgt: Sind H_1 und H_2 Hermitesche lineare Operatoren, so gilt dasselbe von

$$F = H_1 H_2 + H_2 H_1 \tag{5.24}$$

und

$$G = i (H_1 H_2 - H_2 H_1). \tag{5.24′}$$

Sind speziell H_1 und H_2 vertauschbar, so ist auch $H_1 H_2$ Hermitesch, insbesondere ist jede ganze rationale Funktion von H_1 wieder Hermitesch. Sind A, B zwei lineare Operatoren, so schreiben wir oft zur Abkürzung

$$[A, B] \equiv i (A B - B A). \tag{5.25}$$

Dann gilt

$$[A_1 A_2, A_3] \equiv A_1 [A_2 A_3] + [A_1 A_3] A_2, \tag{5.26}$$

$$[[A_1, A_2] A_3] + [[A_3, A_1] A_2] + [[A_2, A_3] A_1] \equiv 0. \tag{5.27}$$

Nun sei F ein beliebiger HERMITEScher linearer Operator, der die Zeit nicht explizite enthält, und H der HAMILTON-Operator. Wir wollen die zeitliche Änderung des Mittelwertes (,,Erwartungswertes'')

$$\overline{F} = \int \psi^* (F \psi)\, dq \tag{5.28}$$

berechnen. Es ergibt sich

$$\hbar \frac{d\overline{F}}{dt} = \hbar \int \frac{\partial \psi^*}{\partial t} (F \psi)\, dq + h \int \psi^* \left(F \frac{\partial \psi}{\partial t} \right) dq$$

$$= i \int (H \psi)^* (F \psi)\, dq - i \int \psi^* (F [H \psi])\, dq$$

$$= i \int \psi^* [(H F) \psi]\, dq - i \int \psi^* [(F H) \psi]\, dq,$$

also

$$\hbar \frac{d\overline{F}}{dt} = \int \psi^* ([H, F] \psi)\, dq = \overline{[H, F]} = i (\overline{H F - F H}). \tag{5.29}$$

Nun gilt für jede Funktion $F(p_1 \ldots p_f)$ der p allein

$$F p_k - p_k F = 0; \qquad F q_k - q_k F = \frac{\hbar}{i} \frac{\partial F}{\partial p_k}, \tag{5.30}$$

die letztere Formel ist richtig für $F = p_i$ und für $F = q_i$; sie ist ferner für $F_1 + F_2$ und $F_1 \cdot F_2$ richtig, wenn sie für F_1 und F_2 richtig ist, wie man aus (5.26) entnimmt. Daraus folgt die Behauptung für jede ganze rationale Funktion F der p. Ferner gilt gemäß der Definition $p_k = \frac{\hbar}{i} \frac{\partial}{\partial q_k}$ für jede Funktion $G(q_1 \ldots q_f)$ der q allein

$$p_k G - G p_k = \frac{\hbar}{i} \frac{\partial G}{\partial q_k}; \qquad q_k G - G q_k = 0. \tag{5.31}$$

Aus (5.30) und (5.31) zusammen folgt zunächst für jede Funktion

$$H(p, q) = F(p_1 \ldots p_f) + G(q_1 \ldots q_f), \tag{5.32}$$

worin F ganz rational und G beliebig, also

$$H \psi (q) = \left[F\left(\frac{\hbar}{i} \frac{\partial}{\partial q_1}, \ldots, \frac{\hbar}{i} \frac{\partial}{\partial q_f} \right) + G(q_1 \ldots q_f) \right] \psi,$$

$$H p_k - p_k H = - \frac{\hbar}{i} \frac{\partial H}{\partial q_k}; \qquad H q_k - q_k H = \frac{\hbar}{i} \frac{\partial H}{\partial p_k}. \tag{5.33}$$

Schließlich ist es auf Grund der Definition der p_k und q_k auch leicht, diese Formel noch zu beweisen für eine Funktion der Form

$$H = F(p_1 \ldots p_f) + \sum_k [A_k(q) p_k + p_k A_k(q)] + G(q_1 \ldots q_f). \tag{5.32'}$$

Von dieser Form ist die HAMILTON-Funktion in kartesischen Koordinaten, die wir bisher benutzt haben. (Man beachte die Symmetrisierung der Reihenfolge der Faktoren A_k und p_k, die gemäß (5.24) nötig ist, damit H hermitesch wird.)

Durch Einsetzen von $F = p_k$ bzw. $F = q_k$ in (5.29) folgt mit Rücksicht auf (5.33) zunächst

$$\frac{d\overline{p_k}}{dt} = -\overline{\left(\frac{\partial H}{\partial q_k}\right)}; \quad \frac{d\overline{q_k}}{dt} = +\overline{\left(\frac{\partial H}{\partial p_k}\right)} \tag{5.34}$$

für die Mittelwerte der betreffenden Größen über die Wellenpakete einer beliebigen Lösung der Wellengleichung. Dabei ist über das Bisherige hinausgehend benutzt, daß z.B. als Mittelwert eines Ausdruckes der Form

$$A_k(q)\, p_k + p_k\, A_k(q)$$

der (stets reelle) Wert

$$\int \psi^* \left[A_k(q)\, \frac{\hbar}{i}\, \frac{\partial \psi}{\partial q_k} + \frac{\hbar}{i}\, \frac{\partial}{\partial q_k}\, (A_k(q)\, \psi) \right] dq$$

zu verstehen ist. Es ist dies eine Definition, die sich in vieler Hinsicht bewährte. Sodann folgt aus (5.29) für $\boldsymbol{F} = \boldsymbol{H}$ wegen $[H, H] \equiv 0$, daß für den Fall, daß H die Zeit nicht explizite enthält, gilt

$$\frac{d\overline{H}}{dt} = 0; \quad \overline{H} = \text{const}. \tag{5.35}$$

Hierin erblicken wir den Ausdruck für den Energiesatz, da $\overline{H}$ als Mittelwert der Energie über das Wellenpaket interpretiert werden kann. Ebenso folgt für den Gesamtimpuls

$$\overline{P} = \overline{\sum_{(k)} p_k}; \quad \frac{d\overline{P}}{dt} = -\overline{\left(\sum_k \frac{\partial}{\partial q_k}\right) H},$$

welcher Ausdruck verschwindet, wenn $\boldsymbol{H}$ explizite nur von den Differenzen der Koordinaten $q_k - q_i$ abhängt. Ferner für den Drehimpuls, zunächst im Fall der Abwesenheit eines Magnetfeldes

$$\boldsymbol{J}_{ik} = \sum_{a=1}^{N} (\boldsymbol{q}_i^{(a)}\, \boldsymbol{p}_k^{(a)} - \boldsymbol{q}_k^{(a)}\, \boldsymbol{p}_i^{(a)}), \quad (J_{ik} = -J_{ki};\ i, k = 1, 2, 3) \tag{5.36}$$

$[(a) = \text{Teilchenindex, der von 1 bis } N \text{ läuft}]$

$$\frac{d\overline{J_{ik}}}{dt} = -\overline{\sum_{a=1}^{N} \left[q_i^{(a)}\, \frac{\partial V}{\partial q_k^{(a)}} - q_k^{(a)}\, \frac{\partial V}{\partial q_i^{(a)}} \right]}, \tag{5.37}$$

worin, wie in der klassischen Mechanik, die rechte Seite verschwindet, sobald die potentielle Energie des Systems invariant ist gegenüber einer starren Drehung des ganzen Systems im Raum. Im Fall der Anwesenheit eines Magnetfeldes folgt zunächst

$$\frac{d\overline{q_\varkappa}}{dt} = \frac{1}{m}\left(\overline{p_\varkappa} - \frac{e}{c}\,\overline{\Phi_\varkappa}\right) = \int i_\varkappa\, dq, \tag{5.38}$$

wenn $i_\varkappa$ durch (5.14) definiert ist. Ferner folgt mit $\mathscr{H}_{\varkappa\lambda} = \dfrac{\partial \Phi_\lambda}{\partial q_\varkappa} - \dfrac{\partial \Phi_\varkappa}{\partial q_\lambda}$ bei unserer Definition der Mittelwerte

$$\int \mathscr{H}_{\varkappa\lambda}\, i_\lambda\, dV = \frac{1}{2}\, \overline{(\mathscr{H}_{\varkappa\lambda}\, \dot{q}_\lambda + \dot{q}_\lambda\, \mathscr{H}_{\varkappa\lambda})} = \frac{1}{2m}\, \overline{(\mathscr{H}_{\varkappa\lambda}\, p_\lambda + p_\lambda\, \mathscr{H}_{\varkappa\lambda})} - \frac{e}{mc}\, \mathscr{H}_{\varkappa\lambda}\, \Phi_\lambda,$$

also

$$m\, \frac{d^2\overline{q_\varkappa}}{dt^2} = -\frac{\partial \overline{\left(V + \sum\limits_a V^{(a)}\right)}}{\partial q_\varkappa} - \frac{e_\varkappa}{c}\, \overline{\frac{\partial \Phi_\varkappa}{\partial t}} + \frac{e_\varkappa}{c}\, \frac{1}{2} \sum_\lambda \overline{(\mathscr{H}_{\varkappa\lambda}\, \dot{q}_\lambda + \dot{q}\, \mathscr{H}_{\varkappa\lambda})} = \overline{K_\varkappa}$$

und mit

$$\begin{aligned}
\boldsymbol{J}_{ik} &= \sum_{a=1}^{N} m^{(a)}\,(q_i^{(a)}\,\dot{q}_k^{(a)} - q_k^{(a)}\,\dot{q}_i^{(a)}) \\
&= \sum_{a=1}^{N} \left[(q_i^{(a)}\,p_k^{(a)} - p_k^{(a)}\,q_i^{(a)}) - \frac{e^{(a)}}{c}\,(q_i^{(a)}\,\varPhi_k^{(a)} - q_k^{(a)}\,\varPhi_i^{(a)}) \right],
\end{aligned}\qquad (5.36')$$

$$\overline{J_{ik}} = \sum_{a=1}^{N} m^{(a)} \int [q_i^{(a)}\,i_k^{(a)} - q_k^{(a)}\,i_i^{(a)}]\,dq, \qquad (5.36'')$$

$$\frac{d\,\overline{J_{ik}}}{dt} = \frac{1}{2}\sum_{(a)} \left[\overline{(q_i^{(a)} K_k^{(a)} - q_k^{(a)} K_i^{(a)})} + \overline{(K_k^{(a)} q_i^{(a)} - K_i^{(a)} q_k^{(a)})} \right] \qquad (5.37')$$

wenn unter $K_k^{(a)}$ der Operator der betreffenden Kraftkomponente verstanden wird. Letzteres folgt auch direkt aus (5.17). Die rechte Seite von (5.37') verschwindet wieder, sobald das System Rotationssymmetrie um die zur $(x_i x_k)$-Ebene senkrechte Achse besitzt (vgl. Ziff. 13).

Es bleibt noch etwas zu sagen über den Fall, daß statt kartesischen andere Koordinaten benutzt werden. Da die klassische HAMILTON-Funktion hier die allgemeinere Form einer quadratischen Abhängigkeit von den p mit irgendwie von den q abhängigen Koeffizienten annimmt, treten hier im allgemeinen Zweideutigkeiten über die Reihenfolge der Faktoren $f(q)$ und p_k auf. Diese Reihenfolge kann nicht anders als durch Umrechnen auf kartesische Koordinaten festgelegt werden[1]. Dagegen ist es möglich, eine rationale Vorschrift für die Bildung der partiellen Differentialquotienten nach den p_k und q_k eines solchen allgemeineren Ausdruckes zu geben[2]. Man kann nämlich definitorisch festsetzen, daß allgemein für ein Produkt zweier Funktionen $F_1 \cdot F_2$ *einschließlich der Reihenfolge der Faktoren* gelten soll:

$$\frac{\partial}{\partial X}\,(F_1 F_2) = \frac{\partial F_1}{\partial X}\,F_2 + F_1\,\frac{\partial F_2}{\partial X}, \qquad (5.39)$$

woraus durch Induktion für ein Produkt aus beliebig vielen Faktoren folgt

$$\frac{\partial}{\partial X}\,(F_1 \dots F_N) = \frac{\partial F_1}{\partial X}\,F_2 \dots F_N + F_1\,\frac{\partial F_2}{\partial X}\,F_3 \dots F_n + \cdots + F_1 \cdots F_{n-1}\frac{\partial F_n}{\partial X}, \qquad (5.39')$$

worin für X irgendeine der Variablen $p_1 \dots q_f$ substituiert werden kann. In diesem Fall ist (5.33) allgemein richtig, wenn H ganz rational von den p und irgendwie von den q abhängt, und wegen (5.29) ist dann (5.34) wieder eine Konsequenz der Wellengleichung.

Wir können nun noch die Wellengleichung in beliebigen krummlinigen Koordinaten formulieren. Das Linienelement sei

$$ds^2 = g_{\varkappa\lambda}\,dq_\varkappa\,dq_\lambda$$

(über doppelt vorkommende Indices ist in den nächstfolgenden Gleichungen stets zu summieren), worin $g_{\varkappa\lambda} = g_{\lambda\varkappa}$ beliebige Funktionen der $q_\varkappa$ sind, und der Massenfaktor in die $g_{\varkappa\lambda}$ mit einbezogen zu denken ist. Die $g^{\varkappa\lambda}$ mögen die zu $g_{\varkappa\lambda}$ reziproke Matrix bilden und $D = \sqrt{|g|}$ sei die Quadratwurzel aus der Determinante $|g| = |g_{\varkappa\lambda}|$ der $g_{\varkappa\lambda}$. Dann lautet in diesen Koordinaten die Wellengleichung, entsprechend (5.11), (5.12)

$$-\frac{\hbar}{i}\,\frac{\partial\psi}{\partial t} = \frac{1}{2}\,\frac{1}{D}\left(\frac{\hbar}{i}\,\frac{\partial}{\partial q_\varkappa} + A_\varkappa\right) D\,g^{\varkappa\lambda}\left(\frac{\hbar}{i}\,\frac{\partial}{\partial q_\lambda} + A_\lambda\right)\psi + V\,\psi, \qquad (5.40)$$

---

[1] Vgl. B. PODOLSKY: Phys. Rev. **32**, 812 (1928).
[2] M. BORN, P. JORDAN u. W. HEISENBERG: Z. Physik **35**, 557 (1926).

worin die $A_{\varkappa}$ die mit $-\dfrac{e_{\varkappa}}{c}$ multiplizierten Vektorpotentiale sind. Mit

$$\varrho = D\,\psi\,\psi^*,$$

$$i^{\varkappa} = D\,g^{\varkappa\lambda}\left[\psi^*\left(\frac{\hbar}{i}\,\frac{\partial \psi}{\partial q_{\lambda}} + A_{\lambda}\psi\right) + \psi\left(-\frac{\hbar}{i}\,\frac{\partial \psi^*}{\partial q_{\lambda}} + A_{\lambda}\psi^*\right)\right]$$

gilt die Kontinuitätsgleichung

$$\frac{\partial \varrho}{\partial t} + \frac{\partial i^{\varkappa}}{\partial q_{\varkappa}} = 0.$$

Ein Operator $\boldsymbol{F}$ heißt jetzt wegen des Auftretens des Faktors D in der Dichtefunktion hermitesch, wenn

$$\int D\psi^*\,(\boldsymbol{F}\psi)\,dq = \int D\,(\boldsymbol{F}\psi)^*\,\psi\,dq.$$

Soll der Impulsoperator $\boldsymbol{p}_{\varkappa}$ in diesem Sinne hermitesch sein und außerdem der V.-R.

$$\boldsymbol{p}_{\varkappa}\,\boldsymbol{q}_{\varkappa} - \boldsymbol{q}_{\varkappa}\boldsymbol{p}_{\varkappa} = \frac{\hbar}{i}$$

genügen, so muß gelten

$$\boldsymbol{p}_{\varkappa}\psi = \frac{\hbar}{i}\,\frac{1}{\sqrt{D}}\,\frac{\partial \sqrt{D}\,\psi}{\partial q_{\varkappa}}\,.$$

Die Beziehungen dieses Operators zur Wellengleichung und zum Strom sind leicht aufzustellen.

Im Spezialfall räumlicher Polarkoordinaten ist

$$ds^2 = m\,(dr^2 + r^2\,d\vartheta^2 + r^2\sin^2\vartheta\,d\varphi^2),$$

also

$$D = r^2\sin\vartheta, \qquad g^{rr} = \frac{1}{m}, \qquad g^{\vartheta\vartheta} = \frac{1}{m}\,\frac{1}{r^2}, \qquad g^{\varphi\varphi} = \frac{1}{m}\,\frac{1}{r^2\sin^2\vartheta}\,.$$

Für spätere Anwendungen ist in diesem Fall zu beachten, daß

$$\frac{1}{r^2}\,\frac{d}{dr}\left(r^2\,\frac{df}{dr}\right) = \frac{1}{r}\,\frac{d^2}{dr^2}\,(r\,f)\,.$$

Deshalb kann man gemäß (5.40) mit

$$\boldsymbol{p}_r\psi = \frac{\hbar}{i}\,\frac{1}{r}\,\frac{d}{dr}\,(r\,\psi) \quad \text{und} \quad \boldsymbol{P}^2 = -\hbar^2\left(\frac{1}{\sin\vartheta}\,\frac{\partial}{\partial\vartheta}\sin\vartheta\,\frac{\partial}{\partial\vartheta} + \frac{1}{\sin^2\vartheta}\,\frac{\partial^2}{\partial\varphi^2}\right) \quad (5.41)$$

den Hamilton-Operator hier einfach schreiben

$$\boldsymbol{H} = \frac{1}{2m}\left(\boldsymbol{p}_r^2 + \frac{\boldsymbol{P}^2}{r^2}\right) + V\,. \tag{5.42}$$

Diese Schreibweise wird in den älteren Arbeiten über Quantenmechanik oft benutzt.

6. Stationäre Zustände als Eigenwertproblem. Von den Lösungen der allgemeinen Wellengleichung (4.3),

$$-\frac{\hbar}{i}\,\frac{\partial \psi}{\partial t} = \boldsymbol{H}\left(\frac{\hbar}{i}\,\frac{\partial}{\partial q}, q\right)\psi \tag{6.1}$$

haben diejenigen ein besonderes Interesse, für welche sowohl die Dichte $\psi^*\psi$ als auch die Stromdichte zeitlich konstant sind. Dabei nehmen wir jetzt durchweg an, daß die in $\boldsymbol{H}$ vorkommenden Feldgrößen V, Φ_k die Zeit nicht explizite enthalten. Die betreffenden Lösungen entsprechen dann den sog. *stationären Zuständen* des Systems. Damit sowohl $\psi^*\psi$ als auch $\psi^*\dfrac{\partial \psi}{\partial q_k} - \psi\dfrac{\partial \psi^*}{\partial q_k}$ von der Zeit unabhängig sind, muß ψ notwendig die Form haben

$$\psi = u\,(q)\,e^{-i\,f\,(t)},$$

worin u unabhängig von t, f unabhängig von den q ist. Aus (6.1) folgt dann

$$\hbar \frac{df}{dt}\, u(q) = \boldsymbol{H}[u(q)]$$

und das ist offenbar nur möglich, wenn df/dt von der Zeit unabhängig ist. Wir können also setzen

$$\psi_E = u(q)\, e^{-\frac{i}{\hbar} E t}, \tag{6.2}$$

$$\boldsymbol{H}\left(\frac{\hbar}{i}\,\frac{\partial}{\partial q},\, q\right) u = E\, u. \tag{6.3}$$

Es handelt sich hier um eine homogene lineare Differentialgleichung, die einen Parameter enthält. Solche Differentialgleichungen haben bekanntlich nicht immer für alle Werte von E reguläre Lösungen und man spricht deshalb von einem *Eigenwertproblem*. Um die Regularitätsbedingungen des Problems festzulegen[1], gehen wir aus von der für zwei beliebige Funktionen u, v gültigen Gleichung

$$\int v^*(\boldsymbol{H}u)\, dq = \int u(\boldsymbol{H}v)^*\, dq. \tag{6.4}$$

Von den als Lösung von (6.3) zugelassenen Funktionen ist zu verlangen, daß diese „Hermitezität" oder „Komplex-Selbstadjungiertheit" von $\boldsymbol{H}$ nicht durch singuläre Stellen gestört wird. Insbesondere soll (6.4) gelten, wenn eine der Funktionen regulär ist. Über den Wertebereich der q und den Funktionsbereich der u können sonst noch sehr allgemeine Annahmen gemacht werden. [Im allgemeinen ist dann unter dq das Volumdifferential $\varrho(q)\, dq_1 \ldots dq_f$ mit einer geeigneten Dichtefunktion $\varrho(q)$ zu verstehen.] Zum Beispiel kann es sich bei Drehungen starrer Körper um Winkelgrößen handeln, die nur von 0 bis 2π bzw. von 0 bis π variieren können. Oder es handelt sich um Funktionen eines beschränkten Intervalles [etwa $(-1, +1)$], die für -1 und $+1$ denselben Wert annehmen sollen, oder um Funktionen, die in dem Halbraum $(0, \infty)$ definiert sind und für $q = 0$ verschwinden müssen. Immer muß (6.4) erfüllt sein in dem durch die Rand- und Regularitätsbedingungen eingeschränkten Funktionsbereich. Dabei ist es nicht nötig, daß u und v überall regulär sind. Wegen der Bedeutung von $\psi\psi^* = uu^*$ als Wahrscheinlichkeitsdichte ist es dagegen naheliegend, zu verlangen, daß

$$\int uu^*\, dq \tag{6.5}$$

existiert (also endlich ist), wenn über den ganzen Bereich der q integriert wird. In vielen Fällen sind durch diese Forderung *diskrete* Eigenwerte E ausgezeichnet. Indessen ist die Forderung (6.5) im Fall kontinuierlicher E-Werte etwas abzuschwächen, wie aus dem Fall kräftefreier Teilchen zu ersehen ist. Eine Lösung von

$$-\frac{\hbar^2}{2m}\, \Delta u = E\, u$$

ist die ebene Welle

$$u_{p_1 \ldots p_f} = e^{\frac{i}{\hbar}(p_1 q_1 + \cdots + p_f q_f)},$$

worin die $p_1, \ldots, p_f$ als Integrationskonstanten erscheinen. Offenbar ist für diese ebenen Wellen die Bedingung (6.5) nicht erfüllt. In der Tat stellen die ebenen Wellen physikalisch einen singulären Grenzfall dar, indem hier die Wahrscheinlichkeiten, ein Teilchen außerhalb eines bestimmten endlichen Volumens zu

---

[1] Vgl. dazu J. v. Neumann, Göttinger Nachr. **1927**, 1. Später wurde diese Frage wieder diskutiert von G. Jaffé, Z. Physik **66**, 770 (1930). Es scheint uns jedoch, daß in der zitierten Arbeit von Neumann die allgemeinste Beantwortung der Frage gegeben ist.

finden, unendlich vielmal größer ist als die Wahrscheinlichkeit, es innerhalb zu finden; nur der Quotient der Wahrscheinlichkeiten, ein Teilchen in zwei verschiedenen endlichen Raumgebieten zu finden, hat einen bestimmten Wert[1]. Wie bereits in Ziff. 2 gezeigt wurde, verschwindet jedoch diese Singularität, sobald man Wellenpakete betrachtet. Bildet man durch Integration über ein endliches, aber beliebig kleines Gebiet des p-Raumes

$$\bar{u}_{p'_k,\,p''_k} = \int_{p'_k}^{p''_k} d\,p_1 \ldots d\,p_f\, u_{p_1 \ldots p_f},$$

so existiert das Integral von $\bar{u}\bar{u}^*$ über den ganzen q-Raum. Wir werden für den Fall, daß die Eigenfunktionen stetig von irgendwelchen Parametern $\lambda_1\,\lambda_2 \ldots$ (kurz mit λ ohne Index bezeichnet) abhängen, als Ersatz für (6.5) also zu fordern haben, daß für

$$\bar{u}_{\lambda',\,\lambda''} = \int_{\lambda'}^{\lambda''} u_\lambda(q)\, d\lambda, \tag{6.6}$$

(worin $d\lambda$ als Abkürzung für $d\lambda_1 \ldots d\lambda_n$ eingeführt ist)

$$\int \bar{u}^*_{\lambda',\,\lambda''}(q)\, \bar{u}_{\lambda',\,\lambda''}(q)\, dq \tag{6.7}$$

existiert. Nur für diese „Elementarpakete" $\bar{u}_{\lambda',\,\lambda''}$ braucht dann auch die Relation (6.4) für den ganzen q-Raum zu gelten.

Man gelangt zu einer einheitlichen Formulierung der diskreten und kontinuierlichen Eigenwerte, wenn man allgemein setzt

$$\bar{u}_\lambda = \int_{\lambda_0}^{\lambda} u_\lambda(q)\, d\lambda + \sum_{p=\lambda_1}^{\lambda_n} u_p(q), \tag{6.6'}$$

worin das Integral über die im Intervall $\lambda_0 \leq \lambda' < \lambda$ liegenden kontinuierlichen Eigenwerte die Summe über die in diesem Intervall liegenden diskreten Eigenwerte $\lambda_1, \lambda_2, \ldots \lambda_n$ zu erstrecken ist. Es kann sich dann also $\bar{u}_\lambda$ sprungweise mit λ ändern. Jedoch existiert für jede stetige Funktion $f(\lambda)$ das STIELTJESsche Integral

$$\int_{\lambda_0}^{\lambda} f(\lambda)\, d\bar{u}_\lambda = \int_{\lambda_0}^{\lambda} f(\lambda)\, u_\lambda(q)\, d\lambda + \sum_{p=\lambda_1}^{\lambda_n} u_p\, f(\lambda_p).$$

Man kann nun (ganz unabhängig von der Existenz der u_λ) die mit λ evtl. sprungweise veränderliche Funktion $\bar{u}_\lambda$ charakterisieren durch die als Verallgemeinerung von (6.3) zu betrachtende Gleichung

$$(\boldsymbol{H}\bar{u}_{\lambda''}) - (\boldsymbol{H}\bar{u}_{\lambda'}) = \int_{\lambda'}^{\lambda''} [\boldsymbol{H}\, d\bar{u}_\lambda] = \int_{\lambda'}^{\lambda''} E(\lambda)\, d\bar{u}_\lambda, \tag{6.3'}$$

worin dann die Werte von E an den Sprungstellen $\lambda_1\,\lambda_2 \ldots$ von $\bar{u}_\lambda$ als diskrete Eigenwerte $E_1\,E_2 \ldots$ erscheinen.

Um die mit (6.4) verträglichen Singularitäten von u und v zu untersuchen, ist es nützlich, auf die Gleichung

$$\int [v^* \boldsymbol{H} u - u(\boldsymbol{H} v)^*]\, d\dot{q} = \oint i_N(v^*, u)\, df \tag{6.8}$$

zurückzugreifen, die bei Integration über ein endliches Volumen des q-Raumes aus der Kontinuitätsgleichung

$$v^* \boldsymbol{H} u - u(\boldsymbol{H} v)^* = \operatorname{Div} \vec{i}(v^*, u)$$

folgt. Hierin ist $\vec{i}(\psi^*, \psi)$ die gewöhnliche Stromdichte, aus der $\vec{i}(v^*, u)$ durch die Substitution $\psi^* \to v^*$, $\psi \to u$ formal entsteht; die Div ist im f-dimensionalen

---

[1] Vgl. hierzu P. A. M. DIRAC, Quantenmechanik, S. 187.

Raum zu verstehen (eventuell in krummlinigen Koordinaten), während das Flächenintegral auf der rechten Seite von (6.8), in welchem i_N die Komponente von $\vec{i}$ in der Richtung der Normale nach außen bedeutet, über die geschlossene Begrenzungsfläche des Bereiches V zu erstrecken ist. Steht auf der linken Seite von (6.8) speziell ein eindimensionales Integral, so degeneriert die rechte Seite von (6.8) in die Differenz der Werte von $\vec{i}$ an den Integrationsgrenzen $q_1, q_2 \ldots$. An Stellen, wo die in $\boldsymbol{H}$ auftretenden Potentialfunktionen singulär sind, ist dann zu verlangen, daß das bei Umrandung der Singularitäten auftretende Flächenintegral in (6.8) beliebig klein gemacht werden kann.

Man folgert daraus leicht Aussagen für folgende Fälle:

a) Es sei ein eindimensionales Problem mit der HAMILTON-Funktion

$$\frac{1}{2m}\left(\frac{\hbar}{i}\frac{d}{dx}-\frac{e}{c}\varPhi(x)\right)^2 + V(x)$$

vorgegeben. An einer Stelle x_0 seien $\varPhi(x)$ oder $V(x)$ oder beide Funktionen unstetig. Da hier

$$i(v^*,u)=\frac{1}{2m}\left[v^*\left(\frac{\hbar}{i}\frac{du}{dx}-\frac{e}{c}\varPhi(x)\,u\right)-u\left(\frac{\hbar}{i}\frac{dv^*}{dx}+\frac{e}{c}\varPhi(x)\,v^*\right)\right],$$

ist zu verlangen

$$\frac{du}{dx}-\frac{i\hbar e}{c}\varPhi(x)\,u \text{ stetig}; \quad u \text{ stetig für } x=x_0. \tag{6.9}$$

Dies muß für alle in Betracht zu ziehenden Funktionen gelten, also auch für $v(x)$.

b) Bei einem Teilchen im gewöhnlichen Raum sei V singulär. Das Integral $\oint i_N\,df$ über eine kleine Kugel um den Nullpunkt wird

$$r^2\int\left[v^*\left(\frac{\hbar}{i}\frac{\partial u}{\partial r}-\frac{e}{c}\varPhi_r u\right)-u\left(\frac{\hbar}{i}\frac{\partial v^*}{\partial r}+\frac{e}{c}\varPhi_r v^*\right)\right]d\Omega.$$

Seien alle v, u von der Form $\bar{v}/r^\alpha, \bar{u}/r^\alpha$, worin $\bar{v}, \bar{u}$ im Nullpunkt regulär sind (vielleicht verschwinden, aber dies nicht notwendig zu tun brauchen), so sieht man, daß $2-2\alpha>0$ also $\alpha<1$ sein muß, damit dieser Ausdruck für alle regulären $\bar{v}, \bar{u}$ im limes $r=0$ verschwindet, d.h. es müssen die u, v für $r=0$ bestimmt schwächer unendlich werden als $1/r$; eine Eigenfunktion, für die $\lim(r\,u)=A\neq0$, ist nicht zulässig $\left(\text{obwohl für eine solche Funktion } \int_0^\infty u^*\,u\,r^2\,dr \text{ existiert}\right)$.

Wir erhalten also nunmehr ein wohldefiniertes Eigenwertproblem und daher eine natürliche und willkürfreie Methode zur Bestimmung der diskreten oder kontinuierlichen möglichen Energiewerte eines Systems. Diese Methode stammt von SCHRÖDINGER[1], der auch zugleich zeigen konnte, daß für ein Elektron mit der Ladung $-e$ unter dem Einfluß eines festen Kernes der Ladung $+Ze$, also mit der potentiellen Energie $V=-\dfrac{Z e^2}{r}$ aus der von ihm aufgestellen Wellengleichung [vgl. (5.12), (5.13)]

$$-\frac{\hbar^2}{2m}\varDelta u + \left(E+\frac{Z e^2}{r}\right)u=0,$$

---

[1] E. SCHRÖDINGER, Abhandlungen in den Bänden 79 bis 81 der Ann. d. Physik (1926). Auch als besonderes Buch bei J. A. Barth, Leipzig unter dem Titel „Abhandlungen zur Wellenmechanik" erschienen.

die negativen diskreten Energie-Eigenwerte $-Rh/1^2$, $-Rh/2^2$, ..., $-Rh/n^2$, ...
und daran anschließend die kontinuierlichen positiven Eigenwerte $(0 \leq E < +\infty)$
folgen. Es ist dabei

$$R = \frac{m\,e^4}{4\,\pi\,\hbar^3}\,Z^2$$

die mit dem Quadrat der Kernladungszahl multiplizierte Rydbergsche Konstante. (Daß hier ein diskretes und ein kontinuierliches Eigenwertspektrum gemischt auftreten, liegt wesentlich am Verhalten der Potentialfunktion r bei großen Entfernungen, ihrem langsamen Zunehmen von negativen Werten gegen Null. Dagegen ist die Singularität von V im Nullpunkt hierfür ganz unwesentlich, da der punktförmige Kern ebensogut durch eine kleine geladene Kugel ersetzt werden könnte.)

Das einfachste Beispiel für ein System mit nur diskreten Energiewerten ist der harmonsche Oszilator, der im eindimensionalen Fall die potentielle Energie

$$V = \frac{m}{2}\,\omega^2\,x^2,$$

im dreidimensionalen Fall, sobald noch Isotropie vorhanden ist, die potentielle Energie

$$V = \frac{m}{2}\,\omega^2\,r^2$$

besitzt, wobei ω die Kreisfrequenz des Oszillators bedeutet. Die Energiewerte sind

$$E_n = (n + \tfrac{1}{2})\,\hbar\,\omega \qquad\qquad n = 0, 1, 2, 3, \ldots$$

beim linearen,

$$E_n = (n + \tfrac{3}{2})\,\hbar\,\omega \qquad\qquad n = 0, 1, 2, 3, \ldots$$

beim isotropen räumlichen Oszillator. In den hier betrachteten Fällen ist (ebenso wie im kräftefreien Fall) die Reihe der Energiewerte nach unten begrenzt, es gibt einen kleinsten Energiewert. Daß dies nicht immer der Fall zu sein braucht, zeigt das Beispiel

$$V = -F\,x,$$

welches einer konstanten Kraft in der $+x$-Richtung entspricht.

Als Beispiel der Umrechnung auf krummlinige Koordinaten sei hier speziell der Fall der Polarkoordinaten besonders durchgeführt, der auch bei dem erwähnten Problem des Wasserstoffatoms vorliegt, da er für den Fall eines Teilchens in einem Zentralfeld, d.h. in einem Feld, dessen potentielle Energie $V(r)$ nur von der Distanz r des Teilchens von einem festen Zentrum abhängt, besonders wichtig ist. [Vgl. hierzu die Gln. (5.41) und (5.42) auf S. 40.] Der Operator Δ nimmt in Polarkoordinaten r, ϑ, φ die Form an

$$\Delta u \equiv \frac{1}{r}\,\frac{d^2}{dr^2}\,(r\,u) + \frac{1}{r^2}\,\Omega\,u,$$

worin

$$\Omega \equiv \frac{1}{\sin\vartheta}\,\frac{\partial}{\partial\vartheta}\,\sin\vartheta\,\frac{\partial}{\partial\vartheta} + \frac{1}{\sin^2\vartheta}\,\frac{\partial^2}{\partial\varphi^2}$$

in einfacher Weise mit dem Operator des Drehimpulses des Teilchens zusammenhängt. Dessen Komponenten sind nämlich gegeben durch

$$\boldsymbol{P}_1 = \frac{\hbar}{i}\left(x_2\,\frac{\partial}{\partial x_3} - x_3\,\frac{\partial}{\partial x_2}\right),$$

die übrigen durch cyclische Vertauschung. Das Quadrat des Drehimpulsvektors

$$P^2 = P_1^2 + P_2^2 + P_3^2$$

ist dann einfach

$$P^2 = -\hbar^2 \, \Omega.$$

Für den Fall des Zentralfeldes läßt sich die Wellengleichung (6.3) separieren gemäß

$$u = f(r) \, Y(\vartheta, \varphi),$$

worin mit einer reinen Zahl λ

$$\Omega Y = \lambda Y \tag{6.10}$$

und $f(r)$ der Gleichung genügt:

$$-\frac{\hbar^2}{2m}\left[\frac{1}{r}\frac{d^2}{dr^2}(r\,f) + \frac{\lambda}{r^2}f\right] + V(r)\,f = E\,f.$$

Es ist nun wichtig, die Lösungen der Gl. (6.10) und die Eigenwerte von Ω zu ermitteln. Die Antwort ist wohlbekannt[1]. Nur für

$$\lambda = -l(l+1), \tag{6.10'}$$

worin l eine nicht negative *ganze* Zahl ($l \geq 0$), existieren singularitätenfreie Lösungen von (6.10), und zwar sind dies die allgemeinen Kugelfunktionen der Ordnung l. Von diesen gibt es $2l+1$ linear unabhängige. Die Eigenwerte von P^2 sind also $\hbar^2\,l(l+1)$. Man kann die $Y_l(\vartheta, \varphi)$ so wählen, daß der Operator

$$P_3 = \frac{\hbar}{i}\frac{\partial}{\partial \varphi}$$

die Funktion $Y_l(\vartheta, \varphi)$ einfach mit seinem Eigenwert multipliziert. Dieser wird dann $\hbar m$, worin die ganze Zahl m von $-l$ bis $+l$ läuft

$$Y_{l,m}(\vartheta, \varphi) = Y_{l,m}(\vartheta)\,e^{im\varphi}.$$

Die $Y_{l,m}$ sind orthogonal, wie für gleiche l und verschiedene m direkt ersichtlich, für verschiedene l aber aus der Differentialgleichung folgt. In der Tat ist für zwei beliebige Funktionen Y_1 und Y_2

$$\sin\vartheta\,(Y_1\,\Omega\,Y_2 - Y_2\,\Omega\,Y_1) \equiv \frac{\partial}{\partial\vartheta}\left[\sin\vartheta\left(Y_1\frac{\partial Y_2}{\partial\vartheta} - Y_2\frac{\partial Y_1}{\partial\vartheta}\right)\right]$$
$$+ \frac{\partial}{\partial\varphi}\left[\frac{1}{\sin\vartheta}\left(Y_2\frac{\partial Y_1}{\partial\varphi} - Y_1\frac{\partial Y_2}{\partial\varphi}\right)\right],$$

woraus durch Einsetzen von Y_{lm} für Y_1, $Y_{l'm'}^*$ für Y_2 gemäß (6.10)

$$\int Y_{l'm'}^* \, Y_{lm} \sin\vartheta\,d\vartheta\,d\varphi = 0 \quad \text{für} \quad l \neq l'$$

folgt.

In dieser Verbindung ist es von Interesse, die Möglichkeit mehrdeutiger Lösungen von (6.10) zu diskutieren. Man könnte nämlich im Zweifel sein, ob die Forderung der Eindeutigkeit der u eine notwendige ist, da ja nur die Dichte $\psi^*\psi$ der allgemeinen Lösung $\sum c_n e^{-\frac{i}{\hbar}Et}\,u_n$ eine direkte physikalische Bedeutung hat. Wenn alle u_n des betrachteten Systems sich beim Umlauf gewisser geschlossener Wege mit demselben Faktor vom Betrag 1 multiplizieren, bleibt $\psi^*\psi$ immer noch eindeutig.

---

[1] R. Courant u. D. Hilbert: Methoden der Mathematischen Physik, S. 258. Berlin 1924.

Ein allgemeines Kriterium für die Zulässigkeit von Eigenfunktionen, das nicht von vornherein ihre Eindeutigkeit voraussetzt, wurde von W. Pauli[1] angegeben. Dieses besagt, daß die wiederholte Anwendung der den physikalischen Größen entsprechenden Operatoren auf die Eigenfunktionen nicht aus dem Bereich der quadratisch integrierbaren Eigenfunktionen herausführen darf. In dem hier betrachteten Beispiel der Kugelfunktionen sind die maßgebenden Operatoren die Komponenten P_1, P_2, P_3 des Drehimpulses und das Kriterium führt hier zur Ausschließung aller nicht eindeutigen Kugelfunktionen, insbesondere derjenigen mit halbzahligem Index. Das Kriterium der Zulässigkeit der Eigenfunktionen ist hier sowie auch in anderen Beispielen damit gleichbedeutend, daß diese die Basis einer Darstellung der dem Eigenwertproblem zugeordneten Transformationsgruppe (s. Ziff. 13) liefern müssen. In dem hier betrachteten Beispiel ist dies die Drehgruppe des dreidimensionalen Raumes, für den bekanntlich nur die Kugelfunktionen mit ganzzahligem Index eine Darstellung definieren.

Ein Beispiel, bei dem nicht eindeutige Eigenfunktionen auf Grund des in Rede stehenden Kriteriums zulässig sind, ist jedoch der Kugelkreisel[2]. Hier hängen die Wellenfunktionen von drei Eulerschen Winkeln ϑ, φ, ψ ab. Bildet man aus diesen die beiden durch Gl. (13.26), Ziff. 13 definierten komplexen Größen

$$\alpha = \cos\frac{\vartheta}{2}\, e^{\frac{i}{2}(\varphi+\psi)}, \qquad \beta = i\sin\frac{\vartheta}{2}\, e^{\frac{i}{2}(\varphi-\psi)},$$

deren Spaltung in Real- und Imaginärteil vier reelle Größen mit der Quadratsumme 1 liefert, so genügt es hier, wenn die Eigenfunktionen eindeutig auf dieser Kugeloberfläche des vierdimensionalen Raumes sind. Dies schließt die Möglichkeit von in den Eulerschen Winkeln zweideutigen Eigenfunktionen ein. Die Eigenfunktionen sind in der Tat die harmonischen Polynome auf dieser dreidimensionalen Kugeloberfläche. Gruppentheoretisch geben diese Anlaß zu einem direkten Produkt aus zwei Darstellungen der Drehgruppe des dreidimensionalen Raumes, die je den Drehungen des körperfesten und des raumfesten Koordinatensystems entsprechen. Die Darstellungen mit halbganzen Quantenzahlen (Ziff. 13) sind hier mit eingeschlossen.

Die Eigenfunktionen haben eine wichtige Eigenschaft, die unmittelbar aus der zugrunde gelegten Gl. (6.4) für den Operator $\boldsymbol{H}$ folgt, wenn wir hierin für v und u zwei zu verschiedenen Werten E_n, E_m der Energie gehörige Lösungen u_n, u_m einsetzen. Dabei beziehen wir uns zunächst auf den Fall diskreter Eigenwerte, um diese Beziehung direkt auf die Eigenlösungen anwenden zu können. Dann folgt[3]

$$E_n \int u_m^* u_n\, dq = E_m \int u_n u_m^*\, dq,$$

also

$$\int u_m^* u_n\, dq = 0 \quad \text{für} \quad E_n \neq E_m. \tag{6.11}$$

Dies nennt man die *Orthogonalität der Eigenfunktionen*. Hier ist zu sagen, daß für denselben Energiewert E_n mehrere linear unabhängige Eigenfunktionen

---

[1] W. Pauli: Helv. phys. Acta **12**, 147 (1939); vgl. hierzu auch M. Fierz, Helv. phys. Acta **17**, 27 (1943).

[2] Siehe A. Sommerfeld: Atombau und Spektrallinien, Bd. 2, S. 162ff. 1939. — H.B.G. Casimir: Rotation of a rigid body in quantum mechanics. Thesis 1931. — F. Hund: Z. Physik **51**, 11 (1928).

[3] Hierbei ist bereits vorausgesetzt, daß die E alle reell sind. Dies folgt aber aus (6.4) für $v = u = u_n$, da diese Beziehung dann übergeht in

$$E_n \int u_n^* u_n\, dV = E_n^* \int u_n u_n^*\, dV; \quad \text{also} \quad E_n^* = E_n.$$

existieren können. Die allgemeinste Lösung für diesen Energiewert hat dann die Form

$$u_n = c_1 u_{n,1} + c_2 u_{n,2} + \cdots + c_g u_{n,g},$$

worin die $c_1 \ldots c_g$ willkürliche Konstante sind. Ihre Anzahl g, das *Gewicht* des Zustandes, ist gleich der maximalen Zahl linear unabhängiger Lösungen, die zu diesem Zustand existieren. (Im obenerwähnten Beispiel des Wasserstoffatoms hat der Zustand n das Gewicht[1] n^2, beim ebenen Oszillator das Gewicht $n+1$, die Zustände des linearen harmonischen Oszillators sind einfach.) Man kann die Basis $u_{n,1} \ldots u_{n,g}$ der Lösungen von (6.3) mit dem vorgegebenen E_n dann stets orthogonalisieren, d.h. mittels Bildung geeigneter Linearkombinationen durch eine andere ersetzen, für welche die Bedingung (6.11) für alle voneinander verschiedenen Paare u_n, u_m erfüllt ist, was wir im folgenden voraussetzen wollen. Da ein konstanter Faktor in jedem u_n noch unbestimmt ist, können wir ferner diesen gemäß

$$\int u_n^* u_n \, dq = 1 \tag{6.11'}$$

normiert annehmen. Ein komplexer Faktor vom Betrag 1 bleibt dann in u_n immer noch unbestimmt.

Es besteht nun für eine willkürliche Funktion f, für welche $\int |f|^2 \, dq$ existiert, die Möglichkeit einer Reihenentwicklung

$$f \sim a_1 u_1 + \cdots + a_n u_n + \cdots, \tag{6.12}$$

worin, wie man durch Auflösen mittels der Orthogonalitätsrelation (6.11), (6.11') findet,

$$a_n = \int f u_n^* \, dq \tag{6.13}$$

zu setzen ist. Das Zeichen $\sim$ soll andeuten, daß die Reihe im allgemeinen nicht konvergent im gewöhnlichen Sinne, sondern nur konvergent im Mittel ist. Das heißt: es ist

$$\lim_{N \to \infty} \int \left| f - \sum_{k=1}^{N} a_k u_k \right|^2 dq = 0. \tag{6.12'}$$

Dies ist besonders zu beachten, wenn f irgendwelche quadratintegrierbaren Singularitäten besitzt; diese müssen nämlich zur Erreichung der Konvergenz im Mittel von den u_n keineswegs nachgeahmt werden und umgekehrt. Das Integral in der Relation (6.12') läßt sich umformen zu

$$\int |f|^2 \, dq - \sum_{k=1}^{N} a_k^* \int f u_k^* \, dq - \sum_{k=1}^{N} a_k \int f^* u_k \, dq$$
$$+ \sum_{l,k=1}^{N} a_k a_l^* \int u_k u_l^* \, dq$$

oder mit Rücksicht auf (6.11), (6.11') und (6.13)

$$\int |f|^2 \, dq - 2 \sum_{k=1}^{N} a_k^* a_k + \sum_{k=1}^{N} a_k a_k^*$$
$$= \int |f|^2 \, dq - \sum_{k=1}^{N} a_k^* a_k.$$

---

[1] Über die Verdoppelung dieses Gewichts infolge des Elektronenspins vgl. Ziff. 13.

Infolgedessen ist (6.12′) äquivalent mit

$$\int |f|^2 \, dq = \sum_{k=1}^{\infty} a_k^* \, a_k \, , \tag{6.14}$$

wobei sich zugleich die Konvergenz der auftretenden Reihe ergibt. Diese Relation heißt auch *Vollständigkeitsrelation*, da sie ein Kriterium dafür ist, daß keine Funktion u_n fehlt und keine neue linear unabhängige hinzugefügt werden kann. Da die Zuordnung zwischen den Funktionen f und den Koeffizienten a_n eine lineare ist, so folgt für zwei beliebige Funktionen

$$f \sim a_1 u_1 + \cdots + a_n u_n + \cdots; \qquad a_n = \int f \, u_n^* \, dq \, ,$$
$$g \sim b_1 u_1 + \cdots + b_n u_n + \cdots; \qquad b_n = \int g \, u_n^* \, dq \, ,$$

$$\int f^* g \, dq = \sum_{k=1}^{\infty} a_k^* \, b_k; \quad \text{also auch} \quad \int f g^* \, dq = \sum_{k=1}^{\infty} a_k \, b_k^* \, . \tag{6.14′}$$

Man erkennt dies daraus, daß (6.13) auch gelten muß, wenn man mit beliebigen Zahlen λ, μ die Linearkombination $\lambda f + \mu g$ statt f und $\lambda a_k + \mu b_k$ statt a_k substituiert.

Eine Verallgemeinerung der Orthogonalitätsrelationen (6.11) erhält man durch Einführung der durch (6.6) definierten Elementarpakete $\bar{u}_{\chi' \chi''} = \bar{u}_{\chi''} - \bar{u}_{\chi'}$. Die Anwendung der Relation (6.4) auf diese Funktionen ergibt dann

$$\int u_{\lambda_1' \lambda_1''}^* \bar{u}_{\lambda_2' \lambda_2''} \, dq = 0 \, , \quad \text{wenn} \quad (\lambda_1' \, \lambda_1'') \ \text{außerhalb} \ (\lambda_2' \, \lambda_2'') \, . \tag{6.11′}$$

Wenn es sich ferner um ein rein kontinuierliches Spektrum handelt, existiert der Limes

$$\lim_{\Delta \lambda \to 0} \frac{1}{\Delta \lambda} \int \bar{u}_{\lambda, \, \lambda + \Delta \lambda}^* \bar{u}_{\lambda, \, \lambda + \Delta \lambda} \, dq \to G(\lambda) \, ,$$

also

$$\int \bar{u}_{\lambda, \, \lambda + \Delta \lambda}^* \bar{u}_{\lambda, \, \lambda + \Delta \lambda} \, dq = \int_{\lambda}^{\lambda + \Delta \lambda} G(\lambda) \, d\lambda \, . \tag{6.15}$$

Man kann (6.11′) und (6.15) zusammenfassen in die Gleichung

$$\int \bar{u}_{\lambda_1' \lambda_1''}^* \bar{u}_{\lambda_2' \lambda_2''} \, dq = \int_{\lambda'}^{\lambda''} G(\lambda) \, d\lambda \, , \tag{6.16}$$

wenn (λ', λ'') *das den Intervallen* $(\lambda_1', \lambda_1'')$ *und* $(\lambda_2', \lambda_2'')$ *gemeinsame* Teilintervall darstellt. Die Funktionen $\bar{u}$ bzw. u heißen in bezug auf den stetigen Parameter λ *normiert*, wenn die Funktion $G(\lambda)$ in (6.16) speziell gleich 1 wird. Dann gilt speziell

$$\int \bar{u}_{\lambda_1' \lambda_1''}^* u_{\lambda_2' \lambda_2''} \, dq = (\lambda'' - \lambda') \, . \tag{6.17}$$

Führt man statt λ eine Funktion $\mu = f(\lambda)$ als neuen Parameter ein, so gilt für die in bezug auf μ normierten Funktionen

$$\bar{u}_{\mu', \mu''} = \int_{\lambda'}^{\lambda''} \sqrt{\frac{d\mu}{d\lambda}} \, d\bar{u}_{\lambda' \lambda} \, , \tag{6.17′}$$

oder grob gesprochen: die Eigenfunktionen u_λ sind mit $\sqrt{d\mu/d\lambda}$ zu multiplizieren. An Stelle der Reihenentwicklung (6.12) tritt hier ferner das Integral

$$f \sim \int a_\lambda u_\lambda \, d\lambda = \int a_\lambda \, d\bar{u}_\lambda \, , \tag{6.18}$$

wobei
$$a_\lambda\, G(\lambda) = \int f\, u_\lambda^*\, dq \tag{6.19}$$

bzw.
$$a_\lambda = \int f\, u_\lambda^*\, dq, \tag{6.19'}$$

falls u_λ gemäß (6.17) normiert ist. Die Vollständigkeitsrelation lautet

$$\lim_{\substack{\lambda_1\to-\infty\\ \lambda_2\to+\infty}} \int \left| f - \int_{\lambda_1}^{\lambda_2} a_\lambda u_\lambda\, d\lambda \right|^2 dq = 0 \quad \text{oder} \quad \lim_{\substack{\lambda_1\to-\infty\\ \lambda_2\to+\infty}} \int \left| f - \int_{\lambda_1}^{\lambda_2} a_\lambda\, d\bar u_\lambda \right|^2 dq = 0,$$

was auf Grund der Orthogonalitätsrelationen äquivalent ist mit

$$\int |f|^2\, dq = \int |a_\lambda|^2\, d\lambda \tag{6.20}$$

bzw., wenn keine Normierung vorgenommen wurde,

$$\int |f|^2\, dq = \int |a_\lambda|^2\, G(\lambda)\, d\lambda, \tag{6.20'}$$

und für zwei Funktionen $f,\, g$ und ihre Entwicklungskoeffizienten $a_\lambda,\, b_\lambda$

$$\int f\, g^*\, dq = \int a_\lambda\, b_\lambda^*\, G(\lambda)\, d\lambda. \tag{6.20''}$$

Man kann nun diese Ergebnisse auch so formulieren, daß diskretes und kontinuierliches Spektrum oder wie man auch sagt, *Punkt- und Streckenspektrum* einheitlich erfaßt werden[1]. Es seien wieder $\bar u_\lambda$ die in (6.6') definierten Funktionen, die mit λ sprungweise veränderlich sein können, ferner möge zur Abkürzung

$$\bar u_{\lambda'\,\lambda''} = u_{\lambda''} - u_{\lambda'}$$

gesetzt werden, und es sei wieder, wenn in einer Gleichung die beiden Intervalle $(\lambda_1'\lambda_1'')$ und $(\lambda_2'\lambda_2'')$ vorkommen, das ihnen gemeinsame Teilintervall (das eventuell verschwinden kann) $(\lambda'\lambda'')$. Unter Verzicht auf eine Normierung schreiben wir dann die Orthogonalitätsrelation

$$\int \bar u_{\lambda_1'\,\lambda_1''}^*\, \bar u_{\lambda_2'\,\lambda_2''}\, dq = \overline{G}(\lambda'') - \overline{G}(\lambda'), \tag{6.16'}$$

worin $\overline{G}(\lambda)$ eine mit wachsendem λ niemals abnehmende, stets positive, evtl. sprungweise veränderliche Funktion ist. Der Verzicht auf die Normierung hat übrigens den Vorteil, daß man der Entartung besser Rechnung tragen kann, indem zu $\bar u_\lambda$ bei einem bestimmten λ-Wert evtl. auch ein ganzes Linearaggregat von Eigenfunktionen hinzutreten kann. Wenn wir ferner statt (6.19) schreiben

$$\int_{\lambda'}^{\lambda''} a_\lambda\, d\,\overline{G}(\lambda) = \int f\, \bar u_{\lambda'\,\lambda''}^*\, dq, \tag{6.19''}$$

so gilt dies ebenfalls sowohl für das diskrete als auch für das kontinuierliche Spektrum. Die Vollständigkeitsrelation schreibt sich sodann

$$\int |f|^2\, dq = \int_{-\infty}^{+\infty} |a_\lambda|^2\, d\overline{G}_\lambda \tag{6.21}$$

bzw.

$$\int f\, g^*\, dq = \int_{-\infty}^{+\infty} a_\lambda\, b_\lambda^*\, d\overline{G}_\lambda. \tag{6.22}$$

Nunmehr betrachten wir den Operator $\boldsymbol{P}_\lambda$, welcher der willkürlichen Funktion f den bei λ abgeschnittenen Teil des zugehörigen Integrals (6.18) zuordnet:

$$\boldsymbol{P}_\lambda f = \int_{-\infty}^{\lambda} a_\lambda\, d\bar u_\lambda.$$

Diesen Operator nennt man einen *Projektionsoperator*, da er die Mannigfaltigkeit der a_λ auf eine Teilmannigfaltigkeit projiziert — diejenige, für die a_λ außerhalb des Intervalles $(-\infty, \lambda)$ verschwindet. Offenbar hat jeder Projektionsoperator $\boldsymbol{P}$ die Eigenschaft

$$\boldsymbol{P}^2 = \boldsymbol{P}, \tag{6.23}$$

---

[1] Vgl. hierzu J. v. NEUMANN, Göttinger Nachr. 1927, 1.

und wir wollen umgekehrt *jeden* Operator P mit dieser Eigenschaft einen Projektionsoperator nennen. In unserem Fall gilt, daß für $\lambda'' > \lambda'$ der Operator

$$P_{\lambda''\lambda'} \equiv P_{\lambda''} - P_{\lambda}$$

ebenfalls ein Projektionsoperator ist:

$$(P_{\lambda''\lambda'})^2 \equiv (P_{\lambda''} - P_{\lambda'})^2 = P_{\lambda''\lambda'} \quad \text{für alle} \quad \lambda'' > \lambda', \tag{I}$$

ferner ist

$$P(-\infty) = 0; \qquad P(+\infty) = 1 \tag{II}$$

für $\lambda' > \lambda$ und $\lim \lambda' \to \lambda^*$ gilt $P_{\lambda'} \to P_{\lambda^*}$. Nunmehr suchen wir die Beziehung zwischen dem Operator H und den P_{λ}. Nach (6.3') war

$$H\bar{u}_{\lambda'\lambda''} = \int_{\lambda'}^{\lambda''} E(\lambda)\, d\bar{u}_{\lambda},$$

also

$$P_{\lambda'\lambda''} f = \int_{\lambda'}^{\lambda''} a_{\lambda}\, d\bar{u}_{\lambda}; \qquad HP_{\lambda'\lambda''} f = \int_{\lambda'}^{\lambda''} a_{\lambda} E(\lambda)\, d\bar{u}_{\lambda} = \int_{\lambda'}^{\lambda''} E(\lambda)\, d(P_{\lambda',\lambda} f), \tag{6.24}$$

für $\lambda' = -\infty,\ \lambda'' = +\infty$ geht dies über in

$$Hf = \int_{-\infty}^{+\infty} E(\lambda)\, d(P_{\lambda} f), \tag{III}$$

was dasselbe bedeutet wie: für alle g gilt

$$\int (g^* H f)\, dq = \int_{-\infty}^{+\infty} E(\lambda)\, d\left(\int g^* P_{\lambda} f\, dq\right). \tag{III'}$$

Statt des beliebigen Parameters λ hätte man hier auch die Energie selbst einführen können. Durch die Forderungen (I), (II) und (III) ist das Eigenwertproblem in sehr allgemeiner Weise definiert. Auf die Frage seiner Lösbarkeit kommen wir in nächster Ziffer noch zu sprechen.

Für die Rechnungen ist es oft bequem, die Integrale

$$\int u_{\lambda}^* u_{\lambda'}\, dq$$

als uneigentliche Gebilde einzuführen. Sei $\delta(\lambda)$ eine uneigentliche Funktion mit der Eigenschaft, daß für alle stetigen

$$\int_{\lambda_1}^{\lambda_2} f(\lambda)\, \delta(\lambda)\, d\lambda = \begin{cases} f(0) \\ 0 \end{cases} \text{wenn } 0 \begin{cases} \text{innerhalb} \\ \text{außerhalb} \end{cases} (\lambda_1\, \lambda_2), \tag{6.25}$$

so gilt

$$\int u_{\lambda}^* u_{\lambda'}\, dq = G(\lambda)\, \delta(\lambda' - \lambda) \quad \text{bzw.} \quad = \delta(\lambda' - \lambda). \tag{6.26}$$

Später werden wir auch die Ableitung δ' der δ-Funktion gebrauchen, die definiert ist durch

$$\int f(\lambda)\, \delta'(\lambda)\, d\lambda = -f'(\lambda)\, \delta(\lambda)\, d\lambda = \begin{cases} -f'(0) \\ 0 \end{cases} \text{wenn } 0 \begin{cases} \text{innerhalb} \\ \text{außerhalb} \end{cases} (\lambda_1\, \lambda_2). \tag{6.27}$$

Diese Relationen sind als eine formal bequeme Abkürzung für (6.16), (6.17) zu betrachten.

Zur allgemeinen Differentialgleichung (6.3) des Eigenwertproblems sei noch bemerkt, daß sie stets mit einem Variationsproblem

$$\delta \int u^* (H u)\, dq = \delta \int (H u)^* u\, dq = 0 \tag{6.28}$$

mit der Nebenbedingung

$$\int u^* u\, dq = 1 \tag{6.29}$$

äquivalent ist[1]. Hierin sind u und u^* unabhängig voneinander zu variieren. Unter Umständen kann (6.28) noch durch partielle Integration umgeformt werden. Zum Beispiel ist bei kartesischen Koordinaten und der HAMILTON-Funktion

$$H = -\sum_k \frac{\hbar^2}{2m_k}\left(\frac{\partial}{\partial q_k} - \frac{ie_k}{\hbar c}\,\Phi_k\right)^2 + V(q),$$

$$\delta\int\left[\sum_k \frac{\hbar^2}{2m_k}\left(\frac{\partial u^*}{\partial q_k} + \frac{ie_k}{\hbar c}\,\Phi_k\right)\left(\frac{\partial u}{\partial q_k} - \frac{ie_k}{\hbar c}\,\Phi_k\right) + V\,u^*u\right]dq = 0 \qquad (6.30)$$

mit der Nebenbedingung (6.29). Der Wert des Integrals (6.30) für die extremale Funktion ist vermöge (6.3) eben gleich dem Energiewert. Dieses Variationsproblem ist oft für die näherungsweise Integration der Differentialgleichungen nützlich, indem man der Funktion u spezielle Formen aufprägt und dann unter diesen Zusatzbedingungen das Problem zu lösen trachtet. Dabei werden die Werte des Variationsintegrals stets größer gefunden als die wahren Eigenwerte.

Zwei allgemeine Sätze seien noch erwähnt. Für reelle Eigenfunktionen gehört, wenn eine solche existiert, stets die Eigenfunktion ohne Knotenflächen (Nullstellen) zum kleinsten Energiewert. Für reelle Eigenfunktionen einer einzigen Variablen entspricht die Ordnung der Eigenfunktionen nach wachsender Knotenzahl eben derjenigen nach wachsenden Eigenwerten. Die Knotenzahl erscheint dabei als „Quantenzahl" des Systems.

7. Allgemeine Transformationen von Operatoren und Matrizen. Mit Hilfe der Vollständigkeitsrelation kann man einen wichtigen Zusammenhang zwischen den auf die u_n wirkenden Operatoren und den ihnen zugeordneten Matrizen konstruieren. Sei F ein linearer Operator, dann entspricht· jeder Eigenfunktion u_n eine Entwicklung

$$(F\,u_n)\sim\sum_k u_k F_{kn} \quad \text{mit} \quad F_{kn} = \int u_k^*\,(F\,u_n)\,dq. \qquad (7.1)$$

Ist F hermitesch, so ist

$$\int u_k^*\,(F\,u_n)\,dq = \int (F\,u_k)^*\,u_n\,dq,$$

also

$$F_{kn} = (F_{nk})^*, \qquad (7.2)$$

die Matrix ist also dann hermitesch. Nun betrachten wir zwei HERMITEsche Operatoren F und G,

$$F\,u_n \sim \sum_k u_k F_{kn}; \quad F_{kn} = \int u_k^*\,(F\,u_n)\,dq,$$

$$G\,u_m \sim \sum_k u_k G_{km}; \quad G_{km} = \int u_k^*\,(G\,u_m)\,dq.$$

Hierauf werden wir die (für alle n, m gültige) Vollständigkeitsrelation (6.14') an, welche besagt

$$\int (F\,u_n)^*\,(G\,u_m)\,dq = \sum_{k=1}^{\infty} F_{kn}^*\,G_{km}$$

und mit Benutzung der Hermitezität von F

$$\int u_n^*\,(F\,G\,u_m)\,dq = \sum_k F_{nk}\,G_{km}. \qquad (7.3)$$

Auf Grund von (7.1) ist jedem Operator eine Matrix zugeordnet, jedem HERMITEschen Operator eine HERMITEsche Matrix. Aus (7.3) folgt dann: *Es ist dem*

---

[1] E. SCHRÖDINGER: Ann. d. Phys. **79**, 361 (1926).

Produkt der beiden Operatoren $\boldsymbol{F} \cdot \boldsymbol{G}$ das Produkt der Matrizen $(F) \cdot (G)$ zugeordnet, wenn letzteres nach der gewöhnlichen Regel für die Multiplikation der Matrizen gebildet wird. Letztere Regel lautet eben

$$(F G)_{nm} = \sum_k F_{nk} G_{km}. \tag{7.3'}$$

Es ist zu beachten, daß hierbei nur die Hermitezität von $\boldsymbol{F}$ und $\boldsymbol{G}$, nicht die von $(\boldsymbol{F} \cdot \boldsymbol{G})$ und auch nicht die Vertauschbarkeit von $\boldsymbol{F}$ und $\boldsymbol{G}$ vorausgesetzt wurde.

Gehört nun zur beliebigen Funktion f die Entwicklung $\sum_k a_k u_n$, so gehört zu $\boldsymbol{F}f$ die Entwicklung $\sum_k (\boldsymbol{F} u_k) a_k = \sum_{k,l} u_l F_{lk} a_k$ [1]. Es werden also durch $\boldsymbol{F}$ den Koeffizienten $(a_1, a_2, \ldots, a_m, \ldots)$ die anderen Koeffizienten $(b_1, b_2, \ldots, b_n, \ldots)$ derart zugeordnet, daß

$$b_n = \sum_m F_{nm} a_m. \tag{7.4}$$

Die dem Operator $\boldsymbol{F}$ äquivalente Matrix vermittelt also eine *lineare Abbildung* in dem unendlich vieldimensionalen Vektorraum der Entwicklungskoeffizienten (a_m) unseres Funktionensystems. Die Hermitezität von $\boldsymbol{F}$ drückt sich darin aus, daß

$$\sum_n a_n^* b_n = \sum_n a_n b_n^*, \tag{7.5}$$

dieses „skalare Produkt" also reell ist.

In dem allgemeinen Ausdruck (7.1) für das Matrixelement F_{kn} ist enthalten, daß das Diagonalelement

$$F_{nn} = \int u_n^* (\boldsymbol{F} u_n)\, dq \tag{7.6}$$

ist.

Wir haben in voriger Ziffer gesehen, daß in einfachen Fällen diesem Ausdruck die Bedeutung des Mittelwertes oder Erwartungswertes zukommt. Dabei sind wir ausgegangen von einem Ausdruck $|\varphi(p)|^2 dp$, der die Wahrscheinlichkeit dafür angibt, daß der Impuls p in dem betreffenden Zustand des Systems zwischen p und $p+dp$ liegt. Dann folgte für den Mittelwert einer beliebigen ganz rationellen Funktion F von p, daß ihr Mittelwert

$$\int F(p)\, |\varphi(p)|^2 dp = \int \psi^*(q) \left[\boldsymbol{F}\left(\frac{\hbar}{i}\, \frac{\partial}{\partial q}\right) \psi(q) \right] dq$$

wird. Ebenso ist für eine beliebige Funktion von q

$$\overline{F}(q) = \int \psi^* F(q)\, \psi\, dq,$$

---

[1] Strenggenommen bedarf dies noch einer Rechtfertigung, da die Entwicklung $\sum a_k u_k$ nicht zu konvergieren, sondern nur im Sinne der Konvergenz im Mittel mit f übereinzustimmen braucht. Bezeichnen wir die N-te Partialsumme $\sum_1^N a_k u_k$ mit f_N, so gilt aber

$$\lim_{N \to \infty} \int |f - f_N|^2 dq = 0.$$

Nun verlangen wir vom Operator $\boldsymbol{F}$ folgende Eigenschaft: Wenn es zur Folge $\boldsymbol{F} f_N = g_N$ ein g gibt, so daß $\lim_{N \to \infty} \int |g - g_N|^2 dq = 0$, dann soll $\boldsymbol{F}f = g$ gelten. Hierbei werden zwei Funktionen g, g', für die $\int |g - g'|^2 dq = 0$, als grundsätzlich nicht verschieden betrachtet. In unserem Fall ist die Existenz eines solchen g dann gesichert, wenn die Summe $\sum_1^\infty |b_k|^2$ konvergiert $(b_k = \sum_l F_{kl} a_l)$, und dies ist wiederum der Fall, wenn für alle k die Summen

$$\sum_l |F_{kl}|^2 = \sum_l |F_{lk}|^2$$

konvergieren.

was wiederum mit (7.6) übereinstimmt, wenn wir unter F hier einfach die Multiplikation mit q verstehen. Hatten wir es endlich mit einer Funktion F zu tun, die von den p linear, von den q aber beliebig abhängt,

$$F = \tfrac{1}{2} \sum_k \left[A_k(q)\, p_k + p_k A_k(q) \right]$$

(bei Unterlassung der Symmetrisierung wäre F nicht hermitesch), so konnten wir bei kartesischen Koordinaten die zum Freiheitsgrad k gehörige Stromdichte i_k einführen und erhielten dann wieder

$$\overline{F} = \sum_k \int A_k(q) \left[m\, i_k + \frac{e}{c}\, \Phi_k \right] dV = \sum_k \int \psi^* \frac{1}{2} \left[A_k \frac{\hbar}{i}\, \frac{\partial \psi}{\partial q_k} + \frac{\hbar}{i}\, \frac{\partial}{\partial q_k}\, (A_k \psi) \right] dq .$$

Da ferner der Erwartungswert der Summe zweier Größen gleich ist der Summe der Erwartungswerte der Größen und (7.6) im Operator F linear ist, kann (7.6) auch für Größen als gültig betrachtet werden, welche gleich der Summe von Größen des betrachteten Typus sind. Insbesondere ist dies dann zutreffend, wenn für F die HAMILTON-Funktion H des Systems eingeführt wird.

Für solche Operatoren F, die in dieser Weise physikalischen Größen zugeordnet werden — d.h. Eigenschaften des Systems, die durch Angabe von Zahlenwerten beschrieben werden können, wobei diese Zahlenwerte durch geeignete Versuchsanordnungen im Prinzip eindeutig ermittelt („gemessen") werden können —, können wir sagen: *Das Diagonalelement F_{nn} ist gleich dem Erwartungswert der zugehörigen Größe F in dem durch die Eigenfunktion u_n charakterisierten Zustand des Systems.* Welches die physikalischen Größen eines Systems sind und wie sie gemessen werden können, kann nur durch einen weiteren Ausbau der Theorie an Hand von Erfahrungstatsachen entschieden werden[1]. Wir bemerken noch, daß auch für diese speziellen Operatoren F *nur die Diagonalelemente der Matrix F einen direkten physikalischen Sinn erhalten.* Die Nichtdiagonalelemente sind nur indirekt mit möglichen Messungsdaten verknüpft, und zwar auf folgende Weise: Der Mittelwert einer beliebigen ganzen rationalen Funktion $f(F)$ des Operators F, insbesondere derjenige aller seiner Potenzen, ist gegeben bzw. definiert durch das Diagonalelement $[f(F)]_{nn}$ von $f(F)$. Setzt man andererseits für die formale Bildung von $[f(F)]_{nn}$ das Multiplikationsgesetz der Matrizen voraus, so kann man zeigen, daß durch die Angabe der $[f(F)]_{nn}$ auch die Nichtdiagonalelemente F_{nm} von F im allgemeinen eindeutig bestimmt sind.

Bei dem allgemeinen durch die Beziehung (7.1) ausgedrückten Zusammenhang zwischen Matrizen und Operatoren wurde über die Funktionen $u_1, u_2, \ldots,$ $u_n, \ldots$ nur vorausgesetzt, daß sie ein vollständiges orthogonales System bilden. Es ist nützlich zu untersuchen, wie die Matrizen sich ändern, wenn man von diesem System zu einem neuen System $v_1, v_2, \ldots, v_n, \ldots$ übergeht, welches gleichfalls die Eigenschaft der Orthogonalität und Vollständigkeit besitzt. Zunächst entspricht jeder der Funktionen v_m eine Entwicklung

$$v_m \sim \sum_n u_n S_{nm} \quad \text{mit} \quad S_{nm} = \int u_n^* [S\, u_m]\, dq = \int u_n^* v_m\, dq . \tag{7.7}$$

Die Matrix S_{nm} definiert einen linearen Operator S, der jeder Funktion $f = a_1 u_1 + a_2 u_2 + \cdots$ die Funktion $g = a_1 v_1 + a_2 v_2 + \cdots$ mit den gleichen Entwicklungskoeffizienten im neuen System zuordnet. Dieses S hat also die Eigenschaft

$$\int f\, u_n^*\, dq = \int [S\, f]\, v_n^*\, dq$$

---

[1] Dieser Standpunkt ist entgegengesetzt dem anderen, daß jedem HERMITEschen Operator eine Größe oder „Observable" des Systems entspricht, und daß es immer einen direkten physikalischen Sinn haben soll, von der Wahrscheinlichkeit dafür zu sprechen, daß diese Größe F im betreffenden Zustand bestimmte Werte hat (vgl. hierzu Ziff. 9).

für alle f. Dieser Operator S ist aber von grundsätzlich anderer Art als die früher betrachteten Hermiteschen Operatoren F, die physikalischen Größen entsprechen können. Wir nennen S einen *Transformationsoperator*. Da gemäß der Vollständigkeitsrelation gilt

$$\int v_n^* v_m \, dq = \sum_k S_{kn}^* S_{km},$$

drückt sich die Orthogonalität und Normierung der v_n darin aus, daß

$$\sum_k S_{kn}^* S_{km} = \begin{cases} 0 & \text{für} \quad n \neq m, \\ 1 & \text{für} \quad n = m. \end{cases} \tag{7.8}$$

Da aus $f \sim \sum a_k u_k$; $g \sim \sum a_k v_k$, folgt $\sum_k |a_k|^2 = \int |f|^2 dq = \int |g|^2 dq$, ist dies auch äquivalent mit der Forderung, daß für alle f gelten soll

$$\int |S f|^2 dq = \int |f|^2 dq, \tag{7.9}$$

also für zwei beliebige f, g

$$\int (S f)^* (S g) \, dq = \int f^* g \, dq. \tag{7.9'}$$

Der Operator S ist also nicht hermitesch, sondern hat gemäß (7.9) die Eigenschaft *"längentreu"* zu sein, wenn wir $\int |f|^2 dq$ als Maß für die "Länge" einer Funktion, allgemeiner $\int |f - g|^2 dq$ als Maß für die "Entfernung" zweier Funktionen benutzen. Sollen ferner die $v_n = (S u_n)$ ein vollständiges Funktionensystem bilden, so muß die Mannigfaltigkeit der $S f$ mit derjenigen der f übereinstimmen. Das heißt *es muß auch der zu S inverse Operator S^{-1} für alle f existieren*. Diese Vollständigkeit des Systems der v ist gleichbedeutend damit, daß die u_n sich auch nach den v_n entwickeln lassen gemäß

$$u_m \sim \sum_n v_n S_{nm}^{-1}; \qquad S_{nm}^{-1} = \int v_n^* [S^{-1} v_m] \, dq = \int v_n^* u_m \, dq. \tag{7.7'}$$

Durch Vergleich mit (7.7) folgt

$$S_{nm}^{-1} = S_{mn}^*. \tag{7.10}$$

Es ist also (S) keine Hermitesche Matrix, sondern die zu (S) hermitesch-konjugierte Matrix $\widetilde{S}$, die aus S durch Übergang zum konjugiert-komplexen und Vertauschen von Zeilen und Spalten entsteht, ist mit der zu S reziproken Matrix identisch:

$$S^{-1} = \widetilde{S}. \tag{7.11}$$

In der Tat ist (7.8) wegen $S_{kn}^* = \widetilde{S}_{nk}$ gleichbedeutend mit

$$\widetilde{S} \, S = I, \tag{7.8'}$$

wenn I die Einheitsmatrix bedeutet. Die Vollständigkeit des Funktionensystems v_n bedeutet nun aber, wie aus (7.7') durch Anwendung der Vollständigkeitsrelation hervorgeht, daß auch

$$\sum_k (S_{kn}^{-1})^* S_{km}^{-1} = \begin{cases} 0 & \text{für} \quad n \neq m, \\ 1 & \text{für} \quad n = m, \end{cases} \tag{7.12}$$

oder gemäß (7.10)

$$\sum_k S_{nk} S_{mk}^* = \begin{cases} 0 & \text{für} \quad n \neq m, \\ 1 & \text{für} \quad n = m, \end{cases} \tag{7.13}$$

was in der Matrixschreibweise bedeutet

$$S \widetilde{S} = I. \tag{7.13'}$$

Es ist wichtig zu betonen, daß (7.13') noch keine Folge von (7.8') darstellt, sondern dann und nur dann aus (7.8') folgt, wenn der zu S inverse Operator S^{-1} für alle f existiert. *Ein Operator S heißt unitär, wenn er neben der Eigenschaft der Längentreue* [Gl. (7.9)] *noch die der ausnahmslosen Existenz des reziproken Operators besitzt; entsprechend heißt eine Matrix S unitär, wenn sie die beiden Relationen (7.8'), (7.13') erfüllt. Die Transformationsoperatoren sind solche unitäre Operatoren.* Durch Zusammensetzung (Multiplikation) zweier unitärer Operatoren (Matrizen) entsteht offenbar wieder ein unitärer Operator (eine unitäre Matrix).

Es ist vielleicht nützlich, die Analogie zu diesen Verhältnissen für Größen zu betonen, die nur endlich vieler, sagen wir N Werte, fähig sind. In diesem Fall besteht das vollständige Funktionensystem aus N orthogonalen (komplexen) Vektoren $u_k(1)$, $u_k(2)$, ..., $u_k(N)$, worin statt der q die Werte q_1, ..., q_N der betreffenden Größe eingesetzt sind. Ein orthogonales System von Vektoren in einem endlichdimensionalen Raum ist dann und nur dann vollständig, wenn die Anzahl p der Vektoren des Systems mit der Dimensionszahl N des Systems übereinstimmt. Der Fall, daß eine Matrix S die Relation

$$\widetilde{S} S = I$$

erfüllt, während $S \widetilde{S} \neq I$ tritt also ein, wenn S keine quadratische Matrix, sondern eine rechteckige Matrix $S_{nm}(n = 1, 2, ..., N; \; m = 1, 2, ..., p)$ ist, deren Spaltenzahl p kleiner ist als deren Zeilenzahl N. Es ist klar, daß dann $S \widetilde{S}$ nicht die Einheitsmatrix ist, und daß die zur Abbildung S, welche den Vektor $f(r) = \sum_{k=1}^{N} a_k u_k(r)$; $r = 1, ..., N$ überführt in $[S f(r)] = \sum_{k=1}^{p} a_k v_k(r)$, reziproke Abbildung S^{-1} dann und nur dann für alle $f(r)$ existiert, wenn $p = N$ ist. Die Forderung, daß neben $\widetilde{S} S = I$ auch $S \widetilde{S} = I$ gelten soll, ist hier gleichbedeutend damit, daß S eine quadratische Matrix sein soll. Bei Matrizen S mit unendlich vielen Zeilen und Kolonnen kann aber die Vollständigkeit nicht durch eine einfache Abzählung festgestellt werden, und deshalb tritt die ausnahmslose Existenz des Reziproken als neue Forderung neben die Relation $\widetilde{S} S = I$.

Wir können jetzt die Frage beantworten, wie die zum Operator F gemäß (7.1) zugeordneten Matrizen sich ändern, wenn man vom Funktionssystem u_k zum System v_k übergeht. Man hat gemäß (7.7) für

$$\left. \begin{aligned} F'_{nm} &= \int v_n^* \, (F v_m) \, dq, \\ F'_{nm} &= \sum_k \sum_l \int S_{kn}^* u_k^* \, S_{lm} \, F(u_l) \, dq, \end{aligned} \right\} \tag{7.14}$$

also wegen[1]

$$\left. \begin{aligned} F_{kl} &= \int u_k^* \, F(u_l) \, dq, \\ F'_{nm} &= \sum_{k,l} S_{kn}^* F_{kl} \, S_{lm} \end{aligned} \right\} \tag{7.15}$$

oder in Matrixschreibweise

$$(F') = \widetilde{S} \, F \, S = S^{-1} F \, S, \tag{7.15a}$$

was die Umkehrung zuläßt

$$(F) = S \, F' \, S^{-1} = S \, F' \, \widetilde{S}. \tag{7.15b}$$

Man verifiziert leicht, daß F' wieder eine HERMITEsche Matrix ist, sobald F es ist. In der Operatorsprache bedeutet offenbar (7.15): Wenn F die Funktion f in die Funktion g überführt, so führt F' die Funktion $S f$ in die Funktion $S g$ über. Bei dieser Auffassung ist aber das „Koordinatensystem" der $u_1 \ldots u_n$

---

[1] Bei dieser Ableitung haben wir von Konvergenzfragen abgesehen. Die Frage der Konvergenz der in (7.15) auftretenden Summationen ist im allgemeinen kompliziert.

fest gedacht und der Operator verändert, während wir davon ausgegangen waren, den Operator F fest zu lassen und das Koordinatensystem zu ändern.

Die fundamentalen V.-R. (5.21) für die Operatoren p_k, q_l gehen offenbar in entsprechende Matrizengleichungen über, wenn man die Funktionen f, auf welche diese Operatoren wirken, ersetzt durch die Folgen $a_1, a_2, \ldots, a_n, \ldots$ ihrer Entwicklungskoeffizienten nach einem beliebigen vollständigen Orthogonalsystem $v_1, v_2, \ldots, v_n, \ldots$. In der Tat bleiben diese V.-R. offenbar invariant gegenüber beliebigen unitären Transformationen der Form (7.15)

Nunmehr können wir die speziellen Eigenfunktionen $u_1, u_2, \ldots$, die der Gleichung

$$\boldsymbol{H}\,u = E\,u$$

genügen und den stationären Zuständen unseres Systems mit dem Hamilton-Operator $\boldsymbol{H}$ entsprechen, sehr einfach charakterisieren. Es sind diejenigen orthogonalen und normierten Funktionen u, für welche die gemäß (7.1) definierte Matrix der Hamilton-*Funktion (Energie)*

$$(H_{nm}) = \int u_n^* \,(\boldsymbol{H}\,u_m)\, dq$$

eine Diagonalmatrix wird:

$$H_{nm} = \begin{cases} 0 & \text{für} \quad n \neq m, \\ E_n & \text{für} \quad n = m. \end{cases} \tag{7.16}$$

Mit Hilfe dieses Ergebnisses kann man das Problem der Bestimmung der Eigenwerte E_n der Energie und der Matrizen $p_{n,m}^{(k)}$, $q_{n,m}^{(k)}$ auch ohne Kenntnis der Wellengleichung formulieren. Man schreibe erst die V.-R. mit Hilfe der Regel für die Multiplikation der Matrizen hin, sodann die Forderung, daß die Energiematrix mit Hilfe eben dieser Regel durch die Matrixelemente der $p^{(k)}$ und $q^{(k)}$ ausgedrückt, eine Diagonalmatrix werden soll. Man erhält auf diese Weise unendlich viele Gleichungen zur Bestimmung der Matrixelemente der p und q sowie der Eigenwerte der Energie. Dies war der Ansatz der „Matrizenmechanik" Heisenbergs, die historisch vor Aufstellung der Wellengleichung entstanden ist[1]. Die praktische Auflösung dieser Gleichungen gelingt nur in wenigen Fällen, z.B. beim harmonischen Oszillator. Im Falle des Wasserstoffatoms ist es eben noch möglich, die Energiewerte zu erhalten, die Ermittlung der Matrixelemente der p und q selbst gelingt nicht mehr. Es hängt dies damit zusammen, daß hier auch ein kontinuierliches Spektrum vorhanden ist, in welchem Falle die Matrixrechnung sehr unübersichtlich wird. Wir kommen auf diesen Punkt sogleich zurück. Die Matrixrechnung ist dagegen oft bequem, wenn es sich um Teilräume von endlicher Dimensionszahl handelt. Solche Teilräume treten z.B. bei entarteten Systemen auf, d.h. wenn zu einem bestimmten Energiewert mehrere, sagen wir g Zustände gehören. In diesem Fall kann man innerhalb des betreffenden g-dimensionalen Teilzustandsraumes noch eine beliebige unitäre Transformation der Matrizen gemäß (7.15) vornehmen, ohne daß die zu lösenden Gleichungen verletzt werden, da in diesem Teilraum die Energiematrix gleich der mit der festen Zahl E multiplizierten Einheitsmatrix wird, was bei den betrachteten Transformationen erhalten bleibt. In der Wellenmechanik entspricht dem die Möglichkeit, die zu E gehörigen orthogonal und normiert gedachten Eigenfunktionen $u_1, \ldots, u_g$ gemäß

$$u_m' = \sum_{n=1}^{g} u_n\, S_{nm} \qquad (m = 1, 2, \ldots, g)$$

---

[1] W. Heisenberg: Z. Physik **33**, 879 (1925).

zu transformieren. Ist nämlich hierin S speziell eine *unitäre* g-reihige (quadratische) Matrix, so bleibt die Orthogonalität des Funktionensystems bei dieser Transformation erhalten. In der Matrixfassung kann das Eigenwertproblem auch noch ein wenig anders formuliert werden. Man setze für die p_i, q_k irgendwelche Matrizen ein, welche die V.-R. erfüllen (sie können wellenmechanisch) irgendeinem orthogonalen Funktionensystem entsprechen). Durch Anwendung der Multiplikationsregel der Matrizen erhält man dann für die Energie eine gewisse HERMITEsche Matrix H_{mn}. Die Aufgabe besteht dann darin, diese unitär auf Diagonalform zu bringen, d.h. die unendlich vielen linearen Gleichungen

$$\boldsymbol{S^{-1}HS = E}$$

oder

$$\boldsymbol{HS = SE}; \qquad \sum_m H_{nm} S_m = S_n E \tag{7.17}$$

für jedes mögliche E zu lösen. Die Bedingung, daß S unitär ist, verlangt für die Koeffizienten die Normierung

$$\sum_n |S_n|^2 = 1. \tag{7.17'}$$

Für jeden möglichen Wert E_ϱ von E erhält man so ein Koeffizientensystem $S_{n,\varrho}$ und es ist leicht zu sehen, daß dieses auf Grund von (7.8) von selbst unitär wird, falls H hermitesch ist. Auch diese Gleichungssysteme sind im allgemeinen praktisch nicht lösbar, wir werden jedoch sehen, daß sie in der Störungstheorie praktisch brauchbar werden [1].

Wir besprechen nunmehr die Verallgemeinerung dieser Resultate für kontinuierliche Spektren, und zwar ohne Rücksicht auf Konvergenzfragen. Sind die Eigenfunktionen u in bezug auf den Parameter λ oder auf *die* Parameter $\lambda_1, \ldots$ normiert, so können wir analog zu (7.1) bilden

$$F u_\lambda \sim \int u_{\lambda'} F_{\lambda' \lambda} d\lambda'; \qquad F_{\lambda' \lambda} = \int u_{\lambda'}^* (F u_\lambda) dq. \tag{7.18}$$

In den $F_{\lambda' \lambda}$ und sogar schon in den u selbst können dann aber die durch (6.25) und (6.27) definierten δ-Symbole vorkommen. Zum Beispiel kann man für die λ die Zahlenwerte der q, für die u die δ-Funktionen wählen $u_{q'}(q) = \delta(q - q')$, worin $\delta(q - q')$ als Abkürzung für $\delta(q_1 - q_1') \, \delta(q_2 - q_2') \ldots \delta(q_f - q_f')$ steht. Denn es ist dann

$$\int u_{q'}^*(q) \, u_{q''}(q) \, dq = \int \delta(q - q') \, \delta(q - q'') \, dq = \delta(q' - q'');$$

die Matrix der q wird

$$q_k(q', q'') = \int \delta(q - q') \, q_k \, \delta(q - q'') \, dq$$

oder

$$q_k(q', q'') = q_k' \, \delta(q' - q''), \tag{7.19a}$$

ebenso

$$p_k(q', q'') = \int \delta(q - q') \, \frac{\hbar}{i} \frac{\partial}{\partial q_k} \, \delta(q - q'') \, dq$$

oder

$$p_k(q', q'') = \frac{\hbar}{i} \, \delta_k'(q' - q''), \tag{7.19b}$$

wenn der letztere Ausdruck als Abkürzung für

$$\delta(q_1' - q_1'') \ldots \delta(q_{k-1}' - q_{k-1}'') \, \delta'(q_k' - q_k'') \, \delta(q_{k+1}' - q_{k+1}'') \ldots \delta(q_f' - q_f'')$$

---

[1] Vgl. M. BORN, P. JORDAN u. W. HEISENBERG, Z. Physik 35, 557 (1926).

gesetzt ist. Man bestätigt die formale Gültigkeit von

$$\int \left[\boldsymbol{p}_k(q', q''') \, \boldsymbol{q}_k(q''', q'') - \boldsymbol{q}_k(q', q''') \, \boldsymbol{p}_k(q''', q'') \right] dq''' = \frac{\hbar}{i} \, \delta(q' - q'').$$

In Wirklichkeit haben alle diese Symbole erst Sinn, wenn vorher mit beliebigen Funktionen f^* und g von q' und q'' multipliziert und integriert ist, z. B.

$$\int\limits_{q_1'}^{q_2'} \int\limits_{q_1''}^{q_2''} f^*(q') \, \boldsymbol{q}_k(q', q'') \, g(q'') \, dq' \, dq'' = \int\limits_{q_1}^{q_2} f^*(q) \, \boldsymbol{q}_k \, g(q) \, dq,$$

wenn (q_1, q_2) das den Intervallen (q_1', q_2'); (q_1'', q_2'') gemeinsame Teilintervall darstellt.

Ebenso gibt es formal analog zu (7.7) die Transformation von einem vollständigen System u_λ zu einem anderen v_μ gemäß

$$v(\mu; q) = \int u(\lambda; q) \, S(\lambda, \mu) \, d\lambda$$

mit

$$S(\lambda, \mu) = \int u^*(\lambda; q) \, v(\mu; q) \, dq, \tag{7.20}$$

worin $S(\lambda, \mu)$ eine unitäre Matrix ist, die den zu (7.8) und (7.13) analogen Bedingungen genügt

$$\int S^*(\lambda, \mu) \, S(\lambda, \mu') \, d\lambda = \delta(\mu - \mu'), \tag{7.21}$$

$$\int S(\lambda, \mu) \, S^*(\lambda', \mu) \, d\mu = \delta(\lambda' - \lambda). \tag{7.22}$$

Die Transformationsformel, die analog ist zu (7.15), lautet

$$F(\mu; \mu') = \int S^*(\lambda, \mu) \, F(\lambda, \lambda') \, S(\lambda', \mu') \, d\lambda \, d\lambda'. \tag{7.23}$$

Von besonderem Interesse ist der Fall, daß ein Index diskret, der andere kontinuierlich ist. Dann haben wir

$$v_n(q) = \int u(\lambda; q) \, S_n(\lambda) \, d\lambda; \qquad u(\lambda; q) = \sum_n v_n^*(q) \, S_n^*(\lambda), \tag{7.24}$$

$$S_n(\lambda) = \int u^*(\lambda; q) \, v_n(q) \, dq, \tag{7.25}$$

$$\int S_n^*(\lambda) \, S_m(\lambda) \, d\lambda = \delta_{n,m}; \qquad \sum_n S_n(\lambda) \, S_n^*(\lambda') = \delta(\lambda - \lambda'), \tag{7.26}$$

$$\int (\delta_{n,m} = 0 \quad \text{für} \quad n \neq m; \qquad \delta_{n,m} = 1 \quad \text{für} \quad n = m)$$

$$F_{n,m} = \int S_n^*(\lambda) \, F(\lambda, \lambda') \, S_m(\lambda') \, d\lambda \, d\lambda'; \qquad F(\lambda, \lambda') = \sum_{n,m} S_n(\lambda) \, F_{n,m} \, S_m^*(\lambda'). \tag{7.27}$$

Diese Formeln werden besonders einfach, wenn wir für $u(\lambda, q)$ speziell das System $u_{q'}(q) = \delta(q - q')$ einsetzen. Dann wird offenbar

$$S_n(q') = \int \delta(q - q') \, v_n(q) \, dq = v_n(q'), \tag{7.25'}$$

$$\int v_n^*(q) \, v_m(q) \, dq = \delta_{n,m}; \qquad \sum_n v_n(q) \, v_n^*(q') = \delta(q - q'), \tag{7.26'}$$

$$F_{n,m} = \int v_n^*(q) \, F(q, q') \, v_m(q') \, dq \, dq'; \qquad F(q, q') = \sum_{n,m} v_n(q) \, F_{n,m} \, v_m^*(q'). \tag{7.27'}$$

Wir erhalten als wichtigstes Resultat, daß die Eigenfunktionen $v_n(q)$ selbst als spezielle Transformationsfunktionen erscheinen, diejenigen von dem System $\delta(q - q')$ auf das System $v_n(q)$ selbst. Wählen wir speziell für die $v_n(q)$ solche $u_n(q)$, die einen bestimmten Hamilton-Operator $\boldsymbol{H}$ auf Diagonalform $H_{n,m} = E_n \delta_{n,m}$ bringen, so können wir sagen, daß gemäß (7.25') die $u_n(q)$ *die Transformationsfunktionen vom Operator $\boldsymbol{q}$ auf den Operator $\boldsymbol{H}$* sind. Denn $\boldsymbol{q}$ wird durch das

System $\delta(q-q')$, $\boldsymbol{H}$ durch das System $u_n(q)$ auf Diagonalform gebracht. Was die zweiten Relationen (7.26') betrifft, so sind sie nur ein anderer, symbolischer Ausdruck der Vollständigkeitsrelation. Durch Integration kommen wir nämlich für zwei beliebige Funktionen f, g zur „wirklichen" Gleichung

$$\sum_n \int f^*(q)\, v_n(q)\, dq \cdot \int g(q')\, v_n^*(q')\, dq' = \int f^* g \, dq,$$

die mit der Vollständigkeitsrelation (6.14') genau übereinstimmt. Insbesondere ist sie richtig, wenn f und g innerhalb eines bestimmten Gebietes (nicht notwendig desselben Gebietes) gleich 1 sind und außerhalb des Gebietes verschwinden.

8. Die allgemeine Form des Bewegungsgesetzes. Während wir als Grundlage der Matrizenmechanik neben den V.-R. noch die Vorschrift eingeführt haben, daß die Energiematrix entsprechend (7.16) auf Diagonalform sein soll

$$H_{n,m} = E_n\, \delta_{n,m}, \tag{8.1}$$

hat HEISENBERG noch eine weitere Bestimmung hinzugefügt, welche die Abhängigkeit der Matrixelemente von der Zeit betrifft. Er setzte fest, daß das Matrixelement einer jeden die Zeit nicht explizite enthaltenden Größe in Abhängigkeit von der Zeit gegeben sein soll durch

$$F_{n,m}(t) = F_{n,m}(0)\, e^{\frac{i}{\hbar}(E_n - E_m)t} \tag{8.2}$$

oder mit Einführung der unitären Diagonalmatrix

$$U_{n,m}(t) = \delta_{n,m}\, e^{\frac{i}{\hbar}E_n t}, \tag{8.3}$$

$$\boldsymbol{F}(t) = \boldsymbol{U}(t)\, \boldsymbol{F}(0)\, \boldsymbol{U}^{-1}(t) = \boldsymbol{U}(t)\, \boldsymbol{F}(0)\, \tilde{\boldsymbol{U}}(t). \tag{8.4}$$

Falls der HAMILTON-Operator die Zeit nicht explizite enthält, ergibt die Anwendung von (8.4) auf $\boldsymbol{F} = \boldsymbol{H}$, daß (8.1) für alle t bestehen bleibt. Die Relation (8.2) kann man auch ersetzen durch die Differentialgleichung

$$\frac{\hbar}{i}\, \dot{F}_{n,m} = F_{n,m}(E_n - E_m) \tag{8.5}$$

oder

$$\frac{\hbar}{i}\, \dot{\boldsymbol{F}} = \boldsymbol{H}\boldsymbol{F} - \boldsymbol{F}\boldsymbol{H}, \tag{8.6}$$

wenn unter $\boldsymbol{H}$ speziell die Diagonalmatrix (8.1) verstanden wird. Vermöge (8.1) folgt aus (8.6) die Form (8.2) zurück[1].

Die Relation (8.2) bedeutet nichts anderes, als daß in der Relation (7.1) zur Berechnung der Matrixelemente statt der u_n die Funktionen

$$\psi_n(t) = u_n\, e^{\frac{i}{\hbar}E_n t} \tag{8.7}$$

eingeführt werden, die der Wellengleichung

$$-\frac{\hbar}{i}\, \dot{\psi}_n = \boldsymbol{H}\, \psi_n$$

genügen. Denn dann ist

$$F_{kn} = \int \psi_k^*\, (\boldsymbol{F}\, \psi_n)\, dq = e^{\frac{i}{\hbar}(E_k - E_n)t} \int u_k^*\, (\boldsymbol{F}\, u_n)\, dq = e^{\frac{i}{\hbar}(E_k - E_n)t} F_{k,n}(0).$$

---

[1] Gegenüber den älteren Darstellungen der Matrixmechanik sei betont, daß (8.6) keine Folge von (8.1) ist, es sei denn, daß (8.2) als besonderes Postulat vorausgesetzt wird.

Wir können nun diesen Sachverhalt verallgemeinern, indem wir ein beliebiges Orthogonalsystem φ_n als Basis der Matrizen einführen, ohne daß dieses notwendig die spezielle Gestalt (8.7) besitzt, indem wir aber die wesentliche Forderung aufstellen, daß alle diese $\varphi_n(t)$ der Wellengleichung

$$-\frac{\hbar}{i}\,\dot{\varphi}_n = H\,\varphi_n \tag{8.8}$$

genügen sollen. Zunächst folgt aus der Tatsache, daß für alle Lösungen von (8.8) $\int \psi^*\psi\,dq$ zeitlich konstant ist, durch Anwendung auf die Lösung $c_n\varphi_n + c_m\varphi_m$ für beliebige $c_n, c_m, \ldots$, daß

$$\frac{d}{dt}\int \varphi_n^*\,\varphi_m\,dq = 0 \tag{8.9}$$

ist, d.h. daß die Orthogonalität und Normierung des Funktionensystems im Lauf der Zeit bestehen bleibt. Sodann folgt aus

$$F_{n,m} = \int \varphi_n^*\,(F\,\varphi_m)\,dq \tag{8.10}$$

durch Differentiation, die für jeden Hermiteschen, die Zeit nicht explizite enthaltenden Operator F gültige Relation

$$\begin{aligned}
\frac{\hbar}{i}\,\dot{F}_{n,m} &= \int \left[(H\,\varphi_n)^*\,(F\,\varphi_m) - \varphi_n^*\,(F\,H\,\varphi_m)\right]dq, \\
&= \int \left[\varphi_n^*\,(H\,F\,\varphi_m) - \varphi_n^*\,(F\,H\,\varphi_m)\right]dq, \\
&= (H\,F - F\,H)_{n,m},
\end{aligned}$$

also wieder die Gl. (8.6)

$$\frac{\hbar}{i}\,\dot{F} = H\,F - F\,H, \tag{8.6}$$

diesmal ohne spezielle Voraussetzung über die Matrizen. Vermöge dieser Regel bleibt jedes (miteinander verträgliche und die Zeit nicht explizite enthaltende) System von V.-R. im Lauf der Zeit bestehen, wenn es für $t=0$ erfüllt war[1].

Nun führen wir (die bisher nicht notwendige) Voraussetzung ein, daß auch H die Zeit nicht explizite enthält. Dann ist vermöge (8.6) H von der Zeit unabhängig. Also gibt es ein von der Zeit unabhängiges unitäres S, welches H auf Diagonalform bringt

$$S^{-1}HS = E.$$

Es ist dasselbe S, welches gemäß

$$\psi_m = \sum_n \varphi_n\,S_{n,m}$$

die φ_n auf die spezielle Form der durch (8.7) gegebenen ψ_n bringt. Durch Umtransformieren erhalten wir dann aus (8.3) und (8.4), wenn wir unter $e^{\frac{i}{\hbar}Et}$ die

---

[1] In der älteren Literatur über Quantenmechanik findet sich an Stelle von (8.6) oft die Operatorgleichung

$$Ht - tH = \frac{\hbar}{i}\,I,$$

die aus (8.6) formal durch Einsetzen von t für F entsteht. Es ist indessen im allgemeinen nicht möglich, einen Hermiteschen Operator (z.B. als Funktion der p und q) zu konstruieren, der diese Gleichung erfüllt. Dies ergibt sich schon daraus, daß aus der angeschriebenen V.-R. gefolgert werden kann, daß H kontinuierlich alle Eigenwerte von $-\infty$ bis $+\infty$ besitzt (vgl. Dirac, Quantenmechanik, S. 34 u. 56), während doch andererseits diskrete Eigenwerte von H vorkommen können. *Wir schließen also, daß auf die Einführung eines Operators t grundsätzlich verzichtet und die Zeit t in der Wellenmechanik notwendig als gewöhnliche Zahl („c-Zahl") betrachtet werden muß* (vgl. hierzu auch E. Schrödinger, Berl. Ber. 1931, S. 238).

Diagonalmatrix $\delta_{n,m}\, e^{\frac{i}{\hbar}E_n t}$ verstehen, mit diesem S

$$F(t) = U(t)\, F(0)\, U^{-1}(t) \tag{8.4}$$

mit

$$U = S\, e^{\frac{i}{\hbar}E t}\, S^{-1}.$$

Hierin ist offenbar U unitär, da es durch Multiplikation unitärer Matrizen entsteht. Wegen

$$S\, E\, S^{-1} = H$$

kann man auch schreiben

$$U(t) \equiv e^{\frac{i}{\hbar}H t} = \sum_{n=0}^{\infty} \frac{1}{n!}\left(\frac{i}{\hbar}H t\right)^n = \lim_{N\to\infty}\left(1 + \frac{it}{N\hbar}H\right)^N.$$

Dies folgt auch direkt aus (8.11) ohne Bezugnahme auf die Diagonaldarstellung von E. Wir beweisen ferner, daß U, falls alle Potenzen von H für alle f zugleich existieren, unitär ist. Zunächst ist

$$U(t_1)\, U(t_2) = U(t_1 + t_2)$$

insbesondere

$$U(t)\, U(-t) = U(0) = I,$$

$$U^{-1}(t) = U(-t) = e^{-\frac{i}{\hbar}H t},$$

wenn also $U(-t)$ für dieselbe Funktionsmenge existiert wie $U(t)$, ist die Bedingung der Existenz des Inversen erfüllt. Sodann zeigt man, durch sukzessive Anwendung von

$$\int g^*\, (H^n f)\, dq = \int (H^n g)^*\, f\, dq$$

für alle Potenzen $(H)^n$ von H, daß

$$\int g^*\, (U f)\, dq = \int (U^{-1} g)^*\, f\, dq,$$

also insbesondere für $g = U f$

$$\int (U f)^*\, (U f)\, dq = \int f^*\, f\, dq,$$

d.h. die Längentreue von U. Es genügt U der Differentialgleichung

$$\frac{\hbar}{i}\,\dot{U} = H U; \quad \text{also} \quad \frac{\hbar}{i}\,\dot{U}^{-1} = -\, U^{-1} H, \tag{8.11}$$

womit man dann vermöge (8.4) leicht (8.6) verifiziert. Was die Bedeutung von $U f$ betrifft, so soll U, angewandt auf die Entwicklungskoeffizienten von f nach dem festen System $\varphi_1(0),\ \varphi_2(0),\ \ldots$

$$a_1,\ a_2,\ \ldots$$

diese in $a_n(t) = \sum_m U_{n,m}(t)\, a_m(0)$ überführen. Man kann aber auch speziell das System $\delta(q - q')$ für die $\varphi_k(0)$ wählen. Dann führt U direkt die Funktion $f(0)$ in $f(t)$ über, so daß f der Wellengleichung genügt und für $t = 0$ mit der willkürlichen Funktion f übereinstimmt.

$$f(q, t) = U(t)\, f(q, 0) = \int U(q, q'; t)\, f(q', 0)\, dq', \tag{8.12}$$

$$U(q, q'; 0) = \delta(q - q'); \qquad \frac{\hbar}{i}\,\frac{\partial}{\partial t}\, U(q, q'; t) = H\, U(q, q'; t). \tag{8.13}$$

Die Längentreue von U folgt unmittelbar aus der Kontinuitätsgleichung und ist gleichbedeutend mit

$$\int U(q, q'; t)\, U^*(q, q''; t)\, dq = \delta(q' - q''),\tag{8.14}$$

ferner muß gelten

$$U^*(q', q; t) = U(q, q'; - t) = U^{-1}(q, q'; t)\tag{8.15}$$

und allgemein

$$\int U(q, q'; t_2)\, U(q', q''; t_1)\, dq' = U(q, q''; t_1 + t_2).\tag{8.16}$$

Wir erkennen diese Funktion U als eine Verallgemeinerung der in Gl. (3.37)[1]

$$U(q, q'; t) = U(q - q'; t) = e^{-\frac{i\pi}{4}} \sqrt{\frac{m}{2\pi\hbar}}\, \frac{1}{\sqrt{t}}\, e^{\frac{im}{2\hbar}\frac{(q - q')^2}{t}}$$

für den eindimensional bewegten kräftefreien Massenpunkt eingeführten Funktion, aus der durch Produktbildung gemäß (3.38) die U-Funktion für den dreidimensional bewegten kräftefreien Massenpunkt und analog auch für eine beliebige Zahl von Massenpunkten folgt. Für nicht kräftefreie Massenpunkte wird U im allgemeinen nicht nur von der Differenz $(q - q')$ der Koordinaten abhängen und im allgemeinen nur auf dem Umweg über die Eigenlösungen $u_n(q)$ konstruierbar sein. Denn es ist

$$U(q, q'; t) = \sum_n u_n^*(q')\, e^{\frac{i}{\hbar} E_n t}\, u_n(q),\tag{8.17}$$

da dann gemäß (7.26') die Bedingungen (8.13) erfüllt sind. Die Eigenfunktionen u_n sind charakterisiert durch

$$U u_n = e^{\frac{i}{\hbar} E_n t}\, u_n.\tag{8.18}$$

Die Existenz eines unitären U von der besprochenen Art muß aber als physikalisch notwendig postuliert werden. Denn sie besagt nur, daß die Wellengleichung für eine beliebige Anfangsfunktion $f(q, 0)$ lösbar und zur Zeit t eine jede Funktion $f(q, t)$ auch erreichbar sein soll. Letzteres besagt dasselbe, wie daß man jede Funktion von der Zeit t an mit Hilfe der Wellengleichung auch durch die Zeit zurückverfolgen kann.

Mit diesem Sachverhalt hängt das Problem der Eigenwertdarstellung Hermitescher Operatoren, das in Gl. (III), S. 50, exakt formuliert wurde, zusammen. Zunächst muß der Definitionsbereich des Operators H in der Mannigfaltigkeit der Funktion f, für die $\int |f|^2 dq$ existiert, noch näher untersucht werden. Man wird offenbar nicht verlangen, daß Hf überall sinnvoll ist, da dies z.B. schon für den Operator der Multiplikation mit einem q nicht mehr zutrifft (es wird $\int q^2 |f|^2 dq$ nicht für alle f existieren). Man kann aber verlangen, daß die Menge der Funktionen, für die Hf sinnvoll ist, *überall* dicht liegt, d.h. zu jedem f, soll es ein g mit sinnvollem Hg geben, so daß außerdem $\int |f - g|^2 dq$ beliebig klein ist. Außerdem ist die lineare Abgeschlossenheit von H zu verlangen, d.h. aus $\lim_{N \to \infty} \int |f - f_N|^2 dq = 0$ und $\lim_{N \to \infty} \int |F - Hf_N|^2 dq = 0$, soll $Hf = F$ folgen.

In eingehenden Untersuchungen über solche Hermitesche Operatoren hat J. v. Neumann[2] das merkwürdige Resultat gefunden, daß nicht alle derartigen Operatoren eine Eigenwertdarstellung von der Form (III) zulassen. Vielmehr ist für die Möglichkeit einer solchen Darstellung die Zurückführbarkeit von H auf einen unitären Operator U erforderlich, und zwar ist diese notwendig und hinreichend für die Existenz des Eigenwertspektrums. Ein unitärer Operator U läßt nämlich ausnahmslos eine Eigenwertdarstellung zu, welche die zu (III) analoge Form

$$(Uf) = \int_0^{2\pi} e^{iE}\, d(P_E f)\tag{8.19}$$

---

[1] Die Verallgemeinerung dieser Beziehung für ein kontinuierliches Eigenwertspektrum ist evident.

[2] J. v. Neumann: Math. Ann. **102**, 49, 370 (1929); J. reine angew. Math. **161**, 208 (1929), ferner M. H. Stone, Proc. Nat. Acad. **15**, 198, 423 (1929).

hat[1]. Hierin sind die P_E und $P_E - P_{E'}$ wieder Projektionsoperatoren mit den Eigenschaften (I), (II). Die Eigenwerte eines unitären Operators haben übrigens immer den Betrag 1. Für unitäre Operatoren mit der Eigenschaft (8.11) kann die Eigenwertdarstellung sogar simultan für alle t umgeschrieben werden in der Form

$$U(t)\,f = \int_{-\infty}^{+\infty} e^{-i\frac{E}{\hbar}t}\,d(P_E\,f) \ldots \tag{8.19'}$$

Zum Zwecke der Zurückführung von H auf ein unitäres U betrachtet NEUMANN speziell den Operator

$$U = \frac{1+iH}{1-iH},$$

wobei es dann darauf ankommt, daß dieses U überall sinnvoll ist. Diese spezielle Wahl von U dürfte wohl nicht wesentlich sein, es genügt z.B. auch die

$$U(t) = \lim_{N\to\infty}\left(1 + \frac{it}{\hbar N}\,H\right)^N$$

zu betrachten, die der physikalischen Interpretation näherliegen[2].

Nun hat sich, wie erwähnt, gezeigt, daß ein Ausnahmeoperator H existiert, der sich auf diese Weise nicht zu einem unitären fortsetzen läßt. Er soll hier kurz besprochen werden, da er keineswegs besonders „pathologisch" ist, sondern in einfacher Weise physikalisch interpretiert werden kann. Man betrachtet einen Massenpunkt, der längs der x-Achse beweglich ist (eindimensionales Problem), der aber bei $x = 0$ von einer Wand vollkommen elastisch reflektiert wird, so daß ihm nur der Halbraum $x > 0$ zur Verfügung steht. D. h. man betrachte diejenigen Funktionen f als zugelassen, die für $0 < x < \infty$ definiert sind, für die $\int_{-\infty}^{\infty} |f|^2\,dx$ existiert und *die außerdem für $x = 0$ verschwinden*, $f(0) = 0$. In diesem Funktionenraum ist $v\,p_x = v\,\frac{\hbar}{i}\,\frac{\partial}{\partial x}$ ein zulässiger HERMITEScher Operator (v ist eine Konstante von der Dimension einer Geschwindigkeit, damit vp_x die Dimension einer Energie hat), denn erstens ist sein Anwendungsbereich überall dicht, zweitens erfüllt er wegen $f(0) = 0$ die Hermitizitätsbedingung. Es ist nämlich

$$\int_0^{\infty} g^*\,(p_x\,f)\,dx - \int_0^{\infty} (p_x\,g)^*\,f\,dx = fg^*\big|_0^{\infty} = 0.$$

Für diesen Operator existiert aber in dem betrachteten Raum keine Eigenwertdarstellung! Dies wird offenbar, wenn wir die Lösungen der Gleichung

$$-\frac{\hbar}{i}\,\frac{\partial\psi}{\partial t} = v\,p_x\psi = \frac{\hbar}{i}\,v\,\frac{\partial\psi}{\partial x} \quad \text{oder} \quad \frac{\partial\psi}{\partial t} = -\,v\,\frac{\partial\psi}{\partial x}$$

betrachten; diese sind von der Form

$$\psi(x, t) = f(x - vt). \tag{8.20}$$

Dies ist überdies im Zeitintervall $0 < t < \tau$ nur dann eine Lösung, wenn für alle t dieses Intervalles für $x = 0$ $f = 0$ ist. Es muß also $f(\xi)$ für $-v\tau \leq \xi < \infty$ definiert sein und es muß außerdem gelten

$$f(\xi) = 0 \quad \text{für} \quad -v\tau \leq \xi \leq 0, \tag{8.20'}$$

d.h.

$$\psi(x, \tau) = 0 \quad \text{für} \quad 0 \leq x \leq v\tau; \quad \psi(x, \tau) = f(x - vt) \quad \text{für} \quad v\tau \leq x < \infty. \tag{8.20''}$$

In der Tat ist nur, wenn (8.20'') erfüllt ist, vermöge (8.20)

$$\int_0^{\infty} |\psi(x, \tau)|^2\,dx = \int_0^{\infty} |\psi(x, 0)|^2\,dx.$$

---

[1] Außer den unter 1 zitierten Arbeiten vgl. A. WINTNER, Math. Z. **30**, 228 (1929), sowie das Buch dieses Autors: Spektraltheorie der unendlichen Matrizen. Leipzig 1929.

[2] Vgl. hierzu auch H. WEYL, Z. Physik **46**, 1 (1927), und dessen Buch, Gruppentheorie und Quantenmechanik, 2. Aufl., bes. S. 36. Leipzig 1931.

Die Abbildung U, welche die $f(x)$ in die durch (8.20) definierten $\psi(x, \tau)$ überführt, ist zwar längentreu, aber nicht unitär. Denn die Mannigfaltigkeit der $\psi(x, \tau)$ ist kleiner als die Mannigfaltigkeit der $f(x)$ oder was dasselbe ist, der zu U inverse Operator U^{-1} existiert nicht für alle $f(x)$, sondern nur für diejenigen $f(x)$, die im Intervall $0 \leq x \leq v\tau$ verschwinden; für die übrigen f existiert keine Lösung der Wellengleichung im Intervall $-\tau < t < 0$. Damit die N ersten Potenzen von $\boldsymbol{p}_x$ im betrachteten Raum gleichzeitig sinnvoll sind, muß die ursprüngliche Funktion f um so mehr modifiziert werden, je größer N ist. Ein solcher Operator wäre offenbar unzulässig als Hamilton-Funktion. Der Operator $\partial^2/\partial x^2$ zeigt dagegen in dem von uns betrachteten Raum ein normales Verhalten und hat die Eigenfunktionen $\sin k x$; ebenso natürlich der Operator $\hbar/i\, \partial/\partial x$ im gewöhnlichen Raum $-\infty < x < +\infty$. Ganz wie der Operator $\hbar/i\, \partial/\partial x$ im Halbraum verhält sich der radiale Impulsoperator $\boldsymbol{p}_r f = \dfrac{\hbar}{i\,r}\dfrac{\partial}{\partial r}(rf)$ im gewöhnlichen Raum. Er ist hermitesch, aber seine Matrizen können nicht auf Diagonalform gebracht werden. Wohl aber ist dies möglich für den in der Hamilton-Funktion auftretenden Operator $\boldsymbol{p}_r^2 f = -\hbar^2\dfrac{1}{r}\dfrac{\partial^2}{\partial r^2}(rf)$ mit den Eigenfunktionen $\sin kr/r$.

9. Bestimmung des stationären Zustandes eines Systems durch Messung. Allgemeine Diskussion des Messungsbegriffs.

Bevor wir auf die allgemeine Diskussion des Verhaltens von Systemen gegenüber äußeren Störungen eingehen, soll an Hand einiger typischer Beispiele angegeben werden, in welcher Weise die Feststellung eines stationären Zustandes eines Systems durch Messung, d.h. durch geeignete äußere Einwirkung erfolgen kann. Hierbei ist wesentlich, zu beachten, daß ein System, selbst wenn es nach außen abgeschlossen ist, sich nicht notwendig in einem stationären Zustand befinden muß oder, was dasselbe ist, nicht notwendig einen einzigen Wert seiner Energie mit Sicherheit besitzen muß. Der allgemeinste Zustand des Systems war ja vielmehr gegeben durch

$$\psi = \sum_n c_n(0)\, e^{-\frac{2\pi i}{\hbar} E_n t}\, u_n(q) = \sum c_n(t)\, u_n(q), \tag{9.1}$$

mit zeitunabhängigen, aber sonst willkürlichen Koeffizienten $c_n(0)$. (Falls ein kontinuierliches Eigenwertspektrum vorhanden ist, muß die Summe durch ein Integral ersetzt werden.) Im allgemeinen Fall wird erst durch den Messungsapparat der stationäre Zustand des Systems erzeugt. Wir haben nun zu untersuchen, wie dieser Vorgang durch den mathematischen Formalismus der Wellenmechanik dargestellt wird. Dabei wird sich als Hauptresultat eine einfache statistische Deutung für die Koeffizienten c_n ergeben.

Die einfachste Weise zur Untersuchung des Zustandes eines Systems (Atoms oder Moleküls) besteht darin, es in ein äußeres Kraftfeld zu bringen, auf welches Systeme in verschiedenen Zuständen verschieden reagieren. Bedeutet Q die Koordinate des Schwerpunktes des Moleküls oder Atoms, so kann zunächst eine beliebige Funktion $\psi(q, Q; t)$ in der Form geschrieben werden

$$\psi(q, Q; t) = \sum_n c_n(Q; t)\, u_n(q, Q).$$

Hierin bedeuten q die Koordinaten der Teilchen des Systems relativ zu dessen Schwerpunkt, $u_n(q, Q)$ die Eigenfunktionen mit den Energiewerten $E_n(Q)$, die zu den betreffenden Funktionen $\Phi_k(q, Q)$ und $V(q, Q)$ der äußeren Potentiale gehören und die zu (5.11) analogen Gleichungen erfüllen

$$-\sum_{a=1}^{N}\frac{\hbar^2}{2\,m^{(a)}}\sum_{k=1}^{3}\left[\left(\frac{\partial}{\partial x_k^{(a)}} - \frac{i\,e^{(a)}}{\hbar c}\,\Phi_k(x^{(a)} + Q)\right)^2 + V^{(a)}(x^{(a)} + Q) + V(q_1, \ldots, q_f)\right] u_n(q, Q)$$
$$= E_n(Q)\, u_n.$$

In diesen fungiert Q als äußerer Parameter. Wenn die äußeren Felder nur wenig innerhalb der Ausdehnung des Systems variieren, können $\Phi_k(x^{(a)} + Q)$ und

$V^{(a)}(x^{(a)} + Q)$ in eine Reihe entwickelt werden, die schon nach wenigen Termen, meistens sogar nach dem ersten Term, abgebrochen werden kann.

$$\Phi_k(x^{(a)} + Q) = \Phi_k(Q) + \sum_{l=1}^{3} \frac{\partial \Phi_k}{\partial Q_l} x_l^{(a)} + \cdots,$$

$$V^{(a)}(x^{(a)} + Q) = V^{(a)}(Q) + \sum_{l=1}^{3} \frac{\partial V^{(a)}}{\partial Q_l} x_l^{(a)} + \cdots.$$

Aus der gesamten Wellengleichung für ψ folgen dann für die $c_n(Q, t)$, abgesehen von hier fortgelassenen Zusatzgliedern, Wellengleichungen von der Form

$$-\frac{\hbar}{i} \frac{\partial c_n}{\partial t} = -\frac{\hbar^2}{2M} \sum_{l=1}^{3} \frac{\partial^2 c_n}{\partial Q_l^2} + E_n(Q) c_n. \tag{9.2}$$

Die physikalische Bedeutung dieser Wellengleichung ist die, *daß der vom Ort des Systemschwerpunktes abhängige Eigenwert der inneren Energie des Systems einfach als potentielle Energie für die Schwerpunktsbewegung des ganzen Systems erscheint.*

Was die Natur der fortgelassenen Zusatzglieder betrifft, die in Ziff. 11, S. 84 noch näher diskutiert werden, so verhindern sie die Separierbarkeit der Wellengleichung nach den c_n, indem sie von allen c_n und ihren ersten Ableitungen abhängen. Ihre Wirkung ist klein, falls die Bewegung des Systems eine so langsame ist, daß während der Zeit $\tau = \dfrac{\hbar}{E_n - E_m}$ die mittlere Ortsänderung $\Delta Q = \overline{Q}(t + \tau) - \overline{Q}(t)$ des Systems die Bedingung

$$\frac{\partial E_n}{\partial Q} \Delta Q \ll E_n - E_m \tag{9.3}$$

erfüllt. Eine besondere Vorsicht ist am Platze, wenn bei Abwesenheit des äußeren Kraftfeldes der betreffende Zustand des Systems entartet ist, so daß gewisse Energiedifferenzen $(E_n - E_m)$ der Intensität des äußeren Feldes proportional sind. Auch in diesem Fall ist die Ungleichung (9.3) die Bedingung der Anwendbarkeit der Wellengleichung (9.2)

Wellengleichungen von diesem Typus bilden die Grundlage für alle Versuche, die Ablenkungen von Molekularstrahlen in äußeren Kraftfeldern betreffen. Um einen Fall zu haben, wo keine Entartung bei Anwesenheit des äußeren Kraftfeldes vorhanden ist, kann man zunächst an verschiedene Anregungszustände denken, die zum Gesamtdrehimpuls Null des Systems gehören und die durch ein äußeres elektrisches Feld getrennt werden sollen. Ist F die elektrische Feldstärke am Ort Q, so wird hier im allgemeinen $E_n(Q)$ die Form annehmen

$$E_n(Q) = -\frac{\alpha_n}{2} F^2(Q), \tag{9.4}$$

worin $\alpha_n, \ldots, \alpha_m, \ldots$ die Werte der elektrischen Polarisierbarkeit des Atoms oder Moleküls in den Zuständen $n, m, \ldots$ bedeuten.

Bei der ursprünglichen Form des von STERN und GERLACH ausgeführten Molekularstrahlexperiments, bei welcher nicht verschiedene Anregungszustände des Atoms, sondern Zustände mit verschiedenen Richtungen seines Impulsmomentes getrennt werden, sind die Energien der betrachteten Zustände gegeben durch

$$E_m = E_0 + \hbar o m, \tag{9.5}$$

worin m die von $-j$ bis $+j$ laufende (halb- oder ganzzahlige) magnetische Quantenzahl und die zur äußeren magnetischen Feldstärke $\mathscr{H}$ proportionale Größe o gleich ist der mit einem Zahlenfaktor g (dem sog. Landéschen Aufspaltungsfaktor) multiplizierten Larmor-Frequenz[1]:

$$o = g\,\frac{e\,\mathscr{H}}{2m_0\,c}\,. \tag{9.6}$$

Die Bedingung (9.3) sagt hier aus, daß die Werte der Komponenten von $\mathscr{H}$ nach drei raumfesten Richtungen am Ort des Atoms sich im Laufe der Zeit $1/o$ relativ nur wenig ändern dürfen.

Wir können nun unter Zugrundelegung der Wellengleichung (9.2) diskutieren, unter welchen Umständen die Strahlen, die zu den Zuständen n und m gehören, durch das äußere Kraftfeld räumlich getrennt werden. Wir denken uns einen zylindrischen Strahl von der Querdimension d in der x-Richtung laufen. Gemäß (4.23) bewegt sich ja der Mittelpunkt eines Wellenpaketes längs einer zur Potentialfunktion $E_n(Q)$ gehörigen klassischen Bahn, und gemäß (4.25), (4.26) und der Unbestimmtheitsrelation verändert sich die Ausdehnung eines solchen Wellenpaketes entsprechend dem notwendigen Vorhandensein eines Anfangsimpulses von mindestens $p_y \sim \hbar/d$ in der Querrichtung zum Strahl. Diesen kann man sich auch entstanden denken durch Beugung des Strahles beim Durchgang durch ihn begrenzende Blenden der Dimension d. Wir werden nun zu berechnen haben, einerseits die Ablenkungen $y_n, \ldots, y_m, \ldots$ des Strahles durch das Kraftfeld in der y-Richtung im Laufe der Zeit t, die den Zuständen $n, m, \ldots$ entsprechen, andererseits die Verbreiterung Δy des Strahles in der Querrichtung durch den genannten Beugungseffekt in derselben Zeit t. Um zwei deutlich getrennte Strahlen zu erhalten, muß gelten

$$y_n - y_m \gg \Delta y\,. \tag{9.7}$$

Nun ist

$$y_n = \frac{1}{2M}\,\frac{\partial E_n}{\partial Q_y}\,t^2\,;\qquad y_m = \frac{1}{2M}\,\frac{\partial E_m}{\partial Q_y}\,t^2\,,$$

$$\Delta y \sim \frac{\hbar}{M\,d}\,t\,,$$

also ergibt die Bedingung (9.7)

$$\frac{\partial(E_n - E_m)}{\partial Q_y}\,t \gg \frac{\hbar}{d}\,;\qquad d\,\frac{\partial(E_n - E_m)}{\partial Q_y}\,t \gg \hbar\,. \tag{9.8}$$

Die zur Energiedifferenz $(E_n - E_m)$ gehörige Frequenz $\nu_{n,m}$ beträgt

$$\nu_{n,m} = \frac{E_n - E_m}{\hbar}\,. \tag{9.9}$$

Bezeichnen wir sodann mit $\delta f = d\,\dfrac{\partial f}{\partial Q_y}$ die Variation einer Größe längs der Querdimensionen eines Strahles, so gilt

$$t\,\delta\nu_{n,m} \gg 1\,. \tag{9.8'}$$

Auf jeden Fall gilt ferner $\delta\nu_{n,m} < \nu_{n,m}$ (in Wirklichkeit wird sogar $\delta\nu_{n,m}$ wesentlich kleiner sein als $\nu_{n,m}$), so daß auch gilt

$$t\,\nu_{n,m} \gg 1\,. \tag{9.10}$$

---

[1] Die Larmor-Frequenz ist hier als Kreisfrequenz gemessen, also gegenüber der sonst öfters üblichen Schreibweise mit 2π multipliziert. Ferner ist zu bemerken, daß auch bei Berücksichtigung des Elektronenspins (vgl. Ziff. 13) die Wellengleichung (9.2) unter den angegebenen Bedingungen bestehen bleibt.

Die Feststellung, ob das System im Zustand n oder im Zustand m ist, kann nicht in beliebig kurzer Zeit erfolgen, sondern erfordert eine Minimalzeit

$$t \sim \frac{1}{\nu_{n,m}} = \frac{\hbar}{E_n - E_m}. \tag{9.10'}$$

Im Falle des ursprünglichen STERN-GERLACH-Experimentes, wo die Energiewerte durch (9.5) gegeben sind, beträgt demnach diese Zeit $1/o$. Wir werden sehen, daß diese Minimalzeit $1/\nu_{n,m}$ für alle Methoden zur Bestimmung des Zustandes des Systems gilt, nicht nur für die hier betrachtete[1].

Das Charakteristikum des Ablenkungsversuches besteht darin, daß nach seiner Ausführung das Molekül oder Atom praktisch mit Sicherheit in (eventuell von der Zeit abhängigen) vollständig *getrennten* Gebieten $V_n, V_m, \ldots$ liegt, falls das Molekül anfangs mit Sicherheit in den Zuständen $n, m, \ldots$ war. Wenn anfangs also $c_n = 1$, $c_m = 0$ für $n \neq m$, wird die Lösung nach dem Vorgang

$$\psi_n(q, Q; t) = a_n(Q; t)\, u_n(q, Q). \tag{9.11}$$

Hierin sind die $u_n(q, Q)$ für jedes feste Q in bezug auf q orthogonal und überdies fällt die Abhängigkeit der u von Q fort, wenn die Atome sich in ein Raumgebiet bewegt haben, wo das äußere Feld konstant ist. Als Folge der Kontinuitätsgleichung ist ferner

$$\int a_n^* a_n \, dQ = 1; \quad \int a_n^* a_m \, dQ = 0 \quad \text{für} \quad n \neq m \tag{9.12}$$

und wegen der postulierten Eigenschaft des Ablenkungsversuches

$$a_n(Q; t) = 0 \quad \text{außerhalb } V_n(t). \tag{9.13}$$

Die Linearität der Wellengleichung, die hier wesentlich herangezogen wird, bringt es nun weiter mit sich, daß für den Fall, wo wir es anfangs mit dem allgemeinen inneren Zustand $\sum_{(n)} c_n u_n(q)$ des Systems zu tun haben, die Wellenfunktion $\psi(q, Q; t)$ nach dem Ablenkungsversuch die Form bekommt

$$\psi(q, Q; t) = \sum_n c_n \psi_n(q, Q; t) = \sum_n c_n a_n(Q; t)\, u_n(q, Q). \tag{9.14}$$

Die Wahrscheinlichkeit dafür, gleichgültig welche Werte die q haben, den Ort Q im Gebiet $(Q, Q + dQ)$ anzutreffen, ist dann nach den bereits entwickelten allgemeinen Prinzipien gegeben durch

$$W(Q)\, dQ = dQ \int \psi^* \psi(q, Q; t)\, dq = \sum_n |c_n|^2 \,|a_n(Q; t)|^2 \, dQ. \tag{9.15}$$

Wegen (9.13) finden wir dann weiter, daß die Wahrscheinlichkeit dafür, das Atom im allgemeinen Fall im Gebiet V_n vorzufinden, gegeben ist durch

$$\int_{V_n} W(Q)\, dQ = |c_n|^2. \tag{9.16}$$

Dies kann man durch Definition als gleichbedeutend mit folgender Aussage festsetzen: *Im allgemeinen Fall ist $|c_n|^2$ die Wahrscheinlichkeit dafür, das System im Zustand E_n anzutreffen.*

Die Berechtigung für eine solche Festsetzung ergibt sich auch aus dem Ergebnis für die Wahrscheinlichkeit, nach dem Ablenkungsversuch die q zwischen

---

[1] Die Relation (9.10') ist inhaltlich *nicht* gleich bedeutend mit der früher betrachteten Unbestimmtheitsrelation $\Delta E\, \Delta t \sim \hbar$, da es sich dort um die Zeitdauer handelte, mit der ein Teilchen mit der bis auf ΔE bestimmten Energie sich *an einem bestimmten* Ort befindet. Hier dagegen ist außer von E und t von einer q-Größe *nicht* die Rede.

q und $q+dq$ zu finden, gleichgültig, welche Werte die Q haben. Wir finden gemäß (9.14) und (9.12)

$$W(q)\,dq = dq \int \psi^* \psi(q, Q; t)\,dQ = \sum_n |c_n|^2\,|u_n|^2\,dq. \tag{9.17}$$

Hierbei ist angenommen, daß die u_n nachher nicht mehr von den Q abhängen, wie dies oben erläutert wurde. Ein genau entsprechendes Resultat folgt für die Wahrscheinlichkeit $W(p)\,dp$ im Impulsraum.

Wir können den Atomschwerpunkt als speziellen „Meßapparat" betrachten (wobei es nur wesentlich ist, daß dieser neue Freiheitsgrade in das System mitbringt), die Energie E_n des inneren Zustandes aber als die zu messende Größe. An Stelle des Atomschwerpunktes könnte jeder andere Apparat genommen werden (wobei dann die Q etwa eine Zeigerstellung beschreiben), sofern nur festgestellt ist, daß dieser Apparat auf die verschiedenen Zustände E_n *mit Sicherheit verschieden reagiert*, wie es in der Gl. (9.13) zum Ausdruck kommt. Das nachträgliche Absehen von den Freiheitsgraden des Apparates, dem formal durch Integration der Wahrscheinlichkeiten über die q Rechnung getragen wird, hat gemäß (9.17) zur Folge, daß *die Phasen der Amplituden c_m die der zu messenden Größe zugeordnet sind, in das Resultat nicht mehr eingehen*. Die Wahrscheinlichkeit, *irgend*eine das System charakterisierende Größe ξ zwischen ξ, $\xi+d\xi$ zu finden, ist dann gleich der Summe dieser Wahrscheinlichkeiten für die Fälle, wo die zu messende Größe einen bestimmten Wert hatte, multipliziert mit geeigneten Gewichtsfaktoren $|c_n|^2$

$$W(\xi)\,d\xi = \sum_n |c_n|^2 W_n(\xi)\,d\xi \qquad \left(\sum_n |c_n|^2 = 1\right); \tag{9.17'}$$

insbesondere gilt dies für die konjugierten Größen q und p, wo $W_n(q)=|u_n(q)|^2$; $W_n(p)=|v_n(p)|^2$. In diesem Fall nennt man die betrachtete Gesamtheit ein *Gemisch*. Im Gegensatz dazu steht der *reine* Fall, für welchen die Wahrscheinlichkeit $W(\xi)$ nicht gleichzeitig für alle Größen ξ (oder, was schon ausreichend ist, für zwei konjugierte Größen ξ) durch Addition dieser Wahrscheinlichkeiten in an und für sich möglichen Fällen erzeugt werden kann. Die Ausführung der Messung der inneren Energie E_n des Systems einschließlich des darauf folgenden Abstrahierens von den Freiheitsgraden des Apparates erzeugt also aus einem reinen Fall, für den

$$W(q)\,dq = \Big|\sum_n c_n u_n(q)\Big|^2\,dq; \qquad W(p)\,dp = \Big|\sum_n c_n v_n(p)\Big|^2\,dp,$$

im allgemeinen (d.h. wenn nicht gerade alle c_n bis auf eines verschwinden) ein Gemisch, für welches gilt

$$W(q)\,dq = \sum_n |c_n|^2\,|u_n(q)|^2\,dq; \qquad W(p)\,dp = \sum_n |c_n|^2\,|v_n(p)|^2\,dp.$$

Dieses Ergebnis, das aus den bisher eingeführten Annahmen ohne neue Annahme folgt und wesentlich auf der Linearität aller Wellengleichungen beruht, ist für die widerspruchsfreie Erfassung des Messungsbegriffes in der Wellenmechanik entscheidend. Denn es zeigt, daß man zu übereinstimmenden Resultaten gelangt, an welchen Stellen immer man den Schnitt zwischen dem zu beobachtenden, durch Wellenfunktionen beschriebenen System und dem Meßapparat zieht[1].

Der Umstand, daß ein bestimmter Meßapparat angewandt wurde, kann somit in dem mathematischen Formalismus der Wellenmechanik direkt zum

---

[1] Vgl. J. v. Neumann, Mathematische Grundlagen der Quantenmechanik, Berlin 1932, wo in Kap. VI diese Frage ausführlich erörtert wird.

Ausdruck gebracht werden. Anders ist es dagegen mit der Feststellung, die Messung habe ein ganz bestimmtes Resultat ergeben; in unserem Fall „der Atomschwerpunkt ist nach dem Versuch in dem Gebiet V_n", „die Energie des Atoms hat also den Wert E_n und keinen anderen Wert". Eine solche *Setzung einer physikalischen Tatsache* durch ein nicht mit zum System gezähltes Meßmittel (Beobachter oder Registrierapparat) ist vom Standpunkt des mathematischen Formalismus aus, der direkt nur Möglichkeiten (Wahrscheinlichkeiten) beschreibt, ein besonderer, naturgesetzlich nicht im voraus determinierter Akt, dem nachträglich durch *Reduktion der Wellenpakete* [in unserem Fall von $\sum c_n u_n(q)$ zu $u_n(q)$] Rechnung zu tragen ist. Ganz analog verhält es sich bereits mit der Ortsmessung eines Teilchens. In diesem Fall ist statt $\sum c_n u_n(q)$ die Funktion $\psi(q, t)$ und für Q der Ort des Lichtquants in der Brennebene des Okulars des γ-Strahl-Mikroskops zu setzen. Wie bereits in Ziff. 1 erwähnt, ist die Notwendigkeit eines solchen besonderen Aktes nicht verwunderlich, wenn man bedenkt, daß bei jeder Messung eine in mancher Hinsicht prinzipiell unkontrollierbare Wechselwirkung mit dem Meßapparat erfolgt. Hierbei ist wesentlich zu beachten, daß eine Ausdrucksweise, wonach unabhängig von deren Feststellung durch Messung das System notwendig eine bestimmte innere Energie E_n besitzt oder, was dasselbe ist, sich in einem bestimmten *stationären* Zustand befinden muß, leicht zu Widersprüchen Anlaß geben kann, insbesondere dort, wo die ältere Quantentheorie von „Übergangsprozessen" zwischen den verschiedenen stationären Zuständen des Systems spricht.

Was hier von der Messung der Energie eines Systems gesagt wurde, pflegt in der Quantenmechanik gewöhnlich sogleich für die Messung einer „beliebigen physikalischen Größe" behauptet zu werden. Wir wollen dagegen diese Verallgemeinerung erst später diskutieren, und zwar deswegen, weil, wie wir gesehen haben, solche Messungen im allgemeinen eine endliche Minimalzeit erfordern und dann noch eine besondere Berücksichtigung des Umstandes erforderlich ist, daß die betreffenden Größen im Laufe der Zeit veränderlich sein können (vgl. Ziff. 10). Bei der Messung der Energie eines Systems fällt dagegen diese Komplikation fort, weil diese zeitlich konstant ist. In der Tat war ja die Wahrscheinlichkeit dafür, daß die Energie des Systems E_n beträgt, gegeben durch $|c_n|^2$, und da $c_n(t) = c_n(0)\, e^{-\frac{i}{\hbar} E_n t}$, gilt

$$|c_n(t)|^2 = |c_n(0)|^2. \tag{9.18}$$

Die Wahrscheinlichkeit dafür, einen gewissen Energiewert E_n eines abgeschlossenen Systems vorzufinden, ist unabhängig von der Zeit. Dies ist der allgemeinste Ausdruck des Energiesatzes. Der früher bewiesene Satz, daß der Erwartungswert $\overline{E}$ der Energie stets zeitlich konstant ist, ist hierin als Spezialfall enthalten, da dieser Erwartungswert

$$\overline{E} = \sum_n |c_n|^2 E_n \tag{9.19}$$

beträgt.

Es ist nützlich, hier die zuerst von J. v. NEUMANN[1] definierte (HERMITEsche) Dichtematrix $\mathbf{P}$ einzuführen, die in bequemer Weise gestattet, die Erwartungswerte irgendeiner Größe in einem Zustand zu berechnen.

Hat man einen Zustand, der der Eigenfunktion

$$\psi = \sum_n c_n(0)\, \psi_n(q, t) = \sum_n c_n(0)\, e^{-\frac{i}{\hbar} E_n t}\, u_n(q)$$

---

[1] J. v. NEUMANN: Göttinger Nachr. **1927**, 245; vgl. auch P. A. M. DIRAC, Proc. Cambridge Phil. Soc. **25** 62 (1929). Ferner Proc. Cambridge Phil. Soc. **26**, 376 (1930) und **27**, 240 (1930).

entspricht, so definiere man in der Darstellung der Matrizen, für die $H = E$ eine Diagonalmatrix ist,

$$\mathsf{P}_{m,n} = c_n^*(t)\, c_m(t)\,. \tag{9.20}$$

Dann ist der Mittelwert der Energie E gegeben durch

$$\overline{E} = \sum_n \mathsf{P}_{n,n} E_n = \sum_n (\mathsf{P}E)_{n,n}$$

der Mittelwert von q wegen

$$\overline{q} = \int q\psi^*\,\psi\,dq = \sum_{n,m} c_n^*\,c_m \int q\psi_n^*\,\psi_m\,dq = \sum_{n,m} c_n^*\,c_m\,q_{n,m},$$

$$\overline{q} = \sum_{n,m} q_{n,m}\,\mathsf{P}_{m,n} = \sum_n (\boldsymbol{q}\,\mathsf{P})_{n,n},$$

ebenso der Mittelwert eines beliebigen Operators $\boldsymbol{F}$ durch

$$\overline{F} = \int \psi^*\,(\boldsymbol{F}\,\psi)\,dq = \sum_{n,m} c_n^*(t)\,c_m(t)\,F_{n\,m}(0) = \sum_{n,m} F_{n\,m}(0)\,\mathsf{P}_{m\,n} = \sum_n (\boldsymbol{F}\,\mathsf{P})_{n\,n}.$$

Nun ist die *Spur* einer Matrix X definiert als die Summe ihrer Diagonalglieder

$$\mathrm{Spur}\,(\boldsymbol{X}) = \sum_n X_{n,n}. \tag{9.21}$$

Diese Spur hat die wichtige Eigenschaft, daß die Spur eines Produktes zweier Matrizen A und B kommutativ, d.h. unabhängig von der Reihenfolge der Faktoren ist

$$\mathrm{Spur}\,(\boldsymbol{A}\,\boldsymbol{B}) = \mathrm{Spur}\,(\boldsymbol{B}\,\boldsymbol{A})\,. \tag{9.22}$$

Denn es ist

$$\mathrm{Spur}\,(\boldsymbol{A}\,\boldsymbol{B}) = \sum_{m,n} A_{n,m}\,B_{m,n}$$

symmetrisch in A und B. Setzt man in (9.22) $A = S^{-1}\,X$; $B = S$, so ergibt sich die für das Folgende wichtige Beziehung

$$\mathrm{Spur}\,(\boldsymbol{S}^{-1}\,\boldsymbol{X}\,\boldsymbol{S}) = \mathrm{Spur}\,(\boldsymbol{X})\,. \tag{9.23}$$

Insbesondere ist die Spur einer Matrix invariant gegenüber unitären Transformationen der Matrix.

Unsere bisherigen Ergebnisse lassen sich dahin zusammenfassen, daß für den allgemeinsten Zustand eines Systems die Dichtematrix P den Mittelwert eines Operators $\boldsymbol{F}$ bestimmt gemäß

$$\overline{F} = \mathrm{Spur}\,(\mathsf{P}\,\boldsymbol{F}) = \mathrm{Spur}\,(\boldsymbol{F}\,\mathsf{P})\,, \tag{9.24}$$

insbesondere ist es erlaubt, für $\boldsymbol{F}$ eine Ortskoordinate q oder eine Impulskoordinate p oder die Energie H des Systems einzusetzen.

Dieser Ausdruck ist aber nun wegen (9.23) invariant gegenüber einer Änderung der Darstellung der Matrizen. Zum Beispiel hat man, wenn q auf Diagonalform gebracht ist,

$$\overline{F} = \int \mathsf{P}(q',\,q'')\,F(q'',\,q')\,dq'\,dq'',$$

also z.B. mit

$$\mathsf{P}(q'q'') = \psi(q',t)\,\psi^*(q'',t);\qquad F(q'q'') = F(q')\,\delta(q'' - q')$$

$$\overline{F}(q) = \int \psi^*(q,t)\,F(q)\,\psi(q,t)\,dq,$$

wie es sein muß. Ferner ist die Abhängigkeit des P von der Zeit so gewählt, daß bei Unabhängigkeit der Matrizen von $\boldsymbol{F}$ von der Zeit die Abhängigkeit des Mittelwertes F von der Zeit richtig wird. Wir haben in der Tat nach (9.20)

$$\frac{\hbar}{i}\,\dot{\mathsf{P}}_{m,n} = \mathsf{P}_{m,n}\,E_n - E_m\,\mathsf{P}_{m,n},$$

also allgemein

$$\frac{\hbar}{i}\,\dot{\mathsf{P}} = -(\boldsymbol{H}\,\mathsf{P} - \mathsf{P}\,\boldsymbol{H}) \tag{9.25}$$

und dies in (9.24) eingesetzt, ergibt richtig [im Einklang mit (8.6)]

$$\frac{\hbar}{i}\,\dot{\overline{F}} = \frac{\hbar}{i}\,\mathrm{Spur}\,(\dot{\mathsf{P}}F) = -\,\mathrm{Spur}\,(H\,\mathsf{P}F) + \mathrm{Spur}\,(\mathsf{P}HF)$$

$$= -\,\mathrm{Spur}\,(\mathsf{P}FH) + \mathrm{Spur}\,(\mathsf{P}HF)$$

$$= -\,\mathrm{Spur}\,(\mathsf{P},\,FH - HF) = \overline{(HF - FH)}.$$

Man beachte, daß das Vorzeichen in (9.25) umgekehrt ist wie in (8.6).

Bisher haben wir nur *reine* Fälle betrachtet. Wie aus (9.20) hervorgeht, wird auch für den allgemeinsten reinen Fall die Matrix P, unitär auf Diagonalform gebracht, stets gleich

$(P_n)_{mm'} = \delta_{mm'} \cdot \delta_{mn}$; also $P_n = \begin{pmatrix} 0 & & & \\ & 0 & & \\ & & \ddots & \\ & & & 1 \\ & & & & 0 \\ & & & & & 0 \end{pmatrix}$. *Einer der Eigenwerte von* P *ist also* 1, *die übrigen sind*

Null. Wir werden sehen, daß dies auch eine hinreichende Bedingung für den reinen Fall ist.

Wie v. NEUMANN bemerkt hat, läßt sich nämlich die Matrix P so verallgemeinern, daß die Relation (9.24) und (9.25) auch für Gemische zutreffen. Die Matrix P des allgemeinsten Gemisches entsteht nämlich durch lineare Zusammensetzung von möglichen Matrizen $P_1, P_2, \ldots$ reiner Fälle gemäß

$$P = \sum_n p_n P_n, \tag{9.26}$$

worin

$$\sum_n p_n = 1; \qquad p_n \geq 0. \tag{9.26'}$$

Man sieht, daß wegen Spur $(P_n) = 1$, für alle P_n gemäß (9.26') allgemein folgt

$$\text{Spur } (P) = 1. \tag{9.27}$$

Diese Relation ist nach (9.24) in der Tat notwendig, wie man erkennt, indem man für F die Einheitsmatrix einsetzt. Wir behaupten, daß P positiv definit ist, d.h. daß alle Eigenwerte von P, welche nicht verschwinden, positiv sind.

$$\text{Negative Eigenwerte von P existieren nicht.} \tag{9.28}$$

Diese Aussage ist gleichbedeutend mit der anderen, daß für alle (HERMITEschen) Operatoren, die Quadrate sind, gelten soll

$$\text{Spur } (P \, A^2) \geq 0. \tag{9.28'}$$

In der Tat, ist P auf Diagonalform gebracht, so folgt aus (9.28')

$$\sum_n P_{n,n} \sum_k |A_{n,k}|^2 \geq 0$$

für alle $A_{n,k}$, also $P_{n,n} \geq 0$ für alle n. Hieraus folgt umgekehrt die Gültigkeit von (9.28') bei dieser speziellen Darstellung der Matrizen, also wegen der Invarianz der Spur allgemein. Aus (9.28') ist nun zu erkennen: *Die Summe zweier positiv definiter Matrizen ist wieder positiv definit.* Überdies kann die Summe mehrerer positiver Matrizen nur verschwinden, wenn alle Matrizen einzeln verschwinden. Da $p_n P_n$ positiv definite Matrizen sind, erkennen wir jetzt also, daß (9.28) in der Tat eine Folge von (9.26) ist. Umgekehrt kann die allgemeinste HERMITEsche Matrix, welche die Bedingungen (9.27) und (9.28) erfüllt, in der Form (9.26) dargestellt werden, wobei die Matrizen P_n, die zu reinen Fällen gehören, sogar als vertauschbar angenommen werden können. Denkt man sich nämlich P auf Diagonalform $(P_{n,n})$, so braucht man nur zu setzen $p_n = P_{n,n}$, während P_n nur an der Stelle n das Element 1, sonst aber überall Nullen hat.

Wir können jetzt auch die reinen Fälle unter den allgemeinen Matrizen P, welche nur die Bedingungen (9.27) und (9.28) zu erfüllen brauchen, in einfacher Weise charakterisieren, und zwar durch die Relation

$$P^2 = P. \tag{9.29}$$

Eine HERMITEsche Matrix erfüllt nämlich dann und nur dann diese Relation, wenn alle ihre Eigenwerte sie erfüllen, d.h. wenn diese Eigenwerte 0 oder $+1$ sind. Aus (9.27) folgt dann, daß nur einer der Eigenwerte gleich 1 ist, die übrigen aber 0 sind. Im allgemeinen Fall ist $P - P^2$ stets eine positive Matrix, da die Eigenwerte von P wegen (9.27) stets kleiner oder gleich 1 sind.

Wir zeigen auch noch, daß durch Zusammensetzung zweier Gesamtheiten, zu denen die Dichtematrizen Q und R gehören mögen, gemäß

$$P = p_1 Q + p_2 R; \qquad (0 < p_1 < 1, \ 0 < p_2 < 1; \ p_1 + p_2 = 1)$$

niemals wieder ein neuer reiner Fall entstehen kann, es sei denn, daß $Q = R = P$ ist. Zu diesem Zweck bilden wir

$$P^2 = p_1^2 Q^2 + p_1 p_2 (Q R + R Q) + p_2^2 R^2,$$

andererseits gilt

$$(Q - R)^2 = Q^2 - (Q R + R Q) + R^2,$$

also ergibt sich

$$\mathsf{P}^2 = p_1\,\boldsymbol{Q}^2 + p_2\,\boldsymbol{R}^2 - p_1\,p_2\,(\boldsymbol{Q}-\boldsymbol{R})^2$$

(dabei ist mit Rücksicht auf $p_1 + p_2 = 1$ bereits $p_1^2 + p_1 p_2 = p_1$, $p_2^2 + p_1 p_2 = p_2$ gesetzt worden). Demgemäß finden wir

$$\mathsf{P} - \mathsf{P}^2 = p_1\,(\boldsymbol{Q}-\boldsymbol{Q}^2) + p_2\,(\boldsymbol{R}-\boldsymbol{R}^2) + p_1 p_2\,(\boldsymbol{Q}-\boldsymbol{R})^2,$$

auf der rechten Seite steht dann die Summe lauter positiver Matrizen. Soll P zu einem reinen Fall gehören, so folgt daher wegen $\mathsf{P}^2 = \mathsf{P}$ das Verschwinden aller Matrizen der rechten Seite einzeln, insbesondere

$$(\boldsymbol{Q}-\boldsymbol{R})^2 = 0.$$

Das Quadrat einer Hermiteschen Matrix kann aber nur verschwinden, wenn alle Elemente der Matrix selber verschwinden [man sieht dies z. B. aus $(A^2)_{n,n} = \sum_n |A_{nk}|^2$]. Also folgt

$$\boldsymbol{Q} = \boldsymbol{R}, \quad \text{w. z. b. w.}$$

Die Definition des reinen Falles als derjenigen Gesamtheit, für welche *ein* Eigenwert der Dichtematrix 1, die übrigen aber 0 sind, ist also äquivalent der anderen Definition, wonach ein reiner Fall nicht durch Mischung zweier verschiedener Gesamtheiten erzeugt werden kann.

v. Neumann hat weiter gezeigt[1], daß die Größe

$$\Sigma \equiv \mathrm{Spur}\,(\mathsf{P} \log \mathsf{P}) \tag{9.30}$$

bis auf den Faktor $1/k$ ($k = $ Boltzmannsche Konstante) die Rolle der zur Dichteverteilung P zugeordneten Entropie spielt. Für einen reinen Fall und nur für diesen verschwindet sie, da $\mathsf{P}_{n,n} \log \mathsf{P}_{n,n} = 0$ sowohl für $\mathsf{P}_{n,n} = 0$ als auch für $\mathsf{P}_{n,n} = 1$ gilt. Setzen wir wie stets (9.27) und (9.28) voraus, so ist also

$$\mathrm{Spur}\,(\mathsf{P} \log \mathsf{P}) = 0 \tag{9.31}$$

eine mit (9.29) äquivalente Bedingung. Diejenige Verteilung P, die bei gegebenem Mittelwert

$$E = \mathrm{Spur}\,(\boldsymbol{H}\mathsf{P})$$

der Energie, die Größe Σ zu einem Minimum macht, ist die kanonische Verteilung

$$\mathsf{P} = C\,e^{-\boldsymbol{H}/\Theta}, \tag{9.32}$$

worin Θ eine Konstante ist, welche die Bedeutung der mit k multiplizierten Temperatur besitzt, während C aus der Normierungsbedingung (9.27) zu ermitteln ist. Die freie Energie ist dann gegeben durch

$$e^{-F/\Theta} = \mathrm{Spur}\,(e^{-\boldsymbol{H}/\Theta}), \tag{9.33}$$

so daß (9.32) auch geschrieben werden kann

$$\mathsf{P} = e^{(F-\boldsymbol{H})/\Theta}. \tag{9.32'}$$

Ist der Hamilton-Operator $\boldsymbol{H}$ auf Diagonalform gebracht, so wird auch P diagonal und $\mathsf{P}_{n,n} = e^{-E_n/\Theta}$, also nach (9.33)

$$e^{-F/\Theta} = \sum_n e^{-E_n/\Theta}. \tag{9.33'}$$

Die Invarianz von (9.33) gegenüber der Darstellung der Matrizen ist aber in manchen Fällen nützlich[1].

Die bisher diskutierte Art der Messung der Energie des Systems hat die Eigenschaft, daß eine unmittelbare Wiederholung der Messung für die gemessene Größe denselben Wert ergibt wie die erste Messung. Oder mit anderen Worten: falls das *Resultat* der Anwendung des Messungsapparates nicht bekannt gegeben wird, sondern nur die *Tatsache* dieser Anwendung (in der Terminologie von Ziff. 1 ist in diesem Fall die gemessene Größe nach der Messung unbekannt,

---

[1] Die Behandlung der allgemeinen Quantenstatistik auf wellenmechanischer Grundlage fällt außerhalb des Rahmens des vorliegenden Beitrages, bzw. Handbuchbandes. Vgl. etwa P. Jordan, Statistische Mechanik auf quantentheoretischer Grundlage. Braunschweig 1933.

aber bestimmt), ist die Wahrscheinlichkeit, daß die gemessene Größe einen gewissen Wert hat, nach der Messung dieselbe wie vor der Messung. Wir wollen solche Messungen als *von erster Art* bezeichnen. Dagegen kann es auch vorkommen, daß durch die Messung das System in kontrollierbarer Weise verändert wird — selbst dann, wenn im Zustand vor der Messung die gemessene Größe mit Sicherheit einen bestimmten Wert hat. Das Resultat einer wiederholten Messung nach dieser Methode ist dann nicht dasselbe wie das der ersten Messung. Dennoch kann ein eindeutiger Rückschluß aus dem Messungsresultat auf die zu messende Größe des betrachteten Systems vor der Messung möglich sein. Solche Messungen nennen wir von *zweiter Art*[1]. Bereits in Ziff. 2 hatten wir gesehen, daß die Impulsmessung erster Art nur in hinreichend langen Zeiten möglich ist, die Impulsmessung zweiter Art aber auch in kurzen Zeiten.

Ein Beispiel für eine Energiemessung zweiter Art ist die Beeinflussung eines Atomsystems durch Stöße, wobei die Energie des stoßenden Teilchens nach dem Stoß gemessen wird. Ist zunächst zur Zeit 0 das zu messende System in einem Zustand n und hat das stoßende Teilchen die kinetische Anfangsenergie ε, so findet man als Wahrscheinlichkeit dafür, daß zur Zeit t das gestoßene System sich im Zustand m befindet und das stoßende Teilchen die kinetische Energie ε' zwischen ε' und $\varepsilon' + d\varepsilon'$ besitzt, einen Ausdruck der Form

$$W_m(\varepsilon')\, d\varepsilon' = \dot{A}_{n,m} \left[\frac{1 - \cos\left((E_n + \varepsilon - E_m - \varepsilon')\, t/\hbar\right)}{E_n + \varepsilon - E_m - \varepsilon'} \right]^2 d\varepsilon'. \tag{9.34}$$

Diese Formel folgt aus dem allgemeinen Formalismus der Störungstheorie [Ziff. 10, besonders Gl. (10.19a) und S. 81]. Dabei ist über die Richtungen der Anfangs- und Endimpulse bereits integriert zu denken und die kinetischen Energien hängen mit den Impulsen gemäß den Relationen $\varepsilon = \dfrac{p^2}{2m}$, $\varepsilon' = \dfrac{p'^2}{2m}$ zusammen. Die Klammergröße ist zur Zeit t nur merklich von Null verschieden, wenn

$$E_m - E_n - (\varepsilon - \varepsilon') \sim \hbar/t;$$

falls $t \gg \dfrac{\hbar}{|E_m - E_n|}$, wie in (9.10'), wird also der gemessene Wert von $\varepsilon - \varepsilon'$ in der Nähe einer der Differenzen $E_l - E_n$ (für irgendein l) liegen, wenn das System im Zustand n war und in der Nähe von $E_l - E_m$, wenn es im Zustand m war. Unter der genannten Bedingung für die Zeit werden nämlich die Intervalle von $\varepsilon - \varepsilon'$, in denen $W(\varepsilon')$ merklich von Null verschieden ist, deutlich getrennt sein. Auf diese Weise kann entschieden werden, ob das System ursprünglich die Energie E_n oder E_m besaß.

Dieser Versuch wird noch etwas einfacher, wenn durch den Stoß das System ionisiert wird, so daß die Energie E_m kontinuierlich wird und man statt (9.34) schreiben kann:

$$W(\varepsilon', E')\, d\varepsilon'\, dE' = A_n(E') \left[\frac{1 - \cos\left((E_n + \varepsilon - E' - \varepsilon')\, t/\hbar\right)}{E_n + \varepsilon - E' - \varepsilon'} \right]^2 d\varepsilon'\, dE'. \tag{9.34'}$$

Es ist dann die Messung von ε, ε' und E' nach bekannten Methoden möglich und man findet $E' + \varepsilon' - \varepsilon$ bis auf den Spielraum $\hbar/t$ sicher in der Nähe von E_n, wenn n der Zustand des Systems vor dem Stoß war.

Bei dieser Betrachtung ist die Gültigkeit der Erhaltung der Energie bei Stoßprozessen wesentlich. Überdies hat sich gezeigt, daß innerhalb der Grenzen der Ungleichung (9.10') die Wechselwirkungsenergie der Systeme für die Energiebilanz vernachlässigt ist. Aufs neue rechtfertigt es sich in dieser Weise, die E_n als Energiewerte des Systems zu bezeichnen.

---

[1] Vgl. hierzu L. Landau u. R. Peierls, Z. Physik **69**, 56 (1931).

Wir gehen nun dazu über, zu untersuchen, was aus dem Stoßversuch bei einem beliebigen Anfangszustand des Systems, der durch

$$\psi = \sum_n c_n u_n$$

gegeben sein möge, geschlossen werden kann. Ist die Ungleichung (9.10') erfüllt, so verschwinden die Produktterme der rechten Seiten von (9.34) oder (9.34'), falls sie für zwei *verschiedene* Indexwerte n und m gebildet werden, durchweg. Deshalb bekommt man durch Messung von $\varepsilon - \varepsilon'$ bzw. $\varepsilon - \varepsilon'$ und E' direkt ein Maß von $|c_n|^2 A_{n,m}$ bzw. $|c_n|^2 A_n(E')$. Die durch das Auftreten der Faktoren $A_{n,m}$ bzw. $A_n(E')$ gebildete Komplikation kann man dadurch vermieden denken, daß man das stoßende Teilchen lange Zeit hin und her reflektieren, also immer wieder stoßen läßt, und seine schließliche gesamte Energieänderung mißt. Diese wird dann in $|c_n|^2$ Fällen mit einem $E_n - E_m$ (m beliebig) übereinstimmen, bzw. im Fall der Ionisation und gleichzeitiger Messung von E' wird in $|c_n|^2$ Fällen $E' - (\varepsilon - \varepsilon')$ mit E_n übereinstimmen.

Nun können wir die Messung zweiter Art mittels der Eigenfunktion ψ des zu messenden Systems und Ψ des Meßapparates allgemein schematisieren. Die Zustände des Meßapparates, die festgestellt werden, mögen dem (orthogonalen vollständigen und normierten) Funktionssystem U_k entsprechen. In dem obigen Beispiel ist statt k die Energiedifferenz $\varepsilon - \varepsilon'$ zu denken; da es keinen wesentlichen Unterschied macht, ob k diskontinuierlich oder kontinuierlich ist, wollen wir die Bezeichnungen dem ersteren Fall anpassen und Summationen über k schreiben, auch wenn es sich tatsächlich um Integrale handelt. Ist

$$\psi = \sum_n c_n u_n$$

der Zustand des zu messenden Systems vor der Messung (die u_n sind orthogonal und vollständig), so ist

$$\sum_k \psi_k U_k$$

der Zustand des Gesamtsystems nach der Messung, und es muß außerdem wegen der Linearität aller HAMILTON-Funktionen ψ_k linear von den c_n abhängen

$$\psi_k = \sum_n c_n v_k^{(n)}. \tag{9.35}$$

Dabei ist $\sum_k \int |\psi_k|^2 dQ = 1$ für alle c_n, also $\sum_k \int |v_k^{(n)}|^2 dq = 1$. Nach Ablesung eines bestimmten k-Wertes an dem „Apparat" modifiziert sich das Wellenpaket ψ bis auf einen konstanten Normierungsfaktor in das Wellenpaket ψ_k. Ein eindeutiger Schluß aus dem gemessenen Wert von k auf c_n ist dann und nur dann möglich, *wenn zu jedem k nur ein einziges $v_k^{(n)}$ von Null verschieden ist.* (Zu verschiedenen k können dann aber auch dieselben n gehören.) Die Zustände k lassen sich dann in getrennte Gruppen zerlegen, derart, daß jede Gruppe zu einem bestimmten Wert von n gehört. Wir schreiben deshalb den Doppelindex n, m für k und statt (9.35)

$$\psi_{n,m} = c_n v_{n,m}, \tag{9.35'}$$

worin für alle c_n aus $\sum_n |c_n|^2 = 1$

$$\sum_{n,m} \int |\psi_{n,m}|^2 dQ = 1$$

folgen soll. Das ist gleichbedeutend mit

$$\int |v_{n,m}|^2 dQ = 1. \tag{9.36}$$

Die Wahrscheinlichkeit dafür, den Apparat nach der Messung in der Gruppe (n, m) mit festem n anzutreffen, muß gleich sein der Wahrscheinlichkeit, daß das System vor der Messung im Zustand n war. In Übereinstimmung damit findet man

$$|c_n|^2 = \sum_m \int |\psi_{n,m}|^2 \, dQ. \tag{9.37}$$

Man hätte natürlich auch die $v_{n,m}$ nach den u_n entwickeln können

$$v_{n,m} = \sum T_{l;n,m} u_l.$$

Für jedes (n, m) gilt dann nach (9.35)

$$\sum_{l,m} |T_{l;n,m}|^2 = 1. \tag{9.38}$$

Diese Bedingung ist offenbar viel schwächer als eine Orthogonalitätsbedingung. Bei den Messungen erster Art ist T speziell die Einheitsmatrix. Auch bei der allgemeineren Messung zweiter Art haben die speziellen Zustände, wo eines der c_n gleich 1, die übrigen 0 sind, die Eigenschaft, daß dann über den Ausfall der Messung eine gewisse Aussage *mit Sicherheit* gemacht werden kann. Nämlich: das Meßergebnis k wird in eine bestimmte Gruppe (n, m) mit einem voraussagbaren n fallen.

Kehren wir wieder zu unserem Beispiel der Energiemessung eines Systems durch Stoß zurück. Wenn es sich zunächst um die Anregung handelt, wollen wir annehmen, daß jede Energiedifferenz $E_n - E_m$ nur bei einem einzigen Paar von Zuständen vorhanden ist. Dann gibt es zu jedem k, d.h. zu jedem $\varepsilon - \varepsilon'$, ein einziges E_n. Überdies sind die $v_{n,m}$ hier bis auf einen konstanten Faktor *identisch mit den u_m*, also von n unabhängig. Im Falle des ionisierenden Stoßes denken wir uns die Energie E' des herausfliegenden Elektrons als ebenfalls von einem Apparat gemessen, $\varepsilon - \varepsilon'$ und E' spielen zusammen die Rolle von k. Zu jedem k gibt es ein einziges n, bestimmt durch $E' - (\varepsilon - \varepsilon') = E_n$, während etwa E' die Rolle von m spielt, $v_{n,m}$ ist hier wieder unabhängig von n die Eigenfunktion im kontinuierlichen Spektrum mit der Energie E'.

10. Allgemeiner Formalismus der Störungstheorie. Für viele Anwendungen ist es wesentlich, eine Annäherungsmethode für die Lösung der Wellengleichung zu besitzen, die anwendbar ist, wenn die Matrixelemente der Energie zwar noch nicht ganz diagonal, die Nichtdiagonalelemente $H_{m,n}$ aber klein sind gegen die Differenzen der Diagonalelemente

$$H_{m,n} \ll H_{m,m} - H_{n,n}. \tag{10.1}$$

Dabei beschränken wir uns zunächst auf den Fall, daß eine stationäre Lösung der Wellengleichung gesucht ist und denken uns bereits ein passendes vollständiges Orthogonalsystem $v_1, v_2, \ldots$ eingeführt, in welchem diese Bedingung erfüllt ist. In diesem System lautet die Wellengleichung für die stationären Zustände

$$\sum_n H_{m,n} c_n = c_m E. \tag{10.2}$$

Die zu E gehörige Eigenfunktion ist dann

$$u(E) = \sum_n c_n(E) \, v_n,$$

da aus

$$\boldsymbol{H} v_m = \sum_n v_n H_{n,m}$$

gemäß (10.2) in der Tat

$$\boldsymbol{H}u = E\,u$$

folgt. Soll u normiert sein, so muß, wenn die v_n orthogonal und normiert waren,

$$\sum_n |c_n|^2 = 1 \tag{10.3}$$

gemacht werden. Aus (10.2) folgt weiter, daß für verschiedene E stets gilt

$$\sum_n c_n^*(E)\, c_n(E') = 0, \quad \text{wenn} \quad E \neq E'. \tag{10.3'}$$

Sind die E diskret, d.h. ist (10.2) nur für die diskreten Energiewerte $E_1, E_2, \ldots,$ $E_n, \ldots$ lösbar, so kann man statt $c_n(E_k)$ auch schreiben

$$c_n(E_k) = S_{nk},$$

wobei dann gemäß (10.3), (10.3') die $S_{n,k}$ eine unitäre Matrix bilden. Wenn wir zulassen, daß k auch gewisse Wertebereiche (eventuell mehrdimensionale) stetig durchlaufen kann, wobei dann alle Summen, über k durch Integration zu ersetzen sind, erhalten wir den allgemeinen Fall.

Nun führen wir also zur näherungsweisen Lösung der Gln. (10.2) die Annahme ein, daß die Nichtdiagonalelemente von (10.2) klein gegen die Diagonalelemente seien. Um dies formal zum Ausdruck zu bringen, denken wir uns die Nichtdiagonalelemente mit einem Zahlparameter ε multipliziert, nach dessen Potenzen die c_n entwickelt werden sollen. Wir setzen

$$H_{n,n} = E_n^0 + \varepsilon\,\Omega_{n,n}; \quad H_{m,n} = \varepsilon\,\Omega_{m,n} \quad \text{für} \quad n \neq m, \tag{10.4}$$

ferner suchen wir jetzt speziell eine Lösung, die in der Nähe des Eigenwertes E_k^0 liegen soll, d.h. ein Koeffizientensystem c_n, welches in nullter Näherung gleich $\delta_{n,k}$ ist:

$$\left.\begin{aligned} E_k &= E_k^{(0)} + \varepsilon E_k^{(1)} + \varepsilon^2 E_k^{(2)} + \cdots, \\ c_{n;k} &= \delta_{n,k} + \varepsilon c_{n,k}^{(1)} + \varepsilon^2 c_{n,k}^{(2)} + \cdots, \end{aligned}\right\} \tag{10.5}$$

Ordnen nach Potenzen von ε ergibt

$$E_m^{(0)} c_{m;k}^{(1)} + \Omega_{m,k} = \delta_{m;k} E_k^{(1)} + c_{m;k}^{(1)} E_k^{(0)}, \tag{10.6a}$$

$$\left.\begin{aligned} E_m^{(0)} c_{m;k}^{(2)} + \sum_n \Omega_{m,n} c_{n;k}^{(1)} = \delta_{m,k} E_k^{(2)} + c_{m;k}^{(1)} E_k^{(1)} + c_{m;k}^{(2)} E_k^{(0)}, \\ \cdots\cdots\cdots\cdots\cdots\cdots\cdots\cdots\cdots\cdots\cdots\cdots \end{aligned}\right\} \tag{10.6b}$$

Aus Gl. (10.6a) folgt zunächst für $m = k$

$$E_k^{(1)} = \Omega_{k,k}. \tag{10.7a}$$

Die Änderung des k-ten Eigenwertes ist gleich dem Diagonalelement (Erwartungswert) der Störungsenergie Ω in diesem Zustand. Sodann folgt für $m \neq k$

$$c_{m;k}^{(1)} \left[E_k^{(0)} - E_m^{(0)} \right] = \Omega_{m,k}$$

$$c_{m;k}^{(1)} = -\frac{\Omega_{m\,k}}{E_m^{(0)} - E_k^{(0)}} \quad \text{für} \quad m \neq k. \tag{10.8a}$$

Man sieht, daß der Wert von $c_{k,k}^{(1)}$ unbestimmt bleibt. Wir haben aber noch die Normierungsbedingung (10.3) zu berücksichtigen, welche nach ε entwickelt ergibt

$$c_{kk}^{(1)} + c_{kk}^{*(1)} = 0, \tag{10.9a}$$

$$c_{kk}^{(2)} + c_{kk}^{*(2)} + \sum_n |c_{n;k}^{(1)}|^2 = 0. \tag{10.9b}$$

Aus der ersten dieser Gleichungen folgt dann, daß $c_{k\,k}^{(1)}$ eine beliebige rein imaginäre Zahl sein kann. Diese Unbestimmtheit entspricht dem Umstand, daß in der Lösung von (10.2) Phasenkonstanten stets willkürlich bleiben; ist $c_{n;k}$ eine Lösung, so ist

$$c'_{n;k} = c_{n;k}\, e^{i\,\delta_k}$$

mit willkürlichem δ_k wieder eine Lösung, und es ist ferner erlaubt, ohne mit dem Ansatz (10.5) in Konflikt zu kommen,

$$\delta_k = \varepsilon\, \delta_k^{(1)} + \varepsilon^2\, \delta_k^{(2)} + \cdots$$

zu setzen, worin die $\delta_k^{(1)}$, $\delta_k^{(2)}$, ... völlig willkürlich sind.

Gehen wir nun zur Diskussion der zweiten Näherung über, so folgt aus (10.6b) zunächst für $m = k$ mit Rücksicht auf (10.7a)

$$E_k^{(2)} = \sum_n{}' \Omega_{k,n}\, c_{n;k}^{(1)} = -\sum_n{}' \frac{\Omega_{k,n}\Omega_{n,k}}{E_n^0 - E_k^0} = -\sum_n{}' \frac{|\Omega_{k,n}|^2}{E_n^0 - E_k^0}\,. \tag{10.7b}$$

Der Akzent am Summenzeichen bedeutet, daß bei der Summation der Wert $n = k$ auszulassen ist. Für den tiefsten Zustand k ist diese Eigenwertstörung stets negativ. Für $m \neq k$ folgt aus (10.6b)

$$c_{m;k}^{(2)}\left[E_m^0 - E_k^0\right] = -\left(\Omega_{m,m} - \Omega_{k,k}\right) c_{m;k}^{(1)} - \sum_{\substack{n \\ n \neq m}}{}' \Omega_{m,n}\, c_{n;k}^{(1)},$$

$$c_{m,k}^{(2)} = \frac{(\Omega_{m,m} - \Omega_{k,k})\,\Omega_{m,k}}{(E_m^0 - E_k^0)^2} + \sum_{\substack{n \\ n \neq m}}{}' \frac{\Omega_{m,n}\Omega_{n,k}}{(E_m^0 - E_k^0)(E_n^0 - E_k^0)} \quad \text{für} \quad m \neq k. \tag{10.8b}$$

$c_{k\,k}^{(2)}$ kommt in diesen Gleichungen nicht vor und muß nur die Bedingung (10.9b) erfüllen. Wir können diese Resultate noch etwas übersichtlicher formulieren, wenn wir die HERMITEsche Matrix T mit den Elementen

$$T_{k,k} = 0; \quad T_{m,k} = i\,\frac{\Omega_{m,k}}{E_m^0 - E_k^0} \quad \text{für} \quad m \neq k \tag{10.10}$$

einführen. Es wird dann

$$c_{m;k}^{(1)} = i\,T_{m,k} \quad \text{für} \quad m \neq k, \tag{10.8a'}$$

$$E_k^{(2)} = +\,i \sum_n \Omega_{k,n}\, T_{n,k} \tag{10.7b'}$$

$$c_{m,k}^{(2)} = -\,i\,\frac{\Omega_{m,m} - \Omega_{k,k}}{E_m^0 - E_k^0}\, T_{m,k} - (T^2)_{m,k} \quad \text{für} \quad m \neq k. \tag{10.8b'}$$

Wir merken hier noch den Satz an, daß eine infinitesimale unitäre Transformation S stets durch eine mit der imaginären Einheit i multiplizierte HERMITEsche Matrix T dargestellt wird. Ist nämlich

$$S = 1 + \varepsilon\, i\, T, \tag{10.11}$$

so wird die Bedingung

$$S\,\widetilde{S} = \widetilde{S}\,S = 1$$

unter Vernachlässigung höherer Potenzen von ε äquivalent mit

$$T = \widetilde{T}, \tag{10.11'}$$

d.h. mit der Hermitezität von T (vgl. hierzu Ziff. 8). Dem entspricht es, daß gemäß (10.9a) und (10.8a') $c_{k\,n}^{(1)}$ bis auf den Faktor i gleich einer HERMITEschen Matrix ist.

Aus der Form (10.8a) von $c^{(1)}_{m;k}$ ist mit Rücksicht auf (10.4) zu sehen, daß die Bedingung (10.1) in der Tat entscheidend ist für die Brauchbarkeit unseres Entwicklungsverfahrens. Ist diese Bedingung verletzt, so genügt die Kleinheit von ε nicht, um das Verfahren zu rechtfertigen, da $\varepsilon\, c^{(1)}_{m,k}$ dann von der Größenordnung 1 wird. Insbesondere ist dies der Fall, wenn das betrachtete System entartet ist, d.h. wenn mehrere Energiewerte E^0_n *exakt* zusammenfallen. In diesem Fall ist es notwendig, den betreffenden endlich-dimensionalen Teilraum zuerst gesondert zu betrachten und das Eigenwertproblem

$$\sum_{n=1}^{g} H_{m,n} c_n = c_m E; \qquad m = 1, 2, \ldots, g \tag{10.12}$$

in dem betreffenden g-dimensionalen Teilraum, in welchem $E^0_n - E^0_m$ von derselben Größenordnung ist wie $\Omega_{m,n}$, gesondert zu lösen. Dies ist ein rein algebraisches Problem und stets lösbar, z.B. bestimmen sich die g neuen Eigenwerte E aus der Bedingung, daß die Determinante (die sog. „Säkulardeterminante")

$$\begin{vmatrix} H_{11} - E, H_{12}, \ldots, H_{1g} \\ H_{21}, H_{22} - E, \ldots, H_{2g} \\ \cdot \qquad\qquad\qquad \cdot \\ \cdot \qquad\qquad\qquad \cdot \\ \cdot \qquad\qquad\qquad \cdot \\ H_{g1}, \quad \ldots, \quad H_{gg} - E \end{vmatrix} = 0 \tag{10.13}$$

verschwindet, welche Gleichung vom Grade g für E bei einem Hermiteesche $H_{n,m}$ stets g reelle Wurzeln besitzt. Nach Ausführung der Transformation $\bar{v}_m = \sum_n c_{n;m} v_n$ mit den aus (10.12) bestimmten, zu $E = E_m$ gehörigen $c_{n;m}$, die als eine Adaptierung des Orthogonalsystems der v_n an die Störungsfunktion Ω bezeichnet werden kann, läßt sich dann das ursprüngliche Störungsverfahren wieder anwenden. Denn nach Ausführung dieser Transformation verschwinden die $\Omega_{m,k}$, wenn m und k beide in demselben Teilraum liegen, und (10.8a) und (10.7b) sind wieder anwendbar, wenn die Bestimmungen $m \neq k$ bzw. $n \neq k$ so verallgemeinert werden, daß darunter verstanden wird: Die Zustände m und k, bzw. n und k sollen zu weit verschiedenen ungestörten Energien gehören (in *verschiedenen* der oben betrachteten endlichen Teilräumen liegen), so daß für diese Paare von Zuständen die Ungleichung (10.1) nunmehr wieder erfüllt ist.

Es sei hier noch kurz bemerkt, wie die hier betrachtete Störungsrechnung sich gestaltet, wenn der betreffende Energiewert im kontinuierlichen Spektrum liegt. Wir denken uns dann statt der Indizes n kontinuierliche Parameter n, so daß gilt

$$u(k) = \int c(n, k)\, v(n)\, dn,$$

$$\boldsymbol{H} v(m) = \int v(n)\, H(n, m)\, dn,$$

$$\int H(m, n)\, c(n, k)\, dn = c(m, k)\, E(k).$$

Wie man E von k abhängen läßt, ist dabei noch weitgehend willkürlich und durch Zweckmäßigkeitsgründe zu definieren. Anstatt (10.4) ist zu setzen

$$H(m, n) = E^0_n \delta(m - n) + \varepsilon \Omega(m, n),$$

wobei jetzt die durch (6.25) definierte singuläre δ-Funktion auftritt, ebenso

$$c(n, k) = \delta(n - k) + \varepsilon\, c^{(1)}(n, k) + \varepsilon^2 c^{(2)}(n, k) + \cdots.$$

(10.6a) nimmt die Form an

$$[E^0(m) - E^0(k)]\, c^{(1)}(m, k) = - [\Omega(m, k) - E^{(1)}(k)\, \delta(m - k)].$$

Wegen des Auftretens der δ-Funktion kann hier nicht ohne weiteres auf $m = k$ spezialisiert werden und $E^{(1)}(k)$ bleibt willkürlich. Falls $\Omega(m, k)$ für $m = k$ keine Singularität besitzt oder präziser gesagt, falls $\int\limits_{m-\varepsilon}^{m+\varepsilon} \Omega(m, k)\, dk$ für $\varepsilon \to 0$ verschwindet, ist es sogar zweckmäßig, $E^{(1)}(k) = 0$ zu setzen. Wir setzen also

$$\Omega(m, k) - E^{(1)}(k)\, \delta(m - k) = \Omega'(m, k)$$

und verlangen

$$\lim_{\varepsilon \to 0} \int\limits_{m-\varepsilon}^{m+\varepsilon} \Omega'(m, k)\, dk = 0.$$

Dann wird

$$c^{(1)}(m, k) = -\frac{\Omega'(m, k)}{E^0(m) - E^0(k)}$$

für $m = k$ singulär. Eine nähere Diskussion zeigt, daß es stets erlaubt ist, für ein Integral

$$\int\limits_{k-a}^{k+a} f(m)\, c^{(1)}(m, k)\, dm,$$

worin $f(m)$ stetig, aber sonst willkürlich ist, den Hauptwert einzusetzen. Dieser ist definiert durch

$$\mathbf{H} \int\limits_{k-a}^{k+a} = \lim_{\varepsilon \to 0} \left[\int\limits_{k-a}^{k-\varepsilon} + \int\limits_{k+\varepsilon}^{k+a} \right],$$

oder auch

$$\mathbf{H} \int\limits_{k-a}^{k+a} F(m, k)\, dm = \tfrac{1}{2} \int\limits_{k-a}^{k+a} [F(m, k) + F(2k - m, k)]\, dm,$$

worin der Integrand jetzt regulär ist. Dies gilt sowohl für die Berechnung der $u(k)$ aus den $v(n)$ vermittels der $c(n, k)$ als auch für die Berechnung von $E^{(2)}(k)$ und $c^{(2)}(m, k)$.

Wir kommen nun zur Betrachtung zeitabhängiger Störungen. Dabei suchen wir bei gegebenem Anfangszustand $(t = 0)$ eine Lösung der Gleichung

$$-\frac{\hbar}{i}\, \dot{c}_m = \sum_n H_{m,n} c_n, \tag{10.14}$$

worin die auf ein zeitunabhängiges Orthogonalsystem bezogenen Matrixelemente von H gegeben sind durch

$$H_{m,n} = E_n \delta_{m,n} + \varepsilon \Omega_{m,n}(t), \tag{10.15}$$

wo die Abhängigkeit der Störungsmatrix Ω von der Zeit also beliebig vorgegeben sei. Die ungestörte Lösung lautet demnach

$$c_n^{(0)}(t) = c_n^{(0)}(0)\, e^{-\frac{i}{\hbar} E_n^0 t},$$

und wir suchen eine gestörte Lösung

$$c_n(t) = c_n^{(0)}(t) + \varepsilon\, c_n^{(1)}(t) + \varepsilon^2\, c_n^{(2)}(t) + \cdots$$

mit vorgegebenen Werten von $c_n(0) = c_n^0(0)$, so daß also $c_n^{(1)}(0) = c_n^{(2)}(0) = \cdots = 0$ werden soll. Es ist zweckmäßig, den Faktor $e^{-\frac{i}{\hbar} E_n^0 t}$ aus c_n abzuspalten,

$$c_n(t) = a_n(t)\, e^{-\frac{i}{\hbar} E_n^0 \cdot t} \tag{10.16}$$

und zu setzen

$$\Omega'_{m,n}(t) = \Omega_{m,n}(t)\, e^{\frac{i}{\hbar}(E_m^0 - E_n^0)t}. \tag{10.17}$$

Dann gilt nämlich

$$-\frac{\hbar}{i}\dot{a}_m = \varepsilon \sum_n \Omega'_{m,n}(t)\, a_n(t),\tag{10.15'}$$

also mit

$$a_n(t) = a_n^{(0)}(t) + \varepsilon\, a_n^{(1)}(t) + \cdots;\qquad (a_n^{(0)}(t) = a_n^{(0)}(0) = \mathrm{const}),$$

$$-\frac{\hbar}{i}\dot{a}_m^{(1)} = \sum_n \Omega'_{m,n}(t)\, a_n^{(0)}(0),$$

$$-\frac{\hbar}{i}\dot{a}_m^{(2)} = \sum_n \Omega'_{m,n}(t)\, a_n^{(1)}(t).$$

Diese Gleichungen kann man unmittelbar integrieren

$$a_m^{(1)}(t) = -\frac{i}{\hbar}\sum_n a_n^{(0)}(0)\int_0^t \Omega'_{m,n}(t)\, dt,\tag{10.18a}$$

$$\left.\begin{aligned}
a_m^{(2)}(t) &= -\frac{i}{\hbar}\sum_l \int_0^t \Omega'_{m,l}(t)\, a_l^{(1)}(t)\, dt\\[2mm]
&= -\frac{1}{\hbar^2}\sum_n a_n^{(0)}(0)\sum_l \int_0^t \Omega'_{m,l}(\tau)\, d\tau \int_0^\tau \Omega'_{l,n}(\tau')\, d\tau',
\end{aligned}\right\}\tag{10.18b}$$

$$\cdots\cdots\cdots\cdots\cdots\cdots\cdots\cdots$$

Ein wichtiger Spezialfall ist der, wo die $\Omega_{m,n}$ unabhängig von der Zeit sind, so daß nach (10.17)

$$\Omega'_{m,n}(t) = \Omega_{m,n}(0)\, e^{\frac{i}{\hbar}(E_m^0 - E_n^0)t}.$$

Dann wird nach (10.18a, b)

$$a_m^{(1)}(t) = -\sum_n a_n^{(0)}(0)\,\Omega_{m,n}(0)\,\frac{e^{\frac{i}{\hbar}(E_m^0 - E_n^0)t} - 1}{E_m^0 - E_n^0},\tag{10.19a}$$

$$a_m^{(2)}(t) = +\sum_n a_n^{(0)}(0)\sum_l \Omega_{m,l}(0)\,\Omega_{l,n}(0)\left[\frac{e^{\frac{i}{\hbar}(E_m^0 - E_n^0)t} - 1}{(E_m^0 - E_n^0)(E_l^0 - E_n^0)} - \frac{e^{\frac{i}{\hbar}(E_m^0 - E_l^0)t} - 1}{(E_m^0 - E_l^0)(E_l^0 - E_n^0)}\right].\tag{10.19b}$$

Wenn in (10.19a) speziell $E_m^0 = E_n^0$ wird, nimmt der betreffende Term die Form an

$$a_n^0(0)\,\Omega_{m,n}(0)\,\frac{i}{\hbar}\, t$$

und ist brauchbar, so lange $|\varepsilon|\,|\Omega_{m,n}(0)|\, t/\hbar \ll 1$ ist. Will man in diesem Fall, der dem Verschwinden eines Nenners entspricht (Resonanznenner), eine für längere Zeit gültige Lösung haben, so muß man das Störungsverfahren modifizieren, ganz analog wie dies im Falle der stationären Lösungen bei entarteten oder nahezu entarteten Systemen geschehen ist.

Ein oft eintretender Fall ist der, daß ein einzelner diskreter Energiewert des ungestörten Systems in einem Bereich liegt, in welchem das System auch ein kontinuierliches Eigenwertspektrum besitzt (Prädissoziation, Auger-Effekt). Dann lassen wir in (10.19a) den Index n diskret, während m kontinuierliche Werte durchlaufen möge und $\Omega_{m,n}$ das in bezug auf den Parameter m normierte Matrixelement sei. (Der Fall, daß mehrere Parameter m vorhanden sind, ist ganz analog.) Man kann dann nach der Wahrscheinlichkeit fragen, daß das System zur Zeit t in irgendeinen der Zustände m übergegangen ist, für die

$$E_n^0 - \Delta E < E^0(m) < E_n^0 + \Delta E,$$

wenn es zur Zeit $t = 0$ mit Sicherheit im diskreten Zustand n war $\left(a_n^0(0) = 1;\; a_n^0(m; 0) = 0\right)$. Für diese Übergangswahrscheinlichkeit $W(t)$ erhält man

$$W(t) = \int |a^{(1)}(m, t)|^2\, dm = \int dm\, |\Omega_{m,n}(0)|^2\, \frac{4\sin^2\left[\left(E^0(m) - E_0^n\right)\dfrac{t}{2\hbar}\right]}{[E^0(m) - E_n^0]^2}.$$

Dabei ist das Integral über dasjenige Gebiet des m-Raumes zu erstrecken, welches dem Energieintervall $(E_n^0 - \Delta E,\, E_n^0 + \Delta E)$ entspricht. Wenn

$$\frac{\Delta E \cdot t}{\hbar} \gg 1, \tag{10.20}$$

kann hierin bei Einführung von

$$\frac{[E^0(m) - E_n^0]\, t}{2\hbar} = x$$

als Integrationsvariable mit genügender Näherung $|\Omega_{m,n}(0)|^2$ vor das Integral gezogen werden und das restierende Integral von $-\infty$ bis $+\infty$ in x erstreckt werden. Auf diese Weise ergibt sich

$$W(t) = |\Omega_{m,n}(0)|^2\, \frac{t}{2\hbar}\, \frac{dm}{dE^0(m)}\, 4\int_{-\infty}^{+\infty} \frac{\sin^2 x}{x^2}\, dx,$$

also, da das Integral den Wert π hat,

$$W(t) = \frac{2\pi t}{\hbar}\, |\Omega_{m,n}(0)|^2\, \frac{dm}{dE_0(m)}. \tag{10.21}$$

Der Faktor $dm/dE^0(m)$ bewirkt den Übergang von der Normierung des Matrixelementes Ω in bezug auf m zur Normierung in bezug auf $E^0(m)$. Sind mehrere Parameter m, etwa m_1, m_2, m_3, vorhanden, so hat man das Volumelement der Energieschale $E_n^0 - \Delta E < E(m_1, m_2, m_3) < E_n^0 + \Delta E$ im m-Raum zu betrachten. Ist dieses gegeben durch

$$\int dm_1\, dm_2\, dm_3 = \omega(E_n^0)\, 2\Delta E, \qquad (E_n^0 - \Delta E < E(m_1, m_2, m_3) < E_n^0 + \Delta E),$$

so tritt dann der Faktor $\omega(E_n^0)$ an Stelle von $dm/dE^0(m)$ in (10.21).

Die in Gl. (9.34) benutzten Aussagen über die Übergangswahrscheinlichkeit beim Stoßvorgang sind ebenfalls in der allgemeinen Formel (10.19a) enthalten. Es besteht in diesem Fall das ungestörte System aus zwei unabhängigen Teilsystemen, wobei die in (10.19a) eingehende Gesamtenergie des Systems gleich der Summe der Energien der beiden Teilsysteme wird, so daß E_n^0 durch $E_n + \varepsilon$, $E^0(m)$ durch $E_m + \varepsilon'$ zu ersetzen ist, wenn sich jetzt E_n und E_m auf das Atom allein, ε und ε' auf das stoßende Teilchen beziehen.

So wie wir hier den diskreten Zustand als Anfangszustand betrachtet haben, hätte man auch vom kontinuierlichen Zustand als Anfangszustand ausgehen können. Es ergibt sich aus (10.19) wieder eine Formel vom Typus (10.21)

$$W_n(t) = \frac{2\pi t}{\hbar}\, |\Omega_{n,m}(0)|^2\, \frac{dm}{dE^0(m)}\, P(m_0), \tag{10.21'}$$

wenn $P(m)\, dm$ die Dichte der Systeme im m-Raum bedeutet. Dies soll besagen, wir betrachten eine große Zahl von Systemen, von denen der Bruchteil $P(m)\, dm$

einen m-Wert zwischen m und $m + dm$ besitzt. Es bezeichnet ferner m_0 speziell denjenigen Wert von m, für den $E(m_0) = E_n^0$ wird. *Dabei ist aber über die Phasen von $a_m^0(0)$ gemittelt* und $|a_m^0(0)|^2$ als im betrachteten Intervall von m unabhängig vor die Integration über m herausgezogen und gleich $P(m_0)$ gesetzt. Wegen der Hermitezität von Ω gilt stets $|\Omega_{m,n}(0)|^2 = |\Omega_{n,m}(0)|^2$, und dies bedingt nach (10.21) und (10.21') eine für Betrachtungen über das Wärmegleichgewicht wichtige Beziehung zwischen den Häufigkeiten eines Überganges zu der des umgekehrten Überganges[1].

Die hier betrachteten „Übergangsprozesse" stellen schon in der älteren Quantentheorie einen Fall dar, wo die kausale Naturbeschreibung nicht durchführbar war, besonders sobald vom selben Anfangszustand aus mehrere verschiedene Übergänge möglich sind, zwischen denen anscheinend reiner Zufall eine Auswahl trifft. Die Quantenmechanik kennt streng genommen den Begriff des (diskontinuierlichen) „Prozesses" nicht, da alle *zeitlichen* Veränderungen des Zustandes eines Systems stetig verlaufen. Erst die Beobachtung (Messung) stellt fest, in welchen Zustand das System tatsächlich übergegangen ist, und die durch die Endlichkeit des Wirkungsquantums bedingte Diskontinuität liegt ausschließlich in der bei der Trennung von beobachtetem System und Beobachtungsmittel notwendigen Reduktion der (symbolischen und das System nur statistisch beschreibenden) Wellenpakete.

11. Adiabatische und plötzliche Störungen eines Systems. Die allgemeinste Wahrscheinlichkeitsaussage der Quantenmechanik. Ein besonderer Fall von äußeren Beeinflussungen eines Systems ist derjenige, der durch Änderung von Parametern (äußere Feldstärken, Lage von Wänden usw.) beschrieben werden kann. In der alten Quantentheorie existierte hier bereits das bekannte EHRENFEST*sche Adiabatenprinzip*[2], welches besagt, daß ein System, welches anfangs sich in einem bestimmten stationären Quantenzustand befindet, in diesem Zustand verbleibt, falls die Änderung der Parameter des Systems hinreichend langsam erfolgt. Daß ein solcher Satz auch in der Wellenmechanik besteht, wurde zum erstenmal von BORN[3] formuliert und bewiesen.

Wr denken uns also den HAMILTON-Operator H abhängig von einem Parameter a und denken uns das Eigenwertproblem für alle in Betracht kommenden Werte von a durch die Energiewerte $E_n(a)$ und die Eigenfunktionen $u_n(a)$ gelöst. Diese erfüllen also identisch in a die Gleichungen

$$H(p, q, a)\, u_n(a) = E_n(a)\, u_n(a), \tag{11.1}$$

Durch Differenzieren nach a folgt hieraus

$$\left(\frac{\partial H}{\partial a}\right)_{p,q} u_n(a) + H \frac{\partial u_n}{\partial a} = \frac{\partial E_n}{\partial a} u_n(a) + E_n \frac{\partial u_n}{\partial a}. \tag{11.1'}$$

Nun setzen wir

$$\frac{\hbar}{i} \int u_m^* \frac{\partial u_n}{\partial a}\, dq = k_{mn}, \tag{11.2}$$

---

[1] Diese Beziehung gilt nur in erster Näherung der Störungsrechnung, während das Wärmegleichgewicht auch unter allgemeineren Voraussetzungen abgeleitet werden kann. Vgl. E. C. G. STUECKELBERG, Helv. phys. Acta **25**, 577 (1952); M. INAGAKI, G. WANDERS u. C. PIRON, Helv. phys. Acta **27**, 71 (1954).

[2] P. EHRENFEST: Ann. d. Phys. **51**, 327 (1916). Von BOHR wurde später besonders die Frage der Anwendbarkeit der klassischen Mechanik bei den adiabatischen (unendlich langsamen) Prozessen diskutiert. Diese Seite des Problems ist jedoch jetzt nicht mehr von Interesse, da die klassische Mechanik schon bei der Beschreibung der Quantenzustände selbst versagt.

[3] M. BORN: Z. Physik **40**, 167 (1926). Spätere Arbeiten über diesen Gegenstand: E. FERMI u. F. PERSICO, Rend. Lincei (6) **4**, 452 (1926); M. BORN u. V. FOCK, Z. Physik **51**, 165 (1928); P. GÜTTINGER, Z. Physik **73**, 169 (1931).

worin k_{mn} wegen der Orthogonalität und Normierung der u hermitesch ist. Es ist dann weiter wegen der Hermitezität von H

$$\frac{\hbar}{i}\int u_m^*\left(H\frac{\partial u_n}{\partial a}\right)dq = \frac{\hbar}{i}\int (Hu_m)^*\frac{\partial u_n}{\partial a}\,dq = E_m k_{mn},$$

also ergibt sich durch Multiplikation von (11.1') mit $\frac{\hbar}{i}u_m^*$ und Integration über den q-Raum

$$\frac{\hbar}{i}\left(\frac{\partial H}{\partial a}-\frac{\partial E}{\partial a}\right) = kE - Ek. \tag{11.3}$$

Diese Gleichung ist als Matrixgleichung zu verstehen, in der E Diagonalmatrix ist. In diesem Fall verschwinden die Diagonalelemente der rechten Seite identisch, so daß insbesondere folgt

$$\left(\frac{\partial H}{\partial a}\right)_{nn} = \frac{\partial E_n}{\partial a} \tag{11.3'}$$

und

$$k_{mn} = \frac{1}{E_n - E_m}\frac{\hbar}{i}\left(\frac{\partial H}{\partial a}\right)_{mn} \quad \text{für} \quad m \neq n\,(E_m \neq E_n). \tag{11.3''}$$

Ist a zeitlich veränderlich, so sucht man eine Lösung der Gleichung

$$-\frac{\hbar}{i}\dot\psi = H\big(p, q, a(t)\big)\,\psi$$

und mit

$$\psi = \sum_n c_n(t)\,u_n(a):$$

$$-\frac{\hbar}{i}\int u_m^*\dot\psi\,dq = \int u_m^* H\psi\,dq = E_m(a)\int u_m^*\psi\,dq,$$

$$-\frac{\hbar}{i}\dot c_m + \dot a\sum_n k_{mn}c_n = E_m(a)\,c_m. \tag{11.4}$$

Eine nähere Diskussion dieser Gleichung zeigt[1], daß

$$c_m(T) - c_m(0) = \dot a F, \tag{11.5}$$

worin bei festem endlichen $\dot a\,T = a(T) - a(0)$ und $\lim T \to \infty$, also $\lim \dot a \to 0$ F endlich bleibt. Dabei ist zunächst vorausgesetzt, daß während des Prozesses keine der Differenzen $E_n - E_m$ durch Null geht. Dieser Ausnahmefall ist besonders von BORN und FOCK diskutiert worden, wobei eine von LAUE[2] herrührende Schlußweise eine wesentliche Rolle spielt. Auch in diesem Fall gilt für festes $a(T) - a(0)$

$$\lim_{\dot a \to 0}\big(c_m(T) - c_m(0)\big) = 0. \tag{11.5'}$$

Aus (11.5) folgt, daß $|c_m(T) - c_m(0)|^2$ für kleine $\dot a$ von der Größenordnung $\dot a^2$ wird.

Insbesondere gilt im Falle $c_m(0) = 0$, das $|c_m(T)|^2 \sim \dot a^2$. Die Häufigkeit der Übergänge von einem stationären Zustand zum anderen, die durch Änderung des Parameters a hervorgerufen werden („Schüttelwirkung"), ist also proportional zu $\dot a^2$.

Ein etwas allgemeinerer Fall als der bisher betrachtete ist der, daß durch den Parameter a neue Freiheitsgrade zum System hinzugebracht werden. Wenn z.B. ein Atom sich durch ein räumlich variables Kraftfeld hindurchbewegt, kann man in erster Näherung den Kern

---

[1] Vgl. die in Fußnote 2, S. 82 zitierten Arbeiten.
[2] M. v. LAUE: Ann. d. Phys. **76**, 619 (1925).

als unendlich schwer betrachten und das Eigenwertproblem für jede Stelle Q des Atomschwerpunktes gelöst denken:

$$\boldsymbol{H}_0(q, Q)\, u_n(q, Q) = E_n(Q)\, u_n. \tag{11.6}$$

Hier ist jedoch Q nicht zeitlich veränderlich zu denken, sondern es kommen neue Freiheitsgrade hinzu, die diesem Q entsprechen.

Man hat die Gleichung zu lösen

$$-\frac{\hbar}{i}\frac{\partial\psi}{\partial t} = \left(-\frac{\hbar^2}{2M}\sum_k \frac{\partial^2}{\partial Q_k^2} + \boldsymbol{H}_0\right)\psi(q, Q), \tag{11.7}$$

worin $\boldsymbol{H}_0$ nur auf die q, nicht auf die Q wirkt. Dasselbe Problem tritt auch bei Molekülen auf, wenn die Kerne in erster Näherung fest gedacht werden ($M = \infty$) und erst in zweiter Näherung ihre Bewegung (Schwingung und Rotation) berücksichtigt wird. Setzen wir

$$\psi(q, Q) = \sum_n \varphi_n(Q, t)\, u_n(q, Q), \tag{11.8}$$

so wird also nach (11.6)

$$-\frac{\hbar}{i}\sum_n \frac{\partial\varphi_n}{\partial t} u_n(q, Q) = \sum_n \left\{\left[-\frac{\hbar^2}{2M}\sum_k \frac{\partial^2\varphi_n}{\partial Q_k^2} + E_n(Q)\,\varphi_n\right] u_n(q, Q) - \right.$$
$$\left. - \frac{\hbar^2}{2M}\left[2\sum_k \frac{\partial\varphi_n}{\partial Q_k}\frac{\partial u_n}{\partial Q_k} + \varphi_n\sum_k \frac{\partial^2 u_n}{\partial Q_k^2}\right]\right\}.$$

Führen wir die Hermiteschen Matrizen ein

$$A_{mn}^{(k)} = \frac{1}{M}\frac{\hbar}{i}\int u_m^*\frac{\partial u_n}{\partial Q_k}\,dq; \qquad B_{mn} = -\frac{\hbar^2}{2M}\int u_m^*\sum_k \frac{\partial^2 u_n}{\partial Q_k^2}\,dq, \tag{11.9}$$

so wird also, wenn wir als Abkürzung den Störungsoperator Ω definieren, durch

$$\Omega\,\varphi_m = \sum_n \left(\sum_k A_{mn}^{(k)}\frac{\hbar}{i}\frac{\partial\varphi_n}{\partial Q_k} + B_{mn}\varphi_n\right), \tag{11.10}$$

$$-\frac{\hbar}{i}\frac{\partial\varphi_m}{\partial t} = -\frac{\hbar^2}{2M}\sum_k \frac{\partial^2\varphi_m}{\partial Q_k^2} + E_m(Q)\,\varphi_m + \Omega\,\varphi_m. \tag{11.11}$$

Insbesondere gibt es stationäre Lösungen

$$\varphi_m(Q, t) = v_m(Q)\, e^{-\frac{i}{\hbar}E t}$$

für die

$$-\frac{\hbar^2}{2M}\sum_k \frac{\partial^2 v_m}{\partial Q_k^2} + E_m(Q)\, v_m + \Omega\, v_m = E\, v_m. \tag{11.11'}$$

Hierin kann E sowohl ein diskretes als auch ein kontinuierliches Spektrum oder beides gemischt besitzen.

Unter Umständen kann nun der Störungsoperator Ω als klein betrachtet und auf (11.11) oder (11.11') das gewöhnliche Störungsverfahren angewendet werden, wobei man als nullte Näherung ausgeht von der Lösung der Gleichung

$$-\frac{\hbar}{i}\frac{\partial\varphi_m^0}{\partial t} = -\frac{\hbar^2}{2M}\sum_k \frac{\partial^2\varphi_m^0}{\partial Q_k^2} + E_m(Q)\,\varphi_m^0 \tag{11.12}$$

bzw.

$$-\frac{\hbar^2}{2M}\sum_k \frac{\partial^2 v_m^0}{\partial Q_k^2} + E_m(Q)\, v_m^0 = E\, v_m^0. \tag{11.12'}$$

Dieses Verfahren wird sowohl bei der Behandlung der Kernschwingung in einem Molekül als auch beim Durchgang eines Atoms durch ein äußeres Kraftfeld sowie auch bei anderen Problemen angewandt[1]. Man kann diese Näherung als die *adiabatische* bezeichnen, weil in

---

[1] Vgl. M. Born u. J. R. Oppenheimer, Ann. d. Phys. **84**, 457 (1927). Zur allgemeinen Methode vgl. ferner J. Frenkel, Phys. Z. Sowjet. **1**, 99 (1932). Ferner L. Landau, Phys. Z. Sowjet. **1**, 88 und **2**, 46 (1932).

dieser Näherung das System stets in demselben inneren Zustand m verbleibt und weil sie um so besser ist, je weniger sich die Pakete φ_m^0 im Laufe der Perioden $\hbar/[E_m(Q) - E_n(Q)]$ verändern; bzw. im diskreten Spektrum von (11.12′), je kleiner die Energiedifferenzen $E' - E''$ dieses Spektrums sind, verglichen mit den Differenzen $E_m - E_n$ des Spektrums der inneren Energie (Kleinheit der Kernschwingungsfrequenz relativ zu den Elektronenfrequenzen).

Die Gln. (11.11) und (11.11′) sind auch die Grundlagen für den Durchgang von Atomstrahlen durch Magnetfelder mit räumlich variabler Richtung[1]. In diesem Fall genügt es, im Störungsoperator Ω in (11.10) die endlich vielen der Richtungsquantelung entsprechenden Zustände zu berücksichtigen. Aus der strengen Existenz stationärer Lösungen gemäß (11.10′) folgt hier übrigens, daß auch bei Berücksichtigung der Schüttelwirkung (sofern nur die äußeren Felder nicht *zeitlich* variabel sind), die Summe aus innerer Energie und Translationsenergie konstant bleibt.

Von besonderem Interesse ist neben dem Grenzfall des adiabatischen Prozesses der Fall der „plötzlichen" Änderung des Parameters a. Hierbei ist der Sinn der Angabe „plötzlich" dahin zu präzisieren, daß die relative Änderung von a während der in Betracht kommenden Perioden $\dfrac{1}{\nu_{nm}} = \dfrac{h}{E_n - E_m}$ groß sein soll:

$$\dot{a} \gg a \, \frac{E_n - E_m}{\hbar}. \tag{11.13}$$

Dann kann man nämlich in der Gleichung

$$-\frac{\hbar}{i}\frac{\partial}{\partial t}\sum_n c_n u_n = \sum_m E_m c_m u_m$$

nach Integration über die Zeitdauer der Änderung

$$-\frac{\hbar}{i}\sum_n c_n u_n (a)\Big|_0^t = \int_0^t \sum_m E_m c_m u_m \, dt$$

bei endlicher Änderung des Parameters a in erster Näherung alle zu t proportionalen Größen gleich Null setzen. Da dies von der rechten Seite dieser Gleichung gilt, muß es auch für die linke Seite der Fall sein, also gilt hier

$$\sum_n c_n u_n = \sum c_n (0) \, u_n (0),$$

d.h. *Stetigkeit der Funktion* $\psi = \sum c_n u_n$ *bei der plötzlichen Änderung des Parameters* a

$$c_m (t) = \sum_n S_{mn} c_n (0) \tag{11.14}$$

mit

$$S_{mn} = \int u_m^* (a) \, u_n (0) \, dq.$$

Sind H_{mn} die Matrixelemente der neuen HAMILTON-Funktion, die dem Parameterwert a entspricht, in bezug auf das zu $\boldsymbol{H}(0)$ gehörige Funktionensystem

$$H_{mn} = \int u_m^* (0) \, \boldsymbol{H} (a) \, u_n (0) \, dq, \tag{11.15}$$

so gilt

$$\boldsymbol{E} (a) = \boldsymbol{SHS}^{-1}, \tag{11.16}$$

d.h. $\boldsymbol{S}$ bringt die Matrix der neuen HAMILTON-Funktion auf Diagonalform.

Nun können wir die allgemeine Wahrscheinlichkeitsaussage der Quantentheorie diskutieren (wobei wir die Schreibweise der Einfachheit halber den Größen mit diskreten Eigenwerten anpassen). Diese pflegt in folgender Weise formuliert zu werden: Es wird gefragt nach der Wahrscheinlichkeit $W(F_n; G_m)$

---

[1] Vgl. hierzu C. G. DARWIN, Proc. Roy. Soc. Lond., Ser. A **117**, 258 (1927), bes. § 10.

dafür, daß zu einem bestimmten Zeitmoment t_1 eine gewisse Größe F den speziellen Wert F_n annimmt, wenn vorher, zu einer Zeit $t_0 = t_1 - \tau$, eine andere Größe G den Wert G_m angenommen hat. Wenn S die Transformationsmatrix ist, welche von der Darstellung der Matrizen, bei der $F(t_0)$ auf Diagonalform gebracht ist, zur Darstellung der Matrizen führt, in der $G(t_1)$ auf Diagonalform gebracht ist, so ist die gesuchte Wahrscheinlichkeit gegeben durch

$$W(F_n; G_m) = |S_{nm}|^2. \tag{11.17}$$

(Sie ist also überdies symmetrisch in bezug auf die Größen F, G.) Diese Aussage ist in unseren früheren Aussagen enthalten, wenn a) eine oder beide der Größen F und G Orts- oder Impulsvariable sind (eventuell für verschiedene Zeitmomente, vgl. Ziff. 3, 4, 5 und 9) oder b) eine oder beide der Größen F und G mit der Hamilton-Funktion des Systems vertauschbar, also zeitlich konstant sind.

Sind keine dieser beiden Möglichkeiten zutreffend, so kann man sich durch einen Trick helfen, der eine dritte Möglichkeit zur Messung der Größe bildet und auf der eben besprochenen „plötzlichen" Änderung der Hamilton-Funktion beruht. Die Aussage (11.17) ist auch dann gültig, wenn c) es möglich ist, durch Änderung eines Parameters, z.B. Abschalten eines äußeren Feldes, die betreffenden Größen „plötzlich" (im oben erläuterten Sinn) zeitlich konstant zu machen (d.h. die Hamilton-Funktion so abzuändern, daß die betreffende Größe mit ihr vertauschbar wird) („Stopannahme"). In diesem Fall kann man nämlich zuerst zur Zeit t_0 die Größe F zeitlich konstant machen und sie messen, sodann, nach Ablauf der Zeit τ vom Ende der Messung an gerechnet, die Größe G zeitlich konstant machen und diese messen. Aus dem oben bewiesenen Resultat über die plötzliche Änderung zusammen mit dem in Ziff. 9 bewiesenen folgt dann in der Tat die Gültigkeit von (11.17) für diesen Fall.

Es muß aber betont werden, daß diese Möglichkeit des plötzlichen Stoppens einer Größe nur in sehr beschränktem Umfang möglich ist. Zum Beispiel ist es unmöglich, die Kernladung des Protons plötzlich „abzuschalten" und so den Impuls des Elektrons im H-Atom plötzlich zeitlich konstant zu machen. In diesem Fall gelingt allerdings die Bestimmung der Eigenfunktion $\varphi_n(p)$ im Impulsraum durch eine Messung zweiter Art (deren unmittelbare Wiederholung ein verschiedenes Resultat geben würde) (Möglichkeit a). Es ist jedoch nicht allgemein bewiesen, daß jede Größe sich innerhalb beliebig kurzer Zeit messen läßt, selbst wenn man Messungen zweiter Art zuläßt.

Aus diesem Grunde ziehen wir es vor, zum Unterschied von der dogmatischen Begründung der Transformationstheorie die allgemeine Aussage (11.17) nicht als Axiom einzuführen. Letzten Endes läßt sich ja die Messung einer Größe, sofern sie möglich ist, auf die Ortsmessung an einem Apparat zurückführen. Ein Apparat mißt eine Größe F, wenn bei Zerlegung der ψ-Funktion nach den normierten Orthogonalfunktionen u_n des zu F gehörigen Operators $\mathbf{F}$, der Apparat *mit Sicherheit* die „Zeigerstellung" Q_1, bzw. $Q_2, \ldots$ bzw. $Q_n \ldots$ aufweist, sobald ψ vor der Messung speziell gleich u_1, bzw. $u_2, \ldots$ bzw. u_n war. Im allgemeinen Fall ist dann die Wahrscheinlichkeit der Zeigerstellung Q_n zu *definieren* als die Wahrscheinlichkeit, daß die Größe F vor der Messung den Wert F_n hatte. Aus der Bedeutung der ψ-Funktion des Apparates und der Linearität aller Hamilton-Operatoren *folgt* dann, daß diese Wahrscheinlichkeit gleich ist dem Quadrat des Absolutbetrages des Entwicklungskoeffizienten c_n der ψ-Funktion des zu messenden Systems (vor der Messung) nach der Funktion u_n ($c_n = \int u_n^* \psi_n dq$). Wird später an dem System mit neuen Apparaten, die durch neue „Zeigerstellungen" $Q_1, Q_2, \ldots$ beschrieben werden, eine neue Messung der anderen Größe G gemacht, so ist die

Wahrscheinlichkeit dafür, daß die neue Größe G einen gewissen Wert G_m hat, wenn früher die Größe F mit Sicherheit den Wert F_n hatte, *definiert* als identisch mit der Wahrscheinlichkeit, dafür, daß der neue Apparat die Zeigerstellung Q_m aufweist, wenn bekannt ist, daß der erste Apparat, der diesmal einen eindeutigen Schluß auf den Zustand nach der Messung zulassen muß (was bei Messungen zweiter Art nicht dasselbe ist wie der Zustand vor der Messung) mit Sicherheit die Zeigerstellung Q_n hatte. Die letztere Aussage ist aber gleichbedeutend damit, daß der Zustand des zu messenden Systems nach der ersten Messung durch die Eigenfunktion u_n beschrieben wird[1]. Sind $v_1, v_2, \ldots, v_m, \ldots$ die Eigenfunktionen der Größe G, so ist also dann die Wahrscheinlichkeit $W(F_1, G_m)$ in der Tat gleich $|S_{nm}|^2$, worin $S_{nm} = \int u_n v_m^* dq$.

Damit scheinen alle Aussagen über die beliebigen Größen F, G zurückgeführt auf die entsprechenden Wahrscheinlichkeitsaussagen über die Zeigerstellungen der Apparate, also auf Ortswahrscheinlichkeiten. *Wir lassen es dabei aber offen, ob Apparate mit der postulierten Beschaffenheit für beliebige Größen F, G wirklich existieren.* Denn dies ist wesentlich davon abhängig, welche HAMILTON-Funktionen in der Natur wirklich vorkommen, und darüber kann die unrelativistische Wellenmechanik keine Aussagen machen. Ihre Begriffe und ihr Formalismus sind vielmehr konsequenterweise so allgemein, daß die Theorie bei der Existenz beliebiger (HERMITEScher) HAMILTON-Operatoren widerspruchsfrei bliebe.

12. Grenzübergang zur klassischen Mechanik. Beziehung zur älteren Quantentheorie. Bereits in Ziff. 5 wurde eine Beziehung der wellenmechanischen Gleichung zur klassischen Mechanik angegeben, nämlich daß der Mittelpunkt eines Wellenpaketes sich stets so bewegt wie ein Massenpunkt, auf den eine Kraft wirkt, die mit dem Mittelwert der klassischen Kraft über das Wellenpaket übereinstimmt. Dies bedeutet an sich noch keinen völligen Grenzübergang zur klassischen Mechanik, da ja die klassische Kraft längs des Wellenpaketes sehr stark variieren und daher der Mittelwert der klassischen Kraft von ihrem Wert an der Stelle des Paketmittelpunktes beliebig stark abweichen kann. Man erhält vielmehr nur dann Übereinstimmung mit den aus den klassisch mechanischen Bahnen abgeleiteten Eigenschaften des Systems, wenn man Pakete bauen kann, innerhalb deren die klassische Kraft nur wenig variiert und sie nur innerhalb solcher Zeiten zu betrachten braucht, während deren die Dimensionen des Paketes sich nur wenig verändern. Handelt es sich um stationäre Zustände und periodische Bahnen, so muß man verlangen, daß diese Zeit mindestens mehrere Umlaufsperioden beträgt, damit die Eigenschaften der im Wellenpaket enthaltenen stationären Zustände, sofern sich diese untereinander relativ nur wenig unterscheiden, annähernd mit Hilfe von Bahnvorstellungen beschrieben werden können.

Der Grenzübergang von der Wellenmechanik zur klassischen Mechanik ist formal analog dem Übergang von der Wellenoptik zur geometrischen Optik (HAMILTON), und diese Analogie war sogar der Ausgangspunkt der Überlegungen von DE BROGLIE und SCHRÖDINGER, die zur Aufstellung der Wellenmechanik geführt haben. Er ergibt sich, wenn man in der allgemeinen Wellengleichung

$$-\frac{\hbar}{i}\,\frac{\partial \psi}{\partial t} = \boldsymbol{H}\psi$$

---

[1] Man hat zu bilden $\dfrac{\overline{\psi}(q, Q_n)}{\left(\int |\overline{\psi}(q, Q_n)|^2\, dQ\right)^{\frac{1}{2}}}$, wenn $\overline{\psi}(q, Q_n)$ die Funktion des Gesamtsystems nach der Messung ist. Durch die Wirkung des Apparates geht jede Rückerinnerung an frühere Zustände des Systems verloren, da die *Phase* von c_n in unkontrollierbarer Weise beeinflußt wird.

für ψ den Ansatz macht

$$\psi = e^{\frac{i}{\hbar} S} \qquad (12.1)$$

und dann S nach steigenden Potenzen von $\hbar/i$ entwickelt[1]:

$$S = S_0 + \left(\frac{\hbar}{i}\right) S_1 + \left(\frac{\hbar}{i}\right)^2 S_2 + \cdots. \qquad (12.2)$$

Setzen wir für den Hamilton-Operator, zunächst in kartesischen Koordinaten, an [vgl. (5.11), (5.12); wir wollen hier $\sum_a V^a(x^a)$ in $V(q_1 \ldots q_f)$ mit einbezogen denken]:

$$\boldsymbol{H} = \sum_k \frac{1}{2m_k} \left(\frac{\hbar}{i} \frac{\partial}{\partial q_k} + A_k\right)^2 + V,$$

worin die $A_k = -\frac{e_k}{c} \Phi_k$ und V beliebige (reelle) Funktionen der q sein können. Dann wird gemäß (12.1) zunächst

$$\left(\frac{\hbar}{i} \frac{\partial}{\partial q_k} + A_k\right) e^{\frac{i}{\hbar} S} = \left(\frac{\partial S}{\partial q_k} + A_k\right) e^{\frac{i}{\hbar} S},$$

$$\left(\frac{\hbar}{i} \frac{\partial}{\partial q_k} + A_k\right)^2 e^{\frac{i}{\hbar} S} = \left[\left(\frac{\partial S}{\partial q_k} + A_k\right)^2 + \frac{\hbar}{i}\left(\frac{\partial^2 S}{\partial q_k^2} + \frac{\partial A_k}{\partial q_k}\right)\right] e^{\frac{i}{\hbar} S}.$$

Die Wellengleichung ergibt somit zunächst ohne Vernachlässigung mit Abspaltung des Faktors $e^{\frac{i}{\hbar} S}$:

$$-\frac{\partial S}{\partial t} = \sum_k \frac{1}{2m_k}\left[\left(\frac{\partial S}{\partial q_k} + A_k\right)^2 + \frac{\hbar}{i} \frac{\partial}{\partial q_k}\left(\frac{\partial S}{\partial q_k} + A_k\right)\right] + V, \qquad (12.3)$$

was vermöge der Reihenentwicklung (12.2) schließlich übergeht in die sukzessiven Gleichungen

$$-\frac{\partial S_0}{\partial t} = \sum_k \frac{1}{2m_k}\left(\frac{\partial S_0}{\partial q_k} + A_k\right)^2 + V = H\left(\frac{\partial S_0}{\partial q_k}, q_k\right), \qquad (12.4_0)$$

d.h. es ist in der Hamilton-Funktion p_k einfach durch $\partial S_0/\partial q_k$ ersetzt, ferner

$$-\frac{\partial S_1}{\partial t} = \sum_k \frac{1}{2m_k}\left[2\left(\frac{\partial S_0}{\partial q_k} + A_k\right)\frac{\partial S_1}{\partial q_k} + \frac{\partial}{\partial q_k}\left(\frac{\partial S_0}{\partial q_k} + A_k\right)\right], \left.\right\} \qquad (12.4_1)$$

$$\cdots \cdots \cdots \cdots \cdots \cdots \cdots \cdots \cdots$$

Statt (12.4$_1$) kann man auch schreiben

$$-\frac{\partial}{\partial t} e^{2S_1} = \sum_k \frac{\partial}{\partial q_k}\left[\frac{1}{2m_k}\left(\frac{\partial S_0}{\partial q_k} + A_k\right) e^{2S_1}\right]. \qquad (12.5)$$

Die Gln. (12.4$_0$) und (12.5) haben eine einfache physikalische Bedeutung. Erstere ist die bekannte Hamilton-Jacobische partielle Differentialgleichung der Mechanik. Dabei ist zu beachten, daß die Lösungen dieser Gleichung in den Gebieten, die von der betrachteten Schar mechanischer Bahnen erreicht werden, reell sind. Nach (12.4$_1$) ist dann auch S_1 in diesen Gebieten reell. Unter der Voraussetzung des reellen Charakters von S_0 und S_1 ist nun (12.5) (bei Vernachlässigung

---

[1] Dieser Ansatz stammt von G. Wentzel, Z. Physik **38**, 518 (1926), und L. Brillouin, C. R. Acad. Sci., Paris **183**, 24 (1926).

von $S_2 \ldots$) identisch mit der *Kontinuitätsgleichung*. In der Tat ist dann

$$\varrho = \psi^* \psi = e^{2 S_1},$$

$$i_k = \frac{1}{2 m_k} \left[\psi^* \left(\frac{\hbar}{i} \frac{\partial \psi}{\partial q_k} + A_k \psi \right) + \psi \left(- \frac{\hbar}{i} \frac{\partial \psi^*}{\partial q_k} + A_k \psi^* \right) \right] = \frac{1}{m_k} \left(\frac{\partial S_0}{\partial q_k} + A_k \right) e^{2 S_1}.$$

Wegen

$$\dot{q}_k = \frac{\partial H}{\partial p_k} = \frac{1}{m_k} \left(\frac{\partial S_0}{\partial q_k} + A_k \right) \tag{12.6}$$

gilt dann

$$i_k = \varrho \dot{q}_k, \tag{12.7}$$

und (12.5) nimmt die Form an

$$\frac{\partial \varrho}{\partial t} + \sum_k \frac{\partial}{\partial q_k} (\varrho \dot{q}_k) = 0, \tag{12.8}$$

was der Kontinuitätsgleichung entspricht. Konstruieren wir also durch die Punkte des q-Raumes, in denen S_0 reell ist, gemäß (12.6) eine mechanische Bahn [wenn in der Lösung S_0 von (12.4$_0$) kein weiterer Parameter vorkommt, ist es *eine* mechanische Bahn, im allgemeinen Fall entspricht jeder Spezialisierung der in S_0 vorkommenden Parameter $\alpha_1, \alpha_2, \ldots$ durch bestimmte Zahlenwerte eine bestimmte mechanische Bahn], so bleibt die Dichte gemäß (12.8) längs dieser Bahn zeitlich konstant. *In der betrachteten Näherung verhalten sich also die Wellenpakete genau wie eine Gesamtheit von Massenpunkten, die sich auf den klassischen mechanischen Bahnen bewegen.* Daß diese Bahnen auch die zweite Hälfte

$$\dot{p}_k = - \frac{\partial H}{\partial q_k}$$

der klassischen Bewegungsgleichungen erfüllen, ist, wie aus der HAMILTON-JACOBI-schen Theorie bekannt, eine einfache Folge aus (12.4$_0$) und (12.6).

Was den Gültigkeitsbereich der in Rede stehenden Näherung betrifft, so kann man ihn nach (12.3) dadurch charakterisieren, daß das mit $\hbar/i$ multiplizierte Glied in (12.3) klein sein soll gegen das erste Glied, also mit der Abkürzung

$$\pi_k = \frac{\partial S}{\partial q_k} + A_k = p_k + A_k = m_k \dot{q}, \tag{12.9}$$

$$\hbar \sum_k \frac{\partial \pi_k}{\partial q_k} \ll \sum_k \pi_k^2. \tag{12.10}$$

Im Falle der Abwesenheit eines Magnetfeldes und eines einzigen Teilchens ist

$$\pi_k = p_k = \frac{h}{\lambda} n_k,$$

wenn n_k die Komponenten eines Einheitsvektors in der Bewegungsrichtung darstellen, so daß (12.10) hier die spezielle Form annimmt

$$\lambda^2 \sum_k \frac{\partial}{\partial q_k} \left(\frac{n_k}{\lambda} \right) \ll 1$$

oder

$$\sum_k \left(\lambda \frac{\partial n_k}{\partial q_k} - n_k \frac{\partial \lambda}{\partial q_k} \right) \ll 1. \tag{12.10'}$$

Im Falle eines eindimensionalen Problems, wo $n_k = \pm 1$ ist, wird dies schließlich noch einfacher:

$$\left| \frac{\partial \lambda}{\partial x} \right| \ll 1. \tag{12.10''}$$

Die Ungleichung (12.10) ist im allgemeinen verletzt an den Umkehrpunkten, wo eines der π_k, also auch $\dot{q}_k$ verschwindet, da dort $\partial \pi_k / \partial q_k$ unendlich groß werden kann; insbesondere ist dies immer der Fall bei einem eindimensionalen Problem. In der Nähe dieser Umkehrpunkte versagt also die klassische Mechanik, und für das Verhalten der Lösung in der Nähe dieser kritischen Punkte sind besondere Untersuchungen erforderlich, die sogleich besprochen werden sollen. Die Gln. (12.4) bzw. (12.5) können jedoch auch in dem nach der klassischen Mechanik unerreichbaren Gebiet verwendet werden, wo S_0 imaginär wird, da bei Aufstellung dieser Gleichungen über den Realitätscharakter der Funktionen noch nichts vorausgesetzt wurde.

Für eine stationäre Lösung

$$\psi = e^{-\frac{i}{\hbar} E t} u$$

ist zu setzen

$$S = - E t + \overline{S}, \qquad u = e^{\frac{i}{\hbar} \overline{S}},$$

worin jetzt $\overline{S}$ und u unabhängig von t sind. Mit

$$\overline{S} = \overline{S}_0 + \frac{\hbar}{i} \overline{S}_1 + \cdots \tag{12.11}$$

wird dann (12.4) und (12.5)

$$\sum_k \frac{1}{2 m_k} \left(\frac{\partial \overline{S}_0}{\partial q_k} + A_k \right)^2 + V = H \left(\frac{\partial \overline{S}_0}{\partial q_k}, q_k \right) = E, \tag{12.12$_0$}$$

$$0 = \sum_k \frac{1}{2 m_k} \left[2 \left(\frac{\partial \overline{S}_0}{\partial q_k} + A_k \right) \frac{\partial \overline{S}_1}{\partial q_k} + \frac{\partial}{\partial q_k} \left(\frac{\partial \overline{S}_0}{\partial q_k} + A_k \right) \right], \tag{12.12$_1$}$$

$$0 = \sum_k \frac{\partial}{\partial q_k} \left[\frac{1}{m_k} \left(\frac{\partial \overline{S}_0}{\partial q_k} + A_k \right) e^{2 \overline{S}_1} \right]. \tag{12.13}$$

Es ist leicht, die vorstehenden Überlegungen auf den Fall krummliniger Koordinaten zu verallgemeinern. Ist

$$d s^2 = \sum_\varkappa \sum_\lambda g_{\varkappa \lambda} \, d q_\varkappa \, d q_\lambda$$

das Linienelement und $g^{\varkappa \lambda}$ die zu $g_{\varkappa \lambda}$ reziproke Matrix $(g_{\varkappa \alpha} \, g^{\lambda \alpha} = \delta_\varkappa^\lambda)$, D gleich der Quadratwurzel aus der Determinante $g = |g_{i \varkappa}|$, so lautet die Wellengleichung nach Gl. (5.40)

$$- \frac{\hbar}{i} \frac{\partial \psi}{\partial t} = \frac{1}{2 D} \left(\frac{\hbar}{i} \frac{\partial}{\partial q_\varkappa} + A_\varkappa \right) D g^{\varkappa \lambda} \left(\frac{\hbar}{i} \frac{\partial}{\partial q_k} + A_\lambda \right) \psi + V \psi.$$

Dabei sind die Faktoren $m_\varkappa$ in die $g_{\varkappa \lambda}$ mit einbezogen zu denken, und es ist hier wie im folgenden über jeden zweimal vorkommenden Index stets zu summieren. Die Substitution (12.1) ergibt dann an Stelle von (12.3)

$$- \frac{\partial S}{\partial t} = \frac{1}{2} g^{\varkappa \lambda} \left(\frac{\partial S}{\partial q_\varkappa} + A_\varkappa \right) \left(\frac{\partial S}{\partial q_\lambda} + A_\lambda \right) + \frac{1}{2} \frac{1}{D} \frac{\hbar}{i} \frac{\partial}{\partial q_\varkappa} D g^{\varkappa \lambda} \left(\frac{\partial S}{\partial q_\lambda} + A_\lambda \right) + V. \tag{12.3*}$$

Einsetzen der Entwicklung (12.2) führt (unter Berücksichtigung von $g^{\varkappa \lambda} = g^{\lambda \varkappa}$) zu

$$- \frac{\partial S_0}{\partial t} = \frac{1}{2} g^{\varkappa \lambda} \left(\frac{\partial S_0}{\partial q_\varkappa} + A_\varkappa \right) \left(\frac{\partial S_0}{\partial q_\lambda} + A_\lambda \right) + V = H \left(\frac{\partial S_0}{\partial q_\varkappa}, q_\varkappa \right), \tag{12.4$_0^*$}$$

$$- \frac{\partial S_1}{\partial t} = g^{\varkappa \lambda} \left(\frac{\partial S_0}{\partial q_\varkappa} + A_\varkappa \right) \frac{\partial S_1}{\partial q_\lambda} + \frac{1}{2} \frac{1}{D} \frac{\partial}{\partial q_\varkappa} D g^{\varkappa \lambda} \left(\frac{\partial S_0}{\partial q_\lambda} + A_\lambda \right) \tag{12.4$_1^*$}$$

oder

$$- \frac{\partial}{\partial t} e^{2 S_1} = \frac{1}{D} \frac{\partial}{\partial q_\varkappa} \left[D g^{\varkappa \lambda} \left(\frac{\partial S_0}{\partial q_\lambda} + A_\lambda \right) e^{2 S_1} \right]. \tag{12.5*}$$

Für

$$\varrho = D\,\psi\,\psi^*, \qquad i^\varkappa = D\,g^{\varkappa\lambda}\left[\psi^*\left(\frac{\hbar}{i}\,\frac{\partial\psi}{\partial q_\lambda}+A_\lambda\psi\right)+\psi\left(-\frac{\hbar}{i}\,\frac{\partial\psi^*}{\partial q_\lambda}+A_\lambda\psi^*\right)\right]$$

folgt aus der Wellengleichung allgemein die Kontinuitätsgleichung

$$\frac{\partial\varrho}{\partial t}+\frac{\partial}{\partial q_\varkappa}\,i^\varkappa=0,$$

und für reelles S_0 und S_1 wird wieder in der betrachteten Näherung

$$\varrho = e^{2S_1},$$

$$\dot{q}^\varkappa = \frac{\partial H}{\partial p_\varkappa}=g^{\varkappa\lambda}\left(\frac{\partial S_0}{\partial q_\lambda}+A_\lambda\right), \tag{12.6*}$$

$$i^\varkappa = \varrho\,\dot{q}^\varkappa, \tag{12.7*}$$

woraus sich dann dieselben Folgerungen ziehen lassen wie früher bei kartesischen Koordinaten.

Die Einführung krummliniger Koordinaten ist deshalb wichtig, weil bei geeigneter Wahl derselben bei speziellen HAMILTON-Funktionen manchmal Separation der Variablen erzielt werden kann. In diesem Fall zerfällt die stationäre Lösung u in ein Produkt aus Funktionen verschiedener Variablen

$$u = u_1(q_1)\,\ldots\,u_f(q_f)$$

und entsprechend zerfällt $\overline{S}$ additiv

$$\overline{S} = \overline{S}_1(q_1)+\cdots+\overline{S}_f(q_f).$$

Jede dieser Funktionen $\overline{S}_\varkappa(q_\varkappa)$ genügt dann einer Differentialgleichung zweiter Ordnung in dieser Variablen, in der aber neben der Energiekonstante noch $f-1$ weitere Konstante $\alpha_2,\ldots,\alpha_f$ als Parameter vorkommen. Alles, was im folgenden über Systeme von einem Freiheitsgrad gesagt wird, gilt mutatis mutandis auch von der Bewegung in jeder Separationskoordinate $q_\varkappa$ und der zugehörigen Eigenfunktion $u_\varkappa(q_\varkappa)$ eines separierbaren Systems. Insbesondere ist dies für die radiale Bewegung eines Massenpunktes unter dem Einfluß einer Zentralkraft der Fall.

Wir wollen nun den *eindimensionalen* Fall noch genauer betrachten. Hierbei ist es konsequent, das Vektorpotential Null zu setzen, da es im eindimensionalen Fall zu keinem Magnetfeld Anlaß gibt. Suchen wir gleich die stationäre Lösung und schreiben wir der Einfachheit halber jetzt S statt $\overline{S}_0$ und a statt $e^{\overline{S}_1}$, so daß in der betrachteten Näherung

$$u = a\,e^{\frac{i}{\hbar}S},$$

so wird jetzt (12.12$_0$) und (12.13)

$$\frac{1}{2m}\left(\frac{dS}{dx}\right)^2+V(x)=E, \tag{12.14}$$

$$0 = \frac{d}{dx}\left(a^2\,\frac{dS}{dx}\right), \tag{12.15}$$

also mit

$$p(x) = \sqrt{2m\left(E-V(x)\right)} = \pm\frac{dS}{dx} \tag{12.16}$$

$$S = \pm\int^x p(x)\,dx,$$

wobei wir über die untere Grenze des Integrals noch geeignet verfügen werden und dem doppelten Vorzeichen zwei verschiedene Partikularlösungen von (12.14) entsprechen. Sodann folgt

$$a^2\,\frac{dS}{dx} = \mathrm{const} = c^2,$$

$$a = \frac{c}{\sqrt{p(x)}}=\frac{c}{\sqrt[4]{2m\left(E-V(x)\right)}}. \tag{12.17}$$

Die allgemeine Lösung von (12.14) und (12.15) lautet also

$$u = \frac{C_1}{\sqrt{p(x)}}\, e^{+\frac{i}{\hbar}\int_{a_1}^{x} p(x)\,dx} + \frac{C_2}{\sqrt{p(x)}}\, e^{-\frac{i}{\hbar}\int_{a_2}^{x} p(x)\,dx}. \tag{12.18}$$

Sie versagt in der Nähe der Stellen, wo $p(x)$ verschwindet. Auch in den Gebieten, wo $E - V(x)$ negativ ist, $p(x)$ also rein imaginär wird, die also von der klassisch-mechanischen Bahn nicht erreicht werden können, existiert eine Lösung der Form (12.18). Wir schreiben sie in diesem Gebiet der Deutlichkeit halber in der Form

$$u = \frac{C_1'}{\sqrt{|p(x)|}}\, e^{-\frac{1}{\hbar}\int_{a_1}^{x} |p(x)|\,dx} + \frac{C_2'}{\sqrt{|p(x)|}}\, e^{+\frac{1}{\hbar}\int_{a_2}^{x} |p(x)|\,dx}. \tag{12.18'}$$

Die Betrachtung der Differentialgleichungen (12.14) und (12.15) der geometrischen Optik (klassischen Mechanik) allein ist nicht ausreichend, um die Partikular-lösungen (12.18) und (12.18') an den kritischen Stellen, den Umkehrstellen mit $p(x)=0$ richtig zusammenzusetzen. Da hier unter „richtig" zu verstehen ist, daß diese *verschiedenen* Partikularlösungen von (12.14), (12.15) *dieselbe* Partikular-lösung $u(x)$ der strengen Wellengleichung

$$\hbar^2 \frac{d^2 u}{d x^2} + p^2(x)\, u = 0$$

in den verschiedenen Gebieten, wo $p^2(x) > 0$ und $p^2(x) < 0$ approximieren sollen, ist es unerläßlich, die strenge Wellengleichung wenigstens in der Nähe der Um-kehrpunkte heranzuziehen.

Die hier aufgeworfene, nicht ganz einfache mathematische Frage ist von Kramers und seinen Schülern ausführlich untersucht worden[1]. Das Resultat ist folgendes: Wir nehmen an, daß $V(x)$ beim Umkehrpunkt stetig ist (dies ermög-licht die Zuhilfenahme der komplexen Ebene beim Beweise). Es sei ferner rechts vom Umkehrpunkt $x = a$, d.h. für $x > a$, $p^2(x) > 0$ für $x < a$ dagegen $p^2(x) < 0$. Dann ist

$$\left.\begin{aligned}
u(x) &= \frac{C}{\sqrt{|p(x)|}}\, e^{-\frac{1}{\hbar}\int_{x}^{a} |p(x)|\,dx} &&\text{für}\quad x < a, \\[2ex]
u(x) &= \frac{C}{\sqrt{p(x)}}\, 2\cos\left[\frac{1}{\hbar}\int_{a}^{x} p(x)\,dx - \frac{\pi}{4}\right] &&\text{für}\quad x > a
\end{aligned}\right\} \tag{12.19}$$

nach Kramers eine „richtige" Zuordnung. Allgemeiner entspricht

$$\left.\begin{aligned}
u(x) &= \frac{C}{i\sqrt{|p(x)|}}\, e^{+\frac{1}{\hbar}\int_{x}^{a} |p(x)|\,dx} + \frac{1}{2}\frac{C}{\sqrt{|p(x)|}}\, e^{-\frac{1}{\hbar}\int_{x}^{a} |p(x)|\,dx} &&\text{für}\ x < a, \\[2ex]
u(x) &= \frac{C}{\sqrt{p(x)}}\, e^{i\left[\frac{1}{\hbar}\int_{a}^{x} p(x)\,dx - \frac{\pi}{4}\right]} &&\text{für}\quad x > a.
\end{aligned}\right\} \tag{12.20}$$

Bildet man von beiden Ausdrücken in (12.20) den reellen Teil, was erlaubt ist, so gelangt man zur Zuordnung (12.19) zurück. Durch Bildung des imaginären

---

[1] H. A. Kramers: Z. Physik **39**, 828 (1926). — A. Zwaan: Dissert. Utrecht 1929, s. ins-besondere Kap. III, § 2. — K. F. Niessen: Ann. d. Phys. **85**, 497 (1928). — H. A. Kramers u. G. P. Ittmann: Z. Physik **58**, 217 (1929), bes. S. 221 und 222.

Teiles gelangt man ebenfalls zu einer richtigen Zuordnung. Es ist richtig, daß der zweite Term im ersten Ausdruck (12.20) so klein gegen den ersten ist, daß er innerhalb der Fehlergrenzen der ganzen asymptotischen Darstellung liegt und für viele Zwecke fortgelassen werden kann. Bei allen Fragen jedoch, wo nicht nur der Betrag von $u(x)$, sondern auch die Phase von $u(x)$ eine Rolle spielt, ist es berechtigt, ihn beizuhalten; insbesondere sorgt er dafür, daß der Strom, gebildet für $x < a$, gleich wird dem Strom für $x > a$, wie es die Kontinuitätsgleichung verlangt.

Bei einem zweiten Umkehrpunkt $b > a$, der das erlaubte Gebiet zur Linken hat, gilt die zu (12.19) analoge Zuordnung

$$\left.\begin{aligned}
u(x) &= \frac{C'}{\sqrt{|p(x)|}}\, e^{-\frac{1}{\hbar}\int_b^x |p(x)|\,dx} && \text{für} \quad x > b, \\[2ex]
u(x) &= \frac{C'}{\sqrt{p(x)}}\, 2\cos\left[\frac{1}{\hbar}\int_x^b p(x)\,dx - \frac{\pi}{4}\right] && \text{für} \quad x < b.
\end{aligned}\right\} \qquad (12.20')$$

Wir können nun die Quantenbedingungen angeben, falls das Gebiet, in welchem $p^2(x) > 0$, für den betreffenden Energiewert E aus einem einzigen, nicht unterbrochenen Intervall $a < x < b$ besteht. *Diese Annahme führen wir ausdrücklich ein.* Dann müssen, damit $u(x)$ sowohl für $x = -\infty$ als auch für $x = +\infty$ beschränkt bleibt, die exponentiell ansteigenden Partikularlösungen in den *beiden* Gebieten $x < a$ und $x > b$ fehlen und die (übrigens sehr steil) abfallenden Partikularlösungen dort allein vorhanden sein. Hierfür ist nach (12.20) und (12.20') notwendig, daß für alle x im Intervall $a < x < b$

$$C \cos\left[\frac{1}{\hbar}\int_a^x p(x)\,dx - \frac{\pi}{4}\right] = C' \cos\left[\frac{1}{\hbar}\int_x^b p(x)\,dx - \frac{\pi}{4}\right].$$

Dies ist nur möglich, wenn die (konstante) Summe der beiden Phasen gleich ist einem Multiplum von π:

$$\frac{1}{\hbar}\int_a^b p(x)\,dx - \frac{\pi}{2} = n\pi,$$

oder mit

$$J = 2\int_a^b p(x)\,dx = \oint p(x)\,dx, \qquad (12.21)$$

$$\frac{1}{\hbar}J = \left(n + \frac{1}{2}\right)2\pi, \qquad J = \left(n + \frac{1}{2}\right)h. \qquad (12.22)$$

Überdies ist

$$C' = (-1)^n C.$$

Dies stimmt damit überein, daß *n die Anzahl der Knoten der Eigenfunktion* bedeutet; in der Tat wächst die Phase

$$\frac{1}{\hbar}\int_a^x p(x)\,dx - \frac{\pi}{4}$$

von $-\frac{\pi}{4}$ bis $\left(n + \frac{1}{2}\right)\pi - \frac{\pi}{4}$, wenn x von a bis b läuft, der Cosinus nimmt dabei also n-mal den Wert Null an.

Das Resultat (12.22) führt auf die Quantisierungsregel der älteren Quantentheorie, aber mit „halbzahliger Quantelung", d.h. das Phasenintegral der älteren Quantentheorie wird ein halbzahliges Vielfaches von h. Es zeigt sich also, daß dies eine bessere Approximation an die Wellenmechanik darstellt, als wenn man ganzzahlig quantisieren würde. Nach dem früher Gesagten gilt dies auch von Systemen mit mehreren Freiheitsgraden, sobald sie Separation der Variablen gestatten. Dabei ist jedoch besonders vorausgesetzt, daß der betreffende Freiheitsgrad von *oszillatorischem Typus* ist, d.h. daß zu jedem Wert der betreffenden Koordinate q in einem bestimmten Intervall zwei durch das Vorzeichen unterschiedene Werte der Geschwindigkeiten $\dot{q}$ des Teilchens gehören, so daß jeder Punkt im Laufe einer vollen Periode zweimal durchlaufen wird, während die q-Punkte außerhalb des betreffenden Intervalles von keiner mechanischen Bahn mit denselben Werten der Integrationskonstanten erreichbar sein sollen. Der oszillatorische Typus eines Freiheitsgrades steht im Gegensatz zum *rotatorischen Typus*, der z.B. bei einer cyclischen Winkelkoordinaten (Präzessionsbewegung um eine raumfeste Achse) vorliegt. Wir werden sehen, daß in diesem Fall (sobald es sich um die Umlaufsbewegung eines Teilchens und nicht um den Spin handelt) die Wellenmechanik zur ganzzahligen Quantisierung führt.

Ist mehr als ein Intervall vorhanden, welches von klassischen Bahnen mit derselben Gesamtenergie erreichbar ist, so treten nach der Wellenmechanik eigenartige Effekte ein, die darauf beruhen, daß nach (12.20) die Wellenfunktion in dem klassisch unerreichbaren Gebiet nicht exakt Null, sondern nur klein ist. Während klassisch zwei Gebiete für ein Teilchen bestimmter Gesamtenergie durch einen „Potentialberg" endlicher Höhe vollständig getrennt werden, kann die Wellenfunktion vom einen Gebiet in das andere „hindurchsickern", und die stationäre Lösung wird sogar in beiden Gebieten merklich gleiche Dichte haben[1]. Dieser Umstand ist von fundamentaler Bedeutung für zahlreiche Anwendungen der Quantentheorie[2]. Wir werden ihm übrigens in Abschnitt B, Ziff. 5, bei der relativistischen Quantentheorie nochmals begegnen.

Was die Bedingung (12.10'') betrifft, so ist sie außer in der Nähe der Umkehrpunkte um so besser erfüllt, je größer die Quantenzahl n ist. Wir können nun unsere Eigenfunktionen normieren, wobei zu beachten ist, daß für große Quantenzahlen die Phase

$$\frac{1}{\hbar}\int\limits_a^x p(x)\,dx - \frac{\pi}{4}$$

eine rasch veränderliche Funktion ist und solche Integrale, die eine rasch veränderliche Phase enthalten, zu vernachlässigen sind gegenüber anderen, die eine nur langsam oder gar nicht oszillierende Phase enthalten. In dieser Näherung sind die Eigenfunktionen auch orthogonal. Zur Normierung erhalten wir die Bedingung

$$4C^2\int\limits_a^b \frac{dx}{p(x)}\cos^2\left[\frac{1}{\hbar}\int\limits_a^x p(x)\,dx - \frac{\pi}{4}\right] = 1$$

oder

$$2C^2\int\limits_a^b \frac{dx}{p(x)} = 2C^2\int\limits_a^b \frac{dx}{m\dot{x}} = \frac{C^2}{m\omega} = 1,$$

---

[1] Ein direkter Nachweis des Teilchens *auf* dem Potentialberg durch Ortsbestimmung ist indessen immer mit einer solchen Unbestimmtheit der dem Teilchen zugeführten Energie verbunden, daß es *nach* dieser Energiezufuhr auch klassisch auf den Potentialberg gelangen könnte.

[2] Vgl. hierzu besonders auch E. Schrödinger, Berl. Ber. **1929**, 668.

wenn [mit Rücksicht auf die Definition (12.21) des Phasenintegrals J]

$$\frac{1}{\omega} = 2 \int\limits_a^b \frac{dx}{\dot{x}} = 2m \int\limits_a^b \frac{dx}{\sqrt{2m(E-V(x))}} = \frac{\partial J}{\partial E} \tag{12.23}$$

die Periode der klassischen Bewegung bezeichnet. Also wird

$$u_n(x) = \sqrt{\frac{m\,\omega_n}{p_n(x)}}\, 2 \cos\left[\frac{1}{\hbar} \int\limits_{a_n}^x p_n(x)\, dx - \frac{\pi}{4}\right] \tag{12.24}$$

die normierte Eigenfunktion. Nun bilden wir die Matrix x_{nm}

$$x_{nm} = \int x\, u_n u_m\, dx = \int x \sqrt{\frac{m\,\omega_n}{p_n(x)}}\, \sqrt{\frac{m\,\omega_m}{p_m(x)}}\, 2 \left\{ \cos\left[\frac{1}{\hbar} \int\limits_{a_n}^x p_n(x)\, dx - \frac{1}{\hbar} \int\limits_{a_m}^x p_m(x)\, dx\right] + \right.$$

$$\left. + \cos\left[\frac{1}{\hbar} \int\limits_{a_n}^x p_n(x)\, dx + \frac{1}{\hbar} \int\limits_{a_m}^x p_m(x)\, dx - \frac{\pi}{2}\right] \right\} dx.$$

Da der zweite Term, der die Summe der Phasen enthält, viel rascher oszilliert als der erste Term, der die Differenz der Phasen enthält, kann er gegen diesen vernachlässigt werden. Ferner werden alle Größen relativ langsam mit der Quantenzahl variieren, so daß wir alle Differenzen der Form $F_n - F_m$ durch Differentialquotienten $\frac{\partial F}{\partial J}(n-m)\,h$ ersetzen wollen, wenn J wieder das durch (12.21) definierte Phasenintegral bezeichnet. Die Differentiation nach der unteren Grenze des Integrals $\int\limits_a^x p(x)\, dx$ gibt keinen Beitrag, da der Integrand an ihr verschwindet.

Auf diese Weise ergibt sich, wie DEBYE[1] gezeigt hat, wenn

$$\tau = n - m \tag{12.25}$$

gesetzt wird:

$$x_{nm} = 2 \int\limits_a^b x\, \frac{m\omega}{p(x)} \cos\left(2\pi\tau \int\limits_a^x \frac{\partial p}{\partial J}\, dx\right) dx.$$

Nun ist

$$\frac{\partial p}{\partial J} = \frac{\partial p}{\partial E} \bigg/ \frac{\partial J}{\partial E} = \omega\, \frac{m}{p(x)} = \omega/\dot{x},$$

also

$$\int\limits_a^x \frac{\partial p}{\partial J}\, dx = \omega t,$$

somit

$$x_{nm} = 2 \int\limits_0^{1/2\omega} x(t)\, \omega \cos(2\pi\tau\omega t)\, dt = \omega \int\limits_0^{1/\omega} x(t)\, \cos(2\pi\tau\omega t)\, dt.$$

Zerlegen wir die klassische Bewegung nach FOURIER, wobei zur Zeit $t=0$ $x=a$ sein soll, so wird

$$x = \sum_{\tau=0}^{\infty} a_\tau \cos 2\pi\tau\omega t$$

---

[1] P. DEBYE: Phys. Z. **28**, 170 (1926).

und

$$a_\tau = 2\omega \int_0^{1/\omega} x(t) \cos(2\pi\omega\tau t)\, dt.$$

Wir erhalten also schließlich den Zusammenhang

$$x_{nm} = \tfrac{1}{2} a_\tau = \tfrac{1}{2} a_{n-m} \tag{12.26}$$

im Grenzfall großer Quantenzahlen. Der Faktor $\tfrac{1}{2}$ ist korrekt, da die Summe

richtig in

$$x_{n,n+\tau}\, e^{2\pi i \nu_{n,n+\tau}t} + x_{n,n-\tau}\, e^{2\pi i \nu_{n,n-\tau}t}$$

$$a_\tau \cos 2\pi\tau\omega t.$$

übergeht. Ebenso kann man statt der Koordinatenmatrix die Impulsmatrix berechnen. Durch diese Resultate ist auch zugleich der Zusammenhang mit der ursprünglichen Form des BOHRschen Korrespondenzprinzips hergestellt.

Durch Zusammensetzung von mehreren Eigenfunktionen zu einer Gruppe kann man im Gebiet großer Quantenzahlen leicht ein Paket bilden, welches in der Nähe der klassischen Bahn einen Umlauf vollführt. Es stellt einen Zustand dar, bei dem eine Teilchenbahn annähernd existiert[1,2]. Umfaßt das Paket die Zustände von $n-k$ bis $n+k$, so hat die Zeit t, bei der das Paket an einer Stelle vorbeistreicht, eine Ungenauigkeit Δt, gegeben durch

$$\omega\,\Delta t \sim \frac{1}{k},$$

da $\Delta E = \dfrac{\partial E}{\partial J}\,\Delta J = \omega k h$, gilt dann

$$\Delta E\,\Delta t \sim h, \tag{12.27}$$

andererseits, wenn $\omega t + \delta_0 = w$ als Winkelvariable eingeführt wird,

$$\Delta J\,\Delta w \sim h. \tag{12.27'}$$

Hierbei ist angenommen, daß das Wellenpaket eine größere Zahl von Zuständen umfaßt, da die Phase w sonst ihren Sinn gänzlich verliert. Es sei noch erwähnt, daß es bei Systemen der betrachteten Art möglich ist, zwar nicht w, wohl aber e^{iw} als Operator (Funktion von p und q) zu definieren und ebenso[3] J. Hierin ist J hermitesch und e^{iw} unitär. Die beiden Operatoren genügen den V.-R.

$$J e^{iw} - e^{iw} J = e^{iw} h \quad \text{oder} \quad J e^{iw} = e^{iw}(J+h), \tag{12.28a}$$

woraus durch Linksmultiplikation mit e^{-iw} sowie Rechtsmultiplikation mit e^{-iw} folgt

$$e^{-iw} J - J e^{-iw} = e^{-iw} h \quad \text{oder} \quad J e^{-iw} = e^{-iw}(J-h). \tag{12.28b}$$

Wir werden jedoch diese Operatoren zu keinerlei Anwendungen benötigen.

Wesentlich ist, daß die Kenntnis der Umlaufsphase des Teilchens und diejenige des stationären Zustandes einander ausschließen. Die Umlaufsphase (Bahn) des Teilchens in einem einzigen stationären Zustand existiert nicht, da jeder Versuch, diese zu bestimmen, das System in einen anderen stationären Zustand wirft. Daß ferner eine Ähnlichkeit des zeitlichen Verlaufes der Dichte einer Wellengruppe aus mehreren stationären Zuständen mit einer klassischen Bahn nur im Grenzfall

---

[1] P. DEBYE: Phys. Z. **28**, 170 (1927).
[2] C. G. DARWIN: Proc. Roy. Soc. Lond., Ser. A **117**, 258 (1927), insbes. § 8.
[3] P. A. M. DIRAC: Proc. Roy. Soc. Lond., Ser. A **111**, 279 (1926).

großer Quantenzahlen möglich ist, ergibt sich schon daraus, daß ein Wellenpaket im Phasenraum infolge der Unbestimmtheitsrelation mindestens die Fläche h einnimmt, während die klassische Bahn mit der Energie E_n des n-ten Zustandes im Phasenraum die Fläche nh umschließt. Nur wenn n eine große Zahl ist, ist diese Fläche groß gegen h, nur dann ist also ein wirklich umlaufendes Dichtepaket möglich.

Wir müssen noch angeben, wie ein Paket von der betrachteten Art sich im Lauf längerer Zeiten verhält. Hierfür ist wesentlich, daß die in der Dichte des Paketes auftretenden Frequenzen

$$\frac{E_{n+\tau} - E_{n+\sigma}}{h},$$

worin $-k \leq \tau \leq +k$, $-k \leq \sigma \leq +k$ im allgemeinen nicht *genau* den Vielfachen $(\tau - \sigma)\,\omega$ einer Grundfrequenz gleich sind, wie das bei der klassisch periodischen Bahn der Fall wäre, da die klassische Frequenz ω im allgemeinen von dem Wert des Phasenintegrals abhängt. Wir können näherungsweise setzen

$$\frac{1}{h}\,(E_{n+\tau} - E_n) = \tau\,\omega + \frac{1}{2}\,h\,\frac{\partial \omega}{\partial J}\,\tau^2,$$

$$\frac{1}{h}\,(E_{n+\tau} - E_{n+\sigma}) = (\tau - \sigma)\,\omega + \frac{1}{2}\,h\,\frac{\partial \omega}{\partial J}\,(\tau^2 - \sigma^2).$$

Wie Darwin zeigte, hat dies zur Folge, daß zur Unbestimmtheit $1/k$ der Phase noch die weitere Unbestimmtheit $k\,h\,\dfrac{\partial \omega}{\partial J}\,t$ hinzutritt. Nach der Zeit

$$\Delta t \sim \frac{\omega}{k\,h\,\dfrac{\partial \omega}{\partial J}} \qquad (12.29)$$

ist also das Paket über den ganzen Umfang der Bahn verschmiert und die Phase ist völlig verlorengegangen. Die Zahl N der Umläufe, nach denen dies eintritt, ist gegeben durch

$$N = \omega\,\Delta t \sim \frac{\omega}{k\,h\,\dfrac{\partial \omega}{\partial J}}. \qquad (12.29')$$

Nur bei speziellen Systemen, wie z.B. dem harmonischen Oszillator oder der Bewegung eines Elektrons in einer Ebene unter dem Einfluß eines auf dieser senkrechten homogenen Magnetfeldes, wo die Frequenz ω in Strenge von den Anfangsbedingungen unabhängig ist, hält das Wellenpaket dauernd zusammen. Im ersten Fall hat Schrödinger[1], im zweiten haben Kennard[2] und Darwin[3] strenge Lösungen für Wellengruppen von dieser Beschaffenheit angegeben.

Zum Schluß sei noch darauf hingewiesen, daß die frühere Quantentheorie überhaupt nur im Sonderfall mehrfach periodischer Systeme zu Aussagen über die stationären Zustände gelangte, während das Eigenwertproblem der Wellenmechanik stets eine Lösung besitzt. Auch in diesem allgemeinen Fall ist es, wie wir gesehen haben, stets möglich, Wellenpakete zu konstruieren, die sich längs der klassisch mechanischen Bahnen bewegen. Im Lauf der Zeit tritt aber stets eine Diffusion (Zerfließen) der Wellenpakete ein, und deshalb ist die Tatsache, daß in der Dichte eines solchen Paketes nur diskrete Frequenzen auftreten, nicht

---

[1] E. Schrödinger: Naturwiss. **14**, 664 (1926).
[2] E. H. Kennard: Z. Physik **44**, 326 (1927).
[3] C. G. Darwin: l. c., Fußnote 2, S. 96.

unmittelbar an ein einfaches periodisches Verhalten der klassisch mechanischen Bahnen in langen Zeiträumen geknüpft. Dieses letztere Verhalten ist bekanntlich z.B. beim Dreikörperproblem in langen Zeiten sehr kompliziert, und es ist ein Fortschritt der Wellenmechanik, daß es für die Anwendung auf die Atomsysteme ohne Bedeutung ist.

13. Hamilton-Funktionen mit Transformationsgruppen. Impulsmoment und Spin[1]. Wenn der Hamilton-Operator gegenüber einer gewissen Gruppe von Transformatoren der Variablen invariant ist, so folgt, daß aus einer Lösung $u_n(q)$ der Wellengleichung durch Ausübung der Transformationen der Gruppe neue Lösungen der Wellengleichung erhalten werden. Ist I eine Transformation der Gruppe, H der Hamilton-Operator, f eine beliebige Funktion, $u(q)$ eine Lösung der Gleichung

$$Hu(q) = E u(q),$$

so folgt aus der Gültigkeit von

$$T(Hf) = H(Tf)$$

für alle f, daß auch

$$v(q) = T u(q)$$

die Gleichung

$$Hv(q) = E v(q)$$

befriedigt. Gehören zu dem betreffenden Energiewert nur endlich viele, etwa h Eigenfunktionen (h-fache Entartung), so gibt es in dem h-dimensionalen Vektorraum, der zum Eigenwert E gehört, eine Basis $u_1, u_2, \ldots, u_h$, so daß jede Lösung $v(q)$ der Gleichung

$$Hv = E v$$

in der Form

$$v = \sum_k c_k u_k$$

dargestellt werden kann. Die Transformationen T der Gruppe, angewandt auf $u_1, \ldots, u_h$, transformieren also diesen Vektorraum *linear*, derart, daß der Aufeinanderfolge zweier verschiedener Transformationen T die Aufeinanderfolge der zugeordneten linearen Abbildungen entspricht. Um mit dem Multiplikationsgesetz der Matrizen im Einklang zu bleiben, ist es dabei zweckmäßig, folgende Festsetzung zu treffen. Übt man auf die Variablen q der Funktion $u(q)$ die Transformation T aus, definiert durch den Übergang zu neuen Variablen $q'_\varrho = f_\varrho(q_1 \ldots q_f)$, so ordnen wir dieser Transformation der Variablen q einen Operator T zu, der die Funktion $u(q_1 \ldots q_f)$ in $u'(q_1 \ldots q_f)$ verwandelt:

$$T u \equiv u',$$

wobei $u'(q'_1 \ldots q'_f) = u(q_1 \ldots q_f)$, also

$$u'(T q) = u(q)$$

oder

$$u'(q) = u(T^{-1} q)$$

[1] Über die Beziehungen der Wellenmechanik zur Gruppentheorie existieren ausführliche Lehrbücher: H. Weyl: Gruppentheorie und Quantenmechanik, 2. Aufl., Leipzig 1931; E. Wigner: Gruppentheorie und ihre Anwendungen auf die Quantenmechanik der Atome, Berlin 1931; B. L. van der Waerden: Die gruppentheoretische Methode in der Quantenmechanik, Berlin 1932. -W. Pauli: Continuous groups in quantum mechanics. Mimeographed lectures, CERN-publications, 1956. Wir geben hier nur eine sehr gedrängte Übersicht über den Gegenstand und verweisen für alle Beweise und Detailfragen auf diese Lehrbücher.

sein soll. Nur in diesem Fall ist nämlich die Zusammensetzung zweier Operatoren in der Reihenfolge erst T_2, dann T_1 *derselben* Reihenfolge der Transformation der Variablen q zugeordnet. In der Tat ist

$$T_2 u(q) = u'(q) = u(T_2^{-1}q),$$

und ersetzt man hierin die q durch $T_1^{-1}q$, so erhält man richtig

$$(T_1 T_2) u = u'(T_1^{-1}q) = u(T_2^{-1}T_1^{-1}q) = u\big((T_1 T_2)^{-1}q\big).$$

In Matrixschreibweise ist also zu setzen

$$(T u_l) = \sum_{k=1}^{h} u_k\, c_{k\,l}. \tag{13.1}$$

Dann gilt nämlich

$$c_{k\,l}(T_1 T_2) = \sum_m c_{km}(T_1)\, c_{m\,l}(T_2), \tag{13.2}$$

bzw. in Matrixschreibweise

$$c(T_1 T_2) = c(T_1)\, c(T_2). \tag{13.2'}$$

Wir sagen dann, daß die zugehörigen linearen Abbildungen eine *Darstellung* der Gruppe bilden. Natürlich können *verschiedenen* Transformationen der Gruppe dieselben linearen Abbildungen in der Darstellung entsprechen. Hat die Determinante der neuen Variablen $q'_\varrho = f_\varrho(q_1 \dots q_f)$, welche durch die Transformation T definiert werden, nach den alten q_ϱ den Wert 1 und sind außerdem die q'_ϱ zugleich mit den q_ϱ reell, dann folgt mit

$$v(q_1 \dots q_f) = T v\big(f_1(q), f_2(q) \dots f_f(q)\big),$$
daß
$$\int v_k^* v_l\, dq \equiv \int (T v_k)^* (T v_l)\, dq.$$

In diesem Fall sind die Matrizen $c(T)$ für alle T *unitär*, man nennt dann auch die Darstellung unitär. Es wird in diesem Fall ein normiertes Orthogonalsystem wieder in ein normiertes Orthogonalsystem übergeführt.

Von wesentlicher Bedeutung ist der Begriff der *Reduktion* einer Darstellung. Eine Darstellung heißt *reduzibel*, wenn ein invarianter Teilraum von kleinerer Dimension als der ursprüngliche Darstellungsraum existiert. Das heißt, daß bei geeigneter Wahl der Basis die linear unabhängigen Funktionen $u_1, \dots, u_g\,(g < h)$, die nur einen Teil der gesamten Basis $u_1 \dots u_n$ bilden, bei den Transformationen T nur unter sich transformiert werden. Die gesamte Matrix $c(T)$ hat dann bei dieser Basiswahl die Gestalt

$$c = \begin{pmatrix} a & r \\ 0 & b \end{pmatrix} \tag{13.3}$$

worin a g-dimensional und b $(h-g)$-dimensional ist. Gibt es keinen echten invarianten Teilraum, so heißt die Darstellung *irreduzibel*. Änderung der Basis bedeutet eine Transformation $c' = S c S^{-1}$ der Darstellungsmatrix, und zwei Darstellungen, die sich nur in dieser Weise unterscheiden, heißen äquivalent. Wenn c eine unitäre Matrix ist, folgt aus der Gestalt (13.3) der Matrix bereits, daß durch Änderung der Basis sogar r zum Verschwinden gebracht werden kann, d.h. die Darstellung c *zerfällt*. Für eine endliche Gruppe läßt sich beweisen, daß jede Darstellung einer unitären Darstellung äquivalent ist, daß also auch jede reduzible Darstellung zerfällt. Bei kontinuierlichen Gruppen ist dies nicht immer zutreffend, sondern nur bei einer bestimmten Klasse dieser Gruppen, den sog. halb-einfachen Gruppen. Die Drehgruppe ist eine solche, ebenso die Gruppe aller linearen Transformationen mit der Determinante 1, wobei aber die letztere

Beschränkung wesentlich ist. Da man in der Quantentheorie es nur mit unitären Darstellungen zu tun hat, braucht man auf die Komplikationen im allgemeinen Fall nicht einzugehen.

Es zerfällt dann also jede Darstellung (D) einer Gruppe in irreduzible Darstellungen gemäß

$$(D) = (D_1) + (D_2) + \cdots,$$

und zwar läßt sich zeigen, daß diese Zerlegung eindeutig ist. Die Entartung, die dem Grad der irreduziblen Darstellung entspricht, die zu dem betreffenden Eigenwert E der Energie gehört, kann durch stetige Änderung des Hamilton-Operators nicht aufgehoben werden, solange dieser gegenüber der betreffenden Gruppe invariant ist (im Gegensatz zu der nur zufälligen Entartung, die dem höheren Grad einer reduziblen Darstellung entspricht). Ändert man aber den Hamilton-Operator so ab, daß er nur mehr gegenüber einer Untergruppe der ursprünglichen Gruppe invariant ist, so werden gegenüber dieser kleineren Gruppe die Darstellungen im allgemeinen reduzibel werden. Die Abänderung der Basiswahl, um die Darstellungen zum Zerfallen zu bringen, die man auch als Ausreduzieren der ursprünglichen Darstellung in bezug auf die Untergruppe bezeichnet, entspricht (im allgemeinen) dem Zerfallen des ursprünglichen Energiewertes E in verschiedene Energiewerte, sobald eine Störungsfunktion hinzugefügt wird, die nur mehr gegenüber der Untergruppe invariant ist.

Aus zwei Darstellungen (D_1) und (D_2) der Grade h_1 und h_2 kann eine Produktdarstellung $(D_1 \times D_2)$ vom Grade $h_1 \cdot h_2$ in folgender Weise gebildet werden. Aus der Basis $u_k\,(k = 1, 2, \ldots, h_1)$ von (D_1) und $v_l\,(l = 1, 2, \ldots, h_2)$ von (D_2) bilde man die $h_1 \cdot h_2$ Produkte $u_k v_l$. Wenn die u_k eine lineare Abbildung $D_1(T)$ und die v_l eine lineare Abbildung $D_2(T)$ erleiden, dann erleiden die $u_k v_l$ ebenfalls eine lineare Abbildung, und diese wird als $(D_1 \times D_2)$ definiert. Speziell kann $(D_1) = (D_2)$ sein. Natürlich ist $(D_1 \times D_2)$ im allgemeinen reduzibel, selbst wenn (D_1) und (D_2) irreduzibel waren. Durch Änderung der Basiswahl des $h_1 h_2$-dimensionalen Raumes kann dann also $(D_1 \times D_2)$ zum Zerfallen gebracht werden, wobei die irreduziblen Bestandteile von (D_1) und (D_2) verschieden sein können. Diese Produktbildung von Darstellungen tritt stets auf bei der Koppelung unabhängiger Systeme.

Bei einer kontinuierlichen Gruppe sind speziell die infinitesimalen Transformationen, die in der Nähe der Identität liegen, von Interesse. Denn diese bilden selbst eine lineare Mannigfaltigkeit, einen Vektorraum von so vielen Dimensionen, als die Gruppe unabhängige Parameter enthält (bei der Gruppe der Drehungen des dreidimensionalen Raumes also einen dreidimensionalen Vektorraum). In der Tat folgt aus $T(0, \ldots, 0) = 1$

$$T(\varepsilon_1, \varepsilon_2, \ldots, \varepsilon_r) = 1 + \varepsilon_1 \omega_1 + \varepsilon_2 \omega_2 + \cdots + \varepsilon_r \omega_r,$$

sobald die Abhängigkeit des T von den ε eine stetige ist. Die $\omega_1, \omega_2, \ldots, \omega_r$ sind ebenso wie die T Operatoren, die auf die Variablen q der Eigenfunktionen ausgeübt werden. Die Tatsache, daß die betreffenden Transformationen eine Gruppe erzeugen, verlangt, daß die „Klammersymbole" $[\omega_p, \omega_q] = \omega_p \omega_q - \omega_q \omega_p$ sich wieder durch die ω selbst ausdrücken lassen mit Koeffizienten die für die betreffende Gruppe charakteristisch sind

$$[\omega_p, \omega_q] \sum_{s=1}^{r} = c_{p\,q,\,s}\,\omega_s. \tag{13.4}$$

Diese Koeffizienten müssen nur gewisse Relationen erfüllen, die aus der Identität

$$[[\omega_p, \omega_q]\,\omega_r] + [[\omega_q, \omega_r]\,\omega_p] + [[\omega_r, \omega_p]\,\omega_q] \equiv 0$$

entspringen. Bei der oben getroffenen Festsetzung über die Zuordnung der auf die Eigenfunktionen wirkenden Operatoren zu den Transformationen der Variablen genügen beide denselben V.-R., und es braucht in der Bezeichnung zwischen beiden nicht unterschieden werden. Die Tatsache, daß der HAMILTON-Operator gegenüber der betrachteten Gruppe invariant ist, drückt sich darin aus, daß die ω mit H vertauschbar sind

$$\omega_p H - H \omega_p = 0,$$

wie dies auch beim Operator T der endlichen Transformation der Fall ist. Dies ist gleichbedeutend damit, daß die ω_p als Matrizen zeitlich konstant, d.h. Integrale der Bewegungsgleichungen sind. Bis auf den Vektor i sind die ω_p hermitesch, wenn die T unitär sind (vgl. Ziff. 10, S. 77). Zu jeder Darstellung der Gruppe gehört ein System von Matrizen für die ω_k, welche die Relationen (13.4) erfüllen.

Zum Beispiel ist bei der Gruppe der Translationen, die die Koordinaten $x_k^{(a)}$ ($k = 1, 2, 3$) um A_k verschiebt,

$$x_k'^{(a)} = x_k^{(a)} + A_k, \qquad (A_1, A_2, A_3 \text{ kontinuierliche Parameter})$$

$\omega_k = \sum_a \dfrac{\partial}{\partial x_k^{(a)}}$. Dies entspricht bis auf den Faktor $\dfrac{\hbar}{i}$ dem gesamten Impuls des Systems. In der Tat ist die Invarianz der HAMILTON-Funktion gegenüber dieser Gruppe gleichbedeutend damit, daß die potentielle Energie nur von den relativen Koordinaten der Teilchen abhängt.

Wir gehen nun dazu über, die Gruppe der Drehungen der Raumkoordinaten, simultan für alle Teilchen des Systems, zu betrachten. Man kann hier zwei verschiedene Methoden einschlagen. Entweder man stellt sich auf den infinitesimalen Standpunkt, ermittelt die Form der zu den *infinitesimalen* Drehungen gehörigen Operatoren ω_k und auf Grund ihrer V.-R. auf rein algebraischem Wege die zugehörigen Darstellungsmatrizen. Oder man versucht auf dem Wege der Analysis die zu den endlichen Drehungen gehörigen Darstellungen zu finden. Beide Methoden ergänzen einander. Wir beginnen hier zunächst mit der ersten Methode.

Als die drei unabhängigen infinitesimalen Drehungen des dreidimensionalen Raumes wählen wir die Drehungen um die Koordinatenachsen

$$\delta x_1 = 0, \qquad \delta x_2 = - \varepsilon_1 x_3, \qquad \delta x_3 = + \varepsilon_1 x_2, \tag{13.5}$$

wobei die beiden übrigen infinitesimalen Drehungen durch cyclische Vertauschung zu erhalten sind. Auf Grund einer elementaren kinematischen Betrachtung (Grenzübergang von endlichen zu infinitesimalen Drehungen) erhält man die für die infinitesimalen Drehungen charakteristischen V.-R.

$$\omega_1 \omega_2 - \omega_2 \omega_1 = \omega_3, \ldots, \tag{13.6}$$

wenn die Operatoren ω oder die entsprechenden linearen Abbildungen so definiert sind, daß z.B. zur Transformation (13.5) der Operator $1 + \varepsilon_1 \omega_1$ gehört. Diese Relationen müssen dann auch von *allen* Darstellungen der Drehungsgruppe erfüllt werden. Da wir später auch Spiegelungen der Raumkoordinaten untersuchen werden, ist hervorzuheben, daß die ω sich ihnen gegenüber wie ein schiefsymmetrischer Tensor, nicht wie ein Vektor verhalten. Schreiben wir also mit $\omega_{ik} = - \omega_{ki}$ statt ω_1, ω_2, ω_3 nunmehr ω_{23}, ω_{12}, so schreibt sich (13.6)

$$\omega_{ik} \omega_{lm} - \omega_{lm} \omega_{ik} = - \delta_{kl} \omega_{im} - \delta_{im} \omega_{kl} + \delta_{il} \omega_{km} + \delta_{km} \omega_{il} \tag{13.6'}$$

($\delta_{ik} = 0$ für $l \neq k$ und $= 1$ für $i = k$). Diese Form der V.-R. für die infinitesimalen Drehungen ist auch in einem n-dimensionalen Raum richtig, wovon wir bei der Behandlung der Lorentz-Gruppe später Gebrauch machen werden.

Gemäß unserer früheren Festsetzung gehört nun zur infinitesimalen Drehung (13.5) zunächst bei einem einzigen Teilchen der Operator $1 + \varepsilon\,\omega_1$ (bzw. $1 + \varepsilon\,\omega_{23}$), der

$$u(x_1\,x_2\,x_3) \quad \text{in} \quad u(x_1,\ x_2 + \varepsilon\,x_3,\ x_3 - \varepsilon\,x_2)$$

überführt, also

$$\omega_1 u = -\left(x_2\,\frac{\partial u}{\partial x_3} - x_3\,\frac{\partial u}{\partial x_2}\right).$$

Bei mehreren Teilchen müssen die Koordinaten aller Teilchen derselben Drehung unterworfen werden, und man erhält

$$\omega_1 u = -\sum_r\left(x_2^{(r)}\,\frac{\partial u}{\partial x_3^{(r)}} - x_3^{(r)}\,\frac{\partial u}{\partial x_2^{(r)}}\right),$$

worin über alle vorhandenen Teilchen zu summieren ist. Da der lineare Impuls $p_k^{(r)}$ durch den Operator $\frac{\hbar}{i}\,\frac{\partial}{\partial x_k^{(r)}}$ repräsentiert wird, hängen die ω in einfachster Weise mit dem gesamten Drehimpuls

$$\boldsymbol{P}_1 = \sum_r x_2^{(r)}\,\boldsymbol{p}_3^{(r)} - x_3^{(r)}\,\boldsymbol{p}_2^{(r)} = \frac{\hbar}{i}\sum_r\left(x_2^{(r)}\,\frac{\partial}{\partial x_3^{(r)}} - x_3^{(r)}\,\frac{\partial}{\partial x_2^{(r)}}\right), \tag{13.7}$$

zusammen, nämlich

$$\omega_k = -\frac{i}{\hbar}\,\boldsymbol{P}_k, \tag{13.8}$$

wobei sich wiederum bestätigt, daß sich die ω um den Faktor i von einem Hermiteschen Operator unterscheiden. In der Tat folgt aus den V.-R. (5.21) für $\boldsymbol{p}_k$ und $\boldsymbol{q}_k$

$$\boldsymbol{P}_1\boldsymbol{P}_2 - \boldsymbol{P}_2\boldsymbol{P}_1 = -\frac{\hbar}{i}\,\boldsymbol{P}_3. \tag{13.9}$$

Es ist hier aber wichtig, darauf hinzuweisen, daß die Existenz der Integrale der drei Komponenten des Drehimpulses, die bis auf einen rein imaginären Faktor mit den zu den infinitesimalen Drehungen gehörigen Operatoren ω übereinstimmen, unabhängig von den V.-R. (5.21) gefolgert werden kann, wobei die V.-R. der ω direkt aus der Kinematik der Drehungsgruppe entspringen. Dies gilt auch von den weiteren V.-R.

$$[\omega_k,\,C] = 0 \quad \text{bzw.} \quad [\boldsymbol{P}_k,\,C] = 0 \tag{13.10}$$

für jeden Skalar C und

$$[\omega_1,\,A_2] = -[\omega_2\,A_1] = A_3 \tag{13.11}$$

bzw.

$$[\boldsymbol{P}_1 A_2] = -[\boldsymbol{P}_2 A_1] = -\frac{\hbar}{i}\,A_3 \tag{13.11'}$$

für die Komponente jedes Vektoroperators $\vec{A}$. Dabei ist angenommen, daß C und $\vec{A}$ Funktionen der $p_k\,q_k$ allein sind, während keine Vektoren, die gewöhnliche Zahlen sind, dabei verwendet werden. Diese V.-R. können aus den allgemeineren, für endliche Drehungen gültigen Relationen

$$\boldsymbol{T}C = C\,\boldsymbol{T} \quad \text{oder} \quad \boldsymbol{T}C\,\boldsymbol{T}^{-1} = C \tag{13.12}$$

und

$$\boldsymbol{T}A_k' = A_k\,\boldsymbol{T} \quad \text{oder} \quad A_k' = \boldsymbol{T}^{-1}A_k\,\boldsymbol{T} \tag{13.13}$$

durch Spezialisierung auf infinitesimale Drehungen erhalten werden. Die erste Relation besagt die *Invarianz* von C (wie beim HAMILTON-Operator), die zweite die *Kovarianz* von A gegenüber Drehungen. Die Existenz einer solchen unitären Transformation T folgt schon daraus, daß die Gesamtheit der A'_k dieselben Eigenwerte besitzt und dieselben V.-R. erfüllt wie die A_k. Auf Grund von (13.7) und der fundamentalen V.-R. (5.21) kann man *verifizieren*, daß aus ihnen ebenfalls (13.12), (13.13) folgt. Insbesondere gelten diese Relationen für $A_k = p_k^{(r)}$ oder $A_k = q_k^{(r)}$, ferner gilt (13.10) für $C = P^2 = P_1^2 + P_2^2 + P_2^3$, wie auch direkt aus (13.9) folgt

$$P^2 P_k - P_k P^2 = 0. \tag{13.14}$$

Man entnimmt daraus, daß es möglich ist, P^2 und eine der Komponenten P_k gleichzeitig auf Diagonalform zu bringen.

Es ist leicht, auf elementarem algebraischem Wege alle endlichen HERMITEschen Matrizen zu ermitteln, die die Relationen (13.9) erfüllen[1]. Bringt man P^2 und P_3 auf Diagonalform, so findet man: Die Eigenwerte von P^2 sind

$$P^2 = \hbar^2 j (j + 1), \tag{13.15}$$

worin j entweder eine nicht negative *ganze* Zahl ist $(j = 0, 1, 2, \ldots)$ oder eine solche um $\frac{1}{2}$ übertrifft $(j = \frac{1}{2}, \frac{3}{2}, \ldots)$, was wir kurz durch die Angabe ausdrücken, j sei halbzahlig. Zu einem gegebenen Eigenwert von P^2 gehören $2j + 1$ verschiedene Werte von P_3, nämlich

$$P_3 = \hbar m \quad \text{mit} \quad -j \leq m \leq +j, \tag{13.16}$$

wobei m sich um Schritte von einer Einheit verändert und zugleich mit j halb- oder ganzzahlig ist. Die Matrizen von P_1 und P_2 werden dann für festes j

$$\left. \begin{aligned}
(P_1 + i P_2)_{m+1, m} &= \hbar \sqrt{j(j+1) - m(m+1)} = \hbar \sqrt{(j - m)(j + 1 + m)}, \\
(P_1 - i P_2)_{m, m+1} &= (P_1 + i P_2)_{m+1, m}; \quad (P_3)_{mm} = m \hbar.
\end{aligned} \right\} \tag{13.17}$$

Alle übrigen Matrixelemente von $(P_1 - i P_2)$ und $(P_1 + i P_2)$ verschwinden. Für jedes j entsprechen die Matrizen (13.17) einer Darstellung der infinitesimalen Drehungen. Sie ist überdies irreduzibel.

Aus (13.11) folgt für jeden Vektor $\vec{A}$ (der nicht von Vektoren mit gewöhnlichen Zahlkomponenten abhängt), insbesondere für die Koordinatenmatrizen[2]

$$\left. \begin{aligned}
(A_1 + i A_2)_{j+1, m+1; jm} &= - A_{j+1, j} \sqrt{(j + m + 2)(j + m + 1)}, \\
(A_1 - i A_2)_{j+1, m-1, j, m} &= A_{j+1, j} \sqrt{(j - m + 2)(j - m + 1)}, \\
(A_3)_{j+1, m, j, m} &= A_{j+1, j} \sqrt{(j + m + 1)(j - m + 1)},
\end{aligned} \right\} \tag{13.18a}$$

$$\left. \begin{aligned}
(A_1 + i A_2)_{j, m+1; j, m} &= A_{j, j} \sqrt{(j + m + 1)(j - m)}, \\
(A_1 - i A_2)_{j, m-1; j, m} &= A_{j, j} \sqrt{(j + m)(j - m + 1)}, \\
(A_3)_{j, m; j, m} &= A_{j, j} m.
\end{aligned} \right\} \tag{13.18b}$$

$$\left. \begin{aligned}
(A_1 + i A_2)_{j-1, m+1, jm} &= A_{j-1, j} \sqrt{(j - m)(j - m - 1)}, \\
(A_1 - i A_2)_{j-1, m-1; j, m} &= - A_{j-1, j} \sqrt{(j + m)(j + m - 1)}, \\
(A_3)_{j-1, m; j, m} &= A_{j-1, j} \sqrt{(j + m)(j - m)}.
\end{aligned} \right\} \tag{13.18c}$$

---

[1] Vgl. z.B. B. M. BORN u. P. JORDAN, Elementare Quantenmechanik. Berlin 1930.
[2] Über den Beweis vgl. z.B. M. BORN u. P. JORDAN, Elementare Quantenmechanik; P. A. M. DIRAC, Quantenmechanik. Leipzig 1930.

Für alle anderen Wertepaare von j, m im Anfangs- und Endzustand verschwinden die Matrixelemente. Hierin sind die Auswahl- und Intensitätsregeln für j und m enthalten.

Es sei hier endlich noch eine Bemerkung über die Zusammensetzung zweier Systeme mit den Drehimpulsen j_1 und j_2 angefügt. Zunächst denken wir uns die zugehörigen $P_3^{(1)}$ und $P_3^{(2)}$ ebenfalls auf Diagonalform gebracht, den Eigenwerten m_1 und m_2 entsprechend, die bzw. von $-j_1$ bis j_1 und von $-j_2$ bis j_2 laufen. Wir bilden nun den Gesamtdrehimpuls $P_r = P_r^{(1)} + P_r^{(2)}$ und sein Quadrat $P^2 = \sum_{k=1}^{3} P_r^2$

Es ist P_3 bereits auf Diagonalform, und jeder Eigenwert

$$m = m_1 + m_2$$

kommt so oft vor, als er durch Addition von Zahlen der Intervalle $(-j_1, +j_2)$ bzw. $(-j_2, +j_2)$ erhalten werden kann. Setzen wir $j_1 \geqq j_2$, so finden wir diese Anzahl $Z(m)$ gleich: für

$$
\begin{aligned}
j_1 - j_2 &\leqq m \leqq j_1 + j_2, & Z(m) &= j_1 + j_2 - m + 1, \\
-(j_1 - j_2) &\leqq m \leqq j_1 - j_2, & Z(m) &= 2j_2 + 1, \\
-(j_1 + j_2) &\leqq m \leqq -(j_1 - j_2), & Z(m) &= j_1 + j_2 + m.
\end{aligned}
$$

Wenn wir nun für jedes m statt m_1 und m_2 einzeln P^2, also j, auf Diagonalform bringen[1], so wissen wir bereits, daß wir eine Reihe von Zuständen mit verschiedenem j erhalten werden, derart, daß zu jedem j der Wert m von $-j$ bis $+j$ läuft. Kommt der Wert j $N(j)$mal vor, so erhalten wir die Gesamtzahl der Zustände $Z(m)$ mit bestimmtem m aus

$$Z(m) = \sum_{j \geqq m} N(j).$$

Dies ist richtig für $m \geqq 0$, worauf wir uns beschränken können, da der Fall $m \leqq 0$ nichts neues liefern würde. Daraus folgt weiter

$$N(j) = Z(j) - Z(j + 1).$$

Dies gibt in unserem Fall, daß alle um eine Einheit fortschreitenden j-Werte des Intervalles

$$|j_1 - j_2| \leqq j \leqq j_1 + j_2 \tag{13.19}$$

und nur diese vorkommen, und zwar jeder gerade *einmal*, was mit dem „Vektormodell" der älteren Quantentheorie übereinstimmt. Für Darstellungen endlicher Drehungen folgt daraus, wie leicht einzusehen, mit der früher eingeführten Definition des Produktes von Darstellungen

$$(D_{j_1}) \times (D_{j_2}) = \sum_{j=|j_1-j_2|}^{j_1+j_2} (D_j). \tag{13.20}$$

Bisher war der Fall halb- und ganzzahliger j völlig gleichberechtigt. In Ziff. 6 wurde jedoch bewiesen, daß für ein Teilchen in einem Zentralfeld die in diesem Fall statt mit j mit l bezeichnete Drehimpulsquantenzahl immer *ganzzahlig* sein muß. Aus (13.19) folgt dann dasselbe für mehrere Teilchen, woran auch die Einschaltung beliebiger Wechselwirkungskräfte zwischen den Teilchen (wegen

---

[1] Dies geschieht für jedes m durch eine unitäre Matrix $S(m_1, j)$. Man kann sie explizite berechnen. Vgl. z. B. van der Waerden, Die gruppentheoretische Methode in der Quantenmechanik. Berlin 1932, § 18; ferner H. A. Kramers u. H. C. Brinkmann, Zitate in Anm. 2, S. 183.

deren Stetigkeit) nichts ändern kann. Für die infolge des Spins nötige Verallgemeinerung ist es aber wesentlich, daß die V.-R. (13.9) der Drehimpulsmatrizen sowie auch die V.-R. (13.10) und (13.11) mit halbzahligen j und m verträglich sind. Erst aus der Definition (13.7) des Drehimpulses im Verein mit den V.-R. für Koordinaten und Impulse folgt die Ganzzahligkeit dieser Quantenzahlen[1]. Wir werden deshalb diese Definition (13.7) noch zu verallgemeinern haben.

Wir wollen nun noch die irreduziblen Darstellungen der endlichen Drehungen angeben (zweite Methode), die den verschiedenen halb- und ganzzahligen Werten von j entsprechen[2]. Dabei ist es jedoch zweckmäßig, statt von der Gruppe der Drehungen des dreidimensionalen Raumes zunächst auszugehen von der Gruppe U_2 der unitären Transformationen mit der Determinante 1 von zwei komplexen Veränderlichen $\xi_1 \xi_2$. Diese haben die Gestalt

$$\left. \begin{aligned} \xi_1' &= \alpha^* \xi_1 + \beta^* \xi_2, \\ \xi_2' &= -\beta \xi_1 + \alpha \xi_2 \end{aligned} \right\} \tag{13.21}$$

mit

$$\alpha \alpha^* + \beta \beta^* = 1. \tag{13.22}$$

Die zugehörige Transformation der a_1, a_2, die die Linearform

$$a_1 \xi_1 + a_2 \xi_2$$

invariant läßt, ist

$$\left. \begin{aligned} a_1' &= \alpha a_1 + \beta a_2, \\ a_2' &= -\beta^* a_1 + \alpha^* a_2. \end{aligned} \right\} \tag{13.23}$$

Gemäß (13.21) werden die $v+1$ Potenzprodukte

$$\xi_1^v, \quad \xi_1^{v-1} \xi_2, \quad \ldots, \quad \xi_2^v$$

linear untereinander transformiert. Dies liefert eine Darstellung der betrachteten Gruppe vom Grad $v+1$. Sie ist überdies irreduzibel. Wenn man

$$\varXi_r = \frac{\xi_1^{v-r} \xi_2^r}{\sqrt{r!\,(v-r)!}} \qquad r = 0, 1, \ldots, v \tag{13.24}$$

als neue Basisvektoren einführt, erhält man sogar eine unitäre Darstellung, da mit $\xi_1 \xi_1^* + \xi_2 \xi_2^*$ auch $(\xi_1 \xi_1^* + \xi_2 \xi_2^*)^v$ invariant ist und dies mit $\sum_r \varXi_r \varXi_r^*$ übereinstimmt. Setzt man $v = 2j$ und $r = j - m$, so wird der Anschluß an die früheren Bezeichnungen hergestellt. Man erhält so eine Darstellung D_j vom Grade $2j+1$ der Gruppe der unitären Transformationen der Determinante 1. D_0 ist die identische Darstellung, $D_{1/2}$ sind die ursprünglichen Transformationen selber.

Der Zusammenhang mit der Gruppe der Drehungen des dreidimensionalen Raumes ergibt sich, wenn man D_1 betrachtet. Für $j = 1$, $v = 2$ transformiere man c_0, c_1, c_2 so, daß

$$\tfrac{1}{2} c_0 \xi_1^2 + c_1 \xi_1 \xi_2 + \tfrac{1}{2} c_2 \xi_2^2$$

invariant bleibt. Da die Transformation die Determinante 1 hat, bleibt dabei die Determinante

$$\begin{vmatrix} c_1, & c_0 \\ c_2, & c_1 \end{vmatrix} = c_1^2 - c_0 c_2$$

---

[1] Über einen Beweis dieser Folgerung mittels der Matrixrechnung vgl. M. BORN u. P. JORDAN, Elementare Quantenmechanik, S. 164. Berlin 1930.

[2] Neben den in Anm. 1, S. 98 zitierten Lehrbüchern vgl. hierzu auch H. A. KRAMERS, Proc. Amsterdam **33**, 953 (1930) und H. C. BRINKMAN, Dissert. Utrecht 1932, wo besonders auch Anwendungen auf die Berechnung verschiedener Matrixelemente zu finden sind.

invariant. Setzt man

$$x + i\,y = c_2, \qquad x - i\,y = -\,c_0, \qquad z = c_1,\tag{13.25}$$

so wird

$$x^2 + y^2 + z^2 = |x + iy|\,|x - iy| + z^2 = c_1^2 - c_0 c_2,$$

mithin sind die Abbildungen D_1 im (x, y, z)-Raume gewöhnliche Drehungen. Man zeigt leicht, daß diese x, y, z sich so transformieren wie

$$a_1 a_2^* + a_2 a_1^*, \qquad i\,(a_1 a_2^* - a_2 a_1^*), \qquad a_1 a_1^* - a_2 a_2^*,$$

wenn die a_1, a_2 sich gemäß (13.23) transformieren. Da dies reelle Zahlen sind, handelt es sich also um reelle Drehungen. Zu einer Drehung mit den Eulerschen Winkeln ϑ, φ, ψ gehören die in (13.21) und (13.23) eingehenden Transformationskoeffizienten

$$\alpha = \cos\frac{\vartheta}{2}\,e^{\frac{i}{2}(\varphi+\psi)}, \qquad \beta = i\sin\frac{\vartheta}{2}\,e^{\frac{i}{2}(\varphi-\psi)}.\tag{13.26}$$

Für $\vartheta = 0$ ergibt sich der Sonderfall der Drehung um die z-Achse um den Winkel $\varphi + \psi$, wobei die Matrix diagonal wird. Der Identität bei den Raumdrehungen entspricht nicht nur die Identität der Transformationen (13.21), sondern auch die Transformation

$$\xi_1' = -\,\xi_1, \qquad \xi_2' = -\,\xi_2.$$

Daher sind die Drehungen eine verkürzte Darstellung von U_2 und umgekehrt $D_{1/2}$ eine zweideutige Darstellung der Drehgruppe. Mit Hilfe von (13.26) kann man durch Betrachtung der Größen Ξ_r, die in (13.24) definiert sind, auch die allgemeinen Darstellungsmatrizen von D_j als Funktion der Winkel ϑ, φ, ψ berechnen[1]. Sie sind nach der Untergruppe der Drehungen um die z-Achse bereits ausreduziert. Für halbzahliges j erhält man zweideutige, für ganzzahliges j eindeutige Darstellungen. Die Kugelfunktionen l-ter Ordnung transformieren sich nach D_l.

Wir müssen noch bemerken, daß die Hamilton-Funktion auch invariant ist gegenüber der Spiegelung

$$x_k' = -\,x_k\tag{13.27}$$

am Schwerpunkt des Systems. Diese Spiegelung ist mit allen Drehungen vertauschbar. Deshalb muß sich jede Eigenfunktion bei dieser Spiegelung einfach mit einem Faktor multiplizieren. (Man kann sich auch durch ein äußeres Magnetfeld die von der Drehgruppe herrührende Entartung gänzlich aufgehoben denken, ohne die Invarianz der Hamilton-Funktion gegenüber dieser Spiegelung zu stören.) Da die zweimalige Spiegelung die Identität gibt, kann dieser Faktor, der definiert ist durch

$$u(-\,q, \ldots, -\,q_f) = \varepsilon\,u(q, \ldots, q_f)\tag{13.28}$$

nur gleich ± 1 sein:

$$\varepsilon = \pm 1.\tag{13.29}$$

Wir nennen diesen Faktor das *Spiegelungsmoment* oder die *Signatur*. Ein Term heißt gerade oder ungerade, je nachdem $\varepsilon = +1$ oder $\varepsilon = -1$. Für ein einziges Teilchen im Zentralfeld folgt aus den Eigenschaften der Kugelfunktionen, daß

$$\varepsilon = (-\,1)^l$$

daher allgemeiner für mehrere Teilchen

$$\varepsilon = (-\,1)^{l_1 + l_2 + \cdots + l_f}.\tag{13.30}$$

---

[1] P. Güttinger: Z. Physik **73**, 169 (1931).

Das gilt zunächst nur für ungekoppelte Teilchen, aber das Einschalten von Koppelungskräften kann wegen seiner Stetigkeit nichts daran ändern. Die Matrizen der Koordinaten der Teilchen sind nur dann von Null verschieden, wenn ε im Anfangs- und Endzustand verschiedenes Zeichen hat (LAPORTEsche Regel).

Mit diesen Hilfsmitteln gelingt es nun leicht, *die verallgemeinerten Wellengleichungen für Teilchen mit Spin* aufzustellen. Ursprünglich hat man dabei nur die Elektronen und Protonen im Auge gehabt[1]. *Wir wollen jedoch unter Spin eines Teilchens allgemein ein Impulsmoment verstehen, das nicht auf die Translationsbewegung von Massenteilchen zurückgeführt wird und dessen Betrag (im Gegensatz zu seinen Komponenten) als feste Zahl betrachtet wird.*

Die Beschreibung des Spin beruht auf folgenden Annahmen. 1. Neben dem Bahnimpulsmoment

$$l_1 = \frac{1}{i}\left(x_1 \frac{\partial}{\partial x_2} - x_2 \frac{\partial}{\partial x_1}\right) \tag{13.31}$$

gibt es ein Spinmoment mit den Komponenten s_1, s_2, s_3, denen ebenfalls Operatoren zugeordnet werden, die auf die Wellenfunktionen wirken. Diese Operatoren sollen mit den Orts- und Impulskoordinaten des Teilchens vertauschbar sein. Dabei denken wir uns beide Impulsmomente in der Einheit $\hbar$ gemessen. 2. Den infinitesimalen Drehungen möge jetzt die Anwendung der Operatoren

$$\omega_k = -i(l_k + s_k) \tag{13.32}$$

auf die Eigenfunktionen entsprechen, so daß

$$P_k = \hbar(l_k + s_k) \tag{13.33}$$

die Rolle des gesamten Drehimpulses spielt. In der Tat ist dann dieser gesamte Operator mit allen drehinvarianten Operatoren vertauschbar, und wenn die HAMILTON-Funktion drehinvariant ist, ist er demnach zeitlich konstant. Ist die HAMILTON-Funktion nur drehinvariant gegenüber den Drehungen um eine Achse, etwa die x_3-Achse, so ist noch immer P_3 konstant. Aus dieser Annahme folgen rein kinematisch für die ω_k die V.-R. (13.6), also, da die l_k mit den s_k vertauschbar sind, die zu (13.9) analogen V.-R.[2]

$$s_1 s_2 - s_2 s_1 = i s_3 \ldots \tag{13.34}$$

Da wir

$$s_1^1 + s_2^2 + s_3^2$$

als eine ein für allemal gegebene Zahl ansehen, die, wie wir gesehen haben, gemäß (13.34) nur gleich $s(s+1)$ mit halb- oder ganzzahligen s sein kann:

$$s_1^2 + s_2^2 + s_3^2 = s(s+1)\cdot 1, \tag{13.35}$$

können wir in die Wellenfunktion als unabhängige Variable neben den Teilchenortskoordinaten x_k noch *eine* der Komponenten s_k, etwa s_3 einführen, so daß die Wellenfunktion von der Form

$$\psi(x, s_3; t) \tag{13.36}$$

wird. Aber s_3 ist, wie wir gesehen haben, nur der Werte $-s, -(s-1), \ldots, +s$ fähig. Wir können also statt (13.36) auch schreiben

$$\psi(x, s_3; t) = \sum_\mu C_\mu(s_3)\, \psi_\mu(x, t), \tag{13.36'}$$

---

[1] W. PAULI: Z. Physik **43**, 601 (1927).

[2] Ursprünglich hatte man diese V.-R. einfach aus der Analogie zu denjenigen für l_k begründet, welch letztere aus den kanonischen V.-R. für p_k und q_k deduzierbar sind. Auf die Möglichkeit der kinematischen Herleitung der V.-R. für die s_k aus der Drehgruppe haben zuerst J. v. NEUMANN u. E. WIGNER, Z. Physik **47**, 203 (1927), hingewiesen.

worin die von x und t unabhängigen $C_\mu(s_3)$ definiert sind durch

$$C_\mu(s_3) = \begin{cases} 1 & \text{für} \quad s_3 = \mu, \\ 0 & \text{sonst}. \end{cases} \tag{13.37}$$

Diese $C_\mu(s_3)$ sind normiert und orthogonal, d.h. es gilt

$$\sum_{s_3=-s}^{+s} C_\mu^*(s_3)\, C_{\mu'}(s_3) = \begin{cases} 1 & \text{für} \quad \mu = \mu', \\ 0 & \text{für} \quad \mu \neq \mu'. \end{cases} \tag{13.37'}$$

Für die Anwendungen ist übrigens die spezielle Wahl der $C_\mu(s_3)$ in Gl. (13.37) nicht wesentlich, sondern nur die Relationen (13.37'), die bei Drehungen des Achsenkreuzes bestehen bleiben.

Allgemein ist $\psi_\mu^* \psi_\mu$ wieder die Wahrscheinlichkeit im Ort-Spin-Raum, die Dichte ϱ im Raum der Lagenkoordinaten allein ist also

$$\varrho = \sum_{s_3} \psi^*(x, s_3; t)\, \psi(x, s_3; t) = \sum_\mu \psi_\mu^*(x, t)\, \psi_\mu(x, t). \tag{13.38}$$

Ihr Volumintegral ist zeitlich konstant, also ist die Orthogonalitäts- und Normierungsbedingung für die zu stationären Zuständen gehörigen Eigenfunktionen

$$u(x, s_3) = \sum_\mu C_\mu(s_3)\, u_\mu(x),$$

$$\sum_{s_3} \int dx\, u_n(x, s_3)\, u_m(x, s_3) = \sum_\mu \int dx\, u_{n\mu}^*(x)\, u_{m\mu}(x)\, dx = \begin{cases} 1 & \text{für} \quad m = n, \\ 0 & \text{für} \quad m \neq n. \end{cases} \tag{13.38'}$$

Von den Stromkomponenten wird in der relativistischen Theorie die Rede sein.

Wie die Operatoren s_1, s_2, s_3 auf die Wellenfunktionen wirken, geht am einfachsten aus ihrer zu (13.17) analogen Matrixdarstellung hervor, die lautet

$$\left. \begin{aligned} (s_1 + i s_2)_{\mu+1,\mu} &= \sqrt{(s - \mu)(s + 1 + \mu)}, \\ (s_1 - i s_2)_{\mu-1,\mu} &= \sqrt{(s - \mu + 1)(s + \mu)}, \\ (s_3)_{\mu\mu} &= \mu. \end{aligned} \right\} \tag{13.39}$$

Wir haben dann allgemein

$$(s_k)\, \psi_\mu(x, t) = \sum_{\mu'} \psi_{\mu'}\, (s_k)_{\mu'\mu}, \tag{13.40}$$

wobei aber von den Matrixelementen $(s_k)_{\mu'\mu}$ höchstens zwei von Null verschieden sind. Zum Beispiel ist

$$s_1 \psi_\mu = \tfrac{1}{2}(s_1 + i s_2)\, \psi_\mu + \tfrac{1}{2}(s_1 - i s_2)\, \psi_\mu$$

$$= \tfrac{1}{2}\psi_{\mu-1}\sqrt{(s - \mu + 1)(s + \mu)} + \tfrac{1}{2}\psi_{\mu+1}\sqrt{(s - \mu)(s + 1 + \mu)},$$

wobei für $\mu = s$ der zweite, für $\mu = -s$ der erste Term der rechten Seite zu streichen ist. Andererseits ist einfach

$$s_3 \psi_\mu = \psi_\mu\, \mu.$$

Die Hamilton-Funktion wird im allgemeinen neben den x auch die s_k enthalten. Zum Beispiel wird sie in einem äußeren Magnetfeld mit den Komponenten $\mathcal{H}_1, \mathcal{H}_2, \mathcal{H}_3$ den Zusatz $K(s_1 \mathcal{H}_1 + s_2 \mathcal{H}_2 + s_3 \mathcal{H}_3)$ enthalten, wenn der numerische Faktor K das Verhältnis von magnetischem Moment und Impulsmoment des Teilchens bedeutet. Im allgemeinen muß die Form des Hamilton-Operators in Analogie zur klassischen Theorie bestimmt werden.

Gegenüber räumlichen Drehungen transformieren sich die C_μ und ψ_μ in (13.36') wie die Koeffizienten c_μ und Variablen $\varXi_\mu$ der invarianten Form

$$\sum c_\mu \varXi_\mu,$$

wobei gemäß (13.24) mit $v = 2s$, $r = s - \mu$

$$\varXi_\mu = \frac{\xi_1^{s+\mu}\, \xi_2^{s-\mu}}{\sqrt{(s+\mu)!\,(s-\mu)!}}$$

und ξ_1, ξ_2 gemäß (13.21) transformiert werden. Die Transformation der ψ_μ wird also direkt durch die Darstellung (D_s) der Drehgruppe bestimmt, die ein- oder zweideutig ist, je nachdem s halb- oder ganzzahlig ist. Bei der Spiegelung (13.27) am Ursprung, der gegenüber die s_k, die eigentlich schiefsymmetrische Tensoren sind, Invarianz besitzen, können auch die Indices der ψ_μ unverändert gelassen werden. Im Fall $s = 1$ transformieren sich $\psi_1, \psi_0, \psi_{-1}$ bei der Drehung D^1 ihrer Argumente wie $-(x_1 - i x_2)$, x_3, $x_1 + i x_2$ bei der Drehung D, so daß geeignete Linearkombinationen der ψ_μ als Vektorkomponenten aufgefaßt werden können.

Von besonderem Interesse ist jedoch der Fall $s = \tfrac{1}{2}$, weil er, wie die Erfahrung zeigt, bei den Elementarteilchen (Elektron und Nucleon) vorliegt. Es wird hier gemäß (13.39)

$$(\mathbf{s}_1 + i\,\mathbf{s}_2)_{+\frac12, -\frac12} = (\mathbf{s}_1 - i\,\mathbf{s}_2)_{-\frac12, +\frac12} = 1,$$

also in Matrixschreibweise

$$\mathbf{s}_1 + i\,\mathbf{s}_2 = \begin{pmatrix} 0 & 1 \\ 0 & 0 \end{pmatrix}; \quad \mathbf{s}_1 - i\,\mathbf{s}_2 = \begin{pmatrix} 0 & 0 \\ 1 & 0 \end{pmatrix}; \quad \mathbf{s}_3 = \begin{pmatrix} \tfrac12 & 0 \\ 0 & -\tfrac12 \end{pmatrix},$$

oder mit

$$\mathbf{s}_k = \tfrac12\, \sigma_k, \tag{13.41}$$

$$\sigma_1 = \begin{pmatrix} 0 & 1 \\ 1 & 0 \end{pmatrix}, \quad \sigma_2 = \begin{pmatrix} 0, & -i \\ i, & 0 \end{pmatrix}, \quad \sigma_3 = \begin{pmatrix} 1 & 0 \\ 0 & -1 \end{pmatrix}. \tag{13.42}$$

Schreibt man $\psi(\vec{x}; t)$ als Kolonnenvektor:

$$\psi(\vec{x}; t) = \begin{pmatrix} \psi_1(\vec{x}; t) \\ \psi_2(\vec{x}; t) \end{pmatrix} \tag{13.43}$$

(und entsprechend ψ^* als Zeilenvektor), so kann man „Dichtekomponenten des Spinmoments"

$$d_k = (\psi^* \sigma_k \psi)$$

definieren. Mit Hilfe von (13.42) erhält man:

$$\left. \begin{aligned} d_1 &= \psi_2^* \psi_1 + \psi_1^* \psi_2, \\ d_2 &= i(\psi_2^* \psi_1 - \psi_1^* \psi_2), \\ d_3 &= \psi_1^* \psi_1 - \psi_2^* \psi_2. \end{aligned} \right\} \tag{13.44}$$

Diese Größen transformieren sich wie die Komponenten eines Vektors

$$\vec{d} = (\psi^* \vec{\sigma}\, \psi),$$

während

$$\varrho = \psi_1^* \psi_1 + \psi_2^* \psi_2 \tag{13.45}$$

invariant ist.

Diese Matrizen σ_k genügen den Relationen

$$\left. \begin{aligned} \sigma_1 \sigma_2 &= -\sigma_2 \sigma_1 = i\,\sigma_3, \dots, \\ \sigma_1^2 &= \sigma_2^2 = \sigma_3^2 = 1, \end{aligned} \right\} \tag{13.46}$$

die spezieller sind als (13.34), (13.35) und bedeuten, daß die σ_k sich wie die mit i multiplizierten Einheiten der Quaternionen multiplizieren.

Gegenüber räumlichen Drehungen transformieren sich ψ_1, ψ_2 und $-\psi_2^*, \psi_1^*$ wie die a_1, a_2 in (13.23), also gemäß der Matrixgleichung

$$\begin{pmatrix} \psi_1' & -\psi_2'^* \\ \psi_2' & \psi_1'^* \end{pmatrix} = \begin{pmatrix} \alpha & \beta \\ -\beta^* & \alpha^* \end{pmatrix} \begin{pmatrix} \psi_1 & -\psi_2^* \\ \psi_2 & \psi_1^* \end{pmatrix},$$

wobei der Zusammenhang mit den Drehwinkeln durch (13.26) gegeben ist. Wie bereits erwähnt, bestimmt dann

$$\omega_k = -i\,s_k = -\frac{i}{2}\,\sigma_k$$

die Transformation von ψ_1, ψ_2 bei infinitesimalen Drehungen.

Der Fall mehrerer Teilchen mit Spin, die miteinander in Wechselwirkung treten, ihre Anzahl sei N, läßt sich nun ohne weiteres erledigen. Man hat Eigenfunktionen

$$\psi(x_{r1}, x_{r2}, x_{r3}, s_{r3}) \tag{13.47}$$

einzuführen, worin der Index r die Teilchen numeriert und von 1 bis N läuft. Dabei läuft jedes s_{r3} von $-s_r$ bis $+s_r$. In Indexschreibweise hat man die Eigenfunktionen

$$\psi(x_{rk}, s_{r3}, t) = \sum_{\mu_1, \ldots \mu_N} C_{\mu_1}(s_{13}) \ldots C_{\mu_N}(s_{N3})\, \psi_{\mu_1, \ldots \mu_N}(x_{11} \ldots x_{N3}), \tag{13.48}$$

worin μ_r von $-s_r$ bis $+s_r$ läuft. Im Falle von lauter Elektronen kann jedes μ nur die zwei Werte $+\frac{1}{2}$ und $-\frac{1}{2}$ annehmen, und durch (13.48) sind 2^N Funktionen definiert. Ein Operator s_{rk} wirkt nur auf den einen Index μ_r mit derselben Nummer r, und zwar genau in der angegebenen Weise.

Eine wesentliche Unterscheidung zwischen zusammengesetzten Gebilden und elementaren Teilchen (Leptonen und Nucleonen) sowie eine Begründung für den Wert $\frac{1}{2}$ des Spins der letzteren ergibt sich erst in der relativistischen Wellenmechanik (vgl. Ziff. 18).

14. Verhalten der Eigenfunktionen mehrerer gleichartiger Teilchen gegenüber Permutation[1]. Ausschließungsprinzip. Wenn wir es mit mehreren gleichartigen

---

[1] Vgl. hierzu die in Anm. 1, S. 98 zitierten Lehrbücher. In historischer Hinsicht sei folgendes bemerkt. Das Problem mehrerer gleichartiger Teilchen wurde wellenmechanisch zuerst behandelt von P. A. M. Dirac, Proc. Roy. Soc. Lond., Ser. A **112**, 661 (1926) (hier noch ohne Spin), und W. Heisenberg, Z. Physik **40**, 501 (1926) (hier findet sich zuerst die wichtige Anwendung auf das He-Spektrum, einschließlich Spin); in den beiden genannten Arbeiten findet sich auch die allgemeine wellenmechanische Formulierung des Ausschließungsprinzips (W. Pauli, Z. Physik **31**, 765 (1925). Die Statistik von Teilchen mit symmetrischen Zuständen ist zuerst von S. N. Bose [Z. Physik **26**, 178 (1924)] und A. Einstein (Berl. Ber. **1924**, 261; **1925**, 1), die von Teilchen mit antisymmetrischen Zuständen von E. Fermi [Z. Physik **36**, 902 (1926)] und P. A. M. Dirac (l. c.) aufgestellt. Der allgemeine Fall von N Teilchen und sein Zusammenhang mit der Gruppentheorie findet sich zuerst vollständig bei E. Wigner, Z. Physik **40**, 883 (1927). Der Beweis, daß die Protonen ebenso wie die Elektronen den Spin 1/2 haben und dem Ausschließungsprinzip gehorchen, wurde von D. M. Dennison [Proc. Roy. Soc. Lond., Ser. A **115**, 483 (1927)] erbracht durch die Deutung des Abfalls der Rotationswärme des Wasserstoffes. Von N. F. Mott [Proc. Roy. Soc. Lond., Ser. A **125**, 222 (1929)] und R. Oppenheimer [Phys. Rev. **32**, 361 (1928)] wurde gezeigt, daß die Symmetrieklasse der Eigenfunktionen bei Stoßproblemen wesentlich ist. Anschließend an die von N. F. Mott [Proc. Roy. Soc. Lond., Ser. A **126**, 259 (1929)] ausgeführte Durchrechnung des Stoßes zweier gleicher Punktladungen ergab sich dann unter anderem empirisch, daß die He-Kerne (α-Teilchen) symmetrische Zustände haben.

Teilchen zu tun haben, treten besondere Verhältnisse ein, die daher rühren, daß der HAMILTON-Operator stets invariant ist bei irgendwelchen Vertauschungen der Teilchen. Wenn die Teilchen einen Spin haben, müssen hierbei auch die Spinkoordinaten s_{r3} mit den Ortskoordinaten $x_{rk}(k=1, 2, 3)$ zugleich vertauscht werden. Wenn der HAMILTON-Operator nur die Ortsvariablen allein enthält, besteht allerdings schon Invarianz gegenüber den Vertauschungen der Ortsvariablen allein, und wenn der vom Spin abhängige Teil der HAMILTON-Funktion relativ klein ist, so besteht die letztere Invarianz näherungsweise. Auf diesen Umstand kommen wir später zurück; zunächst betrachten wir die gleichzeitige Vertauschung der Spin und Ortsvariablen, der gegenüber *exakte* Invarianz besteht. Sei also $\boldsymbol{P}$ eine Permutation der N Ziffern $1, 2, \ldots, r, \ldots, N$, welche die N gleichen Teilchen numerieren, so erhält man aus jeder Eigenfunktion $\psi(x_{11} \ldots x_{N3}, s_{13} \ldots s_{N3}, t)$ durch Anwendung der Permutation $\boldsymbol{P}$ eine neue Eigenfunktion, die zum selben beobachtbaren Zustand des Systems gehört

$$\psi'(x_{11} \ldots s_{N3}, t) = \boldsymbol{P}\psi(x_{11} \ldots s_{N3}, t).$$

In der Tat hat dann jeder in den Teilchenvariablen symmetrische Operator, insbesondere der Energieoperator, denselben Erwartungswert, wenn man ihn einmal mit ψ', das andere Mal mit ψ berechnet. *Nur diese symmetrischen Operatoren entsprechen aber bei gleichen Teilchen beobachtbaren Größen.* Wegen der Nichtunterscheidbarkeit eines Teilchens vom anderen, hat es z.B. nur einen Sinn nach der Wahrscheinlichkeit dafür zu fragen, daß *eines* der Teilchen den Ort x_{1k} und den Spin s_{13}, ein *anderes* den Ort x_{2k} und den Spin s_{23} usw. hat, nicht aber, daß das *erste* Teilchen den Ort und Spin x_{1k}, s_{13}, das *zweite* den Ort und Spin x_{2k}, s_{13} hat. Die erstere Wahrscheinlichkeit ist gegeben durch

$$\sum_{\boldsymbol{P}} \boldsymbol{P} |\psi \, x_{11} \ldots s_{N3})|^2 \, dx_{11} \ldots dx_{N3}, \tag{14.1}$$

wenn wir wie immer die Ortskoordinaten x_{rk} bis auf den Spielraum dx_{rk} bestimmt denken und die Spinkoordinaten s_{r3} die Zahlen von $-s$ bis $+s$ (bei Elektronen die Zahlen $-\frac{1}{2}$ und $+\frac{1}{2}$) durchlaufen.

Aus den allgemeinen Sätzen der vorigen Ziffer geht hervor, daß die stationären Zustände des Gesamtsystems in verschiedene Systeme zerfallen müssen, die den verschiedenen irreduziblen Darstellungen der Permutationsgruppe entsprechen. Überdies sind bei einer symmetrischen Größe nur diejenigen Matrixelemente von Null verschieden, bei denen Anfangs- und Endzustand zum selben Termsystem gehören. Ist die Darstellung vom Grade 1, so sind die Terme nicht entartet (zufällige Entartungen oder solche, die aus der Invarianz der HAMILTON-Funktion gegenüber anderen Gruppen als der Permutationsgruppe entspringen, bleiben zunächst außer Betracht), die Eigenfunktion multipliziert sich bei Anwendung jeder Permutation mit einem Zahlfaktor. Ist allgemeiner die Darstellung vom Grade h, so ist der zugehörige Energiewert h-fach entartet. Im zugehörigen h-dimensionalen linearen Vektorraum der Eigenfunktionen können wir eine Basis von zueinander orthogonalen und normierten Eigenfunktionen $u_1, u_2, \ldots, u_h$ finden, die bei Anwendung der Permutation $\boldsymbol{P}$, der linearen Abbildung $\boldsymbol{c}(\boldsymbol{P})$ der Darstellung entsprechend in die neuen Eigenfunktionen

$$\boldsymbol{P} u_s = \sum_{r=1}^{h} u_r c_{rs}(\boldsymbol{P}) \tag{14.2}$$

übergeht. Da

$$\sum_{s_r} \int u_r^* u_s \, dx = \sum_{s_r} \int (\boldsymbol{P} u_r)^* (\boldsymbol{P} u_s) \, dx_r$$

(es ist hierin jedes der vorkommenden s_{r3} von $-s$ bis $+s$ zu summieren), sind auch die $\boldsymbol{P}\,u_s$ orthogonal und normiert, wenn die u_r es waren, und die Darstellung ist unitär. Aus einer beliebigen Funktion $f(q_1 \ldots q_N)$ (worin q_r die x_{1r}, x_{2r}, x_{3r} und s_{3r} zusammenfassen soll) erhält man eine spezielle Funktion $v(q_1 \ldots q_N)$, die sich gemäß der Darstellung (14.2) transformiert, durch Bildung von

$$v(q_1 \ldots q_N) = \sum_{\boldsymbol{P}} A_{\boldsymbol{P}} \cdot \boldsymbol{P} f(q_1 \ldots q_N), \qquad (14.3)$$

bei geeigneter Wahl der Zahlkoeffizienten $A_{\boldsymbol{P}}$.

Spezielle Darstellungen vom Grade 1 sind die zu symmetrischen und die zu antisymmetrischen Funktionen gehörigen. Im ersteren Fall ist

$$\boldsymbol{P} u(q_1 \ldots q_N) = u(q_1 \ldots q_N), \qquad (14.4)$$

die Darstellung ist die identische, d.h. jedem Gruppenelement entspricht die Identität. Bei der antisymmetrischen Darstellung ist zwischen geraden und ungeraden Permutationen zu unterscheiden. Ist $\delta_{\boldsymbol{P}} = 1$ für gerade, $\delta_{\boldsymbol{P}} = -1$ für ungerade Funktionen, so gilt für eine antisymmetrische Funktion

$$\boldsymbol{P} u(q_1 \ldots q_N) = \delta_{\boldsymbol{P}} \cdot u(q_1 \ldots q_N). \qquad (14.5)$$

Da

$$\delta_{\boldsymbol{P}\boldsymbol{Q}} = \delta_{\boldsymbol{P}} \cdot \delta_{\boldsymbol{Q}}, \qquad \delta_{\boldsymbol{P}^{-1}} = \delta_{\boldsymbol{P}}, \qquad \delta_1 = 1,$$

ist dies in der Tat eine Darstellung, und für die Gültigkeit von (14.3) ist es hinreichend, daß u bei Vertauschung irgend zweier Variablen das Vorzeichen ändert. Man erhält aus der beliebigen Funktion f gemäß (14.3) eine symmetrische, wenn man alle $A_{\boldsymbol{P}}$ gleich 1 setzt:

$$v_{\text{symm}}(q_1 \ldots q_N) = \sum \boldsymbol{P} f(q_1 \ldots q_N), \qquad (14.6\text{a})$$

eine antisymmetrische Funktion, wenn man $A_{\boldsymbol{P}} = \delta_{\boldsymbol{P}}$ (also ± 1) setzt:

$$v_{\text{antis}}(q_1 \ldots q_N) = \sum_{\boldsymbol{P}} \delta_{\boldsymbol{P}} \boldsymbol{P} f(q_1 \ldots q_N). \qquad (14.6\text{b})$$

Sind nur zwei Teilchen vorhanden, so sind die symmetrische und die antisymmetrische die einzigen irreduziblen Darstellungen; die Energiewerte zerfallen deshalb einfach in diese beiden Systeme.

Ist ein System von N Teilchen einmal in einem bestimmten [zu einer gewissen irreduziblen Darstellung $c(\boldsymbol{P})$ der Permutationsgruppe gehörigen] Termsystem, so kann es durch keine äußere Wirkung (Kraftfeld, Strahlung) in ein anderes System gebracht werden, weil die Störungsenergie symmetrisch in den Teilchen ist und ihre Matrixelemente mit Anfangszuständen des betrachteten Systems und Endzuständen eines anderen Systems verschwinden. Auch bleibt zufolge der Wellengleichung für zeitabhängige Wellenfunktionen der Symmetriecharakter, der zur Zeit 0 vorhanden war, für alle Zeiten bestehen. Man spricht deshalb auch von *nicht kombinierenden Termsystemen*. Dabei erfordert jedoch der Fall, daß die Zahl N der betreffenden Teilchensorte nicht konstant bleibt, z.B. das System mit einem weiteren Teilchen der betrachteten Art zusammenstößt, eine besondere Überlegung.

Es sei z.B. ein Atomsystem mit N Elektronen gegeben, und wir nehmen an, es sei in einem Zustand mit den Eigenfunktionen $u_\sigma(q_1 \ldots q_N)$, die zu einer bestimmten irreduziblen Darstellung $D^{(N)}$ der Gruppe Σ_N der Permutationen von N Elementen gehören. Dann möge ein weiteres $(N+1)$-tes Elektron auf das Atom stoßen, und es seien die Eigenfunktionen $U_\varrho(q_1, \ldots q_N, q_{N+1})$ des Gesamtsystems vor dem Stoß so gewählt, daß sie zu einer bestimmten irreduziblen

Darstellung $D^{(N+1)}$ der Gruppe der Permutationen von $(N+1)$ Elementen gehören möge. Es hat dann U_ϱ die Form

$$U_\varrho = \sum_P A_{P,\varrho}\, u_1(q_1 \ldots q_N)\, v(q_{N+1}),$$

worin $v(q_{N+1})$ die Eigenfunktion des stoßenden Elektrons ist und die $A_{P,\varrho}$ geeignete Zahlkoeffizienten sind. Die Darstellung $D^{(N)}$ von u muß in der Darstellung $D^{(N+1)}$ von U beim Ausreduzieren nach der Untergruppe Σ_N von Σ_{N+1} enthalten sein. Da außerdem die u in großer Entfernung R eines der Elektronen $q_1 \ldots q_N$ rasch verschwinden, ergibt sich mit großer Annäherung

$$U_\varrho(q_1 \ldots q_N, R) = A_{1\varrho}\, u_1(q_1 \ldots q_N)\, v(R).$$

Nach dem Stoß erhält man eine neue Funktion

$$U'_\varrho(q_1 \ldots q_{N+1}) = \sum_P{}' A'_{P,\varrho}\, P u'_1(q \ldots q_N)\, v'(q_{N+1})$$

von analoger Beschaffenheit. Es wird dann U'_ϱ notwendig zur selben Darstellung $D^{(N+1)}$ von Σ_{N+1} gehören wie U_ϱ. Dagegen können die u' sich bei Anwendung der Permutationen P von Σ_N nach einer (unter Umständen reduziblen) Darstellung transformieren, die irgendwelche irreduziblen Darstellungen $D^{(N)}$ enthalten kann, die beim Ausreduzieren von $D^{(N+1)}$ nach der Untergruppe Σ_N von Σ_{N+1} auftreten. Dies sind im allgemeinen mehrere, und dann kann das Atom durch Stoß mit einem weiteren Elektron aus einem Zustand eines Systems in das eines anderen übergeführt werden. Nur in den zwei Spezialfällen, die bereits erwähnt wurden, tritt eine Vieldeutigkeit der $D^{(N)}$ nicht ein. Wenn wir es nämlich mit einer symmetrischen oder einer antisymmetrischen Funktion $U(q_1 \ldots q_{N+1})$ der $N+1$ Teilchen zu tun haben, dann müssen, wie aus den Zerlegungen

$$U_s(q_1 \ldots q_{N+1}) = \sum_P P\, u(q_1 \ldots q_N)\, v(q_{N+1}) = \sum_{k=1}^{N+1} T_{N+1,k}\, \bar{u}_s(q_1 \ldots q_N)\, v(q_{N+1}),$$

$$U_a(q_1 \ldots q_{N+1}) = \sum_P \delta_P P\, u(q_1 \ldots q_N)\, v(q_{N+1}) = \sum_{k=1}^{N+1} \delta_k T_{N+1,k}\, \bar{u}_a(q_1 \ldots q_N)\, v(q_{N+1}),$$

hervorgeht, die $\bar{u}_s$ und $\bar{u}_a$ notwendig wieder symmetrisch bzw. antisymmetrisch in den N Variablen $q_1 \ldots q_N$ sein. Hierin bezeichnet $T_{N+1,k}$ die Vertauschung (Transposition) der zwei Ziffern $N+1$ und k, $T_{N+1,N+1}$ also die Identität; und es ist $\delta_k = +1$ für $k = N+1$; $\delta_k = -1$ für $1 \leq k \leq N$.

Die Erfahrung hat nun gezeigt, daß — sobald wir Spin und Ortsvariable simultan vertauschen — *für jede Teilchensorte nur eine einzige Klasse von Zuständen vorhanden ist. Diese Klasse kann dann nur die symmetrische oder die antisymmetrische Klasse sein. Die Erfahrung zeigt weiter, daß bei den Elektronen und Nucleonen es die antisymmetrische Klasse ist, welche allein in der Natur vorkommt. Bei anderen Teilchen, z.B. den He-Kernen (α-Teilchen), kommt die symmetrische Klasse in der Natur vor. Der Umstand, daß die Wellenmechanik mehr*, und zwar korrespondenzmäßig gleichberechtigte Möglichkeiten liefert, als in der Natur vorkommen, ist sehr eigenartig, und es ist zu hoffen, daß eine künftige Theorie der Elementarteilchen auch eine vertiefte Einsicht in das Wesen dieser engeren Auswahl der Natur bringen wird[1].

---

[1] Es ist oft versucht worden, diese Einschränkung der Möglichkeiten dadurch zu erzwingen, daß man geeignete Singularitäten in die Wechselwirkungsenergie zweier Elementarteilchen einführt, im Fall, daß Ort und Spinkoordinaten der Teilchen koinzidieren. Es soll dann erreicht werden, daß nur die antisymmetrischen Eigenfunktionen regulär bleiben. In mathematisch korrekter Weise geschah dies durch G. JAFFÉ, Z. Physik **66**, 748 (1930). Die Singularitäten sind jedoch von solcher Art, daß sie kaum der Wirklichkeit entsprechen dürften.

Die Eigenschaften der Symmetrieklassen treten deutlicher hervor, wenn man Teilchen betrachtet, die in erster Näherung ungekoppelt, d.h. frei von Wechselwirkungskräften sind. Sie können sich aber in einem äußeren Kraftfeld befinden. Es seien in diesem Fall $u_1(q), \ldots u_N(q)$ die Eigenfunktionen der Zustände, in denen sich die N Elektronen befinden, worunter aber auch gleiche Zustände vorkommen können. Dann ist die symmetrische Eigenfunktion die Summe der Produkte

$$U_s(q_1 \ldots q_N) = \sum_{\boldsymbol{P}} \boldsymbol{P} u_1(q_1) \ldots u_N(q_N), \tag{14.7}$$

worin die Permutationen bei festen Indices $1 \ldots N$ der Zustände (unter denen auch gleiche vorkommen können) die Indices der Teilchenkoordinaten permutieren sollen. (Zur Normierung von U_s ist noch ein geeigneter Zahlfaktor hinzuzufügen.) Ebenso findet man die antisymmetrische Eigenfunktion

$$U_a(q_1 \ldots q_N) = \sum_{\boldsymbol{P}} \delta_{\boldsymbol{P}} \boldsymbol{P} u_1(q_1) \ldots u_N(q_N) = \begin{vmatrix} u_1(q_1) & \ldots & u_N(q_1) \\ u_1(q_2) & \ldots & u_N(q_2) \\ \ldots & \ldots & \ldots \\ u_1(q_N) & \ldots & u_N(q_N) \end{vmatrix}, \tag{14.8}$$

die auch als Determinante geschrieben werden kann. *Die antisymmetrische Eigenfunktion verschwindet identisch, wenn zwei der Zustände übereinstimmen* $[u_l(q) \equiv u_k(q)$ für $k \neq l]$. Bei Teilchen mit antisymmetrischen Zuständen kann es also niemals vorkommen, daß sich zwei Teilchen im selben Zustand befinden. Dies ist der Inhalt des *Ausschließungsprinzips*, das schon vor Aufstellung der Wellenmechanik für Elektronen formuliert wurde; daß es auch für Nucleonen gültig ist, ist eine spätere Erkenntnis. Aus der Gültigkeit des Ausschließungsprinzips für eine bestimmte Gattung von Teilchen folgt umgekehrt, daß die Teilchen antisymmetrische Zustände haben. Denn *nur* die antisymmetrischen Eigenfunktionen haben die Eigenschaft, stets zu verschwinden, wenn zwei Teilchen sich im selben Zustand befinden.

Für die widerspruchsfreie Möglichkeit, alle Symmetrieklassen bis auf eine auszuschließen, ist es wesentlich, daß sich die Art der Symmetrieklasse innerhalb der Gültigkeit der klassischen Mechanik (geometrischen Optik) nicht bemerkbar macht. Betrachten wir der Einfachheit halber nur zwei Teilchen, so können wir sie z.B. immer dann mit Benutzung der Stetigkeit ihrer Ortsveränderung prinzipiell unterscheiden, *wenn ihre Wellenfunktionen* $\psi_1(q, t)$ *und* $\psi_2(q, t)$ *sich niemals überdecken, d.h. in vollständig getrennten räumlichen Gebieten von Null verschieden sind.* (Strenggenommen genügen getrennte Gebiete im Ort-Spin-Raum; wir schreiben ferner für den Augenblick $\int dq$ statt $\sum_{s_3} \int dx_1 dx_2 dx_3$.) In diesem Fall ist nämlich

$$\psi_1^*(q_r, t) \psi_2(q_r, t) = 0 \qquad\qquad r = 1, 2$$

im ganzen q-Raum und im ganzen in Betracht gezogenen Zeitintervall, und daher ist für den Erwartungswert eines beliebigen in den beiden Teilchen *symmetrischen* Operators $\boldsymbol{F}(\boldsymbol{p}_1, \boldsymbol{p}_2, \boldsymbol{q}_1, \boldsymbol{q}_2)$ im symmetrischen und im antisymmetrischen Fall mit den normierten Funktionen

$$\left. \begin{aligned} \Psi_s(q_1 q_2 t) &= \frac{1}{\sqrt{2}} \left[\psi_1(q_1, t) \psi_2(q_2, t) + \psi_1(q_2, t) \psi_2(q_1, t) \right], \\ \Psi_a(q_1 q_2 t) &= \frac{1}{\sqrt{2}} \left[\psi_1(q_1, t) \psi_2(q_2, t) - \psi_1(q_2, t) \psi_2(q_1, t) \right], \end{aligned} \right\} \tag{14.9}$$

$$\begin{aligned}
\overline{F}(t) &= \int \Psi_s^* \, \boldsymbol{F} \Psi_s \, dq_1 \, dq_2 = \int \Psi_a^* \, \boldsymbol{F} \Psi_a \, dq_1 \, dq_2 \\
&= \int \psi_1^*(q_1, t) \, \psi_2^*(q_2, t) \, [\boldsymbol{F} \, \psi_1(q_1, t) \, \psi_2(q_2, t)] \, dq_1 \, dq_2 \\
&= \int \psi_1^*(q_2, t) \, \psi_2^*(q_1, t) \, [\boldsymbol{F} \, \psi_1(q_2, t) \, \psi_2(q_1, t)] \, dq_1 \, dq_2,
\end{aligned} \right\} \qquad (14.10)$$

da in diesem Fall (wenigstens wenn $\boldsymbol{F}$ ganz rational von den $\boldsymbol{p}$ abhängt)

$$\int \psi_1^*(q_1, t) \, \psi_2^*(q_2, t) \, [\boldsymbol{F} \, \psi_1(q_2, t) \, \psi_2(q_1, t)] \, dq_1 \, dq_2 = 0.$$

Man pflegt die Tatsache, daß die Elektronen das Ausschließungsprinzip erfüllen bzw. antisymmetrische Zustände haben, oft so darzustellen, daß alle Elektronen „einen Vertrag miteinander schließen" oder „voneinander wissen" müssen, um diesem Prinzip zu genügen. Wir sehen aber, daß dieser „Vertrag", wenn man so sagen darf, automatisch erst in Wirksamkeit tritt, wenn die Wellenpakete der Elektronen einander überdecken, d.h. wenn die Möglichkeit, daß beide an derselben Stelle des Ort-Spin-Raumes sind, nicht von vornherein (bereits ohne Berücksichtigung der Symmetrieklasse) ausgeschlossen ist.

Wir wollen nun das Verhalten von mehreren Elektronen noch etwas genauer betrachten, hinsichtlich der Trennung von Orts- und Spinkoordinaten. In vielen Fällen ist es nämlich erlaubt, die Wechselwirkung zwischen Spin und Bahn, d.h. diejenigen Teile des HAMILTON-Operators, die die Spinoperatoren enthalten, noch als klein zu betrachten gegen die Wechselwirkung der Elektronen. In nullter Näherung (jedes Elektron bewegt sich im gleichen äußeren Kraftfeld) hat dann der HAMILTON-Operator die Form

$$\boldsymbol{H}^{(0)} = \sum_{r=1}^{N} \boldsymbol{H}_r^{(0)},$$

worin jedes $\boldsymbol{H}_r^{(0)}$ nur auf die Ortskoordinaten des r-ten Elektrons wirkt. In erster Näherung kommt eine Störung

$$\boldsymbol{H}^{(1)} = \sum_{r,s}{}' \frac{e^2}{r_{rs}}$$

hinzu, die symmetrisch ist in den Ortskoordinaten der Teilchen. Es ist dies die in (5.12), (5.13) bereits eingeführte COULOMBsche Wechselwirkungsenergie der Teilchen. In zweiter Näherung erst tritt eine Wechselwirkungsenergie zwischen Spin und Bahn hinzu

$$\boldsymbol{H}^{(2)} = V(x_{rk}, s_{r3}).$$

Wenn $\boldsymbol{H}^{(2)}$ nicht nur als klein gegenüber $\boldsymbol{H}^{(0)}$, sondern auch als klein gegenüber $\boldsymbol{H}^{(1)}$ betrachtet werden darf, spricht man von RUSSELL-SAUNDERS-Kopplung.

Das diesen Voraussetzungen entsprechende Verhalten der Eigenfunktionen möge nun zunächst im einfachsten Fall *zweier* Teilchen näher untersucht werden. Die im ganzen, d.h. in Spin- und Ortskoordinaten zusammen, antisymmetrischen Lösungen sind in nullter und erster Näherung (den Index $k = 1, 2, 3$ der drei Raumkoordinaten jedes Teilchens lassen wir fort) gemäß (13.36'), (13.43) mit

$$\begin{aligned}
u(x, s_3) &= u(x) \, [a_\alpha \, C_+(s_3) + a_\beta \, C_-(s_3)], \\
v(x, s_3) &= v(x) \, [b_\alpha \, C_+(s_3) + b_\beta \, C_-(s_3)]
\end{aligned} \right\} \qquad (14.11)$$

von der Form

$$U(x_1, x_2, s_{13}, s_{23}) = u(x_1, s_{13}) \, v(x_2, s_{23}) - u(x_2, s_{23}) \, v(x_1, s_{13}). \qquad (14.12)$$

Es ist hierin zum Ausdruck gebracht, daß in nullter und erster Näherung Spin- und Ortsvariablen separierbar sind; $u(x)$ und $v(x)$ sind die Ortseigenfunktionen eines einzigen Elektrons in *einem* der betrachteten Zustände. Sind beide hinsichtlich der Ortskoordinaten im selben Zustand, so ist $u(x) = v(x)$ zu setzen. Ist ursprünglich kein äußeres Kraftfeld vorhanden, der Hamilton-Operator also drehungsinvariant, was wir annehmen wollen, so erhalten wir bei einer *beliebigen* Wahl der $a_\alpha, a_\beta, b_\alpha, b_\beta$ zulässige Eigenfunktionen. Es ist dann $U(x_1, x_2, s_{13}, s_{23})$ eine Linearkombination folgender vier (aufeinander orthogonaler und normierter) Eigenfunktionen

$$U^I(x_1, x_2, s_{13}, s_{23}) = \frac{1}{\sqrt{2}}\left[u(x_1)\,v(x_2) - u(x_2)\,v(x_1)\right] A_{m_s}(s_{31}, s_{32}) \qquad (14.13\,\text{a})$$

mit $m_s = -1, 0, +1$ und

$$\left.\begin{aligned}
A_{-1}(s_{13}, s_{23}) &= C_-(s_{13})\,C_-(s_{23}),\\
A_0 &= \frac{1}{\sqrt{2}}\left[C_+(s_{13})\,C_-(s_{23}) + C_-(s_{13})\,C_+(s_{23})\right],\\
A_{+1} &= C_+(s_{13})\,C_+(s_{23}),
\end{aligned}\right\} \qquad (14.13\,\text{b})$$

sowie

$$\left.\begin{aligned}
U^{II}(x_1, x_2, s_{13}, s_{23}) &= \frac{1}{\sqrt{2}}\left[u(x_1)\,v(x_2) + v(x_1)\,u(x_2)\right] \times\\
&\times \frac{1}{\sqrt{2}}\left[C_+(s_{13})\,C_-(s_{23}) - C_-(s_{13})\,C_+(s_{23})\right].
\end{aligned}\right\} \qquad (14.14)$$

Man sieht, daß die Spineigenfunktionen, die als Faktoren hier vorkommen, im ersten Fall symmetrisch, im zweiten antisymmetrisch sind. Im zweiten Fall ergibt die Anwendung irgendeines Operators $s_k = s_{1k} + s_{2k}$ auf die Spineigenfunktion den Wert Null. Daraus folgt schon, daß sie invariant gegenüber Drehungen ist. Dies ist auch direkt zu sehen, da sie sich bei irgendeiner linearen Transformation, die ja auf die $C_+(s_{13})\,C_-(s_{13})$ bzw. $C_+(s_{23})\,C_-(s_{23})$ in gleicher Weise ausgeübt wird, mit der Determinante der Transformation multipliziert. Diese hat aber, wie wir gesehen haben, den Wert 1 bei den den Drehungen zugeordneten Transformationen der C_+, C_-. Zu U^{II} gehört also ein Term mit $S = 0$ (Singuletterm). Selbst wenn wegen der Invarianz des Hamilton-Operators gegenüber Drehungen mehrere u und mehrere v zum selben Eigenwert gehören[1] (nicht verschwindendes resultierendes Impulsmoment L der Bahnbewegung), tritt hier bei Einschaltung der Störungsenergie $H^{(2)}$ keine weitere Aufspaltung der Terme ein. Im Fall $u(x) = v(x)$ ist der erste Normierungsfaktor in U^{II} durch $\frac{1}{2}$ zu ersetzen, so daß einfach $u(x) \cdot v(x)$ geschrieben werden kann. In erster Näherung, d.h. mit Vernachlässigung von $H^{(2)}$, gehört zu U^{II} die Termstörung

$$\Delta E_{II} = J_0 + J_1, \qquad (14.15\,\text{a})$$

worin

$$\left.\begin{aligned}
J_0 &= \int |u(x_1)|^2\, |v(x_2)|^2\, V(x_1, x_2)\, dx_1\, dx_2,\\
J_1 &= \int u^*(x_1)\, u(x_2)\, v^*(x_1)\, v(x_2)\, V(x_1, x_2)\, dx_1\, dx_2.
\end{aligned}\right\} \qquad (14.16)$$

J_1 ist das sog. Austauschintegral.

Im ersten Fall, der zu den Eigenfunktionen U^I gehört, sind die Spineigenfunktionen symmetrisch. Die A_{-1}, A_0, A_1 transformieren sich bei Drehungen untereinander. Dies beruht letzten Endes darauf, daß die Drehungen und die Permutationen *vertauschbar* sind, der Symmetriecharakter der Eigenfunktionen bei Drehungen also nie geändert werden kann. Die Eigenfunktionen A_{-1}, A_0, A_1

---

[1] Es müssen dann geeignete Linearaggregate verschiedener $u_\varkappa(x_1)\,v_\lambda(x_2) + u_\varkappa(x_2)\,v_\lambda(x_1)$ gebildet werden.

des Spins allein entsprechen dabei den Werten $-1, 0, 1$ der Quantenzahl m_s der 3-Komponente $s_3 = s_{13} + s_{23}$ des resultierenden Spinimpulses und dem Wert $s = 1$ der Quantenzahl des Betrages des resultierenden Spinimpulses. Die zugehörige Eigenwertstörung ist in erster Näherung

$$\Delta E_{\mathrm{I}} = J_0 - J_1, \tag{14.15b}$$

wenn J_0 und J_1 dieselben Integrale wie oben bedeuten. Ist L das Bahnimpulsmoment, so tritt infolge der Störungsenergie $H^{(2)}$ im allgemeinen eine weitere Aufspaltung des Terms ein, indem die reduzible Darstellung

$$D_1 \times D_2$$

der Drehungsgruppe in ihre irreduziblen Bestandteile

$$D_J$$

mit $J = L + 1, L, L - 1$ zerfällt. Für $L = 0$ (S-Term) tritt offenbar keine Aufspaltung ein. Wir haben es hier also mit einem Triplettsystem zu tun. Es ist zu beachten, daß für $u(x) = v(x)$ die Eigenfunktion U^{I} identisch verschwindet.

Das wesentliche Resultat ist folgendes: *Das Ausschließungsprinzip bewirkt, daß bei zwei Elektronen die in den Ortskoordinaten allein symmetrischen Zustände zu Singulettermen, die in den Ortskoordinaten antisymmetrischen Zustände zu Triplettermen gehören. Bereits bei Vernachlässigung der Wechselwirkungskräfte zwischen Spin und Ortskoordinaten unterscheiden sich diese Terme energetisch um die Austauschintegrale.* Bei den in der Natur nicht vorkommenden Zuständen der im ganzen symmetrischen Klasse wäre die Zuordnung der Multiplizität zur Symmetrieklasse in den Ortskoordinaten allein gerade die umgekehrte.

Dies ist der wesentliche Inhalt der Heisenbergschen Theorie des Heliumspektrums. Wegen der Ununterscheidbarkeit der Elektronen ist der Platzwechsel zweier Elektronen prinzipiell niemals beobachtbar. Vom „Austausch" der Elektronen im He-Atom wäre im Prinzip *höchstens* beobachtbar, daß der Spin des äußeren und der des inneren Elektrons, falls sie entgegengesetzt gerichtet sind, im Laufe der Zeit Vertauschungen erfahren.

Die Theorie kann von zwei auf eine beliebige Zahl N der Elektronen verallgemeinert werden[1]. Wir gehen hier jedoch nicht auf die Beweise ein, sondern skizzieren nur die Resultate. Es empfiehlt sich dabei, nicht von der allgemeinen Theorie der Darstellungen der Permutationsgruppe auszugehen, da auch bezüglich der Symmetrie der Eigenfunktionen in den Ortskoordinaten allein infolge des Ausschließungsprinzips nur ein kleiner Teil aller möglichen Darstellungen tatsächlich vorkommen kann. Es empfiehlt sich, für die $u_n(q)$ in die Determinante (14.8) Ausdrücke der Form (14.11), (14.12) einzusetzen und den entstehenden Ausdruck geeignet zu ordnen. Es zeigt sich dabei, daß durch das Resultat der Anwendung des Operators $s^2 = \sum\limits_{k=1}^{3} \sum\limits_{r=1}^{N} s_{rk}^2$ auf die Spineigenfunktionen, das immer in ihrer Multiplikation mit einer Zahl der Form $s(s+1)$ besteht, der Symmetriecharakter der Spin-, und damit wegen des Ausschließungsprinzips auch der Ortseigenfunktionen bereits eindeutig bestimmt ist. Daraus folgt dann, daß bei Russell-Saunders-Koppelung (Kleinheit der Wirkung von $H^{(2)}$ gegenüber

---

[1] Vgl. P. A. M. Dirac, Proc. Roy. Soc. Lond., Ser. A **123**, 714 (1929); J. C. Slater, Phys. Rev. **34**, 1293 (1929); für zusammenfassende Darstellungen, Rapport du Congrès de Solvay 1930, Referat Pauli, besonders I, § 4; ferner M. Born, Z. Physik **64**, 729 (1930); Ergebn. exakt. Naturw. **10**, 387 (1931).

derjenigen von $\boldsymbol{H}^{(1)}$) auch bei N Elektronen die Terme in verschiedene Multipletts auseinandertreten, die sich energetisch durch Linearkombinationen von „Austauschintegralen" unterscheiden.

Es sei noch bemerkt, daß die Anwendung der früheren Überlegungen über Stöße auf die Symmetrie der Eigenfunktionen bei Vertauschungen der Ortskoordinaten allein ergibt, daß selbst bei Vernachlässigung der Spinkräfte beim Stoß eines Elektrons auf ein Atom, dieses in einen Term mit anderer Multiplizität als der Ausgangsterm übergeführt werden kann. Denn es können hier außer der symmetrischen und der antisymmetrischen noch andere Symmetrieklassen vorkommen.

Es bleibt uns noch übrig, die statistischen Anwendungen zu besprechen, die für Systeme aus vielen gleichartigen Teilchen mit einer bestimmten Symmetrieklasse (symmetrische oder antisymmetrische) charakteristisch sind. Zu diesem Zwecke denken wir uns eine große Zahl von kräftefreien Teilchen in einem abgeschlossenen Volumen V, so daß die Eigenfunktionen stehende ebene Wellen sind. Die Anzahl der stationären Zustände eines Teilchens, die im Volumelement $p_k, p_k + dp_k$ $(k=1, 2, 3)$ des Impulsraumes liegen, ist dann

$$Z = V \frac{1}{h^3} \, dp_1 \, dp_2 \, dp_3.$$

Für Teilchen mit Spin kommt noch der Gewichtsfaktor $g = 2s + 1$ hinzu ($g = 2$ für Elektronen und Protonen), doch sehen wir der Einfachheit halber zunächst hiervon ab. Es ist dann zweckmäßig, nicht einen einzigen Zustand zu betrachten, sondern eine Gruppe von Z Zuständen der betrachteten Art, wobei Z eine große Zahl sein soll. Andererseits soll die Energie der Teilchen innerhalb der Gruppe so wenig variieren, daß der Boltzmann-Faktor $e^{-\frac{E}{kT}}$ für die Zustandsgruppe merklich konstant ist. Es ist dann die Frage nach der a priori Wahrscheinlichkeit W dafür, daß N Teilchen in dieser Zustandsgruppe liegen. Diese ist nach allgemeinen Prinzipien gegeben durch die Anzahl der stationären Zustände des Gesamtsystems von N Teilchen, bei denen jedes Teilchen einen Impuls zwischen p_k und $p_k + dp_k$ hat. Diese Zahl hängt ab von der Symmetrieklasse und ist verschieden von der a priori Wahrscheinlichkeit bei unabhängigen Teilchen, die einfach

$$W = Z^N \tag{14.17}$$

beträgt. Bei Teilchen mit symmetrischen Zuständen liegt die Sache wesentlich anders. Dem Fall, daß das erste Teilchen im Zustand 1, das zweite Teilchen im Zustand 2, und dem anderen, daß das zweite Teilchen im Zustand 1, das erste im Zustand 2 sich befindet, entspricht nur *ein* Zustand des aus zwei Teilchen bestehenden Systems, also ist es hier a priori gleich wahrscheinlich, daß von zwei vorhandenen Teilchen das *eine* im Zustand 1, das andere im Zustand 2 ist, wie daß beide im selben Zustand 1 bzw. im selben Zustand 2 sind. Bei unabhängigen Teilchen wäre dagegen die Wahrscheinlichkeit von jeder der letzteren Möglichkeiten nur halb so groß als die Wahrscheinlichkeit der ersteren. Allgemein ist bei N Teilchen jede symmetrische Eigenfunktion eindeutig dadurch charakterisiert, daß angegeben wird, *wie viele* von den N Molekülen in jedem der Z-Zustände der Gruppe sich befinden. Wir wollen eine solche Angabe ein „Zerlegungsbild" nennen. Man findet die Anzahl dieser Zerlegungsbilder als gleich

$$W = \frac{(N + Z - 1)!}{N! \, (Z - 1)!} \quad \text{(symmetrische Zustände)}. \tag{14.18a}$$

Im Falle der antisymmetrischen Eigenfunktionen (Ausschließungsprinzip) sind von diesen Zerlegungsbildern alle diejenigen zu streichen, in denen mehr als ein Teilchen im selben Zustand ist. Man findet dann

$$W = \frac{Z!}{N!\,(Z-N)!} \quad \text{(antisymmetrische Zustände)}, \quad (14.18\,\text{b})$$

wobei notwendig $N \leq Z$ sein muß. Hat man mehrere Gruppen von Zuständen des einzelnen Teilchens, so ist die Anzahl der entsprechenden Zustände des Gesamtsystems gleich dem Produkt der Zahlen W für die einzelnen Gruppen. [Bei unabhängigen Teilchen kommt dann noch der Faktor $N!/(N_1!\,N_2!\,...)$ hinzu, worin die N_n die Anzahlen der Teilchen in den einzelnen Gruppen bedeuten, während $N = \sum_n N_n$ die Gesamtzahl der Teilchen ist. Für Teilchen mit Spin sind diese W einfach in die Potenz g zu erheben, wenn unter N die Teilchenzahl mit bestimmtem Spinzustand verstanden wird.]

Vor Kenntnis der Symmetrieeigenschaften der Eigenfunktionen von N gleichen Teilchen schien besonders die den symmetrischen Zuständen entsprechende Zählweise als eine besondere hypothetische Vorschrift. Sie wurde von BOSE[1] eingeführt, da sie bei der Auffassung der Strahlung als eines aus korpuskularen Lichtquanten bestehenden Gases zu richtigen Resultaten führt. Von EINSTEIN[1] wurde sie sodann auf materielle Gase übertragen. Man spricht deshalb auch oft von EINSTEIN-BOSE-*Statistik*. Es handelt sich jedoch nicht um eine neue Art von Statistik, da, wie wir jetzt wissen, die a priori Wahrscheinlichkeiten stets der Anzahl der betreffenden stationären Zustände des Gesamtsystems proportional sind. Wir sprechen daher lieber von der Statistik symmetrischer Zustände. Sie ist bei denjenigen materiellen Teilchen anzuwenden, die solche symmetrische Zustände besitzen, wie z.B. die α-Teilchen. Für Teilchen, die das Ausschließungsprinzip befolgen, wurden die entsprechenden statistischen Folgerungen von FERMI[1] gezogen sowie unabhängig von ihm von DIRAC[1], der seine Überlegungen bereits auf die antisymmetrischen Eigenfunktionen basiert hat. Man spricht daher auch oft von FERMI-DIRAC-*Statistik*, wir wollen es aber vorziehen, von Statistik antisymmetrischer Zustände zu sprechen[2].

Von einer Anwendung dieser beiden Arten von Statistik soll noch gesprochen werden, da sie ohne Eingehen auf Wärmefragen formuliert werden kann. Es handelt sich bei der hier betrachteten Gesamtheit von N kräftfreien Teilchen eines bestimmten Geschwindigkeitsintervalles um die Schwankungen der Teilchenzahl und der Energie in einem Teilvolumen. Die Verhältnisse bei der Teilchenzahl sind einfacher und sollen zuerst besprochen werden. Ist x_r eine Abkürzung für die drei Raumkoordinaten des n-ten Teilchens, so ist

$$n(x_1, \ldots, x_N) = \sum_{r=1}^{N} \int_v d^3x\, \delta(x - x_r) \tag{14.19}$$

gleich der Anzahl derjenigen x_r, die im betrachteten Teilvolumen v liegen, über das zu integrieren ist. Es ist dann

$$\bar{n} = \int n(x_1, \ldots, x_N)\,|U(x_1, \ldots, x_N)|^2\, dx_1 \ldots dx_N,$$

$$\overline{n^2} = \int n^2(x_1, \ldots, x_N)\,|U(x_1, \ldots, x_N)|^2\, dx_1 \ldots dx_N,$$

---

[1] Vgl. Fußnote 1, S. 110.

[2] Über die weiteren thermodynamischen Folgerungen und Anwendungen hiervon vgl. die Monographie von L. BRILLOUIN, Die Quantenstatistik. Berlin 1931; ferner P. JORDAN, Statistische Mechanik auf quantentheoretischer Grundlage. Braunschweig 1933.

wenn $U(x_1, \ldots, x_r)$ die Eigenfunktion bedeutet. Die Integrale lassen sich ausführen. Hat man mit der betrachteten Gruppe von Z Zuständen zu tun, worin Z eine große Zahl ist und jeder Zustand des Gesamtsystems in der Gruppe als gleich wahrscheinlich betrachtet wird, beschränkt man sich ferner der Einfachheit halber auf den Fall, daß das Teilvolumen v klein ist gegen das Gesamtvolumen, so ergibt sich mit $z = Z \dfrac{v}{V}$ das bekannte Resultat[1]

$$\overline{(\Delta n)^2} = \overline{n^2} - (\overline{n})^2 = \overline{n} + \frac{\overline{n^2}}{z} \qquad \text{für symmetrische Zustände,} \qquad (14.20\,\text{a})$$

$$\overline{(\Delta n)^2} = \overline{n^2} - (\overline{n})^2 = \overline{n} - \frac{\overline{n^2}}{z} \qquad \text{für antisymmetrische Zustände,} \qquad (14.20\,\text{b})$$

für unabhängige Teilchen ist dagegen bekanntlich $\overline{(\Delta n)^2} = \overline{n}$. Es ist wichtig zu bemerken, daß hierin Größen von der relativen Ordnung $1/z$ zu den angeschriebenen Termen vernachlässigt sind.

Bei der entsprechenden Frage der Energie in einem Teilvolumen ist eine gewisse Vorsicht geboten, da ja die Kenntnis des Impulses der Teilchen nach sich zieht, daß der Ort nur mit einer gewissen Ungenauigkeit bekannt ist. Im Gegensatz zur Messung der Teilchenzahl in einem Teilvolumen — diese kann ja einfach so erfolgen, daß man die Orte aller Teilchen bestimmt, deren Zahlwerte in den verlangten Grenzen liegen — kann die Energie immer nur so bestimmt werden, daß man Wände (Potentialberge) oder analoge äußere Einflüsse einschaltet, welche die Abgrenzung der Teilvolumina bedingen. Die Energie in dem Teilvolumen nach diesem Eingriff ist dann im wesentlichen übereinstimmend mit der Energie, die vor dem Eingriff in einem Volumen war, dessen Grenzen um die Größenordnung der Wellenlänge der Materiewellen unbestimmt war. Nur wenn das Teilvolumen groß ist gegen diese mittlere Wellenlänge, hat die Frage nach der Energie im Teilvolumen überhaupt einen bestimmten Sinn. Nach Heisenberg[2] muß dies beachtet werden, wenn gewisse Singularitäten vermieden werden sollen, die zunächst auftreten, wenn man die Energie im Teilvolumen etwa in der Form ansetzt

$$E = \frac{1}{2m} \sum_r \boldsymbol{p}_r D(\boldsymbol{x}_r)\, \boldsymbol{p}_r, \qquad D(x) = \int_v \delta(x - x')\, d^3x'.$$

Die Singularität verschwindet jedoch, wenn man die Funktion $D(x)$ durch eine stetige Funktion ersetzt, d.h. eine Gewichtsfunktion einführt, die außerhalb des betrachteten Gebietes v zwar steil, aber kontinuierlich verschwindet,

$$\int_v G(x')\, \delta(x - x')\, d^3x = G(x)$$

und

$$E = \frac{1}{2m} \sum_r \boldsymbol{p}_r G(\boldsymbol{x}_r)\, \boldsymbol{p}_r$$

bildet. Es ergibt sich dann analog zu (14.20)

$$\overline{(\Delta E)^2} = \overline{E^2} - \overline{E}^2 = \frac{1}{2m} p^2\, \overline{E} + \frac{\overline{E}^2}{z} \qquad \text{für symmetrische Zustände,} \qquad (14.21\,\text{a})$$

$$\overline{(\Delta E)^2} = \overline{E^2} - \overline{E}^2 = \frac{1}{2m} p^2 \overline{E} - \frac{\overline{E}^2}{z} \qquad \text{für antisymmetrische Zustände.} \qquad (14.21\,\text{b})$$

---

[1] Ich verdanke die Ausführung der Rechnung nach dieser Methode Herrn R. Peierls.
[2] W. Heisenberg: Leipzig. Akad., math.-phys. Kl. **83**, 3 (1931).

Es muß hier eine eigenartige mathematische Methode besprochen werden, die von JORDAN und KLEIN[1] (Fall symmetrischer Zustände) und JORDAN und WIGNER[2] herrührt und als nochmalige Quantelung von Wellen im gewöhnlichen dreidimensionalen Raum bezeichnet werden kann. Diese Methode ist entstanden durch Betrachtung der Analogie zwischen Materieteilchen mit symmetrischen Zuständen einerseits und den Lichtquanten der Strahlung andererseits. Es ist zweifelhaft, ob es sich dabei um eine wirklich tiefgehende physikalische Analogie handelt, und es ist auch erwiesen, daß alle Resultate der Wellenmechanik auch ohne Anwendung dieser Methode gewonnen werden können. Zum mindesten als Rechenmethoden müssen sie aber angeführt werden.

In Ziff. 9 haben wir die Wahrscheinlichkeit dafür, daß ein Teilchen in dem durch die Eigenfunktion $u_n(x)$ beschriebenen Zustand sich befindet, durch $c_n^* c_n$ beschrieben. Wir führen nun (zeitabhängige) Operatoren (Matrizen) a_n^* und a_n ein, die den V.-R. genügen,

$$a_n a_m^* - a_m^* a_n = \begin{cases} 0 & \text{für} \quad n \neq m, \\ 1 & \text{für} \quad n = m, \end{cases} \tag{14.22a}$$

während

$$a_n a_m - a_m a_n = 0; \quad a_n^* a_m^* - a_m^* a_n^* = 0. \tag{14.22a'}$$

Hierbei soll a^* stets den zu a hermitesch-konjugierten Operator bedeuten. Dann ist leicht zu sehen, daß die Eigenwerte von

$$a_m^* a_m = N_m \tag{14.23}$$

die ganzen Zahlen 0, 1, 2, ... sind. Schreibt man N_m als Diagonalmatrix, so werden die Matrizen von a_m^* und a_m

$$(a_m^*)_{N_m N_m'} = \begin{cases} \sqrt{N_m} & \text{für} \quad N_m' = N_m - 1, \\ 0 & \text{sonst,} \end{cases} \tag{14.24a}$$

$$(a_m)_{N_m N_m'} = \begin{cases} \sqrt{N_m + 1} & \text{für} \quad N_m' = N_m + 1, \\ 0 & \text{sonst.} \end{cases} \tag{14.24a'}$$

Es führt also a_m^* als Operator, angewandt auf eine Funktion $f(N_m)$ diese in $\sqrt{N_m + 1}\, f(N_m + 1)$ über, ebenso führt $a_m f(N_m)$ in $\sqrt{N_m}\, f \cdot (N_m - 1)$ über. Setzen wir

$$a_m^* = \sqrt{N_m}\, \varDelta_m^*, \quad a_m = \varDelta_m \sqrt{N_m}, \tag{14.25}$$

worin

$$\varDelta_m^* \varDelta_m = 1\,[3], \tag{14.26}$$

so wird also

$$\left.\begin{array}{l} \varDelta f(N_m) = f(N_m - 1), \\ \varDelta^* f(N_m) = f(N_m + 1). \end{array}\right\} \tag{14.27}$$

Ganz ähnliche V.-R. lassen sich nach JORDAN und WIGNER für die Teilchen mit antisymmetrischen Zuständen aufstellen, wo die N_n nur die Werte 0 und 1 haben können. Man kann hier nach diesen Verfassern setzen

$$a_n a_m^* + a_m^* a_n = \begin{cases} 0 & \text{für} \quad n \neq m, \\ 1 & \text{für} \quad n = m, \end{cases} \tag{14.22b}$$

wobei wieder

$$a_n a_m + a_m a_n = 0, \quad a_n^* a_m^* + a_m^* a_n^* = 0 \quad \text{für} \quad m \neq n, \tag{14.22b'}$$

$$a_n^* a_n = N_n. \tag{14.23}$$

Ferner werden die Matrizen jetzt

$$(a_n^*)_{1,0} = \varepsilon_n, \quad (a_n)_{0,1} = \varepsilon_n, \quad (a_n^*)_{N_n N_n'} = (a_n)_{N_n' N_n}, \tag{14.24b}$$

worin $\varepsilon_n = \pm 1$ ein noch zu bestimmendes von n abhängiges Vorzeichen ist. Um dieses Vorzeichen festzulegen, muß man die Zustände n in eine bestimmte Reihenfolge gebracht denken. Dann kann man setzen

$$\varepsilon_n = \prod_{m \leq n} (1 - 2N_m); \tag{14.28}$$

---

[1] P. JORDAN u. O. KLEIN: Z. Physik **45**, 751 (1927).

[2] P. JORDAN u. E. WIGNER: Z. Physik **47**, 631 (1928).

[3] Man schreibt oft $\varDelta_m = e^{\frac{i}{\hbar}\Theta_m}$, um (14.26) identisch zu erfüllen.

es ist gleich $+1$ oder -1, je nachdem die Anzahl derjenigen *besetzten* Zustände, die *vor* dem betrachteten Zustand liegen, gerade oder ungerade ist. Dann hat man zu setzen

$$
\begin{aligned}
a_n^* f(N_1 \ldots 0_n \ldots) &= \quad \varepsilon_n(N_1 \ldots 0_n \ldots) f(N_1 \ldots 1_n \ldots) \\
&= -\varepsilon_n(N_1 \ldots 1_n \ldots) f(N_1 \ldots 1_n \ldots), \\
a_n^* f(N_1 \ldots 1_n \ldots) &= 0.
\end{aligned}
\tag{14.29}
$$

$$
\begin{aligned}
a_n f(N_1 \ldots 0_n \ldots) &= 0, \\
a_n f(N_1 \ldots 1_n \ldots) &= \varepsilon(N_1 \ldots 0_n \ldots) f(N_1 \ldots 0_n \ldots) \\
&= -\varepsilon_n(N_1 \ldots 1_n \ldots) f(N_1 \ldots 0_n \ldots).
\end{aligned}
\tag{14.29'}
$$

Von den a_n, a_n^* kann man leicht zu den ψ-Funktionen selbst übergehen gemäß

$$
\psi(q) = \sum_n a_n(t)\, u_n(q); \quad \psi^*(q) = \sum_n a_n^*(t)\, u_n^*(q),
\tag{14.30}
$$

worin q Orts- und Spinkoordinaten zusammenfaßt und die u_n und u_n^* gewöhnliche Zahlen sind und ein normiertes Orthogonalsystem bilden. Der letztere Umstand hat zur Folge, daß die zu (14.22a, b) analogen V.-R. gelten

$$
\psi(q)\,\psi^*(q') \mp \psi^*(q')\,\psi(q) = \delta(q - q')\mathbf{1},
\tag{14.31}
$$

$$
\psi^*(q)\,\psi^*(q') \mp \psi^*(q')\,\psi^*(q) = 0, \quad \psi(q)\,\psi(q') \mp \psi(q')\,\psi(q) = 0,
\tag{14.31'}
$$

worin das obere bzw. untere Vorzeichen gilt, je nachdem es sich um symmetrische oder antisymmetrische Zustände handelt. Es steht hierin $\delta(q-q')$ für $\delta(x-x')\,\delta_{\mu\mu'}$, wenn $\delta_{\mu\mu'}$ das gewöhnliche δ-Symbol für die diskreten Spinkoordinaten ist.

Als Anwendung dieser Methode kann man zunächst wieder die Energie- und Dichteschwankungen berechnen, wobei man zu bilden hat

$$
n = \sum_{s_3} \int_v \psi\,\psi^*\, d^3x,
$$

$$
E = \sum_{s_3} \int_v \frac{\hbar}{2m}\, \frac{\partial \psi}{\partial x}\, \frac{\partial \psi^*}{\partial x}\, d^3x
$$

und die Mittelwerte (Erwartungswerte) von n, n^2 bzw. E, E^2 über die betrachtete Gruppe von Zuständen zu bilden hat. Das Resultat ist dasselbe wie bei der Berechnung im Konfigurationsraum[1].

Dies ist ein Spezialfall der *allgemeinen Äquivalenz der Methode der quantisierten Eigenschwingungen und der Methode des Konfigurationsraumes*, die — wie die genannten Verfasser gezeigt haben — sich sogar auf das Problem von gleichen Teilchen mit Wechselwirkungskräften erstreckt. Es sei

$$
H = \frac{1}{2m} \sum_r \left[-\hbar^2 \frac{\partial^2}{\partial x_r^2} + \sum_r V_r(q_r) + \sum_{r<s} \Omega(q_r, q_s) \right]
\tag{14.32}
$$

der Hamilton-Operator. Hierin sind die äußeren Kräfte durch $V(q_r)$ dargestellt, während die von einem Paar von Teilchen abhängige Funktion Ω die Wechselwirkung beschreibt. Bei den Coulombschen elektrostatischen Kräften war ja $H_{rs} = \dfrac{e^2}{r_{rs}}$; im Hinblick auf spätere Verallgemeinerungen, welche die magnetische Wechselwirkung der Teilchen betreffen, wollen wir zulassen, daß V und Ω auch von den Spinkoordinaten abhängen. Würde man $\varrho(q) = \psi^*(q)\psi(q)$ als klassische Ladungswolke denken, so würde man die Wechselwirkungsenergie der Teilchen r und s klassisch schreiben

$$
\iint dq_r\, dq_s\, \Omega(q_r, q_s)\, \varrho(q_r)\, \varrho(q_s).
$$

---

[1] Bei dieser Methode wird die Energiedichte kräftefreier Massenpunkte formal analog zur Energiedichte einer schwingenden Saite mit quantisierten Eigenschwingungen. Dieses letztere System wurde schon von M. Born, W. Heisenberg u. P. Jordan, Z. Physik **35**, 557 (1925), auf seine Schwankungseigenschaften untersucht.

In Anologie hierzu hat man den HAMILTON-Operator zu definieren durch

$$H = \frac{1}{2m} \sum_{s_a r} \int \left[\hbar^2 \frac{\partial \psi^*}{\partial x_r} \frac{\partial \psi}{\partial x_r} + V(q_r) \psi^* \psi \right] d^3 x_r + \\ + \sum_{s_a r, s_a s} \iint \psi^*(q') \psi^*(q) \, \Omega(q, q') \, \psi(q') \, \psi(q) \, dq_r \, dq_s, \tag{14.32'}$$

worin ψ^*, ψ die eben verwendeten Operatoren sind, die nach (14.30) durch die Operatoren a_r^*, a_s^* ausgedrückt werden können, die bei Entwicklung von ψ nach einem passenden Orthogonalsystem entstehen. Führen wir die Anzahlen N_n der Teilchen in den durch dieses System definierten Zuständen n als Variable einer Wellenfunktion $\Phi(N_1, N_2, \dots t)$ ein, auf welche der durch (14.32') definierte Operator wirkt, so können wir eine Wellengleichung aufstellen gemäß

$$- \frac{\hbar}{i} \frac{\partial \Phi}{\partial t} = H \Phi(N_1, N_2, \dots t). \tag{14.33}$$

Es zeigt sich, daß die Folgerungen aus dieser Wellengleichung vollständig übereinstimmen mit der Folgerung aus der Wellengleichung im Konfigurationsraum, zu welcher der HAMILTON-Operator (14.32) Anlaß gibt. Dies gilt sowohl für Teilchen mit symmetrischen als auch für Teilchen mit antisymmetrischen Zuständen[1]. Für diese Übereinstimmung ist die Reihenfolge der Faktoren in (14.32') wesentlich.

Sind mehrere verschiedene Teilchensorten vorhanden (z.B. Elektronen und Protonen), so kann man für jede Teilchensorte besondere ψ-Operatoren einführen, wobei die ψ-Operatoren, die zu verschiedenen Teilchensorten gehören, vertauschbar sind.

Dies ist, kurz skizziert, die Methode der quantisierten Eigenschwingungen. Es ist zu betonen, daß trotz der formalmathematischen Analogie ein wesentlicher physikalischer Unterschied besteht zwischen dem Übergang von den Größen p, q der klassischen Punktmechanik zu den wellenmechanischen Operatoren p, q einerseits, von den Funktionen im gewöhnlichen Raum ψ^*, ψ zu den Operatoren ψ^*, ψ andererseits. Denn schon die Funktionen ψ^*, ψ sind symbolische Größen, die selbst nicht direkt beobachtbar sind und das Wirkungsquantum enthalten.

15. Korrespondenzmäßige Behandlung der Strahlungsvorgänge. Historisch hat bekanntlich der Vorgang der Lichtemission bei der Begründung der HEISENBERGschen Matrixtheorie eine wesentliche Rolle gespielt, indem die Matrixelemente des elektrischen Momentes des Atoms in unmittelbarer Anlehnung an die klassische Elektrodynamik direkt mit den elektrischen Feldstärken des bei den zugeordneten Übergängen emittierten Lichtes in Verbindung gebracht wurden. Von BORN, HEISENBERG und JORDAN[2] wurde dieser Formalismus sodann auf Dispersionsphänomene ausgedehnt. Eine entsprechende wellenmechanische Behandlungsweise wurde von KLEIN[3] gegeben. Dabei zeigte es sich jedoch, daß bei dem Schluß von dem Moment des Atoms auf die ausgesandte Strahlung besondere Vorschriften eingeführt werden müssen, die anscheinend nicht aus den allgemeinen Prinzipien der Quantenmechanik gefolgert werden konnten. Es ist dies ein Mangel, der erst in der von DIRAC eingeführten konsequenten quantenmechanischen Behandlung der Lichtwellen behoben wird. Da andererseits diese konsequente Theorie zu besonderen, mit dem Problem der Struktur des Elektrons selbst zusammenhängenden Schwierigkeiten führt, ist auch die ursprüngliche, sich infolge des Verzichtes auf eine Quantelung des elektromagnetischen Feldes enger an die korrespondierende klassische Theorie anlehnende Behandlungsweise der Strahlungsvorgänge von besonderem Interesse. Wir wollen diese im folgenden so formulieren, daß die Übertragung der Überlegungen und Schlüsse in die DIRACsche Strahlungstheorie in möglichst direkter Weise geschehen kann.

---

[1] Vgl. für den Beweis außer den zitierten Arbeiten auch V. FOCK, Z. Physik **75**, 622 (1932), sowie das Buch von W. HEISENBERG, Die physikalischen Prinzipien der Quantentheorie. Leipzig 1930.

[2] M. BORN, W. HEISENBERG u. P. JORDAN: Z. Physik **35**, 557 (1926).

[3] O. KLEIN: Z. Physik **41**, 407 (1927).

Dabei sollen über die Anzahl der Elektronen im Atom und über das Verhältnis von Wellenlänge zu Atomdimensionen zunächst keine einschränkenden Voraussetzungen eingeführt werden.

Betrachten wir zunächst *klassisch* ein System von Teilchen, über die bestimmte statistische Daten vorliegen, nämlich zu jeder Konfiguration der Lagen $x_k^{(a)}$ ($k=1, 2, 3$; $a=1, \ldots, N$) der Teilchen mit ihrem Spielraum $dx_k^{(a)}$ eine Wahrscheinlichkeit $\varrho(x_k^{(1)}, \ldots, x_k^{(N)}; t)$ dieser Konfiguration und ein zugehöriger mittlerer Strom $i_k^{(a)}(x_l^{(1)}, \ldots, x_l^{(N)}; t)$ des Teilchens (a). Es sind dann überdies

$$\left.\begin{aligned}
\bar\varrho^{(a)} &= \int \varrho\, d^3x^1 \ldots d^3x^{(a-1)}\, d^3x^{(a+1)} \ldots d^3x^{(N)}, \\
\bar i_k^{(a)} &= \int i_k^{(a)}\, d^3x^1 \ldots d^3x^{(a-1)}\, d^3x^{(a+1)} \ldots d^3x^{(N)}
\end{aligned}\right\} \qquad (15.1)$$

die über die Lagen der übrigen Teilchen gemittelten Werte von Dichte und Strom des Teilchens (a) im Raumpunkt $x_k^{(a)}$ zur Zeit t. Die mittleren Werte des skalaren Potentials Φ_0 und des Vektorpotentials Φ_k im Aufpunkt P mit den Koordinaten x_P zur Zeit t sind dann nach der klassischen Elektrodynamik bekanntlich

$$\left.\begin{aligned}
\Phi_0(x_P; t) &= \sum_{a=1}^{N} \int \frac{\bar\varrho^{(a)}\left(x_Q; t - \dfrac{r_{PQ}}{c}\right)}{r_{PQ}}\, d^3x_Q^{(a)}, \\
\Phi_k(x_P; t) &= \sum_{a=1}^{N} \int \frac{\bar i_k^{(a)}\left(x; t - \dfrac{r_{PQ}}{c}\right)}{r_{PQ}}\, d^3x_Q^{(a)}.
\end{aligned}\right\} \qquad (15.2)$$

Diese Ausdrücke vereinfachen sich, wenn wir Entfernungen des Aufpunktes P von den Quellpunkten Q betrachten, die groß sind gegen die Dimensionen des Gebietes, in denen $\bar\varrho^{(a)}$ und $\bar i_k^{(a)}$ merklich von Null verschieden sind, kurz gesagt gegen die Dimensionen des Systems. In der Wellenzone von P, auf deren Betrachtung wir uns in dieser Ziffer grundsätzlich beschränken, können wir, unter Einführung der Entfernung R_P des Außenpunktes von einem festen Punkt O im System, in bekannter Weise setzen

$$r_{PQ} = R_P - (\vec x_Q \vec n), \qquad (15.3)$$

wenn $\vec n$ einen Einheitsvektor in der Richtung von O nach P, und $\vec x_Q$ den Vektor von O nach Q bedeutet. Wir beschränken uns sodann in dieser Wellenzone konsequenterweise sowohl in den Ausdrücken für die Potentiale als auch in den aus ihnen folgenden für die Feldstärken auf die zu $1/R_P$ proportionalen Terme. Aus (15.2) und (15.3) folgt dann

$$\left.\begin{aligned}
\Phi_0(x_P; t) &= \frac{1}{R_P} \sum_{a=1}^{N} \int \bar\varrho^{(a)}\left(x_Q; t - \frac{R_P}{c} + \frac{1}{c}(\vec x_Q, \vec n)\right) d^3x_Q^{(a)}, \\
\Phi_k(x_P; t) &= \frac{1}{R_P} \sum_{a=1}^{N} \int \frac{1}{c}\, \bar i_k^{(a)}\left(x_Q; t - \frac{R_P}{c} + \frac{1}{c}(\vec x_Q, \vec n)\right) d^3x_Q^{(a)}.
\end{aligned}\right\} \qquad (15.4)$$

Beim Übergang zu den Feldstärken haben wir zu beachten, daß bei den Differentiationen nach $(x_P)_k$ in der hier betrachteten Näherung R_P konstant zu lassen ist und aus

$$\frac{\partial}{\partial x_{k,P}} \int f\left(x_Q; t - \frac{r_{PQ}}{c}\right) d^3x_Q = -\frac{1}{c}\frac{\partial}{\partial t} \int f\left(x_Q; t - \frac{r_{PQ}}{c}\right) \frac{\partial r_{PQ}}{\partial x_{k,P}}\, d^3x_Q$$

$$= +\frac{1}{c}\frac{\partial}{\partial t} \int f\left(x_Q; t - \frac{r_{PQ}}{c}\right) \frac{\partial r_{PQ}}{\partial x_{k,Q}}\, d^3x_Q$$

in der Wellenzone gemäß (15.3) folgt

$$\frac{\partial}{\partial x_{k,P}} \int f\Big(x_Q; t - \frac{r_{PQ}}{c}\Big) d^3x_Q = - \frac{1}{c} n_k \frac{\partial}{\partial t} \int f\Big(x_Q; t - \frac{r_{PQ}}{c}\Big) d^3x_Q.$$

Man erhält dann für die zu $1/R_P$ proportionalen Anteile der Feldstärken

$$\left.\begin{aligned}
\vec{\mathscr{E}} &= - \frac{1}{c} \frac{\partial \vec{\Phi}}{\partial t} - \operatorname{grad} \Phi_0 = - \frac{1}{c} \frac{\partial \vec{\Phi}}{\partial t} + \vec{n} \frac{1}{c} \frac{\partial \Phi_0}{\partial t}, \\
\vec{\mathscr{H}} &= \operatorname{rot} \vec{\Phi} = - \Big[\vec{n}, \frac{1}{c} \frac{\partial \vec{\Phi}}{\partial t}\Big].
\end{aligned}\right\} \tag{15.5}$$

Während $\vec{\mathscr{H}}$ auf $\vec{n}$ senkrecht steht, scheint $\vec{\mathscr{E}}$ zunächst einen longitudinalen, d.h. zu n parallelen Teil zu enthalten. Auf Grund der Kontinuitätsgleichung für $\vec{i}^{(a)}$ und $\bar{\varrho}^{(a)}$ folgert man aber leicht die in der Wellenzone gültige Beziehung[1]

$$\frac{1}{c} \frac{\partial \Phi_0}{\partial t} = \frac{1}{c} \Big(\vec{n} \frac{\partial \vec{\Phi}}{\partial t}\Big), \tag{15.6}$$

die nach (15.5) das Verschwinden des longitudinalen Teiles der Feldstärke

$$(\vec{\mathscr{E}} \vec{n}) = 0 \tag{15.6'}$$

in der Wellenzone [d.h. daß $(\vec{\mathscr{E}} \vec{n})$ rascher als $1/R_P$ verschwindet] zur Folge hat. Unter Einführung der transversalen Komponente

$$\vec{\Phi}_{\mathrm{tr}} = \vec{\Phi} - \vec{n}(\vec{n} \vec{\Phi}) = \frac{1}{R_P} \sum_{a=1}^{N} \frac{1}{c} \int \vec{i}_{\mathrm{tr}} \Big(x_Q; t - \frac{R_P}{c} + \frac{1}{c}(\vec{x}_Q, \vec{n})\Big) d^3x_Q^{(a)} \tag{15.7}$$

des Vektorpotentials kann man daher gemäß (15.6) die Relationen (15.5) auch schreiben

$$\vec{\mathscr{E}} = - \frac{1}{c} \frac{\partial \vec{\Phi}_{\mathrm{tr}}}{\partial t}; \quad \vec{\mathscr{H}} = - \Big[\vec{n}, \frac{1}{c} \frac{\partial \vec{\Phi}_{\mathrm{tr}}}{\partial t}\Big] = [\vec{n}, \vec{\mathscr{E}}]. \tag{15.8}$$

Der POYNTINGsche Vektor wird

$$\vec{S} = \frac{c}{4\pi} [\vec{\mathscr{E}}, \vec{\mathscr{H}}] = \frac{c}{4\pi} \vec{n} \mathscr{E}^2 = \frac{c}{4\pi} \vec{n} \mathscr{H}^2. \tag{15.9}$$

Wir kommen nun zu der Frage, wie diese Resultate der klassischen Theorie in die Quantenmechanik zu übertragen sind. In der Quantenmechanik ist ja jeder Zustand des Systems prinzipiell statistisch beschrieben, und zwar durch irgendeine Lösung

$$\psi(x_1 \ldots x_{3N}; t) = \sum_n c_n u_n(x_1 \ldots x_{3N}; t)$$

der zugehörigen Wellengleichung, in der die u_n irgendein normiertes Orthogonalsystem von speziellen Lösungen dieser Gleichungen bedeuten mögen. Zunächst könnte man vielleicht denken, daß man in den Ausdruck für den Strom $\vec{i}$, der ja bilinear in ψ^* und ψ ist, gerade diesen Ausdruck für ψ einzusetzen und

---

[1] Dies hängt damit zusammen, daß zufolge der Kontinuitätsgleichung die Ausdrücke (15.2) bekanntlich allgemein die Bedingung

$$\frac{1}{c} \frac{\partial \Phi_0}{\partial t} + \operatorname{div} \vec{\Phi} = 0$$

erfüllen, die in der Wellenzone in (15.6) übergeht.

dann $\vec{\Phi}_{tr}$ und $\vec{\mathscr{E}}$, $\mathscr{H}$ gemäß (15.7) und (15.8) zu bilden habe, welches den Mittelwert (Erwartungswert) des Potentials und der Feldstärken an einer Stelle liefern würde. *Die Messung der vom System emittierten Strahlung besteht aber niemals in einer Bestimmung des Erwartungswertes der Feldstärken.* Dieser verschwindet z.B. für einen stationären Zustand, wo $\vec{i}$ zeitunabhängig wird. *Vielmehr handelt es sich stets um die Bestimmung des Erwartungswertes von in den Feldstärken quadratischen Ausdrücken.* Später werden wir sogar sehen, daß bei Vorgängen geringer Lichtintensität, bei denen nur eine kleine und wohldefinierte Zahl von Lichtquanten eine Rolle spielt, die Feldstärken selbst stets als unmeßbar anzusehen sind (abgesehen von der trivialen Feststellung, daß das Zeitmittel ihres Erwartungswertes verschwindet). Allerdings ist es nicht nur möglich, das Zeitmittel der Quadrate der gesamten Feldstärken an einer Raumstelle zu messen, sondern, da die photographischen Platten, Ionisiationskammern, absorbierenden Atome usw., mit denen das Licht nachgewiesen wird, auf verschiedene Schwingungszahlen verschieden stark reagieren, auch die Zeitmittel der Amplitudenquadrate irgendwelcher Fourier-Schwingungen von $\vec{\mathscr{E}}$ oder $\mathscr{H}$. Hierbei ist an eine *zeitliche* Fourier-Zerlegung von $\vec{\mathscr{E}}$ und $\mathscr{H}$ gedacht, gemäß

$$\vec{\mathscr{E}}(x_P; t) = \sum_{\omega} \vec{\mathscr{E}}(\omega; x_P) e^{i\omega t}; \qquad \mathscr{H}(x_P; t) = \sum_{\omega} \mathscr{H}(x_P; \omega) e^{i\omega t},$$

worin die Summe unter Umständen auch durch ein Integral zu ersetzen ist und

$$\vec{\mathscr{E}}(-\omega) = \vec{\mathscr{E}}^*(\omega); \qquad \mathscr{H}(-\omega) = \mathscr{H}^*(\omega);$$

d.h. für ω und $-\omega$ nehmen die Amplituden konjugiert komplexe Werte an. Wieweit die räumliche Abhängigkeit der Erwartungswerte von $\vec{\mathscr{E}}_{\omega}^2$ durch Messung bestimmt werden kann, brauchen wir zunächst nicht zu untersuchen, es kann jedenfalls unter Umständen in räumlichen Gebieten geschehen, die klein gegen die Wellenlänge des Lichtes sind, wie man z.B. aus den bekannten Versuchen über stehende Lichtwellen weiß.

Da $\vec{i}$ bilinear in ψ und ψ^* ist, läßt sich der Erwartungswert jeder in den Feldstärkekomponenten linearen Größe F in der Form darstellen

$$F(x_P; t) = \sum_{n,m} c_n^* F_{n,m}(x_P; t) c_m, \qquad (15.10)$$

wenn $F_{n,m}$ Matrixelemente sind, die durch Substitution von $\psi^* = v_n^*$ und $\psi = v_m$ in $\vec{i}$ entstehen. Es ist dann der Erwartungswert von F^2

$$(F^2) = \sum_{n,m} c_n^* (F^2)_{n,m}(x_P; t) c_m = \sum_{n,m} c_n^* \sum_l F_{n,l}(x_P; t) F_{l,m}(x_P; t) c_m,$$

wie in Ziff. 9 gezeigt wurde. Weiter wird der zeitliche Mittelwert des Erwartungswertes (F^2):

$$\left.\begin{aligned}(\overline{F^2}) &= \sum_n c_n^* \sum_l \sum_{\omega} F_{n,l}(\omega; x_P) F_{l,m}(-\omega; x_P) c_m \\ &= \sum_n c_n^* \sum_l \sum_{\omega>0} [F_{n,l}(\omega; x_P) F_{l,m}(-\omega; x_P) + F_{n,l}(-\omega; x_P) F_{l,m}(\omega; x_P)] c_m.\end{aligned}\right\} \quad (15.11)$$

An dieser Stelle tritt eine gewisse Zweideutigkeit der korrespondenzmäßigen Deutung auf, da die $F_{n,m}(\omega; x_P)$ nicht hermitesch zu sein brauchen, sondern im allgemeinen nur gilt

$$F_{n,m}^*(\omega) = F_{m,n}(-\omega). \qquad (15.12)$$

Sie wird durch eine besondere, von KLEIN formulierte Vorschrift behoben, deren Sinn bei dieser Betrachtungsweise nicht verständlich ist, die aber notwendig ist, um mit der Erfahrung, ja sogar nur mit der Gültigkeit des Energiesatzes bei einzelnen Emissions- oder Streuprozessen in Einklang zu bleiben. Für die Wellenzone, d.h. außerhalb des emittierenden oder streuenden Systems selbst lautet diese Vorschrift folgendermaßen: *Vorschrift I.* Man teile jede betrachtete Größe F in $F^{(+)}$ und $F^{(-)}$ gemäß [1]

$$F = F^{(+)} + F^{(-)}, \tag{15.13}$$

$$F^{(+)} = \sum_{\omega>0} F(\omega; x_P)\, e^{i\omega t}; \quad F^{(-)} = \sum_{\omega<0} F(\omega; x_P)\, e^{+i\omega t} = \sum_{\omega>0} F(-\omega; x_P)\, e^{-i\omega t}, \tag{15.14}$$

also

$$F^+_{n,m} = \sum_{\omega>0} F_{n,m}(\omega; x_P)\, e^{i\omega t}; \; F^-_{n,m} = \sum_{\omega<0} F_{n,m}(\omega; x_P)\, e^{i\omega t} = \sum_{\omega>0} F_{n,m}(-\omega; x_P)\, e^{-i\omega t}, \tag{15.14'}$$

und ersetze das Zeitmittel des Erwartungswertes der klassischen Größe F^2 durch das von $2F^+F^-$ [2]:

$$(F^2) \to 2(F^+ F^-) \tag{15.15}$$

und entsprechend

$$\left. \begin{aligned} & F(\omega)\, F(-\omega) + F(-\omega)\, F(\omega) \to 2 F(\omega)\, F(-\omega) \\ & \quad = 2 \sum_{n,m} c_n^* \sum_l F_{n,l}(\omega)\, F_{l,m}(-\omega)\, c_m. \end{aligned} \right\} \tag{15.15'}$$

Diese Vorschrift ist in gleicher Weise bei Emission und Streuung anzuwenden, wobei in ersterem Fall für v_n orthogonale Lösungen der Wellengleichung des ungestörten Systems, im zweiten Fall orthogonale Lösungen [3] des durch die äußere Strahlung gestörten Systems anzusetzen sind. Welches (zeitabhängige) Orthogonalsystem verwendet wird, bleibt vorläufig ganz beliebig.

Als Anwendung dieser allgemeinen Überlegungen betrachten wir die Lichtemission näher und wählen für die v_n die den stationären Zuständen des ungestörten Systems entsprechenden Lösungen

$$u_n(x_1, \ldots, x_{3N})\, e^{-\frac{iE_n}{\hbar}t},$$

die exponentiell von der Zeit abhängen. Die Matrizen der transversalen Komponente des Vektorpotentials des emittierten Lichtes werden dann nach (15.7)

$$(\vec{\Phi}_{\mathrm{tr}})_{n,m} = \frac{e^{i v_{n,m} t}}{R} \frac{(-e)}{c} \sum_{a=1}^N \int \vec{i}_{\mathrm{tr}}^{(a)} (u_n^*, u_m)\, e^{i(\vec{k}_{n,m}\vec{x}^{(a)})}\, d^3 x^{(a)}. \tag{15.16}$$

Hierin ist die Emissionsfrequenz gesetzt

$$v_{n,m} = \frac{E_n - E_m}{\hbar}, \tag{15.17}$$

und der Ausbreitungsvektor $\vec{k}_{n,m}$ des emittierten Lichtes ist

$$\vec{k}_{n,m} = \frac{v_{n,m}}{c}.$$

---

[1] Wir haben hier $F^{(0)} = \overline{F}$ fortgelassen, da uns statische Felder hier nicht interessieren.
[2] Dazu vgl. auch neuerdings G. C. WICK, Phys. Rev. **80**, 268 (1950).
[3] Auch für zeitabhängige HAMILTON-Funktionen bleibt nach Ziff. 8 Orthogonalität und Normierung eines Lösungssystems der Wellengleichung im Lauf der Zeit bestehen, falls nur die HAMILTON-Funktion reell ist.

Der Faktor $(-e)$ der Elektronenladung wurde hinzugefügt, weil bei Lösungen, die auf 1 normiert sind, der früher angegebene Ausdruck für $\vec{i}$ den Teilchenstrom bedeutet. Gemäß (4.18) und (5.14) gilt

$$\vec{i}_k^{(a)}(u_n^*, u_m) = \frac{\hbar}{2m}\int d^3x^{(1)}\,d^3x^{(2)} \dots d^3x^{(a-1)}\,d^3x^{(a+1)} \dots d^3x^{(N)} \times \\ \times \frac{1}{i}\left(u_n^*\frac{\partial u_m}{\partial x_k^{(a)}} - u_m\frac{\partial u_n^*}{\partial x_k^{(a)}}\right), \qquad (15.18)$$

wenn wir der Einfachheit halber kein statisches Magnetfeld als vorhanden annehmen. In der relativistischen Theorie wird ein anderer Ausdruck für den Strom zu benutzen sein, aber (15.16) bleibt auch dort bestehen. Durch Einsetzen von (15.18) in (15.16) folgt die Hermitezität der Matrix $(\Phi_{\mathrm{tr}})_{n,m}$, wobei es wesentlich ist, daß die transversalen Komponenten genommen werden.

Gemäß (15.16) wird die Zerlegung von $\vec{\Phi}$ in Φ^+ und Φ^- sehr einfach, nämlich

$$\begin{aligned}
(\vec{\Phi}_{\mathrm{tr}})_{n,m}^{(+)} &= (\vec{\Phi}_{\mathrm{tr}})_{n,m} && \text{für} \quad \nu_{n,m} > 0\,(E_n > E_m)\,, \\
(\vec{\Phi}_{\mathrm{tr}})_{n,m}^{(+)} &= 0 && \text{für} \quad \nu_{n,m} < 0\,(E_n < E_m)\,, \\
(\vec{\Phi}_{\mathrm{tr}})_{n,m}^{(-)} &= 0 && \text{für} \quad \nu_{n,m} > 0\,(E_n > E_m)\,, \\
(\vec{\Phi}_{\mathrm{tr}})_{n,m}^{(-)} &= (\vec{\Phi}_{\mathrm{tr}})_{n,m} && \text{für} \quad \nu_{n,m} < 0\,(E_n < E_m)\,.
\end{aligned} \qquad (15.19)$$

Für die in der Richtung $\vec{n}$ pro räumlichen Winkel $d\Omega$ und Zeiteinheit ausgestrahlte Energie erhalten wir also nach (15.9), (15.16), (15.18), (15.19) auf Grund der Vorschrift (15.15) bei Einführung der Abkürzung

$$\vec{C}_{n,m} = \frac{\hbar}{2m}\,i\,\nu_{n,m}\int d^3x^{(1)} \dots d^3x^{(N)} \sum_{a=1}^{N} e^{i\vec{k}_{n,m}\vec{x}^{(a)}}\frac{1}{i}\left(u_n^*\frac{\partial u_m}{\partial \vec{x}_{\mathrm{tr}}^{(a)}} - u_m\frac{\partial u_n^*}{\partial \vec{x}_{\mathrm{tr}}^{(a)}}\right), \quad (15.20)$$

$$\vec{S} = \frac{c}{4\pi}\sum_m 2[\vec{\mathscr{E}}^{(+)}\times\vec{\mathscr{H}}^{(-)}]_{m;m} = \vec{n}\,\frac{e^2}{c^3}\,\frac{1}{4\pi}\,2\sum_{m(E_m < E_n)}|\vec{C}_{n,m}|^2. \quad (15.21)$$

Dies ist die emittierte Energie, wenn anfangs nur der Zustand n vorhanden war. Daß nur über diejenigen Zustände m zu summieren ist, für die $E_m < E_n$, rührt von der besonderen Vorschrift (15.15) her; hätte man auch $[\vec{\mathscr{E}}^{(-)}\times\vec{\mathscr{H}}^{(+)}]$ mitgenommen, so hätte man im Widerspruch mit dem Erhaltungssatz der Energie eine Emission bekommen, die Übergängen nach Zuständen größerer Energie als der des Ausgangszustandes entsprochen hätte.

Ist am Anfang nicht nur ein einziger stationärer Zustand, sondern ein allgemeines Wellenpaket

$$\sum_n c_n u_n$$

vorhanden, so hat man nach (15.5) zu bilden

$$|\vec{S}| = \frac{e^2}{c^3}\,\frac{1}{4\pi}\sum_{n,m}2c_n^*\left(\sum_l \vec{C}_{n,l}\,\vec{C}_{l,m}\right)e^{i\nu_{n,m}t}c_m \quad \text{mit} \quad E_l < E_n;\; E_l < E_m. \quad (15.22)$$

Bei der Bildung des Zeitmittels verschwinden aber alle Terme, für die $\nu_{n,m}\neq 0$, also E_n und E_m verschieden sind. Bei einem entarteten System können allerdings mehrere Zustände mit derselben Energie $E_n = E_m$ vorhanden sein.

Wir erwähnen noch, daß aus (15.20) eine einfache Auswahlregel folgt, die in Strenge für beliebig kurze Wellenlängen (Multipolstrahlung) gültig ist. Wenn nämlich sowohl im Anfangs- als auch im Endzustand die Eigenfunktionen dreh-invariant sind, was nach Ziff. 13 verschwindendem Impulsmoment entspricht, verschwindet $C_{n,m}$, und damit die Ausstrahlung. Dreht man nämlich das Ko-ordinatensystem um die Achse parallel zu $\vec{k}_{n,m}$, so behält in diesem Fall der Integrand seinen Wert und seine Form bei, andererseits transformiert er sich wegen der Differentiation nach $\vec{x}_{\text{tr}}$ wie ein Vektor (ändert z.B. bei Drehung um 90° sein Vorzeichen), und beides zugleich ist nur möglich, wenn $\vec{C}_{n,m}$ verschwindet.

Sprünge des Impulsmomentes J von 0 zu 0 unter spontaner Lichtemission sind also in Strenge ausgeschlossen. Man sieht leicht, daß dies auch bei Berücksichti-gung des Spins gilt (vgl. Ziff. 13), falls unter J das resultierende Impulsmoment aus Bahn und Spin verstanden wird. Für das resultierende Bahnmoment L allein gilt die Regel nur, soweit dessen Koppelung mit dem Spinmoment ver-nachlässigt werden kann.

Bisher wurde noch keine Annahme über das Verhältnis der Dimensionen des Systems zur Wellenlänge des emittierten Lichtes gemacht. Ist dieses Ver-hältnis klein, so sind nur für kleine Werte von $(\vec{k}_{n,m}\vec{x})$ die Eigenfunktionen merk-lich von Null verschieden und man entwickelt dann vorteilhaft die Exponential-funktion $e^{-i(\vec{k}_{n,m}\vec{x}^{(a)})}$ in eine Potenzreihe. *Die einzelnen Terme dieser Entwick-lung entsprechen der Dipol-, Quadrupol-, ... Strahlung.* Insbesondere ergibt sich die Dipolstrahlung, wenn man $e^{-i(\vec{k}_{n,m}\vec{x}^{(a)})}$ durch 1 ersetzt; dies ist damit gleich-bedeutend, daß in (15.7) der Retardierungsterm $\frac{1}{c}(\vec{x}_0\vec{n})$ im Zeitargument des Stromes ganz vernachlässigt wird. Da die Matrixelemente $\vec{x}_{n,m}$ der Koordinaten mit denen des Stromes $\vec{i}_{n,m}$ vermöge der Kontinuitätsgleichung in der Beziehung stehen

$$i\,\nu_{n,m}\,x_{n,m} = \vec{i}_{n,m}$$

[vgl. Gl. (4.16′)], kann man für die Dipolstrahlung (15.20) auch ersetzen durch

$$(\vec{C}_{n,m})_{\text{Dipol}} = -\,\nu^2_{n,m}\vec{x}_{\text{tr},n,m}, \tag{15.23}$$

also nach (15.21)

$$|\vec{S}|_{n,\text{Dipol}} = \frac{e^2}{c^3}\,\frac{1}{4\pi}\,2\sum_{m\,(E_m<E_n)}\nu^4_{n,m}\,|\vec{x}_{\text{tr},n,m}|^2, \tag{15.24}$$

welche Beziehung HEISENBERG ursprünglich zur Definition der Matrizen ge-dient hat.

In ähnlicher Weise läßt sich auch die Dispersion behandeln. Nur ist in diesem Fall zuerst eine Störungsrechnung nötig, um den Einfluß des äußeren Feldes auf die Eigenfunktion des Atoms zu ermitteln. Man kann diesen in Rechnung setzen, als ob es sich um ein klassisches, zeitlich veränderliches elektromagneti-sches Feld von gegebenem zeitlichem Verlauf handeln würde, das durch sein Vektorpotential $\Phi_k(x, y, z; t)$ charakterisiert ist. Allerdings braucht das Feld der einfallenden Lichtquelle gar nicht klassisch meßbar zu sein, aber der Erfolg sowie auch die später zu besprechende Quantelung des Strahlungsfeldes recht-fertigen diese Behandlungsweise. Im Falle einer ebenen Welle ist

$$\Phi_k = \varphi_k^+\,e^{i(\nu t-\vec{k}\vec{x})} + \varphi_k^-\,e^{-i(\nu t-\vec{k}\vec{x})}, \tag{15.25}$$

wobei

$$\varphi_k^- = (\varphi_k^+)^*, \tag{15.26}$$

d.h. φ_k^- konjugiert komplex zu φ_k^+ ist. Der zeitliche Mittelwert des Feldstärkequadrates ist

$$\overline{\mathscr{E}^2} = \nu^2\, 2\varphi_k^+\, \varphi_k^- = 2\nu^2\, |\varphi_k|^2. \tag{15.27}$$

Bei Lichtwellen ist es stets zulässig, das skalare Potential Null zu setzen und das Vektorpotential gemäß

$$\sum_{k=1}^{3} \frac{\partial \Phi_k}{\partial x_k} = 0 \tag{15.25'}$$

zu normieren, d.h. es transversal anzunehmen. Dann lautet nach (5.11) der Operator der Störungsfunktion[1]

$$\Omega = \frac{1}{2m}\, \frac{\hbar}{i} \sum_{a=1}^{N} \left\{ \frac{e}{c}\, 2 \sum_{k=1}^{3} \Phi_k\,(x^{(a)})\, \frac{\partial}{\partial x_k^{(a)}} + \frac{1}{2m}\, \frac{e^2}{c^2} \sum_{k=1}^{3} \Phi_k^2\,(x^{(a)}) \right\}.$$

Ist

$$\vec{i}_{a,k}^{(0)} = \frac{\hbar}{2m}\, \frac{1}{i} \left(\psi^* \frac{\partial \psi}{\partial x_k^{(a)}} - \psi\, \frac{\partial \psi^*}{\partial x_k^{(a)}} \right)$$

der ungestörte Strom, so ist der zu Φ_k lineare Teil der Störungsfunktion hinsichtlich seiner Matrizen gegeben durch

$$\Omega_{n,m}^{(1)} = \frac{e}{c} \left\{ \sum_{a=1}^{N} \sum_{k=1}^{3} \Phi_k\,(x^{(a)})\, \vec{i}_k^{(a)} \right\}_{n,m}. \tag{15.28}$$

Ferner kommt nach (5.14) zu $\vec{i}$ ein zu Φ_k proportionales Störungsglied[1]

$$\vec{i}_a^{(1)} = \frac{e}{mc}\, \vec{\Phi}\,(x^{(a)})\, \psi^*\psi \tag{15.29}$$

hinzu. Beide Zusatzterme, der der Hamilton-Funktion und der des Stromes, geben zufolge (15.7) Anlaß zu Matrixelementen des Vektorpotentials des emittierten Lichtes, die zur Amplitude des einfallenden Lichtes proportional sind. Die Terme höherer Ordnung diskutieren wir hier nicht[2]. [Es sei noch bemerkt, daß die Form (15.28) der Störungsfunktion auch in der relativistischen Theorie bestehen bleiben wird, obwohl der Stromoperator dort ein anderer ist; dagegen fällt (15.29) dort fort.]

Die allgemeine Form der Matrixelemente der gestreuten Strahlung, die durch Anwendung der Störungsrechnung und der allgemeinen Formel (15.7) folgt, ist, soweit es sich um in den Φ_k der einfallenden Welle lineare Ausdrücke handelt, die folgende

$$(\vec{\Phi}_{\text{tr}})'_{n,m} = \sum_{k=1}^{3} \{ \varphi_k^+\, \vec{a}_{k;n,m}\, e^{i\,(\nu_{n,m}+\nu)} + \varphi_k^-\, \vec{b}_{k;n,m}\, e^{i\,(\nu_{n,m}-\nu)t} \}. \tag{15.30}$$

Der Akzent soll die gestreute Strahlung von der einfallenden unterscheiden, ferner ergeben sich die Feldstärken durch Differenzieren nach der Zeit (und Division durch c). Die Matrix $(\vec{\Phi}_{\text{tr}})'_{n,m}$ ist wegen der Hermitezität des Hamilton-Operators selbst hermitesch, also gilt [vgl. (15.26)]

$$\vec{b}_{k;n,m} = \vec{a}_{k;n,m}^*, \tag{15.31}$$

---

[1] Wir ersetzen die dort eingeführte Ladung $e^{(a)}$ bzw. e_k durch die Elektronenladung $(-e)$.

[2] Bezüglich der Durchführung der Rechnung vgl. neben der zitierten Arbeit von Klein besonders für den Fall kurzer Wellenlängen: I. Waller, Naturwiss. **15**, 969 (1927); Phil. Mag. **4**, 1228 (1927).

in Worten: $\vec{a}_k$ ist nicht hermitesch, sondern $\vec{b}_k$ ist die zu $\vec{a}_k$ hermitesch konjugierte Matrix.

Nun können wir die allgemeine Vorschrift (15.15) zur Bildung der ausgestrahlten Energie bilden. Ist der Anfangszustand n, so wird mit der Frequenz $\nu' = \nu_{n,m} + \nu$ ausgestrahlt

$$S_n = \frac{c}{4\pi}\,\nu'^2\,2\,|\varphi_k|^2 \vec{a}_{k;n,m}\,\vec{b}_{k;n,m} = \frac{c}{4\pi}\,\nu'^2\,2\,|\varphi_k|^2\,|\vec{a}_{k;n,m}|^2 \left.\right\}$$
$$\text{falls}\quad \nu' = \nu_{n,m} + \nu > 0, \qquad\qquad (15.32\,\text{a})$$

mit der Frequenz $\nu' = \nu_{n,m} - \nu$

$$S_n = \frac{c}{4\pi}\,\nu'^2\,2\,|\varphi_k|^2 \vec{b}_{k;m,n}\,\vec{a}_{k;m,n} = \frac{c}{4\pi}\,\nu'^2\,2\,|\varphi_k|^2\,|\vec{a}_{k;m,n}|^2 \left.\right\}$$
$$\text{falls}\quad \nu' = \nu_{n,m} - \nu > 0. \qquad\qquad (15.32\,\text{b})$$

Hätten wir die besondere Trennungsvorschrift der Größen in solche mit Termen $e^{i\omega t}$ und solche mit Termen $e^{-i\omega t}(\omega > 0)$ nicht angewandt, so wäre der Zustand m vor dem Zustand n gar nicht ausgezeichnet gewesen, und wir hätten für beide Zustände die Ausstrahlung $\frac{1}{2}(S_n + S_m)$ bekommen. In dem besonderen Fall $n = m$, $\nu = \nu'$ liefert jedoch die in Rede stehende Vorschrift nichts Neues, so daß der Fall der Streustrahlung mit unveränderter Frequenz sich bereits ohne ihre Anwendung erledigen läßt.

Bezüglich der allgemeinen Form der Ausdrücke für $\vec{a}_{k;n,m}$ und ihrer Diskussion verweisen wir auf die folgenden Artikel dieses Bandes. Es möge hier nur wegen seiner prinzipiellen Bedeutung auf den Sonderfall hingewiesen werden, daß die Frequenz ν der einfallenden Strahlung groß ist gegen die Abtrennungsarbeit eines Elektrons aus dem System. Es zeigt sich, daß dann die Terme in (15.30) den Ausschlag geben, die von dem Zusatzterm (15.29) des Stromes herrühren; während die von der Abänderung der Eigenfunktionen durch die äußere Störung herrührenden Terme in diesem Fall zu vernachlässigen sind. Die ersteren Terme geben nach (15.7) zum Vektorpotential der gestreuten Strahlung den Beitrag

$$(\vec{\Phi}_{\text{tr}})'_{n,m} = \frac{e}{mc}\,\vec{\varphi}^+_{\text{tr}}\,e^{i(\nu_{n,m}+\nu)t}\sum_{a=1}^{N}\int e^{-i(\vec{K}\,\vec{x}^{(a)})+i(\vec{K}'\,\vec{x}^{(a)})}\,u_n^*\,u_m\,d^3x^{(1)}\ldots d^3x^{(N)}, \qquad (15.33)$$

worin $\vec{K}$ und $\vec{K}'$ Ausbreitungsvektoren der einfallenden und gestreuten Lichtwelle sind:

$$\vec{K} = \frac{\nu}{c}\,\vec{n}; \qquad \vec{K}' = \frac{\nu'}{c}\,\vec{n}'.$$

Betrachten wir etwas allgemeiner einfallendes Licht der Frequenz ν, welches aus ebenen Wellen verschiedener Richtung irgendwie zusammengesetzt ist, und dessen Vektorpotential durch

$$\Phi_k = \Phi_k^+(x_1, x_2, x_3)\,e^{i\nu t} + \Phi_k^-(x_1, x_2, x_3)\,e^{-i\nu t}$$

gegeben sei, so erhält man statt (15.33)

$$(\vec{\Phi}_{\text{tr}})_{n,m} = \frac{e}{mc}\,e^{i(\nu_{n,m}+\nu)t}\sum_{a=1}^{N}\int \vec{\Phi}^+_{\text{tr}}(x_1^{(a)}, x_2^{(a)}, x_3^{(a)})\,e^{i(\vec{K}'\vec{x})}\,u_n^*\,u_m\,d^3x^{(1)}\ldots d^3x^{(N)}.$$

Die gesamte in einer Richtung gestreute Lichtintensität aller Frequenzen ν' zusammengenommen, kann dann bei Ersatz der verschiedenen $\vec{K}'$ durch einen einzigen Mittelwert vermöge der Vollständigkeitsrelation geschrieben werden

$$S = \frac{1}{4\pi}\,\overline{v'^2}\,\frac{e^2}{m^2 c^2}\,2\int \left| \sum_{a=1}^{N} \vec{\Phi}_{\mathrm{tr}}^{+}(x_1^{(a)},\,x_2^{(a)},\,x_3^{(a)})\, e^{i\,(\vec{K}'\,\vec{x}^{(a)})} \right|^2 u_n^* u_n\, d^3x^{(1)}\ldots d^3x^{(N)}, \qquad (15.34)$$

also für eine ebene auffallende Welle

$$S = \frac{1}{4\pi}\,\overline{v'^2}\,\frac{e^2}{m^2 c^2}\,2\int \left| \sum_{a=1}^{N} e^{i\,(-\vec{K}+\vec{K}')\,\vec{x}^{(a)}} \right|^2 u_n^* u_n\, d^3x^{(1)}\ldots d^3x^{(N)}. \qquad (15.34')$$

Da in diesem Ausdruck nur die Dichte $u_n^* u_n$ im Anfangszustand n, nicht aber die anderen Zustände eingehen, ist es innerhalb des Gültigkeitsbereiches dieser Formel im Prinzip möglich, z.B. durch Anwendung von konvergentem Licht, dessen Intensität an einer Raumstelle viel größer ist als an einer anderen, die Dichteverteilung der Teilchen in diesem Zustand zu messen. Ebenso ist es durch Untersuchung der spektralen Intensitätsverteilung des gestreuten Lichtes bei einfallenden ebenen Wellen unter Benutzung von (15.33) möglich, die Impulsverteilung eines gebundenen Teilchens im Anfangszustand zu messen. Hiervon war in den Ziff. 2 und 11 bereits die Rede. Die Gültigkeit der angegebenen Formeln und damit auch die Möglichkeit einer einfachen und direkten Dichtebestimmung eines Teilchens im Koordinaten- oder Impulsraum durch Untersuchung der Streustrahlung ist jedoch begrenzt durch die hier vernachlässigten Relativitätskorrekturen. Sobald die Frequenz der gestreuten Strahlung mit mc^2/h vergleichbar wird, verliert aus vielen Gründen die Dichte und Stromverteilung in einem stationären Zustand ihre *direkte* Bestimmbarkeit.

In den bisherigen Überlegungen war nur von der Emission und Streuung von Licht die Rede gewesen, nicht aber von den sie begleitenden Änderungen der stationären Zustände der Atome. Es ist aber von einer vollständigen Theorie zu fordern, daß sie auch Rechenschaft gibt vom zeitlichen Anwachsen der Wahrscheinlichkeit, das Atom bei Emission in einem weniger angeregten Zustand zu finden. Um festzustellen, wieweit dies möglich ist, untersuchen wir wieder den Einfluß einer einfallenden ebenen Welle auf das Atom auf Grund der Störungsfunktion (15.28), suchen aber in diesem Fall die zeitabhängige Lösung, die für $t=0$ mit der ungestörten Lösung übereinstimmt. Das heißt wir setzen für die gestörte Eigenfunktion

$$\psi = \sum_n c_n(t)\, e^{-i\frac{E_n}{\hbar}t}\, u_n$$

und entwickeln

$$c_n(t) = c_n^{(0)} + c_n^{(1)}(t) + c_n^{(2)}(t) + \cdots,$$

worin $c_n^{(0)}$ zeitunabhängig, $c_n^{(1)}$ linear, $c_n^{(2)}$ quadratisch ist in der Amplitude der einfallenden Welle usw. und worin $c_n^{(1)},\ldots$ für $t=0$ verschwinden (vgl. Ziff. 10). Es wird dann

$$c_m^{(1)} = i \sum_n T_{m,n}\, c_n^{(0)}, \qquad (15.35)$$

worin die hermîtesche Matrix T, wie die Durchrechnung zeigt, für eine ebene einfallende Welle mit den Feldstärken

$$\vec{\mathscr{E}} = \vec{\mathscr{E}}^{(+)}\, e^{i\,(vt-\vec{K}\vec{x})} + \vec{\mathscr{E}}^{(-)}\, e^{-i\,(vt-\vec{K}\vec{x})}$$

von der Form wird

$$T_{m,n} = \frac{e^{i\,(-v_{n,m}+v)t}-1}{(-v_{n,m}+v)}\,\vec{V}_{n,m}\,\vec{\mathscr{E}}^{(+)} + \frac{e^{-i\,(v_{n,m}+v)t}-1}{(v_{n,m}+v)}\,\vec{V}^*_{n,m}\,\vec{\mathscr{E}}^{(-)}. \qquad (15.36)$$

Die Matrix $V_{n,m}$ ist hierin nicht notwendig hermitesch. Von besonderem Interesse ist hier das Verhalten der Lösung bei Resonanz, d.h. bei Stellen ν, wo einer der beiden Nenner in (15.36) verschwindet ($\nu = -\nu_{n,m} = \nu_{m,n}$ und $\nu = \nu_{n,m}$). Dies gibt in $|c_m^{(1)}(t)|^2$ zu solchen Termen Anlaß, die nach Summation über ein kleines Intervall ν linear mit der Zeit anwachsen. Diese Terme sind (die anderen sind fortgelassen)

$$\left.\begin{aligned}
|c_m^{(1)}(t)|^2 = c_m^{*(1)}(t)\, c_m^{(1)}(t) &= \sum_n \left| \frac{e^{i(-\nu_{n,m}+\nu)t} - 1}{-\nu_{n,m} + \nu} \right|^2 (\vec{V}_{m,n}\, \vec{\mathcal{E}}^{(-)})\, (\vec{V}_{m,n}^{*}\, \vec{\mathcal{E}}^{(+)}), \\
&+ \sum_n \left| \frac{e^{-i(\nu_{n,m}+\nu)t} - 1}{\nu_{n,m} + \nu} \right|^2 (\vec{V}_{n,m}^{*}\, \vec{\mathcal{E}}^{(+)})\, (\vec{V}_{n,m}\, \vec{\mathcal{E}}^{(-)}).
\end{aligned}\right\} \quad (15.37)$$

Wir bekommen für die Resonanzstelle $\nu = \nu_{n,m}$ (Endzustand kleinere Energie als Ausgangszustand) nach Summation über ν

$$|c_m^{(1)}(t)|^2 = t \cdot B_m^n\, \varrho_\nu,$$

wo B_m^n noch von der Richtung und Polarisation der einfallenden Strahlung abhängt. Ebenso für $\nu = \nu_{m,n}$ (Endzustand größere Energie als Anfangszustand)

$$|c_m^{(1)}(t)|^2 = t \cdot B_n^m\, \varrho_\nu,$$

wenn ϱ_ν die Strahlungsdichte der einfallenden Strahlung ist. Der erste Fall entspricht der induzierten Emission, der zweite der Absorption. *Die spontane Emission ergibt sich zunächst nicht.* Um sie zu erhalten, muß man eine scheinbar willkürliche, der Vorschrift I (S. 127) analoge neue Vorschrift einführen: *Vorschrift II. Man schreibe formal* $|c_m^{(1)}(t)|^2$ *mit der Reihenfolge der Faktoren* $c_m^{*(1)}\, c_m^{(1)}$ *und achte auf die Reihenfolge der Faktoren* $\mathcal{E}^{(+)}$ *und* $\mathcal{E}^{(-)}$; *wo* $\mathcal{E}^{(+)}$ *vor* $\mathcal{E}^{(-)}$ *steht* [vgl. (15.37)], *ist kein Zusatzglied hinzuzufügen, während überall, wo* $\mathcal{E}^{(-)}$ *vor* $\mathcal{E}^{(+)}$ *zu stehen kommt, statt* ϱ_ν *geschrieben werden muß* $\varrho_\nu + \dfrac{2\hbar\nu^3}{c^3}$.

Die Rechtfertigung der hier ad hoc eingeführten Vorschriften I und II ergibt sich erst aus der DIRACschen Quantelung des Strahlungsfeldes. Andererseits genügt die Vorschrift I bereits, um Interferenzversuche und Fragen der Kohärenz der Strahlung widerspruchsfrei diskutieren zu können. Dies soll in folgender Ziffer gezeigt werden.

16. Anwendung auf Kohärenzeigenschaften der Strahlung[1]. Wir betrachten zunächst die spontane Emission des Lichtes und wollen untersuchen, wann das von zwei gleichartigen Atomen spontan emittierte Licht kohärent ist. Der Anfangszustand sei durch die Koeffizienten c_n bzw. c_n der Entwicklung der Wellenfunktionen der Atome nach ihren Eigenfunktionen beschrieben. Die Matrixelemente der gesamten elektrischen Feldstärke im Raumpunkt P sind dann von der Form

$$\vec{\mathcal{E}}_{n,n';m,m'} = \delta_{n',m'}\, a_{n,m}\, e^{i\nu_{n,m}\left(t - \frac{R_P}{c}\right)} + \delta_{n,m}\, a_{n',m'}\, e^{i\nu_{n',m'}\left(t - \frac{R_P'}{c}\right)}. \quad (16.1)$$

Hierin sind n, m die Quantenzahlen des betrachteten Zustandspaares für das eine Atom, n', m' die für das andere Atom. Die Matrixelemente der vom ersten (zweiten) Atom emittierten Feldstärke sind diagonal in bezug auf die Quantenzahlen des zweiten (ersten) Atoms. Sind die Atome gleichartig, so ist für korrespondierende Übergänge $a_{n,m} = a_{n',m'}$; $\nu_{n,m} = \nu_{n',m'}$. Ferner sind R_P, R_P' die Entfernungen der zunächst als fest gedachten Atome vom Aufpunkt. Für den

---

[1] Es handelt sich hier nur um einige prinzipielle Bemerkungen allgemeiner Art. Für weitere Einzelheiten und Literaturhinweise vgl. die folgenden Artikel dieses Bandes.

Erwartungswert des gemäß der Vorschrift I modifizierten Quadrates der elektrischen Feldstärke im Punkt P bekommen wir dann

$$(\vec{\mathscr{E}}^{(+)}\vec{\mathscr{E}}^{(-)}) = \sum_{\substack{n,n'\\m,m'}} c_n^* c_{n'}^{*\prime}\, \mathscr{E}_{n,n';\,l,\,l'}^{(+)}\, \mathscr{E}_{l,\,l';\,m,\,m'}^{(-)}\, c_m c_{m'}'$$

$$= \sum_{\substack{E_l<E_n\\E_l<E_m}} c_n^*\, a_{n,l}\, a_{l,m}\, c_m\, e^{i\,\nu_{n,m}\,t} + \sum_{\substack{E_{l'}<E_{m'}\\E_{l'}<E_{n'}}} c_{n'}^{*}\, a_{n',l'}\, a_{l',m'}\, c_{m'}'\, e^{i\,\nu_{n',m'}\,t} +$$

$$+ \sum_{\substack{E_m<E_n\\E_{n'}<E_{m'}}} c_n^* c_{n'}^{*\prime}\, a_{n\,m}\, a_{n',m'}\, c_m c_{m'}'\, e^{i\left[(\nu_{n,m}+\nu_{n',m'})t - \frac{1}{c}(\nu_{n,m}R_P+\nu_{n',m'}R_P')\right]} +$$

$$+ \sum_{\substack{E_m<E_n\\E_{n'}<E_{m'}}} c_m^* c_{m'}^{*\prime}\, a_{m,n}\, a_{m',n'}\, c_n c_{n'}'\, e^{i\left[(\nu_{m,n}+\nu_{m',n'})t - \frac{1}{c}(\nu_{m,n}R_P+\nu_{m',n'}R_P')\right]}.$$

Die ersten beiden Terme entsprechen dem alleinigen Vorhandensein des ersten bzw. zweiten Atoms, die beiden letzten sind die Interferenzterme, die uns hier interessieren. Mit Rücksicht darauf, daß $a_{n,m}$, $a_{n',m'}$ HERMITEsche Matrizen sind, deren Diagonalelemente verschwinden, gestaltet sich die Bildung, des zeitlichen Mittelwertes sehr einfach, sobald wir von Entartungen absehen, was hier geschehen soll. In den beiden ersten Summen geben dann nur die Glieder mit $m=n$, $m'=n'$ nicht verschwindende Beiträge, während in den beiden letzten Summen die Glieder mit $m'=n$; $n'=m$ übrigbleiben. Die Intensität des Lichtes der Frequenz $\nu_{n,m}$ im Punkt P wird dann also schließlich

$$J(\nu_{n,m}) = |a_{n,m}|^2\left\{|c_n|^2 + |c_n'|^2 + c_n^* c_m c_n'^* c_m'\, e^{-i\frac{\nu_{n,m}}{c}(R_P-R_P')}\right.$$
$$\left. + c_n c_m^* c_n'^* c_m'\, e^{+i\frac{\nu_{n,m}}{c}(R_P-R_P')}\right\}.$$

Man kann dies noch vereinfachen, indem man den geometrischen Gangunterschied

$$\varDelta = \frac{\nu_{n,m}}{c}(R_P - R_P')$$

und die Phasen der Wahrscheinlichkeitsamplituden der Atome einführt gemäß

$$c_n = |c_n|\, e^{i\delta_n}; \qquad c_m = |c_m|\, e^{i\delta_m}; \qquad \delta_{n,m} = \delta_n - \delta_m,$$
$$c_n' = |c_n'|\, e^{i\delta_n'}; \qquad c_m' = |c_m'|\, e^{i\delta_m'}; \qquad \delta_{n,m}' = \delta_n' - \delta_m'.$$

Dann wird

$$J(\nu_{n,m}) = |a_{n,m}|^2\{|c_n|^2 + |c_n'|^2 + 2|c_n|\,|c_m|\,|c_n'|\,|c_m'|\cos(\delta_{n,m} - \delta_{n',m}' + \varDelta)\}. \tag{16.2}$$

Man sieht daraus zunächst, daß keine Interferenzen auftreten, wenn anfangs von einem der beiden Atome mit Sicherheit nur der angeregte Zustand vorhanden war ($c_m=0$ *oder* $c_m'=0$); ferner daß niemals die Phase δ_n einer einzigen Eigenfunktion der Atome zur Beobachtung gelangen kann. Der Fall eines Paketes aus dem Grundzustand und einem angeregten Zustand bei beiden Atomen mit einer festen Phasenbeziehung $\delta_{n,m} - \delta_{n',m}'$ ist herstellbar durch Anregung beider Atome mit demselben Licht. In diesem Sinne ist also die Resonanzstrahlung kohärent.

Es ist lehrreich, noch diejenigen Modifikationen kurz zu betrachten, die eintreten, wenn man die Atome nunmehr als frei beweglich betrachtet. Wir haben dann neben den Zuständen $n, m, \ldots$ der Elektronen des Atoms noch die Koordinaten Q seines Schwerpunktes einzuführen, so daß die Wahrscheinlichkeitsamplituden c_n jetzt Funktionen von Q werden. Um ferner zu entscheiden, wie die Matrixelemente der Feldstärken des emittierten Lichtes modifiziert werden, gehen wir auf die Ausdrücke (15.2) der klassischen Theorie zurück. Um den Übergang zu der in (15.4) enthaltenen Retardierung durch ebene Wellen machen zu können, müssen wir annehmen, daß die Entfernung des Aufpunktes vom Atom auch groß ist gegen die Dimensionen der durch die $c_n(Q)$ beschriebenen Wellenpakete (d.h. gegen die Ungenauigkeit der Definition des Ortes des Atomschwerpunktes), was unbedenklich geschehen kann. Ferner sind die Beiträge der Ströme der Atomkerne selbst zur Lichtemission stets vernachlässigbar klein. In den Ausdrücken (15.4) für die retardierten Ströme der Elektronen bleiben aber nach Integration über die Relativkoordinaten der Teilchen eben wegen der Retardierung die Schwerpunktskoordinaten noch stehen, und zwar in $\vec{x}_Q$, welches die Summe aus Relativ- und Schwerpunktskoordinaten darstellt. Im Matrixelement der emittierten Feldstärke nach den stationären Zuständen (n, m) des Elektronensystems, dessen Zeitabhängigkeit durch den Faktor $e^{i\nu_{n,m}t}$ beschrieben ist, bleibt also schließlich der Faktor

$$e^{i\nu_{n,m}\frac{1}{c}(\vec{Q}\vec{n})} = e^{i(\vec{K}_{n,m}\vec{Q})}$$

$\left(\text{mit } \vec{K}_{n,m} = \dfrac{\nu_{n,m}}{c}\vec{n}\right)$ stehen; in anderer Weise geht die Schwerpunktskoordinate des Systems nicht ein. An Stelle des Matrixelementes $a_{n,m}$ im n-Raum tritt also jetzt überall das Matrixelement

$$a_{n,m}(Q, Q') = a_{n,m}\, e^{i(\vec{K}_{n,m}\vec{Q})}\, \delta(Q - Q') \tag{16.3}$$

im (n, Q)-Raum. Es ist lehrreich, mittels

$$c_n(P) = \int c_n(Q)\, e^{-\frac{i}{\hbar}(\vec{P}\vec{Q})}\, dQ$$

[vgl. Gl. (3.4)] in den Impulsraum des Atoms überzugehen. In diesem wird

$$a_{n,m}(P, P') = a_{n,m}\,\delta(-\vec{P} + \vec{P}' + \hbar\vec{K}_{n,m}). \tag{16.3'}$$

Dies bedeutet, daß mit der Emission des Lichtes ein Rückstoß verbunden ist, der gerade der Erhaltung des Impulses entspricht, wenn man dem emittierten Licht einen Impuls vom Betrag $h\nu/c$ in seiner Fortpflanzung zuordnet, im Einklang mit dem von EINSTEIN aus der Lichtquantenvorstellung abgeleiteten Resultat. Der Rückstoß bei der Lichtemission ist prinzipiell immer dann beobachtbar, wenn die Ausdehnung des Paketes $c_n(P)$ des Anfangszustandes im Impulsraum klein gegenüber $h\nu/c$ ist. Der Rückstoß muß sich auch in einem DOPPLER-Effekt des emittierten Lichtes äußern, den wir aber hier vernachlässigen wollen was auch insofern konsequent ist, als die Strahlungsdämpfung ebenfalls stets vernachlässigt wurde. Tut man dies, so ist die Gesamtintensität des von einem Atom im Anfangszustand $c_n(Q)$ in der Richtung $\vec{n}$ emittierten Lichtes wieder gegeben durch

$$J(\nu_{n,m}) = |a_{n,m}|^2\,|c_n|^2,$$

wenn unter $|c_n|^2$ jetzt

$$|c_n|^2 = \int |c_n(Q)|^2\, dQ = \int |c_n(P)|^2\, dP \tag{16.4}$$

verstanden wird.

Die Anwendung auf die Intensität des von zwei gleichartigen Atomen emittierten Lichtes ergibt nun mit der Abkürzung

$$C_{n,m} = |C_{n,m}|\, e^{-i\delta_{n,m}} = \int c_n^*(Q)\, e^{i(\vec{K}_{n,m}\vec{Q})}\, c_m(Q)\, dQ = C_{m,n}^* \tag{16.5}$$

und analog für $C'_{n,m}$ an Stelle von (16.2) den Ausdruck

$$J(\nu_{n,m}) = |a_{n,m}|^2 \{|c_n|^2 + |c'_n|^2 + 2|C_{n,m}||C'_{n',m}| \cos(\delta_{n,m} - \delta_{n',m'} + \varDelta)\}, \quad (16.6)$$

wenn in $\varDelta = \dfrac{\nu_{n,m}}{c}(R_P - R'_P)$ die R und R' von festen Punkten aus [denselben wie Q in (16.5) und Q' in der analogen Definition von $C'_{n,m}$] gezählt werden. Die Bedeutung des erhaltenen Resultates liegt darin, daß zur Kohärenz der Resonanzstrahlung nicht nur notwendig ist, daß im Anfangszustand beide Atome im Grundzustand und im angeregten Zustand vorhanden sind, sondern auch, daß diese Zustände mit nicht verschwindender Wahrscheinlichkeit beim gleichen Ort des Atomschwerpunktes vorhanden sein können. Überdecken sich die Funktionen $c_n(Q)$ und $c_m(Q)$ nicht, wie es der Fall ist, wenn die beiden Zustände durch äußere Felder völlig voneinander getrennt werden, dann verschwindet $c_n^*(Q)\,c_m(Q)$ überall und damit auch das Interferenzglied in (16.6). Dies ist ein Beispiel dafür, daß jede Anordnung, die festzustellen erlaubt, in welchem Zustand sich das Atom befindet, die Interferenzfähigkeit der von diesem mit der von anderen Atomen emittierten Strahlung aufhebt[1].

Endlich wollen wir noch die Frage der Kohärenz der von einem Atom in verschiedenen Richtungen, sagen wir in den Richtungen $\vec{n}_1$ und $\vec{n}_2$ emittierten Strahlung prüfen, da diese Frage den früher oft diskutierten Gegensatz von „Nadelstrahlung" und „Kugelwelle" betrifft. Alle Anordnungen, die Interferenzfähigkeit der Strahlung in diesen Richtungen zu prüfen, laufen darauf hinaus, die beiden Lichtbündel schließlich nach geeigneten Spiegelungen und Brechungen in einem Punkte P zu vereinigen. Dort wird also die klassische Feldstärke eine Linearkombination von $\mathscr{E}(\vec{n}_1)$ und $\mathscr{E}(\vec{n}_2)$ sein, d.h. der Feldstärken der ursprünglich in den Richtungen $\vec{n}_1$ und $\vec{n}_2$ emittierten Bündel. Ist J_0 die Summe der Intensitäten der in diesen Richtungen emittierten Bündel, wie sie im Punkt P bei Fehlen von Interferenzen beobachtet würde, so wird also für die wirkliche Intensität klassisch gelten

$$J = J_0 + \text{const}\ \mathscr{E}(\vec{n}_1)\,\mathscr{E}(\vec{n}_2).$$

Wir werden also als Maß der Kohärenzfähigkeit der Bündel quantentheoretisch den Erwartungswert von

$$\mathscr{E}^{(+)}(\vec{n}_1)\,\mathscr{E}^{(-)}(\vec{n}_2) + \mathscr{E}^{(+)}(\vec{n}_2)\,\mathscr{E}^{(-)}(\vec{n}_1)$$

zu berechnen haben. Dieser ist proportional zu

$$D = \int dQ\, c_n^*(Q) \int a_{n,m}(\vec{n}_1; Q, Q'')\, a_{m,n}(\vec{n}_2; Q'', Q')\, dQ''\, c_n(Q')\, dQ' + \cdots$$

oder auch

$$D = \int dP\, c_n^*(P) \int a_{n,m}(\vec{n}_1; P; P'')\, a_{m,n}(\vec{n}_2; P'', P')\, dP''\, c_n(P')\, dP' + \cdots,$$

wobei mit $+\cdots$ der Term angedeutet ist, der durch Vertauschen von $\vec{n}_1$ und $\vec{n}_2$ aus dem angeschriebenen hervorgeht. Auf Grund von (16.3), (16.3') ergibt sich sogleich

$$D = 2\int |c_n(Q)|^2 \cos\frac{\nu_{n,m}}{c}\big((\vec{n}_2 - \vec{n}_1)\,\vec{Q}\big)\, dQ \qquad (16.7)$$

oder auch

$$D = \int \left\{ c_n^*(P)\, c_n\Big(P + \frac{\hbar \nu_{n,m}}{c}(n_2 - n_1)\Big) + c_n(P)\, c_n^*\Big(P + \frac{\hbar \nu_{n,m}}{c}(n_2 - n_1)\Big)\right\} dP. \quad (16.7')$$

---

[1] Vgl. hierzu W. Heisenberg, Z. Physik **43**, 172 (1927); damals blieb die Frage des Zusammenhanges der Phasen der Eigenfunktionen im Atom mit den Eigenschaften des emittierten Lichtes noch ungeklärt.

Aus diesen Ausdrücken ergibt sich, daß die Möglichkeit, durch eine Rückstoßmessung festzustellen, ob das Lichtquant in der Richtung $\vec{n}_1$ oder in der Richtung $\vec{n}_2$ emittiert worden ist, in einer ausschließenden Beziehung steht zu einer Anordnung, welche zwischen den in den Richtungen $\vec{n}_1$ und $\vec{n}_2$ emittierten Lichtbündeln Interferenzen nachzuweisen erlaubt. Eine Rückstoßmessung der geforderten Art ist nämlich nur möglich, wenn der Impuls des Teilchens am Anfang genauer als $\dfrac{\hbar\,\nu_{n,m}}{c}\,|n_2 - n_1|$ definiert ist. Dann wird aber $c_n(P)$ nur in einem Gebiet ΔP von Null verschieden sein dürfen, das kleiner als $\dfrac{\hbar\,\nu_{n,m}}{c}\,|n_2 - n_1|$ ist, und in diesem Fall verschwindet D stets, wie aus (16.7') ersichtlich. Um andererseits den Gangunterschied zwischen den nach $\vec{n}_1$ und $\vec{n}_2$ emittierten Bündeln klar definieren zu können, darf $c_n(Q)$ nur in einem Gebiet ΔQ von Null verschieden sein, das klein ist gegenüber $\dfrac{c}{\nu_{n,m}}\,\dfrac{1}{|n_2 - n_1|}$. Daß diese beiden Forderungen einander widersprechen, ist eine unmittelbare Folge der HEISENBERGschen Unsicherheitsrelation, die ihrerseits in der hier durchgeführten Umrechnung von $c_n(Q)$ auf $c_n(P)$ bereits erhalten ist.

Ähnlich wie es hier für die einfachsten Fälle der Lichtemission geschehen ist, kann auch die Kohärenz der von Atomen *gestreuten* Strahlung diskutiert werden. Es sei übrigens noch ausdrücklich betont, daß die hier gegebene Behandlungsweise noch unvollständig ist, da sie die Strahlungsdämpfung unberücksichtigt läßt. Dies kann erst mittels der DIRACschen Lichtquantentheorie geschehen.

B. Relativistisches Einkörperproblem.

17. Einleitung. Im Gegensatz zur unrelativistischen Quantenmechanik, die als logisch abgeschlossen gelten kann, besitzen wir heute nur Bruchstücke einer relativistischen Wellenmechanik. Von diesen wird hier noch das durch DIRACs Wellengleichung[1] beherrschte relativistische Einkörperproblem behandelt, welches das Verhalten eines Elektrons in einem gegebenen äußeren elektromagnetischen Potentialfeld beschreibt.

Die Probleme der Feldquantisierung sind den folgenden Beiträgen dieses Bandes vorbehalten.

a) DIRACs Wellengleichung des Elektrons.

18. Kräftefreier Fall. Die fundamentale Verknüpfung zwischen Impuls und Energie einerseits, Ausbreitungsvektor und Frequenz der Welle andererseits, von der wir in Abschnitt A, Ziff. 1, ausgegangen sind und die in der Relation (I) von S. 4

$$\vec{p} = \hbar\,\vec{k}; \qquad E = \hbar\,\nu$$

ausgedrückt ist, besitzt bereits relativistische Invarianz. Es bilden nämlich $\left(\vec{p}, i\,\dfrac{E}{c}\right), \left(\vec{k}, i\,\dfrac{\nu}{c}\right)$ beide einen Vierervektor, transformieren sich also bei LORENTZ-Transformationen in gleicher Weise. Es ist deshalb natürlich, diese Relationen als Grundlage in einer relativistischen Quantentheorie beizubehalten. Zwischen Energie und Impuls einer Partikel mit der Ruhmasse m besteht, wie bereits in Abschnitt A, Gl. (1.5), angegeben, in der klassisch-relativistischen Mechanik die Relation

$$\frac{E^2}{c^2} = m^2 c^2 + \sum_{i=1}^{3} p_i^2, \tag{18.1}$$

---

[1] P. A. M. DIRAC: Proc. Roy. Soc. Lond. **117**, 610; **118**, 341 (1928).

welche nach (I) die entsprechende Relation

$$\frac{v^2}{c^2} = \frac{m^2 c^2}{\hbar^2} + \sum_i k_i^2 = \frac{v_0^2}{c^2} + \sum_i k_i^2 \qquad (18.2)$$

mit

$$v_0 = \frac{m c^2}{\hbar} \qquad (18.3)$$

zur Folge hat. Die allgemeinste Superposition von ebenen Wellen

$$\psi(\vec{x}\,;t) = \int A(k)\, e^{i(\vec{k}\vec{x}-vt)}\, d^3k, \qquad (18.4)$$

in denen v und $\vec{k}$ stets durch (18.2) verknüpft sind, genügt der Differentialgleichung

$$\frac{1}{c^2} \frac{\partial^2 \psi}{\partial t^2} = \Delta\psi - \frac{m^2 c^2}{\hbar^2}\,\psi, \qquad (18.5)$$

und umgekehrt ist (18.4) (im wesentlichen) die allgemeinste Lösung von (18.5). Dabei ist zu beachten, daß gemäß (18.2) zu gegebenem Wert von $\vec{k}$ zwei Werte von v gehören, ein positiver und ein negativer,

$$\frac{v}{c} = +\sqrt{\frac{m^2 c^2}{\hbar^2} + \sum_i k_i^2} \quad \text{und} \quad \frac{v}{c} = -\sqrt{\frac{m^2 c^2}{\hbar^2} + \sum_i k_i^2}, \qquad (18.2')$$

und daß im allgemeinen beide in (18.4) vertreten sein können. Die Wellenglei-chung (18.5) ist relativistisch invariant, wenn ψ als ein Skalar behandelt wird.

Bisher wurden nur die fundamentalen DE BROGLIEschen Relationen (I) und das wellentheoretische Superpositionsprinzip benützt. Wenn wir die entspre-chende Entwicklung der unrelativistischen Wellenmechanik weiter verfolgen, so sehen wir, daß der nächste Schritt in der Einführung einer Wahrscheinlichkeits-dichte $W(x_1, x_2, x_3)$ besteht, die angibt, wie wahrscheinlich es ist, das Teilchen zur Zeit t im Raumgebiet $x_1, x_1+dx_1 \ldots x_3, x_3+dx_3$ zu treffen. Falls eine solche Wahrscheinlichkeitsdichte $W(x)$ sinnvoll existiert, muß sie erstens überall posi-tiv (oder Null) sein:

$$W(x) \geqq 0 \qquad (18.6)$$

und muß sie zweitens als Folge der Wellengleichung der Bedingung

$$\frac{d}{dt} \int W(x)\, d^3x = 0 \qquad (18.7)$$

genügen, um gemäß

$$\int W(x)\, d^3x = 1 \qquad (18.7')$$

normiert werden zu können. .Es ist dann ferner noch die Invarianz dieser Nor-mierung gegenüber LORENTZ-Transformationen zu verlangen:

$$\int W(x)\, d^3x = \text{Invariante}. \qquad (18.8)$$

Wenn wir nun versuchen, aus (18.5) einen Ausdruck zu bilden, der den Bedin-gungen (18.7) und (18.8) genügt, so werden wir zwangsläufig geführt auf

$$\varrho(x) \equiv W(x) = -\psi^* \frac{1}{c} \frac{\partial \psi}{\partial t} + \psi \frac{1}{c} \frac{\partial \psi^*}{\partial t}.$$

Denn mit Einführung des Vektors

$$\vec{i} = c(\psi^*\, \mathrm{grad}\,\psi - \psi\, \mathrm{grad}\,\psi^*), \qquad (18.9)$$

worin ψ^* konjugiert komplex zu ψ ist, wird die Kontinuitätsgleichung

$$\frac{\partial \varrho}{\partial t} + \operatorname{div} \vec{i} = 0$$

erfüllt, und es läßt sich ϱ und $\vec{i}$ zu einem Vierervektor s_ν mit den Komponenten

$$s_\nu = \left(\frac{1}{c}\,\vec{i},\, i\,\varrho\right)_\nu$$

gemäß

$$s_\nu = \psi^* \frac{\partial \psi}{\partial x_\nu} - \psi \frac{\partial \psi^*}{\partial x_\nu} \tag{18.10}$$

zusammenfassen, woraus (18.7) und (18.8) folgen[1]. Dies entspricht der Theorie, wie sie ursprünglich von mehreren Verfassern versucht wurde[2]. Da hierbei die Forderung (18.6) verletzt ist — es sind ja in einem bestimmten Zeitmoment ψ und $\partial\psi/\partial t$ gemäß (18.5) beide willkürlich wählbar —, ist der Ausdruck (18.10) für den Viererstrom physikalisch nicht zulässig[3].

Auf Grund dieses Resultates kann man zunächst im Zweifel sein, ob in einer relativistischen Wellenmechanik die Wahrscheinlichkeitsdichte des Teilchens ein sinnvoller Begriff ist. Denn erstens enthält schon ihre Definition eine merkwürdige Auszeichnung der Zeit vor dem Raum, indem den Raumkoordinaten x_k der Spielraum dx_k gelassen wird, die Zeit dagegen exakt festgelegt wird; zweitens ist die Feststellung des Teilchenortes durch eine *direkte* Messung nicht mehr möglich, falls man Gebiete betrachtet, die klein gegen die Wellenlänge der Materiewelle sind und zugleich Teilchengeschwindigkeiten, die mit der Lichtgeschwindigkeit vergleichbar sind [vgl. Gl. (2.4) und (2.5)]; drittens existiert eine den Forderungen (18.6), (18.7) und (18.8) genügende Wahrscheinlichkeitsdichte im Falle der Lichtquanten tatsächlich nicht, wie wir später sehen werden.

Dennoch konnte DIRAC zeigen, daß ein den Forderungen (18.6), (18.7) und (18.8) genügender Ansatz für $W(x)$ dann möglich ist, wenn man *mehrere* ψ-Funktionen ψ_ϱ, $\varrho = 1, 2, \ldots$ einführt, die im kräftefreien Falle alle der Gl. (18.5) genügen. Angesichts des großen Erfolges dieses Ansatzes, der darin besteht, daß er automatisch den Spin der elektrischen Elementarteilchen mitliefert, empfiehlt es sich zunächst, alle Konsequenzen dieses Ansatzes zu verfolgen und

---

[1] Im folgenden bezeichnen wir stets mit griechischen Buchstaben von 1 bis 4, mit lateinischen von 1 bis 3 laufende Indices, mit x_4 die imaginäre Zeitkoordinate $x_4 = ict$, mit x_0 die reelle $x_0 = ct$, so daß $x_4 = i x_0$.

[2] E. SCHRÖDINGER: Ann. d. Phys. **81**, 129 (1926), speziell § 6. — O. KLEIN: Z. Physik **37**, 895 (1926). — V. FOCK: Z. Physik **38**, 242; **39**, 226 (1926). — J. KUDAR: Ann. d. Phys. **81**, 632 (1926). Betreffend die Ausdrücke für den Viererstrom s. W. GORDON: Z. Physik **40**, 117 (1926). Bei allen Autoren ist sogleich der allgemeinere Fall eines geladenen Teilchens in einem äußeren elektromagnetischen Feld betrachtet, der im Text erst später (s. unter Ziff. 21) besprochen wird.

[3] Hätte man nicht die Forderung (18.8), sondern nur die Forderung (18.7) zugrunde gelegt, so wäre auch der Ansatz

$$\varrho = \frac{1}{2}\left[\left(\frac{\partial \psi}{\partial t}\right)^2 + (\operatorname{grad}\psi)^2 + \frac{m^2 c^2}{\hbar^2}\,\psi^2\right]$$

möglich gewesen, da dann aus (18.5)

$$\frac{\partial \varrho}{\partial t} + \operatorname{div}\left(\frac{\partial \psi}{\partial t}\,\operatorname{grad}\psi\right) = 0$$

folgt. Dieser Ansatz ist zwar deshalb bemerkenswert, weil man bei ihm mit einer einzigen *reellen* Funktion ψ auskommt und die Forderung (18.6) für ihn erfüllt ist. Es erscheint dann aber $\int \varrho\, d^3x$ als die 4-Komponente eines Vektors statt als Skalar.

die Diskussion der erwähnten Bedenken erst wieder aufzunehmen, sobald man auf prinzipielle Schwierigkeiten (Zustände negativer Energie) der Diracschen Theorie stößt.

Der Diracsche Ansatz besteht nun darin, am Ausdruck

$$\varrho = W(x) = \sum_\sigma \psi_\sigma^* \, \psi_\sigma \tag{18.11}$$

festzuhalten, der allein den positiv definiten Charakter von $W(x)$ verbürgt. Da

$$\frac{d}{dt} \int \sum_\sigma \psi_\sigma^* \, \psi_\sigma \, d^3x = \int \left(\sum_\sigma \frac{\partial \psi_\sigma^*}{\partial t} \psi_\sigma + \psi_\sigma^* \frac{\partial \psi_\sigma}{\partial t} \right) d^3x = 0 \tag{18.12}$$

sein soll, können die $\partial \psi_\sigma / \partial t$ und $\partial \psi_\sigma^* / \partial t$ in einem bestimmten Zeitmoment nicht willkürlich sein, die ψ_σ müssen also Differentialgleichungen erster Ordnung in $\partial / \partial t$ genügen. Um später die relativistische Invarianz der Gleichungen erfüllen zu können, ist es dann notwendig, die Differentialgleichungen als auch in den räumlichen Differentialquotienten $\partial / \partial x_k$ linear anzusetzen. Wir machen also mit Dirac den Ansatz

$$\frac{1}{c} \frac{\partial \psi_\varrho}{\partial t} + \sum_{k=1}^{3} \sum_\sigma \left(\alpha_{\varrho\sigma}^k \frac{\partial \psi_\sigma}{\partial x_k} + i \frac{m\,c}{\hbar} \beta_{\varrho\sigma} \psi_\sigma \right) = 0 \,. \tag{18.13}$$

Die Anzahl der Werte, die jeder der Indices ϱ und σ annimmt, lassen wir dabei noch offen, ebenso die Zahlwerte $\alpha_{\varrho\sigma}^k$ und $\beta_{\varrho\sigma}$. Damit (18.12) aus (18.13) folgt, genügt es anzunehmen

$$\alpha_{\varrho\sigma}^{*\,k} = \alpha_{\sigma\varrho}^k; \quad \beta_{\varrho\sigma}^* = \beta_{\sigma\varrho} \,. \tag{18.14}$$

Dann folgt nämlich aus (18.13)

$$\frac{1}{c} \frac{\partial \psi_\sigma^*}{\partial t} + \sum_{k=1}^{3} \sum_\varrho \left(\frac{\partial \psi_\varrho^*}{\partial x_k} \alpha_{\varrho\sigma}^k - i \frac{m\,c}{\hbar} \psi_\varrho^* \beta_{\varrho\sigma} \right) = 0 \,. \tag{18.13*}$$

Multipliziert man (18.13) mit ψ_ϱ^* und summiert über ϱ, (18.13*) mit ψ_σ und summiert über σ, so ergibt sich die Kontinuitätsgleichung

$$\frac{\partial \varrho}{\partial t} + \operatorname{div} \vec{\imath} = 0, \tag{18.15}$$

wenn

$$\vec{\imath} = c \sum_\varrho \sum_\sigma \psi_\varrho^* \vec{\alpha}_{\varrho\sigma} \psi_\sigma \tag{18.16}$$

gesetzt wird. Um die Schreibweise zu vereinfachen, namentlich um das Anschreiben der Indices zu vermeiden, ist es zweckmäßig, die Bezeichnungsweise des Matrixkalküls einzuführen. Dabei erscheinen α^k und β als quadratische, Hermitesche Matrizen — ihrer Hermitezität ist mit der Forderung (18.14) gleichbedeutend —, während ψ als rechteckige Matrix mit einer einzigen *Spalte* (Elemente ψ_σ), ψ^* als rechteckige Matrix mit einer einzigen *Zeile* aufzufassen ist (Elemente ψ_ϱ^*). Um gemäß der Multiplikationsvorschrift der Matrizen sinnvolle Bildungen zu erhalten, muß dann ψ^* stets *links* von den Matrizen α^k und β, ψ *rechts* von ihnen stehen. Es schreiben sich dann (18.13), (18.13*), (18.11) und (18.16) einfacher

$$\frac{1}{c} \frac{\partial \psi}{\partial t} + \sum_{k=1}^{3} \alpha^k \frac{\partial \psi}{\partial x_k} + i \frac{m\,c}{\hbar} \beta \psi = 0, \tag{18.13'}$$

$$\frac{1}{c}\,\frac{\partial \psi^*}{\partial t} + \sum_{k=1}^{3} \frac{\partial \psi^*}{\partial x_k}\,\alpha^k - i\,\frac{m\,c}{\hbar}\,\psi^*\,\beta = 0, \qquad (18.13^{*\prime})$$

$$\varrho = (\psi^*\,\psi), \qquad (18.11')$$

$$\vec{i} = c\,(\psi^*\,\vec{\alpha}\,\psi). \qquad (18.16')$$

So wie aus den MAXWELLschen Gleichungen (erster Ordnung) für die Feldstärken die Wellengleichungen (zweiter Ordnung) für jede der Feldstärken folgt, soll nun die Gl. (18.5)

$$-\frac{1}{c^2}\,\frac{\partial^2 \psi}{\partial t^2} + \sum_{k=1}^{3} \frac{\partial^2 \psi}{\partial x_k^2} - \frac{m^2 c^2}{\hbar^2}\,\psi = 0$$

für jede der Komponenten von ψ aus (18.13) folgen. Um dies zu prüfen, wenden wir auf (18.13) von links den Operator an

$$-\frac{1}{c}\,\frac{\partial}{\partial t} + \sum_{l}\alpha^l\,\frac{\partial}{\partial x^l} + i\,\frac{m\,c}{\hbar}\,.$$

Dies ist nämlich die einzige Operation, die im Resultat die Terme *erster* Ordnung in $\partial/\partial t$ zum Fortfallen bringt. Es ergibt sich zunächst

$$-\frac{1}{c^2}\,\frac{\partial^2 \psi}{\partial t^2} + \sum_{l}\sum_{k}\left\{\alpha^l\,\alpha^k\,\frac{\partial^2 \psi}{\partial x_l\,\partial x_k}\right\} + i\,\frac{m\,c}{\hbar}\sum_{k}(\alpha^k\,\beta + \beta\,\alpha^k)\,\frac{\partial \psi}{\partial x_k} - \frac{m^2 c^2}{\hbar^2}\,\beta^2\,\psi = 0,$$

oder, indem man noch im zweiten Term in bezug auf l und k symmetrisiert,

$$-\frac{1}{c^2}\,\frac{\partial^2 \psi}{\partial t^2} + \sum_{l}\sum_{k}\frac{1}{2}\,(\alpha^k\,\alpha^l + \alpha^l\,\alpha^k)\,\frac{\partial^2 \psi}{\partial x_k\,\partial x_l} + i\,\frac{m\,c}{\hbar}\sum_{k}(\alpha^k\,\beta + \beta\,\alpha^k)\,\frac{\partial \psi}{\partial x_k} -$$
$$-\frac{m^2 c^2}{\hbar^2}\,\beta^2\,\psi = 0.$$

Der Vergleich mit (18.5) zeigt, daß wir als notwendig und hinreichend für das Bestehen von (18.5) zu fordern haben

$$\tfrac{1}{2}(\alpha^k\,\alpha^l + \alpha^l\,\alpha^k) = \delta_{l,\,k}\,I; \qquad \alpha^k\,\beta + \beta\,\alpha^k = 0; \qquad \beta^2 = I, \qquad (I)$$

(wobei unter I die Einheitsmatrix zu verstehen ist). Die ersteren Relationen sind äquivalent mit

$$(\alpha^k)^{\,2} = I; \qquad \alpha^k\,\alpha^l = -\,\alpha^l\,\alpha^k \quad \text{für} \quad k \neq l; \qquad (I')$$

überdies sind die Relationen in bezug auf die vier Matrizen α_k und β ganz symmetrisch, die letztere Matrix ist nicht ausgezeichnet.

Es ist nun zu diskutieren, ob und auf wievielfache Weise die Relationen (I) und die Hermitezitätsforderung erfüllbar sind. Es zeigt sich, daß die Zeilenzahl der (I) erfüllenden Matrizen mindestens vier sein muß. Eine mögliche Lösung mit *vier*reihigen Matrizen ergibt sich sodann unter Benutzung der in der unrelativistischen Spintheorie auftretenden zweireihigen Matrizen

$$\sigma_1 = \begin{pmatrix} 0, & 1 \\ 1, & 0 \end{pmatrix}; \qquad \sigma_2 = \begin{pmatrix} 0, & -i \\ i, & 0 \end{pmatrix}; \qquad \sigma_3 = \begin{pmatrix} 1, & 0 \\ 0, & -1 \end{pmatrix} \qquad (18.17)$$

die den Relationen

$$\left. \begin{aligned} \sigma_1\,\sigma_2 &= -\,\sigma_2\,\sigma_1 = i\,\sigma_3,\;\ldots, \\ \sigma_1^2 &= I,\;\ldots \end{aligned} \right\} \qquad (18.18)$$

genügen (durch ... ist angedeutet, daß die übrigen Relationen durch cyclische Vertauschung der angeschriebenen entstehen). Eine mögliche Lösung von (I), bei der übrigens β diagonal ist, ist dann gegeben durch

$$\alpha^k = \begin{pmatrix} 0, & \sigma_k \\ \sigma_k, & 0 \end{pmatrix}; \qquad \beta = \begin{pmatrix} I, & 0 \\ 0, & -I \end{pmatrix}. \tag{18.19}$$

Hierbei ist die „gespaltene" Schreibweise der vierreihigen Matrizen α_k und β verwendet; unter I ist die zweireihige Einheits-, unter 0 die zweireihige Nullmatrix zu verstehen, und die vierreihigen Matrizen sind durch Ausschreiben der zweireihigen zu erhalten. Die angegebenen Matrizen befriedigen ferner die Hermitezitätsforderung.

Was nun die weitere Frage nach der Existenz von anderen Lösungen der Gln. (I) betrifft, so ist jedenfalls eine Transformation

$$\alpha^{k\prime} = S\,\alpha^k\,S^{-1}; \qquad \beta' = S\,\beta\,S^{-1} \tag{18.20}$$

mit einer (um die Hermitezität zu wahren) *unitären*, aber sonst beliebigen Matrix S möglich, ohne die Gültigkeit der Relationen (I) zu ändern. Ferner ist eine triviale Erweiterung der angegebenen Matrizen α^k zu mehrreihigen Matrizen möglich dadurch, daß man setzt

$$A_k = \begin{pmatrix} \alpha^k, & 0, & 0 \dots \\ 0, & \alpha^k, & 0 \dots \\ 0, & 0, & \alpha^k \dots \\ \cdots \end{pmatrix}; \qquad B = \begin{pmatrix} \beta, & 0, & 0, & 0 \dots \\ 0, & \beta, & 0, & 0 \dots \\ 0, & 0, & \beta, & 0 \dots \\ \cdots \end{pmatrix},$$

wobei alle angeschriebenen Elemente ihrerseits wieder vierreihige Kästchen sind. Schließlich kann man diese A und B noch mit einer „großen" unitären Matrix S transformieren

$$A_k' = S\,A_k\,S^{-1}; \qquad B' = S\,B\,S^{-1}.$$

Den A' und B sieht man dann ihr Zerfallen in Teilmatrizen nicht mehr unmittelbar an. Man kann nun zeigen, daß es außer diesen trivialen Erweiterungen der angegebenen Lösung keine anderen gibt[1].

Bisher haben wir zwar gezeigt, daß die zugrunde gelegten Gln. (18.13) mit dem Ansatz (18.11′) und (18.16′) für Dichte und Strom die Kontinuitätsgleichung erfüllen und daß die ursprünglichen Gln. (18.5) eine Folge von (18.11′) sind. Wir müssen nun noch zeigen, daß die Gln. (18.13) auch relativistisch invariant sind und daß Dichte und Strom sich zu einem Viererstrom zusammenfügen. Aus dem letzteren Umstand folgt dann von selbst die in (18.8) geforderte Invarianz der Normierung der ψ_ϱ durch das Volumintegral $\int \varrho\, d^3x$.

19. Relativistische Invarianz. Um die relativistische Invarianz des Gleichungssystems (18.13) zu untersuchen, ist es zweckmäßig, es so umzuformen, daß die vier Koordinaten $x_\mu\,(\mu = 1, \dots, 4)$, wobei $x_4 = ict$, als gleichberechtigt erscheinen.

---

[1] Es beruht dies, wie hier kurz angedeutet werden möge, auf folgendem: Die 16 linear unabhängigen Elemente γ^μ, $\gamma^\mu\gamma^\nu$, $\gamma^\mu\gamma^\nu\gamma^\varrho$, $\gamma^1\,\gamma^2\,\gamma^3\,\gamma^4$ (wobei μ, ν, ϱ untereinander verschieden sein mögen) bilden die Basis eines hyperkomplexen Zahlsystems, welches unter die Klasse der halbeinfachen Systeme fällt. Das Zentrum, d.h. die mit allen Elementen vertauschbaren Elemente, hat die nur aus einem einzigen Element bestehende Basis 1. Da allgemein die Anzahl der nicht äquivalenten irreduziblen Darstellungen eines halbeinfachen Systems mit der Anzahl der Basiselemente des Zentrums übereinstimmt, gibt es in unserm Fall nur *eine* irreduzible Darstellung. Das Quadrat ihres Grades f ist gleich der Anzahl n der Basiselemente $f^2 = n$, also in unserem Fall $f = 4$.

Zu diesem Zweck multiplizieren wir (18.13) von links mit $-i\beta$ und erhalten (wegen $\beta^2 = 1$)

$$\sum_{\mu=1}^{4} \gamma^\mu \frac{\partial \psi}{\partial x_\mu} + \frac{mc}{\hbar}\,\psi = 0, \tag{II}$$

worin

$$\gamma^4 = \beta; \quad -i\beta\alpha^k = \gamma^k, \tag{19.1}$$

also

$$\beta = \gamma^4; \quad \alpha^k = i\gamma^4\gamma^k \tag{19.1'}$$

gesetzt ist. Die Matrizen γ^μ sind zugleich mit den α^k und β ebenfalls hermitesch und genügen auch als Folge von (I) den analogen Vertauschungsrelationen

$$\tfrac{1}{2}(\gamma^\mu\gamma^\nu + \gamma^\nu\gamma^\mu) = \delta_{\mu,\nu}\cdot I. \tag{I''}$$

Die Gl. (18.13*) nimmt durch Einsetzen von (19.1') und Kürzen durch i die Form an

$$\frac{\partial \psi^*}{\partial x_4} + \sum_k \frac{\partial \psi^*}{\partial x_k}\,\gamma^4\gamma^k - \frac{mc}{\hbar}\,\psi^*\gamma^4 = 0.$$

Setzt man also

$$\psi^\dagger = \psi^*\gamma^4; \quad \psi^* = \psi^\dagger\gamma^4, \tag{19.2}$$

so folgt

$$\sum_\mu \frac{\partial \psi^\dagger}{\partial x_\mu}\,\gamma^\mu - \frac{mc}{\hbar}\,\psi^\dagger = 0. \tag{II†}$$

Der Vierervektor s_μ mit den Komponenten

$$s_\mu = \left(\frac{\vec{i}}{c}, i\varrho\right)_\mu \tag{19.3}$$

nimmt nach (18.11') und (18.16') die Form an

$$s_\mu = i\,\psi^\dagger\gamma^\mu\psi. \tag{19.4}$$

Aus (II) und (II') ist $\psi^\dagger$ bei gegebenem ψ nur bis auf einen Faktor bestimmt, der dann durch (19.2) normiert wird. Die hier gebrauchte Schreibweise der DIRAC-schen Gleichung ist zweckmäßig bei Untersuchung der relativistischen Invarianzeigenschaften, während die früher gebrauchte den Vorzug besitzt, die Realitätseigenschaften der ψ-Funktion übersichtlicher zu machen.

Wir betrachten nun die orthogonalen Koordinatentransformationen

$$\left.\begin{aligned} x'_\mu &= \sum_\nu a_{\mu\nu}x_\nu, \qquad \sum_\mu a_{\mu\varrho}a_{\mu\sigma} = \delta_{\varrho\sigma}, \\ x_\nu &= \sum_\mu a_{\mu\nu}x'_\mu, \qquad \sum_\varrho a_{\varrho\mu}a_{\varrho\nu} = \delta_{\mu\nu} \end{aligned}\right\} \tag{19.5}$$

und setzen an

$$\psi' = (S\,\psi), \tag{19.6}$$

worin S eine noch aufzufindende vierreihige Matrix ist. Es soll aus

$$\sum_\mu \gamma^\mu \frac{\partial \psi}{\partial x_\mu} + \frac{mc}{\hbar}\,\psi = 0$$

folgen

$$\sum_\mu \gamma^\mu \frac{\partial \psi'}{\partial x'_\mu} + \frac{mc}{\hbar}\,\psi' = 0,$$

oder

$$\sum_{\mu}\sum_{\nu}\gamma^{\mu}\, S\, a_{\mu\nu}\frac{\partial\psi}{\partial x_{\nu}} + \frac{m\,c}{\hbar}\,S\,\psi = 0,$$

oder

$$\sum_{\mu}\sum_{\nu}(S^{-1}\gamma^{\mu}\,S)a_{\mu\nu}\frac{\partial\psi}{\partial x_{\nu}} + \frac{m\,c}{\hbar}\,\psi = 0.$$

Dies ist erfüllt, wenn

$$\sum_{\mu}(S^{-1}\gamma^{\mu}\,S)\,a_{\mu\nu} = \gamma^{\nu}$$

oder

$$S^{-1}\gamma^{\mu}\,S = \sum_{\nu}a_{\mu\nu}\gamma^{\nu}. \tag{A}$$

Dann folgt überdies aus (II†) die Gültigkeit von

$$\frac{\partial\psi^{\dagger\prime}}{\partial x'_{\mu}}\gamma^{\mu} - \frac{m\,c}{\hbar}\,\psi^{\dagger\prime} = 0,$$

wenn

$$\psi^{\dagger\prime} = (\psi^{\dagger}\,S^{-1}) \tag{19.6†}$$

gesetzt wird. Ebenso folgt, daß falls (A) gilt, die Ausdrücke (19.4) für s_{μ} tatsächlich einen Vierervektor bilden und daß

$$J = (\psi^{\dagger}\psi) \tag{19.7}$$

eine Invariante ist. Mittels einer elementaren Rechnung folgt dann ferner, daß

$$M_{\mu\nu} = -M_{\nu\mu} = i\psi^{\dagger}\gamma^{\mu}\gamma^{\nu}\psi \qquad (\mu \neq \nu) \tag{19.8}$$

ein schiefsymmetrischer Tensor zweiten Ranges

$$K_{\mu\nu\varrho} = i\psi^{\dagger}\gamma^{\mu}\gamma^{\nu}\gamma^{\varrho}\psi, \qquad (\mu \neq \varrho \neq \nu \neq \mu) \tag{19.9}$$

ein in allen drei Indices schiefsymmetrischer Tensor dritten Ranges (Pseudovektor) und

$$N = i\psi^{\dagger}\gamma^{5}\psi \tag{19.10}$$

mit

$$\gamma^{5} = \gamma^{1}\gamma^{2}\gamma^{3}\gamma^{4}, \tag{19.11}$$

ein Pseudoskalar ist. Es ist nämlich bei Koordinatentransformationen

$$N' = N\,|a_{\mu\nu}|,$$

wobei die Determinante $|a_{\mu\nu}|$ der orthogonalen Transformation bei eigentlichen Drehungen $+1$, bei Spiegelungen -1 ist[1]. Die Matrix γ^{5} ist insofern bemerkenswert, als sie die Relationen

$$(\gamma^{5})^{2} = 1; \qquad \gamma^{5}\gamma^{\mu} + \gamma^{\mu}\gamma^{5} = 0 \tag{19.12}$$

erfüllt. Es existieren also fünf unabhängige vierreihige Matrizen, welche die Relationen (I) erfüllen[2].

---

[1] Vgl. hierzu auch J. v. Neumann, Z. Physik **48**, 868 (1928).

[2] Zwischen den Größen J, s_{ν}, $M_{\mu\nu}$, $K_{\mu\nu\varrho}$, N bestehen verschiedene quadratische Identitäten, wie

$$-\sum_{\nu}(s_{\nu})^{2} = J^{2} + N^{2} = K_{123}^{2} + K_{412}^{2} + K_{341}^{2} + K_{234}^{2},$$

$$K_{123}\,s_{4} + K_{412}\,s_{3} + K_{431}\,s_{2} + K_{234}\,s_{1} = 0.$$

Vgl. hierzu V. Fock, Z. Physik **57**, 261 (1929); C. G. Darwin, Proc. Roy. Soc. Lond. **120**, 621 (1928); G. E. Uhlenbeck u. O. Laporte, Phys. Rev. **37**, 1380 (1931); W. Pauli in Zeeman Verhandlungen, S. 31—43 (1935); Ann. Inst. H. Poincaré **6**, 109 (1936).

Die Matrix S ist wegen des imaginären Charakters der vierten Koordinate nicht unitär, da die a_{4k} und a_{k4} mit $k = 1, 2, 3$ rein imaginär und nur a_{kl} und a_{44} reell sind. Man muß deshalb die HERMITEsche Konjugierte $\widetilde{S}$ von S statt gleich S^{-1} gleichsetzen

$$\widetilde{S} = \gamma^4 \, S^{-1} \gamma^4 \quad \text{oder} \quad \widetilde{S} \, \gamma^4 = \gamma^4 S^{-1}, \tag{19.13}$$

und dann gilt mit

$$\psi^{*\prime} = \psi^* \widetilde{S}$$

auch im neuen Koordinatensystem analog zu (19.2)

$$\psi^{\dagger\prime} = \psi^{*\prime} \gamma^4.$$

Nun kommt alles darauf an, nachzuweisen, daß für jede orthogonale Transformation (19.5) eine Matrix S als Funktion der $a_{\mu\nu}$ existiert, welche (A) erfüllt. Da die Matrizen $\sum_\nu a_{\mu\nu} \gamma^\nu$ als Folge von (19.5) denselben Relationen (I″) genügen wie die γ^μ, folgt die Existenz eines solchen S bereits aus der S. 142 erwähnten Eindeutigkeit (bis auf Äquivalenz) der irreziblen Darstellung der γ^μ. Einen zweiten unabhängigen Beweis erhält man unter Benützung der Gruppeneigenschaft der orthogonalen Transformationen, indem man zeigt, daß die Gleichung (A) für infinitesimale Transformationen erfüllbar ist. Eine solche ist gegeben durch

$$x'_\mu = x_\mu + \sum_\nu \varepsilon_{\mu\nu} x_\nu \quad \text{mit} \quad \varepsilon_{\mu\nu} = - \varepsilon_{\nu\mu}, \tag{19.14}$$

wobei die Antisymmetrie der $\varepsilon_{\mu\nu}$ für die Erfüllung der Orthogonalitätsbedingungen sorgt. Für S machen wir den in den $\varepsilon_{\mu\nu}$ linearen Ansatz

$$S = I + \tfrac{1}{2} \sum_\mu \sum_\nu \varepsilon_{\mu\nu} \, T^{\mu\nu} \quad \text{mit} \quad T^{\mu\nu} = - T^{\nu\mu}, \tag{19.15}$$

worin die $T^{\mu\nu}$ Matrizen sind, die durch das Indexpaar numeriert werden. Nun haben wir (19.15) in (A) einzusetzen und nur Größen erster Ordnung in den $\varepsilon_{\mu\nu}$ beizubehalten. Wir erhalten zunächst

$$\gamma^\mu \tfrac{1}{2} \sum_\lambda \sum_\nu \varepsilon_{\lambda\nu} \, T^{\lambda\nu} - \tfrac{1}{2} \sum_\lambda \sum_\nu \varepsilon_{\lambda\nu} \, T^{\lambda\nu} \gamma^\mu = \sum_\nu \varepsilon_{\mu\nu} \gamma^\nu = \tfrac{1}{2} \sum_\lambda \sum_\nu \varepsilon_{\lambda\nu} (\delta_{\lambda\mu} \gamma^\nu - \delta_{\nu\mu} \gamma^\lambda).$$

Durch Vergleich der in den Indices λ und ν bereits antisymmetrisch geschriebenen Koeffizienten von $\varepsilon_{\lambda\nu}$ ergibt sich

$$\gamma^\mu T^{\lambda\nu} - T^{\lambda\nu} \gamma^\mu = \delta_{\lambda\mu} \gamma^\nu - \delta_{\nu\mu} \gamma^\lambda. \tag{A'}$$

Diese Gleichung ist durch vierreihige Matrizen $T^{\lambda\nu}$ in der Tat erfüllbar und dadurch ist die relativistische Invarianz der DIRACschen Gleichung und der Vektorcharakter von s_ν bewiesen. Eine in λ schiefsymmetrische Lösung von (A′) ist nämlich

$$T^{\lambda\nu} = \tfrac{1}{2} \gamma^\lambda \gamma^\nu \quad \text{für} \quad \lambda \neq \nu; \quad (T^{\lambda\nu} = 0 \quad \text{für} \quad \lambda = \nu), \tag{19.16}$$

wie man auf Grund von (I″) leicht verifiziert.

Wir haben nun noch die die Realitätsverhältnisse festlegende Bedingung (19.13) zu prüfen. Sie ergibt

$$\sum_{\mu\nu} \varepsilon^*_{\mu\nu} \widetilde{T}^{\mu\nu} = - \sum_{\mu\nu} \gamma^4 \varepsilon_{\mu\nu} \, T^{\mu\nu} \gamma^4. \tag{19.17}$$

Mit Rücksicht darauf, daß ε_{4k} rein imaginär, ε_{ik} reell ist, sobald i, k von 1 bis 3 laufen, folgt

$$\widetilde{T}^{4k} = + \gamma^4 \, T^{4k} \gamma^4 \qquad \widetilde{T}^{ik} = - \gamma^4 \, T^{ik} \gamma^4. \quad (i, k = 1, 2, 3) \tag{19.17'}$$

Da bei dem Ansatz (19.16) $\widetilde{T}^{\lambda\nu} = -T^{\lambda\nu}$ gilt, verifiziert man auf Grund von (I'')
leicht, daß (19.17') in der Tat erfüllt ist.

Es ist leicht festzustellen, wie weit die Lösung von (A') und (19.17) eindeutig
ist. Die Gleichung (A') läßt noch einen additiven Zusatzterm in den $T^{\lambda\nu}$ offen,
der mit allen γ^μ vertauschbar ist. Ein solcher ist notwendig von der Form

$$\Delta_{\lambda\nu} \cdot I$$

mit gewöhnlichen Zahlen $\Delta_{\lambda\nu}$. Die Gl. (19.17) verlangt dann weiter, daß

$$\Delta = \sum_{\lambda\nu} \varepsilon_{\lambda\nu} \Delta_{\lambda\nu}$$

rein imaginär ist. Da in Größen erster Ordnung

$$1 + i|\Delta| = e^{i|\Delta|},$$

hat man es hier mit einem zusätzlichen (infinitesimalen) Phasenfaktor zu tun,
der allen vier Komponenten von ψ gemeinsam ist. Ein solcher ist in der Tat
stets willkürlich. Seine Normierung durch den Ansatz (19.16) entspricht der Festsetzung, daß

$$\mathrm{Spur}\,(T^{\lambda\nu}) = 0, \tag{19.18}$$

wenn wie üblich unter Spur einer Matrix die Summe ihrer Diagonalelemente
verstanden wird. Bei endlichen Transformationen hat dies zur Folge, daß

$$\mathrm{Det}\,(S) = 1, \tag{19.18'}$$

wobei unter Det die zur Matrix gehörige Determinante verstanden wird.

Wir bemerken noch, daß gemäß (19.16) die $T^{\lambda\nu}$ mit der durch (19.11) definierten
Matrix γ^5 vertauschbar sind:

$$\gamma^5 T^{\lambda\nu} - T^{\lambda\nu}\gamma^5 = 0, \tag{19.19}$$

was bei endlichen Transformationen, die durch stetige Fortsetzung aus den
infinitesimalen erzeugt werden können,

$$S^{-1}\gamma^5 S = \gamma^5$$

zur Folge hat. Bereits oben wurde jedoch bemerkt, daß

$$N = i\psi^\dagger \gamma^5 \psi$$

ein Pseudoskalar ist, was gleichbedeutend mit der aus (A) folgenden Aussage
ist, daß

$$S^{-1}\gamma^5 S = \pm\gamma^5 \tag{19.20}$$

mit dem positiven bzw. negativen Vorzeichen für orthogonale Transformationen
der Koordinaten mit der Determinante $+1$ bzw. -1. Letztere sind die Spiegelungen. Betrachten wir z.B. die Spiegelung

$$x'_k = -x_k \quad \text{für} \quad k = 1, 2, 3; \qquad x'_4 = x_4, \tag{19.21}$$

so haben wir nach (A) ein S zu suchen, für welches gilt

$$\gamma^k S = -S\gamma^k \quad \text{für} \quad k = 1, 2, 3; \qquad \gamma^4 S = S\gamma^4.$$

Hieraus folgt [mit Berücksichtigung der Zusatzbedingungen (19.13) und (19.18')]

$$S = \gamma^4. \tag{19.21'}$$

Mit Hilfe der Lösung (19.16) von (A′) ist es im Spezialfall einer Drehung in einer Koordinatenachse — bei der also nur zwei der Koordinaten verändert werden — sogar möglich, die Lösung von (A) für eine *endliche* Drehung des Koordinatenachsenkreuzes anzugeben[1]. Betrachten wir z.B. zuerst eine Drehung in der (x_1, x_2)-Ebene, die gegeben ist durch

$$x_1' = x_1 \cos \omega - x_2 \sin \omega,$$

$$x_2' = x_1 \sin \omega + x_2 \cos \omega,$$

so muß mit Rücksicht auf den Umstand, daß hier die Matrizen $S(\omega)$ für alle Werte von ω miteinander vertauschbar sind, nach (19.16) gelten

$$\frac{dS}{d\omega} = S\,T^{12} = S\,\frac{1}{2}\,\gamma^1\gamma^2.$$

Die Lösung dieser Differentialgleichung für die Matrix S ist mit Rücksicht auf $S = I$ für $\omega = 0$:

$$S = e^{\frac{\omega}{2}\gamma^1\gamma^2} = \cos\frac{\omega}{2} + \gamma_1\gamma_2 \sin\frac{\omega}{2}. \tag{19.22}$$

Die letzte Umformung beruht darauf, daß

$$(\gamma^1\gamma^2)^2 = -I,$$

denn in diesem Fall bleibt die Relation

$$e^{i\frac{\omega}{2}} = \cos\frac{\omega}{2} + i\sin\frac{\omega}{2}$$

richtig, wenn i durch die Matrix $\gamma_1\gamma_2$ ersetzt wird. Aus dem Resultat (19.22) geht hervor, daß bei vollem Umlauf ($\omega = 2\pi$) die Matrix S nicht zu ihrem Ausgangswert, der Einheitsmatrix, zurückkehrt, sondern in $-(I)$ übergeht:

$$S = -(I) \quad \text{für} \quad \omega = 2\pi. \tag{19.22'}$$

Es handelt sich also hier um eine *zweideutige* Darstellung der Drehungsgruppe des dreidimensionalen Raumes, wie wir sie bereits aus der unrelativistischen Spintheorie kennen. Auf den Zusammenhang der Matrizen T^{ik} ($i, k = 1, 2, 3$) mit den Drehimpulsoperatoren kommen wir noch zurück.

Analog ergibt sich das Transformationsgesetz der ψ, d.h. die Matrix S bei den speziellen LORENTZ-Transformationen, die einer Relativbewegung der Koordinatensysteme in der x_1-Richtung entsprechen, also den Drehungen in der (x_1, x_4)-Ebene. Wir haben nur x_2, γ^2 durch x_4, γ^4 zu ersetzen. Wollen wir die reelle Zeitkoordinate $x_0 = ct$ statt $x_4 = i x_0$ betrachten, so haben wir noch den Drehwinkel $\omega = i\chi$ mit reellem χ zu setzen. Dann wird

$$x_1' = x_1 \operatorname{Cos}\chi - x_0 \operatorname{Sin}\chi, \qquad \operatorname{Tan}\chi = v/c,$$

$$x_0' = -x_1 \operatorname{Sin}\chi + x_0 \operatorname{Cos}\chi, \qquad \operatorname{Cos}\chi = \frac{1}{\sqrt{1 - v^2/c^2}}; \qquad \operatorname{Sin}\chi = \frac{v/c}{\sqrt{1 - v^2/c^2}},$$

$$d x_1' = -d\chi\,x_0', \qquad d x_0' = -d\chi\,x_1',$$

$$S = e^{\frac{\chi}{2}i\gamma^1\gamma^4} = \operatorname{Cos}\frac{\chi}{2} - i\gamma^1\gamma^4 \operatorname{Sin}\frac{\chi}{2}.$$

---

[1] Vgl. P. A. M. DIRAC, Quantenmechanik, S. 258 u. 259.

Zusammenfassend betonen wir nochmals, *daß die Existenz eines Viererstromes mit den richtigen relativistischen Invarianzeigenschaften einerseits und einer positiv definiten Dichte andererseits ein wesentlicher Zug der* Diracschen *Theorie ist.* Bei einem Versuch, die Diracsche Wellengleichung in Vektor- oder Tensorform umzuschreiben, würde diese Eigenschaft der Theorie verlorengehen.

Wir haben hier bei der Untersuchung des Verhaltens der ψ gegenüber Lorentz-Transformationen keine spezielle Repräsentation der Matrizen γ^μ eingeführt. Je nach dem zu behandelnden Problem können nämlich verschiedene Repräsentationen zweckmäßig sein. Um den Anschluß an die mathematische Literatur herzustellen, wählen wir jetzt eine solche Repräsentation, bei der γ^5 auf Diagonalform gebracht ist. [Sie ist verschieden von der in (18.19) angegebenen, bei der $\beta=\gamma^4$ diagonal gewählt war.] In gespaltener Schreibweise, bei der die angeschriebenen Größen selbst als zweireihige Matrizen anzusehen sind, können wir dann setzen

$$\gamma^k = \begin{pmatrix} 0, & i\,\sigma_k \\ -i\,\sigma_k, & 0 \end{pmatrix} \quad \text{für} \quad k = 1,\,2,\,3; \quad \gamma^4 = \begin{pmatrix} 0, & I \\ I, & 0 \end{pmatrix}; \quad \gamma^5 = \begin{pmatrix} -I, & 0 \\ 0, & I \end{pmatrix}. \tag{19.23}$$

[I = zweireihige Einheitsmatrix, σ_k durch (18.17) definiert.] Nun bemerken wir, daß nach (19.20) die die Transformation der ψ gemäß

$$\psi' = S\,\psi$$

bestimmende Matrix S für Koordinatentransformationen mit der Determinante $+1$ mit γ^5 vertauschbar ist. Daraus folgt sofort, daß für diese, die sog. eigentlichen Transformationen, S die Gestalt annimmt

$$S = \begin{pmatrix} \Sigma, & 0 \\ 0, & \Sigma' \end{pmatrix},$$

worin Σ und Σ' nun zweireihige Matrizen sind. Aus (19.13) folgt dann weiter mit dem in (19.23) angegebenen Wert von γ^4, daß $\Sigma' = \tilde{\Sigma}^{-1}$ ist. Also

$$S = \begin{pmatrix} \Sigma, & 0 \\ 0, & \tilde{\Sigma}^{-1} \end{pmatrix}. \tag{19.24}$$

Die für die infinitesimalen Drehungen maßgebenden $T^{\mu\nu}$ werden nach (19.16), (18.18) und (19.23)

$$T^{1,2} = \tfrac{1}{2} i \begin{pmatrix} \sigma_3, & 0 \\ 0, & \sigma_3 \end{pmatrix}; \ldots \tag{19.25 a}$$

$$T^{1,4} = \tfrac{1}{2} i \begin{pmatrix} \sigma_1, & 0 \\ 0, & -\sigma_1 \end{pmatrix}; \ldots \tag{19.25 b}$$

wobei die nichtangeschriebenen Matrizen durch cyclische Vertauschung der Indices 1, 2, 3 zu erhalten sind.

Man sieht hieraus, daß die vier Komponenten $\psi_1 \ldots \psi_4$ in zwei Paare zerfallen, die bei eigentlichen Lorentz-Transformationen sich nur je unter sich transformieren, und zwar transformiert sich das zweite Paar kontragradient zum konjugiert komplexen des ersten Paares, d.h.

$$\psi_1^* \psi_3 + \psi_2^* \psi_4$$

ist eine Invariante. Unsere vierreihige Darstellung der eigentlichen (Determinante $+1$) Lorentz-Gruppe, zerfällt in zwei zweireihige. Zweikomponentige Größen φ_1, φ_2, die sich bei Lorentz-Transformationen gemäß

$$\varphi' = \Sigma\,\varphi \tag{19.26}$$

transformieren, heißen Spinoren oder auch Halbvektoren. Da die σ_k die Spur Null haben, haben die Σ stets die Determinante 1. Der Untergruppe der dreidimensionalen Drehungen entspricht eine *unitäre* Matrix Σ (wie dies auch in der unrelativistischen Spintheorie der Fall war), während bei den die vierte Koordinate x_4 nicht unverändert lassenden Lorentz-Transformationen wegen deren imaginärem Charakter Σ nicht unitär ist. Durch Abzählung der Parameter zeigt man leicht, daß die allgemeinste zweireihige Matrix Σ mit der Determinante 1 tatsächlich zu einer bestimmten Lorentz-Transformation gehört.

Das Zerfallen der hier auftretenden vierreihigen Darstellung der LORENTZ-Gruppe in zweireihige hört auf, wenn wir die Spiegelungen mit in Betracht ziehen. Speziell bei der früher betrachteten Spiegelung (19.21)

$$x'_k = - x_k \quad \text{für} \quad k = 1, 2, 3; \quad x'_4 = x_4,$$

wo nach (19.21)

$$\psi' = \gamma^4 \psi$$

war, ergibt sich hier durch Benutzung der in (19.23) angegebenen Matrix für γ^4

$$\psi'_1 = \psi_3, \quad \psi'_2 = \psi_4, \quad \psi'_3 = \psi_1, \quad \psi'_4 = \psi_2,$$

d.h. *die beiden Paare* (ψ_1, ψ_2) *und* (ψ_3, ψ_4) *werden einfach vertauscht.*

Das Rechnen mit Größen, die sich wie ψ_1, ψ_2 bzw. ψ_3, ψ_4 bei LORENTZ-Transformationen verhalten, ist von VAN DER WAERDEN[1] zu einem systematischen „Spinorkalkül" ausgebaut worden, der eine Erweiterung des gewöhnlichen Tensorkalküls darstellt und alle möglichen irreduziblen Darstellungen der LORENTZ-Gruppe zu verwerten gestattet. Wir möchten hier bemerken, daß dieser Kalkül trotz seiner formalen Geschlossenheit nicht immer vorteilhaft ist, da die durch die Spezialisierung von γ^5 auf Diagonalform bewirkte Zerspaltung aller vierkomponentigen Größen in zwei zweikomponentige manchmal eine unnötige Komplikation der Formel mit sich bringt und da für gewisse Probleme andere Spezialisierungen der γ^μ als die in (19.23) eingeführten — z.B. die in (19.23) gegebene, bei der γ^4 diagonal ist — sich als die zweckmäßigeren erweisen.

Es möge noch kurz die Möglichkeit erwähnt werden, LORENTZ-invariante Gleichungen aufzustellen, welche nur die soeben eingeführten zweikomponentigen Größen φ enthalten[2]. Diese beruht darauf, daß jede kovariante Größe, die nur aus mit γ^5 vertauschbaren Matrizen aufgebaut ist, kovariant bleibt, wenn man sie für ein einzelnes zweikomponentiges Paar allein anschreibt. Nun gehen wir wieder zurück auf die durch (19.1') definierten Matrizen

$$\alpha^k = i \gamma^4 \gamma^k, \quad \beta = \gamma^4,$$

die in unserem Fall gemäß (19.23) gegeben sind durch

$$\alpha^k = \begin{pmatrix} \sigma_k, & 0 \\ 0, & -\sigma_k \end{pmatrix}, \quad \beta = \gamma^4 = \begin{pmatrix} 0, I \\ I, 0 \end{pmatrix},$$

und auf die ursprüngliche Form

$$\frac{1}{c} \frac{\partial \psi}{\partial t} + \sum_{k=1}^{3} \alpha^k \frac{\partial \psi}{\partial x_k} + i \frac{m c}{\hbar} \beta \psi = 0$$

der DIRACschen Gleichungen und des Stromes

$$s_k = (\psi^* \alpha^k \psi); \quad s_4 = i (\psi^* \psi).$$

Man sieht zunächst, daß die allein aus den zweikomponentigen φ gemäß

$$s_k = (\varphi^* \sigma_k \varphi); \quad s_4 = i s_0 = i (\varphi^* \varphi) \tag{19.27}$$

gebildeten Größen die Komponenten eines Vierervektors bilden. Dieser erfüllt überdies identisch die Beziehung

$$s_0^2 = \sum_{k=1}^{3} s_k^2. \tag{19.27'}$$

Sodann sehen wir, daß die mit γ^5 nicht kommutierbare, die Paare (ψ_1, ψ_2) und (ψ_3, ψ_4) vertauschende Matrix β in einer nur aus zwei Komponenten φ gebildeten kovarianten Wellengleichung nicht vorkommen darf. *Das die Ruhmasse enthaltende Glied der Wellengleichung müßte also bei einer zweikomponentigen Gleichung fehlen.* Streichung dieses Gliedes bedeutet physikalisch den Übergang zu Teilchen mit der Ruhmasse 0, die stets mit Lichtgeschwindigkeit c laufen und deren Energie E und Impuls in der Beziehung

$$\frac{E^2}{c^2} = \sum_k p_k^2 \tag{19.28}$$

---

[1] B. L. VAN DER WAERDEN: Göttinger Nachr. **1929**, 100. Weitere Anwendungen bei G. E. UHLENBECK u. O. LAPORTE: Phys. Rev. **37**, 1380 (1931).

[2] Hierauf wurde von H. WEYL, Z. Physik **56**, 330 (1929), hingewiesen.

zueinander stehen, wie dies bei Lichtquanten der Fall ist. Die zweikomponentige Wellengleichung lautet sodann

$$\frac{1}{c}\frac{\partial \varphi}{\partial t} + \sum_{k=1}^{3} \sigma_k \frac{\partial \varphi}{\partial x_k} = 0. \tag{19.29}$$

Sie ist relativistisch invariant und hat für den durch (19.27) definierten Vektor s_k die Kontinuitätsgleichung

$$\sum_{\nu=1}^{4} \frac{\partial s_\nu}{\partial x_\nu} = 0$$

zur Folge. *Diese Wellengleichungen sind, wie ja aus ihrer Herleitung hervorgeht, nicht invariant gegenüber Spiegelungen (Vertauschung von links und rechts)*[1]. Das Fehlen der Invarianz der Wellengleichung gegenüber Spiegelungen äußert sich in einer eigentümlichen Koppelung zwischen der Richtung des Spin-Drehimpulses und des Stromes, doch soll hierauf nicht näher eingegangen werden. Erwähnt sei noch, daß auch die Gln. (19.29) sowohl zu Zuständen positiver als auch zu Zuständen negativer Energie gehörige Eigenlösungen besitzen. Zu gegebenen Werten von Energie und Impuls, die (19.28) erfüllen, gibt es hier aber nur *eine* Eigenlösung.

20. Das Verhalten von Wellenpaketen im kräftefreien Fall. Ebenso wie in Abschn. A, Gln. (3.1″) und (3.4), erhält man durch Fourier-Zerlegung aus den Eigenfunktionen $\psi_\varrho(\vec{x}, t)$ des Koordinatenraumes die Eigenfunktionen $\varphi_\varrho(\vec{p}, t)$ des Impulsraumes gemäß

$$\varphi_\varrho(\vec{p}, t) = \frac{1}{(2\pi\hbar)^{\frac{3}{2}}} \int \psi_\varrho(\vec{x}, t) \, e^{-\frac{i}{\hbar}(\vec{p}\vec{x})} \, d^3x, \tag{20.1}$$

$$\psi_\varrho(\vec{x}, t) = \frac{1}{(2\pi\hbar)^{\frac{3}{2}}} \int \varphi_\varrho(\vec{p}, t) \, e^{+\frac{i}{\hbar}(\vec{p}\vec{x})} \, d^3p, \tag{20.1a}$$

wobei

$$W(p_1, p_2, p_3) \, dp_1 \, dp_2 \, dp_3 = \sum_\varrho |\varphi_\varrho(\vec{p}, t)|^2 \, dp_1 \, dp_2 \, dp_3 \tag{20.2}$$

interpretiert wird als die Wahrscheinlichkeit dafür, daß die Impulskomponenten des Teilchens zwischen p_k und $p_k + dp_k$ liegen. In der unrelativistischen Wellenmechanik ist nun die Energie durch die Impulse eindeutig bestimmt, während in der relativistischen Mechanik, gemäß (18.1) die beiden durch das Vorzeichen unterschiedenen Energiewerte

$$\frac{1}{c}E = \pm\sqrt{m^2c^2 + \sum_k p_k^2} \tag{20.3}$$

möglich sind. Aus (18.13) folgt zunächst für die $\varphi_\varrho(p)$, wenn wir hinsichtlich des Komponentenindex ϱ wieder zur Matrixschreibweise übergehen

$$-\frac{\hbar}{i}\frac{1}{c}\frac{\partial \varphi}{\partial t} = \left(\sum_{k=1}^{3} \alpha^k p_k + mc\beta\right)\varphi. \tag{20.4}$$

Die allgemeine Lösung dieser Gleichung lautet

$$\left. \begin{aligned} \varphi_\varrho &= C_\varrho^{(+)} e^{-\frac{i}{\hbar}\sqrt{m^2c^2 + \Sigma p_k^2}\cdot ct} \\ &+ C_\varrho^{(-)} e^{+\frac{i}{\hbar}\sqrt{m^2c^2 + \Sigma p_k^2}\cdot ct}, \end{aligned} \right\} \tag{20.5}$$

---

[1] Neuerdings wurden diese Gleichungen auf das Neutrino angewendet, um nichtspiegelinvariante schwache Wechselwirkungen darzustellen.

worin $C_\varrho^{(+)}$ und $C_\varrho^{(-)}$ den Gleichungen genügen

$$+\sqrt{m^2 c^2 + \sum_{k=1}^{3} p_k^2}\, C^{(+)} = \left(\sum_{k=1}^{3} \alpha^k p_k + m c \beta\right) C^{(+)}, \qquad (20.6\,\mathrm{a})$$

$$-\sqrt{m^2 c^2 + \sum_{k=1}^{3} p_k^2}\, C^{(-)} = \left(\sum_{k=1}^{3} \alpha^k p_k + m c \beta\right) C^{(-)}. \qquad (20.6\,\mathrm{b})$$

Jede dieser Gleichungen hat noch *zwei* linear unabhängige Lösungen. Wegen der Hermitezität der α_k gilt auch

$$+\sqrt{m^2 c^2 + \sum_{k=1}^{3} p_k^2}\, C^{*(+)} = C^{*(+)}\left(\sum_{k=1}^{3} \alpha^k p_k + m c \beta\right), \qquad (20.6\,\mathrm{a}^*)$$

$$-\sqrt{m^2 c^2 + \sum_{k=1}^{3} p_k^2}\, C^{*(-)} = C^{*(-)}\left(\sum_{k=1}^{3} \alpha^k p_k + m c \beta\right). \qquad (20.6\,\mathrm{b}^*)$$

Durch Multiplikation der Gl. (20.6a) von links mit $C^{*(-)}$, der Gl. (20.6b*) von rechts mit $C^{(+)}$ folgt die Orthogonalitätsbedingung

$$\sum_\varrho C_\varrho^{*(-)} C_\varrho^{(+)} = \sum_\varrho C_\varrho^{(-)} C_\varrho^{*(+)} = 0. \qquad (20.7)$$

Die Wahrscheinlichkeit $W(p_1, p_2, p_3)$ ist also zeitlich konstant:

$$W(p_1, p_2, p_3) = \sum_\varrho \{|C_\varrho^{(+)}|^2 + |C_\varrho^{(-)}|^2\} = \mathrm{const}. \qquad (20.8)$$

Es sei hier bemerkt, daß die früher erwähnten Bedenken gegen die Existenz einer Wahrscheinlichkeitsdichte $W(x_1, x_2, x_3)$ im Koordinatenraum die entsprechende Wahrscheinlichkeitsdichte im Impulsraum nur in einem geringeren Maße treffen. Problematisch ist nur, ob der Impuls eines Teilchens in beliebiger kurzer Zeit genau gemessen werden kann [vgl. Abschn. A, Ungleichung (2.11)], dagegen ist es sicher, daß er in hinreichend langer Zeit beliebig genau gemessen werden kann. Für ein kräftefreies Wellenpaket, wo die Impulse zeitlich konstant sind, ist also $W(p_1, p_2, p_3)$ exakt bestimmbar. Es gilt aber noch mehr: auch wenn ein freies Teilchen nur während eines endlichen Zeitintervalles irgendwelchen Kräften (Wechselwirkungen mit anderen Teilchen oder mit Strahlung) ausgesetzt ist, kann vor und nach der Wechselwirkung der Impuls des Teilchens beliebig genau gemessen werden. Die Geschwindigkeitsverteilung von Teilchen nach einem Stoß ist also auch in der relativistischen Quantentheorie ein exakter und in Strenge sinnvoller Begriff, ebenso wie wir später sehen werden, die Intensitätsverteilung der von einem Teilchen gestreuten Strahlung in ihrer Abhängigkeit von Frequenz und Richtung.

Nach dieser Abschweifung untersuchen wir die Konsequenzen aus der Existenz der Lösungen $\varphi_\varrho^{(-)}$, die zu negativer Energie gehören, für das Verhalten der Wellenpakete. Zunächst folgt, abweichend von der unrelativistischen Theorie, daß der Gesamtstrom J_k, der nach (18.16)' und (20.1) gegeben ist, durch

$$\frac{1}{c} J_k = \int (\psi^* \alpha^k \psi)\, d^3 x = \int (\varphi^* \alpha^k \varphi)\, d^3 p \qquad (20.9)$$

nicht mehr zeitlich konstant ist. Er ist vielmehr nach (20.5) gegeben durch

$$\left.\begin{aligned}
\frac{1}{c} J_k = & \int (C^{*(+)} \alpha^k C^{(+)})\, d^3 p + \int (C^{*(-)} \alpha^k C^{(-)})\, d^3 p + \\
& + \int \left[(C^{*(+)} \alpha^k C^{(-)})\, e^{\frac{2i}{\hbar}\sqrt{m^2 c^2 + \sum p_k^2}\,\cdot c t} + (C^{*(-)} \alpha^k C^{(+)})\, e^{-\frac{2i}{\hbar}\sqrt{m^2 c^2 + \sum p_k^2}\,\cdot c t}\right] d^3 p.
\end{aligned}\right\} \quad (20.10)$$

Die beiden ersten Terme sind zeitlich konstant und entsprechen dem, was man in Analogie zur klassisch relativistischen Mechanik erwarten sollte. Man bestimmt ihre Größe durch Multiplikation von (20.6a*) mit $\alpha^l C^{(+)}$ von rechts, von (20.6b) mit $C^{*(-)}\alpha^l$ von links. Durch Addition ergibt sich mit Rücksicht auf die Vertauschungsrelationen (I)

$$\sqrt{m^2 c^2 + \sum_k p_k^2}\,(C^{*(+)}\alpha^l C^{(+)}) = p_l\,(C^{*(+)}C^{(+)}),$$

$$-\sqrt{m^2 c^2 + \sum_k p_k^2}\,(C^{*(-)}\alpha^l C^{(-)}) = p_l\,(C^{*(-)}C^{(-)}).$$

Unter Einführung der Energie

$$E = \pm c\sqrt{m^2 c^2 + \sum_k p_k^2}$$

und der mit der Gruppengeschwindigkeit der Welle übereinstimmenden Teilchengeschwindigkeit

$$v_k = \frac{\partial E}{\partial p_k} = \frac{c^2 p_k}{E} = \frac{\pm c\,p_k}{\sqrt{m^2 c^2 + \Sigma p_k^2}} \tag{20.11}$$

folgt also für die konstanten Teile von J_k

$$\overline{J}_k = \int v_k^{(+)}(p)\,(C^{*(+)}C^{(+)})\,d^3 p + \int v_k^{(-)}(p)\,(C^{*(-)}C^{(-)})\,d^3 p. \tag{20.12}$$

Die darüber gelagerte Oszillation mit den Frequenzen $2|E|/h$ wurden von Schrödinger als „Zitterbewegung" bezeichnet. *Sie ist eine Folge der Interferenz der zu positiven Energien gehörigen Teile des Wellenpaketes mit seinen zu negativen Energien gehörigen Teilen; in solchen Wellenpaketen, die nur die zu einem Vorzeichen der Energie gehörigen Eigenfunktionen enthalten, fällt diese Zitterbewegung fort.*

Ebenso wie in dem Strom äußert sich die Zitterbewegung in dem durch

$$\overline{x}_k = \int x_k W(x)\,d^3 x = -\frac{\hbar}{i}\int \sum_\varrho \varphi_\varrho^* \frac{\partial \varphi_\varrho}{\partial p_k}\,d^3 p \tag{20.13}$$

definierten Mittelpunkt des Wellenpaketes. Aus der Kontinuitätsgleichung (18.15) folgt nämlich unmittelbar

$$\frac{d\overline{x}_k}{dt} = J_k. \tag{20.14}$$

Daher entspricht dem konstanten Teil von J_k eine gleichförmige Bewegung von $\overline{x}_k$, dem oszillierenden Teil auch eine Oszillation von x_k. Man könnte zunächst daran denken, als Nebenbedingung in die Theorie einzuführen, daß nur solche Wellenpakete zugelassen werden sollen, die ausschließlich zu positiven Energien gehörige Eigenfunktionen enthalten. Dies ist in der Tat möglich, wenn man nur den kräftefreien Fall im Auge hat, läßt sich aber im Fall der Anwesenheit von Kräften nicht im Einklang mit der relativistischen Invarianz und mit der Korrespondenz zur klassisch-relativistischen Mechanik durchführen (vgl. Ziff. 24).

Die mathĕmatische Formulierung des Verhaltens der allgemeinen Wellenpakete und ihrer Eigenschaften im Laufe der Zeit gestaltet sich übersichtlicher, wenn man von den Wellenfunktionen zu den Operatoren übergeht[1]. Dieser Übergang geschieht genau so wie in der unrelativistischen Wellenmechanik, nur daß die Operatoren jetzt auch auf den Index ϱ

[1] E. Schrödinger: Berl. Ber. **1930**, 418; **1931**, 63. — V. Fock: Z. Physik **55**, 127 (1929); **68**, 527 (1931) (in dieser Arbeit auch Anwendungen auf den Fall der Anwesenheit von Kräften). Ferner die Diskussion E. Schrödinger, Z. Physik **70**, 808 (1931); V. Fock, Z. Physik **70**, 811 (1931).

wirken, der vier Werte durchläuft, und daß überall, wo über eine Orts- oder Impulskoordinate integriert wird, auch über ϱ zu summieren ist. Ist $\boldsymbol{D}$ ein Operator, der auf Funktionen $u_\varrho(x)$ wirkt, so ist

$$(\boldsymbol{D}u)_\varrho = \sum_\sigma \boldsymbol{D}_{\varrho\sigma} u_\sigma.$$

Der Operator ist hermitesch, wenn für beliebige Funktionen u_ϱ und v_ϱ gilt:

$$\int \sum_\varrho (\boldsymbol{D}v)_\varrho^* u_\varrho\, d^3 x = \int \sum_\varrho v_\varrho^* (\boldsymbol{D}u)_\varrho\, d^3 x. \tag{20.15}$$

Die zeitliche Änderung des Operators ist definiert durch die Forderung, daß für zwei beliebige Lösungen $\psi_\varrho(t)$, $\psi_\varrho'(t)$ der Wellengleichung gelten soll

$$\int \sum_\varrho \psi_\varrho^*(t)\, [\boldsymbol{D}(0)\,\psi'(t)]_\varrho\, d^3 x = \int \sum_\varrho \psi_\varrho^*(0)\, [\boldsymbol{D}(t)\,\psi'(0)]_\varrho\, d^3 x.$$

Dann ist

$$\boldsymbol{D}(t) = e^{\frac{i}{\hbar}\boldsymbol{H}t}\, \boldsymbol{D}(0)\, e^{-\frac{i}{\hbar}\boldsymbol{H}t},$$

also

$$\frac{d\boldsymbol{D}}{dt} = \frac{i}{\hbar}\, (\boldsymbol{H}\boldsymbol{D} - \boldsymbol{D}\boldsymbol{H}). \tag{20.16}$$

In der Tat ist für

$$-\frac{\hbar}{i}\, \frac{\partial\psi}{\partial t} = \boldsymbol{H}\psi; \qquad -\frac{\hbar}{i}\, \frac{\partial\psi'}{\partial t} = \boldsymbol{H}\psi',$$

worin $\boldsymbol{H}$ den HAMILTON-Operator bedeutet, falls dieser hermitesch ist, mit Rücksicht auf (20.15)

$$\frac{d}{dt} \int \sum_\varrho \psi_\varrho^*\,(\boldsymbol{D}\psi')_\varrho\, d^3 x = \frac{i}{\hbar} \int \sum_\varrho \psi_\varrho^*\, [(\boldsymbol{H}\boldsymbol{D} - \boldsymbol{D}\boldsymbol{H})\,\psi']_\varrho\, d^3 x. \tag{20.16'}$$

Dabei ist angenommen, daß $\boldsymbol{D}$ die Zeit nicht explizite enthält.

Der HAMILTON-Operator der kräftefreien DIRAC-Gleichung ist nun

$$\boldsymbol{H} = c\left(\sum_{k=1}^{3} \alpha^k \boldsymbol{p}_k + \beta\, m\, c\right),$$

wobei die α^k, β mit den p_k und x_k vertauschbar sind und (I) befriedigen, und wobei ferner wieder gilt

$$\boldsymbol{p}_i \boldsymbol{x}_k - \boldsymbol{x}_k \boldsymbol{p}_i = \frac{\hbar}{i}\, \delta_{ik}\, I. \tag{20.17}$$

Nun findet man

$$\dot{\boldsymbol{x}}_k = \frac{i}{\hbar}\, (\boldsymbol{H}\boldsymbol{x}_k - \boldsymbol{x}_k\boldsymbol{H}) = c\,\alpha_k, \tag{20.18a}$$

$$\dot{\boldsymbol{p}}_k = \frac{i}{\hbar}\, (\boldsymbol{H}\boldsymbol{p}_k - \boldsymbol{p}_k\boldsymbol{H}) = 0, \tag{20.18b}$$

$$\dot{\alpha}_k = \frac{i}{\hbar}\, (\boldsymbol{H}\alpha^k - \alpha^k\boldsymbol{H}) = \frac{2i}{\hbar}\, (c\,\boldsymbol{p}_k - \alpha^k\boldsymbol{H}) = \frac{2i}{\hbar}\, (\boldsymbol{H}\alpha_k - c\,\boldsymbol{p}_k), \tag{20.18c}$$

$$\dot{\beta} = \frac{i}{\hbar}\, (\boldsymbol{H}\beta - \beta\boldsymbol{H}) = \frac{2i}{\hbar}\, (m\,c^2 - \beta\boldsymbol{H}) = \frac{2i}{\hbar}\, (\boldsymbol{H}\beta - m\,c^2), \tag{20.18d}$$

letzteres wegen

$$\boldsymbol{H}\alpha_k + \alpha_k\boldsymbol{H} = 2c\,\boldsymbol{p}_k, \quad \boldsymbol{H}\beta + \beta\boldsymbol{H} = 2m\,c^2. \tag{20.19}$$

Besonders bemerkenswert ist Gl. (20.18a), die zeigt, daß $c\,\alpha^k$ formal die Rolle der Geschwindigkeiten spielen, und daß diese nicht wie in der klassischen Mechanik direkt mit den Impulsen verknüpft sind. Auf diesen Umstand wurde zuerst von BREIT[1] hingewiesen. Die Gl. (20.18c) bestimmen nach (20.16') die zeitliche Änderung des gesamten Stromes.

---

[1] G. BREIT: Proc. Nat. Acad. Sci. U.S.A. **14**, 553 (1928); vgl. auch Proc. Nat. Acad. Sci. U.S.A. **17**, 70 (1931).

Die Aufhebung des Zusammenhanges zwischen Geschwindigkeit und Impuls hängt eben mit der Möglichkeit von Zuständen negativer Energie aufs engste zusammen. Um dies einzusehen, führen wir mit Schrödinger zuerst die allgemeine Zerlegung eines Wellenpaketes in positive und negative Funktionen ein. Positiv heißt der ausschließlich mit den $C_\varrho^{(+)}$ gebildete Bestandteil

$$\psi_\varrho^{(+)} = \int C_\varrho^{(+)}(\vec{p})\, e^{\frac{i}{\hbar}\vec{p}\,\vec{x}}\, e^{-\frac{i}{\hbar}\sqrt{m^2 c^2 + \sum p_k^2}\cdot ct}\, d^3 p \qquad (20.20\,\mathrm{a})$$

ebenso

$$\psi_\varrho^{(-)} = \int C_\varrho^{(-)}(p)\, e^{\frac{i}{\hbar}\vec{p}\,\vec{x}}\, e^{+\frac{i}{\hbar}\sqrt{m^2 c^2 + \sum p_k^2}\cdot ct}\, d^3 p. \qquad (20.20\,\mathrm{b})$$

Dabei genügen die $C_\varrho^{(+)}$ und $C_\varrho^{(-)}$ bzw. den Gln. (20.6a) und (20.6b). Nun führen wir den Operator Λ ein, der definiert ist durch

$$\Lambda = \frac{\sum\limits_{k}\alpha^k p_k + \beta\, m\, c}{\sqrt{m^2 c^2 + \sum\limits_{k} p_k^2}}. \qquad (20.21)$$

Er ist zunächst definiert im Impulsraum, und es ist klar, wie er auf Funktionen $\varphi_\varrho(p)$ wirkt. Es ist Λ hermitesch, das Quadrat von Λ ist 1:

$$\Lambda^2 = 1, \qquad (20.22)$$

also ist Λ zugleich unitär, ferner ist Λ mit den p_k und mit dem Hamilton-Operator vertauschbar. Offenbar führt Λ jedes $\varphi_\varrho^{(+)}$ in sich, jedes $\varphi_\varrho^{(-)}$ in sein negatives über:

$$\Lambda\varphi_\varrho^{(+)} = \varphi_\varrho^{(+)}; \quad \Lambda\varphi_\varrho^{(-)} = -\varphi_\varrho^{(-)}, \qquad (20.23)$$

also

$$\Lambda\varphi_\varrho = \varphi_\varrho^{(+)} - \varphi_\varrho^{(-)}, \quad \text{wenn} \quad \varphi_\varrho = \varphi_\varrho^{(+)} + \varphi_\varrho^{(-)}. \qquad (20.24)$$

Es ist nun nicht schwer, Λ auch im Koordinatenraum zu definieren. Der Operator p_k ist ja einfach $\frac{\hbar}{i}\frac{\partial}{\partial x_k}$, es kommt also nur darauf an, den Operator $\dfrac{1}{\sqrt{m^2 c^2 + \sum\limits_{k} p_k^2}}$ zu definieren.

Nun ist für die Funktion

$$\psi_\varrho(x) = e^{\frac{i}{\hbar}\vec{p}\,\vec{x}}$$

dieser Operator bereits definiert. Also

$$\frac{1}{\sqrt{m^2 c^2 + \sum\limits_{k} p_k^2}} \int A_\varrho(p)\, e^{\frac{i}{\hbar}\vec{p}\,\vec{x}}\, d^3 p = \int \frac{A_\varrho(p)}{\sqrt{m^2 c^2 + \sum\limits_{k} p_k^2}}\, e^{\frac{i}{\hbar}\vec{p}\,\vec{x}}\, d^3 p,$$

also wegen

$$A_\varrho(p) = \frac{1}{(2\pi\hbar)^{\frac{3}{2}}} \int \psi_\varrho(x')\, e^{-\frac{i}{\hbar}\vec{p}\,\vec{x}}\, d^3 x'$$

mit Einführung der Funktion

$$D(x) = \frac{1}{(2\pi\hbar)^{\frac{3}{2}}} \iiint \frac{e^{-\frac{i}{\hbar}\vec{p}\,\vec{x}}}{\sqrt{m^2 c^2 + \sum\limits_{k} p_k^2}}\, dp_1\, dp_2\, dp_3 = \frac{2\pi}{(2\pi\hbar)^{\frac{3}{2}}}\frac{\hbar}{i}\frac{1}{r}\int \frac{e^{-\frac{i}{\hbar}pr} - e^{+\frac{i}{\hbar}pr}}{\sqrt{m^2 c^2 + p^2}}\, p\, dp,$$

$$\frac{1}{\sqrt{m^2 c^2 + \sum\limits_{k} p_k^2}}\, \psi_\varrho(\vec{x}) = \int D(\vec{x} - \vec{x}')\, \psi_\varrho(\vec{x}')\, d^3 x'.$$

Auf die nähere Auswertung der Funktion $D(x)$, die für $r = 0$ singulär ist, brauchen wir hier nicht einzugehen. Es soll vielmehr nur betont werden, daß Λ dann auch im Koordinatenraum die Eigenschaft hat

$$\Lambda\psi_\varrho^{(+)} = \psi_\varrho^{(+)}, \quad \Lambda\psi_\varrho^{(-)} = -\psi_\varrho^{(-)}, \qquad (20.23')$$

$$\psi_\varrho^{(+)} = \tfrac{1}{2}(1 + \Lambda)\,\psi_\varrho, \quad \psi_\varrho^{(-)} = \tfrac{1}{2}(1 - \Lambda)\,\psi_\varrho.$$

Wir merken noch an, daß

$$\frac{1}{\sqrt{m^2 c^2 + \sum\limits_k p_k^2}}\, A = \frac{\sum\limits_k \alpha^k p_k + \beta\, m\, c}{m^2 c^2 + \sum p_k^2} = c\, H^{-1},$$

da dieser Operator, mit $\dfrac{1}{c}\, H$ multipliziert, die Identität ergibt.

Nun können wir mit Hilfe dieses A auch jeden Operator D in einen geraden und einen ungeraden Bestandteil zerlegen. Dabei ist ein gerader Operator ein solcher, der jede positive (bzw. negative) Funktion wieder in eine positive (bzw. negative) verwandelt, ein ungerader ein solcher, der jede positive (bzw. negative) in eine negative (bzw. positive) Funktion verwandelt. Da alle positiven Funktionen auf allen negativen orthogonal sind, haben die ungeraden Operatoren die Erwartungswerte Null in allen Zuständen, die durch Wellenpakete mit nur positiven oder negativen Energien dargestellt werden. Nun ist

$$A\,D\,A\psi^{(+)} =\quad A\,D\psi^{(+)} =\quad (D\psi^{(+)})^{(+)} - (D\psi^{(+)})^{(-)},$$
$$A\,D\,A\psi^{(-)} = -\,A\,D\psi^{(-)} = -\,(D\psi^{(-)})^{(+)} + (D\psi^{(-)})^{(-)}.$$

Also ist

$$\tfrac{1}{2}(D + A\,D\,A) = \tfrac{1}{2}A(A\,D + D\,A) = g\,(D) \tag{20.25 a}$$

der gerade,

$$\tfrac{1}{2}(D - A\,D\,A) = \tfrac{1}{2}(D\,A - A\,D)\,A = u\,(D) \tag{20.25 b}$$

der ungerade Bestandteil von D, und durch die unitäre Transformation

$$D \to A\,D\,A$$

wird $D = g + u$ übergeführt in $g - u$.

Nun ist es leicht, die geraden Bestandteile von α^k und β zu ermitteln. Man findet

$$g\,(\alpha^k) = c\,H^{-1}p_k, \quad g\,(\beta) = m\,c^2\,H^{-1}. \tag{20.26}$$

Die geraden Bestandteile von α^k und β haben also wieder den klassischen Zusammenhang mit Impuls und Energie, der bei den ursprünglichen Operatoren α^k und β aufgehoben war. Ferner findet man mit Rücksicht auf

$$x_k A - A x_k = -\frac{\hbar}{i}\,\frac{\partial A}{\partial p_k}$$

für den ungeraden Bestandteil von x_k:

$$u\,(x_k) = \frac{\hbar}{2i}\,c\,H^{-1}(\alpha^k - p_k\,c\,H^{-1}) = \frac{\hbar}{2i}\,c\,H^{-1}u\,(\alpha^k) \tag{20.27}$$

in Übereinstimmung mit den von Schrödinger gefundenen Ausdrücken.

21. Die Wellengleichung für den Fall des Vorhandenseins von Kräften. In der klassischen relativistischen Punktmechanik erhält man die Hamilton-Funktion eines geladenen Teilchens unter dem Einfluß eines äußeren elektromagnetischen Feldes, indem man die Energie E durch $E + e\,\Phi_0$, die räumlichen Impulse p_k durch $p_k + \dfrac{e}{c}\,\Phi_k$ ersetzt. Dabei ist die Ladung des Teilchens gleich $-e$ gesetzt, was für das Elektron bequem ist, und es ist Φ_0 das elektrische skalare, Φ_k das magnetische vektorielle Potential des äußeren Feldes. Faßt man $(\Phi_k, i\,\Phi_0)$ zum Vierervektor Φ_ν des Potentials, $\left(p_k, i\,\dfrac{E}{c}\right)$ zum Vierervektor p_ν von Impuls und Energie zusammen, so kann man auch invariant formulieren, daß p_ν durch $p_\nu + \dfrac{e}{c}\,\Phi_\nu$ zu ersetzen ist. Dirac behält diesen Ansatz auch in der Quantentheorie bei, setzt also für die Wellengleichung eines geladenen Teilchens unter dem Einfluß äußerer Kräfte in Verallgemeinerung von (II)

$$\sum_{\mu=1}^{4} \gamma^\mu\left(\frac{\hbar}{i}\,\frac{\partial}{\partial x_\mu} + \frac{e}{c}\,\Phi_\mu\right)\psi - i\,m\,c\,\psi = 0 \tag{III}$$

oder

$$\sum_{\mu} \gamma^{\mu}\left(\frac{\partial}{\partial x_{\mu}} + \frac{ie}{\hbar c} \Phi_{\mu}\right)\psi + \frac{mc}{\hbar}\psi = 0.$$ (III′)

Für die durch (19.2) definierten Funktionen $\psi^{\dagger}$ gilt dann

$$\sum_{\mu}\left(\frac{\partial}{\partial x_{\mu}} - \frac{ie}{\hbar c}\Phi_{\mu}\right)\psi^{\dagger}\gamma^{\mu} - \frac{mc}{\hbar}\psi^{\dagger} = 0.$$ (III†)

Die Definition (19.4) bzw. (18.11) und (18.16) des Vierervektors kann daher unverändert beibehalten werden, da ja dann auch hier die Kontinuitätsgleichung

$$\sum_{\nu=1}^{4}\frac{\partial s_{\nu}}{\partial x_{\nu}} = 0$$

eine Folge der Wellengleichung ist. Auch an den Überlegungen über die relativistische Invarianz ändert sich nichts.

Ein wichtiger Umstand ist der, daß nur die Feldstärken

$$F_{\mu\nu} = \frac{\partial \Phi_{\nu}}{\partial x_{\mu}} - \frac{\partial \Phi_{\mu}}{\partial x_{\nu}}$$ (21.1)

eine direkte physikalische Bedeutung haben, in den Potentialen daher ein additiver Gradient einer willkürlichen Funktion $f(x_1 \ldots x_4)$ verfügbar bleibt. Ersetzt man Φ_{μ} durch

$$\Phi'_{\mu} = \Phi_{\mu} + \frac{\partial f}{\partial x_{\mu}},$$ (21.2a)

so bleibt ja $F_{\mu\nu}$ ungeändert. Diese Substitution in (III) eingeführt, zeigt, daß beim Übergang von Φ_{μ} zu Φ'_{μ} die Wellenfunktionen ψ_{ϱ} sich gemäß

$$\psi'_{\varrho} = \psi_{\varrho}\, e^{-\frac{ie}{\hbar c}f}$$ (21.2b)

transformieren. Denn dann ist

$$\left(\frac{\partial}{\partial x_{\mu}} + \frac{ie}{\hbar c}\Phi'_{\mu}\right)\psi' = \left\{\left(\frac{\partial}{\partial x_{\mu}} + \frac{ie}{\hbar c}\Phi_{\mu}\right)\psi\right\} e^{-\frac{ie}{\hbar c}f}.$$ (21.3)

Man nennt, im Hinblick auf eine ähnliche Situation in einer früheren von Weyl herrührenden Theorie von Gravitation und Elektrizität, die Transformationen (21.2a) und (21.2b) auch *Eichtransformationen*, die Invarianz der Wellengleichung ihnen gegenüber *Eichinvarianz*[1].

Von den γ^{ν} zu den α^{k} und β übergehend, kann man die Wellengleichung (III) auch schreiben

$$\frac{1}{c}\frac{\partial \psi}{\partial t} - \frac{ie}{\hbar c}\Phi_0\psi + \sum_{k=1}^{3}\alpha^{k}\left(\frac{\partial \psi}{\partial x_k} + \frac{ie}{\hbar c}\Phi_k\psi\right) + i\frac{mc}{\hbar}\beta\psi = 0,$$ (21.4)

so daß der durch

$$\frac{\hbar}{i}\frac{\partial \psi}{\partial t} + H\psi = 0$$

definierte Hamilton-Operator durch

$$H = -e\Phi_0 + c\left[\sum_{k=1}^{3}\alpha^{k}\left(p_k + \frac{e}{c}\Phi_k\right) + mc\beta\right]$$ (21.5)

---

[1] F. London: Z. Physik **42**, 375 (1927). — H. Weyl: Z. Physik **56**, 330 (1929).

gegeben ist. Führt man ferner statt p_k und $\boldsymbol{H}$ die eichinvarianten Operatoren

$$\left.\begin{aligned}
\pi_k &= p_k + \frac{e}{c}\,\Phi_k = \frac{\hbar}{i}\,\frac{\partial}{\partial x_k} + \frac{e}{c}\,\Phi_k,\\[2mm]
\pi_0 &= \frac{H}{c} + \frac{e}{c}\,\Phi_0 = -\frac{\hbar}{i}\,\frac{1}{c}\,\frac{\partial}{\partial t} + \frac{e}{c}\,\Phi_0,\\[2mm]
\pi_4 &= i\,\pi_0 = \frac{\hbar}{i}\,\frac{\partial}{\partial x_4} + \frac{e}{c}\,\Phi_4
\end{aligned}\right\} \tag{21.6}$$

ein, so gilt wieder

$$\sum_{\mu=1}^{4} \gamma^\mu \pi_\mu \psi - i\,m\,c\,\psi = 0, \tag{III''}$$

aber die π_μ erfüllen die Vertauschungsrelationen

$$\pi_\mu \pi_\nu - \pi_\nu \pi_\mu = \frac{\hbar}{i}\,\frac{e}{c}\,F_{\mu\nu}, \tag{21.7}$$

während die p_μ vertauschbar sind.

Die Forderungen der relativistischen Invarianz, der Eichinvarianz und der Korrespondenz bestimmen den Ansatz (III) allerdings noch nicht eindeutig. Es bliebe nämlich die Möglichkeit, diesen durch ein additives Zusatzglied

$$\frac{1}{c}\,M\sum_\mu\sum_\nu F_{\mu\nu}\,\gamma^\mu\gamma^\nu\,\psi$$

zu modifizieren, worin $F_{\mu\nu}$ wieder die Feldstärken des äußeren Feldes und M eine reelle Konstante von der Dimension Ladung mal Länge bedeutet. Es zeigt sich aber, daß man bereits ohne ein solches Zusatzglied in der Wellengleichung erster Ordnung auskommt und Übereinstimmung mit der Erfahrung erreicht. *Und zwar ergibt sich dann von selbst auch der Spin des Elektrons einschließlich der absoluten Größe* $eh/2mc$ *seines magnetischen Momentes.* Dies ist als ein wesentlicher Erfolg der DIRACschen Wellengleichung anzusehen. Dies ist bereits zu sehen, wenn man mittels derselben Operation, die im kräftefreien Fall zur Gl. (18.5) geführt hat, von (III) zur Wellengleichung zweiter Ordnung übergeht. Durch Anwendung des Operators

$$\sum_{\mu=1}^{4}\gamma^\mu\left(\frac{\partial}{\partial x_\mu} + \frac{i\,e}{\hbar\,c}\,\Phi_\mu\right) - \frac{m\,c}{\hbar}$$

von links auf (III') folgt nämlich zunächst

$$\sum_\mu\sum_\nu \gamma^\mu\gamma^\nu\left[\left(\frac{\partial}{\partial x_\mu} + \frac{i\,e}{\hbar\,c}\,\Phi_\mu\right)\left(\frac{\partial}{\partial x_\nu} + \frac{i\,e}{\hbar\,c}\,\Phi_\nu\right) - \frac{m^2 c^2}{\hbar^2}\right]\psi = 0.$$

Hier trennen wir die Terme mit $\mu = \nu$ und die Terme mit $\mu \neq \nu$. Die ersteren geben im Einklang mit früheren relativistischen Theorien wegen $(\gamma^\mu)^2 = 1$

$$\sum_\nu\left(\frac{\partial}{\partial x_\nu} + \frac{i\,e}{\hbar\,c}\,\Phi_\nu\right)^2\psi,$$

die letzteren geben wegen $\gamma^\mu\gamma^\nu = -\gamma^\nu\gamma^\mu$ für $\mu \neq \nu$

$$\frac{1}{2}\sum_\mu\sum_\nu\gamma^\mu\gamma^\nu\left\{\left(\frac{\partial}{\partial x_\mu} + \frac{i\,e}{\hbar\,c}\,\Phi_\mu\right)\left(\frac{\partial}{\partial x_\nu} + \frac{i\,e}{\hbar\,c}\,\Phi_\nu\right) - \left(\frac{\partial}{\partial x_\nu} + \frac{i\,e}{\hbar\,c}\,\Phi_\nu\right)\left(\frac{\partial}{\partial x_\mu} + \frac{i\,e}{\hbar\,c}\,\Phi_\mu\right)\right\}\psi$$

$$= \frac{1}{2}\sum_\mu\sum_\nu\gamma^\mu\gamma^\nu\,\frac{i\,e}{\hbar\,c}\,F_{\mu\nu}\cdot\psi,$$

worin die Feldstärken wieder durch (21.1) gegeben sind. Das Endresultat ist also

$$\sum_{\nu}\left[\left(\frac{\partial}{\partial x_\nu}+\frac{i\,e}{\hbar\,c}\,\Phi_\nu\right)^2-\frac{m^2c^2}{\hbar^2}\right]\psi+\frac{1}{2}\sum_{\mu}\sum_{\nu}\gamma^\mu\gamma^\nu\frac{i\,e}{\hbar\,c}F_{\mu\nu}\psi=0 \qquad (21.8)$$

oder unter Einführung der Operatoren $p_\nu=\dfrac{\hbar}{i}\dfrac{\partial}{\partial x_\nu}$:

$$\sum_{\nu}\left[\left(p_\nu+\frac{e}{c}\,\Phi_\nu\right)^2+m^2c^2\right]\psi+\frac{1}{2}\sum_{\mu}\sum_{\nu}\gamma^\mu\gamma^\nu\frac{\hbar\,e}{i\,c}F_{\mu\nu}\psi=0. \qquad (21.8')$$

Daß in dem letzten charakteristischen Zusatzglied in der Tat die Spinwechselwirkungsenergie mit dem äußeren Feld enthalten ist, wird sich aus den Betrachtungen der folgenden Ziffer ergeben, wo allgemein gezeigt wird, daß die unrelativistische Wellenmechanik des Spins, wie sie in Abschn. A, Ziff. 13, entwickelt wurde, in der Diracschen relativistischen Theorie als Näherung enthalten ist.

Die korrespondenzmäßige Behandlung der Strahlungsvorgänge kann unmittelbar auf die Diracsche Theorie übertragen werden. Nur ist dann in Gl. (15.28) für die Störungsenergie der Strahlung als Strom der Ausdruck

$$i_k=(-e)\,c\,(\psi^*\,\alpha^k\,\psi)$$

statt des unrelativistischen Ausdruckes (4.18) einzusetzen. Der Umstand, daß in der Diracschen Theorie das Viererpotential im Strom gar nicht, im Hamilton-Operator nur linear eingeht, wirkt hierbei für manche Überlegungen und Rechnungen gegenüber der unrelativistischen Theorie vereinfachend.

Die wichtigsten Anwendungen der Diracschen Theorie, die zu für diese Theorie charakteristischen, empirisch prüfbaren Folgerungen führen, sind erstens die exakten Eigenwerte eines Elektrons in einem Coulombschen Zentralfeld, die sich als mit den früher von Sommerfeld in seiner Theorie der relativistischen Feinstruktur ermittelten als identisch herausstellen[1], zweitens die Formel von Klein und Nishina[2] für die Intensität der Streuung von Strahlung kurzer Wellenlänge durch freie Elektronen.

Neben dem Erhaltungssatz der Ladung gibt es noch einen Energieimpulssatz. Freilich besagt dieser nicht einfach die Erhaltung von Energie und Impuls des Materiefeldes allein; dies trifft nur im kräftefreien Feld zu, während ja bei Anwesenheit eines elektromagnetischen Feldes Impuls und Energie auf das System übertragen wird. Allgemein existiert jedoch ein Energieimpulstensor $T_{\mu\nu}$, der die Relation

$$\sum_{\nu=1}^{4}\frac{\partial T_{\mu\nu}}{\partial x_\nu}=\sum_{\nu}F_{\mu\nu}s_\nu=(-e)\,i\sum_{\nu}F_{\mu\nu}(\psi^\dagger\gamma^\nu\psi) \qquad (21.9)$$

erfüllt. Durch eine elementare Rechnung bestätigt man in der Tat leicht diese Beziehung als Folge der Wellengleichung, wenn

$$\begin{aligned}-\frac{i}{c}\,T_{\mu\nu}&=\frac{1}{2}\left\{\psi^\dagger\gamma^\nu\left[\left(p_\mu+\frac{e}{c}\,\Phi_\mu\right)\psi\right]-\left[\left(p_\mu-\frac{e}{c}\,\Phi_\mu\right)\psi^\dagger\right]\gamma^\nu\psi\right\}\\[2mm]&=\frac{1}{2}\frac{\hbar}{i}\left(\psi^\dagger\gamma^\nu\frac{\partial\psi}{\partial x_\mu}-\frac{\partial\psi^\dagger}{\partial x_\mu}\gamma^\nu\psi\right)+\frac{e}{c}\,\Phi_\mu(\psi^\dagger\gamma^\nu\psi)\end{aligned} \qquad (21.10)$$

[1] W. Gordon: Z. Physik **48**, 11 (1928). — C. G. Darwin: Proc. Roy. Soc. Lond., Ser. A **118**, 654 (1928). Näheres s. bei H. A. Bethe und E. E. Salpeter, Bd. XXXV dieses Handbuches.

[2] O. Klein u. Y. Nishina: Z. Physik **52**, 853 (1929). — Y. Nishina: Z. Physik **52**, 869 (1929); vgl. auch J. Waller, Z. Physik **58**, 75 (1929). Näheres s. G. Källén, in diesem Bande, Ziff. 25.

gesetzt wird[1]. Der zweite Term ist hier zugefügt, um den Komponenten $T_{\mu\nu}$ die richtigen Realitätseigenschaften zu geben. Hierbei wurde von den Vertauschungsrelationen der DIRACschen Matrizen noch kein Gebrauch gemacht. Man kann diese jedoch dazu benutzen, um den Energieimpulstensor zu symmetrisieren. Um dies zu zeigen, multipliziert man zunächst die Wellengleichung (III) von links mit $\psi^\dagger \gamma^\mu \gamma^\nu$, die Wellengleichung (III†) von rechts mit $\gamma^\mu \gamma^\nu \psi$ und addiert. Dabei ergibt sich

$$\sum_{\varrho=1}^{4} \left\{ \psi^\dagger \gamma^\mu \gamma^\nu \gamma^\varrho \left[\left(p_\varrho + \frac{e}{c}\, \Phi_\varrho \right) \psi \right] + \left[\left(p_\varrho - \frac{e}{c}\, \Phi_\varrho \right) \psi^\dagger \right] \gamma^\varrho \gamma^\mu \gamma^\nu \psi \right\} = 0.$$

Für uns ist nur der Fall $\mu \neq \nu$ von Interesse, was wir nun ausdrücklich voraussetzen. Dann trennen wir die Terme mit $\varrho = \mu$ und $\varrho = \nu$ einerseits, die Terme mit $\varrho \neq \mu$, $\varrho \neq \nu$ andererseits, wobei letztere durch einen Akzent am Summenzeichen charakterisiert sind. Mit Rücksicht auf die Vertauschungsrelationen (I'') der Matrizen γ^μ ergibt sich dann

$$\frac{2i}{c}\, (T_{\mu\nu} - T_{\nu\mu}) + \sum_{\substack{\varrho \neq \mu \\ \varrho \neq \nu}}{}' \left\{ \psi^\dagger \gamma^\mu \gamma^\nu \gamma^\varrho \left[\left(p_\varrho + \frac{e}{c}\, \Phi_\varrho \right) \psi \right] + \left[\left(p_\varrho - \frac{e}{c}\, \Phi_\varrho \right) \psi^\dagger \right] \gamma^\mu \gamma^\nu \gamma^\varrho \psi \right\} = 0$$

oder

$$\frac{2}{c}\, (T_{\mu\nu} - T_{\nu\mu}) = \hbar \sum_{\substack{\varrho \neq \mu \\ \varrho \neq \nu}}{}' \frac{\partial}{\partial x_\varrho} (\psi^\dagger \gamma^\mu \gamma^\nu \gamma^\varrho \psi). \tag{21.11}$$

Daraus folgt aber, daß wegen der Antisymmetrie von $\gamma^\nu \gamma^\varrho$ in ϱ und ν für $\varrho \neq \nu$ die Divergenz von $T_{\mu\nu} - T_{\nu\mu}$ verschwindet:

$$\sum_{\nu=1}^{4} \frac{\partial}{\partial x_\nu} (T_{\mu\nu} - T_{\nu\mu}) = 0. \tag{21.11'}$$

Bilden wir also den symmetrischen Tensor

$$\Theta_{\mu\nu} = \Theta_{\nu\mu} = \frac{1}{2}\, (T_{\mu\nu} + T_{\nu\mu}) = T_{\mu\nu} - \frac{\hbar c}{4} \sum_{\substack{\varrho \neq \mu \\ \varrho \neq \nu \\ (\mu \neq \nu)}}{}' \frac{\partial}{\partial x_\varrho} (\psi^\dagger \gamma^\mu \gamma^\nu \gamma^\varrho \psi) \tag{21.12}$$

(für $\mu = \nu$ ist der letzte Term zu streichen), so genügt er ebenfalls einer Beziehung der Form (21.9)

$$\sum_{\nu=1}^{4} \frac{\partial \Theta_{\mu\nu}}{\partial x_\nu} = \sum_\nu F_{\mu\nu} s_\nu = (-e)\, i \sum_\nu F_{\mu\nu} (\psi^\dagger \gamma^\nu \psi). \tag{21.13}$$

Als spezielle Anwendungen der Beziehungen (21.9) und (21.13) erwähnen wir den Impulssatz und den Drehimpulssatz. Durch Umformung mittels partieller Integration ergibt sich für $k = 1, 2, 3$ mit Rücksicht auf (19.2)

$$J_k = \frac{1}{ic} \int T_{k4}\, d^3 x = \frac{1}{ic} \int \Theta_{k4}\, d^3 x = \int (\psi^\dagger \gamma^4 \pi_k \psi)\, d^3 x = \int (\psi^* \pi_k \psi)\, d^3 x \tag{21.14}$$

und

$$\dot{J}_k = (-e) \int \sum_\nu F_{k\nu} s_\nu\, d^3 x. \tag{21.15}$$

Dies ist nach (20.16) gleichbedeutend mit der aus (21.5) direkt ableitbaren Operatorrelation

$$\frac{d}{dt}\, \pi_k = \frac{e}{c}\, \frac{\partial \Phi_k}{\partial t} + \frac{i}{\hbar}\, (H \pi_k - \pi_k H) = (-e) \left(\mathscr{E}_k + \sum_{l=1}^{3} F_{kl} \alpha^l \right). \tag{21.15'}$$

Ferner folgt aus (21.13) der Drehimpulssatz: Mit

$$P_{ik} = -P_{ki} = \frac{1}{ic} \int (x_i \Theta_{k4} - x_k \Theta_{i4})\, d^3 x, \quad (i, k = 1, 2, 3). \tag{21.16}$$

---

[1] In der früheren relativistischen Quantentheorie (vgl. Fußnote 2, S. 139) wurde der Energieimpulstensor von E. SCHRÖDINGER [Ann. d. Phys. **82**, 265 (1927)] eingeführt. Die analog verlaufende Rechnung für die DIRACsche Theorie findet sich bei F. MÖGLICH, Z. Physik **48**, 852 (1928). Vollständiger ist die Behandlung der Frage bei H. TETRODE [Z. Physik **49**, 858 (1928)] wo die Möglichkeit der Symmetrisierung des Tensors gezeigt wird.

und

$$d_{ik} = (-e) \sum_{\nu} (x_i F_{k\nu} - x_k F_{i\nu})\, s_\nu \tag{21.17}$$

bzw. als Operatorrelation

$$\boldsymbol{d}_{ik} = (-e)\left[x_i \mathscr{E}_k - x_k \mathscr{E}_i + \sum_{l=1}^{3} (x_i F_{kl} - x_k F_{il})\, \alpha^l \right] \tag{21.17'}$$

gilt

$$\dot{P}_{ik} = \int d_{ik}\, d^3 x . \tag{21.18}$$

Bei der Herleitung der letzteren Relation aus (21.13) ist wesentlich von der Symmetrie des Tensors Θ_{ik} Gebrauch gemacht.

Durch Einsetzen von (21.10) und (21.12) in (21.16) kann der Ausdruck für die Drehimpulskomponenten noch umgeformt werden. Man erhält

$$P_{ik} = \int \psi^\dagger \gamma^4 (x_i \pi_k - x_k \pi_i)\, \psi \, d^3 x + \frac{\hbar}{2i} \int (\psi^\dagger \gamma^4 \gamma^i \gamma^k \psi)\, d^3 x$$

oder nach (19.2)

$$P_{ik} = \int \psi^* \left[(x_i \pi_k - x_k \pi_i) + \frac{\hbar}{2i} \alpha^i \alpha^k \right] \psi \, d^3 x . \tag{21.19}$$

Auch die Relation (21.18) kann dann als Operatorrelation

$$\boldsymbol{P}_{ik} = x_i \pi_k - x_k \pi_i + \frac{\hbar}{2i} \alpha^i \alpha^k; \qquad \frac{d}{dt}\boldsymbol{P}_{ik} = \boldsymbol{d}_{ik} \tag{21.20}$$

geschrieben werden, die auch direkt durch Vertauschung des linksstehenden Operators mit H ableitbar ist. Das Auftreten des Zusatztermes $\frac{\hbar}{2i}\alpha^i \alpha^k$ im Drehimpulsoperator ist eng verknüpft mit dem Verhalten der ψ_ϱ gegenüber infinitesimalen Drehungen, für das nach (19.16) eben der Operator $i\gamma^i\gamma^k = i\alpha^i\alpha^k$ maßgebend ist. Man kann im Hinblick auf die unrelativistische Theorie den ersten Teil $x_i \pi_k - x_k \pi_i$ des Drehimpulsoperators als „Bahnmoment", den zweiten Teil $\frac{\hbar}{2i}\alpha^i\alpha^k$ als „Spinmoment" interpretieren, muß aber stets beachten, daß in der relativistischen Theorie dieser Zweiteilung des Drehimpulses kein direkt beobachtbarer physikalischer Sachverhalt entspricht. In einem zentralsymmetrischen elektrischen Feld verschwindet offenbar das Drehmoment d_{ik} und der Drehimpuls bleibt zeitlich konstant.

b) Näherungen und Grenzen der Diracschen Theorie

22. Die unrelativistische Wellenmechanik des Spins als erste Näherung. Um den Übergang zur unrelativistischen Theorie des Spins in erster Näherung für langsam bewegte Teilchen zu vollziehen, ist es zweckmäßig, die Matrizen α^k und β gemäß (18.19) zu spezialisieren, wobei β auf Diagonalform gebracht ist. Es zeigt sich nämlich, daß dann zwei der Komponenten klein werden gegen die beiden anderen, sobald die Teilchengeschwindigkeiten klein gegen die Lichtgeschwindigkeit sind. Um dies zu zeigen, führen wir zwei zweikomponentige Größen (φ_1, φ_2) und (χ_1, χ_2) statt der einen vierkomponentigen Größe $(\psi_1, \psi_2, \psi_3, \psi_4)$ ein, wobei übrigens, wie in der unrelativistischen Wellenmechanik üblich [vgl. nach (3.36), S. 21 und (4.27'')] der Faktor $e^{-\frac{i}{\hbar}mc^2 t}$ abgespalten wird, so daß gilt

$$\left.\begin{array}{ll} \psi_1 = \varphi_1\, e^{-\frac{i}{\hbar}mc^2 t}, & \psi_2 = \varphi_2\, e^{-\frac{i}{\hbar}mc^2 t}, \\[2mm] \psi_3 = \chi_1\, e^{-\frac{i}{\hbar}mc^2 t}, & \psi_4 = \chi_2\, e^{-\frac{i}{\hbar}mc^2 t}. \end{array}\right\} \tag{22.1}$$

Dann wird aus (21.4):

$$\frac{\hbar}{i}\frac{\partial \varphi}{\partial t} - e\Phi_0 \varphi + \sum_{k=1}^{3} c\, \sigma_k \left(\frac{\hbar}{i}\frac{\partial \chi}{\partial x_k} + \frac{e}{c}\Phi_k \chi \right) = 0, \tag{22.2a}$$

$$-2mc^2 \chi + \frac{\hbar}{i}\frac{\partial \chi}{\partial t} - e\Phi_0 \chi + \sum_{k=1}^{3} c\, \sigma_k \left(\frac{\hbar}{i}\frac{\partial \varphi}{\partial x_k} + \frac{e}{c}\Phi_k \varphi \right) = 0, \tag{22.2b}$$

worin die σ_k wieder die durch (18.17) definierten zweireihigen Matrizen sind. Hierbei ist es wesentlich, daß der aus der zeitlichen Differentiation des Exponentialfaktors entstehende Term zusammen mit dem mit β multiplizierten Massenterm sich bei den Größen φ aufhebt, bei den Größen χ aber addiert. *Dies bedingt die Möglichkeit, nach Potenzen der reziproken Lichtgeschwindigkeit $1/c$ zu entwickeln.* Wenn die Größen φ dann als von nullter Ordnung betrachtet werden, so werden die Größen χ von erster Ordnung. Führen wir wie in (21.6) die Operatoren

$$\pi_k = \frac{\hbar}{i}\,\frac{\partial}{\partial x_k} + \frac{e}{c}\,\Phi_k$$

ein, so erhalten wir, zunächst bis zu Größen erster Ordnung

$$\chi = \frac{1}{2mc}\sum_k \sigma_k\,\pi_k\,\varphi, \tag{22.3 a}$$

sodann eine Näherung weiter

$$\chi = \frac{1}{2mc}\sum_k \sigma_k\,\pi_k\,\psi + \frac{1}{4m^2c^3}\left(\frac{\hbar}{i}\,\frac{\partial}{\partial t} - e\,\Phi_0\right)\sum_k \sigma_k\,\pi_k\,\varphi. \tag{22.3 b}$$

Dies in (22.2a) eingesetzt, gibt mit Beibehaltung aller Größen bis zur Ordnung $1/c^2$ einschließlich:

$$\frac{\hbar}{i}\,\frac{\partial\varphi}{\partial t} - e\,\Phi_0\,\varphi + \frac{1}{2m}\sum_k\sum_l \sigma_k\,\sigma_l\,\pi_k\,\pi_l\,\varphi$$

$$+ \frac{1}{4m^2c^2}\sum_k\sum_l \sigma_k\,\pi_k\left(\frac{\hbar}{i}\,\frac{\partial}{\partial t} - e\,\Phi_0\right)\sigma_l\,\pi_l\,\varphi = 0.$$

Durch Trennung der Terme mit $k=l$ und $k\neq l$ und Berücksichtigung der Relationen (21.7) und (18.18) folgt weiter

$$\left.\begin{aligned}&\left(1 + \frac{1}{4m^2c^2}\sum_k \pi_k^2\right)\left(\frac{\hbar}{i}\,\frac{\partial\varphi}{\partial t} - e\,\Phi_0\,\varphi\right) + \left\{\frac{1}{2m}\sum_k \pi_k^2 + \frac{e\hbar}{2mc}\sum_k (\mathcal{H}_i\,\sigma_i) + \right.\\ &+ \frac{e\hbar}{2mc}\,\frac{1}{2}\,\frac{1}{mc}\left(\sum_i [\vec{\mathcal{E}}\times\vec{\pi}]_i\,\sigma_i\right) - i\,\frac{e\hbar}{2mc}\,\frac{1}{2}\,\frac{1}{mc}\sum_i \mathcal{E}_i\,\pi_i\bigg\}\,\varphi = 0.\end{aligned}\right\} \tag{22.4}$$

Der Faktor, mit dem $\dfrac{\hbar}{i}\,\dfrac{\partial\varphi}{\partial t}$ multipliziert erscheint, entspricht der Korrektion wegen der Massenveränderlichkeit, sodann findet man den unrelativistischen Spinterm im äußeren Magnetfeld mit dem richtigen Wert $-\dfrac{e\hbar}{2mc}$ des magnetischen Spinmomentes, den der THOMAS-Korrektion entsprechenden Term im äußeren elektrischen Feld mit dem richtigen Faktor $\frac{1}{2}$ und endlich einen eigentümlichen Zusatzterm, der zuerst von DARWIN[1] angegeben wurde. Man kann übrigens diese Wellengleichung auch direkt durch Eintragen von (22.3a) in die strenge Wellengleichung (21.8) der zweiten Ordnung erhalten.

In diesem Resultat ist der Nachweis enthalten, daß für

$$\left(\frac{\hbar}{i}\,\frac{\partial}{\partial t} - e\,\Phi_0\right)\varphi \ll 2m\,c^2\,\varphi \tag{22.5}$$

als erste Näherung die Wellengleichung der unrelativistischen Quantenmechanik des Spins aus der DIRACschen Wellengleichung folgt. Dies genügt z.B., wenn es sich um einen Vergleich der Eigenwerte der Energie in beiden Theorien handelt.

---

[1] C. G. DARWIN: Proc. Roy. Soc. Lond., Ser. A **118**, 654 (1928).

Es ist jedoch wesentlich, daß auch die Folgerungen über die Größe der Übergangswahrscheinlichkeiten bei Lichtemission in beiden Theorien in dieser Näherung übereinstimmen. Diese Frage wird gemäß der korrespondenzmäßigen Behandlungsweise der Strahlungsvorgänge zurückgeführt auf den Vergleich der Ausdrücke für den Stromvektor in beiden Theorien.

Um diesen Vergleich durchzuführen, ist es zweckmäßig, den Stromvektor

$$s_\mu = i\psi^\dagger \gamma^\mu \psi$$

zuerst in einer von Gordon[1] herrührenden Weise umzuformen. Man ersetze hierin gemäß den Wellengleichungen (III), (III†) einmal

$$\psi \quad \text{durch} \quad -\frac{i}{mc}\sum_\nu \gamma^\nu \left(p_\nu + \frac{e}{c}\,\Phi_\nu\right)\psi,$$

das andere Mal

$$\psi^\dagger \quad \text{durch} \quad +\frac{i}{mc}\sum_\nu \left[\left(p_\nu - \frac{e}{c}\,\Phi_\nu\right)\psi^\dagger\right]\gamma^\nu$$

und addiere. Durch Trennung der Terme mit $\mu = \nu$ und $\mu \neq \nu$ erhält man

$$s_\mu = s_\mu^{(0)} + s_\mu^{(1)}, \tag{22.6}$$

$$s_\mu^{(0)} = -\frac{1}{2m_0 c}\left\{\left[\left(p_\mu - \frac{e}{c}\,\Phi_\mu\right)\psi^\dagger\right]\psi - \psi^\dagger\left(p_\mu + \frac{e}{c}\,\Phi_\mu\right)\psi\right\}, \tag{22.7}$$

$$s_\mu^{(1)} = \frac{\hbar}{2mc}\sum_\nu \frac{\partial M_{\mu\nu}}{\partial x_\nu} \tag{22.8}$$

mit

$$M_{\mu\nu} = -M_{\nu\mu} = -i\psi^\dagger \gamma^\mu \gamma^\nu \psi. \tag{22.9}$$

Hierin kann $M_{\mu\nu}$ als Flächentensor der Polarisation und Magnetisierung angesehen werden. Es ist bemerkenswert, daß

$$\sum_{\mu=1}^{4}\frac{\partial s_\mu^{(1)}}{\partial x_\mu} = 0,$$

so daß $s_k^{(0)}$ und $s_k^{(1)}$ für sich die Kontinuitätsgleichung befriedigen. Durch Übergang zu den ψ^* erhält man für die räumlichen Komponenten der Stromdichte

$$i_k^{(0)} = c\, s_k^{(0)} = \frac{1}{2m_0}\left\{\psi^*\left(p_k + \frac{e}{c}\,\Phi_k\right)\beta\psi - \left[\left(p_k - \frac{e}{c}\,\Phi_k\right)\psi^*\right]\beta\psi\right\}, \tag{22.7'}$$

$$i_k^{(1)} = c\, s_k^{(1)} = \frac{\hbar}{2m}\sum_{\nu=1}^{4}\frac{\partial M_{k\nu}}{\partial x_\nu} \tag{22.8'}$$

und

$$\left.\begin{aligned} &M_{kl} = -M_{lk} = \frac{1}{i}\left(\psi^*\beta\alpha^k\alpha^l\psi\right) \quad \text{für} \quad k \neq l \quad \text{und} \quad k,l = 1,2,3 \\ &M_{k4} = \left(\psi^*\beta\alpha^k\psi\right). \end{aligned}\right\} \tag{22.9'}$$

Gehen wir wieder zur gespaltenen Schreibweise gemäß (22.1) und der Spezialisierung der Matrizen α^k und β gemäß (18.19) über, so sieht man, daß M_{k4} von der Ordnung $1/c^2$ und M_{kl}, abgesehen von Termen der Ordnung $1/c^2$, gleich wird

$$M_{12} = -M_{21} = \left(\varphi^*\sigma_3\varphi\right),\ldots \tag{22.10}$$

---

[1] W. Gordon: Z. Physik **50**, 630 (1927).

Abgesehen von Termen dieser Ordnung stimmt $i_k^{(0)}$ mit dem Stromausdruck der unrelativistischen Theorie in der Tat überein. Der Zusatzterm

$$\vec{i} = \mathrm{rot}\,(\varphi^* \,\vec{\sigma}\, \varphi) \tag{22.11}$$

gibt nach Abschn. A, (15.20) und (15.23) zwar nicht zu einer Dipolstrahlung Anlaß, da nach Ausführung der Volumintegration alle seine Matrixelemente verschwinden, wohl aber müßte er bei der Quadrupol- und höheren Multipolstrahlung berücksichtigt werden.

Es ist von Interesse, den Ausdruck (21.16), (21.19) für das Impulsmoment P_{ik} mit dem Ausdruck

$$\left.\begin{aligned}
\overline{M}_{ik} &= \frac{(-e)}{2c} \int (x_i i_k - x_k i_i)\, d^3x \\
&= \int \psi^* \left[\frac{(-e)}{2mc}\,(x_i \pi_k - x_k \pi_i)\,\beta + \frac{(-e)\hbar}{2mc}\,\frac{1}{i}\,(\alpha^i \alpha^k \beta) \right] \psi\, d^0x
\end{aligned}\right\} \tag{22.12}$$

für das magnetische Moment zu vergleichen. Wegen des Auftretens der Matrix β in dem letzteren sind die beiden Teile von $\overline{M}_{ik}$ und P_{ik} im allgemeinen nicht zueinander proportional. Dies ist nur für kleine Geschwindigkeiten des Teilchens der Fall, wo Größen der Ordnung v^2/c^2 vernachlässigt werden können. In diesem Fall ist der Quotient aus magnetischem und mechanischem Moment für den ersten Teil gleich $-e/2mc$, für den zweiten Teil $-e/mc$, wie es die Erfahrung verlangt[1].

Für die korrespondenzmäßige Behandlung der Streuung der Strahlung hat WALLER[2] den Vergleich der Folgerungen aus der DIRACschen Wellengleichung mit denen aus der Wellengleichung der unrelativistischen Theorie im einzelnen durchgeführt. Bei der ersteren lautet der Störungsoperator der HAMILTON-Funktion einfach $\sum\limits_{k=1}^{3} e\,(\alpha^k \Phi_k)$, wenn für Φ_k das Vektorpotential des äußeren Strahlungsfeldes eingesetzt wird; dagegen sind im Gegensatz zur unrelativistischen Theorie keine zu Φ_k^2 proportionalen Terme in der Störungsfunktion vorhanden. Da in der letzteren Theorie, wie in Abschn. A, Ziff. 15, erwähnt, für ein $h\nu$ der einfallenden Strahlung, das groß gegen die Ionisierungsarbeit des Systems und klein gegen mc^2 ist, gerade diese in Φ_k^2 quadratischen Terme der Störungsfunktion den Hauptbeitrag zur Streustrahlung ergeben, konnte man im ersten Augenblick bezweifeln, ob die Resultate aus der DIRACschen Wellengleichung mit denen der unrelativistischen Theorie hier auch nur annähernd übereinstimmen. Indessen hat es sich gezeigt, daß diejenigen Matrixelemente von $\sum\limits_{k} \alpha^k \Phi_k$, die Übergängen von Zuständen positiver zu Zuständen negativer Energie entsprechen, schließlich gerade diejenigen Terme der Intensität der Streustrahlung ergeben, die in der unrelativistischen Theorie aus dem zu $\sum\limits_{k} \Phi_k^2$ proportionalen Teil der HAMILTON-Funktion entspringen. Dies ist besonders von Wichtigkeit, da hieraus zu folgern ist, daß die Matrixelemente der Störungsfunktion, die zu den erwähnten Übergängen gehören, nicht einfach gestrichen werden können. Insbesondere erweisen sich diese Matrixelemente als wesentlich für die Übereinstimmung der Ergebnisse über die Intensität der Streuung von Strahlung durch freie Elektronen im Fall $h\nu \ll mc^2$, wie sie einerseits aus der DIRACschen Wellengleichung, andererseits aus der klassischen Theorie (THOMSONsche Formel) folgen.

---

[1] Vgl. hierzu auch C. G. DARWIN, Proc. Roy. Soc. Lond. **120**, 621 (1928); über die Größe des magnetischen Momentes in wasserstoffähnlichen Atomen G. BREIT, Nature, Lond. **122**, 649 (1928).

[2] I. WALLER: Z. Physik **58**, 75 (1929).

23. Grenzübergang zur klassischen, relativistischen Partikelmechanik. Eine relativistische Quantentheorie muß in *zwei* Grenzfällen an bekannte Theorien anschließen, nämlich einerseits an die unrelativistische Wellenmechanik, andererseits an die klassische relativistische Partikelmechanik. Man kann diese beiden Grenzfälle grob charakterisieren als $\lim c \to \infty$ einerseits, $\lim h \to 0$ andererseits. Der erste Fall wurde bereits in voriger Ziffer besprochen, während der zweite nun betrachtet werden soll. Er ist z.B. wichtig für die Diskussion der Ablenkungsversuche von Elektronen mit Geschwindigkeiten, die mit der Lichtgeschwindigkeit vergleichbar sind, in äußeren elektrischen und magnetischen Feldern; bekanntlich haben solche Versuche zur Ermittelung der Abhängigkeit der Teilchenmasse von der Geschwindigkeit gedient.

Die klassisch-relativistische Partikelmechanik eines Teilchens der Ladung $(-e)$ und der Ruhmasse m beruht auf den aus der Hamilton-Funktion

$$H(p_k, x_k) = c \sqrt{m^2 c^2 + \sum_{k=1}^{3} \left(p_k + \frac{e}{c} \Phi_k\right)^2} - e \Phi_0 \qquad (23.1)$$

entspringenden kanonischen Bewegungsgleichungen

$$\dot{x}_k = \frac{\partial H}{\partial p_k}, \qquad \dot{p}_k = -\frac{\partial H}{\partial x_k}. \qquad (23.2)$$

Unter Einführung der Größen

$$\pi_k = p_k + \frac{e}{c} \Phi_k$$

kann man dies auch schreiben

$$\dot{x}_k = \frac{c \pi_k}{\sqrt{m^2 c^2 + \sum\limits_{k=1}^{3} \pi_k^2}}, \qquad \dot{\pi}_k = (-e)\left(\mathscr{E}_k + \frac{1}{2} [\vec{\dot{x}} \times \vec{\mathscr{H}}]_k\right), \qquad (23.3)$$

wenn $\vec{\mathscr{E}}$ und $\vec{\mathscr{H}}$ wieder die aus den Potentialen Φ_0, Φ_k abgeleiteten Feldstärken sind.

Um zu untersuchen, inwieweit diese Aussagen als Grenzfall aus der Wellengleichung gefolgert werden können, muß man einen Grenzübergang von Wellengleichung zu geometrischer Optik vollziehen, der analog ist zu demjenigen, der in Abschn. A, Ziff. 12, für die unrelativistische Wellenmechanik besprochen wurde. Analog zur Relation (12.1) mache man hier den Ansatz

$$\psi_\varrho = a_\varrho e^{\frac{i}{\hbar} S} \qquad (23.4)$$

und entwickle a_ϱ nach Potenzen von $\hbar/i$:

$$a_\varrho = a_{0\varrho} + \frac{\hbar}{i} a_{1\varrho} + \cdots \qquad (23.5)$$

Es ist hierbei wesentlich und notwendig, daß die Wellenfunktion (das Eikonal) S vom Index ϱ nicht abhängt, da sonst beim Eingehen in die Wellengleichung der Exponentialfaktor sich nicht fortheben und daher eine sinnvolle Entwicklung nach Potenzen von $\hbar$ unmöglich würde. Nunmehr erhält man aus der Wellengleichung (21.4) durch Einsetzen von (23.4) mit

$$\pi_0 = -\frac{1}{c} \frac{\partial S}{\partial t} + \frac{e}{c} \Phi_0, \qquad \pi_k = \frac{\partial S}{\partial x_k} + \frac{e}{c} \Phi_k, \qquad (23.6)$$

$$\left(-\pi_0 + \sum_{k=1}^{3} \alpha^k \pi_k + \beta m c\right) a + \frac{\hbar}{i} \left(\frac{1}{c} \frac{\partial a}{\partial t} + \sum_{k=1}^{3} \alpha^k \frac{\partial a}{\partial x_k}\right) = 0. \qquad (23.7)$$

Hierbei sind die Indices wieder fortgelassen, so daß a (im Gegensatz zu S, π_0, π_k) als einspaltige Matrix aufzufassen ist, wie früher ψ. Durch Einsetzen der Entwicklung (23.5) für a erhält man ferner sukzessive die Gleichungen

$$\left(-\pi_0 + \sum_k \pi_k \alpha^k + m c \beta\right) a_0 = 0, \tag{23.8}$$

$$\left(-\pi_0 + \sum_k \pi_k \alpha^k + m c \beta\right) a_1 = -\left(\frac{1}{c}\frac{\partial a_0}{\partial t} + \sum_{k=1}^{3} \alpha^k \frac{\partial a_0}{\partial x_k}\right), \tag{23.9}$$

. . . .

Damit zunächst das homogene Gleichungssystem (23.8) Lösungen besitzt, müssen die π_0, π_k die Bedingung

$$-\pi_0^2 + \sum_{k=1}^{3} \pi_k^2 + m^2 c^2 = 0 \tag{23.10}$$

erfüllen, die vermöge (23.6) mit der HAMILTON-JACOBIschen partiellen Differentialgleichung der Partikelmechanik identisch ist. Die Diskussion der Gln. (23.9) ergibt sodann[1], daß in den Gebieten, die nach der klassischen Mechanik von der Partikel erreichbar sind, d.h. wo π_0, π_k reell sind, für

$$\varrho = (a_0^* a_0)$$

die Kontinuitätsgleichung gilt

$$\frac{\partial \varrho}{\partial t} + \sum_{k=1}^{3} \frac{\partial}{\partial x_k}\left(\varrho \frac{c\,\pi_k}{\pi_0}\right) = 0.$$

Wegen

$$\frac{\partial H}{\partial p_k} = \frac{c\,\pi_k}{\pi_0}$$

und zufolge (23.10) bedeutet dies, daß sich die Partikel längs den durch (23.2) definierten klassisch-mechanischen Bahnen fortbewegen. Dieser Schluß ist ganz analog demjenigen der unrelativistischen Wellenmechanik, und auch hier gilt als Bedingung für die Kleinheit der a_1 gegen die a_0, daß der Gradient der Wellenlänge der Materiewellen numerisch klein sein muß.

Ein für die relativistische Wellenmechanik charakteristischer Umstand ist aber der, daß die resultierenden Bahnen diejenigen eines Teilchens ohne Spin sind. Von Spin herrührende Wirkungen auf den raumzeitlichen Verlauf von Dichte und Strom des Teilchens kommen erst in den Amplituden a_1 zur Geltung, die auch Beugungseffekte mitenthalten; in dieser nächsten Näherung versagt der Bahnbegriff überhaupt bereits. Es rührt dies daher, daß das magnetische Spinmoment dem Wirkungsquantum proportional ist und die vom Spin herrührenden Effekte in der DIRACschen Theorie automatisch ohne Einführung eines neuen Zusatzgliedes mitbeschrieben werden.

Dies bestätigt die These BOHRS[2]: *Das Spinmoment des Elektrons kann niemals, vom Bahnmoment eindeutig getrennt, durch solche Versuche bestimmt werden, auf die der klassische Begriff der Partikelbahn anwendbar ist.* In der Tat zeigt die Diskussion eines jeden Versuches, das Spinmoment des freien Elektrons durch Ablenkung in geeigneten äußeren Kraftfeldern zu bestimmen (z.B. durch eine zum STERN-GERLACHschen Molekularstrahlversuch analoge Anordnung) folgenden typischen Sachverhalt: Damit die Ablenkung nicht durch Beugungseffekte verwischt wird, müssen die Bündel hinreichend große Dimensionen erhalten. Dann

---

[1] Für die Durchführung vgl. W. PAULI, Helv. phys. Acta **5**, 179 (1932).

[2] N. BOHR: Atomtheorie und Naturbeschreibung. Berlin 1931. Einleitende Übersicht, S. 9; ferner dessen Faraday Lecture. J. Chem. Soc. **1932**, 349, insbes. S. 367 u. 368.

macht aber andrerseits stets die Wirkung der von der Variation der Feldstärke innerhalb des Bündels herrührenden Lorentz-Kraft die Beobachtung der Ablenkung, die allein von der auf den Spin wirkenden Kraft wird, unmöglich[1].

Dagegen sind andere Experimente zum Nachweis des Spins des freien Elektrons möglich, die keine Beziehung zur klassischen Mechanik und zum Bahnbegriff haben. Vor allem ist in dieser Hinsicht die Möglichkeit eines Nachweises von *Polarisation der Elektronenwellen* von Interesse. In Analogie zu dem bekannten Versuch in der klassischen Wellenoptik wird bei zweimaliger Streuung eines Elektronenstrahls an je einem Atom (oder Reflexion an je einem Spiegel) die Intensität des Tertiärstrahles nicht nur abhängen von den Werten der Streuwinkel (Reflexionswinkel), sondern auch vom Winkel Φ, den die Ebene durch Primär- und Sekundärstrahl mit der Ebene durch Sekundär- und Tertiärstrahl bildet. Und zwar ist, im Gegensatz zur klassischen Optik, wo die Intensität J des Tertiärstrahles nur von $\cos^2\Phi$ abhängt, im Fall der Elektronen diese Intensität bei festen Streuwinkeln linear in $\cos\Phi$, also von der Form

$$J = J_0(1 + \delta\cos\Phi).$$

Für den Fall der Streuung eines Elektrons an einem nackten Kern ist dieser Effekt von Mott[2] berechnet worden.

Eine andere Art von möglichen Polarisationseffekten kann durch Verwendung bereits gerichtérer Atome erhalten werden[3]. Wir gehen hierauf nicht näher ein, da bisher kein zweifelsfreies Experiment vorliegt, das einen eindeutigen Vergleich mit der Theorie gestattet.

24. Übergänge zu Zuständen negativer Energie, Begrenzung der Diracschen Theorie. Wir haben bereits im kräftefreien Fall gesehen, daß die Wellengleichungen neben Eigenlösungen mit positiver Energie auch solche Eigenlösungen besitzen, die zu negativer Energie gehören. Im Falle des Vorhandenseins von Kraftfeldern kann dieser Umstand, wie zuerst von Klein[4] gezeigt wurde, zu eigentümlichen Paradoxien führen.

Betrachten wir zunächst die klassische Theorie bei Vorhandensein von äußeren Kräften, so sehen wir, daß die partielle Differentialgleichung (23.10) von Hamilton-Jacobi auch hier die beiden Lösungen

$$\pi_0 = +\sqrt{m^2 c^2 + \sum_k \pi_k^2}$$

und

$$\pi_0 = -\sqrt{m^2 c^2 + \sum_k \pi_k^2}$$

zuläßt. Der letzte Fall entspricht einer negativen kinetischen Energie des Teilchens und der Hamilton-Funktion

$$H = -c\sqrt{m^2 c^2 + \sum_k \left(p_k + \frac{e}{c}\Phi_k\right)^2} - e\Phi_0. \tag{24.1}$$

---

[1] Für eine nähere Diskussion vgl. N. F. Mott, Proc. Roy. Soc. Lond., Ser. A **124**, 425 (1929); C. G. Darwin, Proc. Roy. Soc. Lond. **130**, 632 (1930); ferner den Bericht über den Solvay-Kongreß 1930, Referat W. Pauli, über das magnetische Elektron.

[2] N. F. Mott: Proc. Roy. Soc. Lond., Ser. A **124**, 425 (1929).

[3] Vgl. A. Landé, Naturwiss. **17**, 634 (1929); E. Fues u. H. Hellmann, Phys. Z. **31**, 465 (1930); N. F. Mott, Proc. Roy. Soc. Lond., Ser. A **125**, 222 (1929); ferner den in Fußnote 2 zitierten Solvay-Bericht.

[4] O. Klein: Z. Physik **53**, 157 (1929).

Die Bewegungsgleichung erhält man aus (23.3) ebenfalls durch Änderung des Vorzeichens der Quadratwurzel, so daß bei unverändertem π_k hier gilt

$$\dot{x}_k = -\frac{c\,\pi_k}{\sqrt{m^2 c^2 + \sum\limits_{k}\pi_k^2}}\,. \tag{24.2}$$

In diesem Fall ist also die Beschleunigung der Kraft entgegengesetzt gerichtet. Die Gebiete, die einem bestimmten Wert der Gesamtenergie (kinetische plus potentielle) nach (23.1) (positive kinetische Energie) entsprechen, und die Gebiete, die *demselben* Wert der Gesamtenergie nach (24.1) (negative kinetische Energie) entsprechen, sind räumlich stets durch endliche Zwischengebiete vollständig getrennt.

Gehen wir nun zur Wellenmechanik über und betrachten den speziellen Fall eines eindimensionalen elektrischen Feldes ($\Phi_k = 0$, Φ_0 nur von x abhängig) und eine nur von x abhängige Wellenfunktion (Bewegung in der x-Richtung); es möge ferner Φ_0 mit wachsendem x stetig abnehmen. Bei gegebener Gesamtenergie E hat man dann drei Gebiete zu unterscheiden:

$$
\begin{aligned}
&1.\quad x < a, && mc^2 < E + e\,\Phi_0(x), \\
&2.\quad a < x < b, && -mc^2 < E + e\,\Phi_0(x) < mc^2, \\
&3.\quad b < x, && E + e\,\Phi_0 < -mc^2.
\end{aligned}
$$

Der Punkt $x = a$ entspricht dem Umkehrpunkt der im Gebiet 1 verlaufenden klassischen Bahn eines Teilchens mit positiver kinetischer Energie, der weiter rechts liegende Punkt $x = b$ dem Umkehrpunkt der im Gebiet 3 verlaufenden Bahn eines Teilchens mit negativer kinetischer Energie und demselben Wert E der Gesamtenergie. Das Gebiet 2 ist klassisch unerreichbar, es wird der Impuls

$$p(x) = \sqrt{\frac{[E + e\,\Phi_0(x)]^2}{c^2} - m^2 c^2} \tag{24.3}$$

dort imaginär.

In der Wellenmechanik ist dieses Zwischengebiet jedoch nicht völlig undurchdringlich. Der Durchlässigkeitskoeffizient D ist unter sehr allgemeinen Bedingungen gegeben durch

$$D = e^{-2W}, \tag{24.4}$$

wenn

$$W = \frac{1}{\hbar}\int\limits_a^b |p(x)|\,dx = \frac{1}{\hbar}\int\limits_a^b \sqrt{m^2 c^2 - \left[\frac{E + e\,\Phi_0(x)}{c}\right]^2}\,dx \tag{24.5}$$

das durch $\hbar$ dividierte, über das Zwischengebiet erstreckte Wirkungsintegral bedeutet[1]. Dabei ist erstens vorausgesetzt, daß W eine sehr kleine Zahl ist, was praktisch stets erfüllt ist, und zweitens, daß das Potential Φ_0 stetig ist. Die ursprüngliche Rechnung von KLEIN bezieht sich auf den singulären Fall, wo $\Phi_0(x)$ an einer Stelle unstetig springt, so daß das Gebiet 2 auf einen einzigen Punkt der x-Achse zusammengedrängt ist. In diesem Fall, der der direkten Integration der Wellengleichung leicht zugänglich ist, versagt die Relation (24.4).

Die ursprüngliche Interpretation der DIRACschen Wellengleichung im Rahmen eines Einkörperproblems führt also zur Konsequenz, daß Teilchen mit positiver Ruhmasse mit endlicher Wahrscheinlichkeit durch das Zwischengebiet hindurchtreten und sich in Teilchen mit negativer Ruhmasse (unter Wahrung des Wertes

---

[1] Vgl. W. PAULI, Fußnote 1, S. 165; für spezielle Potentialverläufe F. SAUTER, Z. Physik **69**, 742 (1931); **73**, 547 (1931). Für ein homogenes Feld der Stärke F wird $W = \dfrac{\pi}{2}\dfrac{m^2 c^3}{\hbar e F}$.

der Summe aus kinetischer und potentieller Energie) verwandeln können. Offenbar widerspricht diese Konsequenz der Einelektrontheorie der Erfahrung.

Dirac[1] hat diese Schwierigkeit erfolgreich beseitigt durch seine neue als „Löchertheorie" bezeichnete Interpretation seiner Gleichungen. Er denkt sich den leeren Raum so beschrieben, daß alle Elektronenzustände negativer Energie durch je ein Elektron besetzt sind. Infolge des Ausschließungsprinzips ist dieser Zustand ein stabiler. Ferner führt er die Zusatzannahme ein, daß die unendliche Ladung dieser Elektronen kein Feld erzeugt, sondern daß nur dasjenige elektrostatische Feld existiert, das von Abweichungen der Besetzung der Zustände von dieser Normalbesetzung des physikalischen Vakuums herrührt, In diesem Fall verhalten sich die unbesetzten Zustände negativer Energie sowohl hinsichtlich des von ihnen erzeugten Feldes als auch hinsichtlich ihres Verhaltens in einem äußeren Feld wie Teilchen mit der Ladung $+e$ und positiver Masse von exakt gleichem numerischen Wert wie die Elektronmasse. Diese von der Theorie vorausgesagten Antielektronen oder Positronen wurden experimentell tatsächlich aufgefunden.

Die Feldquantisierung erlaubt eine elegantere Formulierung der „Löchertheorie", in welcher die exakte Symmetrie der Quanten-Elektrodynamik in bezug auf das Vorzeichen der elektrischen Ladung (Ladungskonjugation) von vornherein zum Ausdruck gebracht ist.

---

[1] P. A. M. Dirac: Proc. Roy. Soc. Lond., Ser. A **126**, 360 (1931); vgl. auch Proc. Roy. Soc. Lond. **133**, 60 (1931). Siehe auch J. R. Oppenheimer: Phys. Rev. **35**, 939 (1930).

Quantenelektrodynamik.

Von

G. Källén.

Mit 7 Figuren.

I. Allgemeine Grundlagen.

1. Feldoperatoren, Zustandsvektoren, Periodizitätsvolumen. Die allgemeinen mathematischen Grundlagen der Quantenelektrodynamik oder irgendeiner quantisierten Feldtheorie sind aus dem Gebiet der nichtrelativistischen Quantenmechanik eines Punktsystems übernommen worden. Wie diese arbeitet auch die Quantenelektrodynamik mit Zustandsvektoren in einem sog. „Hilbert-Raum" und mit einem System von linearen Operatoren in diesem Raum, den „Feldoperatoren". Die letzten sind die dynamischen Variablen der Theorie und entsprechen im Sinne des Korrespondenzprinzips den klassischen Feldfunktionen, wie z. B. den Potentialen des elektromagnetischen Feldes. Die vierdimensionalen Raum-Zeit-Koordinaten $x_1 = x$, $x_2 = y$, $x_3 = z$ und $x_4 = i x_0 = i c t$, die wir unten oft kurz mit dem einzigen Buchstaben x bezeichnen wollen, sind hier — im Gegensatz zu der nichtrelativistischen Punktmechanik — keine Operatoren, sondern müssen als „Indices" der Feldoperatoren verstanden werden. In jedem Punkt x gibt es also eine endliche Zahl von Feldoperatoren (in der Quantenelektrodynamik genau acht), die wir hier im ersten Kapitel mit $\varphi_\alpha(x)$ bezeichnen wollen. Der Index α unterscheidet hier die verschiedenen Felder, d. h. er unterscheidet z. B. die vier Komponenten des elektromagnetischen Viererpotentials voneinander und von den Feldoperatoren des Dirac-Feldes. Die Größen $\varphi_\alpha(x)$ und $\varphi_\alpha(x')$ in zwei voneinander verschiedenen Punkten x und x' müssen als voneinander verschiedene Operatoren aufgefaßt werden, und da sogar jedes endliche Volumen V unendlich viele Punkte x hat, hat unser System unendlich viele Operatoren oder unendlich viele Freiheitsgrade. Dies ist ein wichtiger Unterschied zwischen einer Feldtheorie und der gewöhnlichen Punktmechanik, da im letzten Fall die Anzahl der Freiheitsgrade immer endlich ist. Die mathematischen Schwierigkeiten, denen wir später begegnen werden, sind immer eng mit Summationen über die unendlich vielen Freiheitsgrade verknüpft.

Beim praktischen Rechnen ist es unter Umständen bequem, nicht direkt mit den Feldern $\varphi_\alpha(x)$ im x-Raum zu arbeiten, sondern statt dessen die Fourier-Komponenten der Felder als unabhängige Variable zu behandeln. Zu diesem Zweck denkt man sich die Felder in einen sehr großen Würfel mit der Kantenlänge L und mit dem Volumen $V = L^3$ eingeschlossen und fordert, daß die Felder im x-Raum periodisch mit der Periode L sein sollen. Unter diesen Umständen lassen sich die Feldoperatoren in folgender Weise als Summen schreiben

$$\varphi_\alpha(x) = \frac{1}{\sqrt{V}} \sum_{p} e^{i p x} \varphi_\alpha(p). \tag{1.1}$$

Hier bedeutet p einen Vierervektor mit den Komponenten $p_1 = p_x, \ldots$ usw., und das Produkt $p x$ ist als das skalare Produkt der beiden Vektoren p und x zu verstehen, d.h. $p x = p_1 x_1 + \cdots + p_4 x_4$. In ähnlicher Weise wollen wir das Viererquadrat eines Vektors einfach mit p^2 bezeichnen. Diese Größe ist also positiv für raumartige, Null für lichtartige und negativ für zeitartige Vektoren. Manchmal wollen wir auch von dem räumlichen Teil eines Vektors reden und schreiben dann $\boldsymbol{p}$ dafür. Die Summation in (1.1) ist über alle möglichen Werte der räumlichen Komponenten des Vektors p auszuführen. Wegen der Periodizitätsbedingung sind nur diejenigen Werte von $\boldsymbol{p}$ möglich, deren Komponenten die Gleichungen

$$p_i = n_i \frac{2\pi}{L} \qquad (i = 1, 2, 3) \tag{1.2}$$

mit ganzzahligen positiven oder negativen n_i erfüllen. Als Folge der Bewegungsgleichungen ist im allgemeinen die vierte Komponente p_4 oder $p_0 = -i p_4$ eine mehrdeutige Funktion von $\boldsymbol{p}$. In (1.1) muß dann auch über alle diese möglichen Werte von p_0 summiert werden. Die Anzahl der p_0-Werte ist nicht von der Theorie allein bestimmt, sondern hängt auch von der verwendeten Darstellung im HILBERT-Raum ab. In Ziff. 2 wollen wir die verschiedenen Möglichkeiten für diese Darstellung näher diskutieren.

In Gln. (1.1) und (1.2) haben wir $\hbar = 1$ gesetzt. Dies ist nur eine Frage der verwendeten Einheiten und ohne physikalische Bedeutung. In ähnlicher Weise wollen wir oft die Lichtgeschwindigkeit c auch gleich 1 setzen und erhalten so eine „gemeinsame" Einheit von Längen, Zeiten und reziproken Massen. Wird z.B. die Längeneinheit cm als Grundeinheit benutzt, ist die Zeiteinheit die Zeit, die das Licht braucht, um sich 1 cm fortzupflanzen, und die Masseneinheit die Masse, deren COMPTON-Wellenlänge 2π cm ist. So gewählte Einheiten werden in der Literatur oft „natürliche" Einheiten genannt.

Alle physikalisch interessanten Folgerungen der Theorie müssen für sehr große Werte von V einem endlichen Grenzwert zustreben. Dies geschieht oft so, daß im Ergebnis eine Summe der Form

$$S = \frac{1}{V} \sum_{\boldsymbol{p}} f(\boldsymbol{p}) \tag{1.3}$$

auftritt, wo $f(\boldsymbol{p})$ entweder von V unabhängig ist oder bei $V \to \infty$ eine endliche Grenze hat. Aus Gl. (1.2) sieht man sofort, daß die Anzahl der Zustände, deren räumlicher Vektor $\boldsymbol{p}$ zwischen $\boldsymbol{p}$ und $\boldsymbol{p} + d\boldsymbol{p}$ liegt, gleich

$$\left(\frac{L}{2\pi}\right)^3 dp_x \, dp_y \, dp_z = \frac{V}{(2\pi)^3} d^3 p \tag{1.4}$$

ist. Hieraus folgt, daß die Summe S in (1.3) für $V \to \infty$ dem Wert

$$S \to \frac{1}{(2\pi)^3} \int d^3 p \, f(\boldsymbol{p}) \tag{1.5}$$

zustrebt. Das Symbol $d^3 p$ in (1.4) und (1.5) bedeutet das dreidimensionale Volumenelement im p-Raum. Später werden wir auch von vierdimensionalen Volumenelementen sprechen und bezeichnen sie kurz mit dp (also nicht z.B. $d^4 p$).

2. Verschiedene Darstellungen im HILBERT-Raum. Bekanntlich läßt sich in der gewöhnlichen Quantentheorie die Entwicklung des betrachteten Systems mit der Zeit in mehreren Weisen behandeln. Entweder kann man eine Darstellung verwenden, wo die Operatoren zeitunabhängige Größen sind und die ganze Bewegung des Systems mit Hilfe des Zustandsvektors beschrieben wird, oder man kann die Zustandsvektoren als Konstanten ansehen und die Änderung des Systems mit der Zeit durch eine zeitliche Variation der Operatoren beschreiben. Im ersten Fall spricht man von einer „Schrödinger-Darstellung", im letzten Fall von einer „Heisenberg-Darstellung". Diese beiden Möglichkeiten, die auch in einer Feldtheorie bestehen, sind sozusagen extreme Fälle der allgemeinen Möglichkeit, sowohl Operatoren als auch Zustandsvektoren als zeitabhängige Größen zu behandeln, wobei die genaue „Verteilung" der Zeitabhängigkeit auf die beiden Klassen von Größen eine Frage der Zweckmäßigkeit ist.

In der Schrödinger-Darstellung wird die zeitliche Variation des Zustandsvektors mit Hilfe einer sog. Schrödinger-Gleichung beschrieben. Diese ist von der Form

$$i \frac{\partial |\psi(t)\rangle}{\partial t} = H |\psi(t)\rangle, \tag{2.1}$$

wo $|\psi(t)\rangle$ der Zustandsvektor und der Hamilton-Operator H ein hermitischer Operator ist, der von den dynamischen Variablen, d.h. in einer Feldtheorie von den Feldoperatoren, abhängt. H kann unter Umständen zeitabhängig sein, aber muß dann die Zeit explizit und nicht implizit in den Feldoperatoren enthalten. In diesem Fall hat man ein nicht-abgeschlossenes System, das mit äußeren Quellen in Wechselwirkung steht. Unten wollen wir häufig auch solche Systeme betrachten, aber der Einfachheit halber wollen wir uns hier im ersten Kapitel auf Systeme beschränken, die abgeschlossen sind, mit anderen Worten, wo der Hamilton-Operator H zeitunabhängig ist. Die Verallgemeinerung der Ergebnisse dieses Kapitels auf nichtabgeschlossene Systeme läßt sich in den meisten Fällen ohne Schwierigkeit durchführen. Wir setzen also voraus

$$\frac{\partial H(\varphi_\alpha(x))}{\partial t} = 0. \tag{2.2}$$

In einer Feldtheorie enthält H gewöhnlicherweise die Feldoperatoren in allen Punkten des dreidimensionalen Raumes und läßt sich in den meisten Fällen als ein Integral von einer Hamilton-Dichte $\mathscr{H}$ schreiben

$$H = \int d^3x \, \mathscr{H}(\varphi_\alpha(x)). \tag{2.3}$$

Obgleich die Operatoren in dieser Darstellung zeitunabhängig sind, läßt sich auch hier eine „Zeitableitung" eines Operators $F(x)$ mit Hilfe der Gleichung

$$\dot{F}(x) = i\,[H, F(x)] \equiv i\,(H\,F(x) - F(x)\,H) \tag{2.4}$$

definieren. Dieser Operator ist selbstverständlich keine wirkliche Ableitung, hat aber die Eigenschaft, daß sein Erwartungswert die Zeitableitung des Erwartungswertes des ursprünglichen Operators ist.

$$\langle \psi(t)\,|\,\dot{F}(x)|\,\psi(t)\rangle = \frac{\partial}{\partial t}\,\langle \psi(t)\,|\,F(x)|\,\psi(t)\rangle. \tag{2.5}$$

Der Beweis von (2.5) folgt sofort aus der Definition (2.4) und aus der Schrödinger-Gleichung (2.1).

Wie aus der Diskussion oben deutlich hervorgeht, werden die räumlichen Koordinaten $x_k\,(k=1, 2, 3)$ und die Zeit x_0 in dieser Darstellung in sehr verschiedener Weise behandelt. Hierdurch geht die relativistische Invarianz der Theorie vollständig verloren. In manchen Fällen ist es aber sehr nützlich, diese Invarianz zu verwenden, um durch Symmetrieüberlegungen allgemeine Sätze zu beweisen, und unter Umständen kann es sogar notwendig sein, solche Invarianzüberlegungen zu gebrauchen, um undefinierten mathematischen Gebilden einen Sinn zu geben.

Dann ist es zweckmäßig, eine andere Darstellung, wo die Invarianz deutlich zum Ausdruck kommt, einzuführen. Die vollständigste Symmetrie aller Koordinaten hat man in der HEISENBERG-Darstellung. Hier sind die Zustandsvektoren $|\psi\rangle$ zeitunabhängig, und man hat keine SCHRÖDINGER-Gleichung wie (2.1). Statt dessen hat man aber Bewegungsgleichungen der Feldoperatoren, d.h. Gleichungen von der Form

$$\frac{\partial F(x)}{\partial t} = i\,[H, F(x)]. \tag{2.6}$$

Die Gln. (2.6) sehen formal genau wie Gl. (2.4) aus, aber da wir hier mit zeitabhängigen Größen arbeiten, sind die Gln. (2.6) wirkliche Differentialgleichungen, die im Prinzip verwendet werden können, um die zeitliche Entwicklung des Systems zu beschreiben. Da der HAMILTON-Operator mit sich selbst kommutiert, folgt sofort aus (2.6), daß seine Zeitableitung verschwindet. Auch in der HEISENBERG-Darstellung ist H somit zeitunabhängig.

Mit Hilfe der formalen Lösung von (2.1)

$$|\psi(t)\rangle = e^{-iHt}\,|\psi(0)\rangle \tag{2.7}$$

kann man sofort den Zusammenhang zwischen der SCHRÖDINGER- und der HEISENBERG-Darstellung finden. Nennen wir die Operatoren in der SCHRÖDINGER-Darstellung $F(0)$, so sehen wir sofort, daß die kanonische Transformation

$$F(t) = e^{iHt}\,F(0)\,e^{-iHt} \tag{2.8}$$

die Operatoren in der HEISENBERG-Darstellung gibt. Die Operatoren $F(t)$ in (2.8) erfüllen offenbar die Differentialgleichungen (2.6) mit den Randbedingungen, daß die beiden Darstellungen für $t=0$ identisch sein sollen. Der Zustandsvektor in der HEISENBERG-Darstellung ist dann die Größe $|\psi(0)\rangle$ in (2.7).

Außer diesen beiden Darstellungen wird in der Literatur oft eine dritte Darstellung verwendet. Sie ist eigentlich schon seit längerer Zeit in der Quantenelektrodynamik üblich, ist aber in den letzten Jahren besonders betont worden und hat in Arbeiten von TOMONAGA[1] und SCHWINGER[2] den Namen ,,Wechselwirkungsdarstellung" (auf Englisch: interaction representation) bekommen. Um diese zu konstruieren, beginnen wir mit der SCHRÖDINGER-Darstellung und transformieren die Operatoren mit einer kanonischen Transformation, die aber nicht mit dem Operator der Totalenergie ausgeführt wird, sondern nur mit einem Teil H_0 davon, d.h. wir schreiben

$$F_W(t) = e^{iH_0 t}\,F(0)\,e^{-iH_0 t}, \tag{2.9}$$

wo

$$H = H_0 + H_1 \tag{2.10}$$

ist. In dieser Darstellung sind also sowohl die Operatoren als auch die Zustandsvektoren zeitabhängig. Die letzteren Größen erfüllen offenbar eine ,,SCHRÖDINGER-Gleichung" der Form

$$i\,\frac{\partial}{\partial t}\,|\psi_W(t)\rangle = e^{iH_0 t}\,H_1\,e^{-iH_0 t}\,|\psi_W(t)\rangle = H_{1\,W}(t)\,|\psi_W(t)\rangle, \tag{2.11}$$

und die Operatoren F_W gehorchen den Differentialgleichungen

$$\frac{\partial F_W(t)}{\partial t} = i\,[H_0, F_W(t)]. \tag{2.12}$$

---

[1] S. TOMONAGA: Progr. Theor. Phys. **1**, 27 (1946) und spätere Arbeiten.
[2] J. SCHWINGER: Phys. Rev. **74**, 1439 (1948).

Der formale Vorteil dieser Darstellung liegt darin, daß man bei passender Form von H_0 die Gl. (2.12) explizit lösen kann, und damit schon einen Teil des Problems formal gelöst hat. In den meisten Fällen ist aber die Differentialgleichung (2.11), die offenbar den Rest des Problems enthält, so kompliziert, daß man durch die Lösung von (2.12) eigentlich nicht viel erreicht hat. Für die historische Entwicklung der modernen Quantenelektrodynamik hat aber diese Zerlegung des Problems in zwei Teile eine sehr große Rolle gespielt. Dies ist hauptsächlich dadurch zustande gekommen, daß die Zerlegung (2.10) in manchen Fällen sich so ausführen läßt, daß H_1, die sog. Wechselwirkungsenergie, ein dreidimensionales Integral über eine *invariante* Dichtefunktion wird. Das Entsprechende gilt weder für H noch für H_0. Die Differentialgleichung (2.11) sieht dann in gewissem Sinne invariant aus, und man kann auf sie und auf ihre Lösung Invarianz- und Symmetrieüberlegungen verwenden. Diese formale Invarianz ist außerdem dadurch betont worden, daß TOMONAGA und SCHWINGER die Gl. (2.11) nicht mit einer Zeitableitung schreiben, sondern ein System von raumartigen Flächen einführen und die Änderung des Zustandsvektors bei infinitesimalen Variationen dieser Flächen studieren. Der so erhaltene Formalismus sieht zwar beim ersten Blick recht schön aus und hat, wie gesagt, historisch eine sehr große Rolle gespielt, aber da wir hier sowieso nicht genau der historischen Entwicklung folgen wollen, und da diese raumartigen Flächen wohl kaum einen wirklichen Vorteil mit sich bringen, wollen wir sie hier nicht näher studieren. Es ist weiter klar, daß man eine wirkliche Invarianz nur dann hat, wenn alle vier Koordinaten in derselben Weise behandelt werden, und das geschieht nur in der HEISENBERG-Darstellung, die also eigentlich für Invarianzüberlegungen am besten geeignet sein sollte.

Die Transformationen (2.9) und (2.8) sind so gewählt, daß die durch sie verknüpften Darstellungen für $t=0$ zusammenfallen. Diese Vorschrift enthält offenbar eine gewisse Willkür, und wenn man von den Differentialgleichungen (2.11) und (2.1) ausgeht, zeigt sich diese Willkür in den Randbedingungen. Es ist manchmal zweckmäßig, die Randbedingungen so zu wählen, daß z.B. die Wechselwirkungsdarstellung und die HEISENBERG-Darstellung nicht für $t=0$, sondern für $t=-\infty$ zusammenfallen. Zwar wird hierdurch eigentlich ein weiterer Grenzübergang eingeführt, der sich zudem nicht ohne spezielle mathematische Kunstgriffe ausführen läßt; die physikalische Interpretation der Theorie wird jedoch hierdurch so sehr erleichtert — wenigstens für Streuprobleme — daß man diese mathematischen Schwierigkeiten gewöhnlicherweise in Kauf nimmt. Wir werden später recht ausführlich auf diesen Punkt zurückkommen.

3. LAGRANGE-Funktion, Bewegungsgleichungen und kanonische Quantisierung.
In den folgenden Ziffern wollen wir nur solche Theorien betrachten, die aus einer LAGRANGE-Funktion abgeleitet werden können. Wir setzen also voraus, daß wir eine Dichtefunktion

$$\mathscr{L}\left(\varphi_\alpha(x),\ \frac{\partial \varphi_\alpha(x)}{\partial x_\mu}\right)$$

haben, und daß diese Funktion von den Feldvariablen $\varphi_\alpha(x)$ und von ihren ersten Ableitungen nach den vier Koordinaten x_μ in invarianter Weise abhängt. Aus dieser Dichtefunktion bilden wir das vierdimensionale Integral

$$L = \int dx\, \mathscr{L}\left(\varphi_\alpha(x),\ \frac{\partial \varphi_\alpha(x)}{\partial x_\mu}\right), \tag{3.1}$$

das unsere LAGRANGE-Funktion sein soll. In einer klassischen Theorie erhält man aus der Forderung, daß das Integral (3.1) bei Variationen von den

Feldgrößen $\varphi_\alpha(x)$ stationär sein soll, die klassischen Bewegungsgleichungen

$$\sum_{\mu=1}^{4} \frac{\partial}{\partial x_\mu} \frac{\partial \mathscr{L}}{\partial \dfrac{\partial \varphi_\alpha(x)}{\partial x_\mu}} = \frac{\partial \mathscr{L}}{\partial \varphi_\alpha(x)} . \tag{3.2}$$

In der klassischen Theorie kann man zu jeder Feldvariable $\varphi_\alpha(x)$ einen kanonisch konjugierten Impuls $\pi_{\varphi_\alpha}(x)$ oder kurz $\pi_\alpha(x)$ konstruieren

$$\pi_\alpha(x) = \frac{\partial \mathscr{L}}{\partial \dfrac{\partial \varphi_\alpha(x)}{\partial x_0}} , \tag{3.3}$$

um damit die klassische HAMILTON-Funktion auszurechnen

$$H = \int d^3x \left[\sum_\alpha \pi_\alpha(x) \frac{\partial \varphi_\alpha(x)}{\partial x_0} - \mathscr{L} \right] = H\left(\pi_\alpha, \varphi_\alpha, \frac{\partial \varphi_\alpha}{\partial x_k} \right). \tag{3.4}$$

In (3.4) muß man sich $\dfrac{\partial \varphi_\alpha(x)}{\partial x_0}$ mit Hilfe der Gl. (3.3) als Funktion von $\pi_\alpha(x)$ ausgedrückt und diesen Ausdruck in H eingesetzt denken, damit die HAMILTON-Funktion als Funktion der Impulse, der Feldfunktionen und ihrer räumlichen Ableitungen aufgefaßt werden kann. Wir setzen dabei zunächst voraus, daß eine solche Elimination der Zeitableitungen der Feldfunktionen sich wirklich ausführen läßt. In der quantisierten Theorie wollen wir jetzt fordern, daß unsere Feldoperatoren und ihre Impulse, die wir uns auch hier als durch (3.3) definiert denken, die kanonischen Vertauschungsrelationen

$$[\pi_\alpha(x), \varphi_\beta(x')] = -i\, \delta_{\alpha\beta} \cdot \delta(\boldsymbol{x} - \boldsymbol{x}'), \tag{3.5a}$$

$$[\pi_\alpha(x), \pi_\beta(x')] = [\varphi_\alpha(x), \varphi_\beta(x')] = 0 \tag{3.5b}$$

erfüllen. In einer Darstellung, wo die Operatoren zeitabhängig sind, müssen *die beiden Zeiten x_0 und x_0' in* (3.5) *gleich sein*. Dies ist die kanonische Quantisierungsvorschrift, die wir hier als Postulat ansehen[1]. Genau wie in der gewöhnlichen Quantenmechanik folgt aus (2.8) [oder aus (2.9) in der Wechselwirkungsdarstellung], daß, wenn die Vertauschungsrelationen (3.5) für z.B. $x_0 = x_0' = 0$ erfüllt sind, sie auch für jede beliebige Zeit x_0 gelten.

Weiter wird Gl. (3.4) jetzt als Operatorgleichung aufgefaßt, und der so erhaltene Operator H als HAMILTON-Operator der quantisierten Theorie verwendet. Zwar ist diese Vorschrift im Prinzip nicht immer ganz eindeutig, da es unter Umständen auf die Reihenfolge der Operatoren ankommen kann. Bei den Anwendungen zeigt es sich aber, daß diese Mehrdeutigkeit zu keinen wesentlichen Schwierigkeiten Anlaß gibt.

Wir wollen jetzt allgemein zeigen, daß die quantenmechanischen Bewegungsgleichungen in der HEISENBERG-Darstellung formal mit den Gln. (3.2) und (3.3) übereinstimmen, wenn die letzten als Operatorgleichungen verstanden werden. Zu diesem Zweck berechnen wir den Kommutator von H und $\pi_\alpha(x)$. Da zwei Impulse (für gleiche Zeiten) miteinander kommutieren, folgt

$$[H, \pi_\alpha(x)] = \int\limits_{x_0'=x_0} d^3x' \left\{ \sum_\beta \pi_\beta(x') \left[\frac{\partial \varphi_\beta(x')}{\partial x_0'}, \pi_\alpha(x) \right] - [\mathscr{L}(x'), \pi_\alpha(x)] \right\}. \tag{3.6}$$

---

[1] In einer Arbeit [Phys. Rev. **82**, 914 (1951)] hat J. SCHWINGER versucht, die kanonische Quantisierungsvorschrift aus einem Variationsprinzip abzuleiten. Wir gehen hier nicht näher darauf ein, sondern verweisen den Leser auf die Originalarbeit.

Bekanntlich ist der Kommutator eines Impulses und einer Funktion der Koordinaten gleich der Ableitung der Funktion nach den Koordinaten multipliziert mit dem Kommutator des Impulses und der Koordinaten. Hiermit können wir das letzte Glied in (3.6) ausrechnen:

$$
\begin{aligned}
[\mathscr{L}(x'), \pi_\alpha(x)] = \frac{\partial \mathscr{L}}{\partial \varphi_\alpha(x')}\, i\, \delta(\boldsymbol{x}-\boldsymbol{x}') + \sum_{k=1}^{3} \frac{\partial \mathscr{L}}{\partial \dfrac{\partial \varphi_\alpha(x')}{\partial x'_k}}\, i\, \frac{\partial}{\partial x'_k}\, \delta(\boldsymbol{x}-\boldsymbol{x}') + \\
+ \sum_\beta \frac{\partial \mathscr{L}}{\partial \dfrac{\partial \varphi_\beta(x')}{\partial x'_0}} \left[\frac{\partial \varphi_\beta(x')}{\partial x'_0},\, \pi_\alpha(x) \right].
\end{aligned}
\tag{3.7}
$$

Aus Gl. (2.6) folgt dann

$$
\begin{aligned}
\frac{\partial \pi_\alpha(x)}{\partial x_0} = \frac{\partial \mathscr{L}}{\partial \varphi_\alpha(x)} - \sum_{k=1}^{3} \frac{\partial}{\partial x_k} \frac{\partial \mathscr{L}}{\partial \dfrac{\partial \varphi_\alpha(x)}{\partial x_k}} + i \int_{x'_0=x_0} d^3x' \sum_\beta{}' \left(\pi_\beta(x') - \frac{\partial \mathscr{L}}{\partial \dfrac{\partial \varphi_\beta(x')}{\partial x'_0}} \right) \times \\
\times \left[\frac{\partial \varphi_\beta(x')}{\partial x'_0},\, \pi_\alpha(x) \right].
\end{aligned}
\tag{3.8}
$$

In ähnlicher Weise wird der Kommutator von H und $\varphi_\alpha(x)$

$$
\begin{aligned}
[H, \varphi_\alpha(x)] = \int_{x'_0=x_0} d^3x' \left\{ -i\, \frac{\partial \varphi_\alpha(x')}{\partial x'_0}\, \delta(\boldsymbol{x}-\boldsymbol{x}') + \sum_\beta \pi_\beta(x') \times \right. \\
\left. \times \left[\frac{\partial \varphi_\beta(x')}{\partial x'_0},\, \varphi_\alpha(x) \right] - [\mathscr{L}(x'), \varphi_\alpha(x)] \right\},
\end{aligned}
\tag{3.9}
$$

$$
[\mathscr{L}(x'), \varphi_\alpha(x)] = \sum_\beta \frac{\partial \mathscr{L}}{\partial \dfrac{\partial \varphi_\beta(x')}{\partial x'_0}} \left[\frac{\partial \varphi_\beta(x')}{\partial x'_0},\, \varphi_\alpha(x) \right],
\tag{3.10}
$$

$$
\frac{\partial \varphi_\alpha(x)}{\partial x_0} = \frac{\partial \varphi_\alpha(x)}{\partial x_0} + i \sum_\beta \int_{x'_0=x_0} d^3x' \left[\pi_\beta(x') - \frac{\partial \mathscr{L}}{\partial \dfrac{\partial \varphi_\beta(x')}{\partial x'_0}} \right] \left[\frac{\partial \varphi_\beta(x')}{\partial x'_0},\, \varphi_\alpha(x) \right].
\tag{3.11}
$$

In den Gln. (3.6) bis (3.11) ist auf der rechten Seite $\dfrac{\partial \varphi_\alpha(x)}{\partial x_0}$ als die Funktion von $\pi_\alpha(x)$, $\varphi_\alpha(x)$ und $\dfrac{\partial \varphi_\alpha(x)}{\partial x_k}$ aufzufassen, die man in der klassischen Theorie hat. Gl. (3.11) soll dann die entsprechende Funktion in der quantisierten Theorie bestimmen. Sie hat offenbar die Lösung, daß die klassische und die quantenmechanische Funktion gleich sind, d.h. (3.11) ist mit Gl. (3.3) als Operatorgleichung aufgefaßt äquivalent. Hieraus folgt dann, daß (3.8) die der Gl. (3.2) entsprechende Operatorgleichung ist. Hiermit ist der Beweis erbracht. Die Schwierigkeiten, die mit der Reihenfolge der Operatoren in der Hamilton-Funktion zusammenhängen, sind zwar hierbei nicht berücksichtigt worden, aber da sie auch hier bei den Anwendungen zu keinen ernsten Problemen Anlaß geben, gehen wir nicht näher darauf ein.

Wie in der klassischen Theorie gibt es auch in der quantisierten Feldtheorie Erhaltungssätze für Energie und Impuls. Schon oben wurde erwähnt, daß der Energiesatz in der quantisierten Theorie eine triviale Folge der Tatsache ist, daß H immer mit sich selbst kommutiert, und daß die Zeitableitung der Totalenergie deshalb verschwinden muß. Wie in der klassischen Theorie kann der Satz selbstverständlich auch durch direktes Rechnen, ausgehend von den Operatorgleichungen (3.2) und (3.3), bestätigt werden.

Werden wie in der klassischen Theorie die drei räumlichen Komponenten des Impulses mit Hilfe der Gleichungen

$$P_k = - \int d^3 x \sum_\alpha \pi_a(x) \frac{\partial \varphi_\alpha(x)}{\partial x_k} \tag{3.12}$$

definiert, so folgt in wohlbekannter Weise

$$[P_k, \varphi_\alpha(x)] = i \int_{x_0 = x_0'} d^3 x' \, \delta(\boldsymbol{x} - \boldsymbol{x}') \frac{\partial \varphi_\alpha(x')}{\partial x_k'} = i \frac{\partial \varphi_\alpha(x)}{\partial x_k}, \tag{3.13}$$

$$[P_k, \pi_\alpha(x)] = - \int_{x_0' = x_0} d^3 x' \, \pi_\alpha(x') \frac{\partial}{\partial x_k'} i \, \delta(\boldsymbol{x} - \boldsymbol{x}') = i \frac{\partial \pi_\alpha(x)}{\partial x_k}. \tag{3.14}$$

Aus den zwei letzten Gleichungen folgt aber für jeden Operator $F(x)$, der aus $\varphi_\alpha(x)$ und $\pi_\alpha(x)$ aufgebaut ist,

$$[P_k, F(x)] = i \frac{\partial F(x)}{\partial x_k}. \tag{3.15}$$

In einer HEISENBERG-Darstellung kann Gl. (3.15) als ein Gegenstück von Gl. (2.6) verstanden werden. Führen wir mit Hilfe der Definition

$$P_4 = i P_0 = i H \tag{3.16}$$

die vierte Komponente des Impulses ein, so wird für $\mu = 1$ bis 4

$$[P_\mu, F(x)] = i \frac{\partial F(x)}{\partial x_\mu}. \tag{3.17}$$

Die Gln. (3.17) sind relativistisch kovariant und werden für das Folgende sehr wichtig sein. In Ziff. 4 werden wir sie in anderer Weise ableiten.

Setzen wir speziell für $F(x)$ in (3.15) die Energiedichte $\mathscr{H}$ ein, so folgt mit Hilfe der Periodizitätsbedingung

$$[P_k, H] = i \int d^3 x \frac{\partial \mathscr{H}}{\partial x_k} = 0. \tag{3.18}$$

Genau wie in der klassischen Theorie sind also die Impulskomponenten Erhaltungsgrößen bei der quantenmechanischen Bewegung des Systems. Da zwei räumliche Komponenten des Impulses in ähnlicher Weise miteinander kommutieren, folgt allgemein

$$[P_\mu, P_\nu] = 0. \tag{3.19}$$

Es ist also im Prinzip möglich, eine Darstellung zu wählen, wo alle vier Größen P_μ diagonal sind. Nennen wir die Zustandsvektoren dieser Darstellung $|a\rangle, |b\rangle$ usw. und die entsprechenden Eigenwerte von P_μ für $p_\mu^{(a)}$ usw., so folgt nach einer einfachen Rechnung für ein beliebiges $F(x)$ in (3.17)

$$\langle a| [P_\mu, F(x)] |b\rangle = [p_\mu^{(a)} - p_\mu^{(b)}] \langle a| F(x) |b\rangle = i \frac{\partial}{\partial x_\mu} \langle a| F(x) |b\rangle. \tag{3.20}$$

In dieser Darstellung ist also die x-Abhängigkeit jedes Operators F durch

$$\langle a|F(x)|b\rangle = \langle a|F|b\rangle \, e^{i \sum_\mu (p_\mu^{(b)} - p_\mu^{(a)}) x_\mu} \tag{3.21}$$

gegeben, wobei die Größen $\langle a|F|b\rangle$ von x unabhängig sind. In Kapitel VII werden wir auf diese Bemerkung zurückgreifen.

4. Transformationseigenschaften der Theorie. Im kanonischen Formalismus, so wie er oben entwickelt worden ist, ist die ursprüngliche relativistische Invarianz der Theorie verlorengegangen. Zwar haben die Bewegungsgleichungen (3.2) und (3.3) die gewünschte kovariante Form, wenn nur die LAGRANGE-Funktion invariant ist, aber die kanonischen Vertauschungsrelationen (3.5), die den eigentlichen Übergang zur quantisierten Theorie vermitteln, sind schon deshalb nicht kovariant, weil die beiden Zeiten x_0 und x_0' als gleich vorausgesetzt worden sind. In dieser Ziffer wollen wir deshalb die Eigenschaften der quantisierten Theorie bei LORENTZ-Transformationen ein wenig näher untersuchen. Speziell wird es sich herausstellen, daß die Gln. (3.17) nicht nur ein kovariantes System bilden, sondern daß sie auch für die Transformationseigenschaften der ganzen Theorie eine sehr grundlegende Bedeutung haben.

Wir nehmen also an, daß wir zwei LORENTZ-Systeme x und x' haben und daß, wenn ein Punkt P im ersten System die Koordinaten x hat, seine Koordinaten im anderen System durch

$$x_\mu' = x_\mu + \varepsilon_{\mu\nu}\, x_\nu + \delta_\mu \tag{4.1}$$

gegeben sind. Über zweimal vorkommende Indices wird hier wie im folgenden immer summiert. Der Einfachheit halber setzen wir weiter voraus, daß die Größen $\varepsilon_{\mu\nu}$ und δ_μ infinitesimal sind, damit ihre höheren Potenzen weggelassen werden können. Da die LORENTZ-Transformationen eine Gruppe bilden, ist es hinreichend, die Transformationseigenschaften der Theorie bei infinitesimalen Transformationen zu studieren. Damit (4.1) eine wirkliche LORENTZ-Transformation ohne Streckung der Koordinatenachsen beschreibt, muß $\varepsilon_{\mu\nu}$ schiefsymmetrisch vorausgesetzt werden. Weiter seien die Transformationseigenschaften der klassischen Feldgrößen bekannt und von der Form

$$\varphi_\alpha'(x') = \tfrac{1}{2}\, \varepsilon_{\mu\nu}\, S_{\mu\nu,\alpha\beta}\, \varphi_\beta\big(x(x')\big) + \varphi_\alpha\big(x(x')\big). \tag{4.2}$$

Die linke Seite dieser Gleichung enthält die Feldfunktionen im neuen Koordinatensystem und als Funktionen von den neuen Koordinaten. Auf der rechten Seite stehen die Feldfunktionen im alten Koordinatensystem in demselben Punkt P, der auf der linken Seite vorkommt. Durch Auflösung der Gln. (4.1)

$$x_\mu = x_\mu' - \varepsilon_{\mu\nu}\, x_\nu' - \delta_\mu \tag{4.3}$$

kann man sich auch die rechte Seite als Funktion der neuen Koordinaten ausgedrückt denken. Studieren wir jetzt zwei Punkte P und P', die so gewählt worden sind, daß der Punkt P im ersten Koordinatensystem dieselben Koordinaten wie der Punkt P' im zweiten System hat, so unterscheiden sich die Feldfunktionen $\varphi_\alpha(x)$ in den beiden Punkten um Größen $\delta\varphi_\alpha(x)$, die durch

$$\left.\begin{aligned}
\delta\varphi_\alpha(x) &= \frac{1}{2}\, \varepsilon_{\mu\nu}\, S_{\mu\nu,\alpha\beta}\, \varphi_\beta(x) + \frac{\partial\varphi_\alpha(x)}{\partial x_\mu}\,(x_\mu - x_\mu') = \\[2mm]
&= \frac{1}{2}\, \varepsilon_{\mu\nu}\, S_{\mu\nu,\alpha\beta}\, \varphi_\beta(x) - \frac{\partial\varphi_\alpha(x)}{\partial x_\mu}\,(\varepsilon_{\mu\nu}\, x_\nu + \delta_\mu)
\end{aligned}\right\} \tag{4.4}$$

gegeben sind. In ähnlicher Weise erhält man die Änderung der Größen

$$\pi_{\alpha\mu}(x) = \frac{\partial\mathscr{L}}{\partial\,\dfrac{\partial\varphi_\alpha(x)}{\partial x_\mu}}\,, \tag{4.5}$$

wovon die Impulse (3.3) ein Spezialfall sind, beim Übergang von einem System zum anderen:

$$\delta\pi_{\alpha\mu}(x) = -\frac{1}{2}\,\varepsilon_{\lambda\nu}\,S_{\lambda\nu,\beta\alpha}\,\pi_{\beta\mu}(x) - \frac{\partial\pi_{\alpha\mu}(x)}{\partial x_\lambda}\,(\varepsilon_{\lambda\nu}\,x_\nu + \delta_\lambda) + \varepsilon_{\mu\nu}\,\pi_{\alpha\nu}(x). \quad (4.6)$$

Das letzte Glied in (4.6) tritt auf, weil auch der Vektorindex μ in (4.5) transformiert werden muß. Speziell für die kanonischen Impulsfunktionen erhalten wir also

$$\delta\pi_\alpha(x) = -\frac{1}{2}\,\varepsilon_{\lambda\nu}\,S_{\lambda\nu,\beta\alpha}\,\pi_\beta(x) - \frac{\partial\pi_\alpha(x)}{\partial x_\lambda}\,(\varepsilon_{\lambda\nu}\,x_\nu + \delta_\lambda) - i\,\varepsilon_{4\nu}\,\pi_{\alpha\nu}(x). \quad (4.7)$$

Wenn wir jetzt die kanonische Quantisierung das erste Mal im ursprünglichen Koordinatensystem und das zweite Mal im neuen System ausführen, so müssen wir fordern, daß sowohl $\varphi_\alpha(x)$ und $\pi_\alpha(x)$ wie auch $\varphi_\alpha(x) + \delta\varphi_\alpha(x)$ und $\pi_\alpha(x) + \delta\pi_\alpha(x)$ die Vertauschungsrelationen (3.5) erfüllen. Die beiden Quantisierungen sind also nur dann äquivalent, wenn es eine solche hermitische Matrix T gibt, daß

$$\varphi_\alpha(x) + \delta\varphi_\alpha(x) = e^{iT}\,\varphi_\alpha(x)\,e^{-iT} \quad (4.8)$$

und

$$\pi_\alpha(x) + \delta\pi_\alpha(x) = e^{iT}\,\pi_\alpha(x)\,e^{-iT} \quad (4.9)$$

mit derselben Matrix T in den beiden Gln. (4.8) und (4.9). Da wir die Lorentz-Transformation (4.1) als infinitesimal vorausgesetzt haben, können wir auch T als infinitesimal ansehen, und erhalten

$$\delta\varphi_\alpha(x) = i\,[T,\,\varphi_\alpha(x)], \quad (4.10)$$

$$\delta\pi_\alpha(x) = i\,[T,\,\pi_\alpha(x)]. \quad (4.11)$$

Die Existenz dieser Matrix zeigen wir am einfachsten dadurch, daß wir für sie einen expliziten Ausdruck geben. Wir wollen also zeigen, daß die Gln. (4.10) und (4.11) erfüllt sind, wenn wir für T die folgende Form wählen

$$T = \int d^3x \left[\frac{1}{2}\,\varepsilon_{\mu\nu}\,S_{\mu\nu,\alpha\beta}\,\pi_\alpha(x)\,\varphi_\beta(x) + x_\nu\,\varepsilon_{\nu k}\,\pi_\alpha(x)\,\frac{\partial\varphi_\alpha(x)}{\partial x_k} + \right. \\ \left. + i\,(\varepsilon_{4k}\,x_k + \delta_4)\left(\pi_\alpha(x)\,\frac{\partial\varphi_\alpha(x)}{\partial x_0} - \mathscr{L}\right) - \delta_k\,\pi_\alpha(x)\,\frac{\partial\varphi_\alpha(x)}{\partial x_k}\right]. \quad (4.12)$$

Die Summation über den Index k in (4.12) geht nur von 1 bis 3. Allgemein wollen wir die Konvention einführen, daß lateinische Buchstaben wie k, l usw. immer nur die Werte 1 bis 3 annehmen können, während griechische Buchstaben wie μ, ν usw. auch den Wert 4 annehmen können.

Der Beweis für (4.10) und (4.11) ist jetzt im Prinzip einfach, aber ein wenig umständlich. Wir geben erst die Rechnung für $\varphi_\alpha(x)$. Mit Hilfe von (3.5) folgt

$$i\,[T,\,\varphi_\alpha(x)] = \frac{1}{2}\,\varepsilon_{\mu\nu}\,S_{\mu\nu,\alpha\beta}\,\varphi_\beta(x) + x_\nu\,\varepsilon_{\nu k}\,\frac{\partial\varphi_\alpha(x)}{\partial x_k} + i\,(\varepsilon_{4k}\,x_k + \delta_4)\times \\ \times\left[\frac{\partial\varphi_\alpha(x)}{\partial x_0} + \pi_\beta(x)\,\frac{\partial\,\frac{\partial\varphi_\beta(x)}{\partial x_0}}{\partial\pi_\alpha(x)} - \frac{\partial\mathscr{L}}{\partial\,\frac{\partial\varphi_\beta(x)}{\partial x_0}}\,\frac{\partial\,\frac{\partial\varphi_\beta(x)}{\partial x_0}}{\partial\pi_\alpha(x)}\right] - \delta_k\,\frac{\partial\varphi_\alpha(x)}{\partial x_k}. \quad (4.13)$$

Aus (3.3) schließen wir, daß die beiden letzten Glieder in der eckigen Klammer sich kompensieren. Die anderen Terme lassen sich zu

$$i\,[T,\,\varphi_\alpha(x)] = \frac{1}{2}\,\varepsilon_{\mu\nu}\,S_{\mu\nu,\alpha\beta}\,\varphi_\beta(x) + x_\nu\,\varepsilon_{\nu\mu}\,\frac{\partial\varphi_\alpha(x)}{\partial x_\mu} - \delta_\mu\,\frac{\partial\varphi_\alpha(x)}{\partial x_\mu} \quad (4.14)$$

zusammenfassen. Hiermit ist (4.10) bewiesen. Die Rechnung für $\pi_\alpha(x)$ verläuft in ähnlicher Weise

$$
\begin{aligned}
i\,[T, \pi_\alpha(x)] =& -\frac{1}{2}\,\varepsilon_{\mu\nu}\,S_{\mu\nu,\beta\alpha}\,\pi_\beta(x) + \frac{\partial}{\partial x_k}\left(x_\nu\,\varepsilon_{\nu k}\,\pi_\alpha(x)\right) + i\,(\varepsilon_{4k}\,x_k + \delta_4)\times \\
&\times\left(-\pi_\beta(x)\,\frac{\partial\,\dfrac{\partial\varphi_\beta(x)}{\partial x_0}}{\partial\varphi_\alpha(x)} + \frac{\partial\mathscr{L}}{\partial\varphi_\alpha(x)} + \frac{\partial\mathscr{L}}{\partial\,\dfrac{\partial\varphi_\beta(x)}{\partial x_0}}\,\frac{\partial\,\dfrac{\partial\varphi_\beta(x)}{\partial x_0}}{\partial\varphi_\alpha(x)}\right) - \\
&-\frac{\partial}{\partial x_k}\left[i\,(\varepsilon_{4l}\,x_l + \delta_4)\,\frac{\partial\mathscr{L}}{\partial\,\dfrac{\partial\varphi_\alpha(x)}{\partial x_k}}\right] - \delta_k\,\frac{\partial\pi_\alpha(x)}{\partial x_k} = \\
=& -\frac{1}{2}\,\varepsilon_{\mu\nu}\,S_{\mu\nu,\beta\alpha}\,\pi_\beta(x) + x_\nu\,\varepsilon_{\nu k}\,\frac{\partial\pi_\alpha(x)}{\partial x_k} + i\,(\varepsilon_{4k}\,x_k + \delta_4)\,\frac{\partial\pi_\alpha(x)}{\partial x_0} - \\
&-\delta_k\,\frac{\partial\pi_\alpha(x)}{\partial x_k} - i\,\varepsilon_{4l}\,\pi_{\alpha l}(x) = \\
=& -\frac{1}{2}\,\varepsilon_{\mu\nu}\,S_{\mu\nu,\beta\alpha}\,\pi_\beta(x) + x_\nu\,\varepsilon_{\nu\mu}\,\frac{\partial\pi_\alpha(x)}{\partial x_\mu} - \delta_\mu\,\frac{\partial\pi_\alpha(x)}{\partial x_\mu} - i\,\varepsilon_{4\nu}\,\pi_{\alpha\nu}(x).
\end{aligned}
\tag{4.15}
$$

Die letzte Form der rechten Seite von (4.15) ist mit der rechten Seite von (4.7) identisch, womit auch (4.11) bewiesen worden ist.

Die Matrix T läßt sich in folgender Weise schreiben

$$
T = \int d^3x\left\{(\varepsilon_{\mu\nu}\,x_\nu + \delta_\mu)\left[-\pi_\alpha(x)\,\frac{\partial\varphi_\alpha(x)}{\partial x_\mu} - i\mathscr{L}\delta_{4\mu}\right] + \frac{1}{2}\,\varepsilon_{\mu\nu}\,S_{\mu\nu,\,\alpha\beta}\,\pi_\alpha(x)\,\varphi_\beta(x)\right\}.
\tag{4.16}
$$

Wegen der Antisymmetrie von $\varepsilon_{\mu\nu}$ können wir die zwei Glieder

$$
-\frac{i}{2}\,\varepsilon_{\mu\nu}\left(S_{\nu4,\,\alpha\beta}\,\pi_{\alpha\mu}(x)\,\varphi_\beta(x) + S_{\mu4,\,\alpha\beta}\,\pi_{\alpha\nu}(x)\,\varphi_\beta(x)\right)
\tag{4.17}
$$

hinzuaddieren[1], und das letzte Glied in (4.16) in folgender Weise umformen

$$
\begin{aligned}
-\frac{i}{2}\,\varepsilon_{\mu\nu}\big(&S_{\mu\nu,\alpha\beta}\,\pi_{\alpha4}(x)\,\varphi_\beta(x) + S_{\nu4,\alpha\beta}\,\pi_{\alpha\mu}(x)\,\varphi_\beta(x) + \\
&+ S_{\mu4,\alpha\beta}\,\pi_{\alpha\nu}(x)\,\varphi_\beta(x)\big) \equiv -i\,\varepsilon_{\mu\nu}\,f_{4\mu\nu} = \\
=& i\,\frac{\partial}{\partial x_\lambda}\left[f_{4\lambda\nu}(\varepsilon_{\nu\varrho}\,x_\varrho + \delta_\nu)\right] - i\,(\varepsilon_{\nu\varrho}\,x_\varrho + \delta_\nu)\,\frac{\partial}{\partial x_\lambda}\,f_{4\lambda\nu} = \\
=& i\,\frac{\partial}{\partial x_k}\left[f_{4k\nu}(\varepsilon_{\nu\varrho}\,x_\varrho + \delta_\nu)\right] - i\,(\varepsilon_{\nu\varrho}\,x_\varrho + \delta_\nu)\,\frac{\partial}{\partial x_\lambda}\,f_{4\lambda\nu}.
\end{aligned}
\tag{4.18}
$$

(Das Symbol $f_{\lambda\nu\mu}$ ist schiefsymmetrisch in den zwei ersten Indices.) Aus (4.16) und (4.18) erhalten wir jetzt

$$
T = -i\int d^3x\,T_{4\nu}\,\delta x_\nu,
\tag{4.19}
$$

mit

$$
T_{\mu\nu} = -\pi_{\alpha\mu}(x)\,\frac{\partial\varphi_\alpha(x)}{\partial x_\nu} + \delta_{\mu\nu}\,\mathscr{L} - \frac{\partial}{\partial x_\lambda}\,f_{\lambda\mu\nu}
\tag{4.20}
$$

und

$$
\delta x_\mu = \varepsilon_{\mu\nu}\,x_\nu + \delta_\mu.
\tag{4.21}
$$

---

[1] F. J. Belinfante: Physica, Haag **6**, 887 (1939).

Aus den Bewegungsgleichungen (3.2) folgt, daß der Tensor $T_{\mu\nu}$ die Kontinuitätsgleichung

$$\frac{\partial T_{\mu\nu}}{\partial x_\mu} = -\frac{\partial^2}{\partial x_\lambda \partial x_\mu} f_{\lambda\mu\nu} = 0 \tag{4.22}$$

erfüllt. Die dreidimensionalen Integrale

$$P_\mu = -i \int d^3x\, T_{4\mu} \tag{4.23}$$

sind also Bewegungskonstanten, und da das letzte Glied in (4.20) für $\mu = 4$ auch als eine dreidimensionale Divergenz aufgefaßt werden kann, sind sie mit den in (3.12) und (3.16) definierten Impulsen identisch. Setzen wir weiter in (4.21) $\varepsilon_{\mu\nu} = 0$, so vereinfachen sich (4.10) und (4.11) mit Hilfe von (4.4) und (4.7) zu

$$[P_\mu, \varphi_\alpha(x)] = i\frac{\partial \varphi_\alpha(x)}{\partial x_\mu}, \tag{4.24}$$

$$[P_\mu, \pi_\alpha(x)] = i\frac{\partial \pi_\alpha(x)}{\partial x_\mu}. \tag{4.25}$$

Wir haben also hier die Gln. (3.17) wiedergefunden und können sie jetzt als einen Ausdruck für die Invarianz der Theorie bei infinitesimalen Translationen ansehen. Deshalb wollen wir im folgenden die Operatoren P_μ auch „Verschiebungsoperatoren" nennen.

Die Erhaltungssätze (4.22) und (4.23) können auch in anderer Weise abgeleitet werden. Da der Operator H offenbar bei jeder Translation invariant ist, folgt aus (4.10) und (4.11)

$$\delta H = i\,[T, H] = i\,[P_\mu \delta_\mu, H] = 0. \tag{4.26}$$

Die Größen δ_μ sind beliebig, und wir können aus (4.26) schließen, daß alle P_μ mit H kommutieren und deshalb auch eine verschwindende Zeitableitung besitzen, und zwar in jedem Koordinatensystem. Dies ist nur dann möglich, wenn auch der differentielle Erhaltungssatz (4.22) gilt. Diese Überlegung ist besonders wertvoll, weil sie nicht nur bei Translationen sondern auch bei „Rotationen" im vierdimensionalen Raum brauchbar ist, wenn auch in einer ein wenig modifizierten Form. Bei solchen Transformationen haben wir nämlich

$$\delta H = \frac{-i}{2}\,[\varepsilon_{\mu\nu} J_{\mu\nu}, H] = -i\,\varepsilon_{4r} P_\nu, \tag{4.27}$$

$$J_{\mu\nu} = i \int d^3x\, (T_{4\mu}\, x_\nu - T_{4\nu}\, x_\mu) \tag{4.28}$$

oder

$$[H, J_{\mu\nu}] = -\delta_{4\mu} P_\nu + \delta_{4\nu} P_\mu. \tag{4.29}$$

Da die Operatoren $J_{\mu\nu}$ nicht nur aus den Operatoren φ_α und π_α gebildet sind, sondern auch die Koordinaten x explizit enthalten, haben wir

$$\frac{dJ_{\mu\nu}}{dx_0} = i\,[H, J_{\mu\nu}] - \int d^3x\, (T_{4\mu}\,\delta_{\nu 4} - T_{4\nu}\,\delta_{\mu 4}) = 0. \tag{4.30}$$

Soll Gl. (4.30) in jedem Koordinatensystem gültig sein, muß es auch hier einen differentiellen Erhaltungssatz geben

$$\frac{\partial}{\partial x_\lambda}\,(T_{\lambda\mu}\, x_\nu - T_{\lambda\nu}\, x_\mu) = 0. \tag{4.31}$$

Durch Vergleich von (4.22) und (4.31) erhalten wir

$$T_{\mu\nu} - T_{\nu\mu} = 0, \tag{4.32}$$

d.h. der Tensor $T_{\mu\nu}$ ist symmetrisch. Er wird auch oft als „symmetrische" Energie-Impuls-Dichte bezeichnet, um ihn von dem Tensor

$$\Theta_{\mu\nu} = -\,\pi_{\alpha\mu}(x)\,\frac{\partial\varphi_\alpha(x)}{\partial x_\nu} + \delta_{\mu\nu}\,\mathscr{L}, \tag{4.33}$$

welcher der „kanonische" Tensor genannt wird, zu unterscheiden. Die letztere Größe gibt offenbar dieselben Verschiebungsoperatoren wie $T_{\mu\nu}$ und kann deshalb auch als Energie-Impuls-Dichte interpretiert werden. Für die Konstruktion der Drehimpulse $J_{\mu\nu}$ ist es aber wesentlich, den symmetrischen Tensor $T_{\mu\nu}$ zu verwenden.

II. Das freie elektromagnetische Feld.

5. LAGRANGE-Funktion und kanonischer Formalismus. Die LAGRANGE-Funktion der klassischen Elektrodynamik ist durch

$$\mathscr{L} = -\tfrac{1}{4}\,F_{\mu\nu}\,F_{\mu\nu} \tag{5.1}$$

gegeben. Hier bedeutet $F_{\mu\nu}$ die elektromagnetischen Feldstärken, und zwar in folgender Weise

$$F_{4k} = -\,F_{k4} = i\,\mathsf{E}_k, \tag{5.2a}$$

$$F_{12} = -\,F_{21} = \mathsf{H}_3 \quad \text{cycl.} \tag{5.2b}$$

Bei dieser LAGRANGE-Funktion muß man statt der Feldstärken die Potentiale $A_\mu(x)$ als dynamische Variable einführen. Aus den letzteren lassen sich die Feldstärken mit Hilfe von

$$F_{\mu\nu} = \frac{\partial A_\nu(x)}{\partial x_\mu} - \frac{\partial A_\mu(x)}{\partial x_\nu} \tag{5.3}$$

berechnen. Denkt man sich die Potentiale in die LAGRANGE-Funktion als Variable eingeführt, so werden die Bewegungsgleichungen (3.2)

$$\frac{\partial}{\partial x_\mu}\left(\frac{\partial A_\nu(x)}{\partial x_\mu} - \frac{\partial A_\mu(x)}{\partial x_\nu}\right) \equiv \square\,A_\mu(x) - \frac{\partial^2 A_\nu(x)}{\partial x_\mu\,\partial x_\nu} = 0. \tag{5.4}$$

Diese Formulierung der klassischen Theorie ist offenbar sowohl lorentz- als auch eichinvariant, d.h. invariant bei den Transformationen

$$A_\mu(x) \to A_\mu(x) + \frac{\partial\Lambda(x)}{\partial x_\mu}. \tag{5.5}$$

Hierdurch werden weder die Feldstärken noch die Bewegungsgleichungen (5.4) geändert. Auch in der klassischen Theorie wird aber oft diese Invarianz bei den allgemeinen Eichtransformationen dadurch eingeschränkt, daß man für die Potentiale die Gleichung

$$\frac{\partial A_\mu(x)}{\partial x_\mu} = 0 \tag{5.6}$$

fordert. Bei passender Wahl der Eichfunktion $\Lambda(x)$ in (5.5) ist es immer möglich, dies zu erreichen, aber die Eichfunktion ist hierdurch nicht eindeutig festgelegt. Es lassen sich immer noch Eichtransformationen ausführen, aber nur mit Funktionen, die der Wellengleichung

$$\square\,\Lambda(x) = 0 \tag{5.7}$$

gehorchen. Bei dieser Eichung vereinfachen sich die Bewegungsgleichungen (5.4) zu

$$\square\,A_\mu(x) = 0. \tag{5.8}$$

Will man, ausgehend von dieser Lagrange-Funktion, die Hamiltonsche Form der Theorie niederschreiben, so werden die kanonischen Impulsfunktionen (3.3)

$$\pi_\mu(x) = i F_{4\mu}(x),\tag{5.9}$$

d.h. der zu $A_4(x)$ konjugierte Impuls verschwindet identisch. Die Gln. (5.9) lassen sich dann nicht nach $\dfrac{\partial A_\mu(x)}{\partial x_0}$ auflösen, und das ganze im ersten Kapitel entwickelte Schema ist unbrauchbar. Statt von (5.1) kann man aber auch von der folgenden Lagrange-Funktion

$$\mathscr{L} = -\frac{1}{4} F_{\mu\nu} F_{\mu\nu} - \frac{1}{2}\frac{\partial A_\mu(x)}{\partial x_\mu}\cdot\frac{\partial A_\nu(x)}{\partial x_\nu}\tag{5.10}$$

ausgehen. Als Bewegungsgleichungen erhält man dann sofort (5.8) und die kanonischen Impulsfunktionen werden

$$\pi_k(x) = i F_{4k}(x),\tag{5.11}$$

$$\pi_4(x) = i\,\frac{\partial A_\nu(x)}{\partial x_\nu}.\tag{5.12}$$

Zwar erhalten wir in dieser Hamiltonschen Formulierung der Theorie nicht Gl. (5.6) als Bewegungsgleichung, sondern nur die schwächere Bedingung

$$\square\,\frac{\partial A_\nu(x)}{\partial x_\nu} = 0,\tag{5.13}$$

die aus (5.8) folgt. Betrachten wir aber nicht die allgemeinste Lösung unserer Gleichungen, sondern nur diejenige, die (z.B. für $x_0 = 0$) die Anfangsbedingung

$$\frac{\partial A_\nu(x)}{\partial x_\nu} = \frac{\partial^2 A_\nu(x)}{\partial x_0\,\partial x_\nu} = 0 \quad\text{für alle } x\tag{5.14}$$

erfüllen, so folgt aus (5.13), daß die Größe $\dfrac{\partial A_\nu(x)}{\partial x_\nu}$ für alle Zeiten verschwinden muß, d.h. wir haben genau die gewünschte, übliche Theorie des Elektromagnetismus.

Bei der Quantisierung des elektromagnetischen Feldes lassen wir zuerst die Anfangsbedingung (5.14) vollständig weg und verwenden nur die Lagrange-Funktion (5.10). Die kanonischen Vertauschungsrelationen werden also für $x_0 = x_0'$

$$[A_\mu(x), A_\nu(x')] = 0,\tag{5.15}$$

$$[A_\mu(x), \pi_k(x')] = \left[A_\mu(x), \frac{\partial A_k(x')}{\partial x_0'} - i\frac{\partial A_4(x')}{\partial x_k'}\right] = \left[A_\mu(x), \frac{\partial A_k(x')}{\partial x_0'}\right] = \left.\begin{array}{c}\\ = i\,\delta_{\mu k}\,\delta(\boldsymbol{x} - \boldsymbol{x}'),\end{array}\right\}\tag{5.16}$$

$$[A_k(x), \pi_4(x')] = \left[A_k(x), i\frac{\partial A_\nu(x')}{\partial x_\nu'}\right] = \left[A_k(x), \frac{\partial A_4(x')}{\partial x_0'}\right] = 0,\tag{5.17}$$

$$[A_4(x), \pi_4(x')] = \left[A_4(x), \frac{\partial A_4(x')}{\partial x_0'}\right] = i\,\delta(\boldsymbol{x} - \boldsymbol{x}'),\tag{5.18}$$

$$[\pi_k(x), \pi_l(x')] = \left[\frac{\partial A_k(x)}{\partial x_0}, \frac{\partial A_l(x')}{\partial x_0'}\right] = 0,\tag{5.19}$$

$$[\pi_k(x), \pi_4(x')] = \left[\frac{\partial A_k(x)}{\partial x_0}, \frac{\partial A_4(x')}{\partial x_0'}\right] = 0.\tag{5.20}$$

Das System (5.15) bis (5.20) läßt sich zu

$$[A_\mu(x), A_\nu(x')] = 0, \tag{5.21}$$

$$\left[\frac{\partial A_\mu(x)}{\partial x_0},\ A_\nu(x')\right] = -\,i\,\delta_{\mu\nu}\,\delta(\boldsymbol{x}-\boldsymbol{x}'), \tag{5.22}$$

$$\left[\frac{\partial A_\mu(x)}{\partial x_0},\ \frac{\partial A_\nu(x')}{\partial x'_0}\right] = 0 \tag{5.23}$$

zusammenfassen. Es muß ausdrücklich betont werden, daß die Vertauschungsrelationen (5.15) bis (5.23) in einer HEISENBERG-Darstellung nur *für gleiche Zeiten* x_0 und x'_0 gültig sind.

Für das Folgende ist es von Interesse, dieses Schema auch im Impulsraum durchzuführen. Zu diesem Zweck führen wir für $A_\mu(x)$ die Entwicklung (1.1) ein:

$$A_\mu(x) = \frac{1}{\sqrt{V}}\sum_k e^{ikx} A_\mu(k). \tag{5.24}$$

Aus (5.8) folgt dann, daß in (5.24) nur solche k vorkommen können, für welche

$$k^2 = \boldsymbol{k}^2 - k_0^2 = 0 \tag{5.25}$$

ist. Gl. (5.25) hat die zwei Lösungen

$$k_0 = \pm\,\omega;\ \omega = +\sqrt{\boldsymbol{k}^2}, \tag{5.26}$$

und wir können (5.24) als

$$A_\mu(x) = \frac{1}{\sqrt{V}}\sum_k \left[e^{ikx} A_\mu(\boldsymbol{k}) + e^{-ikx} A_\mu^*(\boldsymbol{k})\right] \tag{5.27}$$

mit

$$k_0 = \omega \tag{5.27a}$$

schreiben. Aus der Bedingung, daß $A_k(x)$ ein hermitischer und $A_4(x)$ ein antihermitischer Operator sind, folgt, daß $A_k(\boldsymbol{k})$, $iA_4(\boldsymbol{k})$ und $A_k^*(\boldsymbol{k})$, $iA_4^*(\boldsymbol{k})$ zueinander hermitisch konjugierte Operatoren sind. Da weiter $A_\mu(x)$ ein Vektor ist, gibt es für jedes $\boldsymbol{k}$ vier voneinander unabhängige „Polarisationsmöglichkeiten", die wir mit Hilfe der Komponenten eines „Polarisationsvektors" in einem orthogonalen, aber sonst beliebigen Achsenkreuz $e_\mu^{(\lambda)}$, $\lambda = 1, \ldots 4$ beschreiben können. Soll (5.27) die allgemeinste Lösung der Bewegungsgleichung (5.8) sein, müssen wir über die vier möglichen Polarisationsrichtungen summieren

$$A_\mu(x) = \frac{1}{\sqrt{V}}\sum_k \sum_{\lambda=1}^4 \frac{e_\mu^{(\lambda)}}{\sqrt{2\omega}}\left[e^{ikx} a^{(\lambda)}(\boldsymbol{k}) + e^{-ikx} a^{*\,(\lambda)}(\boldsymbol{k})\right], \tag{5.28}$$

$$e_\mu^{(\lambda)} e_\mu^{(\lambda')} = \delta_{\lambda\lambda'}. \tag{5.29}$$

In (5.28) haben wir im Nenner einen zusätzlichen Faktor $\sqrt{2\omega}$ eingeführt. Dies ist nur eine Frage der Bezeichnungen und ohne tiefere Bedeutung. Durch die Wahl (5.28) wird erreicht, daß die Vertauschungsrelationen für $a^{(\lambda)}(\boldsymbol{k})$ eine sehr einfache Form bekommen.

Es ist nicht notwendig, daß die Vektoren $e_\mu^{(\lambda)}$ von $\boldsymbol{k}$ unabhängig sind, und es wird sich sogar herausstellen, daß die von $\boldsymbol{k}$ abhängige Wahl

$$e_4^{(1)} = e_4^{(2)} = e_4^{(3)} = 0, \tag{5.30a}$$

$$e_l^{(1)} k_l = e_l^{(2)} k_l = 0, \tag{5.30b}$$

$$e_l^{(3)} = \frac{k_l}{\omega}, \tag{5.30c}$$

$$e_l^{(4)} = 0, \tag{5.30d}$$

$$e_4^{(4)} = 1 \tag{5.30e}$$

besonders günstig ist. In diesem Fall sprechen wir für $\lambda = 1$ oder 2 von transversal polarisiertem Licht, für $\lambda = 3$ von longitudinaler Polarisation und für $\lambda = 4$ von skalarer Polarisation. Wir können hier sehen, daß, wenn wir auch Gl. (5.6) als Operatorgleichung hätten, nur transversal polarisiertes Licht vorkommen könnte. Da Gl. (5.6) aber bis jetzt weggelassen worden ist, müssen wir alle vier Polarisationsrichtungen betrachten. Bei dieser Wahl der Einheitsvektoren $e_\mu^{(\lambda)}$ gilt außer (5.29) auch

$$\sum_\lambda e_\mu^{(\lambda)} e_\nu^{(\lambda)} = \delta_{\mu\nu}. \tag{5.31}$$

Wegen Gl. (5.30e), wo auf der rechten Seite 1 (statt z. B. i) steht, ist also erreicht, daß Gl. (5.31) eine formale Lorentz-Invarianz besitzt. Die Realitätsbedingungen für $a^{(\lambda)}(\mathbf{k})$ und $a^{*(\lambda)}(\mathbf{k})$ sind dieselben wie die, die für $A_\mu(\mathbf{k})$ und $A_\mu^*(\mathbf{k})$ gelten.

Mit Hilfe von (5.28) wird aus (5.21)

$$\begin{aligned}
[A_\mu(x), A_\nu(x')]_{x_0=x_0'} &= \frac{1}{V} \sum_{\mathbf{k},\mathbf{k}'} \sum_{\lambda,\lambda'} \frac{e_\mu^{(\lambda)} e_\nu^{(\lambda')}}{2\sqrt{\omega\omega'}} \Big\{ e^{i(\mathbf{k}\mathbf{x}+\mathbf{k}'\mathbf{x}')-i(\omega+\omega')x_0} \times \\
&\times [a^{(\lambda)}(\mathbf{k}), a^{(\lambda')}(\mathbf{k}')] + e^{-i(\mathbf{k}\mathbf{x}+\mathbf{k}'\mathbf{x}')+i(\omega+\omega')x_0} [a^{*(\lambda)}(\mathbf{k}), a^{*(\lambda')}(\mathbf{k}')] + \\
&+ e^{i(\mathbf{k}\mathbf{x}-\mathbf{k}'\mathbf{x}')-i(\omega-\omega')x_0} [a^{(\lambda)}(\mathbf{k}), a^{*(\lambda')}(\mathbf{k}')] + e^{-i(\mathbf{k}\mathbf{x}-\mathbf{k}'\mathbf{x}')+i(\omega-\omega')x_0} \times \\
&\times [a^{*(\lambda)}(\mathbf{k}), a^{(\lambda')}(\mathbf{k}')] \Big\} = 0.
\end{aligned} \tag{5.32}$$

Da alle ω größer als Null sind, und da (5.32) für alle Zeiten gelten soll, schließen wir

$$[a^{(\lambda)}(\mathbf{k}), a^{(\lambda')}(\mathbf{k}')] = [a^{*(\lambda)}(\mathbf{k}), a^{*(\lambda')}(\mathbf{k}')] = 0, \tag{5.33}$$

$$[a^{(\lambda)}(\mathbf{k}), a^{*(\lambda')}(\mathbf{k}')] = c^{(\lambda\lambda')}(\mathbf{k}) \cdot \delta_{\mathbf{k},\mathbf{k}'}. \tag{5.34}$$

Die Größe $c^{(\lambda\lambda')}(\mathbf{k})$ kann von λ, λ' und $\mathbf{k}$ abhängen, aber in solcher Weise, daß

$$c^{(\lambda\lambda')}(\mathbf{k}) = c^{(\lambda'\lambda)}(-\mathbf{k}) \tag{5.35}$$

gilt. Unter Anwendung von (5.33) bis (5.35) wird (5.23) identisch erfüllt, während uns (5.22) die detaillierte Form von c gibt

$$-i\,\delta_{\mu\nu}\delta(\mathbf{x}-\mathbf{x}') = \frac{1}{V} \sum_{\mathbf{k}} \sum_{\lambda,\lambda'} \frac{e_\mu^{(\lambda)} e_\nu^{(\lambda')}}{2\omega} (-i\omega) c^{(\lambda\lambda')}(\mathbf{k})\, 2 e^{i\mathbf{k}(\mathbf{x}-\mathbf{x}')}, \tag{5.36}$$

$$c^{(\lambda\lambda')}(\mathbf{k}) = \delta_{\lambda\lambda'}. \tag{5.37}$$

Aus (5.34) wird also die einfache Gleichung

$$[a^{(\lambda)}(\mathbf{k}), a^{*(\lambda')}(\mathbf{k}')] = \delta_{\lambda\lambda'} \cdot \delta_{\mathbf{k}\mathbf{k}'}. \tag{5.38}$$

6. Der Hilbert-Raum der freien Photonen. Aus der Lagrange-Funktion (5.10) erhalten wir nach einigen partiellen Integrationen den Hamilton-Operator

$$\begin{aligned}
H &= \frac{1}{2} \int d^3x \left[\frac{\partial A_\mu(x)}{\partial x_0} \frac{\partial A_\mu(x)}{\partial x_0} + \frac{\partial A_\mu(x)}{\partial x_k} \frac{\partial A_\mu(x)}{\partial x_k} \right] = \\
&= -\frac{1}{4V} \sum_{\mathbf{k},\mathbf{k}'} \sum_{\lambda,\lambda'} \int \frac{d^3x}{\sqrt{\omega\omega'}} [e^{i\mathbf{k}x} a^{(\lambda)}(\mathbf{k}) - e^{-i\mathbf{k}x} a^{*(\lambda)}(\mathbf{k})] \times \\
&\times [e^{i\mathbf{k}'x} a^{(\lambda')}(\mathbf{k}') - e^{-i\mathbf{k}'x} a^{*(\lambda')}(\mathbf{k}')] \delta_{\lambda\lambda'} (\omega\omega' + \mathbf{k}\mathbf{k}') = \\
&= \frac{1}{2} \sum_{\mathbf{k},\lambda} \omega \{a^{(\lambda)}(\mathbf{k}), a^{*(\lambda)}(\mathbf{k})\},
\end{aligned} \tag{6.1}$$

wo die letzte Form der rechten Seite den Antikommutator

$$\{a, a^*\} = a\,a^* + a^*\,a \tag{6.2}$$

enthält. Führen wir die hermitischen Operatoren $q_k^{(\lambda)}$ und $p_k^{(\lambda)}$ mit Hilfe von

$$\left.\begin{aligned} q^{(\lambda)} &= \frac{1}{\sqrt{2\omega}}\,(a^{(\lambda)} + a^{*\,(\lambda)})\,, \\ p^{(\lambda)} &= -\,i\,\sqrt{\frac{\omega}{2}}\,(a^{(\lambda)} - a^{*\,(\lambda)})\,, \end{aligned}\right\} \quad \text{für} \quad \lambda = 1, 2, 3\,. \tag{6.3}$$

$$\left.\begin{aligned} q^{(4)} &= \frac{1}{\sqrt{2\omega}}\,(a^{(4)} - a^{*\,(4)})\,, \\ p^{(4)} &= i\,\sqrt{\frac{\omega}{2}}\,(a^{(4)} + a^{*(4)}) \end{aligned}\right\} \tag{6.4}$$

ein, erfüllen die p und q Operatoren die gewöhnlichen kanonischen Vertauschungsrelationen

$$[p^{(\lambda)}, q^{(\lambda')}] = -\,i\,\delta_{\lambda\lambda'} \tag{6.5}$$

für *alle* λ und λ'. Der HAMILTON-Operator wird mit diesen Variablen

$$H = \tfrac{1}{2} \sum_{k} \left\{ \sum_{\lambda=1}^{3} (p^{(\lambda)\,2} + \omega^2 q^{(\lambda)\,2}) - (p^{(4)\,2} + \omega^2 q^{(4)\,2}) \right\}. \tag{6.6}$$

Durch diese Transformation ist also der HAMILTON-Operator als eine Summe von unabhängigen, harmonischen Oszillatoren geschrieben. Die Eigenwerte der Energie des Systems sind

$$E = \sum_{k} \left\{ \sum_{\lambda=1}^{3} n^{(\lambda)}(k) - n^{(4)}(k) \right\} \omega. \tag{6.7}$$

In (6.7) ist die Nullpunktenergie der Oszillatoren weggelassen. Dies ist hier erlaubt, denn die beobachtbaren Größen sind hier nur Energieunterschiede. Formal zeigt sich diese Tatsache dadurch, daß wir immer eine beliebige c-Zahl zu der Energie addieren können. Hierdurch werden die Vertauschungsrelationen (3.17) nicht geändert, und wenn nur die c-Zahl zeitunabhängig ist, ist auch die geänderte Energie eine Bewegungskonstante. Man kann auch die Reihenfolge der Operatoren in (6.6) oder (6.1) so verändern, daß die Nullpunktenergie automatisch kompensiert, wird. Diese Reihenfolge ist nicht durch korrespondenzmäßige Überlegungen gegeben, und wir haben an sich keinen Grund, die eine oder die andere vorzuziehen. Nennen wir den Zustand, der n Partikeln mit gegebenem k und gegebener Polarisationsrichtung enthält, einfach $|n\rangle$ (um die Bezeichnungen nicht allzusehr zu komplizieren, unterdrücken wir für den Augenblick alle Partikeln, die nicht die betrachtete Polarisationsrichtung und k haben) so erhalten wir unter Anwendung von (5.38), (6.1) und (6.7)

$$H\,a^*|n\rangle = [H, a^*]\,|n\rangle + a^* H\,|n\rangle = \begin{cases} (1 + n)\,\omega\,a^*|n\rangle & \text{für} \quad \lambda \neq 4, \\ (1 - n)\,\omega\,a^*|n\rangle & \text{für} \quad \lambda = 4. \end{cases} \tag{6.8}$$

Der Zustandsvektor $a^*|n\rangle$ ist also auch ein Eigenvektor des HAMILTON-Operators aber mit dem Eigenwert $(n + 1)\,\omega$ für $\lambda = 1, 2, 3$ und mit dem Eigenwert $-(n-1)\omega$ für $\lambda = 4$. Mit Hilfe der Beziehung (6.8) können wir dann alle

Eigenvektoren mit Hilfe vom Vektor $|0\rangle$, der den Zustand „keine Partikeln“ darstellt, ausdrücken

$$|n^{(\lambda)}\rangle = c_n^{(\lambda)}\,[a^{*\,(\lambda)}]^n\,|0\rangle \quad \text{für} \quad \lambda \neq 4, \tag{6.9a}$$

$$|n^{(4)}\rangle = c_n^{(4)}\,[a^{(4)}]^n\,|0\rangle. \tag{6.9b}$$

Die Normierungskonstanten $c_n^{(\lambda)}$ lassen sich aus der Bedingung

$$1 = \langle n^{(\lambda)}\,|\,n^{(\lambda)}\rangle$$

bestimmen. Für $\lambda \neq 4$ erhalten wir

$$\left.\begin{aligned}
\langle n^{(\lambda)}\,|\,n^{(\lambda)}\rangle &= |c_n^{(\lambda)}|^2 \langle 0\,|\,[a^{(\lambda)}]^n\,[a^{*\,(\lambda)}]^n|\,0\rangle = \\
&= |c_n^{(\lambda)}|^2 \langle 0\,|\,[a^{(\lambda)}]^{n-1}\,(a^{*\,(\lambda)}\,a^{(\lambda)} + 1)\,[a^{*\,(\lambda)}]^{n-1}|0\rangle = \\
&= |c_n^{(\lambda)}|^2 \{\langle 0|\,[a^{(\lambda)}]^{n-1}\,[a^{*\,(\lambda)}]^{n-1}|0\rangle + \langle 0|\,[a^{(\lambda)}]^{n-1}\,a^{*\,(\lambda)} \times \\
&\quad \times (a^{*(\lambda)}\,a^{(\lambda)} + 1)\,[a^{*\,(\lambda)}]^{n-2}|0\rangle\} = \cdots = \\
&= n\,|c_n^{(\lambda)}|^2 \langle 0|\,[a^{(\lambda)}]^{\,n-1}\,[a^{*\,(\lambda)}]^{n-1}|0\rangle = n \cdot \frac{|c_n^{(\lambda)}|^2}{|c_{n-1}^{(\lambda)}|^2},
\end{aligned}\right\} \tag{6.10}$$

mit der Lösung

$$|c_n^{(\lambda)}| = \frac{1}{\sqrt{n!}}. \tag{6.11}$$

Für $\lambda = 4$ wird die Rechnung sehr ähnlich und das Ergebnis dasselbe

$$\langle n^{(4)}\,|\,n^{(4)}\rangle = |c_n^{(4)}|^2\,(-1)^n \langle 0\,|\,[a^{*\,(4)}]^n\,[a^{(4)}]^n|0\rangle = n\,\frac{|c_n^{(4)}|^2}{|c_{n-1}^{(4)}|^2}, \tag{6.10a}$$

$$|c_n^{(4)}| = \frac{1}{\sqrt{n!}}. \tag{6.11a}$$

Den allgemeinsten Eigenvektor von (6.1) können wir jetzt als ein „direktes Produkt“ von Vektoren (6.9) schreiben

$$\prod_{\boldsymbol{k}} \prod_{\lambda=1}^{4} |n^{(\lambda)}(\boldsymbol{k})\rangle = \prod_{\boldsymbol{k}} \prod_{\lambda=1}^{3} \frac{[a^{*(\lambda)}(\boldsymbol{k})]^{n^{(\lambda)}(\boldsymbol{k})}}{\sqrt{n^{(\lambda)}(\boldsymbol{k})!}}\,\frac{[a^{(4)}(\boldsymbol{k})]^{n^{(4)}(\boldsymbol{k})}}{\sqrt{n^{(4)}(\boldsymbol{k})!}}\,|0\rangle. \tag{6.12}$$

In (6.12) und immer im folgenden ist $|0\rangle$ der Eigenvektor des vollständigen HAMILTON-Operators, der den Zustand „keine Partikeln“ darstellt. Die willkürlichen Phasen, die in (6.12) hätten auftreten können, haben wir gleich Null gesetzt, da sie sowieso keine physikalische Bedeutung haben.

Wir haben also gefunden, daß unser quantisiertes, elektromagnetisches Feld mit Hilfe eines Systems von Oszillatoren beschrieben werden kann, und daß die Energie eines solchen Oszillators in gewöhnlicher Weise gequantelt auftritt. Dies ist die alte Lichtquantenhypothese, die in gewissem Sinn den Ursprung der Quantentheorie bildet, und die wir also hier als Konsequenz unseres Formalismus wiedergefunden haben.

Aus dem Ausdruck (6.12) lassen sich die Matrixelemente der Operatoren $a^{(\lambda)}(\boldsymbol{k})$ einfach bestimmen. Offenbar sind diese Operatoren diagonal in allen Quantenzahlen mit Ausnahme von $n^{(\lambda)}(\boldsymbol{k})$. Unterdrücken wir wieder alle Indices mit einer Ausnahme, so erhalten wir also

$$\langle n|a^{(\lambda)}|n+1\rangle = \langle n+1|a^{*\,(\lambda)}|n\rangle = \sqrt{n+1} \quad \text{für} \quad \lambda \neq 4, \tag{6.13}$$

$$\langle n+1|a^{(4)}|n\rangle = -\langle n|a^{*\,(4)}|n+1\rangle = \sqrt{n+1}. \tag{6.14}$$

Alle anderen Matrixelemente sind gleich Null. Die Operatoren

$$N^{(\lambda)}(\boldsymbol{k}) = a^{*\,(\lambda)}(\boldsymbol{k})\, a^{(\lambda)}(\boldsymbol{k}) \quad \text{für} \quad \lambda \neq 4, \\ N^{(4)}(\boldsymbol{k}) = -\, a^{(4)}(\boldsymbol{k})\, a^{*\,(4)}(\boldsymbol{k})$$

(6.15)

sind also diagonal in der Darstellung (6.12) und haben die Eigenwerte $n^{(\lambda)}(\boldsymbol{k})$. Sie sind daher die Operatoren, die die Anzahl der Lichtquanten mit gegebener Polarisation und gegebenem Impuls angeben, und werden manchmal als „Partikelzahloperatoren" bezeichnet. In ähnlicher Weise nennen wir die Operatoren $a^{(\lambda)}(\boldsymbol{k})$ für $\lambda \neq 4$ und $-a^{*\,(4)}(\boldsymbol{k})$ „Vernichtungsoperatoren" und die Größen $a^{*\,(\lambda)}(\boldsymbol{k})$ für $\lambda \neq 4$ und $a^{(4)}(\boldsymbol{k})$ „Erzeugungsoperatoren".

Mit Hilfe von (6.15) können wir die Energie als

$$H = \sum_{\boldsymbol{k}} \left\{ \sum_{\lambda=1}^{3} N^{(\lambda)}(\boldsymbol{k}) - N^{(4)}(\boldsymbol{k}) \right\} \omega$$

(6.16)

schreiben, wo wieder die Nullpunktenergie weggelassen worden ist. Hierdurch unterscheidet sich (6.16) von (6.1) und (6.6), aber, wie schon oben gesagt, ist dieser Unterschied ohne physikalische Bedeutung.

Als Illustration der Lichtquanteninterpretation ist es nicht ohne Interesse, den totalen Impuls und Drehimpuls auszurechnen. Für den ersten erhalten wir aus (3.12), (5.11), (5.12) und (5.28)

$$P_k = -\int d^3x \left\{ i \left(\frac{\partial A_l}{\partial x_4} - \frac{\partial A_4}{\partial x_l} \right) \frac{\partial A_l}{\partial x_k} + i \frac{\partial A_\nu}{\partial x_\nu} \frac{\partial A_4}{\partial x_k} \right\} = \\ = -\int d^3x \, \frac{\partial A_\mu}{\partial x_0} \frac{\partial A_\mu}{\partial x_k} = \frac{1}{2} \sum_{\boldsymbol{k},\lambda} k_k \left\{ a^{(\lambda)}(\boldsymbol{k})\, a^{*\,(\lambda)}(\boldsymbol{k}) + a^{*\,(\lambda)}(\boldsymbol{k})\, a^{(\lambda)}(\boldsymbol{k}) - \right. \\ \left. - a^{(\lambda)}(\boldsymbol{k})\, a^{(\lambda)}(-\boldsymbol{k})\, e^{-2i\omega x_0} - a^{*\,(\lambda)}(\boldsymbol{k})\, a^{*\,(\lambda)}(-\boldsymbol{k})\, e^{2i\omega x_0} \right\}.$$

(6.17)

Da die Operatoren $a^{(\lambda)}(\boldsymbol{k})$ und $a^{(\lambda)}(-\boldsymbol{k})$ miteinander kommutieren, sind die zwei letzten Glieder in der Klammer symmetrisch in $\boldsymbol{k}$. Die Summe über diese Glieder verschwindet also wegen der Antisymmetrie von k_k und (6.17) läßt sich zu

$$P_k = \tfrac{1}{2} \sum_{\boldsymbol{k},\lambda} \{ a^{(\lambda)}(\boldsymbol{k}),\, a^{*\,(\lambda)}(\boldsymbol{k}) \}\, k_k$$

(6.18)

vereinfachen. Unter Einführung der Partikelzahlen (6.15) können wir diesen Ausdruck auch in der Form

$$P_k = \sum_{\boldsymbol{k}} k_k \left\{ \sum_{\lambda=1}^{3} N^{(\lambda)}(\boldsymbol{k}) - N^{(4)}(\boldsymbol{k}) \right\}$$

(6.19)

schreiben. In (6.19) ist das Glied mit dem „Nullpunktsimpuls" wegen der Antisymmetrie von k_k weggefallen. Hier ist also keine besondere Reihenfolge der Operatoren nötig, um dies zu erreichen. Aus (6.19) folgt, daß jedes Photon einen räumlichen Impuls $\boldsymbol{k}$ (oder $-\boldsymbol{k}$ für $\lambda = 4$) hat, in voller Übereinstimmung mit der korpuskularen Deutung des Strahlungsfeldes.

Um den Drehimpuls auszurechnen, fangen wir mit dem symmetrischen Energie-Impulstensor (4.20) an und zerlegen ihn in zwei Teile

$$T_{\mu\nu} = T_{\mu\nu}^{(0)} + T_{\mu\nu}^{(1)},$$

(6.20)

$$T_{\mu\nu}^{(0)} = \frac{\partial A_\lambda}{\partial x_\lambda} \frac{\partial A_\mu}{\partial x_\nu} - F_{\lambda\mu} \frac{\partial A_\lambda}{\partial x_\nu} + \delta_{\mu\nu} \mathscr{L},$$

(6.21)

$$T_{\mu\nu}^{(1)} = -\frac{\partial}{\partial x_\lambda} \left[A_\nu F_{\mu\lambda} + (A_\mu \delta_{\nu\lambda} - A_\lambda \delta_{\mu\nu}) \frac{\partial A_\varrho}{\partial x_\varrho} \right].$$

(6.22)

In ähnlicher Weise schreiben wir den räumlichen Drehimpuls als

$$J_{ij} = J_{ij}^{(0)} + J_{ij}^{(1)}, \tag{6.23}$$

$$J_{ij}^{(0)} = i \int d^3x \, (T_{4i}^{(0)} x_j - T_{4j}^{(0)} x_i) = \\ = -i \int d^3x \left\{ \frac{\partial A_\lambda}{\partial x_\lambda} \left(x_i \frac{\partial A_4}{\partial x_j} - x_j \frac{\partial A_4}{\partial x_i} \right) + x_j F_{\lambda 4} \frac{\partial A_\lambda}{\partial x_i} - x_i F_{\lambda 4} \frac{\partial A_\lambda}{\partial x_j} \right\}, \tag{6.24}$$

$$J_{ij}^{(1)} = -i \int d^3x \left\{ x_j \frac{\partial}{\partial x_k} \left[A_i F_{4k} + A_4 \delta_{ik} \frac{\partial A_\nu}{\partial x_\nu} \right] - x_i \frac{\partial}{\partial x_k} \left[A_j F_{4k} + A_4 \delta_{jk} \frac{\partial A_\nu}{\partial x_\nu} \right] \right\}. \tag{6.25}$$

Die beiden Ausdrücke (6.24) und (6.25) lassen sich erheblich vereinfachen. Nach zweckmäßiger Kombination der Glieder in (6.24) erhalten wir mit Hilfe von partiellen Integrationen

$$\int d^3x \left\{ x_i \frac{\partial A_\lambda}{\partial x_\lambda} \frac{\partial A_4}{\partial x_j} - x_i \frac{\partial A_4}{\partial x_\lambda} \frac{\partial A_\lambda}{\partial x_j} \right\} = \int d^3x \left\{ x_i \frac{\partial A_k}{\partial x_k} \frac{\partial A_4}{\partial x_j} - x_i \frac{\partial A_4}{\partial x_k} \frac{\partial A_k}{\partial x_j} \right\} = \\ = -\delta_{ij} \int d^3x \frac{\partial A_k}{\partial x_k} A_4 + \int d^3x A_4 \frac{\partial A_i}{\partial x_j}. \tag{6.26}$$

Für den Ausdruck (6.24) folgt hieraus

$$J_{ij}^{(0)} = -i \int d^3x \left\{ x_i \frac{\partial A_\lambda}{\partial x_4} \frac{\partial A_\lambda}{\partial x_j} - x_j \frac{\partial A_\lambda}{\partial x_4} \frac{\partial A_\lambda}{\partial x_i} + A_4 F_{ji} \right\}. \tag{6.27}$$

In ähnlicher Weise können wir (6.25) zu

$$J_{ij}^{(1)} = i \int d^3x \left\{ A_i F_{4j} - A_j F_{4i} \right\} = -i \int d^3x \left\{ A_j \frac{\partial A_i}{\partial x_4} - A_i \frac{\partial A_j}{\partial x_4} + A_4 F_{ij} \right\} \tag{6.28}$$

umformen. Die beiden letzten Glieder in (6.27) und (6.28) kompensieren sich bei der Addition, und wir erhalten

$$J_{ij} = -\int d^3x \left\{ x_i \frac{\partial A_\nu}{\partial x_0} \frac{\partial A_\nu}{\partial x_j} - x_j \frac{\partial A_\nu}{\partial x_0} \frac{\partial A_\nu}{\partial x_i} + A_j \frac{\partial A_i}{\partial x_0} - A_i \frac{\partial A_j}{\partial x_0} \right\}. \tag{6.29}$$

Führen wir in (6.29) die Entwicklung (5.28) ein, so enthalten die zwei ersten Terme den Ausdruck $e_\nu^{(\lambda)} e_\nu^{(\lambda')} = \delta_{\lambda \lambda'}$ als Faktor. Dieser Operator ist also von den Polarisationsmöglichkeiten der Photonen unabhängig. Er muß deshalb als Bahndrehimpuls interpretiert werden. Aus den zwei letzten Gliedern erhalten wir

$$\int d^3x \left\{ A_j \frac{\partial A_i}{\partial x_0} - A_i \frac{\partial A_j}{\partial x_0} \right\} = \frac{i}{2} \sum_{k, \lambda, \lambda'} e_j^{(\lambda)} e_i^{(\lambda')} \left[\{ a^{(\lambda)}, a^{*(\lambda')} \} - \{ a^{(\lambda')}, a^{*(\lambda)} \} \right] = \\ = i \sum_{k, \lambda, \lambda'} e_j^{(\lambda)} e_i^{(\lambda')} \left[a^{*(\lambda')} a^{(\lambda)} - a^{*(\lambda)} a^{(\lambda')} \right]. \tag{6.30}$$

Mit der früher verwendeten Darstellung ist (6.30) zwar nicht diagonal, aber wir können durch eine einfache Transformation erreichen, daß eine Komponente des Drehimpulses (6.30) und die Energie gleichzeitig auf Diagonalform gebracht werden können. Zu diesem Zweck schreiben wir z. B.

$$a_+ = \frac{1}{\sqrt{2}} \left(a^{(1)} - i \, a^{(2)} \right), \tag{6.31}$$

$$a_- = \frac{1}{\sqrt{2}} \left(a^{(1)} + i \, a^{(2)} \right). \tag{6.32}$$

Die neuen Operatoren a_+ und a_- erfüllen die gewöhnlichen kanonischen Vertauschungsrelationen

$$[a_+, a_+^*] = [a_-, a_-^*] = 1 \,, \tag{6.33}$$

$$[a_+, a_-] = [a_+, a_-^*] = \cdots = 0 \,. \tag{6.34}$$

In diesen Variablen wird die Energie

$$H = \sum_k \omega \,(a_+^* \, a_+ + a_-^* \, a_- + a^{*\,(3)} \, a^{(3)} + a^{(4)} \, a^{*\,(4)}) \,, \tag{6.35}$$

und die Komponente des Drehimpulses (6.30) in der Richtung von k

$$J^{(3)}(k) = a_+^* \, a_+ - a_-^* \, a_- \,. \tag{6.36}$$

Wählen wir also eine Darstellung, wo die Operatoren $N_+ = a_+^* \, a_+$, $N_- = a_-^* \, a_-$, $N^{(3)}$ und $N^{(4)}$ diagonal sind, so sehen wir aus (6.36), daß diese Komponente des Eigendrehimpulses oder „Spins" die drei Werte Null (longitudinale und skalare Photonen) und ± 1 (zirkularpolarisierte Photonen) annehmen kann. Wenn aus den obigen Ausdrücken das Betragsquadrat des Spins ausgerechnet wird, so kann gezeigt werden, daß die skalaren Photonen den Spin Null und die anderen den Spin Eins haben.

Gegen den hier entwickelten Formalismus lassen sich zwar schwerwiegende Einwände erheben. So ist die Energie nicht positiv definit, da z. B. das letzte Glied in (6.7) ein negatives Vorzeichen hat. Weiter ist die hier quantisierte Theorie eigentlich nicht die „richtige" MAXWELLsche Theorie, denn die klassische LORENTZ-Bedingung (5.6) ist nicht in der quantisierten Theorie gültig. Wie wir später sehen werden, hängen diese zwei Punkte zusammen, und wenn wir das Problem der LORENTZ-Bedingung berücksichtigt haben, werden die Zustände mit negativer Energie nicht auftreten. Bevor wir diesen Punkt näher diskutieren, wollen wir aber in Ziff. 7 ein anderes Problem studieren, das auch für die Einführung der LORENTZ-Bedingung von Interesse sein wird.

7. Kommutatoren für beliebige Zeiten. Die singulären Funktionen. Die kanonische Quantisierungsmethode gibt eine sehr genaue Vorschrift für die Vertauschungsrelationen zwischen den Feldoperatoren und ihren Zeitableitungen, wenn die Zeitkoordinaten der beiden vertauschten Operatoren gleich sind. Für ungleiche Zeiten gibt es aber zunächst keine Vorschrift. In dieser Ziffer wollen wir zeigen, daß die Kommutatoren für zwei beliebige Punkte sich aus der Lösung (5.28) und aus den Vertauschungsrelationen (5.38) ausrechnen lassen, und daß das Ergebnis von relativistisch kovarianter Form ist. Berechnen wir also den Kommutator von $A_\mu(x)$ und $A_\nu(x')$ in zwei vollständig beliebigen Punkten x und x', so erhalten wir

$$
\begin{aligned}
[A_\mu(x), A_\nu(x')] &= \frac{1}{V} \sum_{k,\,k',\,\lambda,\,\lambda'} \frac{e_\mu^{(\lambda)} \, e_\nu^{(\lambda')}}{2\sqrt{\omega\,\omega'}} \, [e^{i\,k\,x} a^{(\lambda)}(k) + \\
&\quad + e^{-i\,k\,x} a^{*(\lambda)}(k), \, e^{i\,k'\,x'} a^{(\lambda')}(k') + e^{-i\,k'\,x'} a^{*\,(\lambda')}(k')] = \\
&= \frac{1}{V} \sum_{k,\,\lambda} \frac{e_\mu^{(\lambda)} \, e_\nu^{(\lambda)}}{2\omega} \, [e^{i\,k\,(x-x')} - e^{-i\,k\,(x-x')}] = \\
&= \frac{\delta_{\mu\nu}}{(2\pi)^3} \int \frac{d^3 k}{2\omega} \, [e^{i\,k\,(x-x')} - e^{-i\,k\,(x-x')}] \,.
\end{aligned}
\tag{7.1}
$$

Unter Einführung der δ-Funktion

$$\delta(k^2) = \delta(\mathbf{k}^2 - k_0^2) = \frac{1}{2|\mathbf{k}|}\left[\delta(|\mathbf{k}| - k_0) + \delta(|\mathbf{k}| + k_0)\right] \tag{7.2}$$

läßt sich (7.1) in folgender Weise schreiben

$$[A_\mu(x), A_\nu(x')] = -\frac{\delta_{\mu\nu}}{(2\pi)^3}\int dk\, e^{ik(x'-x)}\delta(k^2)\,\varepsilon(k), \tag{7.3}$$

mit

$$\varepsilon(k) = \frac{k_0}{|k_0|}. \tag{7.4}$$

In der Form (7.3) ist die relativistische Kovarianz der Vertauschungsrelation deutlich ersichtlich. Wir sehen weiter, daß der Kommutator zweier Feldoperatoren eine c-Zahl ist, auch wenn die Zeiten nicht gleich sind. Dies ist keine Konsequenz der kanonischen Quantisierung, sondern eine spezielle Eigenschaft einer Feldtheorie ohne Wechselwirkung. Für das allgemeine Problem, das wir später behandeln wollen, und wo wir zwei miteinander wechselwirkende Felder haben, ist dies nicht mehr der Fall, und der Kommutator ist eine q-Zahl, wenn die beiden Zeiten nicht gleich sind.

Die rechte Seite von (7.3) wird in Zukunft sehr häufig auftreten, und wir führen dafür eine spezielle Bezeichnung ein:

$$[A_\mu(x), A_\nu(x')] = -i\,\delta_{\mu\nu}D(x' - x), \tag{7.5}$$

wo also die reelle Funktion $D(x)$ durch

$$D(x) = \frac{-i}{(2\pi)^3}\int dk\, e^{ikx}\delta(k^2)\,\varepsilon(k) \tag{7.6}$$

definiert worden ist[1]. Die Funktion $D(x)$ hat die folgenden Eigenschaften

$$D(x) = 0 \tag{7.7a}$$
$$\frac{\partial D(x)}{\partial x_0} = -\delta(\boldsymbol{x}) \quad \text{für} \quad x_0 = 0. \tag{7.7b}$$

Wegen der relativistischen Invarianz verschwindet $D(x)$ nicht nur für $x_0 = 0$, sondern allgemein für $x^2 > 0$. Sie erfüllt die Differentialgleichung

$$\Box\, D(x) = 0 \tag{7.8}$$

und kann als die Lösung von (7.8) definiert werden, die für $x_0 = 0$ (7.7) als Anfangsbedingung hat. Gln. (7.7) und (7.8) können z.B. mit Hilfe der Integraldarstellung (7.6) bewiesen werden. Für $x_0 = 0$ kann die Integration über k_0 sofort in (7.6) ausgeführt werden, wobei das Ergebnis aus Symmetriegründen gleich Null wird. Hierdurch folgt (7.7a). Wird anderseits (7.6) zuerst nach x_0 abgeleitet und danach x_0 gleich Null gesetzt, ergibt die k_0-Integration 1, wonach das dreidimensionale Integral die räumliche Deltafunktion auf der rechten Seite von (7.7b) liefert. Gl. (7.8) folgt schließlich aus (7.6) wegen $k^2 \cdot \delta(k^2) = 0$.

In Zukunft wird uns auch der Antikommutator von zwei Feldoperatoren interessieren. Diese Größe ist keine c-Zahl, sondern eine Matrix. Berechnen wir

---

[1] In der Literatur ist auch das andere Vorzeichen in (7.5) üblich. In den letzten Jahren ist aber das in (7.5) gewählte Vorzeichen am häufigsten benutzt worden, und wir schließen uns hier diesem Gebrauch an. In der älteren Literatur kann man auch statt $D(x)$ die Bezeichnung $\Delta(x)$ finden, die wir aber hier für eine allgemeinere Funktion reservieren wollen (vgl. unten).

davon aber den Erwartungswert für den Zustand $|0\rangle$, so erhalten wir

$$\langle 0\,|\{A_\mu(x),\,A_\nu(x')\}|\,0\rangle = \frac{1}{V}\sum_{k,\,k',\,\lambda,\,\lambda'}\frac{e_\mu^{(\lambda)}\,e_\nu^{(\lambda')}}{2\sqrt{\omega\omega'}}\left\{e^{ikx+ik'x'}\langle 0\,|\{a^{(\lambda)},\,a^{(\lambda')}\}|\,0\rangle + \right.$$
$$+ e^{ikx-ik'x'}\langle 0\,|\{a^{(\lambda)},\,a^{*(\lambda')}\}|\,0\rangle + e^{-ikx+ik'x'}\langle 0\,|\{a^{*(\lambda)},\,a^{(\lambda')}\}|\,0\rangle +$$
$$\left. + e^{-ikx-ik'x'}\langle 0\,|\{a^{*(\lambda)},\,a^{*(\lambda')}\}|\,0\rangle\right\}. \tag{7.9}$$

Aus den Darstellungen (6.13) und (6.14) folgt

$$\langle 0\,|\{a^{(\lambda)},\,a^{(\lambda')}\}|\,0\rangle = \langle 0\,|\{a^{*(\lambda)},\,a^{*(\lambda')}\}|\,0\rangle = 0, \tag{7.10}$$

$$\langle 0\,|\{a^{*(\lambda)}(k),\,a^{(\lambda')}(k')\}|\,0\rangle = \delta_{\lambda\lambda'}\delta_{kk'}\quad\text{für}\quad \lambda\text{ und }\lambda' \neq 4, \tag{7.11}$$

$$\langle 0\,|\{a^{*(4)}(k),\,a^{(\lambda)}(k')\}|\,0\rangle = -\,\delta_{kk'}\delta_{\lambda 4}, \tag{7.12}$$

und wir können (7.9) als

$$\langle 0\,|\{A_\mu(x),\,A_\nu(x')\}|\,0\rangle = \frac{1}{V}\sum_k\frac{1}{2\omega}\left[\sum_{\lambda=1}^3 e_\mu^{(\lambda)}e_\nu^{(\lambda)} - e_\mu^{(4)}e_\nu^{(4)}\right] \times$$
$$\times\left[e^{ik(x-x')} + e^{-ik(x-x')}\right] = (\delta_{\mu\nu} - 2\delta_{\mu 4}\delta_{\nu 4})\,D^{(1)}(x'-x) \tag{7.13}$$

schreiben, wo die Funktion $D^{(1)}(x)$ durch

$$D^{(1)}(x) = \frac{1}{(2\pi)^3}\int dk\,e^{ikx}\,\delta(k^2) \tag{7.14}$$

definiert ist. Das Integral (7.14) unterscheidet sich von (7.5) hauptsächlich durch die Vorzeichenfunktion $\varepsilon(k)$, die in (7.14) fehlt. Hierdurch bekommt die Funktion $D^{(1)}(x)$ Eigenschaften, die von denen der Funktion $D(x)$ sehr verschieden sind. Der Ausdruck (7.14) verschwindet z.B. *nicht* für $x_0 = 0$, während seine Zeitableitung auf dieser Fläche gleich Null ist. Zu (7.13) läßt sich bemerken, daß die rechte Seite vom verwendeten Koordinatensystem abhängt und keine einfache Transformationseigenschaften hat. Dies ist durch das Minuszeichen in (7.12) oder in (6.14) zustandegekommen und hängt also mit der Schwierigkeit der indefiniten Energie zusammen. Wir werden später zu diesem Punkt zurückkehren, wollen aber in dieser Ziffer nur die Eigenschaften der Funktionen $D(x)$ und $D^{(1)}(x)$ studieren.

Wegen der Gln. (7.7) kann die Funktion $D(x)$ für die Lösung der inhomogenen Wellengleichung

$$\Box\,\psi(x) = f(x) \tag{7.15}$$

mit gegebenen Anfangsbedingungen für eine beliebige Zeit T

$$\left.\begin{array}{l}\psi(x) = u(\boldsymbol{x})\\[4pt]\dfrac{\partial\psi(x)}{\partial x_0} = v(\boldsymbol{x})\end{array}\right\}\quad\text{für}\quad x_0 = T \tag{7.16}$$

verwendet werden. Ohne Schwierigkeiten sieht man, daß

$$\psi(x) = \int_T^{x_0} dx'\,D(x-x')\,f(x') - \int_{x_0'=T} d^3x'\left[D(x-x')\,v(\boldsymbol{x}') + \frac{\partial D(x-x')}{\partial x_0}\,u(\boldsymbol{x}')\right] \tag{7.17}$$

die gesuchte Lösung ist. Das erste Glied auf der rechten Seite von (7.17) enthält ein vierdimensionales Integral, wo nur die Integrationsgrenzen für x_0 ausgeschrieben sind. Die Integration über die drei räumlichen Variablen wird über den ganzen dreidimensionalen Raum erstreckt. Diese Schreibweise werden wir unten sehr häufig verwenden. Dies Integral allein ist eine Lösung von (7.15), hat aber die Eigenschaft, daß es ebenso wie seine Zeitableitung für $x_0 = T$ verschwindet. Das letzte Integral in (7.17) ist eine Lösung der homogenen Wellengleichung [wegen (7.8)], und zwar mit den richtigen Anfangswerten. Zusammen geben also diese Glieder die gesuchte Lösung.

In manchen Anwendungen werden wir in (7.17) den Grenzübergang $T \to -\infty$ ausführen. Mit der Annahme, daß das dreidimensionale Integral dabei einem endlichen Grenzwert $\psi^{(0)}(x)$ zustrebt, erhalten wir

$$\psi(x) = \psi^{(0)}(x) + \int_{-\infty}^{x_0} dx' \, D(x-x') f(x') = \psi^{(0)}(x) - \int D_R(x-x') f(x') \, dx'. \quad (7.18)$$

In (7.18) haben wir die „retardierte" D-Funktion $D_R(x)$ mit Hilfe von

$$D_R(x) = \begin{cases} -D(x) & \text{für} \quad x_0 > 0, \\ 0 & \text{für} \quad x_0 < 0 \end{cases} \quad (7.19)$$

eingeführt. Wenn — wie im letzten Glied von (7.18) — keine Integrationsgrenzen ausgeschrieben sind, soll die Integration über den ganzen vierdimensionalen Raum erstreckt werden.

In Analogie zu (7.19) können wir auch eine „avancierte" D-Funktion $D_A(x)$ mit Hilfe von

$$D_A(x) = \begin{cases} 0 & \text{für} \quad x_0 > 0, \\ D(x) & \text{für} \quad x_0 < 0 \end{cases} \quad (7.20)$$

einführen. Die halbe Summe von $D_R(x)$ und $D_A(x)$ wird in der Literatur oft mit $\bar{D}(x)$ bezeichnet.

$$\bar{D}(x) = \tfrac{1}{2}[D_R(x) + D_A(x)]. \quad (7.21)$$

Die letzte Funktion hängt also in folgender Weise mit $D(x)$ zusammen

$$\bar{D}(x) = -\frac{1}{2} \frac{x_0}{|x_0|} D(x) = -\frac{1}{2} \varepsilon(x) D(x). \quad (7.22)$$

In manchen Fällen wird es nützlich sein, auch für $\bar{D}(x)$, $D_R(x)$ und $D_A(x)$ FOURIER-Darstellungen wie (7.6) und (7.14) zu haben. Wir beginnen mit $\bar{D}(x)$ und schreiben

$$\varepsilon(x) = \frac{x_0}{|x_0|} = \frac{2}{\pi} \int_0^\infty \frac{d\tau}{\tau} \sin(\tau x_0) = \frac{1}{i\pi} P \int_{-\infty}^{+\infty} \frac{d\tau}{\tau} e^{i\tau x_0}. \quad (7.23)$$

Hieraus folgt

$$\left. \begin{aligned} \bar{D}(x) &= \frac{-1}{2\pi i} P \int \frac{d\tau}{\tau} e^{i\tau x_0} \frac{(-i)}{(2\pi)^3} \int dk \, e^{ikx} \delta(k^2) \varepsilon(k) = \\ &= \frac{1}{(2\pi)^4} \int dk \, e^{ikx} P \int \frac{d\tau}{\tau} \delta(k^2 - (k_0+\tau)^2) \frac{k_0+\tau}{|k_0+\tau|} = \frac{1}{(2\pi)^4} P \int \frac{dk}{k^2} e^{ikx}. \end{aligned} \right\} \quad (7.24)$$

In (7.23) und (7.24) soll der Buchstabe P vor dem Integralzeichen andeuten, daß das Integral als Hauptwert zu verstehen ist. Hiermit ist die gesuchte

Integraldarstellung für $\overline{D}(x)$ gefunden. Aus den Gleichungen

$$D_R(x) = \overline{D}(x) - \tfrac{1}{2}D(x),\qquad\qquad (7.25\,\mathrm{a})$$

$$[D_A(x) = \overline{D}(x) + \tfrac{1}{2}D(x)\qquad\qquad (7.25\,\mathrm{b})$$

folgen sofort die Darstellungen für $D_R(x)$ und $D_A(x)$

$$D_R(x) = \frac{1}{(2\pi)^4}\int dk\, e^{ikx}\left\{P\,\frac{1}{k^2} + i\,\pi\,\delta(k^2)\,\varepsilon(k)\right\},\qquad (7.26\,\mathrm{a})$$

$$D_A(x) = \frac{1}{(2\pi)^4}\int dk\, e^{ikx}\left\{P\,\frac{1}{k^2} - i\,\pi\,\delta(k^2)\,\varepsilon(k)\right\}.\qquad (7.26\,\mathrm{b})$$

Der Vollständigkeit halber geben wir schon hier noch einige Definitionen, wovon besonders (7.29) eine sehr weite Anwendung gefunden hat[1]:

$$D^{(+)}(x) = \frac{1}{2}\left(D(x) - iD^{(1)}(x)\right) = \frac{-i}{(2\pi)^3}\int dk\, e^{ikx}\,\delta(k^2)\,\frac{1}{2}\,[\varepsilon(k)+1],\quad (7.27)$$

$$D^{(-)}(x) = \frac{1}{2}\left(D(x) + iD^{(1)}(x)\right) = \frac{-i}{(2\pi)^3}\int dk\, e^{ikx}\,\delta(k^2)\,\frac{1}{2}\,[\varepsilon(k)-1],\quad (7.28)$$

$$D_F(x) = \frac{2}{i}\,\overline{D}(x) + D^{(1)}(x) = \frac{2}{i}\,\frac{1}{(2\pi)^4}\int dk\, e^{ikx}\left\{P\,\frac{1}{k^2} + i\,\pi\,\delta(k^2)\right\}.\quad (7.29)$$

Alle die hier angegebenen D-Funktionen können auch als komplexe Integrale mit dem Integrand $1/k^2$ geschrieben werden. Die verschiedenen Funktionen werden dann durch verschiedene Integrationswege in der komplexen k_0-Ebene voneinander unterschieden. Von praktischer Bedeutung ist hier eigentlich nur die komplexe Darstellung für $D_F(x)$. Aus (7.29) sieht man sofort, daß diese Funktion durch

$$D_F(x) = \frac{2}{i}\,\frac{1}{(2\pi)^4}\int_{C_F} dk\,\frac{e^{ikx}}{k^2}\quad (7.30)$$

gegeben ist, wo der Weg C_F in Fig. 1 gezeichnet worden ist.

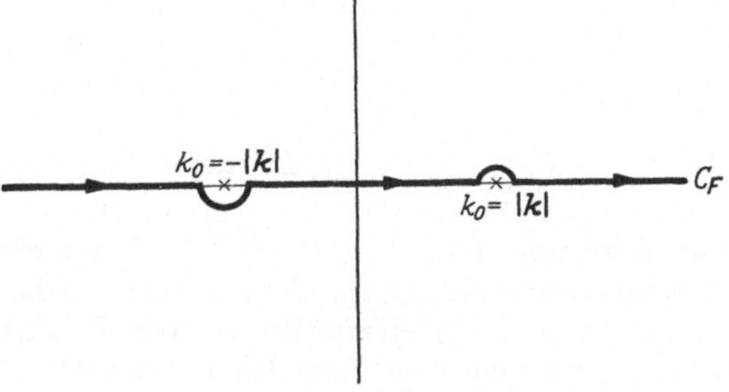

Fig. 1. Der Weg C_F in der komplexen k_0-Ebene.

Aus den Darstellungen (7.24), (7.26) und (7.29) folgt, daß die vier Funktionen $\overline{D}(x)$, $D_R(x)$, $D_A(x)$ und $D_F(x)$ die inhomogenen Wellengleichungen

$$\Box\,\overline{D}(x) = \Box\,D_R(x) = \Box\,D_A(x) = -\,\delta(x),\qquad (7.31)$$

$$\Box\,D_F(x) = 2i\,\delta(x)\qquad\qquad (7.32)$$

erfüllen.

Untersuchen wir statt der Gl. (7.15) die allgemeinere Wellengleichung

$$(\Box - m^2)\,\psi(x) = f(x)\qquad\qquad (7.33)$$

mit einer Masse m, so können wir auch zu dieser Gleichung ein System von singulären Funktionen einführen, die wir mit $\Delta(x, m^2)$ usw. oder, wenn nur von

---

[1] In der Literatur wird $D_F(x)$ manchmal mit $D_C(x)$ bezeichnet und unter Umständen auch ohne den Faktor $2/i$ in (7.29) definiert.

einer Masse die Rede ist, kurz mit $\Delta(x)$ bezeichnen wollen. Es gilt also z.B.

$$(\Box - m^2)\,\Delta(x) = (\Box - m^2)\,\Delta^{(1)}(x) = 0, \tag{7.34}$$

$$\left.\begin{aligned}\Delta(x) &= \frac{\partial \Delta^{(1)}(x)}{\partial x_0} = 0\\[2mm]\frac{\partial \Delta(x)}{\partial x_0} &= -\,\delta(\boldsymbol{x})\end{aligned}\right\} \quad \text{für} \quad x_0 = 0, \tag{7.35}$$

$$(\Box - m^2)\,\overline{\Delta}(x) = (\Box - m^2)\,\Delta_R(x) = (\Box - m^2)\,\Delta_A(x) = -\,\delta(x), \tag{7.36}$$

$$\overline{\Delta}(x) = -\tfrac{1}{2}\,\varepsilon(x)\,\Delta(x) \quad \text{usw.} \tag{7.37}$$

Aus den obigen Integraldarstellungen können wir ohne Schwierigkeit die Darstellungen für die verschiedenen Δ-Funktionen gewinnen. Zu diesem Zweck ersetzen wir nur überall $\delta(k^2)$ durch $\delta(k^2 + m^2)$ und $P\dfrac{1}{k^2}$ durch $P\dfrac{1}{k^2 + m^2}$.

Um die x-Abhängigkeit der verschiedenen Δ-Funktionen zu erhalten, läßt sich die Auswertung der hier angegebenen Integraldarstellungen mit Hilfe von BESSEL-Funktionen ausführen. Für die späteren Anwendungen sind diese Ausdrücke jedoch ohne größere Bedeutung, und wir rechnen im allgemeinen viel einfacher direkt mit den Integraldarstellungen. Wir verzichten deshalb auf die Angabe expliziter Formeln für die singulären Funktionen und verweisen den Leser auf die Originalarbeiten[1]. Nur im Fall $m = 0$ ist das Ergebnis einfach; wir geben daher das Resultat für die Funktionen $D(x)$ und $D^{(1)}(x)$

$$D(x) = -\frac{1}{2\pi}\,\varepsilon(x)\,\delta(x^2), \tag{7.38}$$

$$D^{(1)}(x) = \frac{1}{2\pi^2}\,P\,\frac{1}{x^2}. \tag{7.39}$$

Die Funktion $D(x)$ verschwindet also nicht nur außerhalb, sondern auch im Inneren des Lichtkegels. Nur für $x^2 = 0$ ist sie von Null verschieden und dort singulär wie eine Deltafunktion. Die Funktion $D^{(1)}(x)$ ist überall von Null verschieden und wird auf dem Lichtkegel wie x^{-2} singulär. Diese Ergebnisse gelten nur im Falle $m = 0$. In einer Theorie mit einer von Null verschiedenen Partikelmasse ist die Funktion $\Delta(x)$ auch im Inneren des Lichtkegels von Null verschieden. Die stärksten Singularitäten auf dem Lichtkegel sind aber für die Funktionen $D(x)$ und $\Delta(x)$ und für $D^{(1)}(x)$ und $\Delta^{(1)}(x)$ die gleichen.

8. Die Nebenbedingung, erste Methode. Wie schon oben mehrmals betont wurde, ist die bis jetzt entwickelte Theorie unvollständig, weil die LORENTZ-Bedingung (5.6), die in der klassischen Theorie sehr wesentlich ist, wenn die Bewegungsgleichungen die Form (5.8) haben, nicht berücksichtigt worden ist. Es ist unmittelbar klar, daß wir (5.6) nicht einfach als Operatorgleichung übernehmen können, denn das würde der kanonischen Vertauschungsrelation (5.18)

$$[A_4(x),\,\pi_4(x')]_{x_0 = x_0'} = i\left[A_4(x),\,\frac{\partial A_\nu(x')}{\partial x_\nu'}\right]_{x_0 = x_0'} = i\,\delta(\boldsymbol{x} - \boldsymbol{x}') \tag{8.1}$$

---

[1] Zusammenfassende Übersichten geben z.B. J. SCHWINGER, Phys. Rev. **75**, 651 (1949), Anhang, und W. HEITLER, Quantum theory of radiation, 3. Aufl., S. 71—76. Oxford 1954. Bei HEITLER ist das andere Vorzeichen für $D(x)$ und $\Delta(x)$ verwendet, und die Bezeichnungen D und Δ sind vertauscht worden.

widersprechen. Damit wir aber die klassische Theorie als Grenzfall erhalten, ist es nicht notwendig, daß alle klassischen MAXWELLschen Gleichungen Operatoridentitäten in der quantisierten Theorie entsprechen. Es ist hinreichend, wenn nur die *Erwartungswerte* der elektromagnetischen Feldgrößen für jeden physikalisch realisierbaren Zustand diese Gleichungen erfüllen. Es ist also hinreichend, die von uns betrachteten Zustände $|\psi\rangle$ dadurch einzuschränken, daß sie die Gleichung

$$\frac{\partial A_\nu}{\partial x_\nu}\,|\psi\rangle = 0 \tag{8.2}$$

als „Nebenbedingung" erfüllen[1]. Gl. (8.2) ist mit

$$[a^{(3)}(\boldsymbol{k}) + i\,a^{(4)}(\boldsymbol{k})]\,|\psi\rangle = 0, \tag{8.3}$$

$$[a^{*(3)}(\boldsymbol{k}) + i\,a^{*(4)}(\boldsymbol{k})]\,|\psi\rangle = 0 \tag{8.4}$$

äquivalent. Die Nebenbedingung ist also nur eine Vorschrift für die longitudinalen und skalaren Photonen, läßt aber die transversalen Photonen unbeeinflußt. Ein zulässiger Zustandsvektor $|\psi\rangle$ kann als ein Produkt

$$|\psi\rangle = |\psi_T\rangle \prod_{\boldsymbol{k}} |\Phi_{\boldsymbol{k}}\rangle \tag{8.5}$$

geschrieben werden, wo $|\psi_T\rangle$ nur die transversalen Photonen enthält, und wo $|\Phi_{\boldsymbol{k}}\rangle$ als

$$|\Phi_{\boldsymbol{k}}\rangle = \sum_{n^{(3)},\,n^{(4)}} \alpha_{n^{(3)}\,n^{(4)}}\,|n^{(3)},\,n^{(4)}\rangle = \sum_{n^{(3)},\,n^{(4)}} \alpha_{n^{(3)}\,n^{(4)}}\,\frac{[a^{*(3)}]^{n^{(3)}}\,[a^{(4)}]^{n^{(4)}}}{\sqrt{n^{(3)}!\,n^{(4)}!}}\,|0\rangle \tag{8.6}$$

angesetzt werden kann. Einsetzungen in (8.3) und (8.4) gibt

$$\sum \alpha_{n^{(3)}\,n^{(4)}}\Big[\sqrt{n^{(3)}}\,|n^{(3)}-1,\,n^{(4)}\rangle + i\,\sqrt{n^{(4)}+1}\,|n^{(3)},\,n^{(4)}+1\rangle\Big] = 0, \tag{8.7}$$

$$\sum \alpha_{n^{(3)}\,n^{(4)}}\Big[\sqrt{n^{(3)}+1}\,|n^{(3)}+1,\,n^{(4)}\rangle - i\,\sqrt{n^{(4)}}\,|n^{(3)},\,n^{(4)}-1\rangle\Big] = 0. \tag{8.8}$$

Die allgemeinste Lösung von (8.7) und (8.8) ist

$$\alpha_{n^{(3)}\,n^{(4)}} = c\,\delta_{n^{(3)},\,n^{(4)}}\,(-i)^{n^{(4)}}, \tag{8.9}$$

wo die Konstante c mit Hilfe der Normierungsbedingung

$$\langle\Phi_{\boldsymbol{k}}\,|\,\Phi_{\boldsymbol{k}}\rangle = 1 \tag{8.10}$$

zu bestimmen ist. Die Nebenbedingung (8.2) liefert also eine sehr präzise Vorschrift für die Beimischung von longitudinalen und skalaren Photonen, die in einem physikalisch realisierbaren Zustand vorkommen dürfen. Diese Freiheitsgrade des Feldes sind also sozusagen eliminiert worden, und nur die transversalen Photonen unterscheiden die interessierenden Zustände voneinander. Für manche Anwendungen ist es auch möglich, nur $|\psi_T\rangle$ als Zustandsvektor anzusehen und nur $a^{(\lambda)}(\boldsymbol{k})$ für $\lambda = 1$ und 2 als dynamische Variable zu betrachten. Bei hinreichend vorsichtigem Rechnen kann man tatsächlich in dieser Weise die richtigen Ergebnisse erhalten. So wird z.B. die Gesamtenergie (6.7) genau gleich der der transversalen Photonen, da die Energie der longitudinalen Photonen wegen (8.9) genau die Energie der skalaren Photonen kompensiert. Die Gesamtenergie

---

[1] E. FERMI: Rev. Mod. Phys. **4**, 87 (1932).

eines Zustandes (8.5) ist also positiv definit und der Zustand mit kleinster Energie — das Vakuum — hat keine transversalen Photonen und genau die Mischung (8.6), (8.9) von den anderen. Etwas ähnliches geschieht auch für die räumlichen P_k und J_{ij}, deren Eigenwerte auch mit nur den transversalen Photonen ausgerechnet werden können. Speziell ergibt sich für die Komponente des Drehimpulses in der Richtung von $\boldsymbol{k}$, daß sie nur der *zwei* Werte $+1$ und -1 fähig ist, obgleich der Gesamtspin gleich 1 ist, und man also drei Einstellungsmöglichkeiten erwarten würde. Dies ist eine spezielle Eigentümlichkeit der Quantenelektrodynamik mit einer verschwindenden Photonenmasse und eine Konsequenz der LORENTZ-Bedingung.

Wie schön diese Methode beim ersten Blick auch aussieht, so sind doch gewisse mathematische Schwierigkeiten in ihr verborgen[1]. So scheint z.B. die Nebenbedingung (8.2) mit den Vertauschungsrelationen (7.5) unvereinbar zu sein. Aus (7.5) folgt nämlich

$$\left[\frac{\partial A_\mu(x)}{\partial x_\mu}, \; A_\nu(x') \right] = - i \frac{\partial}{\partial x_\nu} D(x' - x) \tag{8.11}$$

und also

$$\langle \psi \, | \left[\frac{\partial A_\mu(x)}{\partial x_\mu}, \; A_\nu(x') \right] | \, \psi \rangle = - i \frac{\partial}{\partial x_\nu} D(x' - x) \neq 0 \tag{8.12}$$

statt Null, wie man aus (8.2) erwarten würde. Diese Schwierigkeit löst sich aber, wenn man bemerkt, daß der Vektor $| \Phi_k \rangle$ in (8.6), (8.9) nicht normierbar ist, und somit (8.10) mit einem endlichen c nicht erfüllbar ist. Unter Anwendung von (8.2) erhalten wir also statt (8.12) nicht Null, sondern einen unbestimmten Ausdruck von der Form $0 \cdot \infty$, der erst mit Hilfe eines Grenzüberganges definiert werden muß[2]. Ein zweckmäßiger Formalismus dieser Art läßt sich konstruieren, wenn wir dem Photon eine kleine Ruhemasse μ zuschreiben, und also die Bewegungsgleichung (5.8) zu

$$(\Box - \mu^2) A_\mu(x) = 0 \tag{8.13}$$

abändern[3]. Die Vertauschungsrelationen (7.5) der Operatoren $A_\mu(x)$ werden hierdurch nur so geändert, daß auf der rechten Seite die singuläre Funktion $\Delta(x' - x)$ mit der Masse μ statt der Funktion $D(x' - x)$ auftritt. Jetzt führen wir durch die Definitionen

$$B(x) = - \frac{1}{\mu} \frac{\partial A_\mu(x)}{\partial x_\mu}, \tag{8.14}$$

$$U_\mu(x) = A_\mu(x) + \frac{1}{\mu} \frac{\partial B(x)}{\partial x_\mu} \tag{8.15}$$

ein skalares Feld $B(x)$ und ein neues Vektorfeld $U_\mu(x)$ ein, die alle die Bewegungsgleichung (8.13) erfüllen. Das Feld $U_\mu(x)$ erfüllt weiter die Operatorgleichung

$$\frac{\partial U_\mu(x)}{\partial x_\mu} = - \mu B(x) + \frac{1}{\mu} \Box B(x) = 0, \tag{8.16}$$

---

[1] Vgl. z.B. F. J. BELINFANTE: Phys. Rev. **76**, 226 (1949). — F. COESTER u. J. M. JAUCH: Phys. Rev. **78**, 149 (1950). — S. T. MA: Phys. Rev. **80**, 729 (1950).

[2] R. UTIYAMA, T. IMAMURA, S. SUNAKAWA u. T. DODO: Progr. Theor. Phys. **6**, 587 (1951).

[3] Ich bin Herrn Prof. W. PAULI für den Vorschlag, eine kleine Photonenmasse für diesen Zweck zu benützen, zu großem Dank verpflichtet. Eine Formulierung der Quantenelektrodynamik als Grenzfall einer Theorie mit einer von Null verschiedenen Masse wurde von F. COESTER, Phys. Rev. **83**, 798 (1951) und von R. J. GLAUBER, Progr. Theor. Phys. **9**, 295 (1953) gegeben. Wir benützen hier die Methode von COESTER.

weshalb nur drei seiner Komponenten als dynamisch unabhängig betrachtet werden können. Zerlegen wir also die neuen Felder in Eigenschwingungen, so können wir schreiben

$$
U_k(x) = \frac{1}{\sqrt{V}} \sum_{k} \frac{1}{\sqrt{2\omega}} \left\{ e^{ikx} \left[\sum_{\lambda=1}^{2} e_k^{(\lambda)} u^{(\lambda)}(\boldsymbol{k}) + \frac{\omega}{\mu} e_k^{(3)} u^{(3)}(\boldsymbol{k}) \right] + \right.
$$
$$
\left. + e^{-ikx} \left[\sum_{\lambda=1}^{2} e_k^{(\lambda)} u^{*(\lambda)}(\boldsymbol{k}) + \frac{\omega}{\mu} e_k^{(3)} u^{*(3)}(\boldsymbol{k}) \right] \right\}, \quad (8.17)
$$

$$
U_0(x) = - i\, U_4(x) = \frac{1}{\sqrt{V}} \sum_{k} \frac{1}{\sqrt{2\omega}} \frac{\bar{k}}{\mu} \left[e^{ikx} u^{(3)}(\boldsymbol{k}) + e^{-ikx} u^{*(3)}(\boldsymbol{k}) \right], \quad (8.18)
$$

$$
B(x) = \frac{1}{\sqrt{V}} \sum_{k} \frac{1}{\sqrt{2\omega}} \left[e^{ikx} b(\boldsymbol{k}) + e^{-ikx} b^{*}(\boldsymbol{k}) \right], \quad (8.19)
$$

mit

$$
k^2 + \mu^2 = \boldsymbol{k}^2 - \omega^2 + \mu^2 = 0; \quad \omega > 0. \quad (8.20)
$$

Im x-Raum haben die neuen Felder die Vertauschungsrelationen

$$
[B(x), B(x')] = \frac{1}{\mu^2} \frac{\partial^2}{\partial x_\mu \partial x_\nu'} [A_\mu(x), A_\nu(x')] = i\,\Delta(x' - x), \quad (8.21)
$$

$$
[U_\mu(x), B(x')] = - \frac{1}{\mu} \left[A_\mu(x), \frac{\partial A_\nu(x')}{\partial x_\nu'} \right] + \frac{i}{\mu} \frac{\partial}{\partial x_\mu} \Delta(x' - x) = 0, \quad (8.22)
$$

$$
[U_\mu(x), U_\nu(x')] = [U_\mu(x), A_\nu(x')] = - i \left(\delta_{\mu\nu} - \frac{1}{\mu^2} \frac{\partial^2}{\partial x_\mu \partial x_\nu} \right) \Delta(x' - x). \quad (8.23)
$$

Hieraus folgt für die Operatoren $u^{(\lambda)}(\boldsymbol{k})$ und $b(\boldsymbol{k})$

$$
[u^{(\lambda)}(\boldsymbol{k}), u^{*(\lambda')}(\boldsymbol{k}')] = \delta_{\lambda\lambda'}\, \delta_{\boldsymbol{k}\boldsymbol{k}'}, \quad (8.24)
$$

$$
[b(\boldsymbol{k}), b^{*}(\boldsymbol{k}')] = - \delta_{\boldsymbol{k}\boldsymbol{k}'}. \quad (8.25)
$$

Alle anderen Kommutatoren verschwinden identisch. Wir sehen also, daß die Rollen der Vernichtungs- und Erzeugungsoperatoren für das B-Feld vertauscht worden sind, genau wie sie früher für $A_4(x)$ waren.

Wir wollen jetzt die Einschränkungen der Zustandsvektoren diskutieren, die nötig sind, damit der Grenzübergang $\mu \to 0$ ausgeführt werden kann und sich die geläufige, Maxwellsche Theorie ergibt. Hierfür ist es notwendig, daß der Erwartungswert aller Produkte der Größe $\dfrac{\partial A_\nu(x)}{\partial x_\nu}$ im Limes verschwindet. Dies erreichen wir dadurch, daß wir für einen physikalisch realisierbaren Zustand fordern, daß er keine „B-Partikeln" enthält. Also gilt exakt

$$
\langle \psi | \frac{\partial A_\nu(x)}{\partial x_\nu} | \psi \rangle = - \mu \langle \psi | B(x) | \psi \rangle = 0. \quad (8.26)
$$

Weiter erhalten wir im Limes $\mu \to 0$

$$
\lim_{\mu \to 0} \langle \psi | \frac{\partial A_\mu(x)}{\partial x_\mu} \frac{\partial A_\nu(x')}{\partial x_\nu'} | \psi \rangle = \lim_{\mu \to 0} \mu^2 \langle \psi | B(x) B(x') | \psi \rangle =
$$
$$
= i \lim_{\mu \to 0} \mu^2 \Delta^{(+)}(x' - x) = 0 \quad \text{usw.} \quad (8.27)
$$

Wir wollen jetzt auch verlangen, daß unsere physikalischen Zustände keine longitudinalen „U-Partikeln" enthalten[1], d.h.

$$u^{(3)}(\boldsymbol{k})\,|\psi\rangle = 0, \tag{8.28}$$

$$b^{*}(\boldsymbol{k})\,|\psi\rangle = 0. \tag{8.29}$$

Aus (8.14), (8.15) und aus den Entwicklungen (5.28), (8.17) bis (8.19) folgt

$$b(\boldsymbol{k}) = -\frac{i}{\mu}\left(|\boldsymbol{k}|\,a^{(3)}(\boldsymbol{k}) + i\,\omega\,a^{(4)}(\boldsymbol{k})\right), \tag{8.30a}$$

$$u^{(\lambda)}(\boldsymbol{k}) = a^{(\lambda)}(\boldsymbol{k}); \quad \lambda = 1, 2, \tag{8.30b}$$

$$\frac{\omega}{\mu}\,u^{(3)}(\boldsymbol{k}) = a^{(3)}(\boldsymbol{k}) + \frac{i}{\mu}\,|\boldsymbol{k}|\,b(\boldsymbol{k}) = \frac{\omega}{\mu^2}\left[\omega\,a^{(3)}(\boldsymbol{k}) + i\,|\boldsymbol{k}|\,a^{(4)}(\boldsymbol{k})\right]. \tag{8.30c}$$

Also gilt für einen Vektor $|\Phi_{\boldsymbol{k}}\rangle$ in (8.5)

$$[\omega\,a^{(3)} + i\,|\boldsymbol{k}|\,a^{(4)}]\,|\Phi_{\boldsymbol{k}}\rangle = 0, \tag{8.31}$$

$$[|\boldsymbol{k}|\,a^{*\,(3)} + i\,\omega\,a^{*\,(4)}]\,|\Phi_{\boldsymbol{k}}\rangle = 0. \tag{8.32}$$

In Limes $\mu \to 0$ gehen offenbar (8.31), (8.32) in (8.3), (8.4) über. *Die Lösung der Gleichungen mit einer von Null verschiedenen Masse ist aber normierbar* und kann in folgender Form geschrieben werden

$$|\Phi_{\boldsymbol{k}}\rangle = \frac{\mu}{\omega}\sum_{n^{(3)},\,n^{(4)}}\left(-i\,\frac{|\boldsymbol{k}|}{\omega}\right)^{n^{(3)}}\delta_{n^{(3)},\,n^{(4)}}\,|\,n^{(3)},\,n^{(4)}\rangle. \tag{8.33}$$

Für den Erwartungswert des Kommutators (8.11) erhält man in dieser Weise einen Ausdruck, der im Limes genau den „richtigen" Wert (8.12) hat. Ein solches Rechnen mit nichtnormierbaren Zustandsvektoren ist zwar nicht besonders schön, jedoch kaum schlimmer als viele andere Sachen, die wir uns später erlauben werden oder erlauben müssen. Ein wenig ernster ist die Tatsache, daß man in dieser Weise ein unendliches Ergebnis für den Erwartungswert des Antikommutators (7.9) erhält. Spezialisieren wir auf den Zustand $|\psi_0\rangle$, wo auch keine transversalen Photonen vorhanden sind, so folgt sofort

$$\langle\psi_0|\{U_\mu(x),\,U_\nu(x')\}|\psi_0\rangle = \left(\delta_{\mu\nu} - \frac{1}{\mu^2}\,\frac{\partial^2}{\partial x_\mu\,\partial x_\nu}\right)\Delta^{(1)}(x' - x), \tag{8.34}$$

$$\langle\psi_0|\{B(x),\,B(x')\}|\psi_0\rangle = \Delta^{(1)}(x' - x), \tag{8.35}$$

$$\langle\psi_0|\{U_\mu(x),\,B(x')\}|\psi_0\rangle = 0, \tag{8.36}$$

und somit

$$\langle\psi_0|\{A_\mu(x),\,A_\nu(x')\}|\psi_0\rangle = \left(\delta_{\mu\nu} - \frac{2}{\mu^2}\,\frac{\partial^2}{\partial x_\mu\,\partial x_\nu}\right)\Delta^{(1)}(x' - x). \tag{8.37}$$

Für $\mu \to 0$ geht die rechte Seite von (8.37) gegen Unendlich. Wir sehen aber, daß diese Singularität nur in einer „Gradientfunktion" auftritt. Berechnen wir also einen eichinvarianten Ausdruck wie z.B. ein Integral

$$\iint dx\,dx'\,F_{\mu\nu}(x,\,x')\,\langle\psi_0|\{A_\mu(x),\,A_\nu(x')\}|\psi_0\rangle \tag{8.38}$$

---

[1] Diese Forderung ist zwar durch unsere bisherigen Postulate logisch nicht zu begründen. Wenn aber auch longitudinale U-Partikeln erlaubt werden, kann gezeigt werden [vgl. F. Coester, Phys. Rev. **83**, 798 (1951); F. J. Belinfante, Phys. Rev. **75**, 1321 (1949)], daß sie im Limes $\mu \to 0$ keine Wechselwirkung mit dem Dirac-Feld haben können. Sie spielen also für spätere Anwendung bei gekoppelten Feldern keine Rolle, und wir lassen sie deshalb schon hier weg.

mit

$$\frac{\partial F_{\mu\nu}(x, x')}{\partial x_\mu} = \frac{\partial F_{\mu\nu}(x, x')}{\partial x_\nu'} = 0, \tag{8.39}$$

so können wir vor dem Grenzübergang $\mu \to 0$ partiell integrieren, wobei das letzte Glied in (8.37) wegfällt[1]. Unter diesen Voraussetzungen können wir also so rechnen, als ob der Erwartungswert des Antikommutators in Limes durch

$$\langle \psi_0 | \{A_\mu(x), A_\nu(x')\} | \psi_0 \rangle = \delta_{\mu\nu} D^{(1)}(x' - x) \tag{8.40}$$

gegeben wäre. Dies Ergebnis wollen wir in Ziff. 9 in anderer und ein wenig systematischer Weise ableiten.

Wir haben also gesehen, daß wir für eichinvariante Ausdrücke nur mit den transversalen Photonen rechnen dürfen und die longitudinalen und skalaren Freiheitsgrade des elektromagnetischen Feldes vollständig vergessen können. Es ist aber offenbar, daß die Eichinvarianz der Theorie durch die spezielle Wahl der Nebenbedingung verlorengegangen ist, und daß sogar eine unendliche Eichfunktion in (8.37) ausgewählt wurde. Dies ist zumindest ein Schönheitsfehler der Theorie, und es wäre besser, wenn wir eine Formulierung hätten, wo erstens die Möglichkeit verschiedener Eichungen immer noch besteht, und wo wir den Umgang mit nichtnormierbaren Zustandsvektoren und unendlichen Eichfunktionen vermeiden könnten.

9. Die Nebenbedingung, zweite Methode. Das oben angegebene Verfahren für die Behandlung der LORENTZ-Bedingung (5.6) in der quantisierten Theorie ist nicht das einzig mögliche. Viele andere Methoden sind von verschiedenen Verfassern vorgeschlagen worden[2]. In dieser Ziffer wollen wir aber insbesondere eine Methode studieren, die von GUPTA und BLEULER entwickelt worden ist[3].

Die Schwierigkeiten mit den nichtnormierbaren Zustandsvektoren entstehen dadurch, daß in (8.3) und (8.4) sowohl Erzeugungs- als Vernichtungsoperatoren vorkommen. Eine Bedingung wie (8.2) läßt sich ohne Schwierigkeit für einen Vernichtungsoperator erfüllen, aber wenn auch Erzeugungsoperatoren auftreten, führt sie zu einem System von gekoppelten Gleichungen wie (8.7) und (8.8). Die Lösung eines solchen Systems enthält notwendigerweise auch Zustandsvektoren mit unendlich vielen Partikeln, und diese lassen sich, wie oben explizit gezeigt wurde, nicht immer normieren. Es ist weiter klar, daß (8.2) sicher hinreichend ist, damit für den Erwartungswert

$$\langle \psi | \frac{\partial A_\nu(x)}{\partial x_\nu} | \psi \rangle = 0 \tag{9.1}$$

gilt, aber daß diese Gleichung nicht notwendig ist, um das Verschwinden von (9.1) zu sichern. Wir wollen deshalb die Nebenbedingung (8.2) so modifizieren, daß darin nur Vernichtungsoperatoren vorkommen. Dies läßt sich nicht einfach dadurch erreichen, daß wir (8.4) weglassen und nur (8.3) unverändert behalten. Daraus würde zwar das Verschwinden von (9.1) folgen, aber da die Rollen von Erzeugungs- und Vernichtungsoperatoren für $\lambda = 4$ vertauscht worden sind, enthält Gl. (8.3) auch Erzeugungsoperatoren. Wollen wir die Transformationseigenschaften der Theorie nicht allzusehr komplizieren, müssen wir dann statt

---

[1] F. J. DYSON: Phys. Rev. **77**, 420 (1950).

[2] Vgl. z.B. W. HEISENBERG u. W. PAULI: Z. Physik **56**, 1 (1929); **59**, 168 (1930). — F. J. BELINFANTE: Phys. Rev. **84**, 644 (1951). — J. G. VALATIN: Dan. Mat. Fys. Medd. **26**, Nr. 13 (1951).

[3] S. GUPTA: Proc. Phys. Soc. Lond. A **63**, 681 (1950); **64**, 850 (1951). — K. BLEULER: Helv. phys. Acta **23**, 567 (1950). Vgl. auch W. HEITLER: Quantum theory of radiation, 3. Aufl., S. 90—103. Oxford 1954.

(6.14) die folgende Darstellung für $a^{(4)}$ und $a^{*\,(4)}$ wählen.

$$\langle n+1 \mid a^{*\,(4)} \mid n \rangle = \langle n \mid a^{(4)} \mid n+1 \rangle = \sqrt{n+1}. \tag{9.2}$$

Hierdurch werden *alle* $a^{*\,(\lambda)}$ zu $a^{(\lambda)}$ hermitisch konjugiert und daher *alle* Operatoren $A_\mu(x)$ selbst hermitisch. Dies widerspricht zwar den klassischen Realitätsforderungen der elektromagnetischen Potentiale, kann aber wieder in Ordnung gebracht werden, wenn wir einen „metrischen Operator" η einführen[1]. Mit dessen Hilfe wird die Norm eines Zustandsvektors als

$$\text{Norm} \mid \psi \rangle = \langle \psi \mid \eta \mid \psi \rangle \tag{9.3}$$

definiert. Damit die Norm immer reell ist, muß η hermitisch sein:

$$\eta^* = \eta. \tag{9.4}$$

Um unwesentliche numerische Faktoren zu vermeiden, wollen wir auch die folgende Gleichung für η fordern

$$\eta^2 = \eta\,\eta^* = 1. \tag{9.5}$$

In ähnlicher Weise wird der Erwartungswert eines Operators F durch

$$\overline{F} = \langle \psi \mid \eta F \mid \psi \rangle \tag{9.6}$$

definiert. Es folgt also, daß ein hermitischer Operator nicht notwendigerweise reelle Erwartungswerte haben muß, und eben das wollen wir erreichen.

Mit diesen neuen Definitionen ist die Norm eines Zustandsvektors nicht immer positiv. Wir können dann die Zustandsvektoren in drei Klassen einteilen. Die erste Klasse enthält Vektoren mit positiver Norm, die also alle auf 1 normiert werden können. Für diese Vektoren kann die gewöhnliche Wahrscheinlichkeitsinterpretation der Quantentheorie verwendet werden. Die zweite Klasse enthält Vektoren, deren Norm negativ ist, und die wir daher auf -1 normieren können, während die dritte Klasse die „Nullvektoren" enthält. Für die zwei letzten Arten von Zustandsvektoren gibt es keine Wahrscheinlichkeitsinterpretation, und wir müssen daher fordern, daß jeder physikalisch realisierbare Zustand der ersten Klasse gehört. Glücklicherweise wird es sich später herausstellen, daß unsere Form der Nebenbedingung mit dieser Forderung verträglich ist.

Damit die Erwartungswerte für $A_k(x)$ reell und die entsprechenden Größen für $A_4(x)$ rein imaginär werden, fordern wir also

$$\langle \psi \mid \eta A_k(x) \mid \psi \rangle = \langle \psi \mid A_k^*(x)\,\eta^* \mid \psi \rangle = \langle \psi \mid A_k(x)\,\eta \mid \psi \rangle, \tag{9.7}$$

oder

$$[A_k(x), \eta] = 0, \tag{9.8}$$

und

$$\langle \psi \mid \eta A_4(x) \mid \psi \rangle = - \langle \psi \mid A_4(x)\,\eta \mid \psi \rangle, \tag{9.7a}$$

oder

$$\{A_4(x), \eta\} = 0. \tag{9.8a}$$

Gehen wir in den Impulsraum über, so folgt aus (9.8) und (9.8a)

$$[a^{(\lambda)}(\boldsymbol{k}), \eta] = 0; \quad \lambda \neq 4, \tag{9.9}$$

$$\{a^{(4)}(\boldsymbol{k}), \eta\} = 0. \tag{9.10}$$

---

[1] Ein solcher Operator ist in einem ganz anderen Zusammenhang ursprünglich von P. A. M. Dirac eingeführt worden. Vgl. Proc. Roy. Soc. Lond., Ser. A **180**, 1 (1942).

Aus (9.9) folgt sofort, daß η in den Quantenzahlen $n^{(\lambda)}(k)$; $\lambda \neq 4$ diagonal ist und die Matrixelemente 1 hat. In der Darstellung (9.2) wird (9.10) von

$$\langle n^{(4)} | \eta | n'^{(4)} \rangle = \delta_{n^{(4)} n'^{(4)}} (-1)^{n^{(4)}} \tag{9.11}$$

erfüllt. Für η haben wir also die Lösung

$$\langle a | \eta | b \rangle = (-1)^{n_a^{(4)}} \delta_{ab}, \tag{9.12}$$

wo die Größe $n_a^{(4)}$ gleich der Summe aller skalaren Photonen im Zustand $|a\rangle$ ist.

$$n_a^{(4)} = \sum_k n_a^{(4)}(k). \tag{9.13}$$

In dieser Metrik werden einige von den früheren Formeln ein wenig geändert, da wir jetzt $N^{(4)} = a^{*\,(4)} a^{(4)}$ setzen müssen. So erhalten wir z.B. statt (6.7) und (6.19)

$$H = \sum_k \omega \sum_{\lambda=1}^{4} N^{(\lambda)}(k), \tag{9.14}$$

$$P_k = \sum_k k_k \sum_{\lambda=1}^{4} N^{(\lambda)}(k). \tag{9.15}$$

Wir kehren jetzt zu der Nebenbedingung zurück. Sie hat im Impulsraum die Form

$$[a^{(3)}(k) + i\, a^{(4)}(k)]\,|\psi\rangle = 0. \tag{9.16}$$

Im x-Raum wird (9.16)

$$\frac{\partial A_\nu^{(+)}(x)}{\partial x_\nu}\,|\psi\rangle = 0, \tag{9.17}$$

wo allgemein das Symbol $F^{(+)}(x)$ den Teil des Operators $F(x)$ bezeichnen soll, der nur positive Frequenzen enthält, d.h. dessen x-Abhängigkeit durch e^{ikx} gegeben ist. Mit Hilfe von (9.8) und (9.8a) folgt aus (9.17)

$$\langle \psi | \left(\frac{\partial A_k^{(-)}(x)}{\partial x_k} - \frac{\partial A_4^{(-)}(x)}{\partial x_4} \right) \eta = \langle \psi | \eta\, \frac{\partial A_\nu^{(-)}(x)}{\partial x_\nu} = 0, \tag{9.18}$$

und hieraus also

$$\langle \psi | \eta\, \frac{\partial A_\nu(x)}{\partial x_\nu}\,|\psi\rangle = \langle \psi | \eta\, \frac{\partial A_\nu^{(-)}(x)}{\partial x_\nu} \times |\psi\rangle + \langle \psi | \eta \times \frac{\partial A_\nu^{(+)}(x)}{\partial x_\nu}\,|\psi\rangle = 0. \tag{9.19}$$

Gl. (9.17) ersetzt in unserem neuen Formalismus die Bedingung (8.2). Hierdurch ist aber (9.1) befriedigt und damit der Anschluß an die klassische Theorie sichergestellt worden[1].

Gl. (8.2) hatte nur die einzige Lösung (8.9), aber die neue Nebenbedingung (9.16) hat viele voneinander unabhängige Lösungen. Schreiben wir wie zuvor einen beliebigen Zustandsvektor als

$$|\psi\rangle = |\psi_T\rangle \prod_k |\Phi_k\rangle, \tag{9.20}$$

---

[1] Eigentlich muß auch gezeigt werden, daß mehrere Faktoren $\dfrac{\partial A_\nu(x)}{\partial x_\nu}$ den Erwartungswert Null haben. Dies kann aber einfach in ähnlicher Weise kontrolliert werden. Zum Beispiel, erhalten wir für zwei Faktoren

$$\langle \psi | \eta\, \frac{\partial A_\nu(x)}{\partial x_\nu}\, \frac{\partial A_\lambda(x')}{\partial x'_\lambda}\,|\psi\rangle = \langle \psi | \eta\, \frac{\partial A_\nu^{(+)}(x)}{\partial x_\nu}\, \frac{\partial A_\lambda^{(-)}(x')}{\partial x'_\lambda}\,|\psi\rangle =$$

$$= \langle \psi | \eta \left[\frac{\partial A_\nu^{(+)}(x)}{\partial x_\nu},\, \frac{\partial A_\lambda^{(-)}(x')}{\partial x'_\lambda} \right] |\psi\rangle = i\, \langle \psi | \eta | \psi \rangle\, \Box\, D^{(-)}(x'-x) = 0 \quad \text{usw.}$$

so enthält Gl. (9.16) [wie früher (8.2)] nur eine Bedingung für die Größen $|\Phi_k\rangle$. Als Fundamentalsystem der Lösungen können wir z. B.

$$|\Phi^{(0)}\rangle = |0, 0\rangle, \tag{9.21a}$$

$$|\Phi^{(1)}\rangle = |1, 0\rangle + i\,|0, 1\rangle, \tag{9.21b}$$

$$|\Phi^{(n)}\rangle = \sum_{r=0}^{n} (i)^r \sqrt{\binom{n}{r}}\,|n - r, r\rangle, \tag{9.21c}$$

wählen. Offenbar sind alle Vektoren (9.21) zueinander orthogonal, d.h.

$$\langle \Phi^{(n)}|\,\eta\,|\Phi^{(n')}\rangle = 0 \quad \text{für} \quad n \neq n'. \tag{9.22}$$

Wichtiger sind für uns aber die Normen der Vektoren $|\Phi^{(n)}\rangle$

$$\langle \Phi^{(n)}|\,\eta\,|\Phi^{(n)}\rangle = \sum_{r=0}^{n} (-1)^r \binom{n}{r} = \delta_{n\,0}. \tag{9.23}$$

Keine dieser Normen ist also negativ, und nur der Vektor $|\Phi^{(0)}\rangle$ hat eine Norm, die von Null verschieden ist. Fordern wir also, daß ein physikalisch realisierbarer Zustand (9.16) erfüllt und die Norm 1 hat, so sind die erlaubten Vektoren von der Form

$$|\Phi_k\rangle = |\Phi_k^{(0)}\rangle + \sum_{n \neq 0} c^{(n)}(k)\,|\Phi^{(n)}(k)\rangle \tag{9.24}$$

mit willkürlichen Koeffizienten $c^{(n)}(k)$.

Berechnen wir die Erwartungswerte für die elektromagnetischen Potentiale in den Zuständen (9.24), so erhalten wir, wenn wir der Einfachheit halber annehmen, daß keine transversalen Photonen vorkommen

$$\langle \psi|\,\eta\,A_\mu(x)|\,\psi\rangle = \frac{1}{\sqrt{V}} \sum_{k} \frac{1}{\sqrt{2\omega}} \left\{ e^{ikx}\left[e_\mu^{(3)}\,\langle \Phi_k|\,\eta\,a^{(3)}(k)\,|\Phi_k\rangle + \right. \right.$$
$$\left. + e_\mu^{(4)}\,\langle \Phi_k|\,\eta\,a^{(4)}(k)\,|\Phi_k\rangle \right] + e^{-ikx}\left[e_\mu^{(3)}\,\langle \Phi_k|\,\eta\,a^{*(3)}(k)\,|\Phi_k\rangle + \right.$$
$$\left. \left. + e_\mu^{(4)}\,\langle \Phi_k|\,\eta\,a^{*(4)}(k)\,|\Phi_k\rangle \right]\right\}. \tag{9.25}$$

Aus den Gleichungen

$$a^{(3)}\,|\Phi^{(n)}\rangle = \sqrt{n}\,|\Phi^{(n-1)}\rangle, \tag{9.26}$$

$$a^{(4)}\,|\Phi^{(n)}\rangle = i\,\sqrt{n}\,|\Phi^{(n-1)}\rangle, \tag{9.27}$$

die ohne Schwierigkeit mit (9.21) bewiesen werden können, folgt

$$\langle \Phi_k|\,\eta\,a^{(3)}(k)\,|\Phi_k\rangle = \sum_{n \neq 0} \langle \Phi^{(0)}|\,\eta\,|\Phi^{(n-1)}\rangle\,\sqrt{n}\,c^{(n)} +$$
$$+ \sum_{\substack{n \neq 0 \\ n' \neq 0}} c^{*(n')}\,\langle \Phi^{(n')}|\,\eta\,|\Phi^{(n-1)}\rangle\,\sqrt{n}\,c^{(n)} = c^{(1)}(k), \tag{9.28}$$

$$\langle \Phi_k|\,\eta\,a^{(4)}(k)\,|\Phi_k\rangle = i\,c^{(1)}(k). \tag{9.29}$$

Mit Hilfe dieses Ergebnisses wird aus (9.25)

$$\langle \psi|\,\eta\,A_\mu(x)\,|\psi\rangle = \frac{\partial \Lambda(x)}{\partial x_\mu}, \tag{9.30}$$

mit

$$\Lambda(x) = \frac{i}{\sqrt{V}} \sum_{k} \frac{1}{\sqrt{2\,\omega^3}} \left[c^{*(1)}(k)\, e^{-ikx} - c^{(1)}(k)\, e^{ikx} \right]. \tag{9.31}$$

Wir sehen also, daß wir bei geeigneter Wahl der Koeffizienten c in (9.24) jede Eichfunktion $\Lambda(x)$, die die Wellengleichung (5.7) erfüllt, erhalten können. Diese Möglichkeit bestand nicht in der früheren Methode, wo eine ganz bestimmte Eichfunktion ausgezeichnet war. Andererseits folgt aus dem Obigen, daß die verschiedenen Zustandsvektoren (9.24) nur verschiedenen Eichungen der Theorie entsprechen, und daß zu erwarten ist, daß physikalisch sinnvolle Ergebnisse von den „Beimischungen" von longitudinalen und skalaren Photonen in (9.24) unabhängig sind. Zwar gehen in das Ergebnis (9.31) nur die Koeffizienten $c^{(1)}(k)$ ein, aber es zeigt sich, daß die anderen Koeffizienten eine ähnliche Rolle spielen, wenn der Erwartungswert eines Produkts von Potentialen ausgerechnet wird.

Die Zustände (9.24) sind, wenn die Größen c nicht alle verschwinden, keine Eigenzustände des HAMILTON-Operators. Rechnen wir aber den Erwartungswert der Energie eines solchen Zustandes aus, so erhalten wir

$$\langle\psi|\,\eta\,H\,|\psi\rangle = \sum_{k} \left(\langle \Phi_k^{(0)}| + \sum_{n\neq 0} c^{*\,(n)}(k)\,\langle \Phi_k^{(n)}| \right) \eta \sum_{n'\neq 0} n'\,\omega\,c^{(n')}(k)\,|\Phi_k^{(n')}\rangle + \\ + \sum_{k} \omega\,(n_k^{(1)} + n_k^{(2)}) = \sum_{k} \omega\,(n_k^{(1)} + n_k^{(2)}). \tag{9.32}$$

Dieser Erwartungswert ist also gleich der Energie der transervsalen Photonen allein und unabhängig von der Beimischung longitudinaler und skalarer Photonen. Wenn wir also den Erwartungswert als die beobachtbare Größe ansehen, sind alle Zustände (9.24) äquivalent. In manchen Anwendungen wird es aber zweckmäßig sein, unsere Zustände so einzurichten, daß sie wirkliche Eigenzustände des HAMILTON-Operators sind. Dann müssen wir z.B. das Vakuum als den Zustand definieren, wo keine transversalen Photonen anwesend sind, und wo die Beimischung von den anderen Partikeln auch verschwindet, d.h. wo $|\Phi_k\rangle$ durch (9.21a) gegeben ist. Das Vakuum ist also der Zustand, wo überhaupt keine Partikeln vorkommen, und den wir früher mit $|0\rangle$ bezeichnet haben. Hierdurch ist wieder eine spezielle Eichung gewählt worden, und zwar die Eichung, wo

$$\langle 0|\,\eta\,A_\mu(x)\,|0\rangle = \langle 0|\,A_\mu(x)\,|0\rangle = 0. \tag{9.33}$$

Mit dieser Vakuumdefinition erhalten wir weiter direkt

$$\langle 0|\,\eta\,\{A_\mu(x), A_\nu(x')\}\,|0\rangle = \langle 0|\,\{A_\mu(x), A_\nu(x')\}\,|0\rangle = \delta_{\mu\nu}\,D^{(1)}(x'-x). \tag{9.34}$$

Dies ist dieselbe Gleichung wie (8.40), aber das Ergebnis unterscheidet sich von (7.13), da die Darstellung für $a^{(4)}$ und $a^{*\,(4)}$ geändert worden ist.

Entsprechende Ergebnisse erhalten wir auch für die räumlichen Verschiebungsoperatoren P_k und für die räumlichen Drehimpulsmomentkomponenten J_{ik}. Auch für sie werden die Erwartungswerte unabhängig von der Beimischung in (9.24), aber die Zustandsvektoren sind nur dann Eigenzustände der Operatoren, wenn alle Koeffizienten c gleich Null sind. Für den Drehimpuls finden wir wieder, daß die Komponente in der Richtung von k für ein „physikalisches" (d.h. transversales) Photon nur die zwei Einstellungsmöglichkeiten $+1$ und -1 hat.

Man muß beachten, daß die Zustände (9.21) kein vollständiges System bilden. Das ist selbstverständlich unmöglich, denn dann würde die Bedingung (9.17) eine Operatorgleichung sein. Wenn wir also eine Summation über „Zwischen-zustände" ausführen wollen, z.B. in einem Matrixprodukt wie

$$\langle a\,|A\,B|b\rangle = \sum_{|z\rangle}\langle a\,|A\,|\,z\rangle\,\langle z\,|\,B\,|\,b\rangle, \tag{9.35}$$

dann müssen wir bei der Summation über $|z\rangle$ *alle Zustände (6.12)* berücksichtigen. Diese Bemerkung wird sich für eine Theorie mit Wechselwirkung als sehr wesentlich herausstellen.

Eigentlich sollte auch die Lorentz-Invarianz der neuen Methode in Einzelheiten diskutiert werden. Dies läßt sich formal sehr wohl ausführen[1]. Für uns ist es aber hinreichend zu konstatieren, daß die zwei wichtigsten Konsequenzen des Formalismus, d.h. die Vakuumdefinition und der Erwartungswert des Antikommutators, offenbar kovariant sind. Dagegen ist die Eichfunktion (9.31) von den $c(\mathbf{k})$ abhängig und kann also, wenn die c nicht sehr sorgfältig ausgewählt sind, vom Koordinatensystem abhängen. Dies ist aber kein ernster Einwand, da diese Eichfunktion sowieso nicht im Schlußresultat auftritt. Mit diesen einfachen Bemerkungen wollen wir uns hier begnügen.

10. Das Problem der Messung der elektrischen und magnetischen Feldstärken.
Bekanntlich folgt in der gewöhnlichen Quantenmechanik von Punktsystemen aus dem Nicht-Verschwinden des Kommutators von p und q

$$[p, q] = -i, \tag{10.1}$$

daß die gleichzeitige Messung von p und q nicht mit beliebiger Genauigkeit ausgeführt werden kann. Diese Tatsache findet ihren Ausdruck in der Unschärferelation von Heisenberg, wo ausgesagt wird, daß die Meßfehler Δp und Δq die Ungleichung

$$\Delta p \cdot \Delta q \geq 1 \tag{10.2}$$

erfüllen müssen[2]. Da der mathematische Formalismus in der Quantenelektrodynamik genau derselbe ist, würde man erwarten, daß aus (7.5), (7.38) eine ähnliche Unschärferelation folgen sollte. Zwar haben die elektromagnetischen Potentiale an sich keine unmittelbare physikalische Bedeutung — nur die Feldstärken sind beobachtbare Größen — aber aus diesen Gleichungen können wir durch einfaches Differenzieren die Vertauschungsrelationen zwischen den Feldstärken ableiten

$$\left.\begin{aligned}[F_{\mu\nu}(x),\, F_{\lambda\varrho}(x')] = -\,i\Big[\delta_{\nu\varrho}\,\frac{\partial^2}{\partial x_\mu\,\partial x_\lambda'} - \delta_{\nu\lambda}\,\frac{\partial^2}{\partial x_\mu\,\partial x_\varrho'} - \delta_{\mu\varrho}\,\frac{\partial^2}{\partial x_\nu\,\partial x_\lambda'} + \\ + \delta_{\mu\lambda}\,\frac{\partial^2}{\partial x_\nu\,\partial x_\varrho'}\Big]\,D(x'-x).\end{aligned}\right\} \tag{10.3}$$

Führen wir hier nach (5.2) die gewöhnlichen Bezeichnungen E und H ein, wird aus (10.3)

$$[\mathsf{E}_x(x),\, \mathsf{E}_x(x')] = [\mathsf{H}_x(x),\, \mathsf{H}_x(x')] = i\,[A_{xx}^{(xx')} - A_{xx}^{(x'x)}]\ \text{cycl.}, \tag{10.4}$$

$$[\mathsf{E}_x(x),\, \mathsf{E}_y(x')] = [\mathsf{H}_x(x),\, \mathsf{H}_y(x')] = i\,[A_{xy}^{(xx')} - A_{xy}^{(x'x)}]\ \text{cycl.}, \tag{10.5}$$

$$[\mathsf{E}_x(x),\, \mathsf{H}_x(x')] = 0\ \text{cycl.}, \tag{10.6}$$

$$[\mathsf{E}_x(x),\, \mathsf{H}_y(x')] = -\,[\mathsf{H}_x(x),\, \mathsf{E}_y(x')] = i\,[B_{xy}^{(xx')} - B_{xy}^{(x'x)}]\ \text{cycl.} \tag{10.7}$$

---

[1] Vgl. z.B. F. J. Belinfante: Phys. Rev. **96**, 780 (1954).

[2] Eigentlich folgt aus (10.1), wenn den Meßfehlern eine zweckmäßige Definition gegeben wird, die noch schärfere Ungleichung $\Delta p \cdot \Delta q \geq \tfrac{1}{2}$. Dieser Faktor 2 ist aber für uns bedeutungslos.

Hier sind die Bezeichnungen

$$A_{xx}^{(xx')} = -\frac{1}{4\pi}\left(\frac{\partial^2}{\partial x_1\,\partial x_1'} - \frac{\partial^2}{\partial x_0\,\partial x_0'}\right)\left[\frac{1}{r}\,\delta(x_0' - x_0 - r)\right],\tag{10.8}$$

$$A_{xy}^{(xx')} = -\frac{1}{4\pi}\frac{\partial^2}{\partial x_1\,\partial x_2'}\left[\frac{1}{r}\,\delta(x_0' - x_0 - r)\right],\tag{10.9}$$

$$B_{xy}^{(xx')} = -\frac{1}{4\pi}\frac{\partial^2}{\partial x_0\,\partial x_3'}\left[\frac{1}{r}\,\delta(x_0' - x_0 - r)\right],\tag{10.10}$$

$$r = |\boldsymbol{x}' - \boldsymbol{x}|,\tag{10.11}$$

eingeführt worden. Da die rechten Seiten dieser Gleichungen singuläre mathematische Gebilde wie die DIRACsche Deltafunktion und ihre Ableitungen enthalten, ist es klar, daß sie nicht unmittelbar in experimentell kontrollierbare Beziehungen wie (10.2) übersetzt werden können. Betrachten wir aber statt der Feldstärken in einzelnen Punkten *Mittelwerte* dieser Größen über endliche Raum-Zeitgebiete, dann können wir beide Seiten von (10.4) bis (10.7) integrieren und erhalten in dieser Weise sinnvolle Ausdrücke. Die Tatsache, daß in der Interpretation der Theorie nur solche Mittelwerte vorkommen, ist für das Verständnis des hier entwickelten Formalismus sehr wesentlich. Als Beispiel geben wir die aus (10.4) und (10.8) folgenden Gleichungen an:

$$[\bar{\mathsf{E}}_x(x),\,\bar{\mathsf{E}}_x(x')] = i\,[\overline{A_{xx}^{(xx')}} - \overline{A_{xx}^{(x'x)}}],\tag{10.12}$$

$$\bar{\mathsf{E}}_x(x) = \frac{1}{V_1 T_1}\int\limits_{V_1} d^3x \int\limits_{T_1} dx_0\,\mathsf{E}_x(x),\tag{10.13}$$

$$\overline{A_{xx}^{(xx')}} = \frac{1}{V_1 V_2 T_1 T_2}\int\limits_{V_1} d^3x \int\limits_{V_2} d^3x' \int\limits_{T_1} dx_0 \int\limits_{T_2} dx_0'\,A_{xx}^{(xx')}.\tag{10.14}$$

Aus (10.12) folgt dann die Unschärferelation

$$\Delta\,\overline{\mathsf{E}_x(x)} \cdot \Delta\,\overline{\mathsf{E}_x(x')} \gtrsim |\overline{A_{xx}^{(xx')}} - \overline{A_{xx}^{(x'x)}}|,\tag{10.15}$$

während die Ausmessung von nur einer Feldstärke in einem Punkt keinen Einschränkungen unterliegt. Auf der rechten Seite von (10.15) ist besonders das Minuszeichen von Interesse. Aus diesem folgt z.B., daß die Meßgenauigkeit für die zwei Komponenten der Feldstärken beliebig groß gemacht werden kann, wenn die beiden Gebiete (V_1, T_1) und (V_2, T_2) zusammenfallen. Dies ist ein wesentlicher Unterschied zur gewöhnlichen Quantenmechanik, wo zwei gleichzeitige Größen gar nicht miteinander kommutieren müssen. Ähnliche Resultate folgen aus den Gln. (10.5), bis (10.7) für die anderen Komponenten der Feldstärken. Wir sehen aus diesen Gleichungen auch, daß eine gegenseitige Störung von zwei Messungen nur dann auftreten kann, wenn die beiden Gebiete eine solche Lage haben, daß sie miteinander mit Hilfe von Lichtsignalen verknüpft werden können. Es ist also zu erwarten, daß die Unschärfe (10.15) dadurch zustande kommt, daß eine bei der einen Messung erzeugte elektromagnetische Störung sich mit Lichtgeschwindigkeit nach dem anderen Meßpunkt fortpflanzt und dort die andere Messung in unkontrollierbarer Weise beeinflußt. Das erste Glied auf der rechten Seite kann dann als die Störung des Gebietes (2) durch das Gebiet (1) interpretiert werden und vice versa für das letzte Glied. Merkwürdigerweise tritt aber die Differenz dieser beiden Größen auf und nicht, wie im ersten Augenblick zu erwarten wäre, die Summe.

Die obige Überlegung ist indessen sehr formal, und wir müßten eigentlich auch Gedankenexperimente konstruieren, mit deren Hilfe diese Meßgenauigkeit wirklich erreicht werden kann. Dies ist kein einfaches Problem, ist jedoch in einer Arbeit von BOHR und ROSENFELD sehr ausführlich diskutiert worden[1]. Wegen Platzmangel können wir hier nicht auf die Einzelheiten der Meßapparatur eingehen, sondern müssen den Leser auf die Originalarbeit verweisen. Wir erwähnen aber, daß die Diskussion von BOHR und ROSENFELD die obigen Gleichungen vollständig bestätigt hat. Um die optimale Meßgenauigkeit zu erreichen, hat es sich dabei als sehr wesentlich herausgestellt, daß die Probekörper, die für die Definition der Feldstärken verwendet werden, *nicht* Elementarteilchen sein dürfen. Sie müssen vielmehr makroskopische Körper mit sehr großen, gleichmäßig verteilten Ladungen und Massen sein[2]. Man muß sie also als aus sehr vielen Elementarteilchen zusammengesetzt denken. Die Probekörper müssen weiter starr sein, d.h. der ganze Körper muß zur selben Zeit in Bewegung gesetzt und gebremst werden können. Wegen der endlichen Ausbreitungsgeschwindigkeit aller Kraftwirkungen ist dies kein banales Problem. BOHR und ROSENFELD haben aber gezeigt, daß man im Prinzip solche Körper konstruieren kann, wenn auch die Lösung des Problems nicht besonders einfach ist und sich wohl kaum praktisch ausführen läßt. Der wesentliche Punkt ist vielleicht, daß die heutige Formulierung der Quantentheorie die Existenz solcher Probekörper nicht verbieten kann. Anderseits ist es aber hieraus klar geworden, daß die Quantenelektrodynamik das Problem der Elementarteilchen nicht zu diskutieren vermag, da für die ganze Interpretation der Theorie makroskopische Körper so wesentlich sind. Es ist somit auch nicht zu erwarten, daß der Wert der Elektronenladung $\frac{e^2}{4\pi} \approx \frac{1}{137}$ sich aus der Theorie bestimmen lasse. Wenn wir später die Wechselwirkung von Elektronen und elektromagnetischem Feld studieren wollen, werden wir deshalb diese Ladung als einen willkürlichen Parameter ansehen und die Theorie sogar bei einer zeitlichen Variation der Ladung studieren. Dieses formale Verfahren widerspricht also nicht den Grundlagen der Theorie und wird sich für den bei Gl. (7.18) diskutierten Grenzübergang als sehr zweckmäßig erweisen.

11. Das elektromagnetische Feld in Wechselwirkung mit einer klassischen Stromverteilung. Als Vorbereitung für die spätere Behandlung der Wechselwirkung zwischen Photonen und Elektronen wollen wir in dieser Ziffer das viel einfachere Problem der Wechselwirkung zwischen Photonen und einer gegebenen, klassischen Stromverteilung $j_\mu(x)$ behandeln[3]. Die LAGRANGE-Funktion dieses Problems ist

$$\mathscr{L} = -\frac{1}{4} F_{\mu\nu} F_{\mu\nu} - \frac{1}{2} \frac{\partial A_\nu}{\partial x_\nu} \frac{\partial A_\lambda}{\partial x_\lambda} + A_\mu j_\mu. \tag{11.1}$$

Hieraus erhalten wir die Bewegungsgleichungen für die Potentiale

$$\Box A_\mu(x) = -j_\mu(x) \tag{11.2}$$

---

[1] N. BOHR u. L. ROSENFELD: Dan. Mat. Fys. Medd. **12**, Nr. 8 (1933). — Phys. Rev. **78**, 794 (1950). Eine kurze Zusammenfassung bei W. HEITLER [6], S. 76—86. Vgl. auch L. ROSENFELD, Physica, Haag **19**, 859 (1953) und E. CORINALDESI, Nuovo Cim. Suppl. **10**, 83 (1953).

[2] In einer älteren Arbeit von LANDAU und PEIERLS wurde die Ausmessung mit Hilfe von Elementarteilchen diskutiert und ein Widerspruch zu den obigen Gleichungen gefunden. Vgl. Z. Physik **69**, 56 (1931).

[3] Ein ähnliches Problem ist zum ersten Male von F. BLOCH u. A. NORDSIECK, Phys. Rev. **52**, 54 (1937) untersucht worden. Ähnliche Fragestellungen sind später von vielen Verfassern behandelt worden, wie z.B. W. PAULI u. M. FIERZ, Nuovo Cim. **15**, 167 (1938); W. THIRRING u. B. TOUSCHEK, Phil. Mag. **42**, 244 (1951); R. J. GLAUBER, Phys. Rev. **84**, 395 (1951); J. M. JAUCH u. F. ROHRLICH, Helv. phys. Acta **27**, 613 (1954).

und den HAMILTON-Operator

$$H = \frac{1}{2}\int d^3x \left[\frac{\partial A_\mu}{\partial x_0}\frac{\partial A_\mu}{\partial x_0} + \frac{\partial A_\mu}{\partial x_k}\frac{\partial A_\mu}{\partial x_k}\right] - \int d^3x\, j_\mu(x)\, A_\mu(x). \tag{11.3}$$

Im allgemeinen müssen die Komponenten $j_\mu(x)$ als zeitabhängig vorausgesetzt werden. Dann wird also die HAMILTON-Funktion nicht invariant bei Zeittranslationen, weshalb wir auch keinen Erhaltungssatz für die Energie haben. Wir können also nicht die stationären Zustände der HAMILTON-Funktion suchen. Setzen wir aber voraus, daß die Ströme für $x_0 \to -\infty$ verschwinden und zwar so schnell, daß die Integrale

$$\int_{-\infty}^{x_0} D(x - x')\, j_\mu(x')\, dx' \tag{11.4}$$

konvergieren, können wir eine Lösung von (11.2) in folgender Weise finden

$$A_\mu(x) = A_\mu^{(0)}(x) + \int D_R(x - x')\, j_\mu(x')\, dx'. \tag{11.5}$$

Die Operatoren $A_\mu^{(0)}(x)$ erfüllen die homogene Wellengleichung

$$\Box A_\mu^{(0)}(x) = 0 \tag{11.5a}$$

und haben, da das letzte Glied in (11.5) eine c-Zahl ist, dieselben Vertauschungsrelationen wie die vollständigen Potentiale $A_\mu(x)$. Sie sind also mit den früher studierten Operatoren $A_\mu(x)$ des freien Feldes identisch, und es gilt, wenn wir der Einfachheit halber die Methode mit der indefiniten Metrik verwenden,

$$[A_\mu^{(0)}(x),\, A_\nu^{(0)}(x')] = -i\,\delta_{\mu\nu} D(x' - x), \tag{11.6}$$

$$\langle 0\,|\,\{A_\mu^{(0)}(x),\, A_\nu^{(0)}(x')\}\,|\,0\rangle = \delta_{\mu\nu} D^{(1)}(x' - x). \tag{11.7}$$

Die Gln. (11.5), bis (11.7) geben zusammen die Lösung der Bewegungsgleichungen (11.2) und der kanonischen Vertauschungsrelationen. Wie aus (11.5) ersichtlich ist, entsprechen die Operatoren $A_\mu^{(0)}(x)$ den Anfangswerten der vollständigen Operatoren $A_\mu(x)$ für $x_0 \to -\infty$. Sie werden deshalb oft „einlaufende" Felder genannt.

Rechnen wir mit dieser Lösung die Energie aus, erhalten wir nach einigen partiellen Integrationen

$$\begin{aligned} H = H^{(0)}(A_\mu^{(0)}) &+ E(x_0) + \\ &+ \int d^3x \int dx' \left[\frac{\partial A_\mu^{(0)}(x)}{\partial x_0} D_R(x - x') - A_\mu^{(0)}(x)\frac{\partial D_R(x - x')}{\partial x_0}\right]\frac{\partial j_\mu(x')}{\partial x_0'}, \end{aligned} \tag{11.8}$$

$$H^{(0)}(A_\mu^{(0)}) = \frac{1}{2}\int d^3x \left[\frac{\partial A_\mu^{(0)}(x)}{\partial x_0}\frac{\partial A_\mu^{(0)}(x)}{\partial x_0} + \frac{\partial A_\mu^{(0)}(x)}{\partial x_k}\frac{\partial A_\mu^{(0)}(x)}{\partial x_k}\right], \tag{11.9}$$

$$\begin{aligned} E(x_0) = \frac{1}{2}\iint dx'\, dx'' \int d^3x\, D_R(x - x') D_R(x - x'') &\left[\frac{\partial j_\mu(x')}{\partial x_0'}\frac{\partial j_\mu(x'')}{\partial x_0''} + \right.\\ &\left.+ \frac{\partial j_\mu(x')}{\partial x_k'}\frac{\partial j_\mu(x'')}{\partial x_k''}\right] - \int d^3x \int dx'\, j_\mu(x) D_R(x - x')\, j_\mu(x'). \end{aligned} \tag{11.10}$$

Das Glied (11.9) ist offenbar eine Konstante der Bewegung, während die Zeitableitung der beiden anderen Terme von (11.8) im allgemeinen nicht verschwindet. Nach einfacher Rechnung erhält man hierfür

$$\frac{dH}{dx_0} = -\int d^3x \frac{\partial j_\mu(x)}{\partial x_0}\left[A_\mu^{(0)}(x) + \int D_R(x - x')\, j_\mu(x')\, dx'\right]. \tag{11.11}$$

Setzen wir voraus, daß der Strom nicht nur für $x_0 \to -\infty$, sondern auch für $x_0 \to +\infty$ verschwindet, folgt aus (11.11), daß z.B. die Erwartungswerte der Energie für zeitunabhängige Zustandsvektoren für $x_0 \to \pm \infty$ endlichen Grenzwerten zustreben. Dabei wird der Energieoperator für $x_0 \to -\infty$ einfach durch

$$\lim_{x_0 \to -\infty} H = H^{(0)}(A_\mu^{(0)}) \tag{11.12}$$

gegeben, wie aus (11.8) ersichtlich ist. Wählen wir also eine Darstellung, wo der Operator (11.12) diagonal ist, können wir also jeden Zustandsvektor mit Hilfe von Partikelzahlen charakterisieren, die aus dem Operator $A_\mu^{(0)}(x)$ in der in Ziff. 10 entwickelten Weise konstruiert sind. Da die Operatoren $A_\mu(x)$ unter den hier gemachten Voraussetzungen für $x_0 \to -\infty$ mit den Operatoren $A_\mu^{(0)}(x)$ zusammenfallen, und da weiter die Energie in diesem Grenzfall durch (11.12) gegeben ist, wollen wir die so konstruierten Partikeln als diejenigen interpretieren, die in unserem System für $x_0 \to -\infty$ anwesend sind, und sie die „einlaufenden" Partikeln nennen.

Es ist offenbar auch möglich, andere Lösungen von (11.2) zu studieren. Wir können z B.

$$A_\mu(x) = \tilde{A}_\mu^{(0)}(x) + \int D_A(x - x') j_\mu(x') \, dx' \tag{11.13}$$

betrachten. Die Operatoren $\tilde{A}_\mu^{(0)}(x)$ erfüllen auch die homogene Wellengleichung

$$\Box \tilde{A}_\mu^{(0)}(x) = 0, \tag{11.14}$$

und haben die Vertauschungsrelationen

$$\left[\tilde{A}_\mu^{(0)}(x), \tilde{A}_\nu^{(0)}(x')\right] = -i \delta_{\mu\nu} D(x' - x). \tag{11.15}$$

Für die Energie gibt es auch hier einen zu (11.8) bis (11.10) ähnlichen Ausdruck, wo nur überall die retardierte D-Funktion durch die avancierte zu ersetzen ist, und wo die Felder $\tilde{A}_\mu^{(0)}(x)$ statt $A_\mu^{(0)}(x)$ zu verwenden sind. In diesem Fall gilt für $x_0 \to +\infty$

$$\lim_{x_0 \to +\infty} A_\mu(x) = \tilde{A}_\mu^{(0)}(x), \tag{11.16}$$

$$\lim_{x_0 \to +\infty} H = H^{(0)}(\tilde{A}_\mu^{(0)}). \tag{11.17}$$

Wählen wir eine Darstellung, in welcher der Operator (11.17) diagonal ist, dann ist unmittelbar klar, daß die so konstruierten Partikeln diejenigen sind, die für $x_0 \to +\infty$ in unserem System zu finden sind. Sie werden im folgenden die „auslaufenden" Partikeln und $\tilde{A}_\mu^{(0)}(x)$ die „auslaufenden" Felder genannt. Im allgemeinen sind die so konstruierten Zustandsvektoren von den früher eingeführten verschieden. Nennen wir z.B. den Zustand, wo es keine auslaufenden Partikeln gibt, $|\tilde{0}\rangle$ (das Vakuum der auslaufenden Partikeln), so gilt offenbar

$$\langle \tilde{0} | \{\tilde{A}_\mu^{(0)}(x), \tilde{A}_\nu^{(0)}(x')\} | \tilde{0}\rangle = \delta_{\mu\nu} D^{(1)}(x' - x), \tag{11.18}$$

jedoch ist dieser Zustand von dem in (11.7) verwendeten Vakuum verschieden.

Aus (11.5) und (11.13) folgt der Zusammenhang zwischen den einlaufenden und den auslaufenden Feldern

$$A_\mu^{(0)}(x) - \tilde{A}_\mu^{(0)}(x) = \int D(x - x') j_\mu(x') \, dx'. \tag{11.19}$$

Gehen wir zum p-Raum über und schreiben wir

$$A_\mu^{(0)}(x) = \frac{1}{\sqrt{V}} \sum_{k,\lambda} \frac{e_\mu^{(\lambda)}(k)}{\sqrt{2\omega}} \left[e^{ikx} a^{(\lambda)}(k) + e^{-ikx} a^{*(\lambda)}(k) \right], \qquad (11.20)$$

$$\tilde{A}_\mu^{(0)}(x) = \frac{1}{\sqrt{V}} \sum_{k,\lambda} \frac{e_\mu^{(\lambda)}(k)}{\sqrt{2\omega}} \left[e^{ikx} \tilde{a}^{(\lambda)}(k) + e^{-ikx} \tilde{a}^{*(\lambda)}(k) \right], \qquad (11.21)$$

so folgt sofort aus (11.19)

$$a^{(\lambda)}(k) - \tilde{a}^{(\lambda)}(k) = \frac{-i}{\sqrt{2\omega}} j^{(\lambda)}(k, \omega)\, i^{\delta_{\lambda 4}}, \qquad (11.22)$$

wo wir die FOURIER-Komponente der Stromverteilung mit Hilfe von

$$j_\mu(x) = \frac{1}{2\pi} \int_{k_0 > 0} dk_0 \frac{1}{\sqrt{V}} \sum_{k,\lambda} e_\mu^{(\lambda)}(k) \left[e^{ikx} j^{(\lambda)}(k, k_0) + e^{-ikx} j^{*(\lambda)}(k, k_0) \right] i^{\delta_{\lambda 4}} \qquad (11.23)$$

eingeführt haben. Hier ist $j^{(\lambda)}(k, k_0)$ immer komplex konjugiert zu $j^{*(\lambda)}(k, k_0)$, und der Faktor $i^{\delta_{\lambda 4}}$ ist eingeführt worden, damit die Realitätseigenschaften der Größen $j_\mu(x)$ richtig herauskommen.

Für die Partikelzahlen erhalten wir in ähnlicher Weise

$$\left.\begin{aligned}
\tilde{N}^{(\lambda)}(k) &= N^{(\lambda)}(k) + \frac{(i)^{1+\delta_{\lambda 4}}}{\sqrt{2\omega}} j^{(\lambda)}(k, \omega)\, a^{*(\lambda)}(k) + \\
&\quad + \frac{(-i)^{1+\delta_{\lambda 4}}}{\sqrt{2\omega}} j^{*(\lambda)}(k, \omega)\, a^{(\lambda)}(k) + \frac{1}{2\omega} |j^{(\lambda)}(k, \omega)|^2,
\end{aligned}\right\} \qquad (11.24)$$

mit

$$N^{(\lambda)}(k) = a^{*(\lambda)}(k)\, a^{(\lambda)}(k), \qquad (11.25)$$

und

$$\tilde{N}^{(\lambda)}(k) = \tilde{a}^{*(\lambda)}(k)\, \tilde{a}^{(\lambda)}(k). \qquad (11.26)$$

Als Beispiel studieren wir den Zustand, wo es keine einlaufenden Partikeln gibt, d.h. den Zustand, den wir das Vakuum der einlaufenden Partikeln nennen wollen. Eine physikalisch interessante Fragestellung ist dann z.B. die Berechnung der Anzahl der auslaufenden Partikeln mit einem gegebenen Impulsvektor k und mit einer gegebenen Polarisation λ. Nennen wir einen Zustand mit n einlaufenden Partikeln $|n\rangle$ (der Einfachheit halber studieren wir die ganze Zeit nur *ein* k und *ein* λ und unterdrücken alle anderen Indices) und einen mit n auslaufenden Partikeln $|\tilde{n}\rangle$, so ist die Wahrscheinlichkeit, daß genau n Partikeln in unserem System emittiert worden sind, offenbar

$$w_n^{(\lambda)}(k) = |\langle \tilde{n}| 0 \rangle|^2. \qquad (11.27)$$

Aus der Gleichung

$$|\tilde{n}\rangle = \frac{1}{\sqrt{n!}} (\tilde{a}^*)^n |\tilde{0}\rangle \qquad (11.28)$$

erhalten wir sofort

$$\left.\begin{aligned}
\langle \tilde{n}| 0 \rangle &= \frac{1}{\sqrt{n!}} \langle \tilde{0}| [\tilde{a}]^n |0\rangle = \frac{1}{\sqrt{n!}} \sum_{r=0}^{n} \binom{n}{r} \langle \tilde{0}| a^r |0\rangle \left(\frac{i^{1+\delta_{\lambda 4}} j}{\sqrt{2\omega}} \right)^{n-r} = \\
&= \frac{1}{\sqrt{n!}} \left(\frac{i^{1+\delta_{\lambda 4}} j}{\sqrt{2\omega}} \right)^n \langle \tilde{0}| 0 \rangle.
\end{aligned}\right\} \qquad (11.29)$$

Nach (11.24) ist der Erwartungswert von $\tilde{N}$ in unserem Zustand

$$\bar{n} = \langle 0| \tilde{N} |0\rangle = \frac{1}{2\omega} |j|^2, \qquad (11.30)$$

und mit dieser Bezeichnung erhalten wir aus (11.27) und (11.29)

$$w_n^{(\lambda)}(\boldsymbol{k}) = \frac{1}{n!}[\bar{n}^{(\lambda)}(\boldsymbol{k})]^n |\langle \tilde{0}|0\rangle|^2. \tag{11.31}$$

Der letzte Faktor in (11.31) hängt nicht von n ab und läßt sich mit Hilfe der Normierungsbedingung

$$\sum_{n=0}^{\infty} w_n^{(\lambda)}(\boldsymbol{k}) = 1 \tag{11.32}$$

zu

$$|\langle \tilde{0}|0\rangle|^2 = e^{-\bar{n}} \tag{11.33}$$

bestimmen. Die emittierten Photonen gehorchen also einer POISSON-Verteilung

$$w_n = \frac{1}{n!}\cdot(\bar{n})^n e^{-\bar{n}}, \tag{11.34}$$

d.h. die Emission von einem Photon ist statistisch unabhängig von der Emission eines anderen. Die Gesamtenergie der emittierten Photonen berechnet sich aus (11.8) bis (11.10) zu

$$\lim_{x_0 \to \infty}\langle 0|\overset{*}{H}|0\rangle = \frac{1}{2}\iint dx'\,dx''\int d^3x\, D(x-x')\,D(x-x'')\times$$
$$\times\left[\frac{\partial j_\mu(x')}{\partial x_0'}\frac{\partial j_\mu(x'')}{\partial x_0''} + \frac{\partial j_\mu(x')}{\partial x_k'}\frac{\partial j_\mu(x'')}{\partial x_k''}\right] = \sum_k\sum_{\lambda=1}^{2}\omega\,\bar{n}^{(\lambda)}(\boldsymbol{k}), \tag{11.35}$$

wie aus (11.30) zu erwarten ist. Bei der Auswertung von (11.35) ist die Kontinuitätsgleichung des elektrischen Stromes $j_\mu(x)$

$$\frac{\partial j_\mu(x)}{\partial x_\mu} = 0 \tag{11.36}$$

verwendet worden. Hieraus folgt mit den Bezeichnungen (11.23)

$$|j^{(3)}(\boldsymbol{k},\omega)|^2 = |j^{(4)}(\boldsymbol{k},\omega)|^2, \tag{11.37}$$

oder nach (11.30)

$$\bar{n}^{(3)}(\boldsymbol{k}) = \bar{n}^{(4)}(\boldsymbol{k}), \tag{11.38}$$

weshalb das Glied mit skalaren Photonen und negativem Vorzeichen in (11.35) genau vom Glied mit den longitudinalen Photonen kompensiert wird.

In ähnlicher Weise läßt sich die Verteilung von emittierten Photonen in einem beliebigen Anfangszustand auswerten. Wir verzichten auf die expliziten Rechnungen, da sowohl sie als auch ihr Ergebnis prinzipiell nichts Neues enthalten.

Ein nicht uninteressanter Spezialfall des allgemeinen Problems ist eine Stromverteilung, die in einem bestimmten Koordinatensystem zeitunabhängig ist. Zwar werden in diesem Fall keine Photonen emittiert, weshalb es beim ersten Blick so aussieht, als ob überhaupt nichts Interessantes passieren könnte. Die Wahrscheinlichkeiten w_n verschwinden alle nach (11.34), da der Faktor mit $\bar{n}$ nach (11.30) für zeitunabhängige Ströme verschwinden muß, wenn nur ω von Null verschieden ist. In diesem Fall ist aber die interessante Größe der HAMILTON-Operator $\overset{*}{H}$, der nach (11.8) bis (11.10)

$$H = H^{(0)}(A_\mu^{(0)}) + E, \tag{11.39}$$

$$E = \frac{1}{2}\iint dx'\,dx''\int d^3x\, D_R(x-x')\,D_R(x-x'')\frac{\partial j_\mu(x')}{\partial x_k'}\frac{\partial j_\mu(x'')}{\partial x_k''} - $$
$$- \iint d^3x\,dx'\, D_R(x-x')\,j_\mu(\boldsymbol{x})\,j_\mu(\boldsymbol{x}') \tag{11.40}$$

wird. Das Glied E in (11.39) läßt sich mit Hilfe von

$$D_R(x - x') = \frac{1}{4\pi\, r_{xx'}}\, \delta(r_{xx'} - x_0 + x_0'),\qquad (11.41)$$

$$r_{xx'} = |\boldsymbol{x} - \boldsymbol{x}'|\qquad (11.42)$$

in folgender Weise umformen

$$\left.\begin{aligned}
E &= \frac{1}{2}\int\frac{d^3x}{(4\pi)^2}\iint\frac{d^3x'\,d^3x''}{r_{xx'}\,r_{xx''}}\,\frac{\partial j_\mu(x')}{\partial x_k'}\,\frac{\partial j_\mu(x'')}{\partial x_k''} - \frac{1}{4\pi}\iint\frac{d^3x\,d^3x'}{r_{xx'}}\,j_\mu(\boldsymbol{x})\,j_\mu(\boldsymbol{x}') = \\[2mm]
&= -\frac{1}{2}\int\frac{d^3x}{(4\pi)^2}\iint\frac{d^3x'\,d^3x''}{r_{xx'}}\,j_\mu(\boldsymbol{x}')\,j_\mu(\boldsymbol{x}'')\,\frac{\partial^2}{\partial x_k\,\partial x_k}\left(\frac{1}{r_{xx''}}\right) - \\[2mm]
&\qquad\qquad\qquad\qquad\qquad\qquad -\frac{1}{4\pi}\iint\frac{d^3x'\,d^3x''}{r_{x'x''}}\,j_\mu(\boldsymbol{x}')\,j_\mu(\boldsymbol{x}'') = \\[2mm]
&= -\frac{1}{8\pi}\iint\frac{d^3x'\,d^3x''}{r_{x'x''}}\,j_\mu(\boldsymbol{x}')\,j_\mu(\boldsymbol{x}'').
\end{aligned}\right\}\qquad (11.43)$$

Diese Größe entspricht also der elektromagnetischen Selbstenergie der statischen Stromverteilung, und die Gesamtenergie (11.39) ist die Summe dieses Gliedes und einer Energie von freien Teilchen. Dies ist intuitiv das richtige Ergebnis, das wir also hier erhalten haben, obgleich unsere statische Stromverteilung eigentlich den gemachten Voraussetzungen mit für $|x_0| \to \infty$ verschwindendem Strom widerspricht. Das Integral (11.4) ist aber trotzdem konvergent, da die unendliche Zeitintegration über die Funktion (11.41) sicher „konvergiert". In einer Theorie mit einer nichtverschwindenden Partikelmasse würde dies nicht gelten, da hier über das Innere des retardierten Lichtkegels mit einer nichtverschwindenden Dichtefunktion $\varDelta_R(x - x')$ integriert werden muß. Im Hinblick auf spätere Anwendungen wollen wir deshalb hier auch eine andere Begründung der Gln. (11.39) bis (11.43) geben. Wir können nämlich eine „fast zeitunabhängige" Stromverteilung

$$j_\mu(x) = e^{-\alpha|x_0|}\cdot J_\mu(\boldsymbol{x})\qquad (11.44)$$

betrachten, die, wenn α von Null verschieden ist, für $|x_0| \to \infty$ verschwindet, für endliche Zeiten aber als „praktisch" konstant angesehen werden kann, wenn α nur hinreichend klein ist. Diese Situation wollen wir mit dem Ausdruck beschreiben, daß die Stromverteilung für $|x_0| \to \infty$ „ausgeschaltet" wird, und im Limes $\alpha \to 0$ wollen wir sagen, daß das Ausschalten „adiabatisch" ausgeführt wird. In dieser Weise wird E nicht wie in (11.43) zeitlich konstant, sondern verschwindet für $x_0 \to -\infty$ wie aus (11.10) sofort hervorgeht. Statt (11.43) bekommen wir hier für E

$$\left.\begin{aligned}
E &= \frac{1}{2}\iint\frac{d^3x'\,d^3x''}{(4\pi)^2}\int\frac{d^3x}{r_{xx'}\,r_{xx''}}\left[\alpha^2 + \frac{\partial}{\partial x_k'}\,\frac{\partial}{\partial x_k''}\right]e^{-\alpha\{|x_0-r_{xx'}|+|x_0-r_{xx''}|\}}\times \\[2mm]
&\qquad\times J_\mu(\boldsymbol{x}')\,J_\mu(\boldsymbol{x}'') - \iint\frac{d^3x\,d^3x'}{4\pi\,r_{xx'}}\,e^{-\alpha\{|x_0|+|x_0-r_{xx'}|\}}\,J_\mu(\boldsymbol{x})\,J_\mu(\boldsymbol{x}').
\end{aligned}\right\}\qquad (11.45)$$

Das erste Glied in der Klammer ist von der Größenordnung α (nicht α^2!) und verschwindet deshalb, wenn das Einschalten adiabatisch erfolgt, während die anderen Glieder hierbei in (11.43) übergehen. Bei diesem Grenzübergang muß x_0 konstant gehalten werden, wenn α gegen Null geht. Für die zeitabhängige Stromverteilung (11.44) enthält die Gesamtenergie nach (11.8) noch ein Glied, das folgendermaßen aussieht:

$$
\iint d^3x\, d^3x' \int\limits_{-\infty}^{+\infty} \frac{dx_0'}{4\pi r_{xx'}} \left[\frac{\partial A_\mu^{(0)}(x)}{\partial x_0} \delta(r_{xx'} - x_0 + x_0') + \right.
$$
$$
\left. + A_\mu^{(0)}(x) \frac{\partial}{\partial x_0'} \delta(r_{xx'} - x_0 + x_0') \right] \alpha\, e^{-\alpha |x_n'|} J_\mu(x') = \qquad (11.46)
$$
$$
= \frac{\alpha}{4\pi} \iint \frac{d^3x\, d^3x'}{r_{xx'}} \left[\frac{\partial A_\mu^{(0)}(x)}{\partial x_0} + \alpha A_\mu^{(0)}(x) \right] e^{-\alpha |x_0 - r_{xx'}|} J_\mu(x').
$$

Die hier auftretenden Integrale konvergieren auch für $\alpha = 0$, weshalb das ganze Glied beim adiabatischen Einschalten verschwindet. Durch explizites Rechnen haben wir hier einen Spezialfall des sog. „Adiabatensatzes" der Quantentheorie bewiesen. Für uns läßt sich das wichtigste Ergebnis der Rechnung in folgender Weise zusammenfassen: Ist ein Zustand vor dem Einschalten ein Eigenzustand des Hamilton-Operators und wird ein Parameter in der Hamilton-Funktion adiabatisch geändert (in unserem Fall der Strom), so ist derselbe Zustand auch nach der Änderung ein Eigenzustand des veränderten Hamilton-Operators, im allgemeinen aber mit einem anderen Eigenwert. Wenn die Stromverteilung verschwindet, ist der Hamilton-Operator identisch gleich $H^{(0)}(A_\mu^{(0)})$ mit den wohlbekannten Eigenzuständen, die mit Hilfe von Partikelzahlen charakterisiert werden können. Aus unserer Gl. (11.46) folgt, daß die nichtdiagonalen Glieder im Hamilton-Operator in dieser Darstellung verschwinden, daß also dieselben Zustände auch Eigenzustände des vollständigen Energieoperators $H(A_\mu)$ sind. Ist der Eigenwert des Operators $H^{(0)}(A_\mu^{(0)})$ für einen Zustand $\sum n\omega$, so ist der Eigenwert des Operators $H(A_\mu)$ für denselben Zustand nach (11.39) $\sum n\omega + E$, wo E durch (11.43) gegeben ist.

Zum Schluß sei noch erwähnt, daß es auch andere Möglichkeiten gibt, in unserem Problem freie Partikeln einzuführen. Es besteht z.B. die Möglichkeit, ein freies Feld $A_\mu^{(0)}(x, T)$ einzuführen, das für eine beliebige Zeit T mit dem vollständigen $A_\mu(x)$ zusammenfällt, und aus diesem freien Feld Partikelzahlen zu konstruieren. Das Feld $A_\mu^{(0)}(x, T)$ wird aus der folgenden Gleichung definiert

$$
A_\mu^{(0)}(x, T) = - \int\limits_{x_0' = T} d^3x' \left[D(x - x') \frac{\partial A_\mu(x')}{\partial x_0'} + \frac{\partial D(x - x')}{\partial x_0} A_\mu(x') \right]. \quad (11.47)
$$

Es erfüllt offenbar die homogene Wellengleichung

$$
\Box A_\mu^{(0)}(x, T) = 0. \qquad (11.48)
$$

Die in dieser Weise konstruierten Partikeln sind die, die auftreten sollten, wenn die Stromverteilung $j_\mu(x)$ für $x_0 = T$ plötzlich (nicht adiabatisch!) ausgeschaltet würde. Sie haben also im allgemeinen nur wenig Interesse. Wird aber eine Schrödinger-Darstellung verwendet, die für $x_0 = T$ mit unserer Heisenberg-Darstellung zusammenfällt, so sind diese Partikeln doch in gewissem Sinne die „natürlichen". Schreiben wir nämlich die Schrödinger-Operatoren $A_\mu(x, 0)$ und $\frac{\partial A_\mu(x, 0)}{\partial x_0}$ (der Einfachheit halber wählen wir $T = 0$) in Fourier-Darstellungen

$$
A_\mu(x, 0) = \frac{1}{\sqrt{V}} \sum_{k, \lambda} \frac{e_\mu^{(\lambda)}(k)}{\sqrt{2\omega}} \left[b^{(\lambda)}(k)\, e^{ikx} + b^{*(\lambda)}(k)\, e^{-ikx} \right], \qquad (11.49)
$$

$$
\frac{\partial A_\mu(x)}{\partial x_0} \bigg|_{x_0 = 0} = \frac{-i}{\sqrt{V}} \sum_{k, \lambda} e_\mu^{(\lambda)}(k) \sqrt{\frac{\omega}{2}} \left[b^{(\lambda)}(k)\, e^{ikx} - b^{*(\lambda)}(k)\, e^{-ikx} \right], \quad (11.50)
$$

so können wir für die Operatoren $b^{(\lambda)}(\boldsymbol{k})$ in (11.49) und (11.50) die Matrizen (6.13) und (9.2) verwenden. Hierdurch werden die Vertauschungsrelationen in der SCHRÖDINGER-Darstellung erfüllt. Dann ist aber der HAMILTON-Operator nicht diagonal, und wir erhalten z.B. für den Zustand mit kleinster Energie, das „Vakuum", nach einer einfachen Rechnung die folgende Entwicklung

$$|0\rangle = c\left[|0^{(b)}\rangle + \sum_{n,\,\boldsymbol{k},\,\lambda} \frac{1}{\sqrt{n!}}\left[\frac{j^{(\lambda)}(\boldsymbol{k})}{\sqrt{2\omega^3}}\right]^n i^{n\cdot\delta_{\lambda 4}}|n^{(b)\,(\lambda)}(\boldsymbol{k})\rangle\right], \tag{11.51}$$

mit

$$|n^{(b)}\rangle = \frac{1}{\sqrt{n!}}\,[b]^n|0^{(b)}\rangle. \tag{11.52}$$

Der Normierungsfaktor c kann aus der Bedingung $\langle 0|0\rangle = 1$ zu

$$|c| = e^{-\frac{1}{2}\sum\limits_{\boldsymbol{k},\,\lambda}\frac{|j^{(\lambda)}(\boldsymbol{k})|^2}{2\omega^3}} \tag{11.53}$$

bestimmt werden. Das „physikalische" Vakuum ist also eine durch (11.51) gegebene Mischung von „Partikeln zur Zeit Null". Besonders in der älteren Literatur wird diese Tatsache oft mit den Worten beschrieben, daß das physikalische Vakuum auch eine Beimischung von „freien" Partikeln enthält. Bei den hier verwendeten Bezeichnungen müssen wir mit diesem Sprachgebrauch ein wenig vorsichtig sein, da wir oft von den ein- und auslaufenden freien Feldern Gebrauch machen. Die einlaufenden Partikeln sind nach den Rechnungen oben mit den physikalischen identisch, werden aber mit Hilfe eines freien Feldes beschrieben und können deshalb auch sehr wohl als „freie" Partikeln bezeichnet werden.

Ist die betrachtete Stromverteilung speziell eine Punktquelle, so wird $j^{(\lambda)}(\boldsymbol{k})$ unabhängig von $\boldsymbol{k}$, weshalb die Summe in (11.53) divergiert. Die physikalischen Zustände erlauben in diesem Fall keine Entwicklung nach den Zuständen der freien Partikeln zur Zeit Null[1]. Die beiden Arten von Zuständen existieren nichtsdestoweniger gleichzeitig, können aber nicht nacheinander entwickelt werden. In streng mathematischem Sinn gehören sie also nicht zum selben „HILBERT-Raum". Dies zeigt eigentlich nur, daß den freien Partikeln zur Zeit Null kein physikalischer Sinn zuzuschreiben ist, wenigstens nicht in unserem Modell mit Punktquellen.

Die hier gegebene Diskussion des Adiabatensatzes und der Möglichkeit, in verschiedener Weise, freie Partikeln einzuführen, gilt zunächst nur für das betrachtete Modell mit einem elektromagnetischen Feld in Wechselwirkung mit gegebenen, klassischen Strömen. Der Adiabatensatz ist aber sehr allgemein und gilt z.B. unter sehr schwachen Voraussetzungen in der gewöhnlichen Quantenmechanik für Punktsysteme[2]. Ein Beweis, der allgemein auch für ein System mit unendlich vielen Freiheitsgraden gültig ist, ist noch nicht gegeben worden. Für unser Modell haben wir aber durch explizites Rechnen den Satz kontrollieren können. Wir werden später oft zum Adiabatensatz zurückkehren.

---

[1] Diese Tatsache ist besonders von VAN HOVE, Physica, Haag **18**, 145 (1952) betont worden, der auch in diesem Zusammenhang das Wort „Orthogonalität" eingeführt hat. [Ist die Konstante c gleich Null, so verschwindet jedes Glied in (11.51), weshalb der Vektor $|0\rangle$ nach VAN HOVE auf jedem Vektor $|n^{(b)}\rangle$ „orthogonal" ist!] Vgl. auch R. HAAG, Dan. Mat. Fys. Medd. **29**, Nr. 12 (1955), sowie A. S. WIGHTMAN u. S. S. SCHWEBER, Phys. Rev. **98**, 812 (1955).

[2] M. BORN u. V. FOCK: Z. Physik **51**, 165 (1928).

Die verschiedenen freien Partikeln sind hier ebenfalls nur für das spezielle Beispiel konstruiert worden, aber diese Diskussion wird später fast unverändert auch für den allgemeinen Fall der Wechselwirkung von zwei Feldern übernommen werden können.

III. Das freie Dirac-Feld[1].

12. Bewegungsgleichung, Lagrange-Funktion und Versuch einer kanonischen Quantisierung. Die Diracsche Wellengleichung für ein freies Elektron lautet

$$\left(\gamma \frac{\partial}{\partial x} + m\right)\psi(x) = 0. \tag{12.1}$$

Hier ist ψ eine kurze Bezeichnung für eine Größe mit den vier Komponenten $\psi_1(x)\dots\psi_4(x)$, und die Größen γ sind Matrizen $(\gamma_\mu)_{\alpha\beta}$, die die Vertauschungsrelationen

$$\{\gamma_\mu, \gamma_\nu\} = 2\delta_{\mu\nu} \tag{12.2}$$

erfüllen. Wollen wir alle Matrixmultiplikationen in (12.1) und (12.2) vollständig ausschreiben, so erhalten wir

$$\sum_{\beta=1}^{4}\left\{\sum_{\mu=1}^{4}(\gamma_\mu)_{\alpha\beta}\frac{\partial}{\partial x_\mu} + m\,\delta_{\alpha\beta}\right\}\psi_\beta(x) = 0, \tag{12.3}$$

und

$$\sum_{\beta=1}^{4}\left[(\gamma_\mu)_{\alpha\beta}(\gamma_\nu)_{\beta\delta} + (\gamma_\nu)_{\alpha\beta}(\gamma_\mu)_{\beta\delta}\right] = 2\delta_{\mu\nu}\,\delta_{\alpha\delta}. \tag{12.4}$$

Im allgemeinen wird die verkürzte Schreibweise in (12.1) und (12.2) die bequemste sein und zu keinen Mißverständnissen Anlaß geben. Eine explizite Darstellung für die Matrizen γ ist für die meisten Rechnungen entbehrlich, kann aber z.B. in folgender Weise konstruiert werden

$$\gamma_k = \begin{pmatrix} 0 & -i\,\sigma_k \\ i\,\sigma_k & 0 \end{pmatrix}, \tag{12.5}$$

$$\gamma_4 = \begin{pmatrix} I & 0 \\ 0 & -I \end{pmatrix}. \tag{12.6}$$

Hier ist 0 die zweireihige Nullmatrix, I die zweireihige Einheitsmatrix, während die Größen σ_k die Paulischen Spinmatrizen

$$\sigma_x = \begin{pmatrix} 0 & 1 \\ 1 & 0 \end{pmatrix}; \quad \sigma_y = \begin{pmatrix} 0 & -i \\ i & 0 \end{pmatrix}; \quad \sigma_z = \begin{pmatrix} 1 & 0 \\ 0 & -1 \end{pmatrix} \tag{12.7}$$

sind. Die Matrizen γ sind also vierreihig, und man verifiziert ohne Schwierigkeit, daß sie die Gl. (12.2) erfüllen.

Mit Hilfe dieser Darstellung der γ können wir eine Lösung von (12.1) in der Form einer ebenen Welle suchen. Wir finden in bekannter Weise, daß es zu jeder Welle

$$\psi_\alpha(x) = u_\alpha(\boldsymbol{q})\,e^{i(\boldsymbol{q}\boldsymbol{x} - q_0 x_0)} \tag{12.8}$$

mit gegebenem räumlichem $\boldsymbol{q}$ zwei mögliche Werte von q_0 gibt, und zwar

$$q_0 = \pm E \equiv \pm\sqrt{\boldsymbol{q}^2 + m^2}, \tag{12.9}$$

---

[1] Vgl. zu diesem Abschnitt auch das Kapitel B des Artikels von W. Pauli in diesem Bande, S. 137 ff.

und daß es zu jedem q_0 zwei unabhängige Lösungen $u_\alpha^{(r)}(\boldsymbol{q})$ gibt. Wir wollen diese Lösungen in der folgenden Weise numerieren

$$
\begin{array}{c|cccc}
{}_{\alpha}\!\diagdown\!{}^{r} & 1 & 2 & 3 & 4 \\
\end{array}
$$

$$
\begin{pmatrix}
1 & 0 & -\dfrac{q_z}{m+E} & \dfrac{-q_x+i\,q_y}{m+E} \\[2ex]
0 & 1 & -\dfrac{q_x+i\,q_y}{m+E} & \dfrac{q_z}{m+E} \\[2ex]
\dfrac{q_z}{m+E} & \dfrac{q_x-i\,q_y}{m+E} & 1 & 0 \\[2ex]
\dfrac{q_x+i\,q_y}{m+E} & -\dfrac{q_z}{m+E} & 0 & 1
\end{pmatrix}
\times \sqrt{\dfrac{m+E}{2E}}\ .
$$

Die zwei Lösungen mit $r=1$ und $r=2$ gehören dem Wert $q_0=E$, während die zwei anderen das entgegengesetzte Vorzeichen von q_0 haben. Diese Lösungen sind so normiert, daß

$$
\sum_{\alpha=1}^{4} u_\alpha^{*\,(r)}(\boldsymbol{q})\, u_\alpha^{(s)}(\boldsymbol{q}) = \delta_{rs} \tag{12.10}
$$

gilt. Aus der Tabelle oben verifiziert man weiter, daß

$$
\sum_{r=1}^{4} u_\alpha^{*\,(r)}(\boldsymbol{q})\cdot u_\beta^{(r)}(\boldsymbol{q}) = \delta_{\alpha\beta}, \tag{12.11}
$$

$$
\sum_{r=1}^{2} \bar{u}_\alpha^{(r)}(\boldsymbol{q})\, u_\beta^{(r)}(\boldsymbol{q}) = -\frac{1}{2E}\,(i\,\gamma\,q^{(+)}-m)_{\beta\alpha}, \tag{12.12}
$$

$$
\sum_{r=3}^{4} \bar{u}_\alpha^{(r)}(\boldsymbol{q})\, u_\beta^{(r)}(\boldsymbol{q}) = \frac{1}{2E}\,(i\,\gamma\,q^{(-)}-m)_{\beta\alpha} \tag{12.13}
$$

sind. Hier bedeuten

$$
\bar{u}(\boldsymbol{q}) = u^*(\boldsymbol{q})\cdot\gamma_4, \tag{12.14}
$$

und

$$
q^{(+)} = (\boldsymbol{q}, E); \quad q^{(-)} = (\boldsymbol{q}, -E)\,. \tag{12.15}
$$

Gl. (12.10) ist die Orthogonalitätsrelation der Lösungen einer Wellengleichung, während (12.11) die Vollständigkeit unseres Systems ausspricht. Physikalisch entsprechen die zwei verschiedenen Lösungen für jeden Wert von q_0 den zwei Einstellungsmöglichkeiten des Elektronenspins, der bekanntlich den Betrag $\frac{1}{2}$ hat.

Die Transformationseigenschaften der Diracschen Theorie sind in verschiedenen Lehrbüchern behandelt worden[1]. Wir gehen darauf nicht näher ein, erwähnen jedoch, daß

$$
\overline{\psi}(x)\,\psi(x); \quad \overline{\psi}(x) = \psi^*(x)\,\gamma_4
$$

eine Invariante ist,

$$
i\,\overline{\psi}(x)\,\gamma_\mu\,\psi(x)
$$

sich wie ein Vektor transformiert usw. Speziell ist also $\psi^*(x)\,\psi(x)$ keine Invariante, sondern die Zeitkomponente eines Vektors.

Die Bewegungsgleichung (12.1) kann formal aus der folgenden Lagrange-Funktion erhalten werden

$$
\mathscr{L} = -\overline{\psi}(x)\left(\gamma\,\frac{\partial}{\partial x}+m\right)\psi(x), \tag{12.16}
$$

wenn bei der Variation $\psi(x)$ und $\overline{\psi}(x)$ als unabhängige Feldfunktionen behandelt werden. Die kanonischen Impulsfunktionen können aus (12.16) direkt erhalten

---

[1] Vgl. z. B. P. A. M. Dirac: The Principles of Quantum Mechanics, 3. Aufl., S. 257. Oxford 1947.

werden

$$\pi_{\psi}(x) = i\,\overline{\psi}(x)\,\gamma_4 = i\,\psi^*(x), \tag{12.17}$$

$$\pi_{\overline{\psi}}(x) = 0. \tag{12.18}$$

Hier verschwindet der Impuls der Funktion $\overline{\psi}(x)$, und die Zeitableitungen der Feldfunktionen treten in (12.17) und (12.18) überhaupt nicht auf. Es ist also hier nicht möglich, die Zeitableitungen als Funktionen der Impulse auszudrücken. Trotzdem können wir aber in folgender Weise einen Hamilton-Operator konstruieren, der sich als Funktion von der Funktion $\psi(x)$, ihren räumlichen Ableitungen und dem Impuls $\pi_{\psi}(x)$ ausdrücken läßt

$$\left. \begin{aligned} \mathscr{H} &= i\,\overline{\psi}(x)\,\gamma_4\,\frac{\partial\psi(x)}{\partial x_0} + \overline{\psi}(x)\left(\gamma\,\frac{\partial}{\partial x} + m\right)w(x) = \\ &= -\,i\,\pi_{\psi}(x)\,\gamma_4\left(\gamma_k\,\frac{\partial}{\partial x_k} + m\right)\psi(x). \end{aligned} \right\} \tag{12.19}$$

In dieser Form der Theorie ist die Funktion $\overline{\psi}(x)$ eliminiert worden, und der Hamilton-Operator enthält nur eine unabhängige Feldfunktion $\psi(x)$.

Die Strom-Ladungsdichte des Diracschen Elektrons ist bekanntlich

$$j_{\mu}(x) = i\,e\,\overline{\psi}(x)\,\gamma_{\mu}\,\psi(x). \tag{12.20}$$

Diese Größe transformiert sich bei einer Lorentz-Transformation wie ein Vektor und erfüllt als Folge von (12.1) die Kontinuitätsgleichung

$$\left. \begin{aligned} \frac{\partial j_{\mu}(x)}{\partial x_{\mu}} &= i\,e\left[\overline{\psi}(x)\,\gamma_{\mu}\,\frac{\partial\psi(x)}{\partial x_{\mu}} + \frac{\partial\overline{\psi}(x)}{\partial x_{\mu}}\,\gamma_{\mu}\,\psi(x)\right] = \\ &= i\,e\left[-\,m\,\overline{\psi}(x)\,\psi(x) + m\,\overline{\psi}(x)\,\psi(x)\right] = 0. \end{aligned} \right\} \tag{12.21}$$

Genau wie wir vorher die elektromagnetischen Potentiale als Operatoren aufgefaßt haben, die die kanonischen Vertauschungsrelationen erfüllen, wollen wir jetzt versuchen, auch das Feld $\psi(x)$ als einen Operator aufzufassen. Diese Methode wird oft die „zweite Quantisierung" der Elektronen genannt. Hierbei sollte also die „gewöhnliche" Dirac-Gleichung die erste Quantisierung sein, die wir hier als die „klassische" Dirac-Theorie bezeichnen wollen. In dieser Theorie ist das Feld $\psi(x)$ eine klassische Größe, die außerdem der Zustandsvektor der Theorie ist. Nach der zweiten Quantisierung ist aber $\psi(x)$ kein Zustandsvektor, sondern die dynamische Variable der Theorie. Speziell kann also $\psi^*(x)\,\psi(x)$ *nicht* mehr als eine Wahrscheinlichkeitsdichte interpretiert werden.

Wie wir es früher mit dem elektromagnetischen Feld gemacht haben, entwickeln wir auch das Feld $\psi(x)$ nach ebenen Wellen

$$\psi_a(x) = \frac{1}{\sqrt{V}}\sum_{\boldsymbol{q}}\left\{e^{i(\boldsymbol{q}\boldsymbol{x}-E x_0)}\sum_{r=1}^{2}u_{\alpha}^{(r)}(\boldsymbol{q})\,a^{(r)}(\boldsymbol{q}) + e^{i(\boldsymbol{q}\boldsymbol{x}+E x_0)}\sum_{r=3}^{4}u_{\alpha}^{(r)}(\boldsymbol{q})\,a^{(r)}(\boldsymbol{q})\right\}. \tag{12.22}$$

Die Größen $a^{(r)}(\boldsymbol{q})$ sind also hier Operatoren, die wir jetzt als die dynamischen Variablen auffassen. Mit Hilfe dieser Größen wird die Hamilton-Funktion

$$H = \int d^3x\,\mathscr{H}(x) = \sum_{\boldsymbol{q}}E\left[\sum_{r=1}^{2}a^{*(r)}(\boldsymbol{q})\,a^{(r)}(\boldsymbol{q}) - \sum_{r=3}^{4}a^{*(r)}(\boldsymbol{q})\,a^{(r)}(\boldsymbol{q})\right] \tag{12.23}$$

und die Ladung

$$Q = -\,i\int j_4(x)\,d^3x = e\sum_{\boldsymbol{q}}\sum_{r=1}^{4}a^{*(r)}(\boldsymbol{q})\,a^{(r)}(\boldsymbol{q}). \tag{12.24}$$

Hier können wir versuchen, für die Matrizen $a^{(r)}$ die Darstellung (6.13) zu verwenden, was mit der Forderung

$$[\pi_\psi(x),\, \psi(x')]_{x_0=x'_0} = -\, i\, \delta(\boldsymbol{x} - \boldsymbol{x}') \tag{12.25}$$

äquivalent ist. Hierdurch wird die Energie auf Diagonalform gebracht, aber trotzdem kann diese Methode hier kaum als befriedigend angesehen werden. Die Eigenwerte der Energie können dann nach (12.23) sowohl positive wie negative Werte annehmen, und es gibt hier keine Nebenbedingung wie für das elektromagnetische Feld, um die Zustände mit negativer Energie auszuschließen. Weiter wird die Anzahl der möglichen Elektronen in demselben Zustand nicht beschränkt, während es experimentell bekannt ist, daß die Elektronen dem Ausschließungsprinzip gehorchen. Wir können deshalb diese orthodoxe kanonische Quantisierung nicht verwenden und wollen in Ziff. 13 eine andere Methode für die Quantisierung des DIRAC-Feldes entwickeln.

13. Quantisierung des DIRAC-Feldes mit Antikommutatoren. Auch in unserer modifizierten Quantisierungsmethode wollen wir fordern, daß der Kommutator von H und einem beliebigen Feldoperator gleich $-i$ mal der Zeitableitung des Operators ist. Dies ist offenbar erfüllt, wenn wir diese Eigenschaft nur für den Operator $\psi(x)$ fordern, da jeder andere Operator in der Theorie durch $\psi(x)$ ausgedrückt werden kann. Aus (12.22) und (12.23) folgt dann als hinreichende Quantisierungsvorschrift

$$[a^{*(r)}(\boldsymbol{q})\, a^{(r)}(\boldsymbol{q}),\, a^{(s)}(\boldsymbol{q}')] = -\, a^{(r)}(\boldsymbol{q})\, \delta_{rs}\, \delta_{\boldsymbol{q}\boldsymbol{q}'}, \tag{13.1}$$

$$[a^{*\,(r)}(\boldsymbol{q})\, a^{(r)}(\boldsymbol{q}),\, a^{*\,(s)}(\boldsymbol{q}')] = a^{*\,(r)}(\boldsymbol{q})\, \delta_{rs}\, \delta_{\boldsymbol{q}\boldsymbol{q}'}. \tag{13.2}$$

Die Gln. (13.1) und (13.2) haben viele Lösungen, von welchen die kanonische Quantisierung nur eine ist. Offenbar sind sie auch erfüllt, wenn wir fordern[1]

$$\{a^{*\,(r)}(\boldsymbol{q}),\, a^{(s)}(\boldsymbol{q}')\} = \delta_{rs}\, \delta_{\boldsymbol{q}\boldsymbol{q}'}, \tag{13.3}$$

$$\{a^{*\,(r)}(\boldsymbol{q}),\, a^{*\,(s)}(\boldsymbol{q}')\} = \{a^{(r)}(\boldsymbol{q}),\, a^{(s)}(\boldsymbol{q}')\} = 0. \tag{13.4}$$

Diese Relationen sind vollständig symmetrisch in a und a^*, und wir haben hier eine viel größere Freiheit bei der Definition der Partikelzahloperatoren als wir für das elektromagnetische Feld gehabt haben. Da a und a^* jetzt *anti*kommutieren, können wir (12.23) in folgender Weise umformen

$$H = \sum_{\boldsymbol{q}} E \left\{ \sum_{r=1}^{2} a^{*\,(r)}(\boldsymbol{q})\, a^{(r)}(\boldsymbol{q}) + \sum_{r=3}^{4} a^{(r)}(\boldsymbol{q})\, a^{*\,(r)}(\boldsymbol{q}) - 2 \right\}. \tag{13.5}$$

Definieren wir hier zwei neue Operatoren $b^{(r)}$ nach

$$b^{(1)}(\boldsymbol{q}) = a^{*\,(4)}(-\boldsymbol{q}), \tag{13.6}$$

$$b^{(2)}(\boldsymbol{q}) = a^{*\,(3)}(-\boldsymbol{q}), \tag{13.7}$$

so erfüllen $b^{(r)}$ und $b^{*\,(r)}$ auch die Vertauschungsrelationen (13.3) und (13.4). Die Gesamtenergie läßt sich jetzt mit Hilfe von „Partikelzahlen" N^+ und N^- ausdrücken

$$H = \sum_{\boldsymbol{q}} E \sum_{r=1}^{2} \left(N^{+\,(r)}(\boldsymbol{q}) + N^{-\,(r)}(\boldsymbol{q}) \right), \tag{13.8}$$

$$N^{+\,(r)}(\boldsymbol{q}) = a^{*\,(r)}(\boldsymbol{q})\, a^{(r)}(\boldsymbol{q}), \tag{13.9}$$

$$N^{-\,(r)}(\boldsymbol{q}) = b^{*\,(r)}(\boldsymbol{q})\, b^{(r)}(\boldsymbol{q}). \tag{13.10}$$

---

[1] P. JORDAN u. E. WIGNER: Z. Physik **47**, 631 (1928).

Das letzte Glied in (13.5) ist in (13.8) einfach weggelassen worden, da es nur eine c-Zahl ist und offenbar der Nullpunktsenergie des Feldes entspricht. Die Größen N^+ und N^- in (13.9) und (13.10) erfüllen

$$N^+(1 - N^+) = N^-(1 - N^-) = 0, \qquad (13.11)$$

wie aus (13.4) ohne Schwierigkeit gezeigt werden kann. Sie haben also nur die Eigenwerte 0 und 1 und keine anderen. Wir wollen sie daher als die Zahl der Partikeln mit gegebenem Impuls und gegebenem Spin interpretieren. Durch die Wahl des Antikommutators in (13.3) und (13.4) haben wir also erreicht, daß in einem gegebenen Zustand nur ein Elektron existieren kann. Dies ist das Ausschließungsprinzip, das wir hier als Konsequenz unserer Quantisierung mit Antikommutatoren gefunden haben. Es ist eine der wichtigsten Konsequenzen der Theorie quantisierter Felder, daß die Quantisierung mit unbegrenzten Eigenwerten der Partikelzahlen für Partikeln mit Spin $\frac{1}{2}$ zu unphysikalischen Folgerungen führt — die Energie wird nicht positiv definit. In ähnlicher Weise kann gezeigt werden, daß die Quantisierung von Partikeln mit ganzzahligem Spin nicht nach dem Ausschließungsprinzip ausgeführt werden kann[1].

Für die Ladung Q erhalten wir jetzt, wenn auch in (12.24) ein „Nullpunktsglied" weggelassen wird

$$Q = e \sum_{q,r} \left[N^{+(r)}(\boldsymbol{q}) - N^{-(r)}(\boldsymbol{q}) \right]. \qquad (13.12)$$

Diese Größe ist also jetzt nicht positiv definit, was aber gar nicht stört, sondern eher als ein befriedigender Zug der Theorie anzusehen ist. Wir haben hier gefunden, daß die Lösungen mit „negativer Energie" in (12.8) und (12.9) in der quantisierten Theorie als Partikeln mit positiver Energie aber entgegengesetzter Ladung auftreten. Dies entspricht der „Löchertheorie" von Dirac, ist aber hier ohne Zusatzannahme als Konsequenz unserer Quantisierung gefunden. Wollen wir die Partikeln N^+ als Elektronen deuten, muß also der numerische Wert von e in (13.12) negativ gewählt werden. Die Partikeln N^- entsprechen dann den Positronen.

Das Weglassen der Nullpunktsladung in (13.12) kann auch in sehr einfacher Weise im x-Raum formuliert werden. Wir können nämlich den Strom statt durch (12.20) in folgender Weise definieren[2]

$$j_\mu(x) = \frac{i\,e}{2} \left[\overline{\psi}(x)\,\gamma_\mu,\ \psi(x) \right]. \qquad (13.13)$$

Hier bedeutet

$$\left[\overline{\psi}(x)\,\gamma_\mu,\ \psi(x) \right] = \left[\overline{\psi}(x),\ \gamma_\mu\,\psi(x) \right] = \sum_{\alpha,\beta} (\gamma_\mu)_{\alpha\beta} \left(\overline{\psi}_\alpha(x)\,\psi_\beta(x) - \psi_\beta(x)\,\overline{\psi}_\alpha(x) \right). \quad (13.14)$$

Führen wir in (13.13) die Entwicklung (12.22) ein, so folgt nach einer einfachen Rechnung direkt der Ausdruck (13.12) für die Ladung Q. In ähnlicher Weise verschwinden die Vakuumerwartungswerte aller Stromkomponenten

$$\langle 0\,|\,j_\mu(x)\,|\,0\rangle = 0. \qquad (13.15)$$

Eine ähnliche Subtraktionsvorschrift für die Nullpunktsenergie läßt sich nicht in so einfacher Weise im x-Raum formulieren.

---

[1] W. Pauli: Progr. Theor. Phys. **5**, 526 (1950). In dieser Arbeit gibt es auch Hinweise auf die ältere Literatur.

[2] W. Heisenberg: Z. Physik **90**, 209 (1934).

Für die räumlichen Impulskomponenten P_k erhalten wir nach (3.12)

$$P_k = - i \int d^3x\, \overline{\psi}(x)\, \gamma_4 \frac{\partial\psi(x)}{\partial x_k} = \sum_q q_k \left\{ \sum_{r=1}^{2} \left(N^{+(r)}(\boldsymbol{q}) - N^{-(r)}(-\boldsymbol{q}) \right) + 2 \right\} = \left. \vphantom{\sum} \right\} \tag{13.16}$$
$$= \sum_{q,r} q_k \left(N^{+(r)}(\boldsymbol{q}) + N^{-(r)}(\boldsymbol{q}) \right).$$

Die Partikeln N^-, die wir früher als Positronen gedeutet haben, haben also, wenn sie nach (13.6), (13.7) und (13.10) definiert werden, den Impuls $\boldsymbol{q}$. Dies ist in voller Übereinstimmung mit den allgemeinen Gln. (3.21), denn das letzte Glied in (12.22) ist nach (13.6) und (13.7) ein *Erzeugungs*operator für Positronen, weshalb die x-Abhängigkeit dieses Gliedes e^{-ipx} sein muß, wenn p der Energie-Impulsvektor des Einpositron-Zustandes ist.

Zum Schluß wollen wir auch den Drehimpuls unserer Partikeln ausrechnen. Der symmetrische Energie-Impulstensor kann nach der in Ziff. 4 angegebenen Methode konstruiert werden. Das Ergebnis lautet

$$T_{\mu\nu}(x) = \overline{\psi}(x)\,\gamma_\mu \frac{\partial\psi(x)}{\partial x_\nu} + \frac{1}{8} \frac{\partial}{\partial x_\lambda} \left\{ \overline{\psi}(x)\left(\gamma_\lambda\left[\gamma_\mu,\gamma_\nu\right] + \gamma_\mu\left[\gamma_\nu,\gamma_\lambda\right] + \right. \right. \\ \left. \left. + \gamma_\nu\left[\gamma_\mu,\gamma_\lambda\right]\right)\psi(x) \right\}. \tag{13.17}$$

Für die räumlichen Komponenten des Drehimpulses erhalten wir hieraus nach partieller Integration

$$J_{ij} = J_{ij}^{(0)} + J_{ij}^{(1)}, \tag{13.18}$$

$$J_{ij}^{(0)} = \frac{i}{2} \int d^3x \left(\left[\overline{\psi}(x),\,\gamma_4\frac{\partial\psi(x)}{\partial x_i}\right] x_j - \left[\overline{\psi}(x),\,\gamma_4\frac{\partial\psi(x)}{\partial x_j}\right] x_i \right), \tag{13.19}$$

$$J_{ij}^{(1)} = \frac{i}{8} \int d^3x \left(\left[\overline{\psi}(x),\,\gamma_4\gamma_j\gamma_i\,\psi(x)\right] - \left[\overline{\psi}(x),\,\gamma_4\gamma_i\gamma_j\,\psi(x)\right] \right) = \\ = \frac{1}{4} \int d^3x \left[\psi^*(x),\,\sigma_{ij}\,\psi(x)\right], \tag{13.20}$$

mit

$$\sigma_{\mu\nu} = - \frac{i}{2}\left(\gamma_\mu\gamma_\nu - \gamma_\nu\gamma_\mu\right). \tag{13.20a}$$

In (13.19) und (13.20) sind die Produkte von $\overline{\psi}(x)$ und $\psi(x)$ durch die Kommutatoren $\frac{1}{2}\left[\overline{\psi}(x),\psi(x)\right]$ ersetzt worden, damit die Vakuumerwartungswerte der Drehimpulse verschwinden. Das Glied $J_{ij}^{(0)}$ enthält im Impulsraum einen Faktor $u_\alpha^{*(r)}(\boldsymbol{q})\,u_\alpha^{(s)}(\boldsymbol{q}) = \delta_{rs}$ und ist daher vom Polarisationszustand der Partikeln unabhängig. Wir wollen es deshalb als Bahndrehimpuls interpretieren. Die Komponente des anderen Gliedes $J^{(1)}$ in der Fortpflanzungsrichtung des Teilchens wird für einen Einelektron-Zustand, wenn wir die Fortpflanzungsrichtung als z-Richtung wählen,

$$J_{12}^{(1)}\,|q\rangle = \tfrac{1}{2}\,(-1)^{r+1}\,|q\rangle, \tag{13.21}$$

wie man einfach aus (13.20) und (12.22) nachrechnet. In ähnlicher Weise erhalten wir für die Einpositron-Zustände

$$J_{12}^{(1)}\,|q'\rangle = \tfrac{1}{2}\,(-1)^{r+1}\,|q'\rangle. \tag{13.22}$$

Die vollständige Ähnlichkeit von (13.21) und (13.22) ist durch die Indexwahl in (13.6) und (13.7) erreicht worden. Bei der Auswertung von (13.21) und (13.22) sind die (12.5) und (12.6) ähnlichen Matrixdarstellungen für σ_{ij}

$$\sigma_{ij} = \begin{pmatrix} \sigma_k & 0 \\ 0 & \sigma_k \end{pmatrix}, \qquad (ijk) \text{ cycl.} \tag{13.23}$$

verwendet worden.

14. Ladungssymmetrie der Theorie. Wie schon oben nach Gl. (13.12) angedeutet worden ist, enthält die Interpretation der Theorie eine gewisse Willkür. Wir können entweder die Partikeln N^+ als Elektronen und N^- als Positronen betrachten und dabei der Größe e in (13.12) und (13.13) einen negativen Wert geben oder die Rollen von Elektronen und Positronen vertauschen, wobei e positiv gewählt werden muß. Wir können diese Tatsache so formulieren, daß die Theorie bei der Transformation

$$N^+ \underset{\leftarrow}{\overset{\rightarrow}{\rightleftarrows}} N^-, \tag{14.1}$$

$$e \leftarrow - e \tag{14.2}$$

invariant ist. Diese Invarianzeigenschaft kann auch im x-Raum formuliert werden. Erinnern wir uns, daß der Operator $\psi(x)$ Vernichtungsoperatoren für Elektronen aber Erzeugungsoperatoren für Positronen enthält, während das Umgekehrte für $\overline{\psi}(x)$ oder $\psi^*(x)$ gilt, ist es einleuchtend, daß die Transformation $N^+ \underset{\leftarrow}{\overset{\rightarrow}{\rightleftarrows}} N^-$ im wesentlichen einer Vertauschung von $\psi(x)$ und $\overline{\psi}(x)$ entsprechen muß. Damit wir eine vollständige Symmetrie der beiden Formulierungen erhalten, ist es aber nicht hinreichend, nur $\psi(x)$ und $\overline{\psi}(x)$ zu vertauschen, sondern wir müssen die ein wenig kompliziertere Transformation

$$\psi_\alpha(x) \to \psi'_\alpha(x) = C_{\alpha\beta} \overline{\psi}_\beta(x) \tag{14.3}$$

studieren[1]. Können wir hier eine Matrix C mit den Eigenschaften

$$C_{\alpha\beta} = - C_{\beta\alpha}, \tag{14.4}$$

$$(C^{-1})_{\alpha\beta} = (C_{\beta\alpha})^*, \tag{14.5}$$

$$(C^{-1}\gamma_\mu C)_{\alpha\beta} = - (\gamma_\mu)_{\beta\alpha} \tag{14.6}$$

finden, so erfüllt der Operator $\psi'(x)$ dieselbe Bewegungsgleichung wie $\psi(x)$

$$\left.\begin{aligned} \left(\gamma\frac{\partial}{\partial x} + m\right)\psi'(x) &= \left(\gamma C \frac{\partial}{\partial x} + m C\right)\overline{\psi}(x) = C\left[C^{-1}\gamma C \frac{\partial}{\partial x} + m\right]\overline{\psi}(x) = \\ &= C\left[-\frac{\partial\overline{\psi}(x)}{\partial x}\gamma + m\overline{\psi}(x)\right] = 0. \end{aligned}\right\} \tag{14.7}$$

Bei dieser Transformation ist also C eine Matrix von derselben Art wie die γ-Matrizen, wirkt aber nicht auf die „Partikelzahlindices" der Operatoren $\psi(x)$. Führen wir also für $\psi'(x)$ eine zu (12.22) analoge Entwicklung ein und interpretieren die Zustände mit „positivem" q_0 als Elektronen, so wird hierbei der HILBERT-Raum der Elektronen mit dem der Positronen einfach vertauscht.

Wir sehen weiter, daß die ganze Theorie bei den beiden Transformationen (14.2) und (14.3) wirklich invariant ist. So erhalten wir z.B. für den neuen Stromvektor

$$\left.\begin{aligned} j'_\mu(x) &= -\frac{ie}{2}[\overline{\psi}'(x), \gamma_\mu\psi'(x)] = -\frac{ie}{2}[C^{-1}\psi(x), \gamma_\mu C\overline{\psi}(x)] = \\ &= \frac{ie}{2}[\psi(x), C^{-1}\gamma_\mu C\,\overline{\psi}(x)] = \frac{ie}{2}[\overline{\psi}(x), \gamma_\mu\psi(x)] = j_\mu(x), \end{aligned}\right\} \tag{14.8}$$

---

[1] W. PAULI: Ann. Inst. H. Poincaré **6**, 109 (1936). Die Matrix C von PAULI ist von unserem C ein wenig verschieden. Vgl. J. SCHWINGER: Phys. Rev. **74**, 1439 (1948).

da nach (14.3) bis (14.6)

$$\overline{\psi}'_\alpha(x) = \psi'^*_\beta(x)\,(\gamma_4)_{\beta\alpha} = -\,\left(C^{-1}\gamma_4\,\psi(x)\right)_\beta (\gamma_4)_{\beta\alpha} = \left.\begin{array}{c} \\ \\ \end{array}\right\}$$
$$= -\,(C^{-1}\gamma_4\,C)_{\beta\delta}\left(C^{-1}\psi(x)\right)_\delta (\gamma_4)_{\beta\alpha} = (C^{-1})_{\alpha\beta}\,\psi_\beta(x) \qquad (14.9)$$

ist. Die LAGRANGE-Funktion (12.16) ist nicht invariant bei dieser „Ladungs-konjugation", auch nicht wenn sie „symmetrisiert" wird und als

$$\mathscr{L}_1 = -\,\frac{1}{2}\left[\overline{\psi}(x),\,\left(\gamma\,\frac{\partial}{\partial x} + m\right)\psi(x)\right] \qquad (14.10)$$

geschrieben wird. Es gilt nämlich

$$\mathscr{L}_2 = -\,\frac{1}{2}\left[\overline{\psi}'(x),\,\left(\gamma\,\frac{\partial}{\partial x} + m\right)\psi'(x)\right] = -\,\frac{1}{2}\left[-\,\frac{\partial\overline{\psi}(x)}{\partial x}\,\gamma + m\,\overline{\psi}(x),\,\psi(x)\right] \neq \mathscr{L}_1. \quad (14.11)$$

Diese beiden Funktionen geben die richtigen Bewegungsgleichungen, weshalb wir auch den vollständig symmetrischen Ausdruck

$$\mathscr{L} = \frac{1}{2}\,(\mathscr{L}_1 + \mathscr{L}_2) = -\,\frac{1}{4}\left[\overline{\psi}(x),\,\left(\gamma\,\frac{\partial}{\partial x} + m\right)\psi(x)\right] - \left.\begin{array}{c} \\ \\ \end{array}\right\}$$
$$-\,\frac{1}{4}\left[-\,\frac{\partial\overline{\psi}(x)}{\partial x}\,\gamma + m\,\overline{\psi}(x),\,\psi(x)\right] \qquad (14.12)$$

als LAGRANGE-Funktion wählen können. In (14.10) bis (14.12) haben wir zwar die ursprüngliche Voraussetzung aufgeben müssen, daß in der LAGRANGE-Funktion die Feldgrößen als klassische Funktionen zu betrachten sind; denn für solche Größen würden die Kommutatoren identisch verschwinden. Wir müssen dann bei der Variation die Größen $\psi(x)$ und $\overline{\psi}(x)$ als Operatoren betrachten, können aber die Variationen selbst als unabhängige c-Zahlen ansehen. Die variierten Feldoperatoren haben dann zwar nicht die richtigen Vertauschungs-relationen, aber das stört eigentlich nicht, wenn nur die richtigen Bewegungs-gleichungen erhalten werden. Die mit der LAGRANGE-Funktion (14.12) gebildete Energie-Impulsdichte $T_{\mu\nu}$ ist von vornherein ladungssymmetrisch.

Wir müssen aber nun zeigen, daß eine Matrix C, die die Gln. (14.4) bis (14.6) erfüllt, auch tatsächlich existiert. Dies geschieht am einfachsten dadurch, daß wir die Matrix explizit angeben. Mit der in (12.5) und (12.6) gewählten Dar-stellung der γ-Matrizen gilt offenbar

$$(\gamma_\mu)_{\alpha\beta} = (\gamma_\mu)_{\beta\alpha} \qquad \text{für}\quad \mu = 4 \text{ oder } 2, \qquad (14.13)$$

$$(\gamma_\mu)_{\alpha\beta} = -\,(\gamma_\mu)_{\beta\alpha} \quad \text{für}\quad \mu = 1 \text{ oder } 3. \qquad (14.14)$$

Wählen wir also

$$C = \gamma_2\gamma_4, \qquad (14.15)$$

so ist die Matrix C unitär und nach (14.14) auch schiefsymmetrisch, d.h. (14.4) und (14.5) sind erfüllt. Es gilt weiter

$$C^{-1}\gamma_\mu C = \gamma_4\gamma_2\gamma_\mu\gamma_2\gamma_4 = -\,\gamma_\mu \quad \text{für}\quad \mu = 2,4, \qquad (14.16)$$

$$C^{-1}\gamma_\mu C = \gamma_4\gamma_2\gamma_\mu\gamma_2\gamma_4 = \gamma_\mu \qquad \text{für}\quad \mu = 1,3. \qquad (14.17)$$

Mit Hilfe von (14.13) und (14.14) folgt die Äquivalenz von (14.6), (14.16) und (14.17).

Zum Schluß wollen wir einen neuen Beweis von (13.15) geben, in welchem nur die Ladungssymmetrie der Theorie benutzt wird, nicht aber die explizite Form der Entwicklung (12.22). Bei der Vertauschung der beiden HILBERT-

Räume bleibt offenbar das Vakuum invariant. Als Folge der Ladungssymmetrie gilt also

$$\langle 0 \,|\, [\overline{\psi}'(x), \gamma_\mu \psi'(x)] \,|\, 0 \rangle = \langle 0 \,|\, [\overline{\psi}(x), \gamma_\mu \psi(x)] \,|\, 0 \rangle. \tag{14.18}$$

Nach (14.8) gilt aber als Operatoridentität

$$[\overline{\psi}'(x), \gamma_\mu \psi'(x)] = - [\overline{\psi}(x), \gamma_\mu \psi(x)]. \tag{14.19}$$

Durch Kombination von (14.18) und (14.19) erhalten wir für den Vakuumerwartungswert des Vektors $j_\mu(x)$

$$\langle 0 \,|\, j_\mu(x) \,|\, 0 \rangle = 0. \tag{14.20}$$

In ähnlich einfacher Weise können wir zeigen, daß der Vakuumerwartungswert einer *ungeraden* Anzahl von Stromoperatoren verschwinden muß

$$\langle 0 \,|\, j_{\nu_1}(x_1) j_{\nu_2}(x_2) \dots j_{\nu_{2n+1}}(x_{2n+1}) \,|\, 0 \rangle = 0. \tag{14.21}$$

Zwar sind diese Beweise nicht ganz stichhaltig, da sie eine Manipulation mit unbestimmten Ausdrücken enthalten. Physikalisch ist aber wenigstens das Ergebnis (14.20) sicher richtig, und wir werden später sehen, daß wir mit Hilfe von geeigneten Grenzübergängen die Gln. (14.20) und (14.21) wirklich erhalten können.

15. Antikommutatoren und Kommutatoren im x-Raum. Die S-Funktionen. Analog zur Behandlung des elektromagnetischen Feldes können wir auch hier den Kommutator und den Antikommutator von $\overline{\psi}(x)$ und $\psi(x')$ ausrechnen. Nach (13.3) und (13.4) ist es aber hier der Antikommutator, der eine c-Zahl ist, für welchen wir somit einen einfachen Ausdruck erwarten können. Aus (12.22) und (13.3), (13.4) erhalten wir

$$\left. \begin{aligned} \{\overline{\psi}_\alpha(x), &\psi_\beta(x')\} = \\ &= \frac{1}{V} \sum_{q,q'} \sum_{r,s} \left[\overline{u}_\alpha^{(r)}(\boldsymbol{q}) u_\beta^{(s)}(\boldsymbol{q}') e^{-iq^{(+)}x + iq'^{(+)}x'} \{a^{*\,(r)}(\boldsymbol{q}), a^{(s)}(\boldsymbol{q}')\} + \cdots \right] = \\ &= \frac{1}{V} \sum_q \left\{ \sum_{r=1}^{2} \overline{u}_\alpha^{(r)}(\boldsymbol{q}) u_\beta^{(r)}(\boldsymbol{q}) e^{iq^{(+)}(x'-x)} + \sum_{r=3}^{4} \overline{u}_\alpha^{(r)}(\boldsymbol{q}) u_\beta^{(r)}(\boldsymbol{q}) e^{iq^{(-)}(x'-x)} \right\}. \end{aligned} \right\} \tag{15.1}$$

Mit Hilfe von (12.12) und (12.13) können wir die Summation über r in (15.1) direkt ausführen

$$\left. \begin{aligned} \{\overline{\psi}_\alpha(x), &\psi_\beta(x')\} = \\ &= \frac{-1}{V} \sum_q \frac{1}{2E} \left\{ (i\gamma q^{(+)} - m)_{\beta\alpha} e^{iq^{(+)}(x'-x)} - (i\gamma q^{(-)} - m)_{\beta\alpha} e^{iq^{(-)}(x'-x)} \right\} \to \\ &\to \frac{-1}{(2\pi)^3} \int \frac{d^3q}{2E} \left[(i\gamma q^{(+)} - m)_{\beta\alpha} e^{iq^{(+)}(x'-x)} - (i\gamma q^{(-)} - m)_{\beta\alpha} e^{iq^{(-)}(x'-x)} \right] = \\ &= \frac{-1}{(2\pi)^3} \int dq\, e^{iq(x'-x)} (i\gamma q - m)_{\beta\alpha} \delta(q^2 + m^2)\, \varepsilon(q). \end{aligned} \right\} \tag{15.2}$$

Die rechte Seite von (15.2) wird im folgenden sehr häufig auftreten, und es wird für uns zweckmäßig sein, für sie eine spezielle Bezeichnung zu haben. Wir schreiben deshalb

$$\{\overline{\psi}_\alpha(x), \psi_\beta(x')\} = - i S_{\beta\alpha}(x' - x) \tag{15.3}$$

mit

$$S_{\alpha\beta}(x) = \frac{-i}{(2\pi)^3} \int dq\, e^{iqx} (i\gamma q - m)_{\alpha\beta}\, \delta(q^2 + m^2)\, \varepsilon(q). \tag{15.4}$$

Diese Funktion $S(x)$ hängt offenbar sehr eng mit der früher studierten Funktion $\Delta(x)$ zusammen. In der Tat folgt aus (15.4), (7.6) und der Bemerkung nach Gl. (7.37)

$$S(x) = \left(\gamma \frac{\partial}{\partial x} - m\right) \Delta(x).$$ (15.5)

Speziell für $x_0 = 0$ wird $S(x)$

$$S(x)\big|_{x_0=0} = i\gamma_4 \delta(\boldsymbol{x}).$$ (15.6)

Gl. (15.6) kann direkt aus der Integraldarstellung (15.4) bewiesen werden, folgt aber auch aus (15.5) unter Berücksichtigung von (7.35).

Wie die Funktion $\Delta(x)$ für die Lösung der Wellengleichung

$$(\square - m^2)\, u(x) = 0$$ (15.7)

mit gegebenen Anfangswerten verwendet werden konnte, können wir mit Hilfe der S-Funktion die Dirac-Gleichung

$$\left(\gamma \frac{\partial}{\partial x} + m\right) \psi(x) = 0$$ (15.8)

mit der Anfangsbedingung

$$\psi(x) = u(\boldsymbol{x}) \quad \text{für} \quad x_0 = T$$ (15.9)

lösen. Aus (15.4) oder (15.5) folgt nämlich, daß die S-Funktion die Gleichung

$$\left(\gamma \frac{\partial}{\partial x} + m\right) S(x) = 0$$ (15.10)

erfüllt, so daß

$$\psi(x) = -i \int_{x_0'=T} d^3x'\, S(x - x')\gamma_4 u(\boldsymbol{x}')$$ (15.11)

jedenfalls eine Lösung der Dirac-Gleichung (15.8) ist. Diese Lösung genügt ferner nach (15.6) auch der Anfangsbedingung (15.9) für $x_0 = T$ und ist somit auch die Lösung des gestellten Problems.

In ähnlicher Weise können wir auch die inhomogene Gleichung

$$\left(\gamma \frac{\partial}{\partial x} + m\right) \psi(x) = f(x)$$ (15.12)

durch

$$\psi(x) = \int_{x_0'=T}^{x_0'=x_0} S(x - x')\, f(x')\, dx' - i \int_{x_0=T} d^3x'\, S(x - x')\gamma_4 u(\boldsymbol{x}')$$ (15.13)

mit derselben Anfangsbedingung als oben lösen. Wie in Ziff. 7 können wir auch hier den Grenzübergang $T \to -\infty$ ausführen. Unter der Voraussetzung, daß das letzte Glied dem Grenzwert $\psi^{(0)}(x)$ zustrebt, können wir dann (15.13) in folgender Weise schreiben

$$\psi(x) = \psi^{(0)}(x) - \int S_R(x - x')\, f(x')\, dx',$$ (15.14)

wo die retardierte S-Funktion $S_R(x)$ durch

$$S_R(x) = \left\{ \begin{array}{ll} -S(x) & \text{für} \quad x_0 > 0 \\ 0 & \text{für} \quad x_0 < 0 \end{array} \right\}$$ (15.15)

definiert ist. Genau wie für die Funktionen $D(x)$ oder $\Delta(x)$ können wir hier auch eine avancierte S-Funktion $S_A(x)$ und eine Funktion $\overline{S}(x)$ durch

$$S_A(x) = \begin{cases} 0 & \text{für} \quad x_0 > 0 \\ S(x) & \text{für} \quad x_0 < 0, \end{cases} \tag{15.16}$$

$$\overline{S}(x) = -\tfrac{1}{2}\,\varepsilon(x)\,S(x) \tag{15.17}$$

einführen. Diese Funktionen werden in ähnlicher Weise wie die entsprechenden Δ-Funktionen verwendet. Sie erfüllen die Differentialgleichungen

$$\left(\gamma\frac{\partial}{\partial x} + m\right)\overline{S}(x) = \left(\gamma\frac{\partial}{\partial x} + m\right)S_R(x) = \left(\gamma\frac{\partial}{\partial x} + m\right)S_A(x) = -\delta(x) \tag{15.18}$$

und haben die Integraldarstellungen[1]

$$\overline{S}(x) = \frac{1}{(2\pi)^4}\,P\int dp\, e^{ipx}\,\frac{i\gamma p - m}{p^2 + m^2}, \tag{15.19}$$

$$S_R(x) = \frac{1}{(2\pi)^4}\int dp\, e^{ipx}\,(i\gamma p - m)\left[P\frac{1}{p^2 + m^2} + i\pi\,\varepsilon(p)\,\delta(p^2 + m^2)\right], \tag{15.20}$$

$$S_A(x) = \frac{1}{(2\pi)^4}\int dp\, e^{ipx}\,(i\gamma p - m)\left[P\frac{1}{p^2 + m^2} - i\pi\,\varepsilon(p)\,\delta(p^2 + m^2)\right]. \tag{15.21}$$

Der Beweis dieser Formeln ist nicht ganz trivial, sondern fordert ein wenig Vorsicht hinsichtlich der Ableitung der Funktionen $\varepsilon(x)$. Als Beispiel geben wir die Rechnung für die Integraldarstellung (15.19)

$$\overline{S}(x) = -\frac{1}{2}\,\varepsilon(x)\left(\gamma\frac{\partial}{\partial x} - m\right)\Delta(x) = \left(\gamma\frac{\partial}{\partial x} - m\right)\overline{\Delta}(x) + \frac{i}{2}\,\gamma_4\Delta(x)\,\frac{\partial\varepsilon(x)}{\partial x_0}. \tag{15.22}$$

Die Zeitableitung der Funktion $\varepsilon(x)$ ist gleich $2\cdot\delta(x_0)$, und das letzte Glied in (15.22) enthält die Funktion $\Delta(x)$ auf der Fläche $x_0 = 0$. Nach (7.35) haben wir also

$$\overline{S}(x) = \left(\gamma\frac{\partial}{\partial x} - m\right)\overline{\Delta}(x), \tag{15.23}$$

und hieraus folgt (15.19) nach einfachem Rechnen und unter Verwendung der Integraldarstellung von $\overline{\Delta}(x)$. Die anderen Gleichungen (15.20) und (15.21) können entweder in ähnlicher Weise erhalten werden oder können aus den Beziehungen

$$S_{R,A}(x) = \overline{S}(x) \mp \tfrac{1}{2}S(x) \tag{15.24}$$

bewiesen werden. Die Differentialgleichungen (15.18) folgen am einfachsten aus den Integraldarstellungen.

Kehren wir jetzt zum Antikommutator (15.3) zurück, so sehen wir aus (15.6), daß, wenn die beiden Zeiten gleich sind, der Antikommutator den Wert

$$\{\overline{\psi}_\alpha(x),\, \psi_\beta(x')\}_{x_0 = x_0'} = (\gamma_4)_{\beta\alpha}\,\delta(\boldsymbol{x} - \boldsymbol{x}') \tag{15.25}$$

annimmt. Diese Gleichung läßt sich auch in folgender Weise schreiben

$$\{\pi_\psi(x),\, \psi(x')\}_{x_0 = x_0'} = i\,\delta(\boldsymbol{x} - \boldsymbol{x}'). \tag{15.26}$$

Diese Gleichung hat eine gewisse formale Ähnlichkeit mit den kanonischen Vertauschungsrelationen, und der einzige Unterschied besteht eigentlich in einem Vorzeichen.

---

[1] Das Zeichen P weist wie in Gl. (7.24) auf den Hauptwert hin.

In ähnlicher Weise erhalten wir aus (12.22), (13.3) und (13.4)

$$\{\psi(x), \psi(x')\} = \{\overline{\psi}(x), \overline{\psi}(x')\} = 0. \tag{15.27}$$

In (15.27) ist *nicht* vorausgesetzt worden, daß die zwei Punkte x und x' einen raumartigen Abstand haben.

Der Kommutator

$$[\overline{\psi}_\alpha(x), \psi_\beta(x')] \tag{15.28}$$

ist keine c-Zahl, aber wie zuvor für den Antikommutator zwischen den elektromagnetischen Potentialen können wir auch für (15.28) den Vakuumerwartungswert ausrechnen. Nach einfacher Rechnung erhalten wir hierfür

$$\langle 0 | [\overline{\psi}_\alpha(x), \psi_\beta(x')] | 0 \rangle = S^{(1)}_{\beta\alpha}(x' - x), \tag{15.29}$$

$$S^{(1)}(x) = \left(\gamma \frac{\partial}{\partial x} - m \right) \varLambda^{(1)}(x) = \frac{1}{(2\pi)^3} \int dp\, e^{ipx} (i\,\gamma\,p - m)\, \delta(p^2 + m^2). \tag{15.30}$$

Die Funktion $S^{(1)}(x)$ verschwindet *nicht* für raumartiges x, weil die Funktion $\varLambda^{(1)}(x)$ dies nicht tut. Würden wir also versuchen, eine Ausmessung des DIRAC-Feldes in ähnlicher Weise zu diskutieren, wie wir es früher für das elektromagnetische Feld getan haben, würden wir hier finden, daß die Störungen sich mit Überlichtgeschwindigkeit fortpflanzen müßten. Dies wäre ein Widerspruch mit den Grundlagen der Relativitätstheorie und ist somit nicht zulässig. Es gibt aber keine Experimente — auch nicht Gedankenexperimente — mit deren Hilfe wir das Feld $\psi(x)$ direkt studieren können, so daß es daher nicht als Signal zwischen zwei Beobachtern verwendet werden kann. Gl. (15.29) enthält also in sich keinen Widerspruch. Wir müssen aber kontrollieren, daß der Kommutator zwischen zwei Stromkomponenten, die beobachtbar sind, für raumartige Abstände verschwindet. Für diese Größe erhalten wir

$$\begin{aligned}
[j_\mu(x), j_\nu(x')] &= -\frac{e^2}{4} [[\overline{\psi}(x), \gamma_\mu \psi(x)], [\overline{\psi}(x'), \gamma_\nu \psi(x')]] = \\
&= -e^2 [\overline{\psi}(x)\gamma_\mu\psi(x), \overline{\psi}(x')\gamma_\nu\psi(x')] = \\
&= e^2 (\overline{\psi}(x')\gamma_\nu\psi(x')\,\overline{\psi}(x)\,\gamma_\mu\psi(x) - \overline{\psi}(x)\gamma_\mu\psi(x)\,\overline{\psi}(x')\gamma_\nu\psi(x')).
\end{aligned} \tag{15.31}$$

Die erste Umformung in (15.31) wird dadurch gerechtfertigt, daß der Unterschied zwischen $\frac{1}{2}[\overline{\psi}_\alpha(x), \psi_\beta(x')]$ und $\overline{\psi}_\alpha(x)\,\psi_\beta(x')$ eine c-Zahl ist, die im Kommutator nichts ausmacht. Mit Hilfe der Formel

$$\psi_\alpha(x)\,\overline{\psi}_\beta(x') = -i\,S_{\alpha\beta}(x - x') - \overline{\psi}_\beta(x')\,\psi_\alpha(x) \tag{15.32}$$

können wir (15.31) in folgender Weise umformen

$$\begin{aligned}
[j_\mu(x), j_\nu(x')] &= i\,e^2 (\overline{\psi}(x)\gamma_\mu S(x-x')\gamma_\nu\psi(x') - \overline{\psi}(x')\gamma_\nu S(x'-x)\gamma_\mu\psi(x)) + \\
&+ e^2 (\overline{\psi}_\alpha(x)\overline{\psi}_\beta(x')(\gamma_\mu\psi(x))_\alpha(\gamma_\nu\psi(x'))_\beta - \overline{\psi}_\beta(x')\overline{\psi}_\alpha(x)(\gamma_\nu\psi(x'))_\beta(\gamma_\mu\psi(x))_x).
\end{aligned} \tag{15.33}$$

Wegen (15.27) kompensieren sich die beiden letzten Glieder in (15.33), und wir erhalten nach Anwendung von

$$\overline{\psi}_\alpha(x)\,\psi_\beta(x') = \frac{1}{2}[\overline{\psi}_\alpha(x), \psi_\beta(x')] - \frac{i}{2}\,S_{\beta\alpha}(x' - x) \tag{15.34}$$

das Ergebnis

$$\begin{aligned}
[j_\mu(x), j_\nu(x')] &= \frac{i\,e^2}{2} \{[\overline{\psi}(x), \gamma_\mu S(x-x')\gamma_\nu\psi(x')] - [\overline{\psi}(x'), \gamma_\nu S(x'-x)\gamma_\mu\psi(x)]\} + \\
&+ \frac{e^2}{2} \{\mathrm{Sp}\,[\gamma_\mu S(x-x')\gamma_\nu S(x'-x)] - \mathrm{Sp}\,[\gamma_\nu S(x'-x)\gamma_\mu S(x-x')]\} = \\
&= \frac{i\,e^2}{2} \{[\overline{\psi}(x), \gamma_\mu S(x - x')\gamma_\nu\psi(x')] - [\overline{\psi}(x'), \gamma_\nu S(x'-x)\gamma_\mu\psi(x)]\}.
\end{aligned} \tag{15.35}$$

Da in jedem Glied in (15.35) ein Faktor $S(x'-x)$ auftritt, verschwindet der Kommutator für alle von Null verschiedenen, raumartigen Abstände.

16. Die DIRAC-Gleichung mit einem zeitunabhängigen, äußeren, elektromagnetischen Feld. Die „klassiche" DIRAC-Gleichung für ein Elektron in einem äußeren, elektromagnetischen Feld ist

$$\left[\gamma\left(\frac{\partial}{\partial x}-i\,e\,A\right)+m\right]\psi(x)=0. \tag{16.1}$$

Ist das äußere Feld insbesondere unabhängig von der Zeit, so können wir Lösungen der Form

$$\psi_\alpha(x)=u_\alpha(\boldsymbol{x})\,e^{-i\,p_0\,x_0} \tag{16.2}$$

suchen. Die Funktionen $u(\boldsymbol{x})$ erfüllen die Eigenwertgleichung

$$\mathscr{H}\,u(\boldsymbol{x})=p_0\,u(\boldsymbol{x}) \tag{16.3}$$

mit dem hermitischen Operator $\mathscr{H}$

$$\mathscr{H}=\alpha_k\left(-i\,\frac{\partial}{\partial x_k}-e\,A_k(\boldsymbol{x})\right)+m\,\gamma_4+e\,A_0(\boldsymbol{x}) \tag{16.4}$$

und den hermitischen Matrizen α_k

$$\alpha_k=i\,\gamma_4\gamma_k=\begin{pmatrix}0&\sigma_k\\\sigma_k&0\end{pmatrix}. \tag{16.5}$$

Das System $u_\alpha^{(n)}(\boldsymbol{x})$ von Lösungen zu (16.3) können wir als orthonormiert und vollständig voraussetzen

$$\int d^3x\,u_\alpha^{*(n)}(\boldsymbol{x})\,u_\alpha^{(n')}(\boldsymbol{x})=\delta_{nn'}, \tag{16.6}$$

$$\sum_n u_\alpha^{*(n)}(\boldsymbol{x})\,u_\beta^{(n)}(\boldsymbol{x}')=\delta_{\alpha\beta}\,\delta(\boldsymbol{x}-\boldsymbol{x}'). \tag{16.7}$$

Die Eigenwerte p_0 in (16.3) können sowohl positiv als auch negativ sein. Aus der Ladungssymmetrie der Theorie sehen wir sofort, daß wenn $p_0=E,\,E>0$, ein Eigenwert ist und die entsprechende Eigenfunktion $u_\alpha(\boldsymbol{x},E)$ genannt wird, die Funktion $u'_\alpha(\boldsymbol{x},E)=C_{\alpha\beta}\,\bar{u}_\beta(\boldsymbol{x},-E)$ eine Eigenfunktion von $\mathscr{H}$ mit dem Eigenwert $p_0=-E$ ist. Die Matrix C ist dabei die in Ziff. 14 benutzte Größe.

In der quantisierten Theorie schreiben wir

$$\psi_\alpha(x)=\sum_{E_n>0}\{u_\alpha^{(n)}(\boldsymbol{x})\,e^{-i\,E_n\,x_0}\,a^{(n)}+u'^{(n)}_\alpha(\boldsymbol{x})\,e^{i\,E_n\,x_0}\,b^{*(n)}\} \tag{16.8}$$

und fordern wie zuvor

$$\{\overline{\psi}_\alpha(x),\,\psi_\beta(x')\}_{x_0=x'_0}=(\gamma_4)_{\beta\alpha}\,\delta(\boldsymbol{x}-\boldsymbol{x}'), \tag{16.9}$$

$$\{\overline{\psi}_\alpha(x),\,\overline{\psi}_\beta(x')\}_{x_0=x'_0}=\{\psi_\alpha(x)\,,\,\psi_\beta(x')\}_{x_0=x'_0}=0. \tag{16.10}$$

Aus den Gln. (16.6) bis (16.10) folgt jetzt

$$\{a^{*(n)},\,a^{(n')}\}=\{b^{*(n)},\,b^{(n')}\}=\delta_{nn'}, \tag{16.11}$$

$$\{a^{(n)},\,a^{(n')}\}=\{a^{(n)},\,b^{(n')}\}=\cdots=0. \tag{16.12}$$

Für zwei beliebige Punkte x und x' erhalten wir statt (16.9)

$$\{\overline{\psi}_\alpha(x),\,\psi_\beta(x')\}=-i\,S_{\beta\alpha}(x',x), \tag{16.13}$$

$$S_{\beta\alpha}(x',x)=i\sum_{E_n>0}\left[\bar{u}_\alpha^{(n)}(\boldsymbol{x})\,u_\beta^{(n)}(\boldsymbol{x}')\,e^{-i\,E_n(x'_0-x_0)}+\bar{u}'^{(n)}_\alpha(\boldsymbol{x})\,u'^{(n)}_\beta(\boldsymbol{x}')\,e^{i\,E_n(x'_0-x_0)}\right]. \tag{16.14}$$

Die Funktion $S(x, x')$ erfüllt offenbar die Differentialgleichung

$$\left[\gamma\left(\frac{\partial}{\partial x} - i\,e\,A(x)\right) + m\right] S(x, x') = 0 \tag{16.15}$$

mit der Anfangsbedingung

$$S(x, x') = i\,\gamma_4\,\delta(\boldsymbol{x} - \boldsymbol{x}') \quad \text{für} \quad x_0 = x_0' \tag{16.16}$$

und kann als durch die Gl. (16.15) und (16.16) definiert angesehen werden. Diese S-Funktion unterscheidet sich von der entsprechenden Funktion des freien Feldes unter anderem dadurch, daß sie nicht nur von der Differenz $x - x'$ abhängt, sondern als eine Funktion der *zwei* Größen x und x' aufgefaßt werden muß.

In Analogie zu (15.5) machen wir versuchsweise für $S(x, x')$ den Ansatz

$$S(x, x') = \left\{\gamma\left[\frac{\partial}{\partial x} - i\,e\,A(x)\right] - m\right\} \varDelta(x, x'). \tag{16.17}$$

Die Funktion $\varDelta(x, x')$ erfüllt dann die Differentialgleichung

$$\left\{\left[\frac{\partial}{\partial x} - i\,e\,A(x)\right]^2 - m^2 - \frac{e}{2}\,\sigma_{\mu\nu}\,F_{\mu\nu}(x)\right\} \varDelta(x, x') = 0 \tag{16.18}$$

mit den Anfangsbedingungen

$$\begin{aligned} \varDelta(x, x') &= 0 \\ \frac{\partial \varDelta(x, x')}{\partial x_0} &= -\,\delta(\boldsymbol{x} - \boldsymbol{x}') \end{aligned} \quad\Biggr\} \quad \text{für} \quad x_0 = x_0'. \qquad \begin{aligned} &\text{(16.19)}\\[1.2em] &\text{(16.20)} \end{aligned}$$

Zwar ist durch diese Umformung nicht allzuviel gewonnen, denn die Funktion $\varDelta(x, x')$ enthält immer noch wegen des letzten Gliedes in (16.18) zwei Spinindices, und die Lösung der allgemeinen Gl. (16.18) ist beinahe so kompliziert wie die Lösung der ursprünglichen Gl. (16.15). Hier wollen wir als einfaches Beispiel zuerst den Fall mit einem konstanten, magnetischen Feld H diskutieren, wobei die Umformung (16.17) sich tatsächlich als zweckmäßig erweist. Ohne Einschränkung der Allgemeinheit können wir annehmen, daß H die Richtung der z-Achse hat und daß $e\mathsf{H} > 0$ ist. Als Vektorpotential $\boldsymbol{A}(x)$ können wir z.B. den Vektor

$$\boldsymbol{A}(x) = (0,\ \mathsf{H}\,x,\ 0) \tag{16.21}$$

wählen, wobei die Differentialgleichung (16.18) die Form

$$\left\{\varDelta - \frac{\partial^2}{\partial x_0^2} - 2i\,e\,\mathsf{H}\,x\,\frac{\partial}{\partial y} - e^2\,\mathsf{H}^2\,x^2 - m^2 + e\,\sigma_{12}\,\mathsf{H}\right\} \varDelta(x, x') = 0 \tag{16.22}$$

hat.

Wir betrachten zuerst die einfachere Gleichung

$$\left[\varDelta - \frac{\partial^2}{\partial x_0^2} - 2i\,x\,\frac{\partial}{\partial y} - x^2 - m^2\right] G(x, x') = 0 \tag{16.23}$$

und das entsprechende Eigenwertproblem

$$\left[-\varDelta + 2i\,x\,\frac{\partial}{\partial y} + x^2 + m^2\right] u(\boldsymbol{x}) = E^2\,u(\boldsymbol{x}). \tag{16.24}$$

Das System von Eigenfunktionen zu (16.24) ist bekanntlich

$$u_{kln}(\boldsymbol{x}) = \frac{1}{2\pi}\,e^{i(ly + kz)}\,\mathrm{H}_n(x - l), \tag{16.25}$$

$$E_{kn}^2 = m^2 + k^2 + 2n + 1, \tag{16.26}$$

wo die Funktion $H_n(x)$ in (16.25) eine normierte Eigenfunktion eines harmonischen Oszillators mit der Frequenz 1 ist. Für diese Funktion verwenden wir hier die Integraldarstellung

$$H_n(x) = \frac{\sqrt{2^n \cdot n!}}{\sqrt[4]{\pi}}\, e^{-\frac{x^2}{2}}\, \frac{1}{2\pi i} \oint \frac{dp}{p^{n+1}}\, e^{-\frac{p^2}{4}}\, e^{px}. \tag{16.27}$$

Die Funktion $G(x, x')$ in (16.23) wird somit durch

$$G(x,x') = \sum_{n=0}^{\infty} \iint \frac{dk\,dl}{(2\pi)^2}\, e^{i[l(y-y')+k(z-z')]}\, H_n(x-l)\, H_n(x'-l)\, \frac{\sin[E_{kn}(x_0'-x_0)]}{E_{kn}} \tag{16.28}$$

dargestellt. Die Integration über l und die Summation über n lassen sich hier explizit ausführen. während die k-Integration so umgeformt werden kann, daß wir (16.28) in folgender Weise schreiben können[1]

$$G(x, x') = \frac{\varepsilon(x'-x)}{16\pi^2}\, e^{-\frac{i}{2}(y'-y)(x'+x)} \int_{-\infty}^{+\infty} \frac{d\alpha}{\alpha}\, e^{\frac{i}{2}\left[-\alpha\lambda+\frac{m^2}{\alpha}\right]}\, \frac{e^{\frac{i\sigma}{2}\left(2\alpha-\cot\frac{1}{2\alpha}\right)}}{\sin\frac{1}{2\alpha}}, \tag{16.29}$$

$$\lambda = (x'-x)^2 + (y'-y)^2 + (z'-z)^2 - (x_0'-x_0)^2, \tag{16.30}$$

$$\sigma = \tfrac{1}{2}\left[(x'-x)^2 + (y'-y)^2\right]. \tag{16.31}$$

Aus dieser Lösung der Gl. (16.23) finden wir sofort die entsprechende Lösung von (16.22). Führen wir die Bezeichnung

$$M = e\,\sigma_{12}\,\mathsf{H} \tag{16.32}$$

mit

$$M^2 = e^2\,\mathsf{H}^2 \tag{16.33}$$

ein, erhalten wir

$$\begin{aligned}
\Delta(x,x') &= \frac{\varepsilon(x'-x)}{8\pi^2}\, e^{-\frac{ie\mathsf{H}}{2}(y'-y)(x'+x)} \int_{-\infty}^{+\infty} d\alpha\, e^{\frac{i}{2}\left[-\alpha\lambda+\frac{m^2-M}{\alpha}\right]}\, \frac{e^{\frac{i\sigma}{2}e\mathsf{H}\left(\frac{2\alpha}{e\mathsf{H}}-\cot\frac{e\mathsf{H}}{2\alpha}\right)}}{\frac{2\alpha}{e\mathsf{H}}\sin\frac{e\mathsf{H}}{2\alpha}} = \\
&= \frac{\varepsilon(x'-x)}{8\pi^2}\, \Phi(x,x') \int_{-\infty}^{+\infty} d\alpha\, e^{\frac{i}{2}\left[-\alpha\lambda+\frac{m^2}{\alpha}\right]} \left[\cos\frac{e\mathsf{H}}{2\alpha} - \frac{iM}{e\mathsf{H}}\sin\frac{e\mathsf{H}}{2\alpha}\right] \frac{e^{\frac{i\sigma}{2}e\mathsf{H}\left(\frac{2\alpha}{e\mathsf{H}}-\cot\frac{e\mathsf{H}}{2\alpha}\right)}}{\frac{2\alpha}{e\mathsf{H}}\sin\frac{e\mathsf{H}}{2\alpha}}.
\end{aligned} \tag{16.34}$$

Hier bedeutet also

$$\Phi(x, x') = e^{-\frac{ie\mathsf{H}}{2}(y'-y)(x'+x)} \tag{16.35}$$

Wie früher in Ziff. 7 können wir auch hier eine retardierte, eine avanzierte und eine „gequerte" Δ-Funktion einführen. Wir erhalten sie direkt aus (16.34), wenn wir diesen Ausdruck mit $-\tfrac{1}{2}[1+\varepsilon(x-x')]$, $\tfrac{1}{2}[1-\varepsilon(x-x')]$ oder $-\tfrac{1}{2}\varepsilon(x-x')$ multiplizieren.

Lassen wir in diesen Funktionen H gegen Null gehen, erhalten wir z. B. für $\bar{\Delta}(x, x')$

$$\bar{\Delta}(x, x') \to \frac{1}{16\pi^2} \int d\alpha\, e^{\frac{i}{2}\left[-\alpha\lambda+\frac{m^2}{\alpha}\right]}. \tag{16.36}$$

[1] J. Géhéniau: Physica, Haag 16, 822 (1950). Vgl. auch J. Géhéniau u. M. Demeur: Physica, Haag 17, 71 (1951). — M. Demeur: Physica, Haag 17, 933 (1951) und Mém. Acad. roy. Belg. 28, Nr. 5 (1953). — Y. Katayama: Prog. Theor. Phys. 6, 309 (1951). — J. Schwinger: Phys. Rev. 82, 664 (1951).

Dies ist dasselbe Ergebnis, das wir in Ziff. 7 erhalten haben; denn aus

$$P\,\frac{1}{p^2+m^2}=\frac{1}{2i}\int\limits_{-\infty}^{+\infty} dw\; e^{iw\,(p^2+m^2)}\,\frac{w}{|w|} \tag{16.37}$$

folgt

$$\left.\begin{aligned}\frac{1}{(2\pi)^4}\,P\int d p\,\frac{e^{i\,p\,x}}{p^2+m^2}&=\frac{1}{2i}\,\frac{1}{(2\pi)^4}\int dw\,\frac{w}{|w|}\,e^{iw\,m^2-\frac{i\,x^2}{4w}}\int d p\; e^{iw\left(p+\frac{x}{2w}\right)^2}=\\[1mm]&=\frac{1}{32\pi^2}\int\frac{dw}{w^2}\,e^{\frac{i}{2}\left(-\frac{\lambda}{2w}+2\,w\,m^2\right)}=\frac{1}{16\pi^2}\int d\alpha\; e^{\frac{i}{2}\left[-\alpha\,\lambda+\frac{m^2}{\alpha}\right]}.\end{aligned}\right\} \tag{16.38}$$

Bei dieser Auswertung ist das Integral

$$\left.\begin{aligned}\int d p\; e^{iw\,p^2}&=\left[\int\limits_{-\infty}^{+\infty}d p_x\left(\cos\left(|w|\,p_x^2\right)+i\,\frac{w}{|w|}\sin\left(|w|\,p_x^2\right)\right)\right]^3\times\\[1mm]&\times\left[\int\limits_{-\infty}^{+\infty}d p_0\left(\cos\left(|w|\,p_0^2\right)-i\,\frac{w}{|w|}\sin\left(|w|\,p_0^2\right)\right)\right]=\frac{i\,\pi^2}{w\,|w|}\end{aligned}\right\} \tag{16.39}$$

benutzt worden.

In ähnlicher Weise können wir eine Funktion $\Delta^{(1)}(x,\,x')$ durch

$$\langle 0\,|[\overline{\psi}_\alpha(x),\,\psi_\beta(x')]\,|\,0\rangle=\left\{\gamma\left[\frac{\partial}{\partial x'}-i\,e\,A(x')\right]-m\right\}_{\beta\delta}\Delta^{(1)}_{\delta\alpha}(x',\,x) \tag{16.40}$$

definieren. Diese Funktion läßt sich offenbar in folgender Weise ausdrücken

$$\left.\begin{aligned}\Delta^{(1)}(x,\,x')&=\sum_{n=0}^{\infty}\iint\frac{d k\,d l}{(2\pi)^2}\,e_i^{[l\,(y-y')+k\,(z-z')]}\times\\[1mm]&\times H_n(x-l)\,H_n(x'-l)\,\frac{\cos\,[E_{kn}\,(x'_0-x_0)]}{E_{kn}}\end{aligned}\right\} \tag{16.41}$$

und in ähnlicher Weise wie $\Delta(x,\,x')$ ausrechnen. Als Ergebnis erhalten wir

$$\left.\begin{aligned}\Delta^{(1)}(x,\,x')&=\frac{i}{8\pi^2}\,\Phi(x,\,x')\int\limits_{-\infty}^{+\infty}d\alpha\,\frac{\alpha}{|\alpha|}\,e^{\frac{i}{2}\left[-\alpha\,\lambda+\frac{m^2}{\alpha}\right]}\times\\[1mm]&\times\left[\cos\frac{e\,\mathsf{H}}{2\alpha}-\frac{i\,M}{e\,\mathsf{H}}\sin\frac{e\,\mathsf{H}}{2\alpha}\right]\frac{e^{\frac{i\sigma e\mathsf{H}}{2}\left(\frac{2\alpha}{e\,\mathsf{H}}-\cot\frac{e\,\mathsf{H}}{2\alpha}\right)}}{\dfrac{2\alpha}{e\,\mathsf{H}}\sin\dfrac{e\,\mathsf{H}}{2\alpha}}.\end{aligned}\right\} \tag{16.42}$$

Hieraus kann jetzt eine Funktion

$$\Delta_F(x,\,x')=-\,2i\,\overline{\Delta}(x,\,x')+\Delta^{(1)}(x,\,x')$$

definiert werden, usw.

Der Faktor $\Phi(x,\,x')$ in (16.34) und (16.42), der durch (16.35) definiert wurde, kann auch in folgender Form geschrieben werden

$$\Phi(x,\,x')=e^{-i\,e\int\limits_{x'}^{x}A_\nu(\xi)\,d\xi_\nu}. \tag{16.43}$$

Das Linienintegral in (16.43) ist *nicht* vom Weg unabhängig, wenigstens nicht, wenn das elektromagnetische Feld nicht identisch verschwindet, sondern wird als das Integral längs der geraden Linie zwischen x und x' definiert. In unserem Fall mit einem konstanten Feld ist der andere Faktor in (16.34) und (16.42) eine Funktion von nur $x - x'$. Im allgemeinen ist dies nicht der Fall; man kann jedoch zeigen, daß nach Abspalten des Faktors $\Phi(x, x')$ der Rest von der verwendeten Eichung unabhängig ist.

Wenn das äußere Feld nicht konstant ist, sondern von den räumlichen Koordinaten abhängt, werden die Rechnungen viel komplizierter als im obigen Beispiel. Es ist bis jetzt auch nicht möglich gewesen, einen expliziten Ausdruck für die singulären Funktionen mit einem räumlich variablen, äußeren Feld anzugeben. In der letzten Zeit haben aber WICHMANN und KROLL[1] für ein COULOMBsches Feld den Ausdruck

$$\varrho(r) = \langle 0|[\overline{\psi}(x), \gamma_4 \psi(x)]|0\rangle - \int dx' \langle 0|[\overline{\psi}(x'), \gamma_4 \psi(x')]|0\rangle \cdot \delta(x), \qquad (16.44)$$

der für die sog. „Vakuumpolarisation" (vgl. Ziff. 29) eine große Bedeutung hat, ausgewertet. Ihr Ergebnis lautet

$$\begin{aligned}
Q(p) = \int 4\pi r^2 \varrho(r) e^{-pr} dr = \frac{q}{\pi Z} \sum_{k=1}^{\infty} \int_0^\infty dt \int_0^1 dz \Bigg[\left(\frac{1}{(1-z)(1+uz)} + \frac{1}{1-z+uz} \right) \times \\
\times \frac{\gamma \cos g}{(1+t^2)^{\frac{3}{2}}} + \frac{2t\, s(k) \sin g}{(1+t^2)(1+uz)} + \frac{2\gamma t^2 \cos g}{(1+t^2)^{\frac{3}{2}}(1+uz)} \Bigg] p^{-s(k)} .
\end{aligned} \qquad (16.45)$$

Hier ist $q = Ze$ die Ladung des äußeren Feldes, während die anderen Abkürzungen die folgende Bedeutung haben

$$p = \frac{(1+uz)(1-z(1-u))}{1-z}, \qquad (16.46a)$$

$$g = \frac{\gamma t}{\sqrt{1+t^2}} \log \frac{(1-z)(1+uz)}{1-z(1-u)}, \qquad (16.46b)$$

$$u = \frac{p}{2\sqrt{1+t^2}}, \qquad (16.46c)$$

$$s(k) = \sqrt{k^2 - \gamma^2}, \qquad (16.46d)$$

$$\gamma = \frac{Ze^2}{4\pi}. \qquad (16.46e)$$

Die Summation über k in (16.45) entspricht der Summation über Eigenfunktionen mit verschiedenem Drehmoment, während die Integrationen durch Umformungen der Integraldarstellungen der radialen Eigenfunktionen enthalten sind.

Gl. (16.45) stellt eine analytische Funktion von γ im Gebiet $|\gamma| < 1$ dar. Eine Potenzentwicklung nach γ, die der gewöhnlichen Störungstheorie nach dem äußeren Feld entspricht, gibt also eine Reihe, die für $|\gamma| < 1$ konvergent ist.

IV. Das DIRAC-Feld und das elektromagnetische Feld in Wechselwirkung. Störungstheorie.

17. LAGRANGE-Funktion und Bewegungsgleichungen. Wir sind nunmehr in der Lage, uns unserem Hauptproblem zuzuwenden und die Wechselwirkung eines quantisierten Elektronenfeldes mit einem quantisierten elektromagnetischen Feld zu studieren. Als Bewegungsgleichungen wollen wir hier die früher gebrauchte DIRAC-Gleichung (16.1) verwenden, aber mit dem Unterschied, daß $A_\mu(x)$ jetzt kein äußeres Feld sein soll, sondern der Operator des quantisierten elektromagnetischen Feldes. In gewissen Problemen wird es notwendig sein,

---

[1] E. H. WICHMANN u. N. M. KROLL: Phys. Rev. **96**, 232 (1954); **101**, 843 (1956).

nicht nur das quantisierte Feld zu brauchen, sondern auch ein äußeres Feld hinzuzuaddieren. Dann müssen wir $A_\mu(x)$ als die Summe dieser beiden Größen auffassen. Um hier am Anfang den Formalismus nicht allzusehr zu komplizieren, wollen wir aber so rechnen, als ob nur das quantisierte Feld berücksichtigt werden müßte.

Als zweites System von Operatorgleichungen wollen wir Gl. (11.2) benützen, wo aber auf der rechten Seite der DIRACsche Stromoperator (13.13) stehen soll. Wir können dies erreichen, wenn wir den ladungssymmetrischen Ausdruck

$$\mathscr{L} = \mathscr{L}_\psi + \mathscr{L}_A + \mathscr{L}_W, \tag{17.1}$$

$$\mathscr{L}_\psi = -\frac{1}{4}\left[\overline{\psi}(x), \left(\gamma\frac{\partial}{\partial x} + m\right)\psi(x)\right] - \frac{1}{4}\left[-\frac{\partial\overline{\psi}(x)}{\partial x}\gamma + m\overline{\psi}(x), \psi(x)\right], \tag{17.2}$$

$$\mathscr{L}_A - -\frac{1}{4}\left(\frac{\partial A_\nu(x)}{\partial x_\mu} - \frac{\partial A_\mu(x)}{\partial x_\nu}\right)\left(\frac{\partial A_\nu(x)}{\partial x_\mu} - \frac{\partial A_\mu(x)}{\partial x_\nu}\right) - \frac{1}{2}\frac{\partial A_\mu(x)}{\partial x_\mu}\frac{\partial A_\nu(x)}{\partial x_\nu}, \tag{17.3}$$

$$\mathscr{L}_W = \frac{ie}{2}A_\mu(x)\left[\overline{\psi}(x), \gamma_\mu\psi(x)\right] \tag{17.4}$$

als LAGRANGE-Funktion wählen. Die beiden Glieder $\mathscr{L}_\psi$ und $\mathscr{L}_A$ sind formal identisch mit (14.12) und (5.10), und das Glied $\mathscr{L}_W$ kann als

$$\mathscr{L}_W = A_\mu(x)j_\mu(x) \tag{17.5}$$

geschrieben werden.

Aus dieser LAGRANGE-Funktion erhalten wir in üblicher Weise die gewünschten Bewegungsgleichungen

$$\left(\gamma\frac{\partial}{\partial x} + m\right)\psi(x) = ie\gamma A(x)\psi(x), \tag{17.6}$$

$$\square A_\mu(x) = -\frac{ie}{2}\left[\overline{\psi}(x), \gamma_\mu\psi(x)\right] \equiv -j_\mu(x). \tag{17.7}$$

Für die kanonische Quantisierung ist es eine wesentliche Vereinfachung, daß das „neue" Glied $\mathscr{L}_W$ die Zeitableitungen der Feldoperatoren überhaupt nicht enthält. Die kanonischen Impulse werden daher dieselben Funktionen der dynamischen Variablen wie vorher, und wir können sofort die Vertauschungsrelationen für gleiche Zeiten niederschreiben:

$$[A_\mu(x), A_\nu(x')]_{x_0=x_0'} = \left[\frac{\partial A_\mu(x)}{\partial x_0}, \frac{\partial A_\nu(x')}{\partial x_0'}\right]_{x_0=x_0'} = 0, \tag{17.8}$$

$$\left[\frac{\partial A_\mu(x)}{\partial x_0}, A_\nu(x')\right]_{x_0=x_0'} = -i\,\delta_{\mu\nu}\,\delta(\boldsymbol{x}-\boldsymbol{x}'), \tag{17.9}$$

$$\{\psi(x), \psi(x')\}_{x_0=x_0'} = \{\overline{\psi}(x), \overline{\psi}(x')\}_{x_0=x_0'} = 0, \tag{17.10}$$

$$\{\overline{\psi}(x), \psi(x')\}_{x_0=x_0'} = \gamma_4\,\delta(\boldsymbol{x}-\boldsymbol{x}'), \tag{17.11}$$

$$[A_\mu(x), \psi(x')]_{x_0=x_0'} = \left[\frac{\partial A_\mu(x)}{\partial x_0}, \psi(x')\right]_{x_0=x_0'} = 0, \tag{17.12}$$

$$[A_\mu(x), \overline{\psi}(x')]_{x_0=x_0'} = \left[\frac{\partial A_\mu(x)}{\partial x_0}, \overline{\psi}(x')\right]_{x_0=x_0'} = 0. \tag{17.13}$$

Für die freien Felder konnten wir aus den Vertauschungsrelationen für gleiche Zeiten die Kommutatoren für beliebige Zeiten ausrechnen. Dies ist hier nicht möglich, da die Kommutatoren hier keine einfachen Bewegungsgleichungen erfüllen. Für zeitartige Abstände sind sie auch keine c-Zahlen, und wir können keine expliziten Ausdrücke für sie geben.

In Ziff. 11 konnten wir die Bewegungsgleichung (11.2) mit Hilfe einer retardierten singulären Funktion in (11.5) lösen. Hier können wir in dieser Weise keine Lösung unserer Bewegungsgleichung erhalten, aber wir können sie mit dieser Methode in eine Integralgleichung umformen. Statt der differentiellen Gln. (17.6) und (17.7) können wir also schreiben

$$\psi(x) = \psi^{(0)}(x) - \int S_R(x - x')\, i\, e\, \gamma\, A(x')\, \psi(x')\, dx',\qquad (17.14)$$

$$A_\mu(x) = A_\mu^{(0)}(x) + \int D_R(x - x')\, \frac{i\, e}{2}\, [\overline{\psi}(x'), \gamma_\mu \psi(x')]\, dx'.\qquad (17.15)$$

Hier haben wir zwei neue Operatoren $\psi^{(0)}(x)$ und $A_\mu^{(0)}(x)$ in unsere Bewegungsgleichungen einführen müssen. Sie sind offenbar Lösungen der Gleichungen für die freien Felder

$$\left(\gamma\, \frac{\partial}{\partial x} + m\right)\psi^{(0)}(x) = 0,\qquad (17.16)$$

$$\Box A_\mu^{(0)}(x) = 0.\qquad (17.17)$$

Da die Integralgleichungen (17.14) und (17.15) die retardierten Funktionen enthalten, sind $\psi^{(0)}(x)$ und $A_\mu^{(0)}(x)$ formal die Anfangswerte der HEISENBERG-Operatoren $\psi(x)$ und $A_\mu(x)$ für $x_0 \to -\infty$. Im Prinzip können wir dann diese Bewegungsgleichungen so verstehen, daß sie uns erlauben, die Feldoperatoren als Funktionen ihrer Anfangswerte zu berechnen.

Dies ist auf den ersten Blick eine ganz andere Problemstellung als die, die wir früher studiert haben, als wie die Eigenwerte eines HAMILTON-Operators gesucht haben. Das entsprechende Problem wäre hier, eine solche Darstellung der Operatoren $\psi(x)$ und $A_\mu(x)$ zu suchen, daß der HAMILTON-Operator

$$H(A,\psi) = H^{(0)}(A,\psi) + H^{(1)}(A,\psi),\qquad (17.18)$$

$$H^{(0)}(A,\psi) = H_1^{(0)}(A) + H_2^{(0)}(\psi),\qquad (17.19)$$

$$H_1^{(0)}(A) = \frac{1}{2} \int d^3x \left[\frac{\partial A_\mu(x)}{\partial x_0}\, \frac{\partial A_\mu(x)}{\partial x_0} + \frac{\partial A_\mu(x)}{\partial x_k}\, \frac{\partial A_\mu(x)}{\partial x_k}\right],\qquad (17.20)$$

$$H_2^{(0)}(\psi) = \frac{1}{2} \int d^3x \left[\overline{\psi}(x), \left(\gamma_k\, \frac{\partial}{\partial x_k} + m\right)\psi(x)\right],\qquad (17.21)$$

$$H^{(1)}(A,\psi) = -\frac{i\, e}{2} \int d^3x\, A_\mu(x)\, [\overline{\psi}(x), \gamma_\mu \psi(x)]\qquad (17.22)$$

diagonal ist. Dies ist auch die „klassische" Problemstellung der Quantenelektrodynamik. Wenn wir versuchen würden, eine solche Rechnung in Einzelheiten auszuführen, würden wir bald in Schwierigkeiten geraten. Es wird sich später herausstellen, daß die hier formulierte Theorie nicht mathematisch wohldefiniert ist, sondern mehrere unendliche Größen enthält. Ein wesentlicher Fortschritt ist aber in den letzten Jahren dadurch erreicht worden, daß es gelungen ist, diese unendlichen Größen als physikalisch unwesentliche „Renormierungen" der Konstanten m und e in der Theorie zu deuten. Wie wir später sehen werden, ist es dabei sehr wichtig, die formelle, relativistische Kovarianz des Formalismus immer vor Augen zu haben, denn sonst lassen sich die unendlichen Größen nicht eindeutig isolieren. Die Diagonalisierung der HAMILTON-Funktion (17.18) ist aber formal ein nichtkovariantes Problem, und es dürfte sehr schwierig sein, eine eindeutige Interpretation der unendlichen Züge der Theorie in dieser Weise zu finden. Wir wollen deshalb lieber unser Problem nicht mit Hilfe der HAMILTON-Funktion direkt angreifen, sondern versuchen, statt dessen nur die kovarianten Bewegungsgleichungen (17.14) und (17.15) zu verwenden.

In einem früheren Beispiel haben wir gesehen, daß es möglich war, die vollständige HAMILTON-Funktion (11.8) zu diagonalisieren, wenn wir die Bewegungsgleichungen der Feldoperatoren (11.5) mit Hilfe eines „adiabatischen Einschaltens" gelöst haben. Zwar ist der dort gegebene Beweis der Richtigkeit des Einschaltens nur für das durchgerechnete Beispiel gültig, aber es liegt nahe, auch hier versuchsweise eine ähnliche Methode zu probieren. Die Rechtfertigung der Methode muß dann später folgen, wenn wir das Ergebnis der Rechnung kennen. Wir schreiben also die Bewegungsgleichungen (17.14) und (17.15) in der Form

$$\psi(x, \alpha) = \psi^{(0)}(x) - i\,e \int S_R(x - x')\, e^{-\alpha|x'_0|}\, \gamma\, A(x', \alpha)\, \psi(x', \alpha)\, dx', \tag{17.23}$$

$$A_\mu(x, \alpha) = A_\mu^{(0)}(x) + \frac{i\,e}{2} \int D_R(x - x')\, e^{-\alpha|x'_0|}\, [\overline{\psi}(x', \alpha), \gamma_\mu\, \psi(x', \alpha)]\, dx', \tag{17.24}$$

und denken uns hier ψ und A_μ als Funktionen von $\psi^{(0)}$, $A_\mu^{(0)}$ und α gegeben. Die physikalisch interessanten Größen sind dann

$$\psi(x) = \lim_{\alpha \to 0} \psi(x, \alpha), \tag{17.25}$$

$$A_\mu(x) = \lim_{\alpha \to 0} A_\mu(x, \alpha). \tag{17.26}$$

Wir erwarten also, daß die zwei Grenzwerte (17.25) und (17.26) existieren, und daß sie den HAMILTON-Operator (17.18) diagonalisieren. Diese Vermutungen können wir hier nicht allgemein beweisen, sondern wir müssen, wenn wir die Lösung gefunden haben, explizit nachprüfen, ob die Vermutungen richtig sind oder nicht.

Die Operatoren $\psi^{(0)}(x)$ und $A_\mu^{(0)}(x)$ sind also jetzt so zu wählen, daß sie den HAMILTON-Operator für $x_0 \to -\infty$ diagonal machen, d.h.

$$H(A, \psi)\big|_{x_0 \to -\infty} = H^{(0)}(A^{(0)}, \psi^{(0)}) = H_1^{(0)}(A^{(0)}) + H_2^{(0)}(\psi^{(0)}) \tag{17.27}$$

soll diagonal sein. Zwei solche Operatoren zu finden, ist aber gerade das Problem, das wir in Kap. II und III gelöst haben, und wir können ohne weiteres die früher gefundene Lösung hier brauchen. Im folgenden können wir also die Operatoren $\psi^{(0)}(x)$ und $A_\mu^{(0)}(x)$ als bekannt ansehen. Sie erfüllen z.B.

$$\{\overline{\psi}^{(0)}(x), \psi^{(0)}(x')\} = -i\,S(x' - x), \tag{17.28}$$

$$\langle 0|\,[\overline{\psi}^{(0)}(x), \psi^{(0)}(x')]\,|0\rangle = S^{(1)}(x' - x), \tag{17.29}$$

$$[A_\mu^{(0)}(x), A_\nu^{(0)}(x')] = -i\,\delta_{\mu\nu}\,D(x' - x), \tag{17.30}$$

$$\langle 0|\,\{A_\mu^{(0)}(x), A_\nu^{(0)}(x')\}\,|0\rangle = \delta_{\mu\nu}\,D^{(1)}(x' - x). \tag{17.31}$$

In (17.31) wird also vorausgesetzt, daß wir entweder nur eichinvariante Ausdrücke ausrechnen, oder daß wir die Methode mit der indefiniten Metrik verwenden. Da es später für uns zweckmäßig sein wird, auch formal nicht-eichinvariante Gebilde zu diskutieren, wollen wir schon von Anfang an voraussetzen, daß die longitudinalen und skalaren Photonen mit der indefiniten Metrik behandelt werden. Der metrische Operator η wird dabei als mit $\psi^{(0)}$ und $\overline{\psi}^{(0)}$ kommutierend vorausgesetzt

$$[\psi^{(0)}(x), \eta] = [\overline{\psi}^{(0)}(x), \eta] = 0. \tag{17.32}$$

Für die vollständigen Operatoren $A_\mu(x)$ gilt wie für das einlaufende Feld

$$[A_k(x), \eta] = \{A_4(x), \eta\} = 0. \tag{17.33}$$

Für das vollständige DIRAC-Feld können wir aber nicht die (17.32) entsprechenden Relationen voraussetzen; denn wegen der gekoppelten Bewegungsgleichungen sind diese Größen nicht von den Freiheitsgraden des einlaufenden elektromagnetischen Feldes unabhängig. Damit die in der Theorie vorkommenden Größen die richtigen Realitätseigenschaften haben, müssen wir eher $\overline{\psi}(x)$ durch

$$\overline{\psi}(x) = \eta\,\psi^*(x)\,\eta\,\gamma_4 \tag{17.34}$$

definieren.

Auch in der Theorie mit gekoppelten Feldern gilt die Kontinuitätsgleichung für den Strom

$$\frac{\partial j_\mu(x)}{\partial x_\mu} = \frac{i\,e}{2}\,\frac{\partial}{\partial x_\mu}\,[\overline{\psi}(x), \gamma_\mu\psi(x)] = 0 \tag{17.35}$$

und deshalb für $A_\mu(x)$

$$\frac{\partial A_\mu(x)}{\partial x_\mu} = \frac{\partial A_\mu^{(0)}(x)}{\partial x_\mu} \tag{17.36}$$

als Operatoridentität. Ist also die LORENTZ-Bedingung für das einlaufende Feld in der Form

$$\frac{\partial A_\mu^{(0)(+)}(x)}{\partial x_\mu}\,|\psi\rangle = 0 \tag{17.37}$$

erfüllt, gilt sie auch ohne weiteres für das vollständige Feld.

18. Störungsrechnung in der HEISENBERG-Darstellung. Für die gekoppelten Felder können wir nicht wie früher eine exakte Lösung der Bewegungsgleichungen finden. Wir müssen statt dessen versuchen, eine brauchbare Näherungsmethode zu finden. Wegen der Kleinheit der elektrischen Ladung $\frac{e^2}{4\pi} \approx \frac{1}{137}$ liegt der Versuch nahe, die rechten Seiten von (17.14) und (17.15) [oder (17.23) und (17.24)] als „klein" zu betrachten, und die Lösung in der Form einer Potenzreihe in e anzusetzen. Schreiben wir also

$$\psi(x) = \psi^{(0)}(x) + e\,\psi^{(1)}(x) + e^2\,\psi^{(2)}(x) + \cdots, \tag{18.1}$$

$$A_\mu(x) = A_\mu^{(0)}(x) + e\,A_\mu^{(1)}(x) + e^2\,A_\mu^{(2)}(x) + \cdots, \tag{18.2}$$

und führen wir die Entwicklungen (18.1) und (18.2) in die Bewegungsgleichungen ein, so erhalten wir Rekursionsformeln für die verschiedenen Näherungen

$$\psi^{(n+1)}(x) = -\frac{i}{2}\int S_R(x - x')\,\gamma_\nu \sum_{m=0}^{n}\{A_\nu^{(m)}(x'), \psi^{(n-m)}(x')\}\,dx', \tag{18.3}$$

$$A_\mu^{(n+1)}(x) = \frac{i}{2}\int D_R(x - x')\sum_{m=0}^{n}[\overline{\psi}^{(m)}(x'), \gamma_\mu\psi^{(n-m)}(x')]\,dx'. \tag{18.4}$$

In (18.3) haben wir die rechte Seite symmetrisiert. Dies ist zwar nicht notwendig, wird sich aber als zweckmäßig herausstellen. Die Symmetrisierung ist erlaubt; denn nach (17.12) und (17.13) kommutieren die Operatoren $A_\mu(x)$ und $\psi(x)$ [oder $\overline{\psi}(x)$] für gleiche Zeiten.

Für die ersten Näherungen erhalten wir hieraus

$$\psi^{(1)}(x) = - i \int S_R(x - x')\, \gamma\, A^{(0)}(x')\, \psi^{(0)}(x')\, dx', \tag{18.5}$$

$$\overline{w}^{(1)}(x) = - i \int \overline{\psi}^{(0)}(x')\, \gamma\, A^{(0)}(x')\, S_A(x' - x)\, dx', \tag{18.6}$$

$$A_\mu^{(1)}(x) = \frac{i}{2} \int D_R(x - x')\, [\overline{\psi}^{(0)}(x'), \gamma_\mu \psi^{(0)}(x')]\, dx', \tag{18.7}$$

$$\left.\begin{aligned}
\psi^{(2)}(x) &= \tfrac{1}{4} \iint S_R(x - x')\, \gamma_\nu \{\psi^{(0)}(x'), [\overline{\psi}^{(0)}(x''), \gamma_\nu \psi^{(0)}(x'')]\} \times \\
&\quad \times D_R(x' - x')\, dx'\, dx'' - \tfrac{1}{2} \iint S_R(x - x')\, \gamma_{\nu_1} S_R(x' - x'')\, \gamma_{\nu_2} \times \\
&\quad \times \psi^{(0)}(x'') \{A_{\nu_1}^{(0)}(x'), A_{\nu_2}^{(0)}(x'')\}\, dx'\, dx'',
\end{aligned}\right\} \tag{18.8}$$

$$\left.\begin{aligned}
A_\mu^{(2)}(x) &= \tfrac{1}{2} \iint D_R(x - x')\, \big([\overline{\psi}^{(0)}(x'), \gamma_\mu S_R(x' - x'')\, \gamma_\nu \psi^{(0)}(x'')] + \\
&\quad + [\overline{\psi}^{(0)}(x'')\, \gamma_\nu\, S_A(x'' - x'), \gamma_\mu \psi^{(0)}(x')]\big)\, A_\nu^{(0)}(x'')\, dx'\, dx''.
\end{aligned}\right\} \tag{18.9}$$

Dies Verfahren läßt sich ohne prinzipielle Schwierigkeiten beliebig fortsetzen, und wir können in dieser Weise allgemeine Gleichungen für die n-te Näherung der Feldoperatoren erhalten. Die physikalisch beobachtbaren Größen, wie z. B. die Komponente des Stromes, können auch in ähnlicher Weise konstruiert werden. Wir werden später besonders den Stromoperator studieren und geben deshalb hier auch die ersten Näherungen dieser Größe

$$j_\mu^{(0)}(x) = \frac{i}{2} [\overline{\psi}^{(0)}(x), \gamma_\mu \psi^{(0)}(x)], \tag{18.10}$$

$$\left.\begin{aligned}
j_\mu^{(1)}(x) &= \tfrac{1}{2} \int dx' \big([\overline{\psi}^{(0)}(x), \gamma_\mu S_R(x - x')\, \gamma_\nu \psi^{(0)}(x')] + \\
&\quad + [\overline{\psi}^{(0)}(x')\, \gamma_\nu\, S_A(x' - x), \gamma_\mu \psi^{(0)}(x)]\big)\, A_\nu^{(0)}(x'),
\end{aligned}\right\} \tag{18.11}$$

$$\left.\begin{aligned}
j_\mu^{(2)}(x) &= \frac{i}{8} \iint dx'\, dx''\, [\overline{\psi}^{(0)}(x), \gamma_\mu S_R(x - x')\, \gamma_\nu \{\psi^{(0)}(x'), [\overline{\psi}^{(0)}(x''), \gamma_\nu \psi^{(0)}(x'')]\}] \times \\
&\qquad\qquad\qquad\qquad\qquad\qquad \times D_R(x' - x'') - \\
&\quad - \frac{i}{4} \iint dx'\, dx''\, [\overline{\psi}^{(0)}(x), \gamma_\mu S_R(x - x')\, \gamma_{\nu_1} S_R(x' - x'')\, \gamma_{\nu_2} \psi^{(0)}(x'')] \times \\
&\qquad\qquad\qquad\qquad\qquad\qquad \times \{A_{\nu_1}^{(0)}(x'), A_{\nu_2}^{(0)}(x'')\} - \\
&\quad - \frac{i}{2} \iint dx'\, dx''\, [\overline{\psi}^{(0)}(x')\, \gamma\, A^{(0)}(x')\, S_A(x' - x), \gamma_\mu S_R(x - x'') \times \\
&\qquad\qquad\qquad\qquad\qquad\qquad \times \gamma\, A^{(0)}(x'')\, \psi^{(0)}(x'')] + \\
&\quad + \frac{i}{8} \iint dx'\, dx''\, [\{[\overline{\psi}^{(0)}(x''), \gamma_\nu \psi^{(0)}(x'')], \psi^{(0)}(x')\} \gamma_\nu S_A(x' - x)\, \gamma_\mu, \psi^{(0)}(x)] \times \\
&\qquad\qquad\qquad\qquad\qquad\qquad \times D_R(x' - x'') - \\
&\quad - \frac{i}{4} \iint dx''\, dx''\, [\overline{\psi}^{(0)}(x'')\, \gamma_{\nu_2} S_A(x'' - x')\, \gamma_{\nu_1} S_A(x' - x), \gamma_\mu \psi^{(0)}(x)] \times \\
&\qquad\qquad\qquad\qquad\qquad\qquad \times \{A_{\nu_1}^{(0)}(x'), A_{\nu_2}^{(0)}(x'')\}.
\end{aligned}\right\} \tag{18.12}$$

Wie schon in gewissem Sinne aus (18.12) ersichtlich ist, werden die höheren Näherungen der Operatoren bald sehr kompliziert. Wir verzichten hier auf die Angabe expliziter Ausdrücke[1] und wollen lieber die Eigenschaften der ersten Näherungen im einzelnen diskutieren.

In Gl. (18.6) ist zum ersten Male eine avancierte singuläre Funktion aufgetreten. Dies bedeutet *nicht*, daß sich die Operatoren $\overline{\psi}(x)$ für $x_0 \to + \infty$ zu $\overline{\psi}^{(0)}(x)$ reduzieren, sondern ist nur eine Folge davon, daß die Koordinatendifferenz $x' - x$ „verkehrt" geschrieben ist. Das Entsprechende gilt für die in (18.9), (18.11) und (18.12) aufgetretenen avancierten Funktionen.

---

[1] G. KÄLLÉN: Ark. Fysik **2**, 187 (1950); **2**, 371 (1950).

Die in dieser Weise gefundene Lösung enthält, wie aus (18.5) bis (18.12) gesehen werden kann, Produkte von Operatoren $\psi^{(0)}(x)$, $A_\mu^{(0)}(x)$ und singulären Funktionen. Dies bedeutet, daß z.B. der vollständige Operator $\psi(x)$ ein von Null verschiedenes Matrixelement zwischen dem Vakuum und einem Zustand mit z.B. einem einlaufenden Elektron und einem einlaufenden Photon hat. Schon die Näherung $\psi^{(1)}(x)$ enthält nämlich ein Produkt $A_\mu^{(0)}(x') \cdot \psi^{(0)}(x')$, das den gewünschten Übergang vermitteln kann

$$\langle 0 | \psi(x) | q, k \rangle = - i e \int S_R(x - x') \gamma_\nu \langle 0 | A_\nu^{(0)}(x') | k \rangle \langle 0 | \psi^{(0)}(x') | q \rangle \, dx' + \cdots . \tag{18.13}$$

Hier bedeutet also $|q, k\rangle$ den erwähnten Zustand, $|q\rangle$ einen Zustand mit nur dem betrachteten Elektron und $|k\rangle$ einen Zustand mit nur dem Photon. Dasselbe Glied gibt auch einen Beitrag zum Matrixelement $\langle k | \psi(x) | q \rangle$

$$\langle k | \psi(x) | q \rangle = - i e \int S_R(x - x') \gamma_\nu \langle k | A_\nu^{(0)}(x') | 0 \rangle \langle 0 | \psi^{(0)}(x') | q \rangle \, dx' + \cdots . \tag{18.14}$$

Die rechten Seiten von (18.13) und (18.14) enthalten Integrale, die eigentlich nicht konvergent sind. Erinnern wir uns aber daran, daß diese Integrale nach (17.23) und (17.24) als Grenzwerte zu deuten sind, so folgt z.B. für (18.13)

$$\left.\begin{aligned}
\langle 0 | \psi(x) | q, k \rangle &= - i e \lim_{\alpha \to 0} \int dx' \int \frac{dp}{(2\pi)^4} \frac{e^{i p (x-x')}}{p^2 + m^2} (i \gamma p - m) \gamma e^{(\lambda)} \times \\
&\quad \times \frac{e^{i k x'}}{\sqrt{2 V \omega}} \frac{u(q)}{\sqrt{V}} e^{i q x'} e^{-\alpha |x_0'|} + \cdots = \\
&= - i e \frac{e^{i (q+k) x}}{(q + k)^2 + m^2} [i \gamma (q + k) - m] \gamma e^{(\lambda)} u(q) \frac{1}{V \cdot \sqrt{2\omega}} + \cdots .
\end{aligned}\right\} \tag{18.15}$$

In (18.15) haben wir die folgenden Ausdrücke verwendet

$$\langle 0 | A_\nu^{(0)}(x) | k \rangle = \frac{e_\nu^{(\lambda)}}{\sqrt{2 V \omega}} e^{i k x} \tag{18.16a}$$

[vgl. (5.28)] und

$$\langle 0 | \psi^{(0)}(x) | q \rangle = \frac{u^{(r)}(q)}{\sqrt{V}} e^{i q x} \tag{18.16b}$$

[vgl. (12.22)]. Außerdem ist die Tatsache, daß $(q + k)^2 + m^2 = 2 q k$ für alle Photonen (mit $\omega \neq 0$) von Null verschieden ist, benutzt worden.

In der Theorie der freien Felder haben wir gesehen, daß die Feldoperatoren, wenn sie auf das Vakuum angewandt werden, Zustände mit nur einer Partikel erzeugen. Aus der obigen Rechnung folgt, daß dies für die Theorie mit gekoppelten Feldern nicht mehr der Fall ist. Operieren wir z.B. mit $\overline{\psi}$ auf das Vakuum, so erhalten wir unter anderen Zuständen nach (18.15) auch Zustände mit zwei einlaufenden Partikeln (einem Elektron und einem Photon). Andererseits erhalten wir in dieser Weise *auch* die Einpartikelzustände. Die Matrixelemente für diese Übergänge sind aber von den entsprechenden Matrixelementen des freien Feldes ein wenig verschieden. Aus (18.8) erhalten wir

$$\left.\begin{aligned}
\langle 0 | \psi(x) | q \rangle &= \langle 0 | \psi^{(0)}(x) | q \rangle + \frac{e^2}{4} \iint S_R(x - x') \gamma_\nu \times \\
&\quad \times \langle 0 | \{\psi^{(0)}(x'), [\overline{\psi}^{(0)}(x''), \gamma_\nu \psi^{(0)}(x'')]\} | q \rangle D_R(x' - x'') \, dx' \, dx'' - \\
&\quad - \frac{e^2}{2} \int\!\!\int S_R(x - x') \gamma_{\nu_1} S_R(x' - x'') \gamma_{\nu_2} \times \\
&\quad \times \langle 0 | \psi^{(0)}(x'') \{A_{\nu_1}^{(0)}(x'), A_{\nu_2}^{(0)}(x'')\} | q \rangle \, dx' \, dx'' + \cdots .
\end{aligned}\right\} \tag{18.17}$$

Die in (18.17) auftretenden Ausdrücke lassen sich erheblich vereinfachen. Fangen wir mit dem zweiten Glied an, so gilt

$$\langle 0|\,\psi^{(0)}(x'')\,\{A_{\nu_1}^{(0)}(x'),\,A_{\nu_2}^{(0)}(x'')\}\,|q\rangle = \\ = \sum_{|Z\rangle}\langle 0|\,\psi^{(0)}(x'')\,|Z\rangle\langle Z|\,\{A_{\nu_1}^{(0)}(x'),\,A_{\nu_2}^{(0)}(x'')\}\,|q\rangle. \qquad (18.18)$$

Der zweite Faktor in (18.18) kann nur Übergänge erzeugen, bei denen die Anzahl der Photonen geändert wird, und zwar können entweder zwei Photonen erzeugt oder dasselbe Photon erst erzeugt und dann vernichtet werden. Die Summe über die Zwischenzustände (18.18) enthält also Zustände, die entweder ein Elektron oder ein Elektron und zwei Photonen enthalten. Für die letzte Klasse wird aber der erste Faktor Null, und wir haben

$$\langle 0|\,\psi^{(0)}(x'')\,\{A_{\nu_1}^{(0)}(x'),\,A_{\nu_2}^{(0)}(x'')\}\,|q\rangle = \\ = \langle 0|\,\psi^{(0)}(x'')\,|q\rangle\langle q|\,\{A_{\nu_1}^{(0)}(x'),\,A_{\nu_2}^{(0)}(x'')\}\,|q\rangle = \\ = \langle 0|\,\psi^{(0)}(x'')\,|q\rangle\langle 0|\,\{A_{\nu_1}^{(0)}(x'),\,A_{\nu_2}^{(0)}(x'')\}\,|0\rangle = \\ = \delta_{\nu_1\nu_2}\,D^{(1)}(x'-x'')\,\langle 0|\,\psi^{(0)}(x'')\,|q\rangle. \qquad (18.19)$$

In ähnlicher Weise erhalten wir

$$\langle 0|\,\{\psi^{(0)}(x'),\,[\overline{\psi}^{(0)}(x''),\,\gamma_\nu\,\psi^{(0)}(x'')]\}\,|q\rangle = \\ = -\,2\,S^{(1)}(x'-x'')\,\gamma_\nu\,\langle 0|\,\psi^{(0)}(x'')\,|q\rangle. \qquad (18.20)$$

Bei der Auswertung von (18.20) haben wir so gerechnet, als ob

$$\langle q|\,[\overline{\psi}^{(0)}(x''),\,\psi^{(0)}(x')]\,|q\rangle = \langle 0|\,[\overline{\psi}^{(0)}(x''),\,\psi^{(0)}(x')]\,|0\rangle = S^{(1)}(x'-x'') \quad (18.20\text{a})$$

wäre, obgleich der Zustand $|q\rangle$ schon besetzt ist und wegen des Ausschließungsprinzips in der Summe wegfallen sollte. Der Beitrag dieses Zustandes ist aber proportional V^{-1} und kann deshalb, wenn V gegen Unendlich geht, vernachlässigt werden.

Zusammenfassend haben wir also

$$\langle 0|\,\psi(x)\,|q\rangle = \langle 0|\,\psi^{(0)}(x)\,|q\rangle - \frac{e^2}{2}\iint S_R(x-x')\,\gamma_\nu\,\times \\ \times\,[S^{(1)}(x'-x'')\,D_R(x'-x'') + S_R(x'-x'')\,D^{(1)}(x'-x'')]\,\times \\ \times\,\gamma_\nu\,\langle 0|\,\psi^{(0)}(x'')\,|q\rangle\,dx'\,dx'' + \cdots. \qquad (18.21)$$

Die Integrale in (18.21) können wir ausrechnen, was wir in Ziff. 31 auch tun wollen. Augenblicklich verzichten wir aber darauf und wollen (18.21) nur als Beispiel betrachten, wie aus komplizierten Gebilden wie (18.8) Matrixelemente für einfache Übergänge berechnet werden können.

Es bleibt noch zu kontrollieren, daß die hier erhaltene Reihe die Vermutung (17.25), (17.26) erfüllt, und daß sie die Hamilton-Funktion diagonalisiert. Zur Frage der Diagonalisierung des Hamilton-Operators ergibt sich zunächst, daß der Erhaltungssatz (4.22) für den Energie-Impulstensor nicht mehr gültig ist, wenn die Lagrange-Funktion die Koordinaten x_μ explizit enthält — z.B. über die Ladung. Mit Hilfe der Bewegungsgleichungen oder mit einer zu (4.26) ähnlichen Überlegung folgt statt (4.22)

$$\frac{\partial T_{\mu\nu}}{\partial x_\mu} = \frac{\partial \mathscr{L}}{\partial x_\nu}. \qquad (18.22)$$

Die rechte Seite von (18.22) ist so zu verstehen, daß die Ableitung nach den Koordinaten bei fest gehaltenen Feldoperatoren zu berechnen ist. In unserem Fall mit einer variablen Ladung haben wir also

$$\frac{\partial T_{\mu\nu}}{\partial x_\mu} = \frac{\partial \mathscr{L}}{\partial e} \frac{\partial e}{\partial x_\nu}. \tag{18.23}$$

Wir interessieren uns zunächst für die Zeitableitung des Hamilton-Operators. Aus (18.23) folgt

$$\frac{\partial H}{\partial x_0} = -\int d^3x \frac{\partial T_{44}}{\partial x_0} = -i\int d^3x \frac{\partial T_{\mu 4}}{\partial x_\mu} = -\int d^3x \frac{\partial \mathscr{L}}{\partial e} \cdot \frac{\partial e}{\partial x_0}. \tag{18.24}$$

Die Änderung des Hamilton-Operators während eines Zeitintervalls (x_0, x_0') kann also aus der impliziten Gleichung

$$H\big(A(x), \psi(x)\big) = H\big(A(x'), \psi(x')\big) - \int\limits_{x'}^{x} dx'' \frac{\partial \mathscr{L}(A(x''), \psi(x''))}{\partial e(x'')} \frac{\partial e(x'')}{\partial x_0''} \tag{18.25}$$

berechnet werden. Bis jetzt ist von den Einzelheiten der e-Abhängigkeit der Lagrange-Funktion kein Gebrauch gemacht, und Gl. (18.25) ist recht allgemein. Mit unserer Lagrange-Funktion (17.1) bis (17.4) erhalten wir

$$\frac{\partial \mathscr{L}}{\partial e} = \frac{i}{2} [\overline{\psi}(x), \gamma_\mu \psi(x)] A_\mu(x) \tag{18.26}$$

und haben also

$$H\big(A(x), \psi(x)\big) = H\big(A(x'), \psi(x')\big) - \frac{i}{2}\int\limits_{x'}^{x} dx'' [\overline{\psi}(x''), \gamma_\mu \psi(x'')] A_\mu(x'') \frac{\partial e(x'')}{\partial x_0''}. \tag{18.27}$$

In Gl. (18.27) können wir x_0' gegen $-\infty$ gehen lassen, und wenn wir die Zeitabhängigkeit der Ladung explizit einführen, erhalten wir

$$\left. \begin{aligned} H\big(A(x), \psi(x)\big) = H^{(0)}\big(A^{(0)}(x), \psi^{(0)}(x)\big) - \alpha\frac{ie}{2}\int\limits_{-\infty}^{x} dx'\, e^{-\alpha|x_0'|} \times \\ \times [\overline{\psi}(x'), \gamma_\mu \psi(x')] A_\mu(x'). \end{aligned} \right\} \tag{18.28}$$

In (18.28) ist auch berücksichtigt worden, daß der Operator $H^{(0)}(A^{(0)}, \psi^{(0)})$ zeitunabhängig ist. Das letzte Glied in (18.28) enthält einen Faktor α, aber hieraus kann *nicht* ohne weiteres geschlossen werden, daß dieses Glied für $\alpha \to 0$ verschwindet. Strebt z.B das betrachtete Matrixelement für $x_0 \to -\infty$ einer endlichen Grenze zu, so ist das Integral von der Größenordnung

$$\alpha \int\limits_{-\infty}^{x} e^{\alpha x_0'}\, dx_0' = e^{\alpha x_0} = O(1) \tag{18.29}$$

und verschwindet daher nicht für $\alpha \to 0$. Mit Hilfe unserer Lösung können wir aber verifizieren, daß jedes Glied in der Entwicklung des Integrals eine Zeitabhängigkeit der Form

$$\alpha \int\limits_{-\infty}^{x_0} x_0'^{n_1-1} e^{(n_2\alpha + ip_0)x_0'}\, dx_0' = \frac{\alpha}{(n_2\alpha + ip_0)^{n_1}} \int\limits_{-\infty}^{x_0(n_2\alpha + ip_0)} z^{n_1-1} e^z\, dz \tag{18.30}$$

hat, wobei p_0 die Differenz der Eigenwerte des Operators $H^{(0)}(A^{(0)}, \psi^{(0)})$ für die betrachteten Zustände ist, und n_1 und n_2 positive, ganze Zahlen sind. Für die

Glieder, in denen p_0 von Null verschieden ist, ist somit das Integral (18.30) von der Größenordnung α. Für die Zustände, für welche $H^{(0)}$ in (18.28) den gleichen Eigenwert hat, gibt es immer Symmetrieoperatoren (Parität, Impuls usw.) die mit allen drei Gliedern in (18.28) vertauschen, und deren Eigenwerte für die betrachteten Zustände verschieden sind. Diese Größen sind also Konstanten der Bewegung auch während des Einschaltens, und Matrixelemente vom letzten Glied in (18.28) zwischen zwei solchen Zuständen müssen verschwinden. Im Limes $\alpha \to 0$ ist also der Unterschied zwischen den beiden Operatoren $H(A, \psi)$ und $H^{(0)}(A^{(0)}, \psi^{(0)})$ als eine Potenzreihe in e dargestellt worden, in der jedes Glied in Diagonalform ist. Dies zeigt, daß unsere Lösung der Bewegungsgleichungen (17.23) und (17.24) wirklich die Hamilton-Funktion „diagonalisiert", und daß also das Aufsuchen dieser Lösung eine mit der „klassischen" Problemstellung der Quantenelektrodynamik äquivalente Problemstellung ist.

Ein wenig komplizierter ist es, die Existenz der Feldoperatoren für $\alpha \to 0$ zu diskutieren. So ist es z.B. sofort klar, daß (18.30) für $n_1 > 1$ im Limes *nicht* existiert, da dieser Ausdruck von der Größenordnung α^{-n_1+1} ist, wenn p_0 verschwindet. Eine nähere Untersuchung, auf die wir hier verzichten, zeigt aber, daß das Auftreten von solchen Gebilden mit der Änderung der Eigenwerte der Energie verbunden ist, und daß sie sich alle als Reihenentwicklungen von Ausdrücken der Form

$$e^{-i\delta E\,[x_0 - O(\alpha^{-1})]} \tag{18.31}$$

deuten lassen. Wenn wir die Anfangsbedingung für eine endliche Zeit T fixiert hätten, hätten wir statt $x_0 - O(\alpha^{-1})$ einen Ausdruck $x_0 - O(T)$ bekommen. Eine solche unendliche Phase in den Feldoperatoren ist an sich ohne physikalische Bedeutung und kann selbstverständlich durch eine sehr sorgfältige Behandlung der Randbedingungen auch vermieden werden. Wir gehen hierauf nicht näher ein, weil wir später die Energieänderungen aus unseren Gleichungen sowieso herauswerfen werden (vgl. z.B. Kap. VII). Abgesehen von diesen unendlichen Phasen kommt aber α in unserer Lösung nur in Integralen wie

$$\int\limits_{-\infty}^{+\infty} dx_0\, e^{-n\alpha|x_0| - ip_0 x_0} = \frac{2n\alpha}{n^2\alpha^2 + p_0^2} \to 2\pi\,\delta(p_0) \tag{18.32}$$

oder unter Umständen in Integralen der Form

$$\int\limits_{-\infty}^{x_0} dx_0'\, e^{-n\alpha|x_0 - x_0'| - ip_0(x_0 - x_0')} = \frac{1}{n\alpha + ip_0} = -iP\,\frac{1}{p_0} + \pi\,\delta(p_0) \tag{18.33}$$

vor. Die rechten Seiten von (18.32) und (18.33) haben im Limes $\alpha \to 0$ keine stärkeren Singularitäten als Deltafunktionen in p_0. Da diese Ausdrücke später über p integriert werden — letzten Endes haben ja nur Raum-Zeit-Mittelwerte der Operatoren eine physikalische Bedeutung — ist also die Existenz dieser Ausdrücke gesichert. Mit diesen nicht ganz vollständigen Bemerkungen über den Adiabatensatz wollen wir uns hier begnügen.

Eigentlich hätten wir noch zu diskutieren, ob die hier verwendeten Reihen konvergent sind und eine Lösung definieren, und wenn ja, ob man mit diesen Reihen gliedweise operieren darf. Wir werden später zu diesen Fragen zurückkehren und sogar versuchen, eine Diskussion ohne Potenzreihe durchzuführen. Augenblicklich gehen wir aber nicht näher darauf ein, sondern wollen statt dessen zuerst die Anwendung der Theorie ein wenig näher studieren.

19. Die S-Matrix. Für die praktische Anwendung der Theorie sind die bis jetzt betrachteten Feldoperatoren nicht immer sehr geeignet. Zwar sind die elektromagnetischen Feldstärken im Prinzip meßbar, wie wir in Ziff. 10 diskutiert haben, aber es handelt sich dabei mehr um die prinzipielle Interpretation der Theorie als um Experimente, die tatsächlich ausgeführt werden. Bei wirklichen Messungen ist besonders die Bestimmung von Wirkungsquerschnitten von praktischer Bedeutung. Es handelt sich dabei um Experimente, wo eine Anzahl von Partikeln mit bekanntem Impuls und bekannter Energie gegeneinanderlaufen, während einer ziemlich kurzen Zeit miteinander wechselwirken, um sich dann wieder als voneinander unabhängige Partikeln mit meßbaren Energie-Impulsvektoren fortzubewegen. Die neuen Energie-Impulsvektoren sind im allgemeinen von den ursprünglichen verschieden. Unter Umständen können auch bei dem Stoß neue Partikeln erzeugt oder einige von den ursprünglichen vernichtet werden. Es ist unmittelbar klar, daß unsere Formulierung der Quantenelektrodynamik mit ein- und auslaufenden Partikeln für die Behandlung von solchen Stoßproblemen recht geeignet sein muß. Wir müssen dann nur eine Verallgemeinerung der in Ziff. 11 verwendeten Methode finden, um den Zusammenhang zwischen den ein- und auslaufenden Feldern zu berechnen. Bezeichnen wir hier die einlaufenden Felder mit $A_\mu^{(\text{ein})}(x)$ und $\psi^{(\text{ein})}(x)$ und die Auslaufenden mit $A_\mu^{(\text{aus})}(x)$ und $\psi^{(\text{aus})}(x)$, so wissen wir erstens, daß diese Größen dieselben kanonischen Vertauschungsrelationen erfüllen. Nach wohlbekannten Sätzen[1] existiert dann eine Matrix S mit den Eigenschaften

$$\psi^{(\text{aus})}(x) = S^{-1}\psi^{(\text{ein})}(x)\,S, \tag{19.1}$$

$$A_\mu^{(\text{aus})}(x) = S^{-1}A_\mu^{(\text{ein})}(x)\,S, \tag{19.2}$$

$$S\,S^* = S^*\,S = 1. \tag{19.3}$$

Mit Hilfe dieser Matrix können wir die Hamilton-Funktion für $x_0 \to \infty$

$$H^{(0)}(A^{(\text{aus})},\,\psi^{(\text{aus})})$$

als Funktion der Hamilton-Funktion für $x_0 \to -\infty$ ausdrücken:

$$H^{(0)}(A^{(\text{aus})},\,\psi^{(\text{aus})}) = S^{-1}H^{(0)}(A^{(\text{ein})},\,\psi^{(\text{ein})})\,S. \tag{19.4}$$

Führen wir die Eigenvektoren des Operators $H^{(0)}(A^{(\text{ein})},\,\psi^{(\text{ein})})$ ein, und bezeichnen wir sie kurz mit $|n\rangle$ so gilt also nach (19.4)

$$H^{(0)}(A^{(\text{ein})},\,\psi^{(\text{ein})})\,|n\rangle = E_n|n\rangle, \tag{19.5}$$

$$H^{(0)}(A^{(\text{aus})},\,\psi^{(\text{aus})})\,S^{-1}|n\rangle = E_n\,S^{-1}|n\rangle. \tag{19.6}$$

Die Zustände $S^{-1}|n\rangle$ sind also Eigenzustände der Energie für sehr große Zeiten, und es folgt, daß die Wahrscheinlichkeit, daß ein Zustand $|n\rangle$ durch die Wechselwirkung in einen Zustand $|n'\rangle$ übergeht, durch

$$w_{nn'} = |\langle n'|\,S\,|n\rangle|^2 \tag{19.7}$$

---

[1] Vgl. z.B. P. A. M. Dirac: The Principles of Quantum Mechanics, 3. Aufl., S. 106. Oxford 1947. Hierbei wird eigentlich vorausgesetzt, daß die Zustände $|n\rangle$ in (19.5) ein vollständiges System bilden, was mit der Voraussetzung, daß keine gebundene Zustände existieren, äquivalent ist. Vgl. hierzu A. S. Wightman u. S. S. Schweber: Phys. Rev. **98**, 812 (1955), besonders S. 825.

gegeben ist. Das oben aufgestellte Problem, bei bekannten einlaufenden Partikeln die auslaufenden zu finden, ist also gelöst, wenn wir die Matrix S kennen[1].

Über die allgemeine Struktur der Matrix S läßt sich mit Ausnahme der Unitarität (19.3) nicht viel aussagen. Es ist aber unmittelbar klar, daß S für $e = 0$ die Einheitsmatrix sein muß, und daß, auch wenn e von Null verschieden ist, die Matrixelemente von S nur dann von Null verschieden sein können, wenn die Zustände $|n\rangle$ und $|n'\rangle$ zur gleichen Gesamtenergie und zum gleichen Gesamtimpuls gehören. Wir erwarten also, daß S die allgemeine Form

$$\langle n' | S | n \rangle = \delta_{n'n} + \langle n' | R | n \rangle \, \delta(p' - p) \tag{19.8}$$

haben wird. Hier ist $\langle n' | R | n \rangle$ eine reguläre Funktion der Energie-Impulsvektoren der betrachteten Partikeln, und p' und p sind die Gesamtenergie-Impulsvektoren der Zustände $|n'\rangle$ und $|n\rangle$. Wenn wir unten die S-Matrix explizit berechnen werden, wird sich die Vermutung (19.8) bestätigen. Wenn der Ausdruck (19.8) quadriert wird, um die physikalisch interessante Übergangswahrscheinlichkeit (19.7) zu berechnen, so tritt eine Deltafunktion im Quadrat auf — ein an sich vollständig sinnloses Symbol. Hier müssen wir einige Schritte in unseren Rechnungen zurückgehen und uns daran erinnern, daß bei einem endlichen Periodizitätsvolumen die räumliche Deltafunktion eigentlich durch das Symbol $\delta_{pp'}$ zu ersetzen ist, und diese Größe kann ohne Schwierigkeit quadriert werden. Für die Energie erhalten wir für $\alpha \neq 0$ keine exakte Deltafunktion in (19.8), sondern Ausdrücke der Form

$$\frac{1}{\pi} \frac{\alpha}{\alpha^2 + (p_0' - p_0)^2} \, . \tag{19.9}$$

Der Ausdruck (19.9) kann ohne Schwierigkeit quadriert werden, aber das Integral

$$\lim_{\alpha \to 0} \frac{1}{\pi^2} \int \frac{F(x) \, \alpha^2 \, dx}{(\alpha^2 + x^2)^2} \, , \tag{19.10}$$

wo $F(x)$ eine reguläre Funktion ist, existiert nicht. Eine einfache Überlegung zeigt aber, daß das Integral

$$\lim_{\alpha \to 0} \frac{1}{\pi^2} \int \frac{F(x) \, \alpha^3}{(\alpha^2 + x^2)^2} \, dx = \frac{1}{2\pi} F(0) \tag{19.11}$$

existiert. Wir können daher symbolisch schreiben

$$w_{nn'} = |\langle n' | R | n \rangle|^2 \, \delta_{pp'} \, \frac{\delta(p_0' - p_0)}{2\pi} \, \frac{1}{\alpha} \, . \tag{19.12}$$

Wenn α gegen Null geht, wird also die Übergangswahrscheinlichkeit sehr groß. In der gewöhnlichen Quantenmechanik ist bei der Behandlung von Stoßproblemen die interessante Größe nicht die totale Übergangswahrscheinlichkeit, sondern die Wahrscheinlichkeit pro Zeiteinheit. Wenn wir beachten, daß die Partikeln während einer Zeit von der Größenordnung $1/\alpha$ miteinander in Wechselwirkung gewesen sind, so sehen wir aus (19.12), daß auch in der Quantenelektrodynamik die Übergangswahrscheinlichkeit pro Zeiteinheit eine vernünftige Größe sein wird, d.h. einem endlichen Grenzwert zustrebt, wenn α verschwindet. Wie wir in Ziff. 20 sehen werden, gilt für diese Größe, wenn wir statt (19.8)

$$\langle n' | S | n \rangle = \delta_{n'n} + \langle n' | R | n \rangle \, \delta_{p'p} \, \delta(p_0' - p_0) \tag{19.13}$$

---

[1] Die S-Matrix ist ursprünglich von W. Heisenberg, Z. Physik **120**, 513 (1943) in die Quantentheorie eingeführt worden. Die Theorie der S-Matrix in der Quantenelektrodynamik ist z. B. von F. J. Dyson Phys. Rev. **75**, 486, 1736 (1949), sowie von C. N. Yang u. D. Feldman, Phys. Rev. **79**, 972 (1950) entwickelt worden.

schreiben, genau

$$\frac{\partial w_{nn'}}{\partial t} = |\langle n' | R | n \rangle|^2 \, \delta_{p'p} \, \frac{\delta(p_0' - p_0)}{2\pi}. \tag{19.14}$$

Aus der Größe (19.14) lassen sich dann in wohlbekannter Weise Wirkungsquerschnitte usw. ausrechnen. Wir verzichten hier auf allgemeine Formeln, da sie nicht ohne komplizierte Bezeichnungen niedergeschrieben werden können. In den späteren Ziffern werden wir oft die Gelegenheit haben, aus der S-Matrix spezielle Wirkungsquerschnitte auszurechnen.

Für die Bestimmung der Matrix S haben wir im Prinzip die Gleichungen

$$\left(\psi^{(\text{aus})}(x) =\right) S^{-1} \psi^{(0)}(x) S = \psi^{(0)}(x) + \int S(x - x') \, i\,e\,\gamma \, A(x') \psi(x') \, dx', \tag{19.15}$$

$$\left(A_\mu^{(\text{aus})}(x) =\right) S^{-1} A_\mu^{(0)}(x) S = A_\mu^{(0)}(x) - \int D(x - x') \, \frac{i\,e}{2} \, [\overline{\psi}(x'), \gamma_\mu \psi(x')] \, dx', \tag{19.16}$$

oder

$$[S, \psi^{(0)}(x)] = - S \int S(x - x') \, i\,e\,\gamma \, A(x') \psi(x') \, dx', \tag{19.17}$$

$$[S, A_\mu^{(0)}(x)] = S \int D(x - x') \, \frac{i\,e}{2} \, [\overline{\psi}(x'), \gamma_\mu \psi(x')] \, dx'. \tag{19.18}$$

In (19.15) bis (19.18) haben wir wieder die alte Bezeichnung $A_\mu^{(0)}(x)$ und $\psi^{(0)}(x)$ für die einlaufenden Felder benutzt. Analog zu den Feldoperatoren können wir auch für die Matrix S eine Potenzreihe in e ansetzen

$$S = 1 + e \, S^{(1)} + \cdots. \tag{19.19}$$

Für die erste Näherung erhalten wir dann aus (19.17) und (19.18)

$$[S^{(1)}, \psi^{(0)}(x)] = - i \int dx' \, S(x - x') \, \gamma \, A^{(0)}(x') \psi^{(0)}(x'), \tag{19.20}$$

$$[S^{(1)}, A_\mu^{(0)}(x)] = \frac{i}{2} \int dx' \, D(x - x') \, [\overline{\psi}^{(0)}(x'), \gamma_\mu \psi^{(0)}(x')]. \tag{19.21}$$

Da der Operator $A_\mu^{(0)}(x)$ mit $\psi^{(0)}(x)$ und $\overline{\psi}^{(0)}(x)$ kommutiert, folgt aus (19.21), daß die erste Näherung $S^{(1)}$ der S-Matrix von der Form

$$S^{(1)} = - \tfrac{1}{2} \int dx' \, [\overline{\psi}^{(0)}(x'), \gamma_\mu \psi^{(0)}(x')] \, A_\mu^{(0)}(x') + s^{(1)} \tag{19.22}$$

sein muß. In (19.22) ist das Glied $s^{(1)}$ von $A_\mu^{(0)}(x)$ unabhängig. Aus (19.20) folgt dann, daß $s^{(1)}$ auch von den Operatoren des Dirac-Feldes unabhängig und daher eine c-Zahl ist. Diese c-Zahl läßt sich selbstverständlich nicht aus den Vertauschungsrelationen (19.17) und (19.18) bestimmen. Aus der Unitarität der S-Matrix folgt $S^{(1)} = - S^{(1)*}$, d.h. die Zahl $s^{(1)}$ muß rein imaginär sein. Ohne die Eigenschaften (19.1) bis (19.3) zu verändern, können wir immer die S-Matrix mit einem Faktor $e^{i\delta}$, wo die Phase δ eine reelle c-Zahl ist, multiplizieren. Wir können also definitionsgemäß $s^{(1)}$ in (19.22) gleich Null setzen; dies bedeutet nur eine Festlegung der willkürlichen Größe δ. Für die erste Näherung der S-Matrix erhalten wir so

$$S^{(1)} = - \tfrac{1}{2} \int dx' \, [\overline{\psi}^{(0)}(x'), \gamma_\mu \psi^{(0)}(x')] \, A_\mu^{(0)}(x'). \tag{19.23}$$

In ähnlicher Weise kann gezeigt werden, daß die nächste Näherung durch

$$\left. \begin{aligned} S^{(2)} = \tfrac{1}{4} \int_{-\infty}^{+\infty} dx' \int_{-\infty}^{x'} dx'' \, [\overline{\psi}^{(0)}(x'), \gamma_{\nu_1} \psi^{(0)}(x')] \, A_{\nu_1}^{(0)}(x') \times \\ \times [\overline{\psi}^{(0)}(x''), \gamma_{\nu_2} \psi^{(0)}(x'')] \, A_{\nu_2}^{(0)}(x'') \end{aligned} \right\} \tag{19.24}$$

gegeben ist. In (19.24) ist wie zuvor eine willkürliche c-Zahl gleich Null gesetzt worden. Die hier angedeutete Methode führt zu recht komplizierten Rechnungen, wenn die höheren Näherungen der S-Matrix berechnet werden sollen. Trotzdem ist das Ergebnis verhältnismäßig einfach, und es ist zu erwarten, daß es eine mehr direkte Methode gibt, um diese Matrix zu berechnen.

20. Behandlung der Quantenelektrodynamik mit einer zeitabhängigen, kanonischen Transformation. In dieser Ziffer wollen wir eine andere Lösungsmethode der quantenelektrodynamischen Differentialgleichungen entwickeln. Diese „neue" Methode ist eigentlich diejenige, die für die Entwicklung der modernen Theorie die größte Rolle gespielt hat; sie ist auch eng mit der schon in Ziff. 2 erwähnten „Wechselwirkungsdarstellung" verknüpft. In Ziff. 19 haben wir aus der Tatsache, daß die ein- und auslaufenden Felder dieselben kanonischen Vertauschungsregeln erfüllen, geschlossen, daß eine Matrix S mit den Eigenschaften (19.1) bis (19.3) existieren sollte. Tatsächlich erfüllen aber die Feldoperatoren auch zu einer beliebigen Zeit x_0 die gleichen kanonischen Vertauschungsregeln wie die einlaufenden Felder, und wir schließen daraus, daß es eine zeitabhängige Matrix $U(x_0)$ gibt, die die folgenden Eigenschaften hat

$$\psi(x) = U^{-1}(x_0)\,\psi^{(0)}(x)\,U(x_0),\tag{20.1}$$

$$A_\mu(x) = U^{-1}(x_0)\,A_\mu^{(0)}(x)\,U(x_0),\tag{20.2}$$

$$U^*(x_0)\,U(x_0) = U(x_0)\,U^*(x_0) = 1.\tag{20.3}$$

Für die Bestimmung der Matrix $U(x_0)$ haben wir die zwei Differentialgleichungen

$$\left.\begin{aligned}\left(\gamma\,\frac{\partial}{\partial x} + m\right)\psi(x) &= -i\left[-U^{-1}\frac{\partial U}{\partial x_0}U^{-1}\gamma_4\psi^{(0)}U + U^{-1}\gamma_4\psi^{(0)}\frac{\partial U}{\partial x_0}\right] = \\ &= i\,U^{-1}\left[\frac{\partial U}{\partial x_0}U^{-1},\,\gamma_4\psi^{(0)}\right]U = i\,e\,U^{-1}\gamma\,A^{(0)}\psi^{(0)}U\end{aligned}\right\}\tag{20.4}$$

oder

$$\left[\frac{\partial U}{\partial x_0}U^{-1},\,\psi^{(0)}\right] = e\,\gamma_4\gamma\,A^{(0)}\psi^{(0)}\tag{20.5}$$

und

$$\left.\begin{aligned}\Box A_\mu(x) &= U^{-1}\left\{\left[\frac{\partial}{\partial x_0}\left(\frac{\partial U}{\partial x_0}U^{-1}\right),\,A_\mu^{(0)}\right] + 2\left[\frac{\partial U}{\partial x_0}U^{-1},\,\frac{\partial A_\mu^{(0)}}{\partial x_0}\right] + \\ &\quad + \left[\left[\frac{\partial U}{\partial x_0}U^{-1},\,A_\mu^{(0)}\right],\,\frac{\partial U}{\partial x_0}U^{-1}\right]\right\}U = -\frac{i\,e}{2}U^{-1}[\overline{\psi}^{(0)},\,\gamma_\mu\psi^{(0)}]U\end{aligned}\right\}\tag{20.6}$$

oder

$$\left.\begin{aligned}&\left[\frac{\partial}{\partial x_0}\left(\frac{\partial U}{\partial x_0}U^{-1}\right),\,A_\mu^{(0)}\right] + 2\left[\frac{\partial U}{\partial x_0}U^{-1},\,\frac{\partial A_\mu^{(0)}}{\partial x_0}\right] + \left[\left[\frac{\partial U}{\partial x_0}U^{-1},\,A_\mu^{(0)}\right],\,\frac{\partial U}{\partial x_0}U^{-1}\right] = \\ &\qquad\qquad = -\frac{i\,e}{2}[\overline{\psi}^{(0)},\,\gamma_\mu\psi^{(0)}].\end{aligned}\right\}\tag{20.7}$$

Aus (20.5) und (20.7) folgt, daß $\dfrac{\partial U}{\partial x_0}U^{-1}$ eine Funktion von $A_\mu^{(0)}(x)$ und $\psi^{(0)}(x)$ sein muß. Aus (20.5) folgt sogar, daß $\dfrac{\partial U}{\partial x_0}U^{-1}$ ein Glied von der Form

$$-\frac{e}{2}\int_{x_0'=x_0} d^3x'\,[\overline{\psi}^{(0)}(x'),\,\gamma_\mu\psi^{(0)}(x')]\,A_\mu^{(0)}(x')\tag{20.8}$$

enthalten muß, und wir verifizieren ohne Schwierigkeit, daß dies Glied hinreichend ist, um auch (20.7) zu erfüllen. Die Matrix $U(x_0)$ erfüllt also die Differentialgleichung

$$i\,\frac{\partial U(x_0)}{\partial x_0} = H^{(1)}\big(A^{(0)}(x),\,\psi^{(0)}(x)\big)\,U(x_0)\tag{20.9}$$

mit der Randbedingung
$$U(-\infty) = 1. \tag{20.10}$$

In Gl. (20.9) ist wie vorher bei der S-Matrix eine willkürliche c-Zahl gleich Null gesetzt worden. Wenn x_0 sehr groß wird, gilt offenbar

$$U(+\infty) = S. \tag{20.11}$$

Damit U für $|x_0| \to \infty$ wohldefinierten Grenzwerten zustrebt, muß wie vorher die Ladung adiabatisch ein- und ausgeschaltet werden. Unter diesen Voraussetzungen können (20.9) und (20.10) in der Integralgleichung

$$U(x_0) = 1 - i \int\limits_{-\infty}^{x_0} dx_0'\, H^{(1)}\big(A^{(0)}(x'),\, \psi^{(0)}(x')\big)\, U(x_0') \tag{20.12}$$

zusammengefaßt werden.

Die kanonische Transformation (20.1) bis (20.3) kann als ein Übergang von der Heisenberg-Darstellung $A_\mu(x)$, $\psi(x)$ zu einer anderen Darstellung $A_\mu^{(0)}(x)$, $\psi^{(0)}(x)$ aufgefaßt werden. In der neuen Darstellung sind dann die Operatoren bekannt, aber die Zustandsvektoren, die durch $U(x_0)|n\rangle$ ($|n\rangle$ = Zustandsvektor in der Heisenberg-Darstellung) gegeben sind, sind keine einfachen Gebilde und müssen durch das Lösen der „Schrödinger-Gleichung" (20.12) [oder (20.9), (20.10)] bestimmt werden. Diese neue Darstellung ist mit der schon früher diskutierten Wechselwirkungsdarstellung identisch, und Gl. (20.9) stimmt mit Gl. (2.11) überein.

Mit Hilfe einer Potenzreihe kann die Integralgleichung (20.12) formal gelöst werden

$$\left.\begin{aligned}
U(x_0) &= 1 - i \int\limits_{-\infty}^{x_0} H^{(1)}(x_0')\, dx_0' - \int\limits_{-\infty}^{x_0} dx_0' \int\limits_{-\infty}^{x_0'} dx_0''\, H^{(1)}(x_0')\, H^{(1)}(x_0'') + \cdots = \\
&= \sum_{n=0}^{\infty} (-i)^n \int\limits_{-\infty}^{x_0} dx_0' \int\limits_{-\infty}^{x_0'} dx_0'' \cdots \int\limits_{-\infty}^{x_0^{(n-1)}} dx_0^{(n)}\, H^{(1)}(x_0') \ldots H^{(1)}(x_0^{(n)}).
\end{aligned}\right\} \tag{20.13}$$

Hier haben wir kurz $H^{(1)}(x_0)$ für $H^{(1)}\big(A^{(0)}(x),\, \psi^{(0)}(x)\big)$ geschrieben. Die Lösung (20.13) kann selbstverständlich im Prinzip auch dazu verwendet werden, um die Feldoperatoren $A_\mu(x)$ und $\psi(x)$ als Funktionen der einlaufenden Felder zu berechnen. Nach recht komplizierten Umformungen, worauf wir hier nicht näher eingehen[1], kann gezeigt werden, daß die Heisenberg-Operatoren durch die Ausdrücke

$$\left.\begin{aligned}
A_\mu(x) = A_\mu^{(0)}(x) + \sum_{n=1}^{\infty} i^n \int\limits_{-\infty}^{x_0} dx_0' \ldots \int\limits_{-\infty}^{x_0^{(n-1)}} dx_0^{(n)} \times \\
\times \big[H^{(1)}(x_0^{(n)}),\, [\ldots [H^{(1)}(x_0'),\, A_\mu^{(0)}(x)] \ldots]\big],
\end{aligned}\right\} \tag{20.14a}$$

$$\left.\begin{aligned}
\psi(x) = \psi^{(0)}(x) + \sum_{n=1}^{\infty} i^n \int\limits_{-\infty}^{x_0} dx_0' \ldots \int\limits_{-\infty}^{x_0^{(n-1)}} dx_0^{(n)} \times \\
\times \big[H^{(1)}(x_0^{(n)}),\, [\ldots [H^{(1)}(x_0'),\, \psi^{(0)}(x)] \ldots]\big]
\end{aligned}\right\} \tag{20.14b}$$

gegeben sind. Diese Formeln sind aber für das praktische Rechnen nicht besonders geeignet, und mehrere recht verwickelte Umformungen sind nötig, bevor die einfachen Formeln (18.5) bis (18.12) resultieren[2]. Für die Berechnung der Feldoperatoren ist also der Weg über die Wechselwirkungsdarstellung nicht besonders geeignet. Ganz anders ist aber die Situation bei der S-Matrix, denn

---

[1] Vgl. z. B. F. J. Dyson, Phys. Rev. **75**, 486 (1949).
[2] Vgl. z. B. J. Schwinger: Phys. Rev. **74**, 1439 (1948); **75**, 651 (1949), oder G. Källén: Helv. phys. Acta **22**, 637 (1949).

hier enthält schon die Reihe (20.13) im wesentlichen die Lösung. Es gilt

$$S = 1 + \sum_{n=1}^{\infty} (-i)^n \int_{-\infty}^{+\infty} dx_0' \int_{-\infty}^{x_0'} dx_0'' \dots \int_{-\infty}^{x_0^{(n-1)}} dx^{(n)} H^{(1)}(x_0') \dots H^{(1)}(x_0^{(n)}). \qquad (20.15)$$

Für das folgende wird es zweckmäßig sein, den Ausdruck (20.15) ein wenig umzuformen[1]. Bekanntlich gilt, wenn $F(x_1 \dots x_n)$ in allen Variablen symmetrisch ist

$$\int_a^b dx_1 \int_a^{x_1} dx_2 \dots \int_a^{x_{n-1}} dx_n F(x_1 \dots x_n) = \frac{1}{n!} \int_a^b dx_1 \dots \int_a^b dx_n F(x_1 \dots x_n). \qquad (20.16)$$

Das Produkt der Wechselwirkungsenergieoperatoren in (20.15) ist zwar nicht symmetrisch in den Zeitvariablen, denn diese kommutieren nicht miteinander bei verschiedenen Zeiten, aber trotzdem können wir das Integrationsgebiet nach (20.16) umformen, wenn wir nur darauf achten, daß ein Operator mit einer größeren Zeit immer links von einem Operator mit einer kleineren Zeit steht. Hierzu führen wir einen „chronologischen Operator" oder kurz „P-Symbol" in der folgenden Weise ein

$$P\big(A(x_0) B(x_0')\big) = \begin{cases} A(x_0) B(x_0') & \text{für} \quad x_0 > x_0' \\ B(x_0') A(x_0) & \text{für} \quad x_0' > x_0. \end{cases} \qquad (20.17)$$

(Die Verallgemeinerung des P-Symbols bei mehreren Faktoren ist unmittelbar klar.) Die S-Matrix (20.15) läßt sich jetzt als ein Integral zwischen nur $-\infty$ und $+\infty$ schreiben

$$S = 1 + \sum_{n=1}^{\infty} \frac{(-i)^n}{n!} \int dx_0' \dots \int dx_0^{(n)} P\big(H^{(1)}(x_0') \dots H^{(1)}(x_0^{(n)})\big). \qquad (20.18)$$

Die von uns früher gefundenen Ausdrücke (19.23) und (19.24) für die ersten Näherungen der S-Matrix sind offenbar Spezialfälle von (20.15). Selbstverständlich kann man auch direkt verifizieren, daß die Formeln (20.14) und (20.18) die Differentialgleichungen (17.14), (17.15) und die Relationen (19.17), (19.18) erfüllen[2].

Zum Schluß wollen wir mit den hier entwickelten Hilfsmitteln einen Beweis für die Relation (19.14) geben. Dazu bemerken wir zuerst, daß die Entwicklung (20.13) in jeder Näherung zu $U(x_0)$ einen Beitrag von der Form

$$\langle n' \,|\, U(x_0) \,|\, n \rangle = \langle n' \,|\, R \,|\, n \rangle \, \delta_{\boldsymbol{p}\boldsymbol{p}'} \frac{1}{2\pi} \int_{-\infty}^{x_0} e^{i(p_0'-p_0) x_0'} dx_0' \qquad (20.19)$$

gibt. Wir wollen deshalb annehmen, daß alle Matrixelemente des vollständigen Operators U die Form (20.19) haben. Lassen wir in dieser Gleichung x_0 sehr groß werden, so folgt

$$\langle n' \,|\, S \,|\, n \rangle = \langle n' \,|\, R \,|\, n \rangle \, \delta_{\boldsymbol{p}\boldsymbol{p}'} \, \delta(p_0' - p_0), \quad (|n'\rangle \neq |n\rangle) \qquad (20.20)$$

weshalb wir die Matrix R in (20.19) mit der Matrix R in (19.13) identifizieren wollen. Bei endlichem x_0 ist also die Wahrscheinlichkeit, daß das System sich zur Zeit x_0 im Zustand $|n'\rangle$ befindet

$$|\langle n' \,|\, U(x_0) \,|\, n \rangle|^2 = \frac{|\langle n' \,|\, R \,|\, n \rangle|^2}{4\pi^2} \, \delta_{\boldsymbol{p}\boldsymbol{p}'} \int_{-\infty}^{x_0} dx_0' \int_{-\infty}^{x_0} dx_0'' \, e^{i(p_0'-p_0)(x_0'-x_0'')}. \qquad (20.21)$$

---

[1] Siehe Fußnote 1, S. 244.
[2] G. Källén: Ark. Fysik 2, 187, 371 (1950).

Die Zeitableitung der Größe (20.21) ist die gesuchte Übergangswahrscheinlichkeit pro Zeiteinheit

$$\frac{d}{dx_0}\,|\langle n'\,|\,U(x_0)\,|\,n\rangle|^2 = \frac{|\langle n'\,|\,R\,|\,n\rangle|^2}{4\pi^2}\,\delta_{\boldsymbol{p}\boldsymbol{p}'}\Bigg[\int\limits_{-\infty}^{x_0} dx_0'\,e^{i\,(p_0'-p_0)\,(x_0'-x_0)} +$$

$$+ \int\limits_{-\infty}^{x_0} dx_0''\,e^{i(p_0'-p_0)\,(x_0-x_0'')}\Bigg] = \frac{|\langle n'\,|\,R\,|\,n\rangle|^2}{4\pi^2}\,\delta_{\boldsymbol{p}\boldsymbol{p}'}\int\limits_{-\infty}^{+\infty} dx_0'\,e^{i\,(p_0'-p_0)\,(x_0'-x_0)} = \tag{20.22}$$

$$= \frac{|\langle n'\,|\,R\,|\,n\rangle|^2}{2\pi}\,\delta_{\boldsymbol{p}\boldsymbol{p}'}\,\delta(p_0' - p_0)\,.$$

Das Ergebnis (20.22) ist mit der Gl. (19.14) identisch und von x_0 unabhängig.

Beim ersten Blick ist die Zeitunabhängigkeit der Größe (20.22) recht erstaunlich. Physikalisch würde man erwarten, daß die Übergangswahrscheinlichkeit allmählich mit der Zeit auf Null absinken würde, wenn die Wahrscheinlichkeit des Zustandes $|n\rangle$ infolge des Zerfalls vermindert wird. Daß wir ein solches Ergebnis nicht erhalten haben, hängt offenbar mit dem Ansatz (20.19) für die Matrix U zusammen. Tatsächlich ist (20.19) auch nur bis auf Glieder richtig, die sehr klein werden, wenn V gegen Unendlich geht. Die Summe aller Übergangswahrscheinlichkeiten von einem gegebenen Zustand $|n\rangle$ ist auch tatsächlich bei manchen Anwendungen von (20.22) proportional V^{-1}, weshalb die Wahrscheinlichkeit, daß der Zustand $|n\rangle$ auch nach dem Stoß vorhanden ist, praktisch gleich 1 ist. Physikalisch ist es auch klar, daß die Wahrscheinlichkeit, daß eine endliche Zahl von Partikeln zusammenstoßen, wenn sie in einem sehr großen Volumen V „losgelassen" werden, proportional V^{-1} sein muß. Nur unter diesen Voraussetzungen hat der Begriff eines Wirkungsquerschnittes überhaupt einen Sinn. In dieser Weise können wir also verstehen, weshalb (20.22) formal zeitunabhängig wird. Es ist jetzt auch klar geworden, daß wir für sehr große Zeiten in dieser Weise in Schwierigkeiten geraten können. Ist nämlich die Übergangswahrscheinlichkeit pro Zeiteinheit zeitunabhängig, so wird für sehr große Zeiten die gesamte Übergangswahrscheinlichkeit sehr groß, weshalb wir dann unsere formale Lösung (20.19) nicht verwenden dürfen. Unter diesen Umständen müßten eigentlich auch die Glieder berücksichtigt werden, die in der Störungsreihe wegen ihrer Abhängigkeit von V weggelassen worden sind. Nur wenn die Wechselwirkungszeit α^{-1} so klein gewählt werden kann, daß $\frac{1}{\alpha V}$ sehr klein ist, ist z. B. Gl. (19.12) richtig. Der Grenzübergang $\alpha \to 0$, der eine unendliche Wahrscheinlichkeit geben würde, ist also in (19.12) eigentlich nicht erlaubt. Bei Problemen, in denen auch gebundene Zustände vorkommen, kann es unter Umständen unmöglich sein, die zwei Grenzübergänge $\alpha \to 0$ und $V \to \infty$ einander so anzupassen, daß das hier entwickelte Schema mit der S-Matrix unverändert angewendet werden kann. In Ziff. 28 werden wir ein einfaches Beispiel eines solchen Falls studieren und eine ein wenig modifizierte Integrationsmethode verwenden. In den Fällen jedoch, wo wir mit Hilfe von (20.22) vernünftige Wirkungsquerschnitte erhalten, werden wir ohne Bedenken die S-Matrix und die damit zusammengehörenden Vorstellungen benutzen.

21. Auswertung der P-Symbole. Die Normalprodukte. Unser nächstes Problem ist die Auswertung der P-Symbole in (20.18) oder die Berechnung von Matrixelementen der Form

$$\langle n'\,|S^{(n)}|\,n\rangle = \frac{(-e)^n}{2^n\cdot n!}\int dx'\ldots\int dx^{(n)}\,\langle n'\,|\,P\big([\overline{\psi}^{(0)}(x'),\,\gamma_{\nu_1}\,\psi^{(0)}(x')]\,A_{\nu_1}^{(0)}(x')\ldots$$
$$\ldots[\overline{\psi}^{(0)}(x^{(n)}),\,\gamma_{\nu_n}\,\psi^{(0)}(x^{(n)})]\,A_{\nu_n}^{(0)}(x^{(n)})\big)\,|\,n\rangle\,. \tag{21.1}$$

Hier sind die Zustände $|n\rangle$ und $|n'\rangle$ Eigenzustände des HAMILTON-Operators der einlaufenden Partikeln, d.h. von $H^{(0)}(A^{(0)}, \psi^{(0)})$. Diese Zustände denken wir uns durch eine gegebene Anzahl von Elektronen und Photonen charakterisiert und schreiben sie als Produkte der Form

$$|n\rangle = |n_k\rangle |n_q\rangle. \tag{21.2}$$

Hier ist $|n_k\rangle$ ein Eigenvektor von $H_1^{(0)}(A_\mu^{(0)})$ und beschreibt somit die anwesenden Photonen, während $|n_q\rangle$ ein Eigenvektor von $H_2^{(0)}(\psi^{(0)})$ ist und die Elektronen beschreibt. [Vgl. (17.20) und (17.21).] Da die Operatoren $A_\mu^{(0)}$ und $\psi^{(0)}$ miteinander kommutieren, können wir das Matrixelement (21.1) als ein Produkt von zwei Faktoren schreiben

$$\langle n'|S^{(n)}|n\rangle = \frac{(-e)^n}{n!\,2^n} \int dx' \dots \int dx^{(n)} \langle n_q'|P([\overline{\psi}^{(0)}(x'), \gamma_{\nu_1}\psi^{(0)}(x')] \dots \\ \dots [\overline{\psi}^{(0)}(x^{(n)}), \gamma_{\nu_n}\psi^{(0)}(x^{(n)})])|n_q\rangle \langle n_k'|P(A_{\nu_1}^{(0)}(x') \dots A_{\nu_n}^{(0)}(x^{(n)}))|n_k\rangle. \tag{21.3}$$

Die einzelnen P-Symbole in (21.3) können nach derselben Methode berechnet werden, die wir schon früher für den Beweis von (18.21) angewendet haben. Um das Verfahren ein wenig zu systematisieren, führen wir mit WICK[1] die sog. „Normalprodukte" der Operatoren des freien Feldes ein. Das elektromagnetische Feld können wir nach (5.28) als eine Summe von zwei Teilen schreiben

$$A_\mu^{(0)}(x) = A_\mu^{(+)}(x) + A_\mu^{(-)}(x), \tag{21.4}$$

wo der Operator $A_\mu^{(+)}(x)$

$$A_\mu^{(+)}(x) = \frac{1}{\sqrt{V}} \sum_{k,\lambda} \frac{e_\mu^{(\lambda)}}{\sqrt{2\omega}} e^{ikx} a^{(\lambda)}(k) \tag{21.5}$$

nur Vernichtungsoperatoren und $A_\mu^{(-)}(x)$

$$A_\mu^{(-)}(x) = \frac{1}{\sqrt{V}} \sum_{k,\lambda} \frac{e_\mu^{(\lambda)}}{\sqrt{2\omega}} e^{-ikx} a^{*(\lambda)}(k) \tag{21.6}$$

nur Erzeugungsoperatoren enthält. Diese Größen erfüllen die Vertauschungsregeln

$$[A_\mu^{(+)}(x), A_\nu^{(+)}(x')] = [A_\mu^{(-)}(x), A_\nu^{(-)}(x')] = 0, \tag{21.7}$$

$$[A_\mu^{(+)}(x), A_\nu^{(-)}(x')] = -i\,\delta_{\mu\nu}D^{(-)}(x'-x) = \langle 0|A_\mu^{(0)}(x)A_\nu^{(0)}(x')|0\rangle. \tag{21.8}$$

In ähnlicher Weise schreiben wir für die Operatoren des DIRAC-Feldes

$$\psi^{(0)}(x) = \psi^{(+)}(x) + \psi^{(-)}(x), \tag{21.9}$$

$$\overline{\psi}^{(0)}(x) = \overline{\psi}^{(+)}(x) + \overline{\psi}^{(-)}(x), \tag{21.10}$$

wo wieder die „+-Operatoren" nur Vernichtungsoperatoren und die anderen nur Erzeugungsoperatoren enthalten. Statt (21.7) und (21.8) haben wir hier die Vertauschungsrelationen

$$\{\overline{\psi}^{(+)}(x), \psi^{(-)}(x')\} = -i\,S^{(-)}(x'-x) = \langle 0|\overline{\psi}^{(0)}(x)\psi^{(0)}(x')|0\rangle, \tag{21.11}$$

$$\{\overline{\psi}^{(-)}(x), \psi^{(+)}(x')\} = -i\,S^{(+)}(x'-x) = \langle 0|\psi^{(0)}(x')\overline{\psi}^{(0)}(x)|0\rangle, \tag{21.12}$$

$$\{\psi^{(+)}(x), \psi^{(+)}(x')\} = \{\overline{\psi}^{(+)}(x), \psi^{(+)}(x')\} = \{\psi^{(+)}(x), \psi^{(-)}(x')\} = \dots = 0. \tag{21.13}$$

---

[1] G. C. WICK: Phys. Rev. 80, 268 (1950). Diese Produkte sind bereits vorher von A. HOURIET u. A. KIND, Helv. phys. Acta 22, 319 (1949) verwendet worden. Der Name „Normalprodukt" ist von F. J. DYSON, Phys. Rev. 82, 428 (1951) eingeführt worden.

Jetzt definieren wir das Normalprodukt von zwei oder mehreren Faktoren als ein Operatorprodukt, wo die *Erzeugungsoperatoren immer links von den Vernichtungsoperatoren stehen*. Für die Operatoren $A_\mu^{(0)}(x)$ haben wir also, wenn wir die verkürzte Schreibweise $A(i) = A_{\nu_i}^{(0)}(x^{(i)})$ verwenden und das Normalprodukt mit $:\ldots:$ bezeichnen

$$\left.\begin{aligned}
:A(1)\ldots A(n): &= A^{(+)}(1)\ldots A^{(+)}(n) + \\
&+ \sum_{i=1}^{n} A^{(-)}(1)\,A^{(+)}(1)\ldots A^{(+)}(i-1)\,A^{(+)}(i+1)\ldots A^{(+)}(n) + \\
&+ \sum_{i<j} A^{(-)}(i)\,A^{(-)}(j)\,A^{(+)}(1)\ldots A^{(+)}(n) + \cdots + A^{(-)}(1)\ldots A^{(-)}(n).
\end{aligned}\right\} \quad (21.14)$$

Das Normalprodukt (21.14) ist offenbar in allen seinen Variablen vollständig symmetrisch. Es ist hier nicht nötig, die Reihenfolge der $A^{(+)}$- oder $A^{(-)}$-Operatoren untereinander näher zu präzisieren, da diese Größen nach (21.7) kommutieren. Für die ψ-Operatoren aber ist eine solche Vorschrift nötig, da in (21.11) bis (21.13) die Antikommutatoren vorkommen. Wir geben dem Normalprodukt eine wohldefinierte Bedeutung durch die Konvention

$$\left.\begin{aligned}
:\varphi(1)\ldots\varphi(n): &= \varphi^{(+)}(1)\ldots\varphi^{(+)}(n) + \sum_{i=1}^{n}\delta_P\,\varphi^{(-)}(i)\,\varphi^{(+)}(1)\ldots\varphi^{(+)}(n) + \\
&+ \sum_{i<j}\delta_P\,\varphi^{(-)}(i)\,\varphi^{(-)}(j)\,\varphi^{(+)}(1)\ldots\varphi^{(+)}(n) + \cdots + \varphi^{(-)}(1)\ldots\varphi^{(-)}(n).
\end{aligned}\right\} \quad (21.15)$$

In (21.15) steht $\varphi(i)$ für einen Faktor, der entweder $\psi^{(0)}(x^{(i)})$ oder $\overline{\psi}^{(0)}(x^{(i)})$ sein kann. Das Symbol δ_P ist $+1$ wenn die Zahlen $(i,j,\ldots)$ eine gerade und -1 wenn sie eine ungerade Permutation der ursprünglichen Zahlen $(1,2,3\ldots)$ sind. Mit dieser Definition gilt offenbar die Symmetriebedingung

$$:\varphi(1)\ldots\varphi(n): = \delta_P:\varphi(i)\,\varphi(j)\ldots: . \tag{21.16}$$

In einem Normalprodukt können wir also so rechnen, als ob die Operatoren $A_\mu^{(0)}(x)$ immer miteinander kommutieren und die Operatoren $\psi^{(0)}(x)$ und $\overline{\psi}^{(0)}(x)$ immer miteinander antikommutieren. Für die Verwandlung eines gewöhnlichen Produkts in ein Normalprodukt haben wir Gleichungen der Form

$$A(1)\,A(2) = :A(1)\,A(2): + \langle 0|A(1)\,A(2)|0\rangle, \tag{21.17}$$

$$\psi(1)\,\psi(2) = :\psi(1)\,\psi(2): \equiv :\psi(1)\,\psi(2): + \langle 0|\psi(1)\,\psi(2)|0\rangle, \tag{21.18}$$

$$\overline{\psi}(1)\,\overline{\psi}(2) = :\overline{\psi}(1)\,\overline{\psi}(2): \equiv :\overline{\psi}(1)\,\overline{\psi}(2): + \langle 0|\overline{\psi}(1)\,\overline{\psi}(2)|0\rangle, \tag{21.19}$$

$$\overline{\psi}(1)\,\psi(2) = :\overline{\psi}(1)\,\psi(2): + \langle 0|\overline{\psi}(1)\,\psi(2)|0\rangle, \tag{21.20}$$

$$\psi(1)\,\overline{\psi}(2) = :\psi(1)\,\overline{\psi}(2): + \langle 0|\psi(1)\,\overline{\psi}(2)|0\rangle. \tag{21.21}$$

Die Gln. (21.17) bis (21.21) lassen sich sofort aus (21.4) bis (21.16) beweisen. Als Beispiel einer Anwendung dieser Gleichungen bemerken wir, daß der Stromoperator des freien Feldes sich als ein Normalprodukt schreiben läßt

$$\left.\begin{aligned}
\tfrac{1}{2}\left[\overline{\psi}^{(0)}(x),\gamma_\mu\psi^{(0)}(x)\right] &= \tfrac{1}{2}\big\{:\overline{\psi}^{(0)}(x)\gamma_\mu\psi^{(0)}(x): + \langle 0|\overline{\psi}^{(0)}(x)\gamma_\mu\psi^{(0)}(x)|0\rangle - \\
&\quad - :\psi^{(0)}(x)\gamma_\mu^T\overline{\psi}^{(0)}(x): - \langle 0|\psi^{(0)}(x)\gamma_\mu^T\overline{\psi}^{(0)}(x)|0\rangle\big\} = \\
&= :\overline{\psi}^{(0)}(x)\gamma_\mu\psi^{(0)}(x): + \tfrac{1}{2}\langle 0|[\overline{\psi}^{(0)}(x),\gamma_\mu\psi^{(0)}(x)]|0\rangle = \\
&= :\overline{\psi}^{(0)}(x)\gamma_\mu\psi^{(0)}(x): .
\end{aligned}\right\} \quad (21.22)$$

Hierdurch kommt das Verschwinden des Vakuumerwartungswertes des Stromoperators deutlich zum Ausdruck. Dieses Beispiel zeigt auch den Vorteil des Normalproduktes gegenüber dem gewöhnlichen Produkt. Für einen gegebenen Übergang, wo eine bestimmte Zahl von Partikeln geändert wird, gibt in allen möglichen Normalprodukten eine und nur eine Art von Gliedern einen Beitrag, und zwar die Glieder, die genau die „richtigen" Vernichtungs- und Erzeugungsoperatoren enthalten. Das Entsprechende gilt nicht für das gewöhnliche Produkt, wo eine Erzeugung und nachfolgende Vernichtung in den Zwischenzuständen vorkommen kann, wie wir schon früher — z.B. in Ziff. 18 — gesehen haben. Hierbei ist zwar vorausgesetzt worden, daß keine Partikel im Endzustand mit einer Partikel im Anfangszustand identisch ist. In diesen Fällen können unter Umständen mehrere Normalprodukte nichtverschwindende Beiträge geben. Als Beispiel betrachten wir ein Matrixelement

$$\langle q, k \,|\, F \,|\, q, k' \rangle = A \,\langle k \,|\, : A^{(0)} A^{(0)} : \,|\, k' \rangle + B \,\langle q, k \,|\, : \overline{\psi}^{(0)} \psi^{(0)} A^{(0)} A^{(0)} : \,|\, q, k' \rangle . \quad (21.23)$$

In allen solchen Fällen wird es sich aber herausstellen, daß die „komplizierteren" Glieder immer zusätzliche Faktoren V^{-n} enthalten und deshalb, wenn das Periodizitätsvolumen V sehr groß gemacht wird, vernachlässigt werden können. Wir brauchen also nur das erste, nichtverschwindende Glied in Ausdrücken wie (21.23) zu berücksichtigen. Eine ähnliche Vernachlässigung haben wir schon früher in (18.20a) gemacht.

Unser Hauptproblem ist jetzt die Verwandlung eines P-Symbols in eine Summe von Gliedern, die der Operatoren nur in der Form von Normalprodukten enthalten. Kennen wir die Lösung dieses Problems, so ist die Berechnung von Matrixelementen in (21.3) sehr einfach auszuführen. Um die algebraischen Manipulationen so einfach wie möglich ausführen zu können, führen wir noch zwei Symbole ein. Wir definieren

$$T\big(\varphi(1)\, \varphi(2) \,\ldots\, \varphi(n)\big) = \delta_P\, \varphi(i)\, \varphi(j) \,\ldots . \quad (21.24)$$

Hier sind auf der linken Seite die Faktoren der Zeitordnung nach geschrieben, genau wie im P-Symbol. Die zwei Symbole unterscheiden sich um den Faktor δ_P, der wie in (21.15) definiert worden ist. Treffen wir weiter die Verabredung, daß dieser Faktor immer àls $+1$ zu lesen ist, wenn die Operatoren $\varphi(x)$ gleich $A_\mu^{(0)}(x)$ sind, so können die folgenden Gleichungen für sowohl (21.14) als auch (21.15) angewendet werden. Wir definieren weiter

$$: \overset{v}{\varphi}(1)\, \overset{v}{\varphi}(2)\, \varphi(3) \,\ldots\, \varphi(n): \,= \langle 0\,|\, \varphi(1)\, \varphi(2)\,|\,0\rangle : \varphi(3) \ldots \varphi(n): , \quad (21.25)$$

$$: \varphi(1) \ldots \overset{v}{\varphi}(i) \ldots \overset{v}{\varphi}(j) \ldots \varphi(n): \,= \delta_P : \overset{v}{\varphi}(i)\, \overset{v}{\varphi}(j)\, \varphi(1) \ldots \varphi(n): . \quad (21.26)$$

Aus (21.17) bis (21.21) beweisen wir jetzt z.B. von n zu $n+1$

$$\varphi(1) : \varphi(2) \ldots \varphi(n): \,= \,: \varphi(1)\, \varphi(2) \ldots \varphi(n): + \sum_{i=2}^{n} : \overset{v}{\varphi}(1)\, \varphi(2) \ldots \overset{v}{\varphi}(i) \ldots \varphi(n): \quad (21.27)$$

und hieraus wieder von n zu $n+1$

$$\left. \begin{aligned} \varphi(1)\, \varphi(2) \ldots \varphi(n) &= \,: \varphi(1) \ldots \varphi(n): + \\ &+ \sum_{i<j} : \varphi(1)\, \varphi(2) \ldots \overset{v}{\varphi}(i) \ldots \overset{v}{\varphi}(j) \ldots \varphi(n): + \\ &+ \sum_{i_1<j_1;\, i_2<j_2} : \varphi(1) \ldots \overset{v}{\varphi}(i_1) \ldots \overset{w}{\varphi}(i_2) \ldots \overset{v}{\varphi}(j_1) \ldots \overset{w}{\varphi}(j_2) \ldots \varphi(n): + \cdots \end{aligned} \right\} \quad (21.28)$$

In den „verjüngten" Normalprodukten kann nach (21.26) und (21.16) die Reihenfolge der Faktoren auch geändert werden, wenn nur ein Vorzeichen δ_P hinzugefügt wird. Nur muß dabei darauf geachtet werden, daß die Reihenfolge zweier Faktoren, die miteinander verjüngt sind, nie geändert wird. Es gilt also z.B.

$$:\varphi(1)\ldots\overset{\mathsf{v}}{\varphi}(i)\,\varphi(j)\,\overset{\mathsf{v}}{\varphi}(k)\ldots\varphi(n): = -:\varphi(1)\ldots\overset{\mathsf{v}}{\varphi}(i)\,\overset{\mathsf{v}}{\varphi}(k)\,\varphi(j)\ldots\varphi(n): \qquad (21.29)$$

aber

$$:\varphi(1)\ldots\overset{\mathsf{v}}{\varphi}(i)\,\overset{\mathsf{v}}{\varphi}(j)\ldots\varphi(n): \neq -:\varphi(1)\ldots\overset{\mathsf{v}}{\varphi}(j)\,\overset{\mathsf{v}}{\varphi}(i)\ldots\varphi(n):. \qquad (21.30)$$

[Für Operatoren $A_\mu^{(0)}(x)$ fällt das Vorzeichen in (21.29) weg.] Da zwei verjüngte Faktoren auf der rechten Seite in (21.28) immer dieselbe Reihenfolge wie auf der linken Seite haben, folgt aus (21.24), (21.28) und aus der Symmetriebedingung (21.16)

$$T\big(\varphi(1)\ldots\varphi(n)\big) = :\varphi(1)\ldots\varphi(n): + \sum_{i<j}:\varphi(1)\ldots\dot\varphi(i)\ldots\dot\varphi(j)\ldots\varphi(n): + \\ + \sum_{i_1<j_1;\,i_2<j_2}:\varphi(1)\ldots\dot\varphi(i_1)\ldots\ddot\varphi(i_2)\ldots\dot\varphi(j_1)\ldots\ddot\varphi(j_2)\ldots\varphi(n): + \cdots. \qquad (21.31)$$

In (21.31) sind die neuen Verjüngungen offenbar durch die Gleichungen

$$:\dot\varphi(1)\,\dot\varphi(2)\,\dot\varphi(3)\ldots\varphi(n): = \langle 0|\,T\big(\varphi(1)\,\varphi(2)\big)\,|0\rangle:\varphi(3)\ldots\varphi(n): \qquad (21.32)$$

$$:\varphi(1)\ldots\dot\varphi(i)\ldots\dot\varphi(j)\ldots\varphi(n): = \delta_P:\dot\varphi(i)\,\dot\varphi(j)\,\varphi(1)\ldots\varphi(n): \qquad (21.33)$$

zu definieren. Die Vakuumerwartungswerte der T-Produkte lassen sich sofort berechnen. Die nichtverschwindenden Größen sind

$$\langle 0|\,T\big(A_\mu^{(0)}(x)\,A_\nu^{(0)}(x')\big)\,|0\rangle = \langle 0|\,P\big(A_\mu^{(0)}(x)\,A_\nu^{(0)}(x')\big)\,|0\rangle = \\ = \tfrac{1}{2}\delta_{\mu\nu}\,[D^{(1)}(x'-x) - i\,\varepsilon(x-x')\,D(x'-x)] = \\ = \tfrac{1}{2}\delta_{\mu\nu}\,[D^{(1)}(x'-x) - 2i\,\overline{D}(x'-x)] = \\ = \tfrac{1}{2}\delta_{\mu\nu}\,D_F(x'-x), \qquad (21.34)$$

wo die Funktion $D_F(x)$ in (7.29) definiert worden ist, und

$$\langle 0|\,T\big(\overline{\psi}^{(0)}(x)\,\psi^{(0)}(x')\big)\,|0\rangle = \tfrac{1}{2}\,S_F(x'-x), \qquad (21.35)$$

$$\langle 0|\,T\big(\psi^{(0)}(x)\,\overline{\psi}^{(0)}(x')\big)\,|0\rangle = -\tfrac{1}{2}\,S_F(x-x') = -\langle 0|\,T\big(\overline{\psi}^{(0)}(x')\,\psi^{(0)}(x)\,|0\rangle. \qquad (21.36)$$

Wegen der Antisymmetrie in (21.36) [und der Symmetrie in (21.34)] können wir in den Verjüngungen (21.33) auch die Reihenfolge zweier miteinander verjüngter Operatoren ändern, und es gilt z.B.

$$:\varphi(1)\ldots\dot\varphi(i)\ldots\dot\varphi(j)\ldots\varphi(n): = \delta_P:\varphi(r)\ldots\dot\varphi(j)\ldots\dot\varphi(i)\ldots\varphi(s):. \qquad (21.37)$$

Die Gln. (21.31) bis (21.36) enthalten das gewünschte Ergebnis für ein T-Produkt, das jetzt als eine Summe von Normalprodukten geschrieben werden kann. Die Koeffizienten der Normalprodukte lassen sich aus den singulären „F-Funktionen" aufbauen. Bei den Anwendungen in (21.3) haben wir zwar P-Produkte, aber immer von einer geraden Anzahl von Operatoren $\psi^{(0)}(x)$ und $\overline{\psi}^{(0)}(x)$. Es gilt offenbar

$$P\big(:\overline{\psi}(1)\,\psi(1):\ldots:\overline{\psi}(n)\,\psi(n):\big) = T\big(:\overline{\psi}(1)\,\psi(1):\ldots:\overline{\psi}(n)\,\psi(n):\big). \qquad (21.38)$$

Für das „gemischte" T-Produkt in (21.38) überlegt man sich leicht, daß eine zu (21.31) analoge Entwicklung gilt. Nur ist bei den Verjüngungen zu beachten, daß zwei Faktoren mit derselben Zeit nicht miteinander verjüngt werden sollen.

Es gilt also z. B.

$$P\left(:\overline{\psi}(1)\,\psi(1):\,:\overline{\psi}(2)\,\psi(2):\right) = \;:\overline{\psi}(1)\,\psi(1)\,\overline{\psi}(2)\,\psi(2): + \;:\dot{\overline{\psi}}(1)\,\psi(1)\,\overline{\psi}(2)\,\dot{\psi}(2): +$$
$$+ :\overline{\psi}(1)\,\dot{\psi}(1)\,\dot{\overline{\psi}}(2)\,\psi(2): + \;:\dot{\overline{\psi}}(1)\,\ddot{\psi}(1)\,\ddot{\overline{\psi}}(2)\,\dot{\psi}(2): =$$
$$= :\overline{\psi}(1)\,\psi(1)\,\overline{\psi}(2)\,\psi(2): + \tfrac{1}{2}\,S_F(2\,1)\;:\psi(1)\,\overline{\psi}(2): -$$
$$- \tfrac{1}{2}\,S_F(1\,2)\;:\overline{\psi}(1)\,\psi(2): - \tfrac{1}{4}\,S_F(2\,1)\,S_F(1\,2). \tag{21.39}$$

Mit den angegebenen Rechenregeln läßt sich die Entwicklung eines beliebigen P-Symbols nach Normalprodukten sofort niederschreiben. Es fehlt eigentlich nur eine allgemeine Diskussion der in (21.33) und (21.38) versteckten Vorzeichen. Wir verzichten jedoch hier darauf, da wir in Ziff. 22 mit den dort zu Verfügung stehenden Hilfsmitteln dies viel einfacher diskutieren können, und begnügen uns vorläufig mit den gewonnenen Resultaten.

22. Eine graphische Darstellung der S-Matrix. Wir haben jetzt alle nötigen Hilfsmittel zu unserer Verfügung, um ein gewünschtes Matrixelement der S-Matrix in beliebiger Näherung auszurechnen. Die erhaltenen Ausdrücke werden aber — auch in ziemlich einfachen Fällen — recht kompliziert und sind nicht einfach zu überblicken. Es existiert aber ein ausgezeichnetes Hilfsmittel für die Systematisierung der Ergebnisse, das ursprünglich von FEYNMAN[1] eingeführt wurde. Hierbei wird jedes Normalprodukt mit Hilfe einer graphischen „Figur" dargestellt, und es existieren Regeln, nach denen man diese „*Graphen*" sofort niederzeichnen und in analytische Sprache übersetzen kann. In seinen Arbeiten hat FEYNMAN ursprünglich diese Graphen und Rechenregeln ganz intuitiv eingeführt, und erst später ist die Begründung mit Hilfe des gewöhnlichen Formalismus gegeben worden[2]. Wir gehen hier nicht näher auf diese intuitive Betrachtungsweise ein, sondern zeigen nur, daß unsere analytischen Ausdrücke mit Hilfe der Graphen dargestellt werden können. Dies entspricht im wesentlichen der Argumentation von DYSON[3].

Um ein Matrixelement wie

$$\frac{(-\,e)^n}{n!}\int dx' \dots \int dx^n \langle n_q'|P\left(:\overline{\psi}(1)\,\gamma_{\nu_1}\,\psi(1):\,\dots:\overline{\psi}(n)\,\gamma_{\nu_n}\,\psi(n):\right)|n_q\rangle \times$$
$$\times \langle n_k'|P\left(A(1)\dots A(n)\right)|n_k\rangle \tag{22.1}$$

graphisch zu veranschaulichen, zeichnen wir auf ein Stück Papier n-Punkte und ordnen jeder Variablen x^i einen Punkt zu. In jedem Glied in der Entwicklung in Normalprodukte kommt jede Variable x^i dreimal vor. Aus dem Operator $A(i)$ wird entweder ein Faktor in einem Normalprodukt oder, zusammen mit einem anderen Operator $A(j)$, eine Verjüngung $D_F(ij)$. Wenn zwei Variable in derselben Funktion D_F vorkommen, verbinden wir die entsprechenden Punkte in unserer Figur mit einer punktierten Linie. Wenn ein Operator $A(i)$ in einem Normalprodukt steht, ziehen wir eine punktierte Linie vom Punkt x^i zum Rand der Figur. In entsprechender Weise verfahren wir mit den Operatoren $\psi(i)$ und $\overline{\psi}(j)$. Sind die beiden Operatoren in einer Funktion S_F zusammengefaßt worden, ziehen wir eine ausgezogene Linie vom Punkt x^j zum Punkt x^i. Stehen diese Operatoren aber in einem Normalprodukt, verbinden wir wieder den Punkt x^i oder x^j mit dem Rand. Um die verschiedenen Arten von Operatoren voneinander

---

[1] R. P. FEYNMAN: Phys. Rev. **76**, 749, 769 (1949).

[2] F. J. DYSON: Phys. Rev. **75**, 486, 1736 (1949); vgl. auch R. P. FEYNMAN: Phys. Rev. **80**, 440 (1950).

[3] Eine Klassifikation der verschiedenen Glieder der S-Matrix ohne Anwendung von Graphen ist von E. R. CAIANIELLO, Nuovo Cim. **10**, 1634 (1954), gegeben.

zu unterscheiden, werden also die „Elektronenlinien" voll ausgezogen und die „Photonenlinien" punktiert. Die Elektronenlinien werden weiter mit einem Pfeil versehen, der immer vom Punkt des Operators $\overline{\psi}(j)$ zum Punkt des Operators $\psi(i)$ zeigen soll. Als Beispiel zeichnen wir in beistehender Figur das Diagramm des Matrixelements

$$\begin{aligned}
\frac{(-e)^2}{2!} &\iint dx\, dx' \langle q\,|P(:\overline{\psi}^{(0)}(x)\,\gamma_\mu\psi^{(0)}(x):\, :\overline{\psi}^{(0)}(x')\,\gamma_\nu\psi^{(0)}(x'):)|\,q'\rangle \times \\
&\qquad\qquad\qquad \times \langle 0\,|P(A_\mu^{(0)}(x)\,A_\nu^{(0)}(x'))|0\rangle = \\
&= -\frac{e^2}{8}\iint dx\, dx'\,\big[\langle q\,|:\overline{\psi}^{(0)}(x)\,\gamma_\lambda\,S_F(x-x')\,\gamma_\lambda\psi^{(0)}(x'):|q'\rangle + \\
&\quad + \langle q\,|:\overline{\psi}^{(0)}(x')\,\gamma_\lambda\,S_F(x'-x)\,\gamma_\lambda\psi^{(0)}(x):|q'\rangle\big]\,D_F(x'-x) = \\
&= -\frac{e^2}{4}\iint dx\, dx'\,\langle q\,|\overline{\psi}^{(0)}(x)|0\rangle\gamma_\lambda S_F(x-x')\gamma_\lambda\langle 0\,|\psi^{(0)}(x')|q'\rangle \times \\
&\qquad\qquad\qquad\qquad \times D_F(x'-x).
\end{aligned} \tag{22.2}$$

Offenbar gibt das Diagramm (Fig. 2) ein fast anschauliches Bild wie ein Elektron q' ankommt, ein virtuelles Photon erst emittiert und dann wieder absorbiert, um schließlich als ein Elektron q weiterzulaufen. Doch muß vor einer allzu anschaulichen Interpretation der Diagramme ausdrücklich gewarnt werden, da eine solche sehr leicht zu falschen Ergebnissen führen kann.

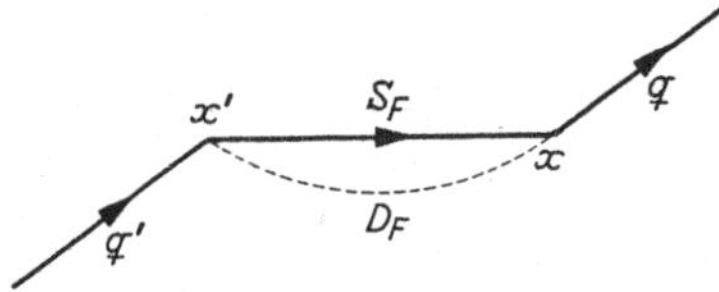

Fig. 2. Diagramm des Matrixelements (22.2).

Im allgemeinen wird ein Matrixelement nicht wie in (22.2) durch nur ein Glied dargestellt, sondern man erhält eine Summe von Gliedern, weil man *alle* nicht verschwindenden Normalprodukte berücksichtigen muß. Alle diese Glieder können wir offenbar erhalten, wenn wir alle die Diagramme aufzeichnen, die entstehen können, wenn n Punkte durch die vorgegebene Anzahl von „äußeren" und „inneren" Linien verbunden werden. In allen praktisch vorkommenden Beispielen lassen sich diese Diagramme sofort aufzeichnen.

Die Diagramme, die der n-ten Näherung (22.1) der S-Matrix entsprechen, können sofort in mehrere Gruppen eingeteilt werden, wo jede Gruppe genau $n!$ Diagramme enthält, die sich nur durch eine verschiedene Numerierung der Variablen x^i unterscheiden. Alle diese Glieder können wir am einfachsten dadurch berücksichtigen, daß wir den Faktor $n!$ im Nenner in (22.1) weglassen und in jeder Gruppe nur jeweils eines der Diagramme auswerten. Eine weitere Vereinfachung ergibt sich, wenn wir alle „nichtzusammenhängenden" Diagramme weglassen. Ein Diagramm heißt nichtzusammenhängend, wenn es sich in zwei getrennte Teile zerlegen läßt, die weder durch Elektronen- noch durch Photonenlinien miteinander verbunden sind. So ist z.B. das Diagramm in Fig. 3 nichtzusammenhängend, während das Diagramm in Fig. 4 zusammenhängend ist. Die Begründung für das Weglassen dieser nichtzusammenhängenden Graphen liegt darin, daß bei ihrer Berücksichtigung alle Matrixelemente nur mit demselben Faktor multipliziert würden. Dieser Faktor ist offenbar genau das Matrixelement $\langle 0\,|S|\,0\rangle$, d.h. von der Form $e^{i\delta}$ und deshalb ohne physikalische Bedeutung.

Für die Übersetzung eines Diagramms in analytische Sprache sind die folgenden Regeln anzuwenden:

1. Jede innere Photonenlinie entspricht einem Faktor $\frac{1}{2}\,\delta_{\nu_i\nu_j}\,D_F(ij)$.

2. Jede innere Elektronenlinie von einem Punkt x^i zu einem Punkt x^j entspricht einem Faktor $-\frac{1}{2}\,S_F(ji)$.

3. Jede äußere Linie entspricht einem Erzeugungsoperator, wenn die Partikel hinausläuft, und einem Vernichtungsoperator, wenn die Partikel hineinläuft. Hierbei ist zu berücksichtigen, daß ein Positron mit unseren Konventionen über die Pfeile in den Diagrammen als „rückwärtslaufend" zu betrachten ist. Die Photonen sind einlaufend, wenn sie im Anfangszustand anwesend sind, sonst sind sie auslaufend.

4. Jeder Punkt x^i entspricht einem Faktor γ_{ν_i}.

5. Der ganze Ausdruck wird mit dem Faktor $e^n(-1)^{l+n}$ multipliziert, wo n die Anzahl der Punkte und l die Anzahl der „geschlossenen Polygone" von Elektronenlinien im betreffenden Diagramm ist.

6. Das ganze Glied wird noch mit einem Vorzeichen $(-1)^P$ multipliziert, wo P von der Permutation der Faktoren $\psi^{(0)}(x)$ im Normalprodukt bestimmt ist.

Mit Ausnahme des Vorzeichens $(-1)^l$ in 5. bedürfen diese Regeln kaum einer näheren Diskussion, da sie sofort aus den Überlegungen in Ziff. 21 folgen.

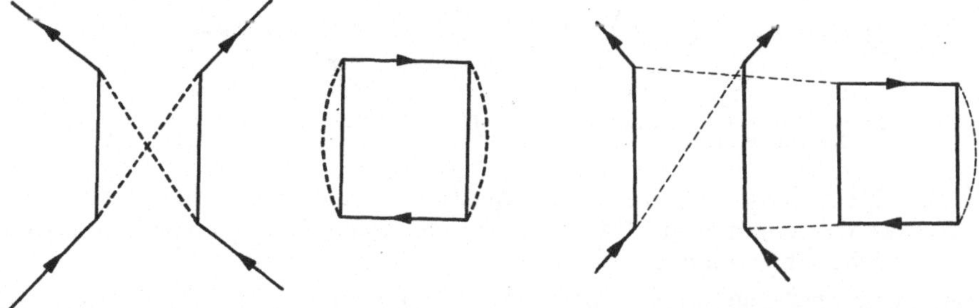

Fig. 3. Nichtzusammenhängendes Diagramm.　　　　　Fig. 4. Zusammenhängendes Diagramm mit einem geschlossenen Polygon.

Der Ausdruck „ein geschlossenes Polygon" (auf englisch: closed loop) von Elektronenlinien ist auch selbstevident und bedarf keiner ausführlichen Erörterung. So enthält z. B. das Diagramm in Fig. 4 genau ein solches Polygon rechts in der Figur. Um das Vorzeichen in der Regel 5 zu beweisen, schreiben wir im P-Symbol alle die Faktoren $:\bar{\psi}(i)\,\gamma_{\nu_i}\,\psi(i):$, die im Polygon eingehen, nebeneinander. Dies ändert das Vorzeichen des Matrixelementes nicht. Wir müssen also den folgenden Ausdruck berechnen

$$\bar{\psi}(i_1)\,\gamma_{\nu_{i_1}}\overset{\cdot\cdot}{\psi}(i_1)\,\overset{\cdot}{\bar{\psi}}(i_2)\,\gamma_{\nu_{i_2}}\overset{\cdot\cdot}{\psi}(i_2)\,\overset{\cdot\cdot\cdot}{\bar{\psi}}(i_3)\,\gamma_{\nu_{i_3}}\ldots\gamma_{\nu_{i_n}}\overset{\cdot}{\psi}(i_n).\tag{22.3}$$

Die Verjüngungen lassen sich hier sofort ausführen und geben mit Ausnahme der Verjüngung $\overset{\cdot}{\bar{\psi}}(i_1)\,\overset{\cdot}{\psi}(i_n)$ das Resultat $-\tfrac{1}{2}S_F(i_r,i_{r+1})$. Die Verjüngung $\overset{\cdot}{\bar{\psi}}(i_1)\,\overset{\cdot}{\psi}(i_n)$ gibt nach (21.35) dagegen den Faktor $+\tfrac{1}{2}S_F(i_n,i_1)$. Hieraus folgt sofort die Regel für das Vorzeichen in 5.

Zum Schluß wollen wir noch eine Vereinfachung erwähnen, die sich auch in dieser graphischen Darstellung einfach formulieren läßt. Wir können nämlich alle Diagramme weglassen, die ein geschlossenes Polygon mit einer ungeraden Anzahl von Elektronenlinien enthalten. Als Beispiel geben wir das Diagramm in Fig. 5, das also nicht berücksichtigt zu werden braucht. Die Begründung ist, daß zu jedem Diagramm mit einem geschlossenen Polygon auch ein anderes Diagramm addiert werden muß, in welchem die „Umlaufrichtung" im Polygon gerade umgekehrt ist. Zum Beitrag aus Fig. 5 muß also auch der Beitrag des Diagramms in Fig. 6 addiert werden. Nennen wir der Einfachheit halber die

Punkte, die im Polygon vorkommen, $x^1, \ldots, x^n$, so enthält der Beitrag eines Diagramms mit dem Polygon einen Faktor

$$\mathrm{Sp}\left[\gamma_{\nu_1} S_F(1\,2)\gamma_{\nu_2} S_F(2\,3)\ldots\gamma_{\nu_n} S_F(n\,1)\right]. \tag{22.4}$$

Der Beitrag des Diagramms mit entgegengesetzter Umlaufrichtung im Polygon unterscheidet sich vom ersten Ausdruck nur dadurch, daß die Spur durch

$$\mathrm{Sp}\left[\gamma_{\nu_1} S_F(1\,n)\gamma_{\nu_n} S_F(n,\,n-1)\ldots\gamma_{\nu_2} S_F(2\,1)\right] \tag{22.5}$$

zu ersetzen ist. Im Schlußergebnis kommt also die Summe

$$\mathrm{Sp}\left[\gamma_{\nu_1} S_F(1\,2)\gamma_{\nu_2} S_F(2\,3)\ldots\gamma_{\nu_n} S_F(n\,1)\right] + \mathrm{Sp}\left[\gamma_{\nu_1} S_F(1\,n)\gamma_{\nu_n} S_F(n,\,n-1)\ldots\gamma_{\nu_2} S_F(2\,1)\right] \tag{22.6}$$

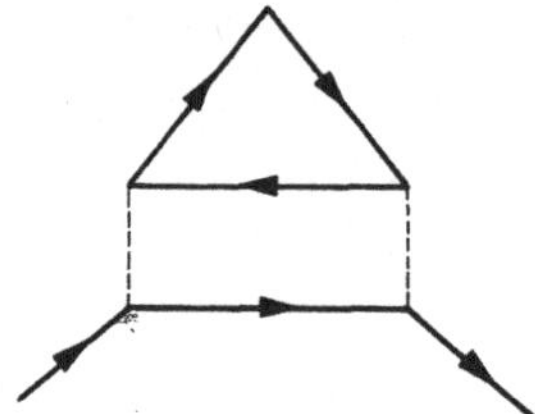

Fig. 5. Ein geschlossenes Polygon mit drei Elektronenlinien.

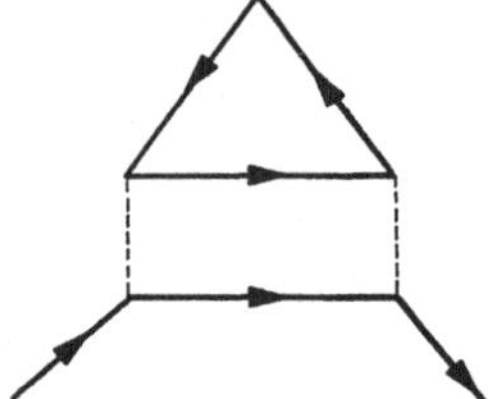

Fig. 6. Der Beitrag dieses Diagramms kompensiert genau den Beitrag des Diagramms in Fig. 5.

vor. Um diesen Ausdruck weiter auszuwerten, brauchen wir hier einige Sätze über Spuren von γ-Matrizen. Da wir später oft solche Spuren auswerten müssen, geben wir schon hier eine Übersicht über ihre Eigenschaften.

Aus der grundlegenden Beziehung der γ-Matrizen

$$\gamma_\mu\gamma_\nu + \gamma_\nu\gamma_\mu = 2\delta_{\mu\nu} \tag{22.7}$$

folgt sofort die Entwicklung

$$\begin{aligned}
\mathrm{Sp}\left[\gamma_{\nu_1}\gamma_{\nu_2}\gamma_{\nu_3}\ldots\gamma_{\nu_n}\right] &= 2\delta_{\nu_1\nu_2}\,\mathrm{Sp}\left[\gamma_{\nu_3}\ldots\gamma_{\nu_n}\right] - \mathrm{Sp}\left[\gamma_{\nu_2}\gamma_{\nu_1}\gamma_{\nu_3}\ldots\gamma_{\nu_n}\right] = \\
&= 2\sum_{i=2}^{n}\delta_{\nu_1\nu_i}(-1)^i\,\mathrm{Sp}\left[\gamma_{\nu_2}\ldots\gamma_{\nu_{i-1}}\gamma_{\nu_{i+1}}\ldots\gamma_{\nu_n}\right] + (-1)^{n-1}\,\mathrm{Sp}\left[\gamma_{\nu_2}\ldots\gamma_{\nu_n}\gamma_{\nu_1}\right].
\end{aligned} \tag{22.8}$$

Mit der elementaren Eigenschaft einer Spur

$$\mathrm{Sp}[A\,B] = \mathrm{Sp}[B\,A] \tag{22.9}$$

folgt aus (22.8), wenn n gerade ist

$$\mathrm{Sp}\left[\gamma_{\nu_1}\ldots\gamma_{\nu_n}\right] = \sum_{i=2}^{n}\delta_{\nu_1\nu_i}(-1)^i\,\mathrm{Sp}\left[\gamma_{\nu_2}\ldots\gamma_{\nu_{i-1}}\gamma_{\nu_{i+1}}\ldots\gamma_{\nu_n}\right]. \tag{22.10}$$

Gl. (22.10) erlaubt die Berechnung einer Spur mit n γ-Matrizen, wenn alle Spuren mit $n-2$ γ-Matrizen bekannt sind. Sie kann also im Prinzip für die Auswertung aller Spuren mit einer geraden Zahl von γ-Matrizen verwendet werden. Für ungerade n schreiben wir

$$\mathrm{Sp}\left[\gamma_{\nu_1}\ldots\gamma_{\nu_n}\right] = \mathrm{Sp}\left[\gamma_{\nu_1}\ldots\gamma_{\nu_n}\gamma_5^2\right] = \mathrm{Sp}\left[\gamma_5\gamma_{\nu_1}\ldots\gamma_{\nu_n}\gamma_5\right], \tag{22.11}$$

wo γ_5 durch

$$\gamma_5 = \gamma_1\gamma_2\gamma_3\gamma_4 \tag{22.12}$$

definiert ist und die Eigenschaften

$$\gamma_5^2 = 1, \tag{22.13}$$

$$\gamma_5\gamma_\mu + \gamma_\mu\gamma_5 = 0 \qquad \mu = 1, 2, 3, 4 \tag{22.14}$$

hat. Aus (22.14) und (22.11) folgt sofort

$$\mathrm{Sp}\,[\gamma_{\nu_1}\cdots\gamma_{\nu_n}] = \mathrm{Sp}\,[\gamma_5\gamma_{\nu_1}\cdots\gamma_{\nu_n}\gamma_5] = (-1)^n\,\mathrm{Sp}\,[\gamma_5^2\gamma_{\nu_1}\cdots\gamma_{\nu_n}] = \\ = (-1)^n\,\mathrm{Sp}\,[\gamma_{\nu_1}\cdots\gamma_{\nu_n}]. \qquad (22.15)$$

Wenn n ungerade ist, muß also die Spur verschwinden.

$$\mathrm{Sp}\,[\gamma_{\nu_1}\cdots\gamma_{\nu_{2n+1}}] = 0. \qquad (22.16)$$

Eine weitere Symmetriebedingung für Spuren ist oft nützlich:

$$\mathrm{Sp}\,[\gamma_{\nu_1}\cdots\gamma_{\nu_n}] = \mathrm{Sp}\,[\gamma_{\nu_n}\gamma_{\nu_{n-1}}\cdots\gamma_{\nu_2}\gamma_{\nu_1}]. \qquad (22.17)$$

Gl. (22.17) enthält nur dann eine nichttriviale Aussage, wenn n gerade ist. Für $n=2$ ist sie mit (22.9) identisch. Mit Hilfe der Entwicklung (22.10) läßt sich leicht ein Beweis von n auf $n+2$ führen.

Die allgemeine Entwicklung (22.10) liefert die Spur von $n\,\gamma$-Matrizen als eine Summe von $n\,(n-2)\,(n-4)\ldots 4\cdot 2$ Gliedern. Da es aber nur vier verschiedene γ-Matrizen gibt, die durch (22.7) miteinander verknüpft sind, ist zu vermuten, daß für große n erhebliche Vereinfachungen im Ergebnis möglich sind. Tatsächlich kann gezeigt werden[1], daß für $n>12$ solche Vereinfachungen auftreten. Wir gehen hierauf nicht näher ein, da in unseren Anwendungen keine so komplizierten Spuren vorkommen, daß diese Vereinfachungen für uns von praktischer Bedeutung wären.

Aus (22.17), (22.16) und aus den Symmetrieeigenschaften der Funktionen $\Delta_F(x)$

$$\Delta_F(x-x') = \Delta_F(x'-x); \qquad \frac{\partial}{\partial x_\nu}\Delta_F(x-x') = -\frac{\partial}{\partial x'_\nu}\Delta_F(x'-x) \qquad (22.18)$$

folgt jetzt, wie man sich leicht überlegt

$$\mathrm{Sp}\,[\gamma_{\nu_1} S_F(1\,2)\,\gamma_{\nu_2} S_F(2\,3)\ldots\gamma_{\nu_n} S_F(n\,1)] = \\ = (-1)^n\,\mathrm{Sp}\,[\gamma_{\nu_1} S_F(1\,n)\,\gamma_{\nu_n} S_F(n,\,n-1)\ldots\gamma_{\nu_2} S_F(2\,1)]. \qquad (22.19)$$

Wenn n ungerade ist, verschwindet also die Summe (22.6), und wir haben damit bewiesen, daß alle Diagramme mit geschlossenen Polygonen mit einer ungeraden Zahl von Elektronenlinien weggelassen werden dürfen. Dieser Satz ist ursprünglich von Furry[2], wenn auch in ganz anderer Formulierung abgeleitet worden.

23. Die physikalische Interpretation der F-Funktionen. Ein charakteristischer Zug der obigen Rechnung ist das Auftreten der Funktionen $D_F(x-x')$ und $S_F(x-x')$ in den Matrixelementen der S-Matrix. Bei der ursprünglichen Integration der Gleichung für die Feldoperatoren haben wir andererseits nur mit den retardierten Funktionen gearbeitet. Die letzteren haben die anschauliche Interpretation, daß der Wert eines Feldoperators in einem Punkt x nur von Größen in Punkten x' abhängen kann, für welche die Zeit x'_0 kleiner als die Zeit x_0 ist. Dies ist eine natürliche Konsequenz der „Kausalität" aller Phänomene und entspricht völlig der klassischen Behandlung einer Feldtheorie mit Integralen über dem retardierten Lichtkegel. In unserem Ausdruck für die S-Matrix ist aber diese „Kausalität" scheinbar verloren gegangen. Die Integrale über die x-Variablen erstrecken sich über den ganzen Raum, und die vorkommenden F-Funktionen sind für beide Werte des Vorzeichens der Zeitdifferenz von Null verschieden. Trotzdem wollen wir uns an Hand eines einfachen Beispiels überzeugen,

---

[1] E. R. Caianiello u. S. Fubini: Nuovo Cim. **9**, 1218 (1952).
[2] W. H. Furry: Phys. Rev. **51**, 125 (1937).

daß auch die F-Funktionen unter Umständen eine „kausale" Interpretation gestatten. Es ist dabei nicht zu erwarten, daß die S-Matrix einen so einfachen Aufbau wie die Feldoperatoren hat, da die zeitliche Reihenfolge zweier vorkommender Integrationspunkte nicht von Anfang an bestimmt ist.

Als Beispiel für eine Untersuchung der F-Funktionen wählen wir das folgende Glied der S-Matrix[1]:

$$\langle q, q' | S^{(2)} | q'', q''' \rangle = \frac{e^2}{2} \iint dx' \, dx'' \langle q | \overline{\psi}^{(0)} (x') \gamma_\lambda \psi^{(0)} (x') | q'' \rangle \times$$
$$\times D_F (x' - x'') \langle q' | \overline{\psi}^{(0)} (x'') \gamma_\lambda \psi^{(0)} (x'') | q''' \rangle + \cdots . \qquad (23.1)$$

Dieses Integral erhält man offenbar bei der Berechnung des Wirkungsquerschnittes, daß zwei Elektronen mit den ursprünglichen Energie-Impulsvektoren q'' und q''' aneinander gestreut werden und mit den neuen Energie-Impulsvektoren q und q' wieder auseinander laufen. Es liegt jetzt die Interpretation nahe, daß das Elektron q'' im Punkt x' ein Photon emittiert und dadurch den Impuls q enthält. Das Photon wird dann im Punkt x'' vom anderen Elektron absorbiert, dessen Impuls dadurch von q''' zu q' geändert wird. Die Gesamtwahrscheinlichkeit des Übergangs wird dann als die Summe aller möglichen Kombinationen von x' und x'' erhalten. Gegen diese naive Interpretation lassen sich aber schwerwiegende Einwände erheben. Die Funktion $D_F (x)$ verschwindet z.B. nicht für raumartige Abstände (auch nicht näherungsweise), die emittierten Photonen müßten sich also mit Überlichtgeschwindigkeit fortpflanzen. Wir wollen aber mit FIERZ zeigen, daß eine ähnliche Interpretation des Integrals (23.1) doch möglich ist, wenn wir nicht Ereignisse in einzelnen Punkten betrachten, sondern statt dessen die Wahrscheinlichkeit ausrechnen, daß das Photon in einem endlichen Raum—Zeitgebiet R absorbiert oder emittiert wird. Um diese Idee näher zu verfolgen, zerlegen wir den ganzen vierdimensionalen Raum in Gebiete R und schreiben das Integral (23.1) als

$$\langle q, q' | S^{(2)} | q'', q''' \rangle = \sum_{R', R''} I_{R', R''} + \cdots , \qquad (23.2)$$

$$I_{R', R''} = \frac{e^2}{2} \int\limits_{R'} dx' \int\limits_{R''} dx'' \langle q | \overline{\psi}^{(0)} (x') \gamma_\lambda \psi^{(0)} (x') | q'' \rangle \times$$
$$\times D_F (x' - x'') \langle q' | \overline{\psi}^{(0)} (x'') \gamma_\lambda \psi^{(0)} (x'') | q''' \rangle . \qquad (23.3)$$

Für die folgende Überlegung ist es nicht wesentlich, daß die Operatoren $\psi^{(0)} (x)$ nach ebenen Wellen mit einem scharfen Impuls entwickelt werden. Wir können statt dessen z.B. annehmen, daß diese Operatoren nach Lösungen der DIRAC-Gleichung mit einem äußeren zeitunabhängigen Feld entwickelt sind. Die einzige Eigenschaft, die wir benutzen werden, ist die wohldefinierte Energie jedes Zustandes $|q\rangle$.

Aus den Integraldarstellungen der Funktionen $D_F (x)$, $D_R (x)$ und $D_A (x)$

$$D_F (x) = \frac{2}{i} \frac{1}{(2\pi)^4} \int dk \, e^{ikx} \left\{ P \frac{1}{k^2} + i \pi \delta (k^2) \right\}, \qquad (23.4)$$

$$D_R (x) = \frac{1}{(2\pi)^4} \int dk \, e^{ikx} \left\{ P \frac{1}{k^2} + i \pi \varepsilon (k) \delta (k^2) \right\}, \qquad (23.5)$$

$$D_A (x) = \frac{1}{(2\pi)^4} \int dk \, e^{ikx} \left\{ P \frac{1}{k^2} - i \pi \varepsilon (k) \delta (k^2) \right\} \qquad (23.6)$$

---

[1] M. FIERZ: Helv. phys. Acta **23**, 731 (1950).

folgt, daß folgende Beziehungen existieren, wenn wir die drei Funktionen in Teile mit positiver und negativer Frequenz zerlegen:

$$D_F^{(+)}(x) = \frac{2}{i}\frac{1}{(2\pi)^4}\int\limits_{k_0>0} dk\, e^{ikx}\left\{P\frac{1}{k^2} + i\,\pi\,\delta(k^2)\right\} = \frac{2}{i}D_R^{(+)}(x),\qquad (23.7)$$

$$D_F^{(-)}(x) = \frac{2}{i}\frac{1}{(2\pi)^4}\int\limits_{k_0<0} dk\, e^{ikx}\left\{P\frac{1}{k^2} + i\,\pi\,\delta(k^2)\right\} = \frac{2}{i}D_R^{(-)}(x).\qquad (23.8)$$

Wir haben also

$$\frac{i}{2}D_F(x) = D_R^{(+)}(x) + D_A^{(-)}(x).\qquad (23.9)$$

Führen wir die Relation (23.9) in (23.3) ein, folgt

$$\left.\begin{aligned}
I_{R'R''} = &-i\,e^2\Bigg\{\int\limits_{R'} dx' \int\limits_{R''} dx''\langle q|\,\overline{\psi}^{(0)}(x')\,\gamma_\lambda\psi^{(0)}(x')\,|q''\rangle D_R^{(+)}(x'-x'')\times\\
&\times\langle q'|\,\overline{\psi}^{(0)}(x'')\,\gamma_\lambda\psi^{(0)}(x'')\,|q'''\rangle +\\
&+\int\limits_{R'} dx' \int\limits_{R''} dx''\langle q|\,\overline{\psi}^{(0)}(x')\,\gamma_\lambda\psi^{(0)}(x')\,|q''\rangle D_A^{(-)}(x'-x'')\times\\
&\times\langle q'|\,\overline{\psi}^{(0)}(x'')\,\gamma_\lambda\psi^{(0)}(x'')\,|q'''\rangle\Bigg\}.
\end{aligned}\right\}\qquad (23.10)$$

Die Zeitabhängigkeit des Faktors $\langle q|\,\overline{\psi}^{(0)}(x')\,\gamma_\lambda\psi^{(0)}(x')\,|q''\rangle$ ist durch $e^{-i\,x'_0(q''_0-q_0)}$ gegeben. Ein ähnlicher Ausdruck ergibt sich für das andere Matrixelement. Bei den Zeitintegrationen in (23.10) sind die Integrationsgrenzen nicht $\pm\infty$, sondern es wird nur über die zeitlichen Ausdehnungen T' und T'' der Gebiete R' und R'' integriert. Setzen wir aber voraus, daß die zwei Zeiten T' und T'' verglichen mit den Zeiten $|q''_0-q_0|^{-1}$ und $|q'''_0-q'_0|^{-1}$ sehr groß sind, so gibt die Zeitintegration jedoch „praktisch" eine Deltafunktion. Das erste Glied in (23.10) liefert also nach (23.7) nur dann einen Beitrag, wenn

$$q_0 - q''_0 = q'''_0 - q'_0 > 0\qquad (23.11)$$

ist. Unter diesen Voraussetzungen haben wir

$$\left.\begin{aligned}
I_{R',R''} \approx &-i\,e^2\int\limits_{R'} dx' \int\limits_{R''} dx''\langle q|\,\overline{\psi}^{(0)}(x')\,\gamma_\lambda\psi^{(0)}(x')\,|q''\rangle D_R^{(+)}(x'-x'')\times\\
&\times\langle q'|\,\overline{\psi}^{(0)}(x'')\,\gamma_\lambda\psi^{(0)}(x'')\,|q'''\rangle \approx\\
\approx &-i\,e^2\int\limits_{R'} dx' \int\limits_{R''} dx''\langle q|\,\overline{\psi}^{(0)}(x')\,\gamma_\lambda\psi^{(0)}(x')\,|q''\rangle D_R(x'-x'')\times\\
&\times\langle q'|\,\overline{\psi}^{(0)}(x'')\,\gamma_\lambda\psi^{(0)}(x'')\,|q'''\rangle.
\end{aligned}\right\}\qquad (23.12)$$

Die in (23.12) vernachlässigten Glieder sind sehr klein, wenn nur

$$T(q_0 - q''_0) \gg 1 \quad\text{und}\quad T'(q_0 - q''_0) \gg 1\qquad (23.13)$$

sind. Das Integral (23.12) ist nur dann von Null verschieden, wenn

$$x'_0 > x''_0\qquad (23.14)$$

ist. Die Bedingung (23.13) für die Gültigkeit von (23.12) steht in voller Übereinstimmung mit der gewöhnlichen Unbestimmtheitsrelation. Damit die Energie überhaupt mit einer solchen Genauigkeit definiert werden kann, daß die Differenzen (23.11) eine physikalische Bedeutung haben, muß das System während einer Zeit beobachtet werden, die die Ungleichung (23.13) erfüllt. Die Bedingung (23.11) sagt aus, daß die Energie des Elektrons im Gebiet R' durch den Stoß vergrößert wird, während die Energie des anderen Elektrons um denselben Betrag absinkt. Dies bedeutet also, daß das Elektron in R'' ein Photon mit der Energie

$\omega = q_0 - q_0''$ emittieren muß, und daß dieses Photon vom anderen Elektron in R' absorbiert wird. Gl. (23.14) sagt dann aus, daß *die Emission des Photons immer früher als die Absorption geschehen muß.* Aus Gl. (7.19) und (7.38) folgt sogar, daß das Photon sich genau mit Lichtgeschwindigkeit fortpflanzt.

In ähnlicher Weise zeigen wir, daß das zweite Glied in (23.10) den Beitrag

$$- i e^2 \int\limits_{R'} dx' \int\limits_{R''} dx'' \langle q | \overline{\psi}^{(0)}(x') \gamma_\lambda \psi^{(0)}(x') | q'' \rangle D_A(x' - x'') \times$$
$$\times \langle q' | \overline{\psi}^{(0)}(x'') \gamma_\lambda \psi^{(0)}(x'') | q''' \rangle \qquad (23.15)$$

gibt, wenn die Bedingungen

$$q_0'' - q_0 = q_0' - q_0''' > 0, \qquad (23.16)$$

$$T(q_0'' - q_0) \gg 1; \qquad T'(q_0'' - q_0) \gg 1, \qquad (23.17)$$

$$x_0'' > x_0' \qquad (23.18)$$

erfüllt sind. Hier wird das Photon vom Elektron in R' emittiert und vom anderen absorbiert, und die Ungleichung (23.18) sagt wieder aus, daß die Emission früher als die Absorption geschehen muß. In dieser Weise gibt also die Funktion $D_F(x)$ tatsächlich eine „kausale" Beschreibung des Stoßes. Sie wird in der Literatur auch manchmal als „die kausale Fortpflanzungsfunktion eines Photons" oder manchmal kurz nur als „die Fortpflanzungsfunktion eines Photons" bezeichnet. Es ist natürlich klar, daß die hier erörterte Eigenschaft der F-Funktion nicht nur bei diesem speziellen Beispiel zutage tritt, sondern daß eine ähnliche Diskussion auch in anderen Fällen möglich sein sollte. Wir gehen hier nicht näher darauf ein, erwähnen aber, daß diese Dinge sehr ausführlich von Stückelberg und Mitarbeitern diskutiert worden sind[1].

V. Elementare Anwendungen.

24. Streuung von Elektronen und Paarerzeugung durch ein äußeres Feld. In dieser und in den nächsten Ziffern wollen wir einige elementare Anwendungen der bis jetzt entwickelten Theorie geben. Da auf diesem Gebiet schon ausführliche Lehrbücher existieren[2] (vgl. auch [3,4]) und Einzelheiten in Bd. XXXI dieses Handbuches gehören, streben wir hier keine Vollständigkeit an. Die folgenden Rechnungen sind daher nur als Beispiele zu betrachten, wie man mit der modernen Quantenelektrodynamik ziemlich mühelos Ergebnisse erhalten kann, die in den meisten Fällen bereits lange vor der Entstehung der modernen Theorie auf anderem Weg gefunden wurden. Doch scheint uns ein Durchrechnen einiger Beispiele schon dadurch gerechtfertigt, daß uns auf diese Weise die große Einfachheit der neuen Methoden gegenüber den alten vor Auge geführt wird.

Als erstes Beispiel wählen wir *die Streuung eines Elektrons durch ein äußeres Feld.* Dieses sehr einfache Beispiel, in welchem das quantisierte elektromagnetische Feld überhaupt nicht vorkommt, läßt sich selbstverständlich auch mit der Diracschen Wellengleichung ohne „zweite Quantelung" behandeln. Wir rechnen dieses Problem deshalb hier durch, weil wir im nächsten Kapitel die strahlungstheoretischen Korrekturen des Wirkungsquerschnittes ausrechnen und dann mit der einfachen Rechnung vergleichen wollen. Weiter werden wir schon hier eine

[1] Vgl. z.B. E. C. G. Stückelberg u. D. Rivier, Helv. phys. Acta **23**. 215 (1950), wo auch Hinweise auf ältere Arbeiten zu finden sind.

[2] W. Heitler: Quantum Theory of Radiation, 3. Aufl. Oxford 1954.

[3] A. I. Akhiezer, u. V. B. Beresteskij: Kvantovaja Elektrodinamika. Moskau 1954.

[4] J. M. Jauch u. F. Rohrlich: The Theory of Photons and Electrons. Cambridge, Mass.: Addison-Wesley Publishing Company 1955.

einfache Methode für die Summation über die zwei Spinrichtungen des Elektrons im Anfangs- und Endzustand erwähnen.

Nennen wir den Anfangszustand des Elektrons $|q\rangle$ und den Endzustand $|q'\rangle$, so interessiert uns zunächst die Größe

$$\left.\begin{aligned}\langle q'|S|q\rangle &= \sum_1^\infty \frac{(-e)^n}{n!} \int \ldots \int dx' \ldots dx^n \times \\ &\times \langle q'| P\left(:\overline{\psi}^{(0)}(x')\gamma_{\nu_1}\psi^{(0)}(x'): A_{\nu_1}(x') \ldots :\overline{\psi}^{(0)}(x^n)\gamma_{\nu_n}\psi^{(0)}(x^n): A_{\nu_n}(x^n)\right)|q\rangle.\end{aligned}\right\} \quad (24.1)$$

Da wir hier auch ein äußeres Feld haben, sieht die „SCHRÖDINGER-Gleichung" nicht wie (20.9) sondern wie folgt aus:

$$i\frac{\partial U(x_0)}{\partial x_0} = -ie\int :\overline{\psi}^{(0)}(x)\gamma_\mu\psi^{(0)}(x):\left(A_\mu^{(0)}(x) + A_\mu^{\text{äuss}}(x)\right) d^3x\, U(x_0). \quad (24.2)$$

In (24.2) ist $A_\mu^{(0)}(x)$ das quantisierte Feld und $A_\mu^{\text{äuss}}(x)$ das äußere Feld. Die Größe $A_\mu(x)$ in (24.1) ist also die Summe dieser beiden Größen. Machen wir weiter die einschränkende Voraussetzung, daß das äußere Feld nur in erster Näherung („BORNscher Näherung") berücksichtigt zu werden braucht und daß das Strahlungsfeld vernachlässigt werden kann, so vereinfacht sich (24.1) zu

$$\langle q'|S|q\rangle = -e\int dx \langle q'|\overline{\psi}^{(0)}(x)|0\rangle \gamma_\mu \langle 0|\psi^{(0)}(x)|q\rangle A_\mu^{\text{äuss}}(x). \quad (24.3)$$

Die in (24.3) vorkommenden Matrixelemente sind durch

$$\langle 0|\psi^{(0)}(x)|q\rangle = \frac{1}{\sqrt{V}} u^{(r)}(q) e^{iqx} \quad (24.4)$$

gegeben, wobei die Funktionen $u^{(r)}(q)$ in Ziff. 12 explizit angegeben sind. Damit wir hier die Streuung von Elektronen (nicht von Positronen) studieren, muß der Index r in (24.4) gleich 1 oder 2 sein. Diese zwei Möglichkeiten entsprechen, wie in Ziff. 13 näher ausgeführt wurde, den zwei Einstellungsmöglichkeiten des Elektronenspins. Für ein zeitunabhängiges, äußeres Feld

$$A_\mu^{\text{äuss}}(x) = A_\mu^{\text{äuss}}(\boldsymbol{x}) \quad (24.5)$$

erhalten wir jetzt

$$\langle q'|S|q\rangle = -\frac{e}{V}\overline{u}^{(r')}(q')\gamma_\mu u^{(r)}(q) A_\mu^{\text{äuss}}(\boldsymbol{q}-\boldsymbol{q}')\cdot 2\pi\,\delta(q_0-q_0'), \quad (24.6)$$

wobei die Bezeichnung

$$A_\mu^{\text{äuss}}(\boldsymbol{Q}) = \int d^3x\, A_\mu^{\text{äuss}}(\boldsymbol{x})\, e^{i\boldsymbol{Q}\boldsymbol{x}} \quad (24.7)$$

eingeführt worden ist. Nach (20.22) wird also die Übergangswahrscheinlichkeit pro Zeiteinheit

$$\left.\begin{aligned}\frac{\partial w}{\partial t} &= \frac{e^2}{V^2}|\overline{u}^{(r')}(q')\gamma_\mu u^{(r)}(q) A_\mu^{\text{äuss}}(\boldsymbol{q}-\boldsymbol{q}')|^2\cdot 2\pi\,\delta(q_0-q_0') = \\ &= -2\pi\frac{e^2}{V^2}\overline{u}^{(r')}(q')\gamma_\mu u^{(r)}(q)\overline{u}^{(r)}(q)\gamma_\nu u^{(r')}(q') A_\mu^{\text{äuss}}(\boldsymbol{q}-\boldsymbol{q}')\times \\ &\times A_\nu^{\text{äuss}}(\boldsymbol{q}'-\boldsymbol{q})\,\delta(q_0-q_0').\end{aligned}\right\} \quad (24.8)$$

Für die letzte Umformung in (24.8) haben wir von den Realitätseigenschaften der Potentiale $A_\mu^{\text{äuss}}(x)$ Gebrauch gemacht. Da $A_k^{\text{äuss}}(x)$ reell und $A_4^{\text{äuss}}(x)$ rein imaginär ist, gilt nämlich

$$\left.\begin{aligned}\left(\overline{u}^{(r')}(q')\gamma_\mu u^{(r)}(q) A_\mu^{\text{äuss}}(\boldsymbol{q}-\boldsymbol{q}')\right)^* &= u^{*(r)}(q)\gamma_k\gamma_4 u^{(r')}(q')\times \\ &\times A_k^{\text{äuss}}(\boldsymbol{q}'-\boldsymbol{q}) - u^{*(r)}(q) u^{(r')}(q') A_4^{\text{äuss}}(\boldsymbol{q}'-\boldsymbol{q}) = \\ &= -\overline{u}^{(r)}(q)\gamma_\mu u^{(r')}(q') A_\mu^{\text{äuss}}(\boldsymbol{q}'-\boldsymbol{q}).\end{aligned}\right\} \quad (24.9)$$

Aus (24.8) erhalten wir den Wirkungsquerschnitt für die Streuung von dem Zustand $|q\rangle$ mit der Polarisation r in einen Zustand $|q'\rangle$ mit der Polarisation r', wenn wir noch durch die Zahl der einfallenden Partikeln pro Zeit- und Flächeneinheit $\dfrac{|\overline{q}|}{q_0 V}$ dividieren,

$$d\sigma = -\int dq_0' \,\frac{2\pi e^2 q_0}{|q|}\, \bar{u}^{(r')}(q')\,\gamma_\mu\, u^{(r)}(q)\,\bar{u}^{(r)}(q)\,\gamma_\nu\, u^{(r')}(q')\, A_\mu^{\text{äuss}}(q-q') \times \\ \times A_\nu^{\text{äuss}}(q'-q)\,\delta(q_0-q_0')\,\frac{|q'|\,q_0'}{(2\pi)^3}\, d\Omega. \qquad (24.10)$$

Über die auslaufende Partikel haben wir in (24.10) nur vorausgesetzt, daß ihre Fortpflanzungsrichtung in einem gegebenen Raumwinkel liegt, haben aber über alle möglichen Energien summiert. Der letzte Faktor in (24.10) ist die Anzahl der Zustände pro *Energie*intervall dividiert durch den Faktor V [vgl.(1.4)]. Wegen der Deltafunktion läßt sich das Integral sofort ausrechnen, und wir haben, wenn wir $q_0=q_0'=E$ und $|q|=|q'|=p$ setzen

$$\frac{d\sigma}{d\Omega} = -\frac{e^2 E^2}{(2\pi)^2}\, \bar{u}^{(r')}(q')\,\gamma_\mu\, u^{(r)}(q)\,\bar{u}^{(r)}(q)\,\gamma_\nu\, u^{(r')}(q') \times \\ \times A_\mu^{\text{äuss}}(q-q')\, A_\nu^{\text{äuss}}(q'-q). \qquad (24.11)$$

Hier können wir, wenn wir wollen, die explizite Form der Funktionen $u^{(r)}(q)$ hineinsetzen und den Querschnitt für polarisierte Elektronen ausrechnen. Bei den meisten Experimenten sind aber die einfallenden Elektronen unpolarisiert, d.h. wir müssen in der Rechnung den Mittelwert über die beiden Polarisationsrichtungen des einlaufenden Elektrons nehmen. Im allgemeinen wird die Polarisation des auslaufenden Elektrons ebenfalls nicht gemessen, weshalb wir hier die Summe der Querschnitte der zwei Möglichkeiten berechnen müssen. Diese Summation und Mittelwertbildung läßt sich sehr einfach direkt in der Gl. (24.11) ausführen, ohne daß wir die explizite Form der Funktionen $u^{(r)}(q)$, die von der verwendeten Darstellung abhängt, benutzen müssen. Mit Hilfe der Gl. (12.12) haben wir nämlich

$$\frac{d\sigma}{d\Omega} = -\frac{e^2 E^2}{(2\pi)^2}\,\frac{1}{2}\sum_{r=1}^{2}\sum_{r'=1}^{2} \bar{u}^{(r')}(q')\,\gamma_\mu\, u^{(r)}(q)\,\bar{u}^{(r)}(q)\,\gamma_\nu\, u^{(r')}(q') \times \\ \times A_\mu^{\text{äuss}}(q-q')\, A_\nu^{\text{äuss}}(q'-q) = \\ = -\frac{e^2}{8(2\pi)^2}\,\text{Sp}\,[\gamma_\mu\,(i\gamma q - m)\,\gamma_\nu\,(i\gamma q' - m)] \times \\ \times A_\mu^{\text{äuss}}(q-q')\, A_\nu^{\text{äuss}}(q'-q). \qquad (24.12)$$

Die Spur in (24.12) können wir sofort mit Hilfe der Entwicklung (22.10) und der Formel

$$\text{Sp}\,[I] = 4 \qquad (24.13)$$

ausrechnen. Das Resultat ist

$$\frac{d\sigma}{d\Omega} = -\frac{e^2}{8\pi^2}\,[\delta_{\mu\nu}(q q' + m^2) - q_\mu q_\nu' - q_\mu' q_\nu]\, A_\mu^{\text{äuss}}(q-q')\, A_\nu^{\text{äuss}}(q'-q). \qquad (24.14)$$

Gl. (24.14) enthält das gesuchte Ergebnis unserer Rechnung.

Die allgemeine Gl. (24.14) läßt sich auf verschiedene Formen des äußeren Feldes spezialisieren. Am wichtigsten ist vielleicht der Fall eines elektrostatischen Coulomb-Feldes. Hier gilt

$$A_\mu^{\text{äuss}}(x) = -\frac{Z e}{4\pi r}\, i\, \delta_{\mu 4}. \qquad (24.15)$$

Im p-Raum erhalten wir hieraus nach (24.7)

$$A_\mu^{\text{äuss}}(Q) = -\,i\,\delta_{\mu 4}\,\frac{Z\,e}{Q^2}\,. \tag{24.16}$$

Im vorliegenden Fall ist $Q = q - q'$, weshalb

$$Q^2 = q^2 + q'^{\,2} - 2q\,q' = 2p^2(1 - \cos\Theta) = 4p^2 \sin^2\frac{\Theta}{2}\,, \tag{24.17}$$

wo Θ den Streuwinkel bedeutet. Einsetzen in (24.14) und einige einfache Umformungen ergeben

$$\frac{d\sigma}{d\Omega} = \left[\frac{Z\,e^2\,m}{8\pi\,p^2\sin^2\dfrac{\Theta}{2}}\right]^2 \left(1 + \frac{p^2}{m^2}\cos^2\frac{\Theta}{2}\right). \tag{24.18}$$

Dies ist also eine relativistische Verallgemeinerung des wohlbekannten RUTHER-FORDschen Streuquerschnitts[1]. In der Tat folgt aus (24.18) wenn $p^2 \ll m^2$ ist

$$\frac{d\sigma}{d\Omega} = \left[\frac{Z\,e^2}{16\pi\,E_k\sin^2\dfrac{\Theta}{2}}\right]^2, \tag{24.19}$$

wo

$$E_k = \frac{p^2}{2m} \tag{24.20}$$

die nichtrelativistische, kinetische Energie des Elektrons ist. Gl. (24.19) stellt den bekannten RUTHERFORDschen Querschnitt in den hier verwendeten HEA-VISIDEschen Einheiten dar.

Ein ähnliches Problem, dessen Lösung aus den obigen Formeln gefunden werden kann, ist die Bestimmung *der Wahrscheinlichkeit der Erzeugung eines Paares in einem schwachen, äußeren Feld.* Kann das Feld wieder in BORNscher Näherung behandelt werden, so ist das uns interessierende Element der S-Matrix durch die zu (24.3) und (24.6) ähnliche Gleichung

$$\left.\begin{aligned}
\langle q, q' | S | 0\rangle &= -\,e\int dx'\,\langle q|\,\overline{\psi}^{(0)}(x')\,|0\rangle\,\gamma_\mu\,\langle q'|\,\psi^{(0)}(x')\,|0\rangle\,A_\mu^{\text{äuss}}(x') = \\
&= -\,\frac{e}{V}\,\bar u^{(r)}(q)\,\gamma_\mu\,u^{(r')}(-q')\,A_\mu^{\text{äuss}}(-q - q')
\end{aligned}\right\} \tag{24.21}$$

gegeben. In (24.21) ist $|q'\rangle$ ein Positron und $|q\rangle$ ein Elektron. Der Index r ist also gleich 1 oder 2, der Index r' gleich 3 oder 4. Weiter ist das äußere Feld als zeitabhängig vorausgesetzt worden, und wir haben die Bezeichnung

$$A_\mu^{\text{äuss}}(Q) = \int dx\,A_\mu^{\text{äuss}}(x)\,e^{iQx} \tag{24.22}$$

eingeführt. In (24.7) wurde nur über die drei räumlichen Koordinaten integriert, hier integrieren wir jedoch auch über die Zeitkoordinate. Nach (19.7) ist daher die Wahrscheinlichkeit für die Erzeugung des Paares $|q, q'\rangle$

$$\left.\begin{aligned}
dw &= |\langle q, q' | S | 0\rangle|^2\,\frac{V^2}{(2\pi)^6}\,d^3q\,d^3q' = -\,\frac{e^2}{(2\pi)^6}\,\bar u^{(r)}(q)\,\gamma_\mu\,u^{(r')}(-q') \times \\
&\quad \times \bar u^{(r')}(-q')\,\gamma_\nu\,u^{(r)}(q)\,A_\mu^{\text{äuss}}(-q - q')\,A_\nu^{\text{äuss}}(q + q')\,d^3q\,d^3q'.
\end{aligned}\right\} \tag{24.23}$$

Die Gesamtwahrscheinlichkeit, daß überhaupt ein Paar erzeugt wird, ist also

$$\left.\begin{aligned}
w &= \frac{e^2}{(2\pi)^6}\iint \frac{d^3q\,d^3q'}{4E_q\,E_{q'}}\,\mathrm{Sp}\left[(i\gamma q - m)\,\gamma_\mu\,(-i\gamma q' - m)\,\gamma_\nu\right] \times \\
&\quad \times A_\mu^{\text{äuss}}(-q - q')\,A_\nu^{\text{äuss}}(q + q') = \\
&= \frac{e^2}{(2\pi)^6}\int T_{\mu\nu}(Q)\,A_\mu^{\text{äuss}}(-Q)\,A_\nu^{\text{äuss}}(Q)\,dQ
\end{aligned}\right\} \tag{24.24}$$

---

[1] Gl. (24.18) wurde zuerst von N. F. MOTT, Proc. Roy. Soc. Lond., Ser. A **126**, 259 (1930) abgeleitet.

mit

$$T_{\mu\nu}(Q) = \iint \frac{d^3q\, d^3q'}{4E_q E_{q'}} \mathrm{Sp}\left[(i\gamma q - m)\gamma_\mu(-i\gamma q' - m)\gamma_\nu\right]\delta(Q - q - q') =$$
$$= -\int dq'\, \delta(q'^2 + m^2)\,\delta((Q - q')^2 + m^2)\,\Theta(q')\,\Theta(Q - q')\times$$
$$\times \mathrm{Sp}\left[(i\gamma(Q - q') - m)\gamma_\mu(i\gamma q' + m)\gamma_\nu\right]. \tag{24.25}$$

$$\Theta(q) = \frac{1}{2}\left[1 + \varepsilon(q)\right]. \tag{24.25a}$$

In (24.24) ist bei der Summation über r Gl. (12.12) und bei der Summation über r' Gl. (12.13) verwendet worden. Der Tensor $T_{\mu\nu}$ hat offenbar die durch die Indices μ und ν spezifizierten Transformationseigenschaften und hängt nur vom Vektor Q ab. Er muß also von der folgenden allgemeinen Form sein:

$$T_{\mu\nu} = A(Q^2)\,\delta_{\mu\nu} + B(Q^2)\,Q_\mu\,Q_\nu = T_{\nu\mu}. \tag{24.26}$$

Aus

$$Q_\mu \mathrm{Sp}\left[(i\gamma(Q - q') - m)\gamma_\mu(i\gamma q' + m)\gamma_\nu\right] = -4q'_\nu\left[(Q - q')^2 + m^2\right] - \\ -4(Q_\nu - q'_\nu)\left[q'^2 + m^2\right] \tag{24.27}$$

folgt

$$T_{\mu\nu}\,Q_\mu = 0 = Q_\nu\left[A + B\,Q^2\right] \tag{24.28}$$

und also

$$T_{\mu\nu} = B(Q^2)\left[Q_\mu\,Q_\nu - \delta_{\mu\nu}\,Q^2\right] \tag{24.29}$$

mit

$$B(Q^2) = \frac{T_{\mu\mu}}{-3Q^2} = \frac{1}{3Q^2}\int dq'\, \delta(q'^2 + m^2)\,\delta((Q - q')^2 + m^2)\times \\ \times\Theta(q')\,\Theta(Q - q')\,\mathrm{Sp}\left[(i\gamma(Q - q') - m)\gamma_\mu(i\gamma q' + m)\gamma_\mu\right]. \tag{24.30}$$

Die Spur in (24.30) kann leicht ausgerechnet werden, wonach wir für $B(Q^2)$ das folgende Integral erhalten

$$B(Q^2) = \frac{1}{3Q^2}\int dq'\, \delta(q'^2 + m^2)\,\delta(Q^2 - 2Qq')\,\Theta(q')\,\Theta(Q - q')\,8[Qq' - m^2] = \\ = \frac{4}{3}\int dq'\, \delta(q'^2 + m^2)\,\delta(Q^2 - 2Qq')\,\Theta(q')\,\Theta(Q - q')\left[1 - \frac{2m^2}{Q^2}\right]. \tag{24.31}$$

Wir rechnen die invariante Funktion $B(Q^2)$ in demjenigen Koordinatensystem aus, in dem die räumlichen Komponenten Q_k verschwinden. Dies setzt zwar voraus, daß Q zeitartig ist, aber aus den Deltafunktionen in (24.31) folgt sofort, daß das Integral für raumartiges Q identisch verschwinden muß. In dieser Weise folgt

$$B(-Q_0^2) = \frac{4}{3}\left[1 + \frac{2m^2}{Q_0^2}\right]\int d^3q'\,\frac{1}{2\sqrt{q'^2 + m^2}}\left[\frac{|Q_0 - \sqrt{q'^2 + m^2}|}{|Q_0 - \sqrt{q'^2 + m^2}|} + 1\right]\frac{1}{2}\times \\ \times\delta(2Q_0\sqrt{q'^2 + m^2} - Q_0^2) = \\ = \frac{1}{3}\left[1 + \frac{2m^2}{Q_0^2}\right]2\pi\sqrt{1 - \frac{4m^2}{Q_0^2}}\,\Theta(Q_0^2 - 4m^2)\,\Theta(Q_0). \tag{24.32}$$

In einem beliebigen Koordinatensystem gilt also

$$T_{\mu\nu}(Q) = \frac{2\pi}{3}\left[1 - \frac{2m^2}{Q^2}\right]\sqrt{1 + \frac{4m^2}{Q^2}}\,(Q_\mu Q_\nu - \delta_{\mu\nu}Q^2)\,\Theta(Q)\,\Theta\left(-\frac{Q^2}{4} - m^2\right). \tag{24.33}$$

Unter Einführung des äußeren Stromes und unter Verwendung der Symmetrie im Q-Raum können wir die Gesamtwahrscheinlichkeit als

$$w = \frac{1}{(2\pi)^3} \int dQ \, \frac{j_\mu^{\text{äuss}}(Q)\, j_\mu^{\text{äuss}}(-Q)}{-2Q^2}\, \Pi^{(0)}(Q^2), \tag{24.34}$$

$$\Pi^{(0)}(Q^2) = \frac{e^2}{12\pi^2}\left(1 - \frac{2m^2}{Q^2}\right)\sqrt{1 + \frac{4m^2}{Q^2}}\, \Theta\left(-\frac{Q^2}{4} - m^2\right), \tag{24.35}$$

$$j_\mu^{\text{äuss}}(Q) = (\delta_{\mu\nu}\, Q^2 - Q_\mu\, Q_\nu)\, A_\mu^{\text{äuss}}(Q), \tag{24.36}$$

$$Q_\mu\, j_\mu^{\text{äuss}}(Q) = 0 \tag{24.37}$$

schreiben. In einem späteren Kapitel werden wir diese Gleichungen in einem anderen Zusammenhang wiederfinden. Hier bemerken wir nur, daß der Faktor $\Theta\left(-\dfrac{Q^2}{4} - m^2\right)$ offenbar die Bedingung ausdrückt, daß die vom äußeren Feld abgegebene Energie in jedem Koordinatensystem größer als $2m$ sein muß.

Fig. 7. Diagramme für die COMPTON-Streuung.

25. Streuung von Licht an Elektronen.

Als nächstes Beispiel wollen wir den Wirkungsquerschnitt für den COMPTON-Effekt ausrechnen, d.h. für die Streuung eines Lichtquants an einem Elektron. Die erste, nichtverschwindende Näherung der S-Matrix ist offenbar

$$\begin{aligned}\langle q', k' | S | k, q \rangle = -\frac{e^2}{2} \iint dx'\, dx'' \langle q' | \overline{\psi}^{(0)}(x'') | 0 \rangle \gamma_{\nu_2} S_F(x'' - x') \times \\ \times \gamma_{\nu_1} \langle 0 | \psi^{(0)}(x') | q \rangle [\langle 0 | A_{\nu_1}^{(0)}(x') | k \rangle \langle k' | A_{\nu_2}^{(0)}(x'') | 0 \rangle + \\ + \langle 0 | A_{\nu_2}^{(0)}(x'') | k \rangle \langle k' | A_{\nu_1}^{(0)}(x') | 0 \rangle]. \end{aligned} \tag{25.1}$$

In Gl. (25.1) bedeutet $| k, q \rangle$ den Anfangszustand und $| k', q' \rangle$ den Endzustand des Prozesses. Die obige Formel entspricht offenbar den zwei Diagrammen von Fig. 7. Führen wir in Gl. (25.1) die FOURIER-Darstellung der verschiedenen Faktoren ein, so können die zwei x-Integrationen sofort ausgeführt werden. Als Ergebnis erhalten wir zwei Deltafunktionen, wovon die eine die Impuls-Energieerhaltung des Prozesses ausdrückt, während die andere dazu verwendet werden kann, das p-Integral der S_F-Funktion auszuführen. Hierdurch erhalten wir

$$\begin{aligned}\langle q', k' | S | k, q \rangle = \frac{i\, e^2}{2\, V^2}\, \frac{1}{\sqrt{\omega\, \omega'}}\, \bar{u}^{(r')}(q')\left[\gamma\, e' \frac{i\gamma(q+k) - m}{(q+k)^2 + m^2}\, \gamma\, e + \right. \\ \left. + \gamma\, e \frac{i\gamma(q-k') - m}{(q-k')^2 + m^2}\, \gamma\, e'\right] u^{(r)}(q)\, (2\pi)^4\, \delta(q + k - q' - k'). \end{aligned} \tag{25.2}$$

Wie in Ziff. 24 bezeichnen hier die zwei Indices r und r' die Polarisationszustände der Elektronen. Die Vektoren e und e' sind die Polarisationsvektoren der zwei Photonen k und k'. Damit wir die formale Rechnung nicht unnötig komplizieren, spezialisieren wir schon hier den Anfangszustand dadurch, daß wir das Elektron vor dem Stoß als ruhend voraussetzen, d.h. $\boldsymbol{q}=0$, $q_4 = im$. Werden die zwei Photonen ferner als „richtige", d.h. transversale, Photonen vorausgesetzt, so gilt

$$q\,e = q\,e' = k\,e = k'\,e' = 0. \tag{25.3}$$

Unter Benutzung von (25.3) und der Dirac-Gleichung $(i\gamma q + m)\,u^{(r)}(q) = 0$ können wir (25.2) zu

$$\left.\begin{aligned}
\langle q', k'|\,S\,|k, q\rangle &= -\frac{i\,e^2}{2\,V^2}\,\frac{1}{\sqrt{\omega\omega'}}\,\bar{u}^{(r)}(q')\left[\gamma\,e'\gamma\,e\,\frac{i\gamma\,k}{2q\,k} + \gamma\,e\gamma\,e'\,\frac{i\gamma\,k'}{2q\,k'}\right]\times \\
&\quad \times u^{(r)}(q)\,(2\pi)^4\,\delta(q + k - q' - k')
\end{aligned}\right\} \tag{25.4}$$

vereinfachen. Hierbei sind auch in den Nennern die zwei Gleichungen

$$q^2 + m^2 = k^2 = 0$$

verwendet worden. Unter der Voraussetzung, daß die Polarisation des Elektrons vor dem Stoß unbestimmt ist und daß beide Polarisationsrichtungen des Elektrons nach dem Stoß beobachtet werden[1], ist die Übergangswahrscheinlichkeit pro Zeiteinheit für den Prozeß nach (20.22)

$$\frac{\delta w}{\delta t} = \frac{e^4}{4\,V^3}\,\frac{1}{\omega\omega'}\,\frac{1}{8E\,E'}\,\mathrm{Sp}\,[\cdots]\,(2\pi)^4\,\delta(q + k - q' - k'), \tag{25.5}$$

wo

$$\left.\begin{aligned}
\mathrm{Sp}\,[\cdots] &= \mathrm{Sp}\left[\left(\gamma\,e'\gamma\,e\,\frac{i\gamma\,k}{2q\,k} + \gamma\,e\gamma\,e'\,\frac{i\gamma\,k'}{2q\,k'}\right)(i\gamma q - m)\times \right.\\
&\quad \left.\times \left(\frac{i\gamma\,k'}{2q\,k'}\,\gamma\,e'\gamma\,e + \frac{i\gamma\,k}{2q\,k}\,\gamma\,e\gamma\,e'\right)(i\gamma q' - m)\right].
\end{aligned}\right\} \tag{25.6}$$

Hieraus erhalten wir für den Wirkungsquerschnitt pro Raumwinkeleinheit des auslaufenden Photons

$$\frac{d\sigma}{d\Omega_{k'}} = \frac{e^4}{128\,\pi^2}\,\frac{1}{m\,\omega}\int\frac{d^3q'}{E'}\int\omega'\,d\omega'\,\mathrm{Sp}\,[\cdots]\,\delta(\boldsymbol{k}-\boldsymbol{q}'-\boldsymbol{k}')\,\delta(m+\omega-E'-\omega'). \tag{25.7}$$

Die ausgeschriebenen Integrationen über d^3q' und $d\omega'$ lassen sich mit Hilfe der Deltafunktionen ausführen

$$\frac{d\sigma}{d\Omega_{k'}} = \frac{e^4}{128\,\pi^2}\,\frac{\omega'^2}{m^2\,\omega^2}\,\mathrm{Sp}\,[\cdots]. \tag{25.8}$$

Die Spur (25.6) soll also unter der Voraussetzung

$$(m + \omega - \omega')^2 = m^2 + (\boldsymbol{k} - \boldsymbol{k}')^2 \tag{25.9}$$

oder

$$k\,k' = \boldsymbol{k}\,\boldsymbol{k}' - \omega\,\omega' = m\,(\omega' - \omega) \tag{25.10}$$

ausgewertet werden. Aus den Erhaltungssätzen für Energie und Impuls folgt also, daß die Energie ω' des gestreuten Photons eine eindeutige Funktion des Streuwinkels ist. Wir können deshalb (25.8) als eine Funktion von nur ω und ω' angeben.

Für die Auswertung der Spur (25.6) schreiben wir

$$\gamma\,e'\gamma\,e\,\frac{i\gamma\,k}{2q\,k} + \gamma\,e\gamma\,e'\,\frac{i\gamma\,k'}{2q\,k'} = \gamma\,e\gamma\,e'\,i\gamma\,a + 2e\,e'\,\frac{i\gamma\,k}{2q\,k} \tag{25.11}$$

mit

$$a = \frac{k'}{2q\,k'} - \frac{k}{2q\,k}. \tag{25.12}$$

---

[1] Explizite Gleichungen für die verschiedenen Polarisationsmöglichkeiten der Elektronen sind von W. Franz, Ann. Phys. **33**, 689 (1938) angegeben worden. Vgl. auch F. W. Lipps u. H. A. Tolhoek: Physica, Haag **20**, 85 (1954); **20**, 395 (1954).

Der Vektor a hat die Eigenschaft

$$q\,a = 0. \tag{25.13}$$

Jetzt zerlegen wir die Spur in vier Teile

$$\mathrm{Sp}\,[\cdots] = \mathrm{Sp}\,[\mathrm{I}] + \mathrm{Sp}\,[\mathrm{II}] + \mathrm{Sp}\,[\mathrm{III}] + \mathrm{Sp}\,[\mathrm{IV}], \tag{25.14}$$

wobei

$$\mathrm{Sp}\,[\mathrm{I}] = \mathrm{Sp}\,[\gamma\,e\,\gamma\,e'\,i\,\gamma\,a\,(i\,\gamma\,q - m)\,i\,\gamma\,a\,\gamma\,e'\,\gamma\,e\,(i\,\gamma\,(q + k - k') - m)], \tag{25.15}$$

$$\mathrm{Sp}\,[\mathrm{II}] = 4\,(e\,e')^2\,\mathrm{Sp}\left[\frac{i\,\gamma\,k}{2\,q\,k}\,(i\,\gamma\,q - m)\,\frac{i\,\gamma\,k}{2\,q\,k}\,(i\,\gamma\,(q + k - k') - m)\right], \tag{25.16}$$

$$\mathrm{Sp}\,[\mathrm{III}] = \mathrm{Sp}\,[\mathrm{IV}] = 2\,(e\,e')\,\mathrm{Sp}\left|\gamma\,e\,\gamma\,e'\,i\,\gamma\,a\,(i\,\gamma\,q - m)\,\frac{i\,\gamma\,k}{2\,q\,k}\,(i\,\gamma\,(q + k - k') - m)\right|. \tag{25.17}$$

Unter Anwendung von (25.13) und (25.3) vereinfacht sich (25.15) zu

$$\begin{aligned}
\mathrm{Sp}\,[\mathrm{I}] &= -\,\mathrm{Sp}\,[(i\,\gamma\,q + m)\,\gamma\,e\,\gamma\,e'\,i\,\gamma\,a\,i\,\gamma\,a\,\gamma\,e'\,\gamma\,e\,(i\,\gamma\,(q + k - k') - m)] = \\
&= a^2\,\mathrm{Sp}\,[(i\,\gamma\,q + m)\,(i\,\gamma\,(q + k - k') - m)] = a^2\,\mathrm{Sp}\,[i\,\gamma\,q\,i\,\gamma\,(k - k')] = \\
&= -\,4\,a^2\,q\,(k - k') = 2\,\frac{-\,k\,k'}{q\,k\,\cdot\,q\,k'}\,(q\,k' - q\,k) = 2\,\frac{(\omega - \omega')^2}{\omega\,\omega'}.
\end{aligned} \tag{25.18}$$

In ähnlicher Weise erhalten wir

$$\mathrm{Sp}\,[\mathrm{II}] = -\,4\,(e\,e')^2\,\mathrm{Sp}\left[\frac{i\,\gamma\,k}{2\,q\,k}\,i\,\gamma\,(q - k')\right] = 8\,(e\,e')^2\left(1 - \frac{k\,k'}{q\,k}\right). \tag{25.19}$$

$$\begin{aligned}
\mathrm{Sp}\,[\mathrm{III}] + \mathrm{Sp}\,[\mathrm{IV}] &= 4\,(e\,e')\,\mathrm{Sp}\left[(i\,\gamma\,q + m)\,\gamma\,e\,\gamma\,e'\,i\,\gamma\,a\,\frac{i\,\gamma\,k}{2\,q\,k}\,i\,\gamma\,k'\right] = \\
&= 4\,(e\,e')^2\,\mathrm{Sp}\left[i\,\gamma\,q\,\frac{i\,\gamma\,k'}{2\,q\,k'}\,\frac{i\,\gamma\,k}{2\,q\,k}\,i\,\gamma\,k'\right] = 8\,(e\,e')^2\,\frac{k\,k'}{q\,k}.
\end{aligned} \tag{25.20}$$

Es folgt

$$\mathrm{Sp}\,[\cdots] = 8\,(e\,e')^2 + 2\,\frac{(\omega - \omega')^2}{\omega\,\omega'}. \tag{25.21}$$

Mit Hilfe von (25.21) wird (25.8)

$$\frac{d\sigma}{d\Omega_{k'}} = \left(\frac{e^2}{4\pi}\right)^2\frac{1}{4}\frac{1}{m^2}\left(\frac{\omega'}{\omega}\right)^2\left[\frac{(\omega - \omega')^2}{\omega\,\omega'} + 4\,(e\,e')^2\right]. \tag{25.22}$$

Führen wir hier wieder den Streuwinkel Θ ein, erhalten wir die sog. KLEIN-NISHINA-Formel[1] für den COMPTON-Effekt

$$\frac{d\sigma}{d\Omega_{k'}} = \left(\frac{e^2}{4\pi}\right)^2\frac{1}{4\,[m + \omega\,(1 - \cos\Theta)]^2}\left[\frac{\omega^2\,(1 - \cos\Theta)^2}{m\,[m + \omega\,(1 - \cos\Theta)]} + 4\,(e\,e')^2\right]. \tag{25.23}$$

Bei manchen Anwendungen sind die Polarisationsrichtungen der einfallenden und auslaufenden Photonen nicht bekannt. In diesem Fall müssen wir über die Polarisationsrichtungen der Photonen summieren und mitteln in ähnlicher Weise, wie wir es früher für die Elektronen gemacht haben,

$$\tfrac{1}{2}\sum_{\lambda,\,\lambda'}(e\,e')^2 = \tfrac{1}{2}\,(1 + \cos^2\Theta) \tag{25.24}$$

$$\frac{d\sigma}{d\Omega_{k'}} = \left(\frac{e^2}{4\pi}\right)^2\frac{1}{2}\frac{1}{[m + \omega\,(1 - \cos\Theta)]^2}\left[\frac{\omega^2\,(1 - \cos\Theta)^2}{m\,[m + \omega\,(1 - \cos\Theta)]} + 1 + \cos^2\Theta\right]. \tag{25.25}$$

---

[1] O. KLEIN u. Y. NISHINA: Z. Physik **52**, 853 (1929).

In (25.25) interessiert uns mit Hinblick auf spätere Resultate speziell der Grenzfall, daß $\omega/m \ll 1$ ist. Dann folgt

$$\frac{d\sigma}{d\Omega_{k'}} = \left(\frac{e^2}{4\pi m}\right)^2 \frac{1}{2} \left(1 + \cos^2 \Theta\right). \tag{25.26}$$

Die Größe $\dfrac{e^2}{4\pi m}$ ist der sog. klassische Elektronenradius den wir hier mit r_0 bezeichnen werden. Gl. (25.26) stimmt mit dem Ergebnis überein, das man aus der klassischen, elektromagnetischen Theorie erhält. Die quantenmechanischen Effekte zeigen sich also erst, wenn die Energie des einfallenden Photons von der Größenordnung der Ruhmasse des Elektrons wird. Integrieren wir (25.26) über die Winkel, so erhalten wir

$$\sigma_{\text{tot}} = \frac{8\pi}{3} r_0^2 = \sigma_T, \tag{25.27}$$

wo σ_T der sog. THOMSONsche Wirkungsquerschnitt ist.

Der vollständige Ausdruck (25.25) kann auch über den Raumwinkel integriert werden. Die Rechnung ist elementar, aber ein wenig mühsam. Als Ergebnis erhalten wir

$$\sigma_{\text{tot}} = \pi r_0^2 \left[\log(1 + 2\lambda)\left(\frac{1}{\lambda} - 2\frac{1+\lambda}{\lambda^3}\right) + \frac{4(1+\lambda)^2}{\lambda^2(1+2\lambda)} - \frac{2(1+3\lambda)}{(1+2\lambda)^2}\right] \tag{25.28}$$

mit

$$\lambda = \frac{\omega}{m}. \tag{25.29}$$

Wird λ sehr groß, so geht der Wirkungsquerschnitt in dieser Näherung gegen Null wie

$$\sigma_{\text{tot}} \approx \pi r_0^2 \frac{1}{\lambda} \left[\log(1 + 2\lambda) + \frac{1}{2}\right]. \tag{25.30}$$

Wie wir später sehen werden, haben die höheren Glieder in der S-Matrix keinen Einfluß auf das Ergebnis (25.27). Dies ist auch zu erwarten, da es sich hier um einen klassischen Effekt handelt. Für sehr große Energien dagegen werden die Korrekturen der höheren Näherungen zu (25.30) sehr groß, und das Ergebnis (25.30) verliert eigentlich seinen Sinn. Jedoch ist die Energie, bei welcher diese Korrekturen merklich werden, so groß, daß diese Einschränkungen des Gültigkeitsbereichs von (25.28) zur Zeit noch kein experimentelles Interesse haben. Die KLEIN-NISHINA-Formel ist bisher bei allen experimentellen Untersuchungen gut bestätigt worden. Für Einzelheiten der experimentellen Ergebnisse sowie Vergleich mit der Theorie verweisen wir auf das schon mehrmals zitierte Buch von HEITLER (vgl. Fußnote S. 258) und auf Bd. XXXIV dieses Handbuches.

26. Bremsstrahlung und Paarerzeugung durch Photonen in einem äußeren Feld. Als nächstes, ein wenig komplizierteres Anwendungsbeispiel der Theorie wollen wir die BORNsche Näherung für den Wirkungsquerschnitt für Erzeugung der sog. Bremsstrahlung ausrechnen. Es handelt sich hierbei um ein Elektron, das ein äußeres, elektromagnetisches Feld $A_\mu^{\text{äuss}}(x)$ durchläuft und dabei ein Photon emittiert. Wie vorher wollen wir voraussetzen, daß sowohl das äußere Feld wie das Strahlungsfeld nur in erster Näherung berücksichtigt werden muß[1]. Unter dieser Voraussetzung erhalten wir das uns interessierende Matrixelement

---

[1] Für eine vollständigere Behandlung des äußeren Feldes vgl. H. A. BETHE u. L. C. MAXIMON, Phys. Rev. **93**, 768 (1954); H. DAVIES, H. A. BETHE u. L. C. MAXIMON, Phys. Rev. **93**, 788 (1954).

der S-Matrix aus (25.1), wenn wir das absorbierte Photon durch das äußere Feld ersetzen

$$\langle q', k \,|S|\, q\rangle = -\frac{e^2}{2} \iint dx'\, dx'' \langle q'| \overline{\psi}^{(0)}(x'')\,|0\rangle \gamma_{\nu_2} S_F(x''-x') \gamma_{\nu_1} \langle 0|\, \psi^{(0)}(x')\,|q\rangle \times \\ \times \left[\langle k|\, A^{(0)}_{\nu_2}(x'')\,|0\rangle A^{\text{äuss}}_{\nu_1}(x') + \langle k|\, A^{(0)}_{\nu_1}(x')\,|0\rangle A^{\text{äuss}}_{\nu_2}(x'')\right]. \tag{26.1}$$

Wie in Ziff. 24 wollen wir auch hier annehmen, daß das äußere Feld zeitunabhängig ist. Mit der Bezeichnung (24.7) erhalten wir jetzt in analoger Weise, wie wir vorher (25.2) aus (25.1) gewonnen haben

$$\langle q', k\,|S|\, q\rangle = \frac{i\,e^2}{V^{\frac{3}{2}}} \frac{1}{\sqrt{2\omega}}\, \overline{u}^{(r')}(q') \left[\gamma_\nu \frac{i\gamma(q-k)-m}{-2qk}\gamma\, e + \gamma\, e\, \frac{i\gamma(q'+k)-m}{2q'k}\gamma_\nu\right] u^{(r)}(q) \times \\ \times A^{\text{äuss}}_\nu(\boldsymbol{q}-\boldsymbol{q}'-\boldsymbol{k})\, 2\pi\, \delta(q_0 - q'_0 - k_0). \tag{26.2}$$

Wie vorher summieren wir über die zwei Polarisationsmöglichkeiten des Elektrons nach der Emission und mitteln über die Polarisationsmöglichkeiten des Elektrons vor dem Stoß. Nach einigen Umformungen können wir den Wirkungsquerschnitt für den Prozeß in folgender Weise schreiben

$$d\sigma = \frac{e^4}{8(2\pi)^5} \frac{p'}{p} \frac{d\omega}{\omega}\, d\Omega_k\, d\Omega_{q'}\, T_{\mu\nu}\, A^{\text{äuss}}_\mu(\boldsymbol{q}-\boldsymbol{q}'-\boldsymbol{k})\, A^{\text{äuss}}_\nu(\boldsymbol{k}+\boldsymbol{q}'-\boldsymbol{q}). \tag{26.3}$$

In (26.3) bedeuten p und p' die Absolutbeträge der Impulse $\boldsymbol{q}$ und $\boldsymbol{q}'$, während ω eine Bezeichnung für die Frequenz des Photons ist, $\omega = |\boldsymbol{k}|$. Die Raumwinkel des auslaufenden Elektrons und des Photons sind $d\Omega_{q'}$ und $d\Omega_k$, während $T_{\mu\nu}$ für die Größe

$$T_{\mu\nu} = \frac{\omega^2}{2} \text{Sp}\left[\left(\gamma_\mu \frac{i\gamma(q-k)-m}{-2qk}\gamma\, e + \gamma\, e\, \frac{i\gamma(q'+k)-m}{2q'k}\gamma_\mu\right)(i\gamma q - m) \times \right. \\ \left. \times \left(\gamma\, e\, \frac{i\gamma(q-k)-m}{-2qk}\gamma_\nu + \gamma_\nu\, \frac{i\gamma(q'+k)-m}{2q'k}\gamma\, e\right)(i\gamma q' - m)\right] \tag{26.4}$$

gebraucht worden ist. Die Spur (26.4) und der Wirkungsquerschnitt (26.3) müssen unter Berücksichtigung der Nebenbedingung

$$E \equiv \sqrt{p^2 + m^2} = \sqrt{p'^2 + m^2} + \omega \equiv E' + \omega \tag{26.5}$$

ausgewertet werden. Gl. (26.5) drückt offenbar die Energieerhaltung bei der Bremsstrahlung aus. Dagegen haben wir hier keine Impulserhaltung; denn das äußere Feld kann einen beliebigen Impuls aufnehmen. Dies kommt in (26.2) dadurch zum Ausdruck, daß wir nur eine Deltafunktion für die Zeitkomponente des Vektors $q-q'-k$ erhalten haben. Die räumlichen Komponenten dieses Vektors, den wir von nun an Q nennen wollen, treten als Argumente in den FOURIER-Komponenten des äußeren Feldes auf.

Ersetzen wir in einer der Klammern in (26.4) den Polarisationsvektor e formal durch den Vektor k, so können wir diese Klammer wie folgt umformen:

$$\gamma_\mu \frac{i\gamma(q-k)-m}{-2qk}\gamma\, k + \gamma\, k\, \frac{i\gamma(q'+k)-m}{2q'k}\gamma_\mu = \\ = -i\gamma_\mu + \gamma_\mu\gamma\, k\, \frac{i\gamma q + m}{2qk} + i\gamma_\mu - \frac{i\gamma q' + m}{2q'k}\gamma\, k\, \gamma_\mu = \\ = \gamma_\mu\gamma\, k\, \frac{i\gamma q + m}{2qk} - \frac{i\gamma q' + m}{2q'k}\gamma\, k\, \gamma_\mu. \tag{26.6}$$

In (26.6) haben wir benutzt, daß $k^2 = 0$ ist. Der Faktor $i\gamma q + m$ gibt offenbar Null, wenn er auf die Funktion $u^{(r)}(q)$ in (26.2) oder auf den Faktor $i\gamma q - m$ in (26.4) wirkt. In ähnlicher Weise gibt der Faktor $i\gamma q' + m$ ebenfalls Null, und wir sehen, daß der Tensor $T_{\mu\nu}$ in (26.4) verschwindet, wenn wir in einem der Faktoren e durch k ersetzen. Dies ist eigentlich nur ein Ausdruck für die Eichinvarianz der Theorie und kann im x-Raum unter Verwendung der Kontinuitätsgleichung des Stromoperators $j_\mu^{(0)}(x)$ gezeigt werden.

Sind wir nicht an der Polarisation des Photons interessiert[1], so erlaubt uns dieser Umstand, die Auswertung von (26.4) ein wenig zu vereinfachen. Nach dem was oben gesagt worden ist, erhalten wir den gleichen Wert der Spur (26.4), wenn wir für e den Polarisationsvektor eines longitudinalen Photons oder den Polarisationsvektor eines skalaren Photons einsetzen. Also gilt

$$\sum_{\substack{\text{transv.}\\ \text{Photonen}}} T_{\mu\nu} = \frac{\omega^2}{2}\, \mathrm{Sp}\left[\left(\gamma_\mu \frac{i\gamma(q-k)-m}{-2qk}\gamma_\lambda + \gamma_\lambda \frac{i\gamma(q'+k)-m}{2q'k}\gamma_\mu\right)(i\gamma q - m) \times \right.$$
$$\left. \times \left(\gamma_\lambda \frac{i\gamma(q-k)-m}{-2qk}\gamma_\nu + \gamma_\nu \frac{i\gamma(q'+k)-m}{2q'k}\gamma_\lambda\right)(i\gamma q' - m)\right]. \qquad (26.7)$$

Der Ausdruck (26.7) läßt sich weiter vereinfachen, wenn die Identitäten

$$\gamma_\lambda \gamma_\mu \gamma_\lambda = -2\gamma_\mu, \qquad (26.8)$$

$$\gamma_\lambda \gamma_\mu \gamma_\nu \gamma_\lambda = 4\delta_{\mu\nu} \qquad (26.9)$$

benutzt werden. Die Gln. (26.8) und (26.9) können sofort aus Gl. (12.2) bewiesen werden. Die weitere Ausrechnung von (26.7) bietet keine prinzipiell neuen Probleme. Wir geben deshalb hier nur das Ergebnis:

$$\sum_{\substack{\text{transv.}\\ \text{Photonen}}} T_{\mu\nu} = \frac{\omega^2}{2}\left[\frac{A_{\mu\nu}}{(qk)^2} + \frac{B_{\mu\nu}}{(q'k)^2} + \frac{C_{\mu\nu}}{qk \cdot q'k}\right], \qquad (26.10)$$

$$A_{\mu\nu} = 4\,(m^2 - kq)\,[k_\mu q'_\nu + k_\nu q'_\mu - \delta_{\mu\nu}(kq' + m^2)] - $$
$$- 4m^2\,[q_\mu q'_\nu + q_\nu q'_\mu - \delta_{\mu\nu}(qq' + 2m^2)], \qquad (26.11)$$

$$B_{\mu\nu} = -4\,(m^2 + kq')\,[k_\mu q_\nu + k_\nu q_\mu - \delta_{\mu\nu}(kq - m^2)] - $$
$$- 4m^2\,[q_\mu q'_\nu + q_\nu q'_\mu - \delta_{\mu\nu}(qq' + 2m^2)], \qquad (26.12)$$

$$C_{\mu\nu} = -8m^2\, k_\mu k_\nu + 4kq'\,(2q_\mu q_\nu + q_\mu q'_\nu + q_\nu q'_\mu - 2\delta_{\mu\nu}qq') - $$
$$- 4kq\,(2q'_\mu q'_\nu + q'_\mu q_\nu + q'_\nu q_\mu - 2\delta_{\mu\nu}qq') + $$
$$+ 4qq'\,[k_\nu(q'_\mu - q_\mu) + k_\mu(q'_\nu - q_\nu) - 2q_\mu q'_\nu - 2q'_\mu q_\nu + $$
$$+ 2\delta_{\mu\nu}(qq' + m^2)]. \qquad (26.13)$$

Der Wirkungsquerschnitt (26.3) muß von der Eichung des äußeren Feldes unabhängig sein. Dies bedeutet im p-Raum, daß der Tensor $T_{\mu\nu}$ in (26.4) die Bedingungen

$$T_{\mu\nu}(q_\nu - q'_\nu - k_\nu) = T_{\mu\nu}(q_\mu - q'_\mu - k_\mu) = 0 \qquad (26.14)$$

---

[1] Der Wirkungsquerschnitt bei beliebiger Polarisation des Photons ist von M. M. May, Phys. Rev. **84**, 265 (1951), und von R. L. Gluckstern, M. H. Hull u. G. Breit, Phys. Rev. **90**, 1030 (1953), ausgerechnet worden. Für polarisierte Elektronen ist der Wirkungsquerschnitt in einigen speziellen Fällen von K. W. McVoy, Phys. Rev. **106**, 828 (1957), und von K. W. McVoy u. F. J. Dyson, Phys. Rev. **106**, 1360 (1957), angegeben worden. Allgemeine Ergebnisse, wenn Elektronen und Photonen polarisiert sind, findet man bei A. Claesson, Ark. Fysik **12**, 569 (1957).

erfüllen muß. Die Gln. (26.14) können entweder mit (26.4) mit Hilfe einer zu (26.6) ähnlichen Umformung nachgeprüft werden oder auch mit Hilfe der expliziten Form (26.10) bis (26.13) kontrolliert werden. Die letzte Rechnung kann auch als Kontrolle dafür dienen, daß keine algebraischen Fehler bei der recht mühsamen Auswertung der Spur (26.7) gemacht worden sind. Die hier gemachten Überlegungen unter Verwendung der Eichinvarianz der Theorie hätten selbstverständlich auch in den früheren Ziffern bei der Summation über die Polarisationsrichtungen der Photonen bei der COMPTON-Streuung oder für eine Kontrolle von (24.14) verwendet werden können. Bei der COMPTON-Streuung muß aber beachtet werden, daß die Gln. (25.3) nicht von den skalaren und longitudinalen Photonen erfüllt werden, weshalb die Umformung, die von (25.2) zu (25.4) führt, nicht gemacht werden darf, wenn die Summation über die transversalen Photonen nach (26.7) ausgeführt werden soll.

Aus (26.3) und (26.10) bis (26.13) kann der Wirkungsquerschnitt für Bremsstrahlungserzeugung in einem beliebigen äußeren Feld berechnet werden, wenn nur das Feld so schwach ist, daß die BORNsche Näherung einen Sinn hat. Bei den meisten Anwendungen ist das äußere Feld das COULOMB-Feld eines Kerns, weshalb wir die allgemeinen Gleichungen auf

$$A_\mu^{\text{äuss}}(\boldsymbol{Q}) = -i\,\delta_{\mu 4}\,\frac{Z\,e}{\boldsymbol{Q}^2},\tag{26.15}$$

$$d\sigma = \frac{Z^2}{(2\pi)^2}\left(\frac{e^2}{4\pi}\right)^3 \frac{p'}{p}\,\frac{d\omega}{\omega}\left[-\frac{T_{44}}{(\boldsymbol{Q}^2)^2}\right] d\Omega_k\,d\Omega_{q'}\tag{26.16}$$

spezialisieren wollen. Die Komponente T_{44} kann man aus (26.10) bis (26.13) erhalten:

$$\begin{aligned}
-T_{44} ={}& \frac{2\omega}{-p\cos\Theta + E}\left[m^2 + \omega(p'\cos\Theta' + E')\right] - \frac{2m^2}{(p\cos\Theta - E)^2}\times \\
&\times \left[E'^2 - \omega\,p'\cos\Theta' + p\,p'\cos\vartheta + m^2\right] + \\
&+ \frac{2\omega}{-p'\cos\Theta' + E'}\left[m^2 + \omega(p\cos\Theta + E)\right] - \frac{2m^2}{(p'\cos\Theta' - E')^2}\times \\
&\times \left[E^2 - \omega\,p\cos\Theta + p\,p'\cos\vartheta + m^2\right] + \\
&+ \frac{4\omega E}{E' - p'\cos\Theta'}(E + E') - \frac{4\omega E'}{E - p\cos\Theta}(E + E') + \\
&+ \frac{4(E\,E' - p\,p'\cos\vartheta)\left(2E\,E' + \omega^2 - \dfrac{Q^2}{2}\right) - 4m^2\omega^2}{(E - p\cos\Theta)(E' - p'\cos\Theta')}.
\end{aligned}\tag{26.17}$$

In (26.17) sind die Winkel Θ, Θ' und ϑ durch

$$\boldsymbol{q}\,\boldsymbol{q}' = p\,p'\cos\vartheta,\tag{26.18}$$

$$\boldsymbol{q}\,\boldsymbol{k} = \omega\,p\cos\Theta,\tag{26.19}$$

$$\boldsymbol{q}'\,\boldsymbol{k} = \omega\,p'\cos\Theta'\tag{26.20}$$

definiert worden. Führen wir statt ϑ den Winkel Φ zwischen den Ebenen $(\boldsymbol{q}, \boldsymbol{k})$ und $(\boldsymbol{q}', \boldsymbol{k})$ durch

$$\cos\vartheta = \cos\Theta\cos\Theta' + \sin\Theta\sin\Theta'\cos\Phi\tag{26.21}$$

ein, so läßt sich (26.17) nach einigen Umformungen in der von BETHE und HEIT-
LER[1] angegebenen Form schreiben:

$$
\begin{aligned}
- T_{44} = \frac{p^2 \sin^2 \Theta}{(E - p \cos \Theta)^2} (4 E'^2 - Q^2) + \frac{p'^2 \sin^2 \Theta'}{(E' - p' \cos \Theta')^2} (4 E^2 - Q^2) - \\
- 2 \frac{p\, p' \sin \Theta \sin \Theta' \cos \Phi}{(E - p \cos \Theta)(E' - p' \cos \Theta')} (2 E^2 + 2 E'^2 - Q^2) + \\
+ 2 \omega^2 \frac{p^2 \sin^2 \Theta + p'^2 \sin^2 \Theta'}{(E - p \cos \Theta)(E' - p' \cos \Theta')} \,.
\end{aligned}
\qquad (26.22)
$$

In (26.22) wird manchmal auch die Größe $Q^2 = (q - q' - k)^2$ statt $p p' \cos \vartheta$
eingeführt. Für den Vergleich von (26.16), (26.22) mit den Experimenten, Integration über die Winkel usw. verweisen wir wieder auf das Buch von HEITLER[1].

Ein anderer Prozeß, dessen Wirkungsquerschnitt man sofort aus den obigen
Rechnungen erhält, ist *die Erzeugung eines Elektronenpaars durch ein Photon,
das ein äußeres Feld passiert.* Das entsprechende Matrixelement der S-Matrix ist

$$
\begin{aligned}
\langle q, q' | S | k \rangle = - \frac{e^2}{2} \iint dx'\, dx'' \langle q | \overline{\psi}^{(0)} (x'') | 0 \rangle \gamma_{\nu_2} S_F (x'' - x') \gamma_{\nu_1} \langle q' | \psi^{(0)} (x') | 0 \rangle \times \\
\times \left[\langle 0 | A_{\nu_2}^{(0)} (x'') | k \rangle A_{\nu_1}^{\text{äuss}} (x') + \langle 0 | A_{\nu_1}^{(0)} (x') | k \rangle A_{\nu_2}^{\text{äuss}} (x'') \right] .
\end{aligned}
\qquad (26.23)
$$

In (26.23) bedeutet $| k \rangle$ das einfallende Photon, $| q \rangle$ das erzeugte Elektron und
$| q' \rangle$ das Positron. Statt (26.2) bekommen wir also hier

$$
\begin{aligned}
\langle q, q' | S | k \rangle = \frac{i e^2}{V^{\frac{3}{2}}} \frac{1}{\sqrt{2\omega}} \bar{u}^{(r)} (q) \left[\gamma_\mu \frac{i \gamma (q' - k) + m}{2 q' k} \gamma e + \gamma e \frac{i \gamma (q - k) - m}{- 2 q k} \gamma_\mu \right] \times \\
\times u^{(r')} (- q') A_\mu^{\text{äuss}} (k - q - q') 2 \pi \delta (\omega - E - E') .
\end{aligned}
\qquad (26.24)
$$

Der Index r in (26.24) ist wie vorher gleich 1 oder 2, während der Index r' jetzt
die Werte 3 und 4 annehmen darf. Bei der Ausrechnung des Wirkungsquerschnittes
muß beachtet werden, daß die Dichtefunktion im Endzustand jetzt eine andere
ist, daß bei der Summation über die Spinzustände im Endzustand (12.13) statt
(12.12) verwendet werden muß, und daß hier über die Polarisationsmöglichkeiten
des Photons gemittelt werden soll. Hierdurch erhalten wir

$$
d\sigma = \frac{e^4}{8 (2\pi)^5} \frac{p\, p'\, dE}{\omega^3} d\Omega_q d\Omega_{q'} T_{\mu\nu}^{(1)} A_\mu^{\text{äuss}} (k - q - q') A_\nu^{\text{äuss}} (q + q' - k) , \qquad (26.25)
$$

$$
\begin{aligned}
T_{\mu\nu}^{(1)} = \frac{\omega^2}{2} \operatorname{Sp} \Bigg[\left(\gamma_\mu \frac{i \gamma (q' - k) + m}{2 q' k} \gamma_\lambda + \gamma_\lambda \frac{i \gamma (q - k) - m}{- 2 q k} \gamma_\mu \right) (i \gamma q' + m) \times \\
\times \left(\gamma_\lambda \frac{i \gamma (q' - k) + m}{2 q' k} \gamma_\nu + \gamma_\nu \frac{i \gamma (q - k) - m}{- 2 q k} \gamma_\lambda \right) (i \gamma q - m) \Bigg] .
\end{aligned}
\qquad (26.26)
$$

Vergleichen wir (26.26) mit (26.7), so folgt sofort

$$
T_{\mu\nu}^{(1)} (k, q, q') = - T_{\mu\nu} (- k, - q', q) = - T_{\mu\nu} (k, - q, q') . \qquad (26.27)
$$

Wir erhalten also die neue Spur aus (26.10) bis (26.13), wenn wir überall q durch
$- q$ oder, was dasselbe ist, E durch $- E$ und Θ durch $\pi - \Theta$ ersetzen und das
Vorzeichen ändern. Speziell erhalten wir also in einem COULOMB-Feld den

---

[1] H. A. BETHE u. W. HEITLER: Proc. Roy. Soc. Lond., Ser. A **146**, 83 (1934). Vgl. auch
HEITLER: Quantum theory of radiation, 3. Aufl. Oxford 1954.

folgenden Wirkungsquerschnitt für Paarerzeugung durch ein Lichquant[1]:

$$d\sigma = \frac{Z^2}{(2\pi)^2}\left(\frac{e^2}{4\pi}\right)^3 \frac{p\,p'\,dE}{\omega^3}\,d\Omega_q\,d\Omega_{q'}\left[-\frac{T_{44}^{(1)}}{(Q^2)^2}\right] \tag{26.28}$$

mit

$$-T_{44}^{(1)} = -\left[\frac{p^2\sin^2\Theta}{(E-p\cos\Theta)^2}(4E'^2-Q^2) + \frac{p'^2\sin^2\Theta'}{(E'-p'\cos\Theta')^2}(4E^2-Q^2) -\right.$$
$$\left. - 2\frac{p\,p'\sin\Theta\sin\Theta'\cos\Phi}{(E-p\cos\Theta)(E'-p'\cos\Theta')}[2(E^2+E'^2)-Q^2] - 2\omega^2\frac{p^2\sin^2\Theta+p'^2\sin^2\Theta'}{(E-p\cos\Theta)(E'-p'\cos\Theta')}\right] \tag{26.29}$$

und
$$\boldsymbol{Q} = \boldsymbol{k} - \boldsymbol{q} - \boldsymbol{q}'. \tag{26.30}$$

Sowohl Gln. (26.28) bis (26.30) wie (26.16) und (26.22) sind durch die Experimente gut bestätigt worden, wenigstens im Energiebereich, wo die BORNsche Näherung erwartungsgemäß gut ist[1].

27. Streuung von zwei Elektronen aneinander. In diesem Problem studieren wir zwei einfallende Elektronen mit Energie-Impulsvektoren p und q, die aneinander gestreut werden und mit Energie-Impulsvektoren p' und q' wieder auslaufen. Als Anfangs- und Endzustände haben wir also Größen der Art

$$|p,q\rangle = a^{*\,(r)}(p)\,a^{*\,(r')}(q)\,|0\rangle. \tag{27.1}$$

Da die Operatoren $a^{*\,(r)}(p)$ und $a^{*\,(r')}(q)$ miteinander *anti*kommutieren, gilt offenbar

$$|p,q\rangle = -|q,p\rangle. \tag{27.2}$$

Das betreffende Element der S-Matrix ist

$$\langle q',p'|S|p,q\rangle = -\frac{e^2}{2}\int\!\!\int dx'\,dx''\left[\langle q'|\overline{\psi}^{(0)}(x')|0\rangle\gamma_{\nu_1}\langle 0|\psi^{(0)}(x')|q\rangle \times\right.$$
$$\times\langle p'|\overline{\psi}^{(0)}(x'')|0\rangle\gamma_{\nu_2}\langle 0|\psi^{(0)}(x'')|p\rangle - \langle q'|\overline{\psi}^{(0)}(x')|0\rangle\gamma_{\nu_1}\langle 0|\psi^{(0)}(x')|p\rangle\times$$
$$\left.\times\langle p'|\overline{\psi}^{(0)}(x'')|0\rangle\gamma_{\nu_2}\langle 0|\psi^{(0)}(x'')|q\rangle\right]\delta_{\nu_1\nu_2}D_F(x'-x'') =$$
$$= \frac{i\,e^2}{V^2}\left[\frac{\overline{u}(q')\gamma_\lambda u(q)\,\overline{u}(p')\gamma_\lambda u(p)}{(p-p')^2} - \frac{\overline{u}(q')\gamma_\lambda u(p)\,\overline{u}(p')\gamma_\lambda u(q)}{(p-q')^2}\right](2\pi)^4\delta(p+q-p'-q').$$

Die zwei Glieder in (27.3) treten auf, da entweder der Operator $\psi^{(0)}(x')$ die Partikel q und der Operator $\psi^{(0)}(x'')$ die Partikel p vernichten kann oder die Rolle der beiden Operatoren die Umgekehrte sein kann. Die zwei entsprechenden Möglichkeiten für die Operatoren $\overline{\psi}^{(0)}(x')$ und $\overline{\psi}^{(0)}(x'')$ hinsichtlich der Partikeln p' und q' geben offenbar zwei Glieder, wo nur x' und x'' vertauscht worden sind. Wie gewöhnlich ist dieser Umstand dadurch berücksichtigt worden, daß wir den Faktor 2! im Nenner weggestrichen haben. Die zwei Glieder in (27.3) haben das entgegengesetzte Vorzeichen. Dies folgt aus (27.2) und der Tatsache, daß die zwei Partikeln p und q in den beiden Gliedern in verschiedener Reihenfolge absorbiert werden.

Nach Mitteilung und Summation über die Spinzustände[2] folgt der Wirkungsquerschnitt sofort aus (27.3)

$$\sigma = \left(\frac{e^2}{4\pi}\right)^2\frac{1}{v_{\text{rel}}}\int\!\!\int\frac{d^3p'\,d^3q'}{16E_p E_{p'} E_q E_{q'}}\times$$
$$\times\left[\frac{A}{[(p-p')^2]^2} + \frac{B}{[(p-q')^2]^2} + \frac{C}{(p-p')^2(p-q')^2}\right]\delta(p+q-p'-q'). \tag{27.4}$$

---

[1] W. HEITLER: Quantum theory of radiation, 3. Aufl. Oxford 1954.

[2] Bei longitutinaler Polarisation der Teilchen ist der Wirkungsquerschnitt von A.M. BINCER, Phys. Rev. **107**, 1434 (1957), ausgerechnet worden.

Hier sind die Abkürzungen

$$A = \mathrm{Sp}\left[\gamma_\lambda(i\gamma\, p - m)\,\gamma_\nu(i\gamma\, p' - m)\right] \cdot \mathrm{Sp}\left[\gamma_\lambda(i\gamma\, q - m)\,\gamma_\nu(i\gamma\, q' - m)\right], \tag{27.5}$$

$$B = \mathrm{Sp}\left[\gamma_\lambda(i\gamma\, p - m)\,\gamma_\nu(i\gamma\, q' - m)\right] \cdot \mathrm{Sp}\left[\gamma_\lambda(i\gamma\, q - m)\,\gamma_\nu(i\gamma\, p' - m)\right], \tag{27.6}$$

$$C = -2\,\mathrm{Sp}\left[\gamma_\lambda(i\gamma\, p - m)\,\gamma_\nu(i\gamma\, q' - m)\,\gamma_\lambda(i\gamma\, q - m)\,\gamma_\nu(i\gamma\, p' - m)\right] \tag{27.7}$$

verwendet worden. Die Größe v_{rel} in (27.4) soll die „relative" Geschwindigkeit der beiden einfallenden Partikeln sein, d.h. eine Größe, die sich in einem Koordinatensystem, wo die eine Partikel in Ruhe ist, auf die Geschwindigkeit der anderen Partikel reduziert. Es wird für uns zweckmäßig sein, diese Größe nicht als die Geschwindigkeit zu definieren, mit der ein Beobachter im Ruhsystem der einen Partikel die andere Partikel sich entfernen sieht, sondern als eine solche Größe, daß $v_{\mathrm{rel}}\,E_p\,E_q$ eine Invariante ist. Dadurch wird offenbar der Wirkungsquerschnitt selbst invariant. Im Ruhsystem der Partikel p gilt

$$v_{\mathrm{rel}}\,E_p\,E_q = m\,E_q\,\frac{|q|}{E_q} = m\,\sqrt{E_q^2 - m^2} = \sqrt{m^2\,E_q^2 - m^4}. \tag{27.8}$$

Also definieren wir

$$v_{\mathrm{rel}} = \frac{1}{E_p\,E_q}\,\sqrt{(p\,q)^2 - m^4}. \tag{27.9}$$

In einem Koordinatensystem, wo die beiden Partikeln sich mit den Geschwindigkeiten v_1 und v_2 in der *gleichen* Richtung bewegen, gilt

$$v_{\mathrm{rel}} = |v_1 - v_2|. \tag{27.10}$$

Der Ausdruck (27.10) kann unter Umständen den Wert 2, d.h. die doppelte Lichtgeschwindigkeit, erreichen.

Durch den Energie-Impulssatz in (27.4) lassen sich offenbar z.B. die beiden Streuwinkel und die Energie $E_{q'}$ als Funktion von $E_{p'}$ und den die einfallenden Partikeln charakterisierenden Größen ausdrücken. Um dies in invarianter Weise zu tun, führen wir die drei Parameter λ_1, λ_2 und γ durch

$$\lambda_1 = \frac{(p - p')^2}{2m^2} = -\left(1 + \frac{p\,p'}{m^2}\right), \tag{27.11}$$

$$\lambda_2 = \frac{(p - q')^2}{2m^2} = -\left(1 + \frac{p\,q'}{m^2}\right), \tag{27.12}$$

$$\gamma = -\frac{p\,q}{m^2} = 1 + \lambda_1 + \lambda_2 \tag{27.13}$$

ein. Die Größe γ ist also durch die einfallenden Partikeln gegeben, und durch (27.13) wird λ_2 als Funktion von λ_1 ausgedrückt. Wir definieren jetzt einen invarianten, differentiellen Wirkungsquerschnitt durch

$$\frac{d\sigma}{d\lambda_1} = \frac{r_0^2}{\sqrt{\gamma^2 - 1}}\,\frac{1}{\lambda_1^2\,\lambda_2^2}\,\frac{1}{64\,m^4}\,[A\,\lambda_2^2 + B\,\lambda_1^2 + C\,\lambda_1\,\lambda_2]\cdot I. \tag{27.14}$$

Das invariante Integral I ist durch

$$\left. \begin{aligned} I &= \iint \frac{d^3 p'\, d^3 q'}{E_{p'}\,E_{q'}}\,\delta(p + q - p' - q')\,\delta\!\left(\lambda_1 - \frac{(p - p')^2}{2m^2}\right) = \\ &= 4\iint dp'\,dq'\,\delta(p'^2 + m^2)\,\delta(q'^2 + m^2)\,\Theta(p')\,\Theta(q')\,\delta(p + q - p' - q')\,\delta\!\left(\lambda_1 - \frac{(p - p')^2}{2m^2}\right) \end{aligned} \right\} \tag{27.15}$$

gegeben. Die in (27.15) vorkommenden Integrationen lassen sich in dem Koordinatensystem, in dem $p=0$ ist, wie in (24.32) elementar ausführen. Das Ergebnis ist

$$I = 4 \int dp'\, \delta(p'^2 + m^2)\, \Theta(p')\, \delta((p + q - p')^2 + m^2)\, \Theta(p + q - p') \times$$
$$\times\, \delta\left(\lambda_1 - \frac{(p-p')^2}{2m^2}\right) = \frac{2\pi m}{|q|}\, \Theta(\lambda_1)\, \Theta\left(\frac{E_q}{m} - 1 - \lambda_1\right). \qquad (27.16)$$

In einem beliebigen Koordinatensystem gilt also

$$I = \frac{2\pi}{\sqrt{\gamma^2 - 1}}\, \Theta(\lambda_1)\, \Theta(\lambda_2). \qquad (27.17)$$

Die drei Größen A, B und C in (27.5) bis (27.7) lassen sich mit den früher angegebenen Methoden leicht auswerten und als Funktionen der drei Invarianten λ_1, λ_2 und γ ausdrücken. Nach einigen Umformungen und unter Benutzung der aus den Erhaltungssätzen folgenden Gleichungen

$$\begin{aligned} p\,q &= p'\,q', \\ p\,q' &= p'\,q, \\ p\,p' &= q\,q' \end{aligned} \qquad (27.18)$$

läßt sich das Ergebnis in der folgenden Form schreiben

$$\frac{1}{64\,m^4}\,[A\,\lambda_2^2 + B\,\lambda_1^2 + C\,\lambda_1\,\lambda_2] = \gamma^2(\lambda_1^2 + \lambda_2^2) - \lambda_1\,\lambda_2(2\gamma - 1 - \lambda_1\,\lambda_2). \qquad (27.19)$$

Für den differentiellen Wirkungsquerschnitt (27.14) erhalten wir damit

$$\frac{d\sigma}{d\lambda_1} = \frac{2\pi r_0^2}{\gamma^2 - 1}\, \frac{1}{\lambda_1^2\,\lambda_2^2}\,[\gamma^2(\lambda_1^2 + \lambda_2^2) - \lambda_1\,\lambda_2(2\gamma - 1 - \lambda_1\,\lambda_2)]. \qquad (27.20)$$

In (27.20) sind die beiden λ_i positiv und durch die Relation (27.13) miteinander verknüpft. Die Länge r_0 ist nach Gl. (25.26) definiert worden. Der Ausdruck (27.20) ist zuerst von Møller abgeleitet worden[1]. Das hier diskutierte Problem wird daher manchmal „Møller-Streuung" genannt.

Gl. (27.20) wurde durch Vergleich mit experimentellen Untersuchungen gut bestätigt. Wir gehen wieder nicht näher darauf ein, da solche Diskussionen in verschiedenen Lehrbüchern[2] zu finden sind. Wir wollen aber einen vom prinzipiellen Standpunkt nicht uninteressanten Vergleich mit der Streuformel (24.18) für die Streuung in einem äußeren Feld ausführen und beschränken uns dabei auf den nichtrelativistischen Grenzfall. In diesem Fall gilt im Schwerpunktsystem

$$E_q = E_p = E_{q'} = E_{p'} = m + \frac{p^2}{2m}, \qquad (27.21)$$

$$\boldsymbol{p} + \boldsymbol{q} = \boldsymbol{p}' + \boldsymbol{q}' = 0. \qquad (27.22)$$

Führen wir durch

$$\boldsymbol{p}\,\boldsymbol{p}' = p^2 \cos\Theta \qquad (27.23)$$

---

[1] C. Møller: Ann. Phys. **14**, 531 (1932).

[2] Zum Beispiel N. F. Mott u. H. S. W. Massey: Theory of Atomic Collisions, 2. Aufl. S. 369. Oxford 1949. Vgl. auch A. Ashkin, L. A. Page u. W. M. Woodward: Phys. Rev. **94**, 357 (1954).

einen Streuwinkel Θ ein, so gilt

$$\lambda_1 = \frac{2p^2}{m^2}\sin^2\frac{\Theta}{2}\,, \tag{27.24}$$

$$\lambda_2 = \frac{2p^2}{m^2}\cos^2\frac{\Theta}{2}\,. \tag{27.25}$$

Der Wirkungsquerschnitt wird in dieser Näherung

$$d\sigma = \frac{\pi}{8}\,r_0^2\,\frac{m^4}{p^4}\left[\frac{1}{\sin^4\dfrac{\Theta}{2}} + \frac{1}{\cos^4\dfrac{\Theta}{2}} - \frac{1}{\cos^2\dfrac{\Theta}{2}\cdot\sin^2\dfrac{\Theta}{2}}\right]\sin\Theta\,d\Theta\,. \tag{27.26}$$

Mit $Z = 1$ und unter Einführung der hier verwendeten Bezeichnungen können wir (24.19) als

$$d\sigma = \frac{\pi}{8}\,r_0^2\,\frac{m^4}{p^4\sin^4\dfrac{\Theta}{2}}\,\sin\Theta\,d\Theta \tag{27.27}$$

schreiben. In (27.27) ist über den Polarwinkel Φ integriert worden, wodurch

$$d\Omega = 2\pi\sin\Theta\,d\Theta \tag{27.28}$$

wird. Die beiden Ausdrücke (27.26) und (27.27) stimmen nicht überein, wie man vielleicht erwarten würde. Formal kommen die zwei „Extraglieder" in (27.26) aus dem zweiten Glied auf der rechten Seite von (27.3). Wäre nur das erste Glied in (27.3) berücksichtigt worden, hätten wir mit der Definition (27.23) des Streuwinkels genau (27.27) erhalten. Wir haben die zwei Glieder in (27.3) erhalten, weil die Zustände $|p, q\rangle$ und $|q, p\rangle$ als nicht voneinander verschieden betrachtet worden sind. Mit anderen Worten ist es also prinzipiell unmöglich zu entscheiden, ob z.B. das Elektron p' ursprünglich das Elektron p oder das Elektron q gewesen ist. Legen wir willkürlich den Streuwinkel durch (27.23) fest, d.h. betrachten wir p und p' als „dasselbe" Elektron, so gibt es also eine gewisse Wahrscheinlichkeit, daß die zwei Elektronen im Endzustand „ausgetauscht" worden sind. Wir können dann die „Extraglieder" in (27.26) als „Austauschglieder" bezeichnen. Offenbar ist es gleichgültig, ob man das erste oder das zweite Glied in (27.3) als das Austauschglied bezeichnet, wenn nur die Definition des Streuwinkels der Zuordnung zu den Elektronen angepaßt wird. Die nichtrelativistische Formel (27.26) mit dem Austauscheffekt wurde zuerst von MOTT abgeleitet[1].

28. Natürliche Linienbreite[2]. Als letztes Beispiel wollen wir die Emission von Licht betrachten, wenn die Elektronen sich in einem so starken, äußeren Feld befinden, daß die BORNsche Näherung unbrauchbar ist. Ein typischer Fall tritt ein, wenn das äußere Feld zeitunabhängig und so beschaffen ist, daß ein oder mehrere gebundene Zustände existieren. Dabei verwenden wir die in Ziff. 16 benutzte Methode für die Behandlung des äußeren Feldes, d.h. wir setzen voraus, daß wir die Eigenwertgleichung

$$\left[\alpha_k\left(-i\frac{\partial}{\partial x_k} - eA_k(\boldsymbol{x})\right) + m\gamma_4 + eA_0(\boldsymbol{x})\right]u_n(\boldsymbol{x}) = E_n u_n(\boldsymbol{x}) \tag{28.1}$$

lösen können. Die Funktionen $u_n(\boldsymbol{x})$ entsprechen im allgemeinen teils gebundenen Zuständen, teils Streuzuständen der Elektronen. Als einlaufende Felder wählen

---

[1] N. F. MOTT: Proc. Roy. Soc. Lond., Ser. A **126**, 259 (1930).
[2] Vgl. hierzu auch den vorwiegend vom experimentellen Gesichtspunkt geschriebenen Artikel von R. G. BREENE jr. in Bd. XXVII dieses Handbuches.

wir jetzt die Zustände $u_n(\boldsymbol{x})$, d.h. das einlaufende ψ-Feld wird nach den Eigenschwingungen $u_n(\boldsymbol{x})$ entwickelt, die durch (16.8) mit den Operatoren (16.11) und (16.12) gegeben sind:

$$\psi^{(0)}(x) = \sum_{E_n > 0} \left[u_n(\boldsymbol{x})\, e^{-iE_n x_0}\, a^{(n)} + u_n'(\boldsymbol{x})\, e^{iE_n x_0}\, b^{*\,(n)} \right], \tag{28.2}$$

$$\{a^{*(n)}, a^{(n')}\} = \{b^{*\,(n)}, b^{(n')}\} = \delta_{nn'}. \tag{28.3}$$

Das elektromagnetische Strahlungsfeld behandeln wir wie vorher als eine Störung, die Übergänge zwischen den Zuständen $u_n(\boldsymbol{x})$ verursacht. Mit Hilfe des in den vorigen Ziffern verwendeten Schemas erhalten wir das erste nichtverschwindende Element der S-Matrix für einen Übergang von $u_n(\boldsymbol{x})$ zu $u_{n'}(\boldsymbol{x})$ unter Emission eines Lichtquants k

$$\langle n', k \,|\, S \,|\, n \rangle = - \frac{e}{\sqrt{2V\omega}} \int d^3x\, \bar{u}_{n'}(\boldsymbol{x})\, \gamma_\nu\, u_n(\boldsymbol{x})\, e^{-i\boldsymbol{k}\boldsymbol{x}}\, e_\nu^{(\lambda)}\, 2\pi\, \delta(E_{n'} + \omega - E_n). \tag{28.4}$$

Die Übergangswahrscheinlichkeit pro Zeiteinheit, daß das Lichtquant in den Raumwinkel $d\Omega_k$ emittiert wird, ist also

$$\frac{\delta w}{\delta t} = \frac{e^2 \omega}{8\pi^2} \left| \int d^3x\, \bar{u}_{n'}(\boldsymbol{x})\, \gamma\, e^{(\lambda)}\, u_n(\boldsymbol{x})\, e^{-i\boldsymbol{k}\boldsymbol{x}} \right|^2 d\Omega_k. \tag{28.5}$$

Sind in (28.5) sowohl Anfangs- als auch Endzustand gebundene Zustände, so ist der ganze Ausdruck von V unabhängig. Dies heißt, daß die Übergangswahrscheinlichkeit pro Zeiteinheit nicht beliebig klein gemacht werden kann, wenn nur V hinreichend groß ist, und der in Ziff. 20 entwickelte Formalismus kann, wenigstens in den höheren Näherungen, nicht richtig sein, da die Übergangswahrscheinlichkeit nicht zeitunabhängig sein kann.

Um weiter zu kommen, müssen wir also die Integrationsmethode für unsere Differentialgleichungen ein wenig modifizieren, so daß *nicht* vorausgesetzt zu werden braucht, daß die Lebensdauer des Anfangszustandes beliebig groß ist. Wir beschränken uns dabei auf ein Näherungsverfahren, das ursprünglich von Weisskopf und Wigner entwickelt worden ist[1]. Eine allgemeinere Theorie dieser Vorgänge, in der im Prinzip auch höhere Näherungen berücksichtigt werden können, ist von Heitler und Mitarbeitern[2] ausgearbeitet worden. Da der Anfangszustand jetzt „kurzlebig" ist, können wir bei diesem Problem nicht die Anfangsbedingungen für $x_0 = -\infty$ vorschreiben, denn wenn wir das täten, würde der Anfangszustand für jede endliche Zeit sicher nicht mehr besetzt sein. Mit Weisskopf und Wigner setzen wir statt dessen voraus, daß unser System sich für $x_0 = 0$ im Zustand $|n\rangle$ befindet, und verwenden für die Behandlung des Problems eine „Wechselwirkungsdarstellung", die durch die folgenden Gleichungen charakterisiert wird

$$|x_0\rangle = U(x_0)\, |n\rangle, \tag{28.6}$$

$$i\, \frac{\partial U(x_0)}{\partial x_0} = H_1\big(\psi^{(0)}(x),\, A_\mu^{(0)}(x)\big)\, U(x_0), \tag{28.7}$$

$$U(0) = 1. \tag{28.8}$$

Hier bedeutet $|x_0\rangle$ den Zustandsvektor zur Zeit x_0 und H_1 die Wechselwirkungsenergie als Funktion des Operators $\psi^{(0)}$ in (28.2) sowie des Operators $A_\mu^{(0)}(x)$

[1] V. F. Weisskopf u. E. Wigner: Z. Physik **63**, 54 (1930).
[2] E. Arnous u. W. Heitler: Proc. Roy. Soc. Lond., Ser. A **220**, 290 (1953), wo auch Hinweise auf ältere Literatur zu finden sind. Vgl. auch F. Low: Phys. Rev. **88**, 53 (1952).

in z.B. Gl (5.28). Das wesentlich Neue in dieser Formulierung ist eigentlich nur die Randbedingung (28.8). Das System der Gln. (28.6) bis (28.8) ist im Prinzip exakt. Nach WEISSKOPF und WIGNER approximieren wir die exakten Gleichungen dadurch, daß wir bei der Matrixmultiplikation in (28.7) nur die Zustände $|n\rangle$ und $|n', k\rangle$ berücksichtigen, d.h. nur die Zustände, die entweder das Elektron im ursprünglichen Zustand und kein Photon oder das Elektron im neuen Zustand und ein Photon enthalten. Die physikalische Bedeutung dieser Näherung ist nicht ganz einfach zu überblicken. Zwar ist es einleuchtend, daß die Wahrscheinlichkeit, daß mehrere Photonen im Endzustand auftreten sollen, klein sein muß, wenn die Kopplung mit dem elektromagnetischen Feld schwach ist, aber daraus folgt nicht unmittelbar, daß solche Zustände auch bei der Matrixmultiplikation in (28.7) vernachlässigt werden können. Der Sinn dieser Näherung läßt sich wohl letzten Endes nur durch Vergleich der erhaltenen Ergebnisse mit experimentellen Untersuchungen entscheiden.

Führen wir die Bezeichnungen

$$\langle n \,|\, U(x_0) \,|\, n \rangle = a(x_0), \tag{28.9}$$

$$\langle n', k \,|\, U(x_0) \,|\, n \rangle = b_k(x_0) \tag{28.10}$$

ein, so sind also die zu lösenden Gleichungen nach den obigen Voraussetzungen

$$i\,\frac{\partial a(x_0)}{\partial x_0} = \sum_k c_k^* \, e^{-i\Delta\omega x_0} \, b_k(x_0), \tag{28.11}$$

$$i\,\frac{\partial b_k(x_0)}{\partial x_0} = c_k \, e^{i\Delta\omega x_0} \, a(x_0). \tag{28.12}$$

Hierbei sind die folgenden Bezeichnungen verwendet worden

$$\Delta\omega = E_{n'} + \omega - E_n, \tag{28.13}$$

$$\langle n', k \,|\, H_1 \,|\, n \rangle = c_k \, e^{i\Delta\omega x_0}, \tag{28.14}$$

$$c_k = -\,i\,e \int \bar{u}_{n'}(\boldsymbol{x})\,\gamma\,e^{(\lambda)}\,u_n(\boldsymbol{x})\,\frac{e^{-i\boldsymbol{k}\boldsymbol{x}}}{\sqrt{2V\omega}}\,d^3x. \tag{28.15}$$

Die Randbedingungen zu (28.11) und (28.12) sind nach (28.8)

$$a(0) = 1, \tag{28.16}$$

$$b_k(0) = 0. \tag{28.17}$$

Für die Lösung der Differentialgleichungen können wir z.B. zuerst die Größen b_k eliminieren

$$b_k(x_0) = -\,i\,c_k \int_0^{x_0} dx_0' \, e^{i\Delta\omega x_0'} \, a(x_0'), \tag{28.18}$$

$$\frac{\partial a(x_0)}{\partial x_0} = -\sum_k |c_k|^2 \int_0^{x_0} dx_0' \, e^{-i\Delta\omega(x_0 - x_0')} \, a(x_0'). \tag{28.19}$$

Die Gleichung für $a(x_0)$ können wir z.B. mit Hilfe einer LAPLACE-Transformation lösen, d.h. wir bilden

$$a(E) = \int_0^\infty e^{-Ex_0}\,a(x_0)\,dx_0 \tag{28.20}$$

und transformieren (28.19) in eine Gleichung für $a(E)$. Aus der linken Seite erhalten wir

$$\int\limits_0^\infty e^{-E x_0}\,\frac{\partial a(x_0)}{\partial x_0}\,dx_0 = [e^{-E x_0}\,a(x_0)]_0^\infty + E\,a(E) = E\,a(E) - 1. \tag{28.21}$$

Das Integral auf der rechten Seite kann in ähnlicher Weise transformiert werden

$$\left.\begin{aligned}
\int\limits_0^\infty e^{-E x_0}\,dx_0 \int\limits_0^{x_0} dx_0'\,e^{-i\,\varDelta\omega(x_0-x_0')}\,a(x_0') = \\
= \int\limits_0^\infty dx_0'\,a(x_0') \int\limits_{x_0'}^\infty dx_0\,e^{-(E+i\,\varDelta\omega)\,x_0+i\,\varDelta\omega\,x_0'} = \frac{a(E)}{E+i\,\varDelta\omega}.
\end{aligned}\right\} \tag{28.22}$$

Durch Einsetzen der Ausdrücke (28.21) und (28.22) in (28.19) erhalten wir für $a(E)$

$$a(E) = \frac{1}{E + \sum\limits_k{}'\dfrac{|c_k|^2}{E+i\,\varDelta\omega}}. \tag{28.23}$$

Mit Hilfe der bekannten Umkehrformel der LAPLACE-Transformation folgt jetzt

$$a(x_0) = \frac{1}{2\pi i} \int\limits_{\varepsilon-i\infty}^{\varepsilon+i\infty} \frac{dE\,e^{E x_0}}{E + \sum\limits_k\dfrac{|c_k|^2}{E+i\,\varDelta\omega}}. \tag{28.24}$$

In (28.24) soll also unmittelbar rechts von der imaginären Achse in der komplexen E-Ebene integriert werden. Führen wir hier eine reelle Integrationsvariable z durch $E=\varepsilon+iz$ ein, so können wir das Integral (28.24) in folgender Weise schreiben

$$\left.\begin{aligned}
a(x_0) &= \frac{1}{2\pi i} \int\limits_{-\infty}^{+\infty} \frac{dz\,e^{i z x_0}\,e^{\varepsilon x_0}}{z - i\varepsilon - \sum\limits_k\dfrac{|c_k|^2}{z+\varDelta\omega-i\varepsilon}} = \\
&= \frac{1}{2\pi i} \int\limits_{-\infty}^{+\infty} \frac{dz\,e^{i z x_0}}{z - P\sum\limits_k\dfrac{|c_k|^2}{z+\varDelta\omega} - i\pi\sum\limits_k|c_k|^2\,\delta(z-\varDelta\omega)}.
\end{aligned}\right\} \tag{28.25}$$

Die letzte Form der rechten Seite von (28.25) folgt, wenn wir ε gegen Null gehen lassen und die Gleichung

$$\lim_{\varepsilon\to 0}\frac{1}{a-i\varepsilon} = P\,\frac{1}{a} + i\pi\,\delta(a) \tag{28.26}$$

verwenden. Die Auswertung des Integrals (28.25) für beliebige Zeiten ist sehr kompliziert und physikalisch auch nicht besonders interessant. Wegen des „plötzlichen Einschaltens" der elektromagnetischen Kopplung für $x_0=0$ ist nämlich zu erwarten, daß „Einschwingvorgänge" für kleine Zeiten auftreten, die sehr stark von den gewählten Randbedingungen abhängen und deshalb uninteressant sind. Wir schätzen also das Integral nur für so große Zeiten ab, daß $x_0 E_n\gg 1$ und $x_0 E_{n'}\gg 1$ sind. Unter der weiteren Voraussetzung, daß

$$\sum\limits_k|c_k|^2\,\delta(\varDelta\omega)\ll E_n - E_{n'}, \tag{28.27}$$

können wir schreiben

$$a(x_0) \approx \frac{1}{2\pi i} \int\limits_{-\infty}^{+\infty} \frac{dz\, e^{izx_0}}{z - P \sum\limits_{k} \frac{|c_k|^2}{\Delta\omega} - i\pi \sum\limits_{k} |c_k|^2 \delta(\Delta\omega)} = e^{-i\Delta E x_0 - \frac{\gamma}{2} x_0}, \qquad (28.28)$$

$$\gamma = 2\pi \sum_k |c_k|^2 \delta(\Delta\omega), \qquad (28.29)$$

$$\Delta E = -P \sum_k \frac{|c_k|^2}{\Delta\omega}. \qquad (28.30)$$

Die Wahrscheinlichkeit, daß das System bei der Zeit x_0 immer noch im Anfangszustand ist, ist also

$$|a(x_0)|^2 = e^{-\gamma x_0}. \qquad (28.31)$$

Die Lebenszeit des Zustandes ist also $1/\gamma$, wobei γ *genau die nach (28.5) berechnete, totale Übergangswahrscheinlichkeit pro Zeiteinheit ist.*

Für solche Zeiten, für die das Ergebnis (28.28) richtig ist, erhalten wir aus (28.18)

$$b_k(x_0) = \frac{-c_k}{\Delta\omega - \Delta E + i\frac{\gamma}{2}} \left[e^{\left(i\Delta\omega - i\Delta E - \frac{\gamma}{2}\right)x_0} - 1 \right]. \qquad (28.32)$$

Für kleine Zeiten ($\gamma x_0 \ll 1$) erhalten wir hieraus die Wahrscheinlichkeit, daß ein Photon in den Raumwinkel $d\Omega_k$ emittiert worden ist

$$\left. \begin{aligned} d\Omega_k \int\limits_0^\infty \frac{V\omega^2}{(2\pi)^3} |b_k(x_0)|^2 \, d\omega &= \\ = d\Omega_k \int\limits_0^\infty \frac{|c_k|^2 \omega^2 V}{(2\pi)^3} \frac{\sin^2\left(\frac{\Delta'\omega\, x_0}{2}\right)}{\left(\frac{\Delta'\omega}{2}\right)^2 + \frac{\gamma^2}{16}} \, d\omega &\approx 2\pi\, x_0 \left. \frac{|c_k|^2 \omega^2 V}{(2\pi)^3} \right|_{\Delta'\omega=0} d\Omega_k \end{aligned} \right\} \qquad (28.33)$$

mit der Abkürzung

$$\Delta'\omega = \Delta\omega - \Delta E. \qquad (28.34)$$

Abgesehen von einer Verschiebung ΔE der emittierten Frequenz ist dies genau das Ergebnis (28.5) mit einer zeitproportionalen Übergangswahrscheinlichkeit. Während dieser Zeit ist nach (28.31) die Wahrscheinlichkeit, daß das System im ursprünglichen Zustand bleibt, auch praktisch gleich 1. Unter diesen Voraussetzungen können wir also den früher entwickelten, einfacheren Formalismus verwenden. Für große Zeiten (d.h. $\gamma x_0 \gg 1$) erhalten wir aber

$$|b_k(x_0)|^2 = \frac{|c_k|^2}{(\Delta'\omega)^2 + \frac{1}{4}\gamma^2}. \qquad (28.35)$$

Die Frequenz der emittierten Photonen hat also keinen scharfen Wert, sondern die emittierte Spektrallinie hat eine Breite der Größe γ. Außerdem ist das Maximum der Linie um den Betrag ΔE verschoben.

Die Niveauverschiebung ΔE interessiert uns augenblicklich nicht. Wir werden in Ziff. 37 ausführlich darauf zurückkommen, sobald wir die formalen Hilfsmittel der Theorie ein wenig weiter entwickelt haben. Hier können wir aber erwähnen, daß das Ergebnis (28.35) für die Linienbreite wenigstens qualitativ auf Grund der Unsicherheitsrelation verstanden werden kann. Hat nämlich der Zustand $|n\rangle$ eine endliche Lebenszeit γ^{-1}, so kann der Zustand nur während einer Zeit, die kleiner als γ^{-1} ist, physikalisch realisiert werden. Dadurch wird es aber prinzipiell unmöglich, die Energie des Zustandes mit größerer Genauigkeit als γ zu definieren, weshalb die ausgesendete Spektrallinie auch diese Energieunschärfe haben muß. Hiernach ist also zu vermuten, daß wenn *beide* Niveaus $|n\rangle$ und $|n'\rangle$ eine endliche Lebensdauer haben, die Breite der ausgesendeten Linie die *Summe* der beiden Größen γ sein soll. Bei der obigen Rechnung ist implizit vorausgesetzt worden, daß der Endzustand $|n'\rangle$ der Grundzustand des Systems sein soll, und daß im Zustand $|n\rangle$ nur Übergänge zum Grundzustand erlaubt sind. Wenn man diese Voraussetzungen nicht macht, müssen in den Gln. (28.11) und (28.12) auch die anderen Übergänge berücksichtigt werden. Die Rechnung läßt sich auch dann nach dem obigen Schema durchführen und gibt das Ergebnis, das nach der Unsicherheitsrelation zu erwarten ist. Wir gehen nicht näher hierauf ein, sondern verweisen für Einzelheiten auf die Arbeit von WEISSKOPF und WIGNER[1].

Die Tatsache, daß das Ergebnis (28.35) sich mit Hilfe der Unsicherheitsrelation deuten läßt, macht es wenigstens plausibel, daß die Näherungsgleichungen (28.11) und (28.12) einen physikalischen Sinn haben können. Zwar darf das obige Argument nicht allzu stark betont werden, da ein ähnliches Ergebnis aus jeder Näherung mit einer *unitären* Matrix $U(x_0)$ herauskommen muß. Bei der gewöhnlichen Störungsrechnung, wo eine Potenzreihe für U angesetzt und bei dem n-ten Glied abgebrochen wird, ist aber die Matrix

$$U = 1 + U^{(1)} + \cdots + U^{(n)} \tag{28.36}$$

nicht exakt unitär, und eine solche Methode ist für die Behandlung der Linienbreite nicht geeignet.

Genaue Messungen der natürlichen Linienbreite lassen sich nur mit Schwierigkeit durchführen, da mehrere Effekte wie Dopplereffekt, Stöße zwischen den angeregten Atomen usw. auch die Spektrallinien verbreitern. Bei gewöhnlichen Dichten und Temperaturen sind diese Effekte sogar viel größer als die natürliche Linienbreite[2]. Die bisherigen Messungen über die natürliche Linienbreite[3] widersprechen wenigstens den obigen Gleichungen nicht, wenn sie auch nicht als mit Sicherheit bestätigt angesehen werden können. Nähere Angaben hierzu enthält der Artikel von R. G. BREENE jr. in Bd. XXVII dieses Handbuches.

VI. Strahlungstheoretische Korrekturen
in erster, nichtverschwindender Näherung.

29. Vakuumpolarisation in einem äußeren Feld. Ladungsrenormierung. Wir kehren jetzt zu einem System zurück, das ein so schwaches äußeres Feld enthält, daß die BORNsche Näherung benutzt werden kann. In dieser Ziffer interessieren wir uns nicht nur für die S-Matrix, sondern wollen die Feldoperatoren in der HEISENBERG-Darstellung in Einzelheiten studieren. Die Bewegungsgleichungen für diese Größen schreiben wir jetzt als

$$\left(\gamma \frac{\partial}{\partial x} + m\right)\psi(x) = i\,e\,\gamma\left(A(x) + A^{\text{äuss}}(x)\right)\psi(x), \tag{29.1}$$

$$\Box A_\mu(x) = -\frac{i\,e}{2}\left[\overline{\psi}(x), \gamma_\mu \psi(x)\right] \equiv -j_\mu(x). \tag{29.2}$$

[1] V. F. WEISSKOPF and E. WIGNER: Z. Physik **63**, 54 (1930).
[2] Vgl. z. B. H. MARGENAU u. W. W. WATSON: Rev. Mod. Phys. **8**, 22 (1936).
[3] Vgl. HEITLER: Quantum Theory of Radiation, 3. Aufl., S. 188. Oxford 1954.

Unter der Voraussetzung, daß wir sowohl nach dem quantisierten Feld $A_\mu(x)$ wie nach dem äußeren Feld $A_\mu^{\text{äuss}}(x)$ entwickeln können, erhalten wir hieraus für die erste Näherung des ψ-Operators

$$\psi(x) = \psi^{(0)}(x) - i\,e \int S_R(x - x')\,\gamma\,[A^{(0)}(x') + A^{\text{äuss}}(x')]\,\psi^{(0)}(x')\,dx' + \cdots. \qquad (29.3)$$

Die entsprechende Entwicklung für die rechte Seite von (29.2), d.h. für den Stromoperator, wird

$$\left. \begin{aligned} j_\mu(x) = \frac{i\,e}{2}\,[\overline{\psi}^{(0)}(x),\gamma_\mu\,\psi^{(0)}(x)] + \frac{e^2}{2}\int dx'\,([\overline{\psi}^{(0)}(x),\gamma_\mu\,S_R(x - x')\,\gamma_\nu\,\psi^{(0)}(x')] + \\ + [\overline{\psi}^{(0)}(x')\,\gamma_\nu\,S_A(x' - x)\,\gamma_\mu,\psi^{(0)}(x)])\,(A_\nu^{(0)}(x') + A_\nu^{\text{äuss}}(x')) + \cdots. \end{aligned} \right\} \quad (29.4)$$

Aus (29.4) sehen wir, daß der Vakuumerwartungswert des Stromoperators nicht identisch verschwindet, wenn ein äußeres Feld vorhanden ist. In der betrachteten Näherung erhalten wir mit Hilfe von (15.29)

$$\langle 0|j_\mu(x)|0\rangle = \int dx'\,K_{\mu\nu}(x - x')\,A_\nu^{\text{äuss}}(x'), \qquad (29.5)$$

$$\left. \begin{aligned} K_{\mu\nu}(x - x') = \frac{e^2}{2}\,(\text{Sp}\,[\gamma_\mu\,S_R(x - x')\,\gamma_\nu\,S^{(1)}(x' - x)] + \\ + \text{Sp}\,[\gamma_\mu\,S^{(1)}(x - x')\,\gamma_\nu\,S_A(x' - x)]). \end{aligned} \right\} \quad (29.6)$$

Um die Struktur des Integralkerns (29.6) näher zu studieren, führen wir seine FOURIER-Darstellung ein

$$K_{\mu\nu}(x - x') = \frac{1}{(2\pi)^4}\int dp\,e^{i\,p\,(x - x')}\,K_{\mu\nu}(p) \qquad (29.7)$$

und erhalten unter Anwendung von (15.20), (15.21) und (15.30)

$$\left. \begin{aligned} K_{\mu\nu}(p) = \frac{e^2}{16\pi^3}\iint dp'\,dp''\,\delta(p - p' + p'')\,\text{Sp}\,[\gamma_\mu(i\gamma p' - m)\,\gamma_\nu(i\gamma p'' - m)]\times \\ \times\Big\{\delta(p'^2 + m^2)\Big[P\frac{1}{p''^2 + m^2} - i\pi\varepsilon(p'')\,\delta(p''^2 + m^2)\Big] + \\ + \delta(p''^2 + m^2)\Big[P\frac{1}{p'^2 + m^2} + i\pi\varepsilon(p')\,\delta(p'^2 + m^2)\Big]\Big\}. \end{aligned} \right\} \quad (29.8)$$

Der Ausdruck (29.8) unterscheidet sich von den Matrixelementen der S-Matrix im vorigen Kapitel unter anderem dadurch, daß er zwei vierdimensionale p-Integrationen aber nur einen „Erhaltungssatz" $\delta(p - p' + p'')$ enthält. Wir summieren also hier zum ersten Male über eine unendliche Anzahl von Zwischenzuständen und müssen somit darauf gefaßt sein, auf Konvergenzschwierigkeiten zu stoßen. Bevor wir aber die Einzelheiten der Auswertung von (29.8) diskutieren, wollen wir einige allgemeine Eigenschaften des Kerns $K_{\mu\nu}(p)$ studieren.

Aus dem Erhaltungssatz der Ladung

$$\frac{\partial j_\mu(x)}{\partial x_\mu} = 0 \qquad (29.9)$$

folgt sofort

$$\frac{\partial}{\partial x_\mu}\,K_{\mu\nu}(x - x') = 0 \qquad (29.10)$$

oder

$$p_\mu\,K_{\mu\nu}(p) = 0. \qquad (29.11)$$

Die Größe $K_{\mu\nu}(p)$ ist nach (29.8) ein Tensor, der nur vom Vektor p abhängt. Also muß $K_{\mu\nu}(p)$ symmetrisch und von der Form

$$K_{\mu\nu}(p) = G(p)\,p_\mu\,p_\nu + H(p)\,\delta_{\mu\nu} \qquad (29.12)$$

sein. Aus (29.11) erhalten wir jetzt

$$p_\mu\,K_{\mu\nu}(p) = p_\nu\,[G(p)\,p^2 + H(p)] = 0 \qquad (29.13)$$

oder
$$K_{\mu\nu}(p) = G(p)\,[p_\mu\,p_\nu - \delta_{\mu\nu}\,p^2]. \tag{29.14}$$

Aus (29.14) folgt dann
$$\frac{\partial}{\partial x'_\nu}\,K_{\mu\nu}(x - x') = 0, \tag{29.15}$$

was offenbar die Unabhängigkeit des Ausdruckes (29.5) von der Eichung des äußeren Feldes ausdrückt.

Gl. (29.11) läßt sich formal durch (29.8) verifizieren. Wenn wir die letzte Gleichung mit $i\,p_\mu$ multiplizieren, folgt

$$\left.\begin{aligned}
i\,p_\mu\,K_{\mu\nu}(p) &= \frac{e^2}{16\pi^3}\iint dp'\,dp''\,\delta(p - p' + p'')\times\\
&\quad\times[\mathrm{Sp}\,[(i\,\gamma\,p'' - m)(i\,\gamma\,p' + m)(i\,\gamma\,p' - m)\,\gamma_\nu] -\\
&\quad- \mathrm{Sp}\,[(i\,\gamma\,p'' - m)(i\,\gamma\,p'' + m)(i\,\gamma\,p' - m)\,\gamma_\nu]\times\{\cdots\} =\\
&= \frac{i\,e^2}{4\pi^3}\iint dp'\,dp''\,\delta(p - p' + p'')\,[p'_\nu\,(p''^2 + m^2) - p''_\nu\,(p'^2 + m^2)]\times\{\cdots\}.
\end{aligned}\right\} \tag{29.16}$$

Unter Anwendung von $x\,\delta(x) = 0$ können wir (29.16) zu

$$i\,p_\mu\,K_{\mu\nu}(p) = \frac{i\,e^2}{4\pi^3}\iint dp'\,dp''\,\delta(p - p' + p'')\,[p'_\nu\,\delta(p'^2 + m^2) - p''_\nu\,\delta(p''^2 + m^2)] \tag{29.17}$$

vereinfachen. Die zwei Glieder in (29.17) sind jedes für sich gleich Null, da Integrale wie
$$I = \int dp'\,p'_\nu\,\delta(p'^2 + m^2) \tag{29.18}$$

aus Symmetriegründen verschwinden müssen. Hier muß aber beachtet werden, daß das Integral (29.18) eigentlich divergent ist, und daß man durch eine Verschiebung des Ursprungs des Koordinatensystems aus einem Integral wie (29.18) sehr leicht einen nichtverschwindenden Wert erhalten kann. Trotzdem müssen wir aus physikalischen Gründen fordern, daß (29.11) gilt, weshalb wir (29.18) als eine Definition für die Auswertung des Integrals betrachten können. Diese Konvention erhalten wir auch, wenn wir beachten, daß eine zu (29.16), (29.17) ähnliche Rechnung sich auch im x-Raum ausführen läßt, und das Ergebnis

$$\frac{\partial}{\partial x_\mu}\,K_{\mu\nu}(x - x') = -e^2\,\delta(x - x')\,\mathrm{Sp}\,[\gamma_\nu\,S^{(1)}(0)] = 2i\,e\,\delta(x - x')\,\langle 0\,|\,j_\nu^{(0)}(x)\,|\,0\rangle \tag{29.19}$$

gibt. Der Vakuumerwartungswert des Operators $j_\nu^{(0)}(x)$ enthält, wie man sich leicht überzeugt, genau das Integral I in (29.18) und muß, wie oben ausführlich diskutiert wurde, verschwinden.

Unter Anwendung von (29.14) schreiben wir jetzt (29.5) in folgender Form

$$\left.\begin{aligned}
\langle 0\,|\,j_\mu(x)\,|\,0\rangle &= \frac{1}{(2\pi)^4}\iint dp\,dx'\,e^{i\,p\,(x - x')}\,G(p)\left[\Box\,A_\mu^{\text{äuss}}(x') - \frac{\partial^2\,A_\nu^{\text{äuss}}(x')}{\partial x'_\mu\,\partial x'_\nu}\right] =\\
&= -\frac{1}{(2\pi)^4}\iint dp\,dx'\,e^{i\,p\,(x - x')}\,G(p)\,j_\mu^{\text{äuss}}(x'),
\end{aligned}\right\} \tag{29.20}$$

$$\left.\begin{aligned}
G(p) &= -\frac{1}{3p^2}\,K_{\mu\mu}(p) =\\
&= -\frac{e^2}{48\pi^3\,p^2}\iint dp'\,dp''\,\delta(p - p' + p'')\,\mathrm{Sp}\,[\gamma_\mu\,(i\,\gamma\,p' - m)\,\gamma_\mu\,(i\,\gamma\,p'' - m)]\times\\
&\quad\times\left\{\delta(p'^2 + m^2)\left[P\,\frac{1}{p''^2 + m^2} - i\,\pi\,\varepsilon(p'')\,\delta(p''^2 + m^2)\right] +\right.\\
&\quad\left.+ \delta(p''^2 + m^2)\left[P\,\frac{1}{p'^2 + m^2} + i\,\pi\,\varepsilon(p')\,\delta(p'^2 + m^2)\right]\right\}.
\end{aligned}\right\} \tag{29.21}$$

Die experimentell beobachtbare Größe ist hier die Summe des ursprünglichen, äußeren Stromes und des induzierten Stromes (29.20), d.h.

$$j_\mu^{\text{äuss}}(x) + \langle 0|j_\mu(x)|0\rangle = \frac{1}{(2\pi)^4} \iint dp\, dx'\, [1 - G(p)]\, j_\mu^{\text{äuss}}(x')\, e^{i p\,(x-x')}. \tag{29.22}$$

Aus (29.22) oder (29.20) sehen wir, daß das Resultat der Wechselwirkung zwischen äußerem Feld und Elektronen nur dann eine Multiplikation aller Ströme mit einer Konstante wäre, wenn die Funktion G eine von p unabhängige Konstante wäre. Dies würde nur eine Veränderung der verwendeten Einheit der Ladung des äußeren Stromes bedeuten und wäre somit im Prinzip unbeobachtbar. In Wirklichkeit ist G selbstverständlich keine Konstante, aber aus dem obigen Argument folgt, daß wir zu G eine beliebige Konstante addieren können, und daß eine solche Addition nur eine Änderung der Ladungseinheit bedeutet. Die prinzipiell beobachtbare Größe ist also nur die Änderung von G, wenn p variiert. Für den eindeutigen Vergleich von (29.22) mit der Erfahrung ist es aber andererseits notwendig, daß wir mit Hilfe einer besonderen Konvention die willkürliche Konstante in (29.22) festlegen. Dies können wir im Prinzip so machen, daß wir für einen beliebigen Wert der „Frequenz" p den Wert von $1-G$ festlegen. Hier wollen wir speziell fordern, daß für äußere Felder, die im Raum und Zeit sehr langsam variieren, der äußere Strom und der beobachtbare Strom identisch sein sollen. Dies würde also heißen, daß die Funktion G in (29.22) für $p=0$ verschwinden sollte. Die Definition (29.21) für G enthält zwar keine willkürliche Konstante, und es ist nicht zu erwarten, daß $G(0)=0$ sein soll. Wir definieren deshalb

$$j^{\text{beob}}(x) = \frac{1}{(2\pi)^4} \iint dp\, dx'\, e^{i p\,(x-x')}\, [1 - G(p) + G(0)]\, j_\mu^{\text{äuss}}(x'). \tag{29.23}$$

Wir betonen nochmals, daß die Hinzufügung der Konstante $G(0)$ in (29.23) nur eine eindeutige Festlegung der Ladungseinheit bedeutet[1]. Diese Manipulation wird in der Literatur als „*Ladungsrenormierung*" bezeichnet.

Zur expliziten Auswertung der Funktion G bemerken wir, daß nach (29.21) der Imaginärteil von G sich wegen der auftretenden Deltafunktion sehr einfach berechnen läßt. Wir erhalten

$$\begin{aligned}
\operatorname{Im} G(p) = &-\frac{e^2}{6\pi^2 p^2} \int dp'\, [p'(p'-p)+2m^2] \times \\
&\times \delta(p'^2 + m^2)\, \delta\big((p-p')^2 + m^2\big)\, [\varepsilon(p') + \varepsilon(p-p')] = \\
= &-\frac{e^2}{12\pi^2 p^2}\left(m^2 - \frac{p^2}{2}\right) \int \frac{d^3 p'}{\sqrt{\boldsymbol{p}'^2 + m^2}} \times \\
&\times \left\{ \delta\big(p^2 - 2\boldsymbol{p}\,\boldsymbol{p}' + 2p_0 \sqrt{\boldsymbol{p}'^2 + m^2}\big)\left[1 + \frac{p_0 - \sqrt{\boldsymbol{p}'^2 + m^2}}{|\,p_0 - \sqrt{\boldsymbol{p}'^2 + m^2}\,|}\right] + \right. \\
&\left. + \delta\big(p^2 - 2\boldsymbol{p}\,\boldsymbol{p}' - 2p_0 \sqrt{\boldsymbol{p}'^2 + m^2}\big)\left[-1 + \frac{p_0 + \sqrt{\boldsymbol{p}'^2 + m^2}}{|\,p_0 + \sqrt{\boldsymbol{p}'^2 + m^2}\,|}\right] \right\}.
\end{aligned} \tag{29.24}$$

Das Integral (29.24) ist invariant und verschwindet offenbar, wenn $-p^2$ kleiner als $4m^2$ ist. Wie im vorigen Kapitel rechnen wir auch hier das Integral in einem speziellen Koordinatensystem aus, und zwar im System, in welchem die räumlichen Komponenten $\boldsymbol{p}$ verschwinden. In diesem System läßt sich (29.24) in

---

[1] Man könnte zwar meinen, daß eine Änderung der Ladungseinheit durch die Multiplikation mit einer Konstante statt durch die Addition eines Gliedes ausgeführt werden sollte. In der betrachteten Näherung sind aber diese zwei Verfahren einander völlig äquivalent.

folgender Weise schreiben

$$\operatorname{Im} G(p) = \frac{e^2}{3\pi}\left(1 + \frac{2m^2}{p_0^2}\right) \int\limits_0^{\sqrt{p_0^2 - m^2}} \frac{x^2\,dx}{\sqrt{x^2 + m^2}}\, \delta\!\left(2\,|p_0|\,\sqrt{x^2 + m^2} - p_0^2\right)\frac{p_0}{|p_0|} =$$

$$= \frac{e^2}{6\pi}\left(1 + \frac{2m^2}{p_0^2}\right)\frac{1}{p_0}\sqrt{\frac{p_0^2}{4} - m^2}\;\Theta\!\left(\frac{|p_0|}{2} - m\right) = \qquad (29.25)$$

$$= \frac{e^2}{12\pi}\left(1 + \frac{2m^2}{p_0^2}\right)\sqrt{1 - \frac{4m^2}{p_0^2}}\,\frac{p_0}{|p_0|}\,\Theta\!\left(\frac{p_0^2}{4} - m^2\right).$$

$$\Theta(x) = \frac{1}{2}\left[1 + \varepsilon(x)\right]. \qquad (29.25\,\text{a})$$

In einem beliebigen Koordinatensystem haben wir dann

$$\operatorname{Im} G(p) = \varepsilon(p)\,\frac{e^2}{12\pi}\left(1 - \frac{2m^2}{p^2}\right)\sqrt{1 + \frac{4m^2}{p^2}}\;\Theta\!\left(-\frac{p^2}{4} - m^2\right). \qquad (29.26)$$

Der Imaginärteil von $G(p)$ liefert also keinen Beitrag zum Glied $G(0)$.

Die direkte Auswertung des Realteils von $G(p)$ mit der Definition (29.21) ist recht mühsam. Wir können uns viel Arbeit ersparen, wenn wir bemerken, daß die Funktion

$$G(x - x') = \frac{1}{(2\pi)^4}\int G(p)\,e^{ip(x - x')}\,dp \qquad (29.27)$$

nach (29.6) für $x_0' > x_0$ verschwinden muß. Dies ist auch notwendig, damit der induzierte Strom nur von den Werten des äußeren Stromes innerhalb des retardierten Lichtkegels abhängt. Wenn dies nicht der Fall wäre, würde die Theorie offenbar „nicht-kausal" sein. Aus dieser Eigenschaft der Funktion (29.27) folgt die Existenz des Integrals

$$G(\boldsymbol{p},\, p_0 + i\eta) = \int dx\, G(x)\, e^{-i(\boldsymbol{p}\boldsymbol{x} - (p_0 + i\eta)x_0)}, \qquad (29.28)$$

wenn η größer als Null ist. Die Funktion $G(\boldsymbol{p},\, z)$ in (29.28) ist eine analytische Funktion von z, die in der oberen Halbebene regulär ist. Der Realteil und der Imaginärteil der Randwerte auf der reellen Achse einer solchen Funktion erfüllen nach bekannten Sätzen der Funktionentheorie die Relation[1]

$$\operatorname{Re} G(\boldsymbol{p},\, p_0) = \frac{1}{\pi}\, P\!\int\limits_{-\infty}^{+\infty} \frac{\operatorname{Im} G(\boldsymbol{p},\, x)\,dx}{x - p_0}. \qquad (29.29)$$

Wir können also aus dem Imaginärteil (29.26) durch einfaches Integrieren den Realteil ausrechnen. Mit der in (24.35) eingeführten Bezeichnung $\Pi^{(0)}(p^2)$ erhalten wir

$$\operatorname{Im} G(p) = \pi\,\varepsilon(p)\,\Pi^{(0)}(p^2), \qquad (29.30)$$

$$\operatorname{Re} G(p) = P\!\int\limits_{-\infty}^{+\infty} \frac{x}{|x|}\,\frac{\Pi^{(0)}(p^2 - x^2)}{x - p_0}\,dx = P\!\int\limits_0^\infty \Pi^{(0)}(p^2 - x^2)\left[\frac{1}{x - p_0} + \frac{1}{x + p_0}\right]dx =$$

$$= P\!\int\limits_0^\infty \frac{\Pi^{(0)}(p^2 - x^2)}{x^2 - p_0^2}\,d(x^2) = P\!\int\limits_{4m^2}^\infty \frac{\Pi^{(0)}(-a)\,da}{a + p^2} = \overline{\Pi}^{(0)}(p^2), \qquad (29.31)$$

$$\overline{\Pi}^{(0)}(p^2) = P\!\int\limits_0^\infty \frac{\Pi^{(0)}(-a)\,da}{a + p^2}. \qquad (29.32)$$

---

[1] Vgl. z.B. A. Hurwitz u. R. Courant: Funktionentheorie, 3. Aufl., S. 335. Berlin 1929.

Also gilt
$$G(p) - G(0) = \overline{\Pi}^{(0)}(p^2) - \overline{\Pi}^{(0)}(0) + i\,\pi\,\varepsilon(p)\,\Pi^{(0)}(p^2). \tag{29.33}$$

Aus (24.35) sehen wir sofort, daß die Funktion $\Pi^{(0)}(-a)$ für sehr große Werte von a den Wert $\dfrac{e^2}{12\,\pi^2}$ hat. Das Integral (29.32) konvergiert also nicht, und die Funktionen $\overline{\Pi}^{(0)}(p^2)$ und $G(p)$ existieren eigentlich nicht. Dies ist offenbar eine Folge davon, daß wir in (29.21) über eine unendliche Anzahl von Zuständen summiert haben und bis jetzt nicht auf die Konvergenz der Summe geachtet haben. Man würde also vermuten, daß die Theorie nicht imstande sei, das Problem des induzierten Stromes zu behandeln. Kümmern wir uns aber augenblicklich nicht darum, sondern schreiben wir einen formalen Ausdruck für die Differenz $\overline{\Pi}^{(0)}(p^2) - \overline{\Pi}^{(0)}(0)$ nieder, so erhalten wir

$$\overline{\Pi}^{(0)}(p^2) - \overline{\Pi}^{(0)}(0) = P\int_0^\infty \Pi^{(0)}(-a)\,da\left[\frac{1}{a+p^2} - \frac{1}{a}\right] = -p^2\,P\int_0^\infty \frac{\Pi^{(0)}(-a)\,da}{a\,(a+p^2)}. \tag{29.34}$$

Das Integral (29.34) konvergiert und kann elementar ausgerechnet werden. Das Ergebnis ist

$$\overline{\Pi}^{(0)}(p^2) - \overline{\Pi}^{(0)}(0) = \frac{e^2}{12\,\pi^2}\left[\frac{5}{3} - \frac{4\,m^2}{p^2} - \left(1 - \frac{2\,m^2}{p^2}\right)\sqrt{1 + \frac{4\,m^2}{p^2}}\,\log\frac{1 + \sqrt{1 + \dfrac{4\,m^2}{p^2}}}{\left|1 - \sqrt{1 + \dfrac{4\,m^2}{p^2}}\right|}\right]. \tag{29.35}$$

Gl. (29.35) setzt voraus, daß $1 + \dfrac{4\,m^2}{p^2} > 0$ ist. Sonst muß der Logarithmus durch eine arctan-Funktion ersetzt werden. Für kleine Werte von $\left|\dfrac{p^2}{m^2}\right|$ wird

$$\overline{\Pi}^{(0)}(p^2) - \overline{\Pi}^{(0)}(0) = -\frac{p^2}{m^2}\frac{e^2}{60\,\pi^2} + \cdots. \tag{29.36}$$

In dieser Weise *gibt also die Theorie wohldefinierte Aussagen für die experimentell beobachtbaren Effekte*, obgleich die „Ladungsrenormierung" $\overline{\Pi}^{(0)}(0)$ unendlich ist. *Die Renormierung der Ladung, die einerseits prinzipiell notwendig ist, damit die Voraussagen der Theorie überhaupt mit der Erfahrung verglichen werden können, eliminiert also auch das unendliche Glied im Erwartungswert des Stromes. Hierin liegt die große praktische Bedeutung der Renormierung, und hierin muß auch der Grund dafür gesucht werden, daß eine befriedigende Formulierung der Quantenelektrodynamik nicht möglich war, bevor man eine klare Formulierung des Renormierungsprinzips gefunden hatte.* Trotzdem ist das Ergebnis (29.36) recht früh von Uehling[1], wenn auch in theoretisch nicht ganz befriedigender Weise, abgeleitet worden. Die erste „moderne" Ableitung von (29.35) wurde von Schwinger[2] gegeben.

Das Vakuum verhält sich also nach dieser Rechnung wie ein polarisierbares Medium mit der „Dielektrizitätskonstante"

$$\varepsilon(p^2) = 1 - \overline{\Pi}^{(0)}(p^2) + \overline{\Pi}^{(0)}(0) - i\,\pi\,\varepsilon(p)\,\Pi^{(0)}(p^2). \tag{29.37}$$

Der Ausdruck (29.37) hat einen Imaginärteil, der in gewöhnlicher Weise als eine Energiezufuhr durch das äußere Feld gedeutet werden muß. Die vom äußeren

---

[1] E. A. Uehling: Phys. Rev. **48**, 55 (1935). Vgl. auch W. Heisenberg, Z. Physik **90**, 209 (1934). — W. Heisenberg u. H. Euler: Z. Physik **98**, 714 (1936). — V. F. Weisskopf: Dan. Mat. Fys. Medd. **14**, Nr. 6 (1936).
[2] J. Schwinger: Phys. Rev. **75**, 651 (1949).

Feld abgegebene Gesamtenergie ist nämlich nach (18.22) und (18.24)

$$
\left.
\begin{aligned}
\delta E &= - \int \frac{\partial A_\mu^{\text{äuss}}(x)}{\partial x_0} \langle 0| \, j_\mu(x) \, |0 \rangle \, dx = \frac{-i}{(2\pi)^4} \int d\,p \; p_0 \, j_\mu(p) \, A_\mu^{\text{äuss}}(-p) = \\
&= \frac{i}{(2\pi)^4} \int d\,p \; \frac{j_\mu^{\text{äuss}}(p) \, j_\mu^{\text{äuss}}(-p)}{-p^2} \, p_0 \times \\
&\qquad \times \left[1 - \overline{\Pi}^{(0)}(p^2) + \overline{\Pi}^{(0)}(0) - i\,\pi\,\varepsilon(p)\,\Pi^{(0)}(p^2) \right] = \\
&= \frac{1}{(2\pi)^3} \int d\,p \, |p_0| \frac{j_\mu^{\text{äuss}}(p) \, j_\mu^{\text{äuss}}(-p)}{-2p^2} \, \Pi^{(0)}(p^2).
\end{aligned}
\right\} \tag{29.38}
$$

Diese Energie stimmt nach (24.34) auch mit der Energie aller vom äußeren Feld erzeugten Paare überein.

Eine direkte experimentelle Verifikation der hier abgeleiteten Gleichungen steht zur Zeit noch aus. In einer späteren Ziffer werden wir aber sehen, daß das Glied (29.36) zu der Niveauverschiebung des Wasserstoffatoms einen Beitrag gibt, der etwa hundert Mal größer als die experimentelle Unsicherheit ist. In dieser Weise kann man (29.36) wenigstens als indirekt bestätigt ansehen. Es gibt weiter[1] mehrere Effekte wie z.B. die Energieniveaus in einem sog. „μ-Mesonatom" (d.h. ein Atom, wo das Elektron durch ein μ-Meson ersetzt worden ist) und die Proton-Protonstreuung, wo eine kleine Verbesserung der heutigen Meßgenauigkeit die Einwirkung der Vakuumpolarisation zeigen sollte. Bei gewissen Messungen der Röntgenstrahlung von μ-Mesonatomen[2] hat es sich tatsächlich als notwendig erwiesen, eine kleine Korrektion für die Vakuumpolarisation zu machen, damit die aus den Messungen bestimmte Masse des μ-Mesons mit anderen, unabhängigen Bestimmungen übereinstimmt.

30. Regularisierung. Selbstenergie des Photons. Bei der in Ziff. 29 ausgeführten Auswertung des Vakuumerwartungswertes für den Stromoperator bei der Vakuumpolarisation war die Verwendung von allgemeinen Symmetrieüberlegungen wie Eichinvarianz und „Kausalität" bei Gl. (29.27) sehr wesentlich. In dieser Ziffer wollen wir zeigen, daß wir uns in dieser Weise nicht nur ein wenig Rechenarbeit erspart haben, sondern daß wir hiermit auch den in (29.8) eingehenden divergenten Integralen, die nicht immer wohldefiniert sind, eine scharfe Definition gegeben haben. Um die Mehrdeutigkeit des Ausdruckes (29.8) zu illustrieren, versuchen wir eine direkte Auswertung der auftretenden Integrale. Dabei interessieren wir uns nur für den Realteil, da der Imaginärteil nach den früheren Rechnungen konvergent und eindeutig ist. Wir erhalten

$$
\left.
\begin{aligned}
\operatorname{Re} K_{\mu\nu}(p) &\equiv R_{\mu\nu}(p) = - \frac{e^2}{4\pi^3} \int d\,p' \times \\
&\times \left[p'_\mu(p'_\nu - p_\nu) + p'_\nu(p'_\mu - p_\mu) - \delta_{\mu\nu}(p'^2 - p\,p' + m^2) \right] \times \\
&\times P \left\{ \frac{\delta(p'^2 + m^2)}{(p - p')^2 + m^2} + \frac{\delta((p - p')^2 + m^2)}{p'^2 + m^2} \right\}.
\end{aligned}
\right\} \tag{30.1}
$$

Für die Auswertung der letzten Klammer brauchen wir die Integraldarstellungen

$$
\delta(a) = \frac{1}{2\pi} \int\limits_{-\infty}^{+\infty} dw \, e^{iwa}, \tag{30.2}
$$

$$
P \frac{1}{b} = \frac{1}{2i} \int\limits_{-\infty}^{+\infty} dw \, \frac{w}{|w|} \, e^{iwb} \tag{30.3}
$$

---

[1] L. L. Foldy u. E. Eriksen: Phys. Rev. **95**, 1048 (1954); **98**, 775 (1955). — E. Eriksen, L. L. Foldy u. W. Rarita: Phys. Rev. **103**, 781 (1956).

[2] S. Koslov, V. Fitch u. J. Rainwater: Phys. Rev. **95**, 291 (1954). Vgl. auch den Artikel von S. Flügge in Bd. XLIII dieses Handbuches.

und schreiben

$$P\left\{\frac{\delta(a)}{b} + \frac{\delta(b)}{a}\right\} = \frac{1}{4\pi i} \iint dw_1\, dw_2 \left[\frac{w_1}{|w_1|} + \frac{w_2}{|w_2|}\right] e^{iw_1 a + iw_2 b}. \tag{30.4}$$

Mit Hilfe der Variablentransformation

$$w_1 = w \cdot \alpha, \tag{30.5a}$$

$$w_2 = w(1-\alpha) \tag{30.5b}$$

formen wir (30.4) in folgender Weise um

$$\left.\begin{aligned}
P\left\{\frac{\delta(a)}{b} + \frac{\delta(b)}{a}\right\} &= \frac{1}{4\pi i} \iint dw\, d\alpha\, |w|\, \frac{w}{|w|}\left[\frac{\alpha}{|\alpha|} + \frac{1-\alpha}{|1-\alpha|}\right] e^{iw\,[\alpha a + (1-\alpha)b]} = \\
&= \frac{1}{2\pi i} \int\limits_{-\infty}^{+\infty} w\, dw \int\limits_0^1 d\alpha\, e^{iw\,[\alpha a + (1-\alpha)b]}.
\end{aligned}\right\} \tag{30.6}$$

Unter Anwendung von (30.6) und der Variablentransformation $q = p' - \alpha p$ wird (30.1)

$$\left.\begin{aligned}
R_{\mu\nu}(p) &= \frac{i e^2}{8\pi^4} \int\limits_{-\infty}^{+\infty} w\, dw \int\limits_0^1 d\alpha \int dq \left[2q_\mu q_\nu - (1-2\alpha)(p_\mu q_\nu + q_\mu p_\nu) - \right.\\
&\quad \left. - 2\alpha(1-\alpha)p_\mu p_\nu - \delta_{\mu\nu}(q^2 - p\,q\,(1-2\alpha) - \right.\\
&\quad \left. - p^2 \alpha(1-\alpha) + m^2)\right] e^{iw\,[q^2 + p^2\alpha(1-\alpha) + m^2]}.
\end{aligned}\right\} \tag{30.7}$$

Aus Symmetriegründen können wir in der eckigen Klammer die in q linearen Glieder weglassen und $q_\mu q_\nu$ durch $\tfrac{1}{4}\delta_{\mu\nu} q^2$ ersetzen. Also ist

$$\left.\begin{aligned}
R_{\mu\nu}(p) &= -\frac{i e^2}{8\pi^4} \int\limits_{-\infty}^{+\infty} w\, dw \int\limits_0^1 d\alpha \int dq \left[2\alpha(1-\alpha)(p_\mu p_\nu - p^2\delta_{\mu\nu}) + \right.\\
&\quad \left. + \delta_{\mu\nu}\left(\frac{q^2}{2} + p^2\alpha(1-\alpha) + m^2\right)\right] e^{iw\,[q^2 + p^2\alpha(1-\alpha) + m^2]}.
\end{aligned}\right\} \tag{30.8}$$

Zweckmäßigerweise können wir jetzt (30.8) in zwei Teile zerlegen

$$R_{\mu\nu}(p) = (p_\mu p_\nu - \delta_{\mu\nu} p^2) F_1(p^2) + \delta_{\mu\nu} F_2(p^2), \tag{30.9}$$

$$F_1(p^2) = -\frac{i e^2}{4\pi^4} \int\limits_0^1 d\alpha \int\limits_{-\infty}^{+\infty} w\, dw\, \alpha(1-\alpha) \int dq\, e^{iw\,[q^2 + p^2\alpha(1-\alpha) + m^2]}, \tag{30.10}$$

$$\left.\begin{aligned}
F_2(p^2) &= -\frac{i e^2}{16\pi^4} \int\limits_0^1 d\alpha \int\limits_{-\infty}^{+\infty} w\, dw \int dq\, [q^2 + 2p^2\alpha(1-\alpha) + \\
&\quad + 2m^2]\, e^{iw\,[q^2 + p^2\alpha(1-\alpha) + m^2]}.
\end{aligned}\right\} \tag{30.11}$$

Nach den Überlegungen von Ziff. 29 soll also F_2 identisch verschwinden, während F_1 das Ergebnis (29.35) enthalten muß. Wir berechnen zuerst F_1. Es gilt [vgl. Gl. (16.39)]

$$\int dq\, e^{iw q^2} = \frac{i\pi^2}{w|w|}, \tag{30.12}$$

und somit

$$F_1(p^2) = \frac{e^2}{4\pi^2} \int_0^1 \alpha(1-\alpha)\, d\alpha \int_{-\infty}^{+\infty} \frac{dw}{|w|}\, e^{iw[p^2\alpha(1-\alpha)+m^2]}. \tag{30.13}$$

Das w-Integral in (30.13) divergiert bei $w=0$. Dies entspricht der Divergenz des Integrals (29.32) bei $a=\infty$. Nach Ausführung der Ladungsrenormierung bekommen wir hier

$$\left.\begin{aligned}
F_1(p^2) - F_1(0) &= \frac{e^2}{4\pi^2} \int_0^1 \alpha(1-\alpha)\, d\alpha \int_{-\infty}^{+\infty} \frac{dw}{|w|}\, [e^{iw\,p^2\alpha(1-\alpha)} - 1]\, e^{iwm^2} = \\
&= \frac{e^2}{4\pi^2} \int_0^1 \alpha(1-\alpha)\, d\alpha \int_0^1 d\beta \int_{-\infty}^{+\infty} iw\,p^2\alpha(1-\alpha)\, e^{iw[p^2\beta\alpha(1-\alpha)+m^2]} \frac{dw}{|w|} = \\
&= -\frac{e^2}{2\pi^2} \int_0^1 \alpha(1-\alpha)\, d\alpha \log\left|1 + \frac{p^2}{m^2}\alpha(1-\alpha)\right|.
\end{aligned}\right\} \tag{30.14}$$

Das α-Integral in (30.14) läßt sich elementar ausführen, und das Ergebnis stimmt mit (29.35) überein. Wie zu erwarten war, haben wir also

$$F_1(p^2) - F_1(0) = \overline{\Pi}^{(0)}(p^2) - \overline{\Pi}^{(0)}(0). \tag{30.15}$$

Für die Berechnung von F_2 benötigen wir das Integral

$$\int q^2\, dq\, e^{iw\,q^2} = -\frac{2\pi^2}{w^2|w|}, \tag{30.16}$$

das aus (30.12) bewiesen werden kann. Nach Ausführung der q-Integrationen können wir jetzt (30.11) in folgender Weise schreiben

$$\left.\begin{aligned}
F_2(p^2) &= \frac{e^2}{8\pi^2} \int_0^1 d\alpha \int_{-\infty}^{+\infty} dw\, \frac{w}{|w|}\left[\frac{p^2\alpha(1-\alpha)+m^2}{w} + \frac{i}{w^2}\right] e^{iw[p^2\alpha(1-\alpha)+m^2]} = \\
&= \frac{-ie^2}{8\pi^2} \int_0^1 d\alpha \int_{-\infty}^{+\infty} dw\, \frac{w}{|w|}\, \frac{\partial}{\partial w}\left[\frac{1}{w}\, e^{iw[p^2\alpha(1-\alpha)+m^2]}\right] = \\
&= \frac{ie^2}{4\pi^2} \int_0^1 d\alpha \left(\frac{e^{iw[p^2\alpha(1-\alpha)+m^2]}}{w}\right)_{w=0}.
\end{aligned}\right\} \tag{30.17}$$

Die Funktion $F_2(p^2)$ verschwindet also nicht, sondern ist sogar unendlich. Dies steht in offenbarem Widerspruch mit unseren Überlegungen in Ziff. 29, die zu Gl. (29.14) geführt haben. Es sieht also so aus, als ob unsere Theorie nicht eichinvariant wäre, was jedoch aus physikalischen Gründen als „unmöglich" angesehen werden muß. In den Gln. (29.17) und (29.18) haben wir sogar die Eichinvarianz der Theorie explizit „bewiesen". Wie schon nach (29.18) gesagt wurde, war es aber bei dem Beweis sehr wesentlich, daß gewisse, eigentlich stark divergente Integrale aus Symmetriegründen gleich Null *definiert* wurden. Aus physikalischen Gründen ist es auch sofort klar, daß das eichinvariante Ergebnis in Ziff. 29 das Richtige sein muß. Bei unserer expliziten Rechnung oben, wo wir mehrmals Integrationsreihenfolgen miteinander vertauscht haben, den Ursprung des Koordinatensystems verschoben haben usw. ist aber die Symmetrieeigenschaft der Integrale (29.18) offenbar verloren gegangen. Damit wir aus unseren Rechnungen glaubwürdige Ergebnisse erhalten, müssen wir also die Integrale (29.18) in symmetrischer und am besten auch in invarianter Weise abschneiden, die ganze Rechnung mit endlichem Abschneideradius durchführen, und erst im Ergebnis die Abschneidegröße gegen Unendlich gehen lassen. Eine solche Rechnung ist von PAULI und VILLARS[1] durchgeführt worden. Man betrachtet hierbei nicht das Integral (29.18) allein, sondern führt mehrere hypothetische Partikeln mit verschiedenen Maßen m_i ein. Multiplizieren wir weiter die Ladung dieser Partikeln mit „Gewichtsfaktoren" C_i, so erhalten wir statt (29.18)

$$I = \int d p' \sum_i C_i \, \delta (p'^2 + m_i^2) \, p'_\nu. \tag{30.18}$$

Wenn die Größen m_i und C_i die Relationen

$$\sum_i C_i = 0, \tag{30.19}$$

$$\sum_i C_i \, m_i^2 = 0 \tag{30.20}$$

erfüllen, ist (30.18) konvergent und verschwindet tatsächlich. Die neuen Massen dienen also als Abschneidegrößen, und im Schlußergebnis müssen alle Massen mit Ausnahme der ursprünglichen gegen Unendlich gehen. Gleichzeitig muß, wenn $m_1 = m$ die ursprüngliche Masse ist, $C_1 = 1$ sein. Ein konvergentes Integral wird durch dieses Verfahren — die sog. Regularisierung — offenbar nicht geändert, während ein divergentes Integral genau mit der Vorschrift (29.18) ausgerechnet wird[2].

Damit (30.19) und (30.20) erfüllt sind, müssen einige von den C_i negativ sein. Wollen wir die Hilfspartikeln als wirkliche Partikeln mit dem Spin $\frac{1}{2}$ ansehen, müßten wir sie also mit imaginärer Ladung versehen, was schwer zu übersehende und wahrscheinlich unphysikalische Folgerungen haben würde. Es ist aber gezeigt worden[3], daß die zu (30.19) und (30.20) ähnlichen Relationen mit reellen Ladungen und Massen erfüllt werden können, wenn einige von den eingehenden Partikeln den Spin Null haben. Doch erhält man in dieser Weise einen Zusammenhang zwischen den Massen der Elementarpartikeln, der in der Wirklichkeit nicht zu bestehen scheint. Wir gehen deshalb hier nicht näher darauf ein und werden die Regularisierung nur als ein mathematisches Hilfsmittel betrachten, um unsere Integrale in invarianter Weise abzuschneiden.

Nach Regularisierung erhalten wir statt (30.17)

$$\left.\begin{aligned}
F_2^{\mathrm{Reg}} (p^2) &= \frac{i e^2}{4 \pi^2} \int_0^1 d\alpha \left(\frac{1}{w} \sum_i C_i \, e^{i w \, [p^2 \alpha (1-\alpha) + m_i^2]} \right)_{w=0} = \\
&= \frac{i e^2}{4 \pi^2} \int_0^1 d\alpha \left[\frac{1}{w} \sum_i C_i + i \sum_i C_i [p^2 \alpha (1-\alpha) + m_i^2] + O(w) \right]_{w=0}.
\end{aligned}\right\} \tag{30.21}$$

Unter Anwendung von (30.19) allein folgt

$$F_2^{\mathrm{Reg}} (p^2) = - \frac{e^2}{4 \pi^2} \sum_i C_i \, m_i^2. \tag{30.22}$$

Aus (30.20) sehen wir aber weiter, daß

$$F_2^{\mathrm{Reg}} (p^2) = 0. \tag{30.23}$$

---

[1] W. PAULI u. F. VILLARS: Rev. Mod. Phys. **21**, 434 (1949).

[2] Andere Methoden, die dasselbe leisten, sind von J. SCHWINGER, Phys. Rev. **82**, 664 (1951), D. C. PEASLEE, Phys. Rev. **81**, 107 (1951), G. KÄLLÉN, Ark. Fysik **5**, 130 (1952) und S. N. GUPTA, Proc. Phys. Soc. Lond. A **66**, 129 (1953) angegeben worden.

[3] R. JOST u. J. RAYSKI: Helv. phys. Acta **22**, 457 (1949). Vgl. auch J. RAYSKI: Acta phys. polon. **9**, 129 (1948).

In dieser Weise stimmt also das Ergebnis der Rechnungen dieser Ziffer vollständig mit dem der vorigen überein.

Die Anwendung von nur (30.19) für die Auswertung der Vakuumpolarisation scheint hier ein wenig künstlich und muß selbstverständlich zu einem falschen Resultat führen. Wenn man nicht besonders vorsichtig ist, ist es aber sehr wohl möglich, daß die Rechnungen ohne Regularisierung in einer solchen Weise durchgeführt werden können, daß man als Ergebnis

$$F_2(p^2) = - \frac{e^2}{4\pi^2} m^2 \qquad (30.24)$$

erhält[1,2]. Wenn ein Lichtquant augenblicklich als ein äußeres Feld behandelt wird[3], könnte man dann in dieser Weise schließen, daß das Photon eine Selbstenergie

$$\delta E = \sqrt{\omega^2 + \frac{e^2 m^2}{4\pi^2}} - \omega \approx \frac{e^2}{8\pi^2} \frac{m^2}{\omega} \qquad (30.25)$$

hätte. Dies ist auch das Resultat von Wentzel.

Nach den obigen Argumenten ist es klar, daß ein solches Ergebnis als mehr oder weniger „zufällig" angesehen werden muß, und daß man von verschiedenen Rechenmethoden auch verschiedene Resultate erwarten muß. In den alten, nicht formal kovarianten Arbeiten wird die Selbstenergie des Photons auch oft als unendlich groß angegeben[4]. Durch die Forderung, daß alle Ergebnisse der Theorie eichinvariant sein sollen, wird aber die Selbstenergie des Photons eindeutig zu Null festgelegt.

Zusammenfassend können wir also sagen, daß die Vakuumpolarisation eine unendliche „Selbstladung" liefert, die aber im Prinzip nicht beobachtbar ist, und daß die physikalischen Konsequenzen der Theorie alle eichinvariant und endlich sind, wenn die Rechnungen mit hinreichend großer Sorgfalt ausgeführt werden. Dies ist oben in erster Näherung sowohl in der Entwicklung nach dem äußeren Feld wie nach dem Strahlungsfeld und für Partikeln mit Spin $\frac{1}{2}$ nachgerechnet worden. Die Selbstladung in der nächsten Näherung des Strahlungsfeldes ist von Jost und Luttinger berechnet worden[5], während die beobachtbaren Glieder von Baranger, Dyson und Salpeter[6] und von Källén und Sabry[7] ausgerechnet wurden. Für ein Coulomb-Feld ist, wie schon oben erwähnt wurde, die Rechnung auch ohne Entwicklung nach dem äußeren Feld von Kroll und Wichmann durchgeführt[8]. Die höheren Glieder in einer allgemeinen Entwicklung nach dem äußeren Feld[9] sowie die Regularisierung[10] in Näherung e^4 sind auch behandelt worden. Die Ergebnisse aller dieser Rechnungen sind im wesentlichen dieselben wie die der ersten Näherung. Für Partikeln mit einem von $\frac{1}{2}$ verschiedenen Spin ist die Vakuumpolarisation von

---

[1] G. Wentzel: Phys. Rev. **74**, 1070 (1948).

[2] Dieses Ergebnis erhält man z.B. aus (30.17), wenn das Integral

$$\int dw \, \frac{w}{|w|} \frac{\partial}{\partial w} \left(\frac{1}{w} \cos \left[w(p^2\alpha(1-\alpha) + m^2) \right] \right)$$

aus Symmetriegründen gleich Null gesetzt wird. Wenn das äußere Feld ein Photon ist ($p^2 = 0$) folgt dann (30.24) aus (30.17).

[3] Vgl. Gl. (29.4), wo das äußere Feld und das Strahlungsfeld symmetrisch vorkommen.

[4] Vgl. z.B. W. Heitler, Quantum Theory of Radiation, 2. Aufl., Oxford 1944, S. 194.

[5] R. Jost u. J. M. Luttinger: Helv. phys. Acta **23**, 201 (1950).

[6] M. Baranger, F. J. Dyson u. E. E. Salpeter: Phys. Rev. **88**, 680 (1952).

[7] G. Källén u. A. Sabry: Dan. Mat. Fys. Medd. **29**, Nr. 17 (1955).

[8] E. H. Wichmann u. N. M. Kroll: Phys. Rev. **96**, 232 (1954); **101**, 843 (1956).

[9] G. Källén: Helv. phys. Acta **22**, 637 (1949).

[10] E. Karlson: Ark. Fysik **7**, 221 (1954).

Umezawa und Kawabe und von D. Feldman ausgewertet worden[1]. Hier hat sich gezeigt, daß für Partikeln mit einem Spin ≥ 1 auch die beobachtbaren Glieder unendliche Integrale enthalten. Für diese Probleme ist also die Ladungsrenormierung nicht im Stande, einen brauchbaren Ausdruck für die physikalisch wichtigen Größen zu geben.

31. Strahlungstheoretische Korrekturen des Stromoperators in erster, nichtverschwindender Näherung. In dieser Ziffer wollen wir das formal ein wenig kompliziertere Problem der nächsten Näherung des Stromoperators studieren. Der Einfachheit halber lassen wir dabei das äußere Feld weg und haben somit genau die in Ziff. 17 und 18 studierten Operatorgleichungen. Wir notieren hier nochmals den Ausdruck (18.12) für den Stromoperator in Näherung e^3:

$$
\begin{aligned}
j_\mu^{(2)}(x) = &\frac{i}{8} \iint dx'\,dx'' \left[\overline{\psi}^{(0)}(x), \gamma_\mu S_R(x-x')\gamma_\nu \{\psi^{(0)}(x'), [\overline{\psi}^{(0)}(x''), \gamma_\nu \psi^{(0)}(x'')]\}\right] D_R(x'-x'') - \\
&-\frac{i}{4} \iint dx'\,dx'' \left[\overline{\psi}^{(0)}(x), \gamma_\mu S_R(x-x')\gamma_{\nu_1} S_R(x'-x'')\gamma_{\nu_2}\psi^{(0)}(x'')\right] \{A_{\nu_1}^{(0)}(x'), A_{\nu_2}^{(0)}(x'')\} - \\
&-\frac{i}{4} \iint dx'\,dx'' \left[\overline{\psi}^{(0)}(x')\gamma_{\nu_1} S_A(x'-x), \gamma_\mu S_R(x-x'')\gamma_{\nu_2}\psi^{(0)}(x'')\right] \{A_{\nu_1}^{(0)}(x'), A_{\nu_2}^{(0)}(x'')\} + \\
&+\frac{i}{8} \iint dx'\,dx'' \left[\{[\overline{\psi}^{(0)}(x''), \gamma_\nu\psi^{(0)}(x'')], \psi^{(0)}(x')\}\gamma_\nu S_A(x'-x), \gamma_\mu\psi^{(0)}(x)\right] D_R(x'-x'') - \\
&-\frac{i}{4} \iint dx'\,dx'' \left[\overline{\psi}^{(0)}(x'')\gamma_{\nu_2} S_A(x''-x')\gamma_{\nu_1} S_A(x'-x), \gamma_\mu\psi^{(0)}(x)\right] \{A_{\nu_1}^{(0)}(x'), A_{\nu_2}^{(0)}(x'')\}.
\end{aligned}
\tag{31.1}
$$

Der Operator (31.1) hat nichtverschwindende Matrixelemente vom Vakuum zu Zuständen mit einem Elektron-Positronpaar und keinen Photonen, zu Zuständen mit einem Paar und zwei Photonen und zu Zuständen mit zwei Paaren. Die zwei letzten Klassen von Matrixelementen interessieren uns hier nicht, da sich bei ihnen offenbar alle p-Integrationen mit Hilfe der Erhaltungssätze für Energie und Impuls ausführen lassen. Es bleibt also keine „innere" p-Integration übrig, d.h. wir haben keine Summation über unendlich viele „Zwischenzustände". Ganz anders ist aber die Situation, wenn nur ein Paar im Endzustand anwesend ist. Dann bleibt eine p-Integration übrig, und wir wollen diese erste, nichtverschwindende Korrektion des Matrixelements $\langle q, q'|\, j_\mu(x)\,|0\rangle$ oder $\langle 0|\, j_\mu(x)\,|q, q'\rangle$ studieren. Eine ähnliche Überlegung zeigt, daß die Größen $\langle q\,|j_\mu(x)|\,q'\rangle$ die einzigen Matrixelemente sind, die innere p-Integrationen enthalten, wenn der eine Zustand nicht das Vakuum ist. In den letzteren Ausdrücken sind die Zustände $|q\rangle$ und $|q'\rangle$ beide Einelektron-Zustände oder beide Einpositron-Zustände. Mit den in Ziff. 18 angegebenen Methoden haben wir

$$
\begin{aligned}
e^3 \langle q\,|j_\mu^{(2)}(x)|\,q'\rangle = &\frac{ie}{2} \int dx'\, \langle q\,|[\overline{\psi}^{(0)}(x), \gamma_\mu S_R(x-x')\,\Phi(x')]|\,q'\rangle + \\
&+\frac{ie}{2} \int dx'\, \langle q\,|[\overline{\Phi}(x')\,S_A(x'-x), \gamma_\mu\psi^{(0)}(x)]|\,q'\rangle + \\
&+\frac{ie}{2} \iint dx'\,dx''\, \langle q\,|[\overline{\psi}^{(0)}(x'), K_\mu(x'-x, x-x'')\psi^{(0)}(x'')]|\,q'\rangle + \\
&+\frac{ie}{2} \iint dx'\,dx''\, K_{\mu\nu}(x-x')\,D_R(x'-x'')\,\langle q\,|[\overline{\psi}^{(0)}(x''), \gamma_\nu\psi^{(0)}(x'')]|\,q'\rangle
\end{aligned}
\tag{31.2}
$$

---

[1] H. Umezawa u. R. Kawabe: Progr. Theor. Phys. **4**, 443 (1949) und frühere Arbeiten. — D. Feldman: Phys. Rev. **76**, 1369 (1949). Vgl. auch J. McConnell: Phys. Rev. **81**, 275 (1951).

und

$$e^3 \langle 0| j_\mu^{(2)}(x)|q,q'\rangle = \frac{ie}{2} \int dx' \langle 0| [\overline{\psi}^{(0)}(x), \gamma_\mu S_R(x-x') \Phi(x')]|q,q'\rangle +$$

$$+ \frac{ie}{2} \int dx' \langle 0| [\overline{\Phi}(x') S_A(x'-x), \gamma_\mu \psi^{(0)}(x)]|q,q'\rangle +$$

$$+ \frac{ie}{2} \iint dx' dx'' \langle 0| [\overline{\psi}^{(0)}(x'), K_\mu(x'-x, x-x'') \psi^{(0)}(x'')]|q,q'\rangle +$$

$$+ \frac{ie}{2} \iint dx' dx'' K_{\mu\nu}(x-x') D_R(x'-x'') \langle 0| [\overline{\psi}^{(0)}(x''), \gamma_\nu \psi^{(0)}(x'')]|q,q'\rangle. \tag{31.2a}$$

In (31.2) und (31.2a) ist $K_\mu(x'-x, x-x'')$ eine c-Zahl im HILBERT-Raum der Partikeln aber eine Matrix im „Spinraum" der γ-Matrizen,

$$K_\mu(x'-x, x-x'') = -\frac{e^2}{2} \gamma_\lambda [S^{(1)}(x'-x) \gamma_\mu S_R(x-x'') D_R(x''-x') +$$

$$+ S_A(x'-x) \gamma_\mu S^{(1)}(x-x'') D_R(x'-x'') +$$

$$+ S_A(x'-x) \gamma_\mu S_R(x-x'') D^{(1)}(x'-x'')] \gamma_\lambda, \tag{31.3}$$

während $\Phi(x)$ der Operator

$$\Phi(x) = -\frac{e^2}{2} \int \gamma_\lambda [S^{(1)}(x-x') D_A(x'-x) + S_R(x-x') D^{(1)}(x'-x)] \gamma_\lambda \psi^{(0)}(x') \, dx' \tag{31.4}$$

ist. Die Funktion $K_{\mu\nu}(x-x')$ ist genau die in Gl. (29.6) definierte Funktion, die früher in Ziff. 29 und 30 ausführlich studiert worden ist. Da die Größe

$$\frac{ie}{2} \int dx'' D_R(x'-x'') [\overline{\psi}^{(0)}(x''), \gamma_\mu \psi^{(0)}(x'')] \tag{31.5}$$

das vom Strom $\frac{ie}{2} [\overline{\psi}^{(0)}(x''), \gamma_\mu \psi^{(0)}(x'')]$ erzeugte Potential ist, können wir die letzten Glieder in (31.2) und (31.2a) als die Polarisation des Vakuums durch den vom Elektron erzeugten Strom deuten. Wir beginnen mit der Auswertung von (31.4) und gehen auch hier zweckmäßigerweise zum p-Raum über

$$\Phi(x) = \int dx' F(x-x') \psi^{(0)}(x'), \tag{31.6}$$

$$F(x-x') = -\frac{e^2}{2} \gamma_\lambda [S^{(1)}(x-x') D_A(x'-x) + S_R(x-x') D^{(1)}(x'-x)] \gamma_\lambda =$$

$$= \frac{1}{(2\pi)^4} \int dq \, e^{iq(x-x')} F(q), \tag{31.7}$$

$$F(q) = -\frac{e^2}{2(2\pi)^3} \iint dp \, dk \, \delta(q-p+k) \gamma_\lambda (i\gamma p - m) \gamma_\lambda \times$$

$$\times \left[\delta(p^2+m^2) \left[P\frac{1}{k^2} - i\pi \varepsilon(k) \delta(k^2) \right] +$$

$$+ \delta(k^2) \left[P\frac{1}{p^2+m^2} + i\pi \varepsilon(p) \delta(p^2+m^2) \right] \right]. \tag{31.8}$$

Die Funktion $F(x-x')$ in (31.7) ist wieder eine retardierte Funktion, weshalb eine zu (29.29) ähnliche Beziehung zwischen Realteil und Imaginärteil von $F(q)$

bestehen muß. Wir berechnen wie zuvor zuerst den Imaginärteil. Aus Invarianzgründen können wir schreiben

$$\operatorname{Im} F(q) = F_1(q) + (i\gamma q + m)\, F_2(q) \tag{31.9}$$

mit

$$4i\, q_\mu F_2(q) = \operatorname{Sp}\left[\gamma_\mu \operatorname{Im} F(q)\right], \tag{31.10}$$

$$4\left(F_1(q) + m\, F_2(q)\right) = \operatorname{Sp}\left[\operatorname{Im} F(q)\right]. \tag{31.11}$$

Aus (31.8) folgt jetzt

$$\left.\begin{aligned}
4i\, q_\mu F_2(q) &= \frac{e^2}{16\pi^2} \iint dp\, dk\, \delta(q - p + k)\, \operatorname{Sp}\left[\gamma_\mu \gamma_\lambda (i\gamma p - m)\gamma_\lambda\right] \times \\
&\qquad\qquad \times\, \delta(p^2 + m^2)\, \delta(k^2)\left[\varepsilon(k) - \varepsilon(p)\right] = \\
&= \frac{-i\, e^2}{2\pi^2} \int dk\, (q_\mu + k_\mu)\, \delta\left((q + k)^2 + m^2\right) \delta(k^2)\left[\varepsilon(k) - \varepsilon(q + k)\right],
\end{aligned}\right\} \tag{31.12}$$

$$4\left(F_1(q) + m\, F_2(q)\right) = \frac{-m\, e^2}{\pi^2} \int dk\, \delta\left((q + k)^2 + m^2\right) \delta(k^2)\left[\varepsilon(k) - \varepsilon(q + k)\right]. \tag{31.13}$$

Multiplizieren wir (31.12) mit $-\tfrac{1}{4} i\, q_\mu$ und benutzen wir die Eigenschaften der Deltafunktionen, so folgt nach einer zu (29.24) und (29.25) ähnlichen Rechnung

$$\left.\begin{aligned}
F_2(q) &= \frac{-e^2}{16\pi^2}\left(1 - \frac{m^2}{q^2}\right) \int dk\, \delta(k^2)\, \delta(q^2 + m^2 + 2q\, k)\left[\varepsilon(k) - \varepsilon(q + k)\right] = \\
&= \pi\, \varepsilon(q)\, \Sigma_2^{(0)}(q^2),
\end{aligned}\right\} \tag{31.14}$$

$$\Sigma_2^{(0)}(q^2) = \frac{e^2}{16\pi^2}\left[1 - \left(\frac{m^2}{q^2}\right)^2\right]\Theta(-q^2 - m^2), \tag{31.15}$$

$$F_1(q) = \pi\, \varepsilon(q)\, \Sigma_1^{(0)}(q^2), \tag{31.16}$$

$$\Sigma_1^{(0)}(q^2) = \frac{m\, e^2}{16\pi^2}\left(3 + \frac{m^2}{q^2}\right)\left(1 + \frac{m^2}{q^2}\right)\Theta(-q^2 - m^2). \tag{31.17}$$

Führen wir wie vorher die Hilbert-transformierten Funktionen

$$\overline{\Sigma}_i^{(0)}(q^2) = P \int\limits_0^\infty \frac{\Sigma_i^{(0)}(-a)}{a + p^2}\, da \tag{31.18}$$

ein, so gilt für die Funktion $F(q)$ schließlich

$$F(q) = \overline{\Sigma}_1^{(0)}(q^2) + i\pi\, \varepsilon(q)\, \Sigma_1^{(0)}(q^2) + (i\gamma q + m)\left[\overline{\Sigma}_2^{(0)}(q^2) + i\pi\, \varepsilon(q)\, \Sigma_2^{(0)}(q^2)\right]. \tag{31.19}$$

Wie die Funktion $\Pi^{(0)}(p^2)$ streben auch die Funktionen $\Sigma_i^{(0)}(p^2)$ für große Werte von $-p^2$ endlichen Grenzwerten zu. Die Integrale in (31.18) divergieren also wie das Integral (29.32) in der oberen Grenze. In Ziff. 32 werden wir die Interpretation dieser Divergenzen näher diskutieren.

Die allgemeine Auswertung von (31.3) ist im Prinzip möglich und kann mit ähnlichen Methoden ausgeführt werden. Um die formale Rechenarbeit nicht allzusehr zu komplizieren, wollen wir aber hier nur den uns interessierenden speziellen Fall ausrechnen, daß $K_\mu(x'- x, x - x'')$ wie in (31.2) und (31.2a) mit Operatoren $\psi^{(0)}(x)$ gefaltet vorkommt. Schreiben wir

$$K_\mu(x'-x,\ x-x'') = \frac{1}{(2\pi)^8} \iint dq\, dq'\, e^{iq(x'-x)+iq'(x-x'')} K_\mu(q,q'), \qquad (31.20)$$

so interessieren wir uns also für die Funktion $K_\mu(q,q')$ nur wenn $q^2=q'^2=-m^2$ ist, und wenn ein Faktor $i\gamma q+m$ links und ein Faktor $i\gamma q'+m$ rechts gleich Null gesetzt werden kann. Aus (31.3) erhalten wir allgemein

$$
\begin{aligned}
K_\mu(q,q') = {}& -\frac{e^2}{2}\frac{1}{(2\pi)^3}\int dk\,\Big\{ P\,\frac{\delta(k^2)}{[(q-k)^2+m^2][(q'-k)^2+m^2]} + \\
& + P\,\frac{\delta((q-k)^2+m^2)}{k^2[(q'-k)^2+m^2]} + P\,\frac{\delta((q'-k)^2+m^2)}{k^2[(q-k)^2+m^2]} + \\
& + i\pi P\,\frac{1}{k^2}\,\delta((q-k)^2+m^2)\,\delta((q'-k)^2\ m^2)\,[1-\varepsilon(q-k)\,\varepsilon(q'-k)]\,\varepsilon(q'-q) + \\
& + i\pi P\,\frac{1}{(q-k)^2+m^2}\,\delta(k^2)\,\delta((q'-k)^2+m^2)\,[1-\varepsilon(k)\,\varepsilon(k-q')]\,\varepsilon(q') - \\
& - i\pi P\,\frac{1}{(q'-k)^2+m^2}\,\delta(k^2)\,\delta((q-k)^2+m^2)\,[1-\varepsilon(k)\,\varepsilon(k-q)]\,\varepsilon(q) + \\
& + \pi^2\,\delta(k^2)\,\delta((q'-k)^2+m^2)\,\delta((q-k)^2+m^2)\,[\varepsilon(k)\,\varepsilon(q-k)+\varepsilon(k)\times \\
& \times \varepsilon(q'-k)+\varepsilon(q-k)\,\varepsilon(q'-k)]\Big\}\,\gamma_\lambda\big(i\gamma(q-k)-m\big)\times \\
& \times \gamma_\mu\big(i\gamma(q'-k)-m\big)\gamma_\lambda.
\end{aligned}
\qquad (31.21)
$$

Wegen $q^2+m^2=0$ können die Ausdrücke k^2 und $(q-k)^2+m^2$ nicht gleichzeitig verschwinden[1]. Wir können deshalb in (31.21) viele Glieder weglassen, und schreiben

$$K_\mu(q,q') = K_\mu^{(1)}(q,q') + i\pi\,\varepsilon(q'-q)\,K_\mu^{(2)}(q,q'), \qquad (31.22)$$

$$
\begin{aligned}
K_\mu^{(1)}(q,q') = {}& -\frac{e^2}{2}\frac{1}{(2\pi)^3}\int dk\Big\{ P\frac{\delta(k^2)}{[(q-k)^2+m^2][(q'-k)^2+m^2]} + P\frac{\delta((q-k)^2+m^2)}{k^2[(q'-k)^2+m^2]} + \\
& + P\frac{\delta((q'-k)^2+m^2)}{k^2[(q-k)^2+m^2]}\Big\}\,\gamma_\lambda\,[i\gamma(q-k)-m]\,\gamma_\mu\,[i\gamma(q'-k)-m]\gamma_\lambda,
\end{aligned}
\qquad (31.23)
$$

$$
\begin{aligned}
K_\mu^{(2)}(q,q') = {}& -\frac{e^2}{2}\frac{1}{(2\pi)^3}\int dk\,\delta((q-k)^2+m^2)\,\delta((q'-k)^2+m^2)\,P\frac{1}{k^2}\times \\
& \times [1-\varepsilon(q-k)\,\varepsilon(q'-k)]\gamma_\lambda\,[i\gamma(q-k)-m]\gamma_\mu\,[i\gamma(q'-k)-m]\gamma_\lambda.
\end{aligned}
\qquad (31.24)
$$

Wie vorher beginnen wir mit der Auswertung des Gliedes mit der Funktion $\varepsilon(q'-q)$, d.h. mit (31.24). Der Faktor mit den γ-Matrizen läßt sich mit Hilfe von

$$
\begin{aligned}
i\gamma q\,\gamma_\mu\,i\gamma q' = {}& (i\gamma q+m)\,\gamma_\mu\,(i\gamma q'+m) - m\,\gamma_\mu\,(i\gamma q'+m) - \\
& - (i\gamma q+m)\,\gamma_\mu\,m + m^2\gamma_\mu \sim m^2\gamma_\mu,
\end{aligned}
\qquad (31.25)
$$

$$i\gamma q'\,\gamma_\mu\,i\gamma q \sim -2im\,(q_\mu+q'_\mu) - \gamma_\mu\big((q'-q)^2+3m^2\big) \qquad (31.26)$$

usw. sehr erheblich vereinfachen. Die k-Integrationen lassen sich in einigen Gliedern direkt und elementar ausführen. Mit den in den früheren Ziffern schon

---

[1] Hierbei sehen wir vom „Ultrarotglied" ab, in dem alle Komponenten von k_μ verschwinden. Wie wir unten sehen werden, müssen wir die Ultrarotglieder durch Einführung einer kleinen Photonenmasse μ umgehen. Wir lassen sie also auch hier bereits weg.

mehrmals verwendeten Methoden erhalten wir

$$
P \int \frac{k_\mu k_\nu}{k^2}\, dk\, \delta\big((q-k)^2 + m^2\big)\, \delta\big((q'-k)^2 + m^2\big)\, [1 - \varepsilon(q-k)\,\varepsilon(q'-k)] =
$$
$$
\left.
\begin{aligned}
&= \left\{ \frac{1}{2}\left(1 + \frac{2m^2}{Q^2}\right)\left(q_\mu q_\nu + q'_\mu q'_\nu - \frac{1}{2}\delta_{\mu\nu} Q^2\right) - \frac{m^2}{Q^2}\left(q'_\mu q_\nu + q_\mu q'_\nu + \frac{1}{2}\delta_{\mu\nu} Q^2\right)\right\} \times \\
&\qquad\qquad \times \frac{\pi}{-Q^2}\, \frac{\Theta(-Q^2 - 4m^2)}{\sqrt{1 + \dfrac{4m^2}{Q^2}}},
\end{aligned}
\right\} \quad (31.27)
$$

$$
Q = q' - q, \tag{31.27a}
$$

$$
\left.
\begin{aligned}
P \int \frac{k_\mu\, dk}{k^2}\, \delta\big((q-k)^2 + m^2\big)\, \delta\big((q'-k)^2 + m^2\big) \times \\
\times\, [1 - \varepsilon(q-k)\,\varepsilon(q'-k)] = (q_\mu + q'_\mu)\, \frac{\pi}{-Q^2}\, \frac{\Theta(-Q^2 - 4m^2)}{\sqrt{1 + \dfrac{4m^2}{Q^2}}}\,.
\end{aligned}
\right\} \quad (31.28)
$$

Das Integral

$$
P \int \frac{dk}{k^2}\, \delta\big((q-k)^2 + m^2\big)\, \delta\big((q'-k)^2 + m^2\big)\, [1 - \varepsilon(q-k)\,\varepsilon(q'-k)] \tag{31.29}
$$

divergiert aber bei den Winkelintegrationen, da der Nenner genau an der Integrationsgrenze verschwindet und der Hauptwert somit nicht existiert. Wir geben diesem Integral dadurch einen endlichen Wert, daß wir formal eine kleine Photonenmasse μ einführen, (31.29) also durch

$$
\left.
\begin{aligned}
P \int \frac{dk}{k^2 + \mu^2}\, \delta\big((q-k)^2 + m^2\big)\, \delta\big((q'-k)^2 + m^2\big)\, [1 - \varepsilon(q-k)\,\varepsilon(q'-k)] = \\
= \frac{\pi}{-Q^2}\, \frac{\Theta(-Q^2 - 4m^2)}{\sqrt{1 + \dfrac{4m^2}{Q^2}}}\, \log\left[1 - \frac{Q^2 + 4m^2}{\mu^2}\right]
\end{aligned}
\right\} \quad (31.30)
$$

ersetzen. Im Endergebnis muß die Abschneidegröße μ selbstverständlich wieder herausfallen.

Unter Anwendung von (31.27), (31.28), (31.30) und Umformungen wie (31.25) und (31.26) können wir (31.24) vollständig auswerten. Das Ergebnis ist

$$
K_\mu^{(2)}(q, q') = \gamma_\mu R^{(0)}(Q^2) + i\, \frac{q_\mu + q'_\mu}{2m}\, S^{(0)}(Q^2), \tag{31.31}
$$

$$
R^{(0)}(Q^2) = -\frac{e^2}{8\pi^2}\left\{-\left(1 + \frac{2m^2}{Q^2}\right)\log\left[1 - \frac{Q^2 + 4m^2}{\mu^2}\right] + \frac{3}{2}\left[1 + \frac{4m^2}{Q^2}\right]\right\} \frac{\Theta(-Q^2 - 4m^2)}{\sqrt{1 + \dfrac{4m^2}{Q^2}}}, \tag{31.32}
$$

$$
S^{(0)}(Q^2) = -\frac{e^2}{4\pi^2}\, \frac{m^2}{Q^2}\, \frac{\Theta(-Q^2 - 4m^2)}{\sqrt{1 + \dfrac{4m^2}{Q^2}}}\,. \tag{31.33}
$$

Die Größe (31.23) muß die gleiche allgemeine Form haben:

$$
K_\mu^{(1)}(q, q') = \gamma_\mu \overline{R}^{(0)}(Q^2) + i\, \frac{q_\mu + q'_\mu}{2m}\, \overline{S}^{(0)}(Q^2). \tag{31.34}
$$

Aus (31.3) sehen wir, daß die Funktion $K_\mu(x' - x, x - x'')$ verschwindet, wenn $x'_0 > x_0$ oder $x''_0 > x_0$ ist. Da die Funktionen $K_\mu^{(i)}(q, q')$ im wesentlichen nur von Q

abhängen, ist es eine natürliche Annahme, daß diese „kausale" Eigenschaft dadurch zustandekommt, daß zwischen $R^{(0)}$, $S^{(0)}$ und $\overline{R}^{(0)}$, $\overline{S}^{(0)}$ die Relationen

$$\overline{R}^{(0)}(Q^2) = P \int\limits_0^\infty \frac{R^{(0)}(-a)}{a+Q^2}\, da, \tag{31.35}$$

$$\overline{S}^{(0)}(Q^2) = P \int\limits_0^\infty \frac{S^{(0)}(-a)}{a+Q^2}\, da \tag{31.36}$$

bestehen. Diese Vermutung läßt sich durch eine explizite Rechnung aus (31.21) bis (31.24) verifizieren[1]. Die Funktion $S^{(0)}(Q^2)$ verschwindet für große Werte von $-Q^2$ wie $\dfrac{e^2}{4\pi^2}\dfrac{m^2}{-Q^2}$, so daß das Integral (31.36) konvergiert. Das Integral (31.35) ist andererseits divergent, da die Funktion $R^{(0)}(Q^2)$ sich für große Werte von $-Q^2$ wie $\dfrac{e^2}{8\pi^2}\log\dfrac{-Q^2}{\mu^2}$ verhält.

32. Massenrenormierung. In Ziff. 31 haben wir gesehen, daß die Matrixelemente (31.2) und (31.2a) mehrere divergente Integrale enthalten. Unsere nächste Aufgabe ist also, die divergenten Glieder zu studieren und womöglich physikalisch zu interpretieren und zu beseitigen. Hierzu bemerken wir zunächst, daß der Operator $\Phi(x)$ in (31.4) auch in Gl. (18.21) vorkommt und ihm daher die Bedeutung der ersten strahlungstheoretischen Korrektion der Matrixelemente $\langle 0|\,\psi(x)\,|q\rangle$ zugeschrieben werden kann. In der Tat ist

$$\langle 0|\,\psi(x)\,|q\rangle = \langle 0|\,\psi^{(0)}(x)\,|q\rangle + \int S_R(x-x')\,\langle 0|\,\Phi(x')\,|q\rangle\, dx' + \cdots \tag{32.1}$$

oder

$$\left(\gamma\frac{\partial}{\partial x} + m\right)\langle 0|\,\psi(x)\,|q\rangle = -\langle 0|\,\Phi(x)\,|q\rangle. \tag{32.2}$$

Mit (31.6), (31.7), (31.19) und den Gln. (31.15) und (31.17), nach denen die Größen $\Sigma_1^{(0)}(-m^2)$ verschwinden, erhalten wir aus (32.2)

$$\left.\begin{aligned}\left(\gamma\frac{\partial}{\partial x}+m\right)\langle 0|\,\psi(x)\,|q\rangle &= -\left[\overline{\Sigma}_1^{(0)}(-m^2) + (i\gamma q+m)\,\overline{\Sigma}_2^{(0)}(-m^2)\right]\langle 0|\,\psi^{(0)}(x)\,|q\rangle = \\ &= -\overline{\Sigma}_1^{(0)}(-m^2)\,\langle 0|\,\psi^{(0)}(x)\,|q\rangle.\end{aligned}\right\} \tag{32.3}$$

---

[1] Aus (31.21) bis (31.24) sehen wir sofort, daß

$$K_\mu(q,q') = K_\mu^{(1)}(q,q') + i\pi\,\varepsilon(q'-q)\,K_\mu^{(2)}(q,q') = \lim_{\varepsilon,\,\varepsilon'\to 0} K_\mu^{(1)}(\boldsymbol{q},\,q_0 - i\,\varepsilon;\,\boldsymbol{q}',\,q_0' + i\,\varepsilon')$$

gilt. Mit einer zu (30.6) ähnlichen Umformung können wir $K_\mu^{(1)}(q,q')$ in der folgenden Weise schreiben

$$K_\mu^{(1)}(q,q') = -\frac{e^2}{16\pi^2}\int\limits_0^1\!\int\limits_0^1\!\int\limits_0^1 d\alpha\, d\beta\, d\gamma\,\delta(1-\alpha-\beta-\gamma)\times$$

$$\times\left\{\frac{1}{A}\gamma_\lambda[i\gamma(q(1-\alpha)-q'\beta)-m]\gamma_\mu[i\gamma(q'(1-\beta)-q\alpha)-m]\gamma_\lambda - \right.$$

$$\left. -2\gamma_\mu\left[\log\frac{A}{m^2} - \frac{1}{2}\int\limits_{-\infty}^{+\infty}\frac{dw}{|w|}e^{iwm^2}\right]\right\},$$

$$A = q^2\alpha\gamma + q'^2\beta\gamma + Q^2\alpha\beta + m^2(1-\gamma) = Q^2\alpha\beta + m^2(1-\gamma)^2.$$

Für $q^2 = q'^2 = -m^2$ folgt aus dieser Darstellung, daß $K_\mu^{(1)}(q,q')$ eine analytische Funktion von Q^2 ist, die für alle komplexen Werte von Q^2 mit Ausnahme der positiven, reellen Achse regulär ist. Hieraus folgen (31.35) und (31.36) sofort.

In der betrachteten Näherung können wir aber statt (32.3) auch

$$\left[\gamma \frac{\partial}{\partial x} + m + \overline{\Sigma}_1^{(0)}(-m^2)\right] \langle 0| \, \psi(x) \, |q\rangle = 0 \qquad (32.4)$$

schreiben. Hieraus folgt, daß die (unendliche) Größe $\overline{\Sigma}_1^{(0)}(-m^2)$ als der Unterschied der Massen der freien Partikeln bei $x_0 = -\infty$ und der „physikalischen" Partikeln, die an das elektromagnetische Feld gekoppelt sind, aufgefaßt werden kann. Die freien Partikeln bei $-\infty$ sind aber nur eine mathematische Fiktion (die jedoch für die ganze Interpretation des Formalismus sehr wesentlich ist), und ihre Masse ist keine beobachtbare Größe. Wir können deshalb diese Masse in gewissem Sinne beliebig wählen, wenn nur die Masse der physikalischen Partikeln, d.h. die Größe $m + \overline{\Sigma}_1^{(0)}(-m^2)$, den richtigen experimentellen Wert hat. Es ist jetzt zweckmäßig, *die Masse der freien Partikeln gleich der experimentellen Masse des Elektrons zu wählen.* Dies können wir erreichen, indem wir die Differentialgleichung für den Operator $\psi(x)$ in folgender Weise umformen

$$\left(\gamma \frac{\partial}{\partial x} + m_{\text{exp}}\right) \psi(x) = i\,e\,\gamma\,A(x)\,\psi(x) + \delta m\,\psi(x), \qquad (32.5)$$

d.h. wir addieren auf beide Seiten ein Glied $\delta m\,\psi(x)$, so daß auf der linken Seite dann genau die experimentelle Masse steht. Im folgenden wollen wir diese Größe einfach mit m bezeichnen. In den auftretenden S-Funktionen usw. muß dann immer diese Masse eingehen. Die Größe δm muß als eine solche Funktion von e definiert werden, daß die Masse des Zustandes $|q\rangle$ während des Einschaltens unverändert bleibt. Selbstverständlich geht $\delta m \to 0$ für $e \to 0$, und die obige Rechnung zeigt, daß das erste Glied in einer Entwicklung von δm nach Potenzen von e durch

$$\delta m = \overline{\Sigma}_1^{(0)}(-m^2) + \cdots \qquad (32.6)$$

gegeben ist. Gl. (32.5) bedeutet eigentlich keine Veränderung der ursprünglichen Differentialgleichung, da ja auf beiden Seiten dasselbe Glied hinzuaddiert worden ist, sondern eher eine Abänderung des adiabatischen Einschaltens. Die Änderung besteht darin, daß nur die Selbstmasse auf der rechten Seite für $x_0 \to -\infty$ ausgeschaltet wird, während die experimentelle Masse auf der linken Seite formal als von e unabhängig betrachtet wird. Dieses Verfahren wird als „Massenrenormierung" bezeichnet[1].

Bedeutet jetzt m die experimentelle Masse, so schließen wir aus der Differentialgleichung (32.4) oder aus

$$\left(\gamma \frac{\partial}{\partial x} + m\right) \langle 0| \, \psi(x) \, |q\rangle = 0, \qquad (32.7)$$

daß

$$\langle 0| \, \psi(x) \, |q\rangle = N \langle 0| \, \psi^{(0)}(x) \, |q\rangle \qquad (32.8)$$

ist. Die Konstante N kann im Prinzip aus (32.1) berechnet werden. Hier ist aber ein wenig Vorsicht geboten, da ein Ausdruck wie z.B.

$$\int S_R(x - x') \, \overline{\Sigma}_2^{(0)}(-m^2) \left(\gamma \frac{\partial}{\partial x'} + m\right) \langle 0| \, \psi^{(0)}(x') \, |q\rangle \, dx' \qquad (32.9)$$

---

[1] Schon in der klassischen Elektronentheorie von Lorentz wird ein ähnliches Verfahren benutzt, um den Einfluß des Eigenfeldes eines Elektrons auf seine Bewegung zu behandeln. Die Selbstenergie eines relativistischen Elektrons wurde in der Quantenelektrodynamik zuerst von V. F. Weisskopf, Z. Physik **89**, 27 (1934); **90**, 817 (1934) studiert. Das Prinzip der Massenrenormierung wurde unter anderem von A. Kramers, Report of the Solvay Conference 1948, ausgesprochen und von H. A. Bethe, Phys. Rev. **72**, 339 (1947), Z. Koba u. S. Tomonaga, Prog. Theor. Phys. **3**, 290 (1948), T. Tati u. S. Tomonaga, Prog. Theor. Phys. **3**, 391 (1948), und J. Schwinger, Phys. Rev. **75**, 651 (1949) weiter entwickelt.

eigentlich unbestimmt ist. Wegen der Differentialgleichung für $\psi^{(0)}(x)$ möchte man vermuten, daß der Ausdruck verschwindet, aber durch eine partielle Integration lassen sich die Ableitungen auf die singulären Funktionen hinüberwälzen, so daß das Integral als proportional zu $\psi^{(0)}(x)$ erscheint. Die alternativen Auswertungen unterscheiden sich nur um ein „Oberflächenintegral" für $x_0 = -\infty$. Es ist deshalb zu erwarten, daß diese Mehrdeutigkeit beseitigt wird, wenn die Randbedingungen $x_0 \to -\infty$, d.h. das adiabatische Einschalten, sorgfältigst berücksichtigt werden[1]. Wir schreiben also statt (31.6), (31.7)

$$\langle 0|\,\Phi(x,\alpha)\,|q\rangle = \frac{e^2}{2} \int\limits_{-\infty}^{x} dx'\, e^{\alpha(x_0+x_0')} \times$$
$$\times \gamma_\lambda \left[S(x-x')\, D^{(1)}(x'-x) - S^{(1)}(x-x')\, D(x'-x)\right] \gamma_\lambda \langle 0|\,\psi^{(0)}(x)\,|q\rangle. \tag{32.10}$$

Wir erhalten hier den Faktor $e^{\varkappa(x_0+x_0')}$, weil der eine Faktor e nach (31.1) bis (31.4) im Punkt x, der andere aber im Punkt x' auftritt. Mit den Bezeichnungen der Gln. (31.15) und (31.17) können wir (32.10) auch in folgender Weise schreiben

$$\langle 0|\,\Phi(x,\alpha)\,|q\rangle = \frac{i}{(2\pi)^3} \int dp \int\limits_{-\infty}^{x} dx'\, e^{\varkappa(x_0+x_0')+ip(x-x')} \times$$
$$\times \left[\Sigma_1^{(0)}(p^2) + (i\gamma\, p + m)\, \Sigma_2^{(0)}(p^2)\right] \varepsilon(p)\, u(q)\, e^{iqx'} =$$
$$= i\, e^{2\alpha x_0 + iqx} \int\limits_{-\infty}^{+\infty} dp_0\, \frac{\varepsilon(p)}{\alpha + i(p_0 - q_0)} \times$$
$$\times \left[\Sigma_1^{(0)}(\boldsymbol{q}^2 - p_0^2) + (i\gamma_k q_k - \gamma_4 p_0 + m)\, \Sigma_2^{(0)}(\boldsymbol{q}^2 - p_0^2)\right] u(q). \tag{32.11}$$

Wir bemerken, daß in (32.11) jetzt ein Faktor $e^{2\alpha x_0}$ vorkommt. Das p_0-Integral läßt sich jetzt in folgender Weise umformen

$$\int\limits_{-\infty}^{+\infty} \frac{dp_0\, \varepsilon(p)}{p_0 - q_0 - i\alpha}\, \Sigma_i^{(0)}(\boldsymbol{q}^2 - p_0^2) = \int\limits_{0}^{\infty} dp_0\, \Sigma_i^{(0)}(\boldsymbol{q}^2 - p_0^2)\left[\frac{1}{p_0 - q_0 - i\alpha} + \frac{1}{p_0 + q_0 + i\alpha}\right] =$$
$$= \int\limits_{0}^{\infty} \frac{2p_0\, dp_0\, \Sigma_i^{(0)}(\boldsymbol{q}^2 - p_0^2)}{p_0^2 - (q_0 + i\alpha)^2} = \int\limits_{0}^{\infty} \frac{da\, \Sigma_i^{(0)}(-a)}{a + \boldsymbol{q}^2 - (q_0 + i\alpha)^2}\,, \tag{32.12}$$

$$\int\limits_{-\infty}^{+\infty} \frac{p_0\, dp_0\, \varepsilon(p)}{p_0 - q_0 - i\alpha}\, \Sigma_2^{(0)}(\boldsymbol{q}^2 - p_0^2) = (q_0 + i\alpha) \int\limits_{0}^{\infty} \frac{da\, \Sigma_2^{(0)}(-a)}{a + \boldsymbol{q}^2 - (q_0 + i\alpha)^2}\,, \tag{32.13}$$

$$\langle 0|\,\Phi(x,\alpha)\,|q\rangle = e^{2\alpha x_0} \int\limits_{0}^{\infty} \frac{da}{a + \boldsymbol{q}^2 - (q_0 + i\alpha)^2}\left[\Sigma_1^{(0)}(-a) - i\alpha\gamma_4 \Sigma_2^{(0)}(-a)\right] \langle 0|\,\psi^{(0)}(x)\,|q\rangle. \tag{32.14}$$

Für sehr kleine Werte von α geht (32.14) in

$$\langle 0|\,\Phi(x)\,|q\rangle = \overline{\Sigma}_1^{(0)}(-m^2)\, \langle 0|\,\psi^{(0)}(x)\,|q\rangle \tag{32.15}$$

---

[1] Vgl. z.B. F. J. Dyson: Phys. Rev. **83**, 608 (1951). — G. Lüders: Z. Naturforsch. **7a**, 206 (1952).

über, was nach (32.3) gefordert werden muß. Jetzt subtrahieren wir die Selbstmasse gemäß (32.5), so daß wir

$$\langle 0|\,\Phi(x,\alpha)\,|q\rangle - e^{2\alpha x_0}\,\overline{\Sigma}_1^{(0)}(-m^2)\,\langle 0|\,\psi^{(0)}(x)\,|q\rangle =$$
$$= e^{2\alpha x_0}\int\limits_0^\infty da\left\{\Sigma_1^{(0)}(-a)\,\frac{2i\,q_0\alpha-\alpha^2}{(a-m^2)\,[a+\mathbf{q}^2-(q_0+i\alpha)^2]} - i\,\gamma_4\alpha\,\frac{\Sigma_2^{(0)}(-a)}{a+\mathbf{q}^2-(q_0+i\alpha)^2}\right\}\times$$
$$\times\langle 0|\,\psi^{(0)}(x)\,|q\rangle \tag{32.16}$$

erhalten. Der Faktor $e^{2\alpha x_0}$ vor der Selbstmasse tritt auf, weil wir die Selbstmasse mit einer zeitabhängigen Ladung einführen müssen. Statt (32.1) haben wir jetzt

$$\langle 0|\,\psi(x)\,|q\rangle = \langle 0|\,\psi^{(0)}(x)\,|q\rangle + \frac{i}{(2\pi)^3}\int dp\int\limits_{-\infty}^x dx'\,e^{ip(x-x')}\,\delta(p^2+m^2)\times$$
$$\times\,\varepsilon(p)\,(i\gamma p - m)\,e^{2\alpha x_0'}\int\limits_0^\infty da\{\ldots\}\,u(q)\,e^{iqx'}. \tag{32.17}$$

Die x- und p-Integrationen in (32.17) können sofort ausgeführt werden und liefern das Ergebnis

$$\langle 0|\,\psi(x)\,|q\rangle = \langle 0|\,\psi^{(0)}(x)\,|q\rangle + \frac{1}{2q_0}\,e^{2\alpha x_0}\left[\frac{1}{2\alpha}\,(i\gamma q - m) - \frac{1}{2(\alpha-i q_0)}\times\right.$$
$$\times\,(i\gamma_k q_k + \gamma_4 q_0 - m)\Big]\int\limits_0^\infty da\left\{\Sigma_1^{(0)}(-a)\,\frac{-2q_0\alpha-i\alpha^2}{(a-m^2)\,[a+\mathbf{q}^2-(q_0+i\alpha)^2]} +\right.$$
$$+\,\alpha\gamma_4\,\frac{\Sigma_1^{(0)}(-a)}{a+\mathbf{q}^2-(q_0+i\alpha)^2}\bigg\}\,\langle 0|\,\psi^{(0)}(x)\,|q\rangle. \tag{32.18}$$

Es ist uns also hier gelungen, die Rechnung durchzuführen, ohne auf unbestimmte Ausdrücke wie (32.9) zu stoßen. Im Limes $\alpha\to 0$ erhalten wir aus (32.18)

$$\langle 0|\,\psi(x)\,|q\rangle = \langle 0|\,\psi^{(0)}(x)\,|q\rangle - \frac{1}{2}\,(i\gamma q - m)\int\limits_0^\infty da\times$$
$$\times\left\{\frac{\Sigma_1^{(0)}(-a)}{(a-m^2)^2} - \frac{\gamma_4}{2q_0}\,\frac{\Sigma_2^{(0)}(-a)}{a-m^2}\right\}\langle 0|\,\psi^{(0)}(x)\,|q\rangle =$$
$$= \left[1 - \frac{1}{2}\int\limits_0^\infty da\left[\frac{\Sigma_2^{(0)}(-a)}{a-m^2} - 2m\,\frac{\Sigma_1^{(0)}(-a)}{(a-m^2)^2}\right]\right]\langle 0|\,\psi^{(0)}(x)\,|q\rangle. \tag{32.19}$$

In dieser Näherung ist also die Konstante N in (32.8)

$$N = 1 - \tfrac{1}{2}\left(\overline{\Sigma}_2^{(0)}(-m^2) + 2m\,\overline{\Sigma}_1^{(0)\prime}(-m^2)\right), \tag{32.20}$$

wo $\overline{\Sigma}_1^{(0)\prime}(p^2)$ die Ableitung nach p^2 der Funktion $\overline{\Sigma}_1^{(0)}(p^2)$ bedeutet. Wie aus (31.15) und (31.17) ersichtlich, konvergiert das Integral für diese Ableitung für $a\to\infty$, während das Integral für $\overline{\Sigma}_2^{(0)}(-m^2)$ divergiert. Bei dem erstgenannten Integral tritt aber eine andere Schwierigkeit auf, da die Funktion $\Sigma_1^{(0)}(-a)$ für $a=m^2$ nur linear verschwindet. Das Integral

$$\int\limits_0^\infty \frac{\Sigma_1^{(0)}(-a)\,da}{(a-m^2)^2} = \int\limits_{m^2}^\infty \frac{\Sigma_1^{(0)}(-a)}{(a-m^2)^2}\,da \tag{32.21}$$

divergiert also an der unteren Grenze. Diese Divergenz ist jedoch von demselben Charakter wie die in (31.29) und (31.30) studierte Divergenz. Wir vermeiden sie auch hier am einfachsten dadurch, daß wir formal eine kleine, aber endliche

Photonenmasse als Abschneidegröße einführen, d.h. wir ersetzen in (31.12) und (31.13) die Funktion $\delta(k^2)$ durch $\delta(k^2+\mu^2)$. Damit wird die Funktion $\Sigma_1^{(0)}(p^2)$

$$\Sigma_1^{(0)}(p^2) = \frac{m\,e^2}{16\pi^2}\left(3 - \frac{m^2-\mu^2}{-p^2}\right)\sqrt{\left(1 - \frac{m^2-\mu^2}{-p^2}\right)^2 - \frac{4\mu^2}{-p^2}}\;\Theta\left(-p^2-(m+\mu)^2\right). \tag{32.22}$$

Die Funktion (32.22) verschwindet schon für $-p^2 < (m+\mu)^2$ und das Integral (32.21) ist auch an der unteren Grenze konvergent.

Wir kehren jetzt zu unserem Matrixelement (31.2) des Stromoperators zurück. Wenn wir in den Bewegungsgleichungen eine Massenrenormierung gemäß (32.5) ausführen, erhalten wir in (31.2) statt $\Phi(x)$ in den zwei ersten Gliedern Gebilde wie (32.16), die also mit einer Funktion $S_R(x-x')$ gefaltet auftreten. Nach einer zu (32.16) bis (32.19) ähnlichen Rechnung und nach Ausführung *derselben* Ladungsrenormierung wie für ein äußeres Feld erhalten wir schließlich

$$\begin{aligned}
\langle q|\,j_\mu^{(2)}(x)\,|q'\rangle = \langle q|\,j_\mu^{(0)}(x)\,|q'\rangle\,[&-\overline{\Pi}^{(0)}(Q^2)+\overline{\Pi}^{(0)}(0)-i\pi\varepsilon(Q)\,\Pi^{(0)}(Q^2)-\\
&-\overline{\Sigma}_2^{(0)}(-m^2)-2m\,\overline{\Sigma}_1^{(0)\prime}(-m^2)+\overline{R}^{(0)}(Q^2)+i\pi\varepsilon(Q)\,R^{(0)}(Q^2)]-\\
&-\frac{e}{2m}\,(q_\mu+q_\mu')\,\langle q|:\overline{\psi}^{(0)}(x)\,\psi^{(0)}(x):|q'\rangle\,[\overline{S}^{(0)}(Q^2)+i\pi\varepsilon(Q)\,S^{(0)}(Q^2)],
\end{aligned} \tag{32.23}$$

$$Q = q'-q. \tag{32.24}$$

Für das Matrixelement (32.2a) erhalten wir einen ähnlichen Ausdruck, wenn nur an geeigneten Stellen q durch $-q$ ersetzt wird.

33. Das magnetische Moment des Elektrons.

Gl. (32.23) enthält zwei Glieder, die sich als Funktion von q und q' verschieden verhalten. Das eine Glied ist proportional $j_\mu^{(0)}(x)$ und daher von demselben Charakter wie die „Dielektrizitätskonstante" des Vakuums in (29.37). In der Tat ist auch ein Teil von (32.23) mit (29.37) identisch und kann, wie bei Gl. (31.5) schon gesagt wurde, als eine Polarisation des Vakuums durch die Stromverteilung des Elektrons aufgefaßt werden. Die anderen Glieder derselben Art müssen als ein Ausdruck für den Unterschied der Wechselwirkung eines äußeren Stromes einerseits und eines Elektrons andererseits mit dem Strahlungsfeld verstanden werden. So erhält z.B. das Elektron bei der Emission der virtuellen Photonen einen Rückstoß, der in (32.23) berücksichtigt worden ist, der jedoch bei einem äußeren Feld völlig fehlt. Außerdem enthält aber (32.23) ein Glied von einem ganz anderen Charakter, nämlich ein Glied proportional

$$-\frac{e}{2m}\,(q_\mu+q_\mu')\,\langle q|:\overline{\psi}^{(0)}(x)\,\psi^{(0)}(x):|q'\rangle. \tag{33.1}$$

Unter Anwendung der DIRAC-Gleichung für das freie Elektron können wir (33.1) auch in folgender Weise schreiben[1]:

$$\begin{aligned}
-\frac{e}{2m}\,(q_\mu+q_\mu')\,\langle q|:\overline{\psi}^{(0)}(x)\,\psi^{(0)}(x):|q'\rangle = \\
= \frac{ie}{2m}\,Q_\nu\langle q|:\overline{\psi}^{(0)}(x)\,\sigma_{\mu\nu}\,\psi^{(0)}(x):|q'\rangle - \langle q|j_\mu^{(0)}(x)|q'\rangle,
\end{aligned} \tag{33.2}$$

$$\sigma_{\mu\nu} = \frac{i}{2}\,(\gamma_\nu\gamma_\mu - \gamma_\mu\gamma_\nu). \tag{33.3}$$

Wir sehen also, daß das Elektron wegen seiner Kopplung mit dem elektromagnetischen Strahlungsfeld ein anomales magnetisches Moment

$$\frac{e}{2m}\,\langle q|:\overline{\psi}^{(0)}(x)\,\sigma_{\mu\nu}\,\psi^{(0)}(x):|q'\rangle\,[\overline{S}^{(0)}(Q^2)+i\pi\varepsilon(Q)\,S^{(0)}(Q^2)] \tag{33.4}$$

---

[1] W. GORDON: Z. Physik **50**, 630 (1928).

bekommt. Der Erwartungswert von (33.4) für einen Einelektron-Zustand ist

$$\frac{e}{2m}\langle q\mid :\overline{\psi}^{(0)}(x)\,\sigma_{\mu\nu}\,\psi^{(0)}(x):\mid q\rangle\,\overline{S}^{(0)}(0). \tag{33.5}$$

Da die nullte Näherung des Stromoperators dem magnetischen Moment

$$\langle q\mid m^{(0)}_{\mu\nu}(x)\mid q\rangle = \frac{e}{2m}\langle q\mid :\overline{\psi}^{(0)}(x)\,\sigma_{\mu\nu}\,\psi^{(0)}(x):\mid q\rangle \tag{33.6}$$

entspricht, wird das gesamte magnetische Moment des Elektrons in dieser Näherung

$$\left[1 + \overline{S}^{(0)}(0)\right]\langle q\mid m^{(0)}_{\mu\nu}(x)\mid q\rangle. \tag{33.7}$$

Das Integral $\overline{S}^{(0)}(0)$ konvergiert, wie schon oben gesagt worden ist, und wir erhalten aus (31.33)

$$\overline{S}^{(0)}(0) = \int\limits_{4m^2}^{\infty}\frac{da}{a}\,\frac{e^2}{4\pi^2}\,\frac{m^2}{a}\,\frac{1}{\sqrt{1-\dfrac{4m^2}{a}}} = \frac{e^2}{8\pi^2} = \frac{\alpha}{2\pi} \tag{33.8}$$

mit[1]

$$\alpha = \frac{e^2}{4\pi} = \frac{1}{137{,}0384}. \tag{33.8a}$$

Das Elektron hat also einen g-Faktor, der nicht exakt 2 ist, wie er nach der Diracschen Theorie sein sollte, sondern in dieser Näherung den Wert

$$g = 2\left(1 + \frac{\alpha}{2\pi}\right) = 2\cdot 1{,}0011614 \tag{33.9}$$

hat[2]. Es ist bemerkenswert, daß das endliche magnetische Moment des Elektrons sich in (31.31) und (31.34) bereits allein durch Invarianzüberlegungen isolieren läßt. Es ist also nicht unbedingt notwendig, die Massen- und Ladungsrenormierungen vorzunehmen, wenn nur das magnetische Moment berechnet werden soll[3].

Experimentelle Untersuchungen des magnetischen Momentes des Elektrons wurden im Jahre 1947 mit einer solchen Präzision ausgeführt, daß man an der Richtigkeit der Diracschen Theorie zu zweifeln begann[4]. Es handelte sich damals teils um die Messung der Hyperfeinstruktur des Wasserstoffatoms und des Deuteriumatoms und teils um die genaue Ausmessung des Zeeman-Effektes bei einigen komplizierteren Atomen (Na, Ga, In). G. Breit[5] hat sehr früh darauf hingewiesen, daß die Gleichheit der prozentualen Abweichungen der Hyperfeinstrukturmessungen bei Wasserstoff und Deuterium in natürlicher Weise als ein analoges magnetisches Moment des Elektrons gedeutet werden kann. Der später von Schwinger theoretisch abgeleitete Wert (33.9) stimmte mit den ursprünglichen Messungen sehr gut überein. Neue, genauere Messungen des magnetischen Moments des Elektrons[6] unterscheiden sich auch nicht viel von

---

[1] Vgl. Ziff. 36 und 37.

[2] Das anomale magnetische Moment des Elektrons ist zum ersten Male von J. Schwinger, Phys. Rev. **73**, 416 (1948) ausgerechnet worden.

[3] Vgl. auch J. Luttinger: Phys. Rev. **74**, 893 (1948).

[4] J. E. Nafe, E. B. Nelson u. I. I. Rabi: Phys. Rev. **71**, 914 (1947). — D. E. Nagel, R. S. Julian u. J. R. Zacharias: Phys. Rev. **72**, 971 (1947). — P. Kusch u. H. M. Foley: Phys. Rev. **72**, 1256 (1947).

[5] G. Breit: Phys. Rev. **72**, 984 (1947).

[6] S. H. Koenig, A. G. Prodell u. P. Kusch: Phys. Rev. **88**, 191 (1952). — R. Beringer u. M. A. Heald: Phys. Rev. **95**, 1474 (1954). — P. Franken u. S. Liebes: Phys. Rev. **104**, 1197 (1957). Eine Übersicht über ältere Messungen gibt F. Bloch: Physica, Haag **19**, 821 (1953), wo auch ausführlichere Literaturhinweise zu finden sind. Vgl. auch E. R. Cohen u. J. W. M. DuMond in Bd. XXXV dieses Handbuches.

(33.9). FRANKEN und LIEBES[1] erhalten das Ergebnis

$$g = 2 \cdot (1{,}001\,167 \pm 0{,}000\,005)\,.\tag{33.10}$$

Innerhalb der Fehlergrenzen stimmt (33.10) sogar mit (33.9) vollständig überein. Da (33.9) nur die erste Näherung in einer Entwicklung nach α ist, fragt man sich, wie groß das nächste Glied in dieser Entwicklung ist, und ob bei dieser Genauigkeit das nächste Glied nicht sogar die Übereinstimmung zwischen Theorie und Experiment zerstören wird. Das Glied proportional α^2 ist von KARPLUS und KROLL[2], SOMMERFIELD[3] und PETERMANN[1] ausgerechnet worden. Nach recht umständlichen Rechnungen, worauf wir hier nicht näher eingehen können, erhalten sie das Ergebnis

$$\left.\begin{aligned}g &= 2\left[1 + \frac{\alpha}{2\pi} + \frac{\alpha^2}{\pi^2}\left(\frac{197}{144} + \frac{\pi^2}{12} + \frac{3}{4}\,\zeta(3) - \frac{1}{2}\,\pi^2\log 2\right)\right] =\\ &= 2\left[1 + 0{,}5\,\frac{\alpha}{\pi} - 0{,}328\,\frac{\alpha^2}{\pi^2}\right] = 2 \cdot 1{,}0011596\end{aligned}\right\}\tag{33.11}$$

mit

$$\zeta(3) = \sum_{1}^{\infty}\frac{1}{n^3} = 1{,}20206\,.\tag{33.11a}$$

Die numerische Übereinstimmung von (33.10) und (33.11) ist sehr gut. Die Fehlergrenzen bei den Messungen sind aber so groß, daß das Glied proportional α^2 in (33.11) kaum als bestätigt angesehen werden kann. Es besteht aber andererseits auch keine Diskrepanz zwischen Theorie und Experiment, und die quantenelektrodynamische Beschreibung des magnetischen Moments des Elektrons ist sicher im wesentlichen richtig. Dies ist ein großer Erfolg der Theorie und liefert eine der Rechtfertigungen für den mathematisch mangelhaften Formalismus, in dem unendliche Ausdrücke so behandelt werden, als ob sie endlich wären.

34. Die Ladungsrenormierung des Einelektronzustandes. Wir kehren jetzt zum vollständigen Stromoperator (32.23) zurück und schreiben ihn als

$$\left.\begin{aligned}\langle q\,|j_\mu^{(2)}(x)|\,q'\rangle &= \langle q\,|j_\mu^{(0)}(x)|\,q'\rangle\big\{-\overline{\varPi}^{(0)}(Q^2) + \overline{\varPi}^{(0)}(0) - i\pi\varepsilon(Q)\varPi^{(0)}(Q^2) +\\ &\quad + \overline{R}^{(0)}(Q^2) - \overline{R}^{(0)}(0) + i\pi\varepsilon(Q)R^{(0)}(Q^2) - \overline{S}^{(0)}(Q^2) +\\ &\quad + \overline{S}^{(0)}(0) - i\pi\varepsilon(Q)S^{(0)}(Q^2) + \overline{R}^{(0)}(0) - \overline{S}^{(0)}(0) -\\ &\quad - \overline{\varSigma}_2^{(0)}(-m^2) - 2m\,\overline{\varSigma}_1^{(0)\prime}(-m^2)\big\} +\\ &\quad + i\,Q_\nu\langle q\,|m_{\mu\nu}^{(0)}(x)|\,q'\rangle\big[\overline{S}^{(0)}(Q^2) + i\pi\varepsilon(Q)S^{(0)}(Q^2)\big]\,.\end{aligned}\right\}\tag{34.1}$$

Setzen wir in (34.1) $\mu = 4$ und integrieren wir über den dreidimensionalen Raum, so erhalten wir die renormierte Ladung des Elektrons

$$\left.\begin{aligned}\langle q\,|Q\,|q'\rangle &= -i\int d^3x\,\langle q\,|j_4(x)|\,q'\rangle = -i\int d^3x\,\langle q\,|j_4^{(0)}(x) + j_4^{(2)}(x) + \cdots|\,q'\rangle =\\ &= e\langle q\,|q'\rangle\big[1 + \overline{R}^{(0)}(0) - \overline{S}^{(0)}(0) -\\ &\quad - \overline{\varSigma}_2^{(0)}(-m^2) - 2m\,\overline{\varSigma}_1^{(0)\prime}(-m^2) + \cdots\big]\,.\end{aligned}\right\}\tag{34.2}$$

Um (32.23) zu erhalten, haben wir dieselbe Ladungsrenormierung für das Elektron wie für ein äußeres Feld verwendet. Aus (34.2) sehen wir indessen, daß die Ladung eines Einelektron-Zustandes danach nicht gleich e zu sein scheint, sondern

<hr>

[1] A. PETERMANN: Helv. phys. Acta **30**, 407 (1957).

[2] R. KARPLUS u. N.M. KROLL: Phys. Rev. **77**, 536 (1950). Vgl. hierzu A. PETERMANN: Nuclear Phys. **3**, 689 (1957).

[3] C.M. SOMMERFIELD: Phys. Rev. **107**, 328 (1957).

daß eine weitere Ladungsrenormierung

$$\overline{R}^{(0)}(0) - \overline{S}^{(0)}(0) - \overline{\Sigma}_2^{(0)}(-m^2) - 2m\,\overline{\Sigma}_1^{(0)\prime}(-m^2) \tag{34.3}$$

auftritt. Dieser Ausdruck, der bei einem äußeren Feld überhaupt nicht vorkommt, enthält zwei unendliche Integrale, nämlich $\overline{R}^{(0)}(0)$ und $\overline{\Sigma}_2^{(0)}(-m^2)$, die offenbar mit verschiedenen Vorzeichen vorkommen. *Alle anderen Ausdrücke in (34.1) sind endlich.* Wir können hier zwei Auswege wählen. Entweder sagen wir, daß eine zusätzliche Ladungsrenormierung für das Elektron wie (34.3), falls sie existiert, sowieso unbeobachtbar sein muß, und daß deshalb die entsprechenden Glieder in (34.1) weggelassen werden können. Dieser Ausweg wurde in den früheren einschlägigen Arbeiten gewählt. Es ist aber auch möglich, die zwei unendliche Ausdrücke in (34.3) durch ein geeignetes Limitierungsverfahren abzuschneiden, und dann eine eventuelle Kompensation beider Ausdrücke zu diskutieren. Eine Aussage, daß ein Ausdruck wie (34.3), der eigentlich unendliche Größen enthält, einen endlichen Wert hat oder verschwindet, ist selbstverständlich an sich sinnlos; man kann ihr nur mit Hilfe eines Grenzüberganges eine wohldefinierte Meinung geben. Hierbei dürfen wir aber nicht einfach eine obere Grenze in den Integralen (31.35) und (31.18) einführen und dann diese zwei Abschneidegrößen einander gleichsetzen; denn die zwei Integrationsvariablen a haben miteinander nichts zu tun und können nicht ohne weiteres miteinander verglichen werden. Wir müssen statt dessen zu den ursprünglichen Integralausdrücken (31.8) und (31.21) zurückkehren, diese Integrale in derselben Weise abschneiden und dann den Ausdruck (34.3) neu auswerten. Als Abschneidemethode nehmen wir die in Ziff. 30 entwickelte Regularisierung, die wir aber hier so modifizieren, daß wir uns die Elektronen an mehrere Arten von „Photonen" mit verschiedenen Massen gekoppelt denken. Im Prinzip sollten wir dann die Funktionen $\Sigma_2^{(0)}$, $R^{(0)}$ und $S^{(\iota)}$ für verschiedene Photonenmassen ausrechnen, um solche Linearkombinationen zu bilden, daß die Integrale für die „gequerten" Funktionen konvergieren. Eine solche Rechnung läßt sich sehr wohl ausführen; wir kommen jedoch ein wenig schneller zum Ziel, wenn wir (31.8) und (31.19) in folgender Weise verwenden

$$\left[\overline{\Sigma}_1^{(0)}(q^2) + (i\gamma q + m)\,\overline{\Sigma}_2^{(0)}(q^2)\right]^{\mathrm{reg}} = \frac{e^2}{8\pi^3}\int dk\,\left[i\gamma(q+k) + 2m\right]\times \\ \times \sum_i C_i\left[\frac{\delta((q+k)^2 + m^2)}{k^2 + \mu_i^2} + \frac{\delta(k^2 + \mu_i^2)}{(q+k)^2 + m^2}\right]. \tag{34.4}$$

Im Schlußergebnis soll also $C_1 \to 1$ ($\sum_i C_i = 0$), $\mu_1 \to 0$ und die anderen Photonenmassen $\mu_i \to \infty$ gehen. Anwendung von (30.6) und einigen einfachen Umformungen gibt aus (34.4)

$$\left[\overline{\Sigma}_2^{(0)}(-m^2) + 2m\,\overline{\Sigma}_1^{(0)\prime}(-m^2)\right]^{\mathrm{reg}} = \\ = -\frac{e^2}{8\pi^3}\int_0^1 d\alpha\,\left\{(1-\alpha)\,\frac{i}{2\pi}\int_{-\infty}^{+\infty} w\,dw\int dk\,\sum_i C_i\,e^{iw[k^2 + m^2\alpha^2 + \mu_i^2(1-\alpha)]} + \\ + 2\pi\sum_i C_i\,\frac{\alpha(1-\alpha^2)}{\alpha^2 + \frac{\mu_i^2}{m^2}(1-\alpha)}\right\} = \\ = -\frac{e^2}{8\pi^2}\sum_i C_i\int_0^1 d\alpha\,\left\{(1-\alpha)\log\left(\alpha^2 + \frac{\mu_i^2}{m^2}(1-\alpha)\right) + \frac{2\alpha(1-\alpha^2)}{\alpha^2 + \frac{\mu_i^2}{m^2}(1-\alpha)}\right\}. \tag{34.5}$$

In (34.5) integrieren wir das erste Glied partiell nach α und erhalten unter Berücksichtigung von

$$\sum_i C_i \int_0^1 \frac{d\alpha\, \frac{\mu_i^2}{m^2}(1-\alpha)\,f(\alpha)}{\alpha^2 + \frac{\mu_i^2}{m^2}(1-\alpha)} = -\sum_i C_i \int_0^1 \frac{d\alpha\cdot\alpha^2 f(\alpha)}{\alpha^2 + \frac{\mu_i^2}{m^2}(1-\alpha)} \tag{34.6}$$

das Ergebnis

$$\left[\overline{\Sigma}_2^{(0)}(-m^2) + 2m\,\overline{\Sigma}_1^{(0)'}(-m^2)\right]^{\text{reg}} =$$
$$= -\frac{e^2}{4\pi^2}\sum_i C_i \int_0^1 \frac{\alpha\,d\alpha}{1-\alpha}\left[\frac{1-2\alpha+\frac{3}{4}\alpha^3}{\alpha^2 + \frac{\mu_i^2}{m^2}(1-\alpha)} + \frac{1}{4}\right]. \left.\right\} \tag{34.7}$$

Das Integral (34.7) kann mit elementaren Methoden ausgerechnet werden, aber wir lassen es bis auf weiteres in der Form (34.7) stehen. In ähnlicher Weise erhalten wir für die Konstanten $\overline{R}^{(0)}(0)$ und $\overline{S}^{(0)}(0)$

$$\gamma_\mu\left[\overline{R}^{(0)}(0) - \overline{S}^{(0)}(0)\right]^{\text{reg}} = -\frac{e^2}{16\pi^3}\int dk\,\gamma_\lambda(i\gamma(q-k)-m)\gamma_\mu(i\gamma(q-k)-m)\gamma_\lambda \times$$
$$\times \sum_i C_i\left\{\frac{\delta(k^2+\mu_i^2)}{[(q-k)^2+m^2]\,[(q'-k)^2+m^2]} + \right.$$
$$\left. + \frac{\delta((q-k)^2+m^2)}{(k^2+\mu_i^2)\,[(q'-k)^2+m^2]} + \frac{\delta((q'-k)^2+m^2)}{(k^2+\mu_i^2)\,[(q-k)^2+m^2]}\right\}_{q=q'}. \left.\right\} \tag{34.8}$$

Der Ausdruck (34.8) soll wieder mit den nach Gl. (31.20) gemachten Voraussetzungen ausgewertet werden. Mit Hilfe von[1]

$$\frac{\delta(a)}{b\cdot c} + \frac{\delta(b)}{a\cdot c} + \frac{\delta(c)}{a\cdot b} = \int_0^1 d\alpha \int_0^\alpha d\beta\,\delta''(a\beta + b(\alpha-\beta) + c(1-\alpha)) \tag{34.9}$$

können wir die geschweifte Klammer in (34.8) in folgender Weise zusammenfassen

$$\{\ldots\}_{q=q'} = \int_0^1 d\alpha \int_0^\alpha d\beta\,\delta''(\alpha((k-q)^2+m^2) + (k^2+\mu_i^2)(1-\alpha)) =$$
$$= \int_0^1 \alpha\,d\alpha\,\delta''((k-q\alpha)^2 + m^2\alpha^2 + \mu_i^2(1-\alpha)). \left.\right\} \tag{34.10}$$

Einsetzen von (34.10) in (34.8) und Berücksichtigung der Symmetrie in $k'=k-q\alpha$ gibt

$$\gamma_\mu\left[\overline{R}^{(0)}(0) - \overline{S}^{(0)}(0)\right]^{\text{reg}} = -\frac{e^2}{16\pi^3}\int_0^1 \alpha\,d\alpha \int dk' \times$$
$$\times \sum_i C_i\,\delta''(k'^2 + m^2\alpha^2 + \mu_i^2(1-\alpha))\left[-k'^2\gamma_\mu + 4m^2\gamma_\mu\left(1-\alpha-\frac{\alpha^2}{2}\right)\right]. \left.\right\} \tag{34.11}$$

Die k'-Integration ist jetzt konvergent, kann ausgeführt werden, und liefert das Ergebnis

$$\left[\overline{R}^{(0)}(0) - \overline{S}^{(0)}(0)\right]^{\text{reg}} = -\frac{e^2}{8\pi^2}\sum_i C_i \int_0^1 \alpha\,d\alpha \times$$
$$\times \left\{\log\left(\alpha^2 + \frac{\mu_i^2}{m^2}(1-\alpha)\right) + \frac{2\left(1-\alpha-\frac{\alpha^2}{2}\right)}{\alpha^2 + \frac{\mu_i^2}{m^2}(1-\alpha)}\right\}. \left.\right\} \tag{34.12}$$

---

[1] J. Schwinger: Phys. Rev. **76**, 790 (1949).

Hier können wir (34.12) in ähnlicher Weise wie (34.5) [unter Anwendung von (34.6)] umformen und erhalten

$$\left[\overline{R}^{(0)}(0) - \overline{S}^{(0)}(0)\right]^{\text{reg}} = \frac{-e^2}{4\pi^2} \sum_i C_i \int_0^1 \frac{\alpha\, d\alpha}{1-\alpha} \left[\frac{1 - 2a + \frac{3}{4}\alpha^3}{\alpha^2 + \frac{\mu_i^2}{m^2}(1-\alpha)} + \frac{1}{4}\right] = \left.\right\}$$
$$= \left[\overline{\Sigma}_2^{(0)}(-m^2) + 2m\,\overline{\Sigma}_1^{(0)\prime}(-m^2)\right]^{\text{reg}}. \qquad (34.13)$$

Unter Verwendung der Identität (34.13) verschwindet (34.3), und wir haben (in dieser Näherung) *dieselbe Ladungsrenormierung für ein Elektron wie für ein äußeres Feld*. In einem späteren Abschnitt werden wir sehen, daß dieser Satz nicht nur in dieser Näherung gilt, sondern ganz allgemein bewiesen werden kann. Die Beziehung (34.13) zwischen den unendlichen Konstanten wurde in dieser Näherung zuerst von SCHWINGER[1] benutzt und von WARD[2] allgemein bewiesen. Die Gleichung, deren erste Näherung (34.13) ist, wird in der Literatur oft „die Identität von WARD" genannt.

Für die zweite Näherung des Stromoperators haben wir jetzt

$$\langle q| j_\mu^{(2)}(x)|q'\rangle = \langle q| j_\mu^{(0)}(x)|q'\rangle \left[-\overline{\Pi}^{(0)}(Q^2) + \overline{\Pi}^{(0)}(0) + \overline{R}^{(0)}(Q^2) - \right.$$
$$\left. - \overline{R}^{(0)}(0) - \overline{S}^{(0)}(Q^2) + \overline{S}^{(0)}(0) - i\pi\varepsilon(Q)\left(\Pi^{(0)}(Q^2) - \right.\right.$$
$$\left.\left. - R^{(0)}(Q^2) + S^{(0)}(Q^2)\right)\right] + i\,Q_\nu\,\langle q|m_{\mu\nu}^{(0)}(x)|q'\rangle \times$$
$$\times \left[\overline{S}^{(0)}(Q^2) + i\pi\varepsilon(Q)\,S^{(0)}(Q^2)\right]. \qquad (34.14)$$

Alle in (34.14) auftretenden Ausdrücke sind konvergent. Nach (24.35), (31.32) und (31.33) haben wir

$$\Pi^{(0)}(Q^2) = \frac{e^2}{12\pi^2}\left(1 - \frac{2m^2}{Q^2}\right)\sqrt{1 + \frac{4m^2}{Q^2}}\;\Theta(-Q^2 - 4m^2), \qquad (34.15)$$

$$-\overline{\Pi}^{(0)}(Q^2) + \overline{\Pi}^{(0)}(0) =$$
$$= \frac{e^2}{12\pi^2}\left[\frac{4m^2}{Q^2} - \frac{5}{3} + \left(1 - \frac{2m^2}{Q^2}\right)\sqrt{1 + \frac{4m^2}{Q^2}}\;\log\frac{1 + \sqrt{1 + \frac{4m^2}{Q^2}}}{\left|1 - \sqrt{1 + \frac{4m^2}{Q^2}}\right|}\right], \left.\right\} \qquad (34.16)$$

$$R^{(0)}(Q^2) = \frac{e^2}{8\pi^2}\left[\frac{1 + \frac{2m^2}{Q^2}}{1 + \frac{4m^2}{Q^2}}\log\left[1 - \frac{Q^2 + 4m^2}{\mu^2}\right] - \frac{3}{2}\right]\sqrt{1 + \frac{4m^2}{Q^2}}\;\Theta(-Q^2 - 4m^2), \qquad (34.17)$$

$$\overline{R}^{(0)}(Q^2) - \overline{R}^{(0)}(0) =$$
$$= \frac{e^2}{4\pi^2}\left\{\frac{1 + \frac{2m^2}{Q^2}}{\sqrt{1 + \frac{4m^2}{Q^2}}}\left[\Phi\left(\frac{-2\sqrt{1 + \frac{4m^2}{Q^2}}}{1 + \sqrt{1 + \frac{4m^2}{Q^2}}}\right) + \frac{\pi^2}{3} + \frac{\pi^2}{4}\Theta\left(1 - \sqrt{1 + \frac{4m^2}{Q^2}}\right) - \right.\right.$$
$$\left. - \frac{1}{4}\log^2\frac{1 + \sqrt{1 + \frac{4m^2}{Q^2}}}{\left|1 - \sqrt{1 + \frac{4m^2}{Q^2}}\right|}\right] + \frac{3}{4}\left[\sqrt{1 + \frac{4m^2}{Q^2}}\log\frac{1 + \sqrt{1 + \frac{4m^2}{Q^2}}}{\left|1 - \sqrt{1 + \frac{4m^2}{Q^2}}\right|} - 2\right] + \left.\right\} \qquad (34.18)$$
$$+ \log\frac{m}{\mu}\left[1 - \frac{1 + \frac{2m^2}{Q^2}}{\sqrt{1 + \frac{4m^2}{Q^2}}}\log\frac{1 + \sqrt{1 + \frac{4m^2}{Q^2}}}{\left|1 - \sqrt{1 + \frac{4m^2}{Q^2}}\right|}\right]\right\},$$

[1] J. SCHWINGER: Phys. Rev. **76**, 790 (1949), Gl. (1.95), (1.97) und (1.100).
[2] J. C. WARD: Phys. Rev. **78**, 182 (1950).

$$S^{(0)}(Q^2) = - \frac{e^2}{4\pi^2} \frac{m^2}{Q^2} \frac{\Theta(-Q^2 - 4m^2)}{\sqrt{1 + \frac{4m^2}{Q^2}}}, \tag{34.19}$$

$$\overline{S}^{(0)}(Q^2) = \frac{e^2}{8\pi^2} \frac{2\frac{m^2}{Q^2}}{\sqrt{1 + \frac{4m^2}{Q^2}}} \log \frac{1 + \sqrt{1 + \frac{4m^2}{Q^2}}}{\left|1 - \sqrt{1 + \frac{4m^2}{Q^2}}\right|}. \tag{34.20}$$

In (34.18) bedeutet $\Phi(x)$ die Funktion

$$\Phi(x) = \int\limits_1^x \frac{dt}{t} \log|1 + t|. \tag{34.21}$$

Sie erfüllt viele Funktionalgleichungen, wovon wir hier die folgenden erwähnen[1]

$$\Phi(x) + \Phi\left(\frac{1}{x}\right) = \frac{1}{2} \log^2|x| - \frac{\pi^2}{2} \Theta(-x), \tag{34.22}$$

$$\Phi(x) + \Phi(-1 - x) = -\frac{\pi^2}{3} + \log|x| \log|1 + x|, \tag{34.23}$$

$$\Phi(x) - \Phi(-x) = \Phi\left(-\frac{2}{1+x}\right) - \Phi\left(-\frac{2x}{1+x}\right) + \frac{\pi^2}{4} - \pi^2 \Theta(-1 - x). \tag{34.24}$$

In (34.16), (34.18) und (34.20) ist vorausgesetzt, daß $1 + \frac{4m^2}{Q^2}$ größer als Null ist. Wenn dies nicht der Fall ist, müssen die Logarithmen in diesen Gleichungen und in (34.21) durch arc tan-Funktionen ersetzt werden. Für kleine Werte von Q^2/m^2 erhalten wir

$$\overline{R}^{(0)}(Q^2) - \overline{R}^{(0)}(0) = -\frac{e^2}{12\pi^2} \frac{Q^2}{m^2} \left[\log \frac{m}{\mu} - \frac{1}{8}\right] + \cdots, \tag{34.25}$$

$$\overline{S}^{(0)}(Q^2) = \frac{e^2}{8\pi^2} - \frac{e^2}{48\pi^2} \frac{Q^2}{m^2} + \cdots. \tag{34.26}$$

---

[1] Vgl. z. B. K. MITCHELL: Phil. Mag. **40**, 351 (1949). — W. GRÖBNER u. N. HOFREITER: Integraltafeln. Wien u. Innsbruck 1950. Gl. (34.24), die nicht von diesen Verfassern angegeben wird, kann z. B. in folgender Weise bewiesen werden

$$\Phi(x) - \Phi(-x) = \int\limits_{-x}^x \frac{dt}{t} \log|1 + t| = \int\limits_1^x \frac{dz}{z} \log\left|\frac{1+z}{1-z}\right| - \Phi(-1).$$

Die Substitution $1 + y = \dfrac{1-z}{1+z}$ im Integral gibt

$$\Phi(x) - \Phi(-x) =$$

$$= -\int\limits_{-1}^{-\frac{2x}{1+x}} dy \left[\frac{1}{y} - \frac{1}{2+y}\right] \log|1 + y| - \Phi(-1) - \Theta(-1-x) \int\limits_{-\infty}^{+\infty} dy \left[\frac{1}{y} - \frac{1}{2+y}\right] \log|1 + y| =$$

$$= -\Phi\left(\frac{-2x}{1+x}\right) + \int\limits_1^{\frac{2}{1+x}} \frac{dt}{t} \log|t - 1| - \pi^2 \Theta(-1 - x) =$$

$$= \Phi\left(-\frac{2}{1+x}\right) - \Phi\left(\frac{-2x}{1+x}\right) + \frac{\pi^2}{4} - \pi^2 \Theta(-1 - x),$$

da $\Phi(-1)$ nach (34.22) gleich $-\dfrac{\pi^2}{4}$ ist.

Hieraus und aus (29.36) folgt

$$\langle q \,|\, j_\mu^{(2)}(x) \,|\, q'\rangle = \frac{e^2}{12\pi^2}\left[\log\frac{m}{\mu} - \frac{23}{40}\right]\frac{\square}{m^2}\langle q \,|\, j_\mu^{(0)}(x)\,|\, q'\rangle + \\ + \frac{e^2}{8\pi^2}\frac{\partial}{\partial x_\nu}\langle q \,|\, m_{\mu\nu}^{(0)}(x)\,|\, q'\rangle + \cdots . \tag{34.27}$$

Die bis jetzt erhaltenen Ausdrücke enthalten nur Integrale, die für große Werte der Integrationsvariable a konvergieren und ausgerechnet worden sind. Gl. (34.18), und deshalb auch (34.27), hängt aber immer noch von der Größe μ ab, und der Grenzübergang $\mu\to0$ läßt sich hier nicht ausführen, ohne daß wir auf neue Divergenzen stoßen. Unsere Ergebnisse können deshalb nicht sofort mit der Erfahrung verglichen werden, sondern wir müssen die experimentellen Bedingungen ein wenig genauer diskutieren, um zu entscheiden, wie μ in jedem speziellen Fall interpretiert werden soll.

35. Strahlungstheoretische Korrekturen der Streuung in einem äußeren Feld. Die Ultrarotkatastrophe. Als Beispiel der Anwendung der in Ziff. 34 gewonnenen Ergebnisse wollen wir hier die strahlungstheoretischen Korrekturen des Streuquerschnittes für Elektronen in einem äußeren Feld studieren. Die erste, nichtverschwindende Näherung dieses Querschnitts ist schon in Ziff. 24 ausgerechnet worden. Unter der Voraussetzung, daß das äußere Feld in Bornscher Näherung[1] behandelt werden kann, können wir die S-Matrix in folgender Weise schreiben

$$S = i \int dx\, j_\mu(x)\, A_\mu^{\text{äuss}}(x) . \tag{35.1}$$

Unter der Größe $j_\mu(x)$ in (35.1) ist hier der vollständige Stromoperator zu verstehen. Wir erhalten das Ergebnis von Ziff. 24, wenn wir in (35.1) nur die erste Näherung des Stromes berücksichtigen, und können durch Einsetzen einer besseren Näherung des Stromes die strahlungstheoretischen Korrekturen ausrechnen. Die nächste Näherung der S-Matrix wird also mit den in Ziff. 34 eingeführten Bezeichnungen:

$$\langle q \,|\, S \,|\, q'\rangle = i\,\langle q \,|\, j_\mu \,|\, q'\rangle\, A_\mu^{\text{äuss}}(Q)\, 2\pi\,\delta(Q_0) , \tag{35.2}$$

worin

$$\langle q \,|\, j_\mu \,|\, q'\rangle = \langle q \,|\, j_\mu^{(0)} \,|\, q'\rangle\left[1 - \overline{\Pi}^{(0)}(Q^2) + \overline{\Pi}^{(0)}(0) + \overline{R}^{(0)}(Q^2) - \overline{R}^{(0)}(0) + \overline{S}^{(0)}(0)\right] - \\ - \overline{S}^{(0)}(Q^2)\frac{e}{2m}(q_\mu + q_\mu')\frac{\bar{u}(q)\,u(q')}{V} , \tag{35.3}$$

$$Q = q' - q . \tag{35.4}$$

In Gl. (35.3) haben wir dabei benutzt, daß der Vektor Q raumartig ist, so daß die „ungequerten" Funktionen R, S und Π verschwinden. Mit den früher angegebenen Methoden erhalten wir hieraus den Wirkungsquerschnitt für Streuung von unpolarisierten Elektronen an einem äußeren Feld

$$\frac{d\sigma}{d\Omega} = \frac{e^2}{4\pi^2}\left\{q_\mu q_\nu\left[1 - 2\left(\overline{\Pi}^{(0)}(Q^2) - \overline{\Pi}^{(0)}(0) - \overline{R}^{(0)}(Q^2) + \overline{R}^{(0)}(0) + \overline{S}^{(0)}(Q^2) - \overline{S}^{(0)}(0)\right)\right] + \\ + \delta_{\mu\nu}\frac{Q^2}{4}\left[1 - 2\left(\overline{\Pi}^{(0)}(Q^2) - \overline{\Pi}^{(0)}(0) - \overline{R}^{(0)}(Q^2) + \overline{R}^{(0)}(0) - \overline{S}^{(0)}(0)\right)\right]\right\}\times \\ \times A_\mu^{\text{äuss}}(Q)\, A_\nu^{\text{äuss}}(-Q) . \tag{35.5}$$

[1] Die zweite Bornsche Näherung des äußeren Feldes ist von R. G. Newton: Phys. Rev. **97**, 1162 (1955), ausgerechnet worden. Vgl. auch R. G. Newton: Phys. Rev. **98**, 1514 (1955). — M. Chrétien: Phys. Rev. **98**, 1515 (1955). — H. Suura: Phys. Rev. **99**, 1020 (1955).

In (35.5) sind Glieder von der Größenordnung e^6 weggelassen worden, da der Ausdruck (35.3) eigentlich weitere Glieder von dieser Größenordnung enthalten sollte. Weiter ist in (35.5) vorausgesetzt worden, daß das äußere Feld so geeicht ist, daß die LORENTZ-Bedingung $Q_\mu A_\mu^{\text{äuss}}(Q) = 0$ erfüllt ist. Ist das äußere Feld speziell ein COULOMBsches Feld, so ist

$$A_\mu(Q) = -\,i\,\delta_{\mu 4}\frac{Z\,e}{4\,p^2\sin^2\dfrac{\Theta}{2}}\,. \tag{35.6}$$

Unter Einführung des Wirkungsquerschnittes in erster Näherung nach Ziff. 24

$$\frac{d\sigma^{(0)}}{d\Omega} = \left(\frac{Z\,e^2}{8\,\pi\,p^2\sin^2\dfrac{\Theta}{2}}\right)^2\left(E^2 - p^2\sin^2\frac{\Theta}{2}\right) \tag{35.7}$$

können wir (35.5) in folgender Weise schreiben

$$\frac{d\sigma}{d\Omega} = \frac{d\sigma^{(0)}}{d\Omega}\left[1 - 2\left(\overline{\Pi}^{(0)}(Q^2) - \overline{\Pi}^{(0)}(0) - \overline{R}^{(0)}(Q^2) + \overline{R}^{(0)}(0) + \overline{S}^{(0)}(Q^2) - \overline{S}^{(0)}(0)\right) - \right.$$
$$\left. - \frac{\dfrac{p^2}{m^2}\sin^2\dfrac{\Theta}{2}}{1 + \dfrac{p^2}{m^2}\cos^2\dfrac{\Theta}{2}}\,2\,\overline{S}^{(0)}(Q^2)\right], \tag{35.8}$$

$$Q^2 = 4\,p^2\sin^2\frac{\Theta}{2}\,. \tag{35.9}$$

In (35.8) kommt immer noch die Funktion $\overline{R}^{(0)}(Q^2) - \overline{R}^{(0)}(0)$ vor; der Ausdruck enthält somit nach (34.18) die kleine Photonenmasse μ. Um diese Größe zu interpretieren, bemerken wir, daß es bei einem wirklichen Experiment nie möglich ist, *nur* die elastische Streuung nach (35.8) zu messen. Es läßt sich nie vermeiden, daß das Elektron ein Lichtquant mit einer sehr kleinen Energie aussenden kann; denn der Detektor hat immer ein endliches Auflösungsvermögen, weshalb auch Elektronen mit einer Energie, die ein wenig kleiner als die Einfallsenergie ist, als elastisch gestreut registriert werden. Dieser Effekt ist eine Bremsstrahlung, und wir können den Wirkungsquerschnitt des Prozesses aus Ziff. 26 entnehmen. Wird in den Gln. (26.3) und (26.10) bis (26.13) die Energie des Lichtquants als sehr klein gegenüber der Energie der Elektronen vorausgesetzt, so erhalten wir

$$\frac{d\sigma^{\text{Strahl}}}{d\Omega} = \frac{d\sigma^{(0)}}{d\Omega}\,\frac{e^2}{(2\pi)^3}\int\limits_{|\boldsymbol{k}|<\varDelta E}\frac{d^3k}{2\omega}\left[\frac{2\,m^2 + 4\,p^2\sin^2\dfrac{\Theta}{2}}{k\,q\cdot k\,q'} - \frac{m^2}{(k\,q)^2} - \frac{m^2}{(k\,q')^2}\right], \tag{35.10}$$

wobei wir über alle emittierten Photonen mit einer Energie kleiner als das Auflösungsvermögen $\varDelta E$ des Meßapparates integriert haben. Das Integral über die emittierten Photonen in (35.10) divergiert für kleine Energien, und wir schneiden es dadurch ab, daß wir wieder dem Photon eine kleine Masse zuschreiben. Statt (35.10) studieren wir, also

$$\frac{d\sigma^{\text{Strahl}}}{d\Omega} = \frac{d\sigma^{(0)}}{d\Omega}\,\frac{e^2}{(2\pi)^3}\int\limits_{|\boldsymbol{k}|<\varDelta E}dk\,\delta(k^2+\mu^2)\,\Theta(k)\left[\frac{2\,m^2 + 4\,p^2\sin^2\dfrac{\Theta}{2}}{k\,q\cdot k\,q'} - \frac{m^2}{(k\,q)^2} - \frac{m^2}{(k\,q')^2}\right]. \tag{35.11}$$

Da wir jetzt (35.11) und (35.8) in derselben Weise abgeschnitten haben, können wir die zwei Wirkungsquerschnitte addieren und untersuchen, ob sich der Grenzübergang $\mu \to 0$ eventuell im *totalen* Wirkungsquerschnitt ausführen läßt.

Zur Auswertung von (35.11) berechnen wir das Integral

$$
\begin{aligned}
J = & \int\limits_{|\boldsymbol{k}|<\varDelta E} dk\,\delta(k^2+p^2)\,\Theta(k)\,\frac{1}{k\,q\cdot k\,q'} = \\
= & \frac{1}{2}\int\limits_0^{\varDelta E}\frac{k^2\,d|\boldsymbol{k}|}{\sqrt{k^2+\mu^2}}\int\frac{d\Omega_k}{(\boldsymbol{p}\,\boldsymbol{k}-E\sqrt{k^2+\mu^2})(\boldsymbol{p}'\,\boldsymbol{k}-E\sqrt{k^2+\mu^2})} = \\
= & \frac{1}{2}\int\limits_0^{\varDelta E}\frac{k^2\,d|\boldsymbol{k}|}{\sqrt{k^2+\mu^2}}\int\limits_0^1 d\alpha\int\frac{d\Omega_k}{[(\boldsymbol{p}+\boldsymbol{Q}\,\alpha)\,\boldsymbol{k}-E\sqrt{k^2+\mu^2}]^2}\,.
\end{aligned}
\qquad (35.12)
$$

Für die letzte Umformung in (35.12) haben wir die Identität

$$
\frac{1}{a\cdot b} = \int\limits_0^1\frac{d\alpha}{[a\,\alpha+b(1-\alpha)]^2}
\qquad (35.13)
$$

benutzt[1]. Die k-Integrationen in (35.12) können jetzt elementar ausgeführt werden und liefern das Ergebnis

$$
J = 2\pi\int\limits_0^1\frac{d\alpha}{A}\left\{\log\frac{2\varDelta E}{\mu}-\frac{E}{2\sqrt{E^2-A}}\log\frac{E+\sqrt{E^2-A}}{E-\sqrt{E^2-A}}\right\},
\qquad (35.14)
$$

$$
A = m^2 + Q^2\,\alpha(1-\alpha).
\qquad (35.15)
$$

Unter Benutzung von (35.14) und (35.15) können wir (35.11) in folgender Weise schreiben

$$
\frac{d\sigma^{\text{Strahl}}}{d\Omega} = \frac{d\sigma^{(0)}}{d\Omega}\,\frac{e^2}{2\pi^2}\left[\log\frac{2\varDelta E}{\mu}\,F_1+F_2\right],
\qquad (35.16)
$$

$$
F_1 = \int\limits_0^1 d\alpha\left[\frac{m^2+\dfrac{Q^2}{2}}{m^2+Q^2\,\alpha(1-\alpha)}-1\right],
\qquad (35.17)
$$

$$
\begin{aligned}
F_2 = \int\limits_0^1 d\alpha\Bigg[& \frac{m^2+\dfrac{Q^2}{2}}{m^2+Q^2\,\alpha(1-\alpha)}\cdot\frac{E}{2\sqrt{p^2-Q^2\,\alpha(1-\alpha)}}\log\frac{E-\sqrt{p^2-Q^2\,\alpha(1-\alpha)}}{E+\sqrt{p^2-Q^2\,\alpha(1-\alpha)}}- \\
& -\frac{E}{2p}\log\frac{E-p}{E+p}\Bigg].
\end{aligned}
\qquad (35.18)
$$

Das α-Integral in (35.17) läßt sich sofort ausführen, während die Integration in (35.18) ziemlich mühsam ist. Wir geben hier nur die Ergebnisse

$$
F_1 = \frac{1+\dfrac{2m^2}{Q^2}}{\sqrt{1+\dfrac{4m^2}{Q^2}}}\log\frac{\sqrt{1+\dfrac{4m^2}{Q^2}}+1}{\sqrt{1+\dfrac{4m^2}{Q^2}}-1}-1,
\qquad (35.19)
$$

$$
\begin{aligned}
F_2 = & -\frac{1+\dfrac{2m^2}{Q^2}}{\sqrt{1+\dfrac{4m^2}{Q^2}}}\left[\Phi\left(\frac{-2\sqrt{1+\dfrac{4m^2}{Q^2}}}{1+\sqrt{1+\dfrac{4m^2}{Q^2}}}\right)+\frac{\pi^2}{3}-\frac{1}{4}\left(\log\frac{\sqrt{1+\dfrac{4m^2}{Q^2}}+1}{\sqrt{1+\dfrac{4m^2}{Q^2}}-1}\right)^2\right]+ \\
& +\frac{E}{2p}\log\frac{E+p}{E-p}-\frac{1+\dfrac{2m^2}{Q^2}}{\sqrt{1+\dfrac{4m^2}{Q^2}}}\log\frac{2E}{m}\log\frac{\sqrt{1+\dfrac{4m^2}{Q^2}}+1}{\sqrt{1+\dfrac{4m^2}{Q^2}}-1}+\frac{Q^2}{4E^2}\left(1+\frac{2m^2}{Q^2}\right)I,
\end{aligned}
\qquad (35.20)
$$

---

[1] R. P. FEYNMAN: Phys. Rev. **76**, 785 (1949).

$$I = \frac{1}{2\,\beta\,\delta\sin\dfrac{\Theta}{2}}\left[\Phi\left(-\left(\frac{x-1}{x+1}\right)^2\right) - \Phi\left(-\left(\frac{1-y}{1+y}\right)^2\right) + \right.$$
$$\left. + \log\frac{x-1}{x+1}\log\frac{(x+y)^2(x+1)^2}{4\,x^2(1-y^2)} - \log\frac{1-y}{1+y}\log\frac{(x+y)^2(1+y)^2}{4\,y^2(x^2-1)}\right], \left.\right\} \qquad (35.21)$$

$$x = \frac{\beta\left(1+\sin\dfrac{\Theta}{2}\right)}{1-\delta} \geqq 1, \qquad (35.22\,\text{a})$$

$$y = \frac{\beta\left(1+\sin\dfrac{\Theta}{2}\right)}{1+\delta} \leqq 1, \qquad (35.22\,\text{b})$$

$$\delta = \sqrt{1-\beta^2\cos^2\frac{\Theta}{2}} \leqq 1, \qquad (35.22\,\text{c})$$

$$\beta = \frac{p}{E} < 1. \qquad (35.22\,\text{d})$$

Die Funktion $\Phi(x)$ in (35.20) und (35.21) ist in (34.21) definiert worden.

Addieren wir jetzt die Ausdrücke (35.8) und (35.16), um den totalen Wirkungsquerschnitt zu erhalten, so fällt tatsächlich die Masse μ nach (34.18) und (35.19) im Ergebnis heraus. Die beobachtbare Größe $\dfrac{d\sigma^{\text{tot}}}{d\Omega}$ ist also von der Photonenmasse unabhängig, und die Rolle der Abschneidegröße ist vom Auflösungsvermögen des Messapparates übernommen worden[1]. Für sehr kleine Werte von ΔE muß, wie Bloch und Nordsieck und Jauch und Rohrlich[1] gezeigt haben, auch die Wahrscheinlichkeit für die Emission von mehreren Photonen berücksichtigt werden. Hierdurch wird erreicht, daß $\dfrac{d\sigma^{\text{tot}}}{d\Omega}$ auch im Limes $\Delta E \to 0$ endlich bleibt. Bei diesem Problem dürfen wir offenbar die Bewegung des Elektrons als vorgegeben ansehen, so daß wir es eigentlich mit einer Wechselwirkung von Photonen und einer klassischen Stromverteilung zu tun haben. Dies Problem ist in Ziff. 11 schon behandelt worden, und wir wollen hier nicht die Einzelheiten wiederholen. Für die heute erreichbare Meßgenauigkeit ist übrigens eine solche Verfeinerung der Theorie nicht nötig[2].

Der vollständige Ausdruck für den totalen Wirkungsquerschnitt kann zwar aus den obigen Gleichungen berechnet werden, ist aber ziemlich kompliziert. Wir beschränken uns deshalb auf den extrem relativistischen Grenzfall. Dort vereinfacht sich der Wirkungsquerschnitt zu

$$\frac{d\sigma^{\text{tot}}}{d\Omega} = \frac{d\sigma^{(0)}}{d\Omega}\,(1-\delta) \qquad (35.23)$$

mit
$$\delta = \frac{e^2}{\pi^2}\left\{\left[\log\left(\frac{2E}{m}\left|\sin\frac{\Theta}{2}\right|\right) - \frac{1}{2}\right]\left[\log\frac{E}{\Delta E} - \frac{13}{12}\right] + \frac{17}{72} - \frac{1}{2}\sin^2\frac{\Theta}{2}\,I\right\} \qquad (35.24)$$

und
$$I = \frac{1}{2\sin^2\dfrac{\Theta}{2}}\left[\Phi\left(-\sin^2\frac{\Theta}{2}\right) + \frac{\pi^2}{12} - \log\left(\sin^2\frac{\Theta}{2}\right)\log\left(\cos^2\frac{\Theta}{2}\right)\right]. \qquad (35.25)$$

---

[1] Die erste Diskussion des Ultrarotproblems wurde von F. Bloch u. A. Nordsieck, Phys. Rev. **52**, 54 (1937) gegeben. Vgl. auch W. Pauli u. M. Fierz: Nuovo Cim. **15**, 167 (1938). Die hier gegebene Behandlung stammt von J. Schwinger, Phys. Rev. **76**, 790 (1949). Eine ähnliche Diskussion der höheren Näherungen des Problems ist von J. M. Jauch u. F. Rohrlich, Helv. phys. Acta **27**, 613 (1954) gegeben worden; vgl. auch das S. 258 zitierte Buch dieses Verfassers.

[2] Vgl. jedoch E. Lomon: Nuclear Phys. **1**, 101 (1955). — D.R. Yennie u. H. Suura: Phys. Rev. **105**, 1378 (1957).

Für spezielle Winkel, wie z.B. $\Theta = \pi$ oder $\pi/2$, kann die Funktion I mit den in (34.22) bis (34.24) gegebenen Formeln exakt ausgewertet werden. Für allgemeine Winkel gibt es ausführliche Tabellen für die Funktion Φ [1]. Daß nach Ausführung der Renormierungen von Masse und Ladung ein endlicher Wirkungsquerschnitt resultiert, wurde 1948 von mehreren Autoren bemerkt [2]. Die erste sorgfältige Ausrechnung des Wirkungsquerschnittes wurde von J. SCHWINGER ausgeführt [3], und wir haben hier im wesentlichen seine Methode verwendet.

Eine sehr genaue, experimentelle Verifikation von Gln. (35.23) bis (35.25) fehlt noch. Zwar sind viele Messungen der Streuung hochenergetischer Elektronen an Kernen ausgeführt worden [4]. Hierbei ist aber erstens die Meßgenauigkeit kaum so groß, daß die Ergebnisse als eine Bestätigung der Theorie angesehen werden können, und zweitens handelt es sich meistens um die Streuung an zusammengesetzten Kernen, wobei die räumliche Ausdehnung der Ladungsverteilung im Kern eine große Rolle spielt. Die hierdurch verursachte Abweichung von Gl. (35.7) ist viel größer als die strahlungstheoretischen Korrekturen (35.23). Bei diesen Messungen handelt es sich also eher um eine Bestimmung der Ladungsverteilung im Innern des Kerns als um eine Verifikation der Theorie. In der letzten Zeit sind aber auch Messungen der Streuung von Elektronen an Protonen ausgeführt worden [5,6] wobei die Ausdehnung der Ladungsverteilung nicht so wesentlich ist. Die Experimente sind so ausgeführt worden, daß zuerst die Ausdehnung des Protons aus der Winkelverteilung der gestreuten Elektronen bestimmt wurde [5], und ann das Ergebnis für einen Vergleich der theoretischen und experimentellen Werte des Gesamtquerschnittes benützt wurde [6]. Bei einer Elektronenenergie von etwa 140 MeV erhalten TAUTFEST und PANOFSKY

$$\sigma_{\mathrm{exp}}/\sigma_{\mathrm{theor}} = 0,988 \pm 0,021 . \tag{35.26}$$

Da der theoretisch wichtige Teil der strahlungstheoretischen Korrekturen von der Größenordnung $\frac{e^2}{\pi^2} \log \frac{E}{m}$, d.h. bei 140 MeV etwa 4% ist, kann das Ergebnis (35.26) kaum als eine genaue Bestätigung der Theorie angesehen werden. Vorläufig scheinen aber diese Messungen wenigstens nicht den Gln. (35.23) bis (35.25) zu widersprechen.

36. Hyperfeinstruktur des Wasserstoffatoms. Als nächste Anwendung der in Ziff. 34 hergeleiteten Ausdrücke und als Vorbereitung für die in Ziff. 37 zu diskutierende LAMB-Verschiebung wollen wir hier die Hyperfeinstruktur für den $1s$-Zustand des Wasserstoffatoms studieren. Wir betrachten also ein System, in dem sich das elektromagnetische Feld aus dem äußeren COULOMB-Feld des Protons, dem Feld des magnetischen Dipols des Protons und dem Strahlungsfeld zusammensetzt. Hierbei betrachten wir ein Elektron im elektrostatischen Feld als das ungestörte System, dessen Energieniveaus aus der DIRACschen Theorie des Wasserstoffatoms bekannt sind. Wir interessieren uns dann für die Aufspaltung des $1s$-Niveaus unter der Einwirkung des magnetischen Dipols des

---

[1] Vgl. z.B. K. MITCHELL: Phil. Mag. **40**, 351 (1949).

[2] Z. KOBA u. S. TOMONAGA: Prog. Theor. Phys. **3**, 290 (1948). — H. W. LEWIS: Phys. Rev. **73**, 173 (1948). — J. SCHWINGER: Phys. Rev. **73**, 416 (1948).

[3] J. SCHWINGER: Phys. Rev. **76**, 790 (1949). Vgl. auch L. R. B. ELTON u. H. H. ROBERTSON: Proc. Phys. Soc. Lond., Ser. A **65**, 145 (1952).

[4] Vgl. z.B. den zusammenfassenden Bericht von R. HOFSTADTER: Rev. Mod. Phys. **28**, 214 (1956).

[5] R.W. MCALLISTER u. R. HOFSTADTER: Phys. Rev. **102**, 851 (1956). — E.E. CHAMBERS u. R. HOFSTADTER: Phys. Rev. **103**, 1454 (1956).

[6] G. W. TAUTFEST u. W. K. H. PANOFSKY: Phys. Rev. **105**, 1356 (1957).

Protons, wobei auch die Korrekturen, die wegen der Kopplung des Elektrons an das elektromagnetische Strahlungsfeld auftreten, berücksichtigt werden müssen. Betrachten wir zuerst *nur* den magnetischen Dipol des Protons als Störung, so erhalten wir nach elementaren Sätzen der Quantenmechanik den folgenden Ausdruck für die Aufspaltung des Energieniveaus

$$\delta E = - \int d^3x \, \langle n| \, j_\mu(x) \, |n\rangle \, A_\mu^{\mathrm{mag}}(x) , \tag{36.1}$$

$$A_\mu^{\mathrm{mag}}(\boldsymbol{x}) = \frac{\boldsymbol{\mu} \times \boldsymbol{x}}{4\pi\, r^3} . \tag{36.2}$$

Hier bedeutet μ das magnetische Moment des Protons, und $\langle n| \, j_\mu(x) \, |n\rangle$ ist der Erwartungswert des Stromoperators im betrachteten ungestörten Zustand. Als „ungestörten Zustand" müssen wir aber dabei das Elektron *und* sein Strahlungsfeld ansehen. Eine exakte Auswertung dieser Größe ist selbstverständlich nicht möglich, sondern wir machen die weitere Näherung, daß wir den Erwartungswert nach dem Strahlungsfeld entwickeln. Hierbei können wir aber nicht ohne weiteres die Ergebnisse von Ziff. 34 verwenden; denn wir haben hier das starke elektrostatische Feld, das eigentlich in jedem Schritt der Rechnung exakt berücksichtigt werden muß. Im Prinzip können wir das so machen, daß wir die Differentialgleichungen der Feldoperatoren

$$\left(\gamma \frac{\partial}{\partial x} + m\right) \psi(x) = i\,e\,\gamma \left(A^{\mathrm{Strahl}}(x) + A^{\mathrm{Coulomb}}(x)\right) \psi(x) , \tag{36.3}$$

$$\Box A_\mu^{\mathrm{Strahl}}(x) = - \frac{i\,e}{2} \left[\overline{\psi}(x), \gamma_\mu \psi(x)\right] \tag{36.4}$$

in folgender Weise zu Integralgleichungen umformen

$$\psi(x) = \psi^C(x) - i\,e \int S_R(x, x') \gamma \, A^{\mathrm{Strahl}}(x') \, \psi(x') \, dx' , \tag{36.5}$$

$$A_\mu^{\mathrm{Strahl}}(x) = A_\mu^{(0)}(x) + \frac{i\,e}{2} \int D_R(x - x') \left[\overline{\psi}(x'), \gamma_\mu \psi(x')\right] dx' . \tag{36.6}$$

In (36.5) bedeutet dabei $\psi^C(x)$ die Lösung der Gleichung

$$\left(\gamma \frac{\partial}{\partial x} + m\right) \psi^C(x) = i\,e\,\gamma \, A^{\mathrm{Coulomb}}(x) \, \psi^C(x) , \tag{36.7}$$

während $S_R(x, x')$ durch

$$\left(\gamma \frac{\partial}{\partial x} + m\right) S_R(x, x') - i\,e\,\gamma \, A^{\mathrm{Coulomb}}(x) \, S_R(x, x') = - \,\delta(x - x') , \tag{36.8}$$

$$S_R(x, x') = 0 \quad \text{für} \quad x_0 < x_0' \tag{36.9}$$

gegeben ist. Diese Funktion ist also eine singuläre Funktion von derselben Art wie die in Ziff. 16 studierten Ausdrücke. Eine explizite Berechnung dieser Funktion ist auch hier im Prinzip möglich, da die Eigenwerte und Eigenfunktionen von (36.7) bekannt sind, aber diese Rechnung ist bis jetzt nicht ausgeführt worden. Wenn wir aber zunächst das Strahlungsfeld in (36.5) und (36.6) als eine kleine Störung betrachten, können wir diese Gleichungen in gewöhnlicher Weise iterieren, und erhalten dabei für die erste, nichtverschwindende Korrektion des Stromoperators einen Ausdruck, der aus Gl. (31.2) bis (31.4) hervorgeht, wenn wir überall die singulären Funktionen des freien Elektrons $S_R(x-x')$, $S_A(x-x')$ und $S^{(1)}(x-x')$ durch die entsprechenden Funktionen des gebundenen Elektrons $S_R(x, x')$, $S_A(x, x')$ und $S^{(1)}(x, x')$ ersetzen. Der so erhaltene Ausdruck gilt im Prinzip exakt für das Coulomb-Feld. In dieser Weise erhalten wir die folgenden Formeln

$$\delta E = \delta E^{(0)} + \delta E^{(1)}, \tag{36.10}$$

$$\delta E^{(0)} = -\frac{ie}{2} \int d^3x \langle n | [\overline{\psi}^C(x), \gamma_\mu \psi^C(x)] | n \rangle A_\mu^{\text{mag}}(x), \tag{36.11}$$

$$\delta E^{(1)} = -\int d^3x \langle n | \delta j_\mu(x) | n \rangle A_\mu^{\text{mag}}(x), \tag{36.12}$$

$$\left. \begin{aligned}
\delta j_\mu(x) = &\frac{ie}{2} \int dx' \, [\overline{\psi}^C(x), \gamma_\mu S_R(x, x') \, \Phi^C(x')] + \frac{ie}{2} \int dx' \, [\overline{\Phi}^C(x') S_A(x', x), \gamma_\mu \psi^C(x)] - \\
&- \frac{ie^3}{4} \iint dx' \, dx'' \, [\overline{\psi}^C(x'), \gamma_\lambda \big(S^{(1)}(x', x) \gamma_\mu S_R(x, x'') D_R(x'' - x') + \\
&+ S_A(x', x) \gamma_\mu S^{(1)}(x, x'') D_R(x' - x'') + S_A(x', x) \gamma_\mu S_R(x, x'') D^{(1)}(x' - x'')\big) \gamma_\lambda \psi^C(x'')] + \\
&+ \frac{ie^3}{4} \iint dx' \, dx'' \, (\text{Sp}\,[\gamma_\mu S_R(x, x') \gamma_\nu S^{(1)}(x', x)] + \\
&+ \text{Sp}\,[\gamma_\mu S^{(1)}(x, x') \gamma_\nu S_A(x', x)]) \, D_R(x' - x'') \, [\overline{\psi}^C(x''), \gamma_\nu \psi^C(x'')],
\end{aligned} \right\} \tag{36.13}$$

$$\Phi^C(x) = -\frac{e^2}{2} \int \gamma_\lambda \, [S^{(1)}(x, x') D_A(x' - x) + S_R(x, x') D^{(1)}(x' - x)] \gamma_\lambda \psi^C(x') \, dx'. \tag{36.14}$$

Wir fangen mit der Auswertung von (36.11) an und erhalten aus (36.2) sofort

$$\delta E^{(0)} = -\frac{ie}{4\pi} \int d^3x \, \overline{u}_n(\boldsymbol{x}) \gamma_k u_n(\boldsymbol{x}) \frac{[\boldsymbol{\mu} \times \boldsymbol{x}]_k}{r^3}. \tag{36.15}$$

Hier ist $u_n(\boldsymbol{x})$ die dem Zustand $|n\rangle$ entsprechende Eigenfunktion der zeitunabhängigen DIRAC-Gleichung

$$\langle 0 | \psi^C(x) | n \rangle = u_n(\boldsymbol{x}) \, e^{-i E_n x_0}. \tag{36.16}$$

Für den 1s-Zustand eines wasserstoffähnlichen Atoms mit der Ladung Ze ist also

$$u_n(\boldsymbol{x}) = \frac{f(r)}{\sqrt{4\pi}} \left[1, 0, i \frac{z}{r} \frac{Z\alpha}{1 + \varrho}, i \frac{x + iy}{r} \frac{Z\alpha}{1 + \varrho} \right] \qquad \text{für } s_z = +\frac{1}{2}, \tag{36.17a}$$

$$u_n(\boldsymbol{x}) = \frac{f(r)}{\sqrt{4\pi}} \left[0, 1, i \frac{x - iy}{r} \frac{Z\alpha}{1 + \varrho}, -i \frac{z}{r} \frac{Z\alpha}{1 + \varrho} \right] \qquad \text{für } s_z = -\frac{1}{2}, \tag{36.17b}$$

$$f(r) = \frac{(2mZ\alpha r)^\varrho}{r} \sqrt{\frac{(1 + \varrho) \, mZ\alpha}{\Gamma(2\varrho + 1)}} \, e^{-Zm\alpha r}, \tag{36.18}$$

$$\varrho = \sqrt{1 - Z^2 \alpha^2}. \tag{36.19}$$

Hieraus erhalten wir nach einfacher Rechnung

$$i \overline{u}_n(\boldsymbol{x}) \gamma_k u_n(\boldsymbol{x}) = -\frac{f^2(r)}{\pi} \frac{\alpha Z}{1 + \varrho} \frac{[\boldsymbol{x} \times \boldsymbol{s}]_k}{r}, \tag{36.20}$$

wobei $\boldsymbol{s}$ der Vektor

$$\boldsymbol{s} = (0, 0, s_z) \tag{36.20a}$$

ist. Einsetzen in (36.15) gibt jetzt

$$\left. \begin{aligned}
\delta E^{(0)} = &-\frac{e}{4\pi^2} \frac{\alpha Z}{1 + \varrho} \int d^3x \, f^2(r) \frac{1}{r^4} \left((\boldsymbol{\mu}\,\boldsymbol{s}) \, r^2 - (\boldsymbol{\mu}\,\boldsymbol{x}) \cdot (\boldsymbol{s}\,\boldsymbol{x}) \right) = \\
= &-\frac{e}{\pi} \frac{\alpha Z}{1 + \varrho} (\boldsymbol{\mu}\,\boldsymbol{s}) \frac{2}{3} \int_0^\infty dr \, f^2(r) = -\frac{4}{3} \frac{e}{2m} (\boldsymbol{\mu}\,\boldsymbol{s}) \frac{m^3 Z^3 \alpha^3}{\pi} \frac{1}{\varrho(2\varrho - 1)}.
\end{aligned} \right\} \tag{36.21}$$

Für kleine Werte von $Z\alpha$ können wir (36.19) nach dieser Größe entwickeln, wodurch (36.21) sich zu

$$\delta E^{(0)} = -\frac{4}{3}\frac{e}{2m}(\mu\,\mathbf{s})\frac{m^3 Z^3 \alpha^3}{\pi}\left[1 + \frac{3}{2}Z^2\alpha^2 + \cdots\right] \tag{36.22}$$

vereinfacht. Da weiter das magnetische Moment des Kerns seinem Spin I proportional ist, erhalten wir nach wohlbekannten Regeln für das Zusammensetzen von Drehimpulsen

$$(\mu\,\mathbf{s}) = \frac{\mu_k}{2I}\left(J(J+1) - I(I+1) - \frac{3}{4}\right). \tag{36.23}$$

In (36.23) bedeutet J den gesamten Drehimpuls des ganzen Atoms. Für $J = I + \frac{1}{2}$ haben wir also

$$(\mu\,\mathbf{s}) = \frac{\mu_k}{2}, \tag{36.24}$$

während diese Größe für $J = I - \frac{1}{2}$ durch

$$(\mu\,\mathbf{s}) = -\frac{\mu_k}{2}\left(1 + \frac{1}{I}\right) \tag{36.25}$$

gegeben ist. Der 1s-Zustand spaltet also in zwei Zustände mit dem Energieunterschied

$$\Delta E = \frac{2}{3}\mu_e\mu_k\frac{2I+1}{I}\frac{m^3 Z^3 \alpha^3}{\pi}\left[1 + \frac{3}{2}Z^2\alpha^2 + \cdots\right], \tag{36.26}$$

$$\mu_e = \frac{e}{2m} \tag{36.26a}$$

auf[1]. Die Energieverschiebung (36.22) ist von der Größenordnung $m^3\mu_e\mu_k Z^3\alpha^3 \equiv E_m$ mit einem Korrektionsglied von der Größenordnung $Z^2\alpha^2 \cdot E_m$. Wenn wir uns für das letzte Glied nicht interessiert hätten, wäre es möglich gewesen, die erste Näherung von (36.22) in ein wenig einfacherer Weise abzuleiten. Mit Hilfe der GORDONSchen Umformung des Stromoperators [vgl. Gl. (33.2)] haben wir nämlich

$$i\,\bar{u}(\boldsymbol{x})\,\gamma_k\,u(\boldsymbol{x}) = \frac{i}{2m}\left(\frac{\partial\bar{u}}{\partial x_k}u - \bar{u}\frac{\partial u}{\partial x_k}\right) + \frac{1}{2m}\frac{\partial}{\partial x_l}(\bar{u}\,\sigma_{kl}\,u). \tag{36.27}$$

Mit Hilfe von (36.17) folgt weiter

$$\frac{i}{2m}\left(\frac{\partial\bar{u}}{\partial x_k}u - \bar{u}\frac{\partial u}{\partial x_k}\right) = \frac{f^2(r)}{2m\pi}\frac{\alpha^2 Z^2}{(1+\varrho)^2}\frac{[\boldsymbol{x}\times\mathbf{s}]_k}{r^2}, \tag{36.28}$$

$$\frac{1}{2m}\bar{u}\,\sigma_{kl}\,u = \frac{f^2(r)}{2m\pi(1+\varrho)}\left[\mathbf{s} - \frac{\alpha^2 Z^2}{1+\varrho}\frac{(\mathbf{s}\,\boldsymbol{x})\cdot\boldsymbol{x}}{r^2}\right]_m; \quad (k,\,l,\,m \text{ zykl}). \tag{36.29}$$

Wenn konsequent alle Glieder mit einem Faktor $Z^2\alpha^2$ weggelassen werden, können wir also näherungsweise schreiben

$$\frac{i}{2m}\left(\frac{\partial\bar{u}}{\partial x_k}u - \bar{u}\frac{\partial u}{\partial x_k}\right) = 0, \tag{36.30}$$

$$\frac{1}{2m}\bar{u}\,\sigma_{kl}\,u = \frac{\varphi^2(r)}{4\pi m}(\mathbf{s})_m, \tag{36.31}$$

$$\varphi(r) = \frac{1}{\sqrt{2}}(2mZ\alpha)^{\frac{3}{2}}e^{-Zm\alpha r}. \tag{36.32}$$

Die Funktion $\varphi(r)$ in (36.32) ist die radiale Wellenfunktion der nichtrelativistischen SCHRÖDINGER-Gleichung für das Wasserstoffatom. In dieser Näherung ist also der Strom des Elektrons genau der Strom des magnetischen Dipols des

---

[1] E. FERMI: Z. Physik **60**, 320 (1930). — G. BREIT: Phys. Rev. **35**, 1447 (1930).

Elektronenspins[1]. Eine partielle Integration in (36.15) gibt dann

$$
\left.
\begin{aligned}
\delta E^{(0)} &= -\frac{e}{16\pi^2 m}\int d^3x\,\varphi^2(r)\left(\mathbf{s}\,\mathrm{rot}\,\frac{[\boldsymbol{\mu}\times\boldsymbol{x}]}{r^3}\right) = -\frac{e}{16\pi^2 m}\int d^3x\,\varphi^2(r)\left(\mathbf{s}\,\mathrm{rot}\left(\mathrm{rot}\,\frac{\boldsymbol{\mu}}{r}\right)\right) = \\
&= -\frac{e}{16\pi^2 m}\int d^3x\,\varphi^2(r)\,\mathbf{s}\left(\mathrm{grad}\left(\mathrm{grad}\,\frac{\boldsymbol{\mu}}{r}\right) - \boldsymbol{\mu}\,\Delta\left(\frac{1}{r}\right)\right) = \\
&= \frac{e\,(\mathbf{s}\,\boldsymbol{\mu})}{24\pi^2 m}\int d^3x\,\varphi^2(r)\,\Delta\left(\frac{1}{r}\right) = \\
&= -\frac{e}{6\pi m}\,(\mathbf{s}\,\boldsymbol{\mu})\,|\varphi(0)|^2 = -\frac{4}{3}\,\mu_e\,(\mathbf{s}\,\boldsymbol{\mu})\,\frac{|\varphi(0)|^2}{4\pi}\,.
\end{aligned}
\right\} \quad (36.33)
$$

Wegen (36.32) stimmt (36.33) genau mit der ersten Näherung von (36.22) überein.

Aus Gl. (36.12) erhalten wir die Korrekturen zu diesem Ergebnis, die von der Größenordnung $E_m\,\alpha$ sind. Dies heißt, daß die Korrektionsglieder in (36.22) eigentlich nicht zuverlässig sind, wenn Z von der Größenordnung 1 ist (z. B. bei Wasserstoff), da weitere Glieder von derselben oder sogar von größerer Größenordnung aus (36.12) resultieren. Wir wollen hier das Glied der Ordnung $E_m\,\alpha$ auswerten. Hierbei ist es offenbar hinreichend, die oben gegebene, vereinfachte Theorie des Spins zu verwenden. Weiterhin können wir in (36.13) und (36.14) überall die singulären Funktionen des Coulomb-Feldes durch die Funktionen der freien Partikeln ersetzen, denn die hierdurch vernachlässigten Glieder enthalten alle einen weiteren Faktor $Z\alpha$. Die Größe δj_u in (36.13) wird dann genau gleich dem in den Ziff. 31 bis 34 behandelten Ausdruck, mit dem einzigen Unterschied, daß wir statt ebener Wellen Lösungen der nichtrelativistischen Schrödinger-Gleichung als Anfangs- und Endzustände verwenden müssen. Bei der Auswertung in Ziff. 31 ist zwar mehrfach die Dirac-Gleichung der freien Partikeln für die Anfangs- und Endzustände benutzt worden, was ja bei unserer Rechnung eigentlich nicht erlaubt ist, aber der hierdurch gemachte Fehler ist wieder von der Größenordnung $E_m\,Z\,\alpha^2$ und stört somit augenblicklich nicht. Wir erhalten also in dieser Näherung

$$
\left.
\begin{aligned}
\delta E^{(1)} &= -\frac{1}{4\pi}\int d^3x\,\frac{[\boldsymbol{\mu}\times\boldsymbol{x}]_k}{r^3}\iint\frac{d^3q\,d^3x'}{(2\pi)^3}\,e^{i\boldsymbol{q}\,(\boldsymbol{x}-\boldsymbol{x}')}\Big[i\,e\,\bar{u}_n(\boldsymbol{x}')\,\gamma_k\,u_n(\boldsymbol{x})\times \\
&\quad\times\big(-\overline{\Pi}^{(0)}(\boldsymbol{q}^2)+\overline{\Pi}^{(0)}(0)+\overline{R}^{(0)}(\boldsymbol{q}^2)-\overline{R}^{(0)}(0)-\overline{S}^{(0)}(\boldsymbol{q}^2)+\overline{S}^{(0)}(0)\big)+ \\
&\quad+\mu_e\,\overline{S}^{(0)}(\boldsymbol{q}^2)\,\frac{\partial}{\partial x_l'}\big(\bar{u}_n(\boldsymbol{x}')\,\sigma_{kl}\,u_n(\boldsymbol{x}')\big)\Big]\approx \\
&\approx \frac{\mu_e}{4\pi}\int d^3x\,\frac{\partial}{\partial x_l}\left(\frac{[\boldsymbol{\mu}\times\boldsymbol{x}]_k}{r^3}\right)\iint\frac{d^3q\,d^3x'}{(2\pi)^3}\,e^{i\boldsymbol{q}\,(\boldsymbol{x}-\boldsymbol{x}')}\,\frac{\varphi^2(r')}{2\pi}\,(\mathbf{s})_m\times \\
&\quad\times\big[\overline{S}^{(0)}(0)+\overline{R}^{(0)}(\boldsymbol{q}^2)-\overline{R}^{(0)}(0)-\overline{\Pi}^{(0)}(\boldsymbol{q}^2)+\overline{\Pi}^{(0)}(0)\big] = \\
&= -\frac{\mu_e}{8\pi^2}\int d^3x\left(\mathbf{s}\,\mathrm{rot}\,\frac{[\boldsymbol{\mu}\times\boldsymbol{x}]}{r^3}\right)\iint\frac{d^3q\,d^3x'}{(2\pi)^3}\,e^{i\boldsymbol{q}\,(\boldsymbol{x}-\boldsymbol{x}')}\,\varphi^2(r')\times \\
&\quad\times\left[\frac{\alpha}{2\pi}+\overline{R}^{(0)}(\boldsymbol{q}^2)-\overline{R}^{(0)}(0)-\overline{\Pi}^{(0)}(\boldsymbol{q}^2)+\overline{\Pi}^{(0)}(0)\right].
\end{aligned}
\right\} \quad (36.34)
$$

---

[1] Dies gilt nicht in der exakten Theorie, da Spin- und Bahndrehimpuls des Elektrons für sich keine gute Quantenzahlen sind. Im 1s-Zustand mit Gesamtdrehimpuls $\frac{1}{2}$ ist also das Elektron hauptsächlich im Zustand mit $l=0$ und $s_z=\frac{1}{2}$, aber es gibt eine kleine Wahrscheinlichkeit von der Größenordnung $Z^2\alpha^2$, daß das Elektron im Zustand mit $l=1$, $m=1$, $s_z=-\frac{1}{2}$ gefunden werden kann. Hierher kommt der Beitrag (36.28) und das letzte Glied in (36.29). Zufälligerweise kompensieren sich gewisse Beiträge in (36.27) so, daß der einzige Unterschied zwischen (36.20) und dem Ergebnis der hier gemachten Näherung in der Ersetzung von $\dfrac{f^2}{1+\varrho}$ durch $\dfrac{\varphi^2}{2}$ besteht.

Nun gilt

$$\int \frac{d^3x'}{(2\pi)^3}\, e^{-i\boldsymbol{q}\boldsymbol{x}'}\, \varphi^2(r') = \frac{|\varphi(0)|^2}{\pi^2}\, \frac{2mZ\alpha}{[4m^2Z^2\alpha^2+\boldsymbol{q}^2]^2}\,, \tag{36.35}$$

und

$$\int d^3x\, e^{i\boldsymbol{q}\boldsymbol{x}}\left(\boldsymbol{s}\cdot \operatorname{rot}\frac{[\boldsymbol{\mu}\times\boldsymbol{x}]}{r^3}\right) = 4\pi\left[(\boldsymbol{\mu}\,\boldsymbol{s}) - \frac{(\boldsymbol{\mu}\,\boldsymbol{q})\,(\boldsymbol{s}\,\boldsymbol{q})}{\boldsymbol{q}^2}\right]. \tag{36.36}$$

Also erhalten wir aus (36.34)

$$\left.\begin{aligned}
\delta E^{(1)} &= -\frac{4}{3}\mu_e(\boldsymbol{\mu}\,\boldsymbol{s})\frac{|\varphi(0)|^2}{\pi^2}\int_0^\infty \frac{2mZ\alpha\,\boldsymbol{q}^2\,d|\boldsymbol{q}|}{[4m^2Z^2\alpha^2+\boldsymbol{q}^2]^2}\left[\frac{\alpha}{2\pi}+\cdots\right] = \\[2mm]
&= \delta E^{(0)}\cdot\frac{4}{\pi}\int_0^\infty \frac{2mZ\alpha\,\boldsymbol{q}^2\,d|\boldsymbol{q}|}{[4m^2Z^2\alpha^2+\boldsymbol{q}^2]^2}\left[\frac{\alpha}{2\pi}+\overline{R}^{(0)}(\boldsymbol{q}^2)-\overline{R}^{(0)}(0)-\overline{\Pi}^{(0)}(\boldsymbol{q}^2)+\overline{\Pi}^{(0)}(0)\right].
\end{aligned}\right\} \tag{36.37}$$

Die eckige Klammer in (36.37) ändert sich nur langsam mit $\boldsymbol{q}^2$, da die dimensionslose Variable in diesem Ausdruck $\boldsymbol{q}^2/m^2$ ist. Der erste Faktor ist aber nahezu Null, wenn nur $\boldsymbol{q}^2/m^2 \gg 4Z^2\alpha^2$ ist. Er wirkt also praktisch wie eine Deltafunktion, und wir erhalten bis auf Glieder von der Größenordnung $E_m Z^2\alpha^3$

$$\delta E^{(1)} = \delta E^{(0)}\frac{\alpha}{2\pi}\,, \tag{36.38}$$

$$\delta E^{(0)} + \delta E^{(1)} = -\frac{4}{3}\mu_e(\boldsymbol{\mu}\,\boldsymbol{s})\frac{m^3 Z^3\alpha^3}{\pi}\left(1+\frac{\alpha}{2\pi}\right). \tag{36.39}$$

In dieser Weise tritt also das anomale magnetische Moment des Elektrons direkt im Ausdruck für die Hyperfeinstrukturaufspaltung auf, wie auch naiv zu erwarten wäre. Aus der obigen Diskussion geht aber hervor, daß (36.39) eigentlich eine weitere Korrektion von der Größenordnung $E_m Z\alpha^2$ enthalten sollte. Diese Glieder können aus den obigen Ausdrücken berechnet werden, wenn das Coulomb-Feld des Kerns in nächster Näherung berücksichtigt wird. Wir gehen auf diese ziemlich mühsamen Rechnungen nicht näher ein. Das Ergebnis ist[1]

$$\delta E = -\frac{4}{3}\mu_e(\boldsymbol{\mu}\,\boldsymbol{s})\frac{m^3 Z^3\alpha^3}{\pi}\left[1+\frac{\alpha}{2\pi}-\frac{0,328\,\alpha^2}{\pi^2}-Z\alpha^2\left(\frac{5}{2}-\log 2\right)\right]\left[1+\frac{3}{2}Z^2\alpha^2\right]. \tag{36.40}$$

In (36.40) ist auch die vierte Ordnung des anomalen magnetischen Moments hinzuaddiert worden, da dieser Beitrag für kleine Z von derselben Größenordnung wie die anderen neuen Glieder in (36.40) ist.

Genaue Messungen der Hyperfeinstrukturaufspaltung bei Wasserstoff sind von Prodell und Kusch[2] und von Wittke und Dicke[2] ausgeführt worden. Da das Verhältnis der magnetischen Momente des Protons und des Elektrons und die Größe $\frac{1}{2}m\alpha^2$ (die Rydberg-Konstante) mit großer Genauigkeit bekannt sind[3], eignet sich Gl. (36.40) für eine genaue Berechnung der Feinstrukturkonstante[4] α. Hierbei muß berücksichtigt werden, daß die Masse m in (36.40) aus der nichtrelativistischen Wellenfunktion des Wasserstoffatoms stammt und

[1] R. Karplus u. A. Klein: Phys. Rev. 85, 972 (1952). — N. M. Kroll u. F. Pollock: Phys. Rev. 86, 876 (1952).

[2] A. G. Prodell u. P. Kusch: Phys. Rev. 88, 184 (1952). — P. Kusch: Phys. Rev. 100, 1188 (1955). — J. P. Wittke u. R. H. Dicke: Phys. Rev. 103, 620 (1956).

[3] S. Koenig, A. G. Prodell u. P. Kusch: Phys. Rev. 88, 191 (1952). — J. W. M. DuMond u. E. R. Cohen: Phys. Rev. 82, 555 (1951).

[4] H. A. Bethe u. C. Longmire: Phys. Rev. 75, 306 (1949) und die in Fußnote 1 zitierten Arbeiten.

daher gleich der reduzierten Masse im Wasserstoff gesetzt werden muß. Auf diese Weise erhält man

$$\frac{1}{\alpha} = 137{,}0384 \pm 0{,}0003 \,. \tag{36.41}$$

Die oben angegebenen Fehlergrenzen sind aus der Arbeit von KROLL und POLLOCK zitiert worden und enthalten nur die Unsicherheit in den gemessenen Werten. Dazu kommen noch die vernachlässigten Glieder in (36.40). Diese bestehen erstens aus Beiträgen der Größenordnung α^3, welche wahrscheinlich sehr klein sind. Zweitens muß aber berücksichtigt werden, daß die Mitbewegung des Kernes, die in (36.40) nur durch die reduzierte Masse beschrieben worden ist, auch Glieder von der Größenordnung $\alpha\,\frac{m_e}{m_P}$ verursachen kann. Drittens ist es auch möglich, daß die hier gemachte Annahme, daß das Proton als punktförmig betrachtet werden kann, nicht hinreichend ist[1]. Die hierdurch verursachten Korrektionen lassen sich zwar nicht ohne besondere Annahmen abschätzen, sie können aber sehr wohl die zwei letzten Ziffern im obigen Ergebnis beeinflussen. Zuletzt mag erwähnt werden, daß auch die Hyperfeinstrukturaufspaltung des $2s$-Zustandes im Wasserstoff gemessen worden ist[2]. Theoretisch sollte man hier erwarten, daß auch diese Energieaufspaltung durch (36.40) gegeben wäre, wenn nur der letzte Faktor zu $(1 + \frac{17}{8} Z^2 \alpha^2)$ modifiziert wird[3], und ein Faktor 8 im Nenner hinzugefügt wird, d.h.

$$R = \frac{\delta E(2s)}{\delta E(1s)} = \frac{1}{8}\left[1 + \frac{5}{8} Z^2 \alpha^2\right] = \frac{1}{8} \cdot 1{,}000033 3 \,. \tag{36.42}$$

Das experimentelle Ergebnis von REICH, HEBERLE und KUSCH ist

$$R = \tfrac{1}{8}[1{,}0000346 \pm 0{,}0000003] \tag{36.43}$$

für Wasserstoff[2] und

$$R = \tfrac{1}{8}[1{,}0000342 \pm 0{,}0000006] \tag{36.44}$$

für Deuterium[4]. Die Gleichheit der zwei Ergebnisse (36.43) und (36.44) spricht dafür, daß die Abweichung zwischen ihnen und (36.42) nicht durch kernphysikalische Effekte wie eine endliche Ausdehnung des Kerns oder seiner Mitbewegung erklärt werden kann. Eine theoretische Abschätzung von MITTLEMAN[5] der strahlungstheoretischen Glieder der Größenordnung α^3 gibt für das Verhältnis (36.42)

$$R = \tfrac{1}{8}[1 + \tfrac{5}{8} Z^2 \alpha^2 + 5{,}28\,\alpha^3] = \tfrac{1}{8} \cdot 1{,}000035 4 \,. \tag{36.45}$$

Der Unterschied zwischen Theorie und Experiment ist hier noch nicht aufgeklärt worden.

37. Niveauverschiebung im Wasserstoffatom. Nach diesen Vorbereitungen sind wir jetzt im Stande, die Niveauverschiebung im Wasserstoffatom, die im Jahre 1947 von LAMB und RETHERFORD[6] entdeckt wurde, und die in gewissem Sinne die Anregung für die moderne Entwicklung der Quantenelektrodynamik gegeben hat, zu diskutieren. Hierfür wollen wir die in Ziff. 36 gebrauchte Methode verwenden, d.h. wir behandeln versuchsweise das COULOMB-Feld des Kerns

---

[1] E. E. SALPETER u. W. A. NEWCOMB: Phys. Rev. **87**, 150 (1952). — R. ARNOWITT Phys. Rev. **92**, 1002 (1953). — A.C. ZEMACH: Phys. Rev. **104**, 1771 (1956).
[2] H. REICH, J. HEBERLE u. P. KUSCH: Phys. Rev. **98**, 1194 (1955); **101**, 612 (1956).
[3] Vgl. G. BREIT: Phys. Rev. **35**, 1447 (1930).
[4] H. REICH, J. HEBERLE u. P. KUSCH: Phys. Rev. **104**, 1585 (1956).
[5] M.H. MITTLEMAN: Phys. Rev. **107**, 1170 (1957).
[6] W. E. LAMB u. R. C. RETHERFORD: Phys. Rev. **72**, 241 (1947).

als eine kleine Störung außer in den Wellenfunktionen des Anfangs- und End-
zustandes. Um konsequent zu sein, müssen wir dabei auch die in Ziff. 36 angegebene angenäherte Theorie des Elektronenspins anwenden. Hierdurch er-
halten wir sofort die Verschiebung des Zustandes $|n\rangle$ in erster Näherung

$$\delta E = - \int \langle n | \delta j_\mu (x) | n \rangle A_\mu^{\text{Coulomb}} (x) \, d^3 x , \tag{37.1}$$

$$\begin{aligned}
\langle n | \delta j_\mu (x) | n \rangle &= \frac{i\,e}{(2\pi)^3} \int d^3 q \, e^{i\,q\,(x-x')} \bar{u}_n (x') \gamma_\mu u_n (x') \times \\
&\quad \times \left[-\overline{\Pi}^{(0)} (q^2) + \overline{\Pi}^{(0)} (0) + \overline{R}^{(0)} (q^2) - \overline{R}^{(0)} (0) - \overline{S}^{(0)} (q^2) + \overline{S}^{(0)} (0) \right] + \\
&\quad + \frac{\mu_e}{(2\pi)^3} \int d^3 q \, e^{i\,q\,(x-x')} \overline{S}^{(0)} (q^2) \frac{\partial}{\partial x_\nu'} \left(\bar{u}_n (x') \sigma_{\mu\nu} u_n (x') \right) .
\end{aligned} \tag{37.2}$$

Der Einfachheit halber haben wir in (37.1) und (37.2) die Einwirkung des magnetischen Dipols des Kerns vollständig weggelassen[1]. Wir machen weiter die früher
in Gl. (36.37) gemachte Näherung und entwickeln die Funktionen $\overline{\Pi}^{(0)} (q^2)$,
$\overline{R}^{(0)} (q^2)$ und $\overline{S}^{(0)} (q^2)$ nach Potenzen von q^2. Nach Gl. (34.27) folgt

$$\begin{aligned}
\langle n | \delta j_\mu (x) | n \rangle &\approx \frac{i\,\alpha\,e}{3\pi} \left[\log \frac{m}{\mu} - \frac{23}{40} \right] \frac{\Delta}{m^2} \left(\bar{u}_n (x) \gamma_\mu u_n (x) \right) + \\
&\quad + \frac{\alpha}{2\pi} \mu_e \frac{\partial}{\partial x_\nu} \left(\bar{u}_n (x) \sigma_{\mu\nu} u_n (x) \right) .
\end{aligned} \tag{37.3}$$

Aus

$$A_\mu^{\text{Coulomb}} (x) = - i\, \delta_{\mu 4} \frac{Z\,e}{4\pi\,r} \tag{37.4}$$

folgt dann

$$\delta E = \delta E^{(1)} + \delta E^{(2)} , \tag{37.5}$$

$$\begin{aligned}
\delta E^{(1)} &= - \frac{Z\,\alpha^2}{3\pi} \left[\log \frac{m}{\mu} - \frac{23}{40} \right] \frac{1}{m^2} \int d^3 x \, \bar{u}_n (x) \gamma_4 u_n (x) \, \Delta \left(\frac{1}{r} \right) = \\
&= \frac{4}{3} \frac{Z\,\alpha^2}{m^2} \left[\log \frac{m}{\mu} - \frac{23}{40} \right] |\varphi_n (0)|^2 ,
\end{aligned} \tag{37.6}$$

$$\delta E^{(2)} = \frac{\alpha}{2\pi} \mu_e \frac{Z\,e}{4\pi} \int d^3 x \, \frac{1}{r} \frac{\partial}{\partial x_k} \left(\bar{u}_n (x) \gamma_4 \gamma_k u_n (x) \right) . \tag{37.7}$$

Mit Hilfe der Dirac-Gleichung erhalten wir weiter

$$\begin{aligned}
\frac{\partial}{\partial x_k} \left(\bar{u}_n (x) \gamma_4 \gamma_k u_n (x) \right) &= \frac{\partial}{\partial x_k} \left(u_n^* (x) \gamma_k u_n (x) \right) = \\
&= 2 \left[E_n + \frac{Z\,\alpha}{r} \right] \bar{u}_n (x) u_n (x) - 2 m \, u_n^* (x) u_n (x) .
\end{aligned} \tag{37.8}$$

Mit einer für uns hinreichenden Genauigkeit können wir die kleinen Komponenten
der Funktionen $u_n (x)$ durch die großen in folgender Weise ausdrücken

$$u_{\text{klein}} (x) = - \frac{i}{2m} \, \sigma \cdot \operatorname{grad} u_{\text{groß}} (x) . \tag{37.9}$$

Aus (37.8) erhalten wir dann

$$\begin{aligned}
\frac{\partial}{\partial x_k} \left(u_n^* (x) \gamma_k u_n (x) \right) &\approx 2 \left[E_n - m + \frac{Z\,\alpha}{r} \right] |\varphi_n (x)|^2 - \\
&\quad - \frac{1}{m} \left\{ \operatorname{grad} \varphi_n^* (x) \cdot \operatorname{grad} \varphi_n (x) + 2 i \, s \left[\operatorname{grad} \varphi_n^* (x) \times \operatorname{grad} \varphi_n (x) \right] \right\} = \\
&= \frac{-1}{2m} \Delta |\varphi_n (x)|^2 - \frac{2 i\, s}{m} \left[\operatorname{grad} \varphi_n^* (x) \times \operatorname{grad} \varphi_n (x) \right] ,
\end{aligned} \tag{37.10}$$

---

[1] Bei dem schließlichen Vergleich mit der Erfahrung müssen selbstverständlich beide
Effekte zusammen betrachtet werden.

wo $\varphi_n(x)$ wieder die nichtrelativistische Schrödingersche Wellenfunktion ist. In (37.10) haben wir konsequent alle Glieder mit einem besonderen Faktor $Z^2\alpha^2$ weggelassen und bei der letzten Umformung die Wellengleichung der Funktion $\varphi_n(x)$ benutzt. Aus (37.10) folgt jetzt nach partiellen Integrationen

$$\left. \begin{aligned} \int \frac{d^3x}{r}\,\frac{\partial}{\partial x_k}\left(u_n^*(x)\,\gamma_k\,u_n(x)\right) &= \frac{2\pi}{m}\,|\varphi_n(0)|^2\,+ \\ &+ \frac{j(j+1)-l(l+1)-\frac{3}{4}}{m}\int \frac{d^3x\,|\varphi_n(x)|^2}{r^3}, \end{aligned}\right\} \tag{37.11}$$

wo das letzte Glied nach Definition für $l=0$ gleich Null gesetzt wird. Mit den wohlbekannten Ausdrücken für die nichtrelativistischen Wellenfunktionen erhalten wir jetzt aus (37.6), (37.7) und (37.11)

$$\delta E^{(1)} = \frac{4}{3\pi}\,\frac{m\,Z^4\alpha^5}{n^3}\left[\log\frac{m}{\mu} - \frac{23}{40}\right]\delta_{l,0}, \tag{37.12}$$

$$\delta E^{(2)} = \frac{1}{2\pi}\,\frac{m\,Z^4\alpha^5}{n^3}\,\frac{C_{l,j}}{2l+1}, \tag{37.13}$$

$$C_{l,j} = \begin{cases} \dfrac{1}{l+1} & \text{für } j = l + \dfrac{1}{2}, \\[2mm] -\dfrac{1}{l} & \text{für } j = l - \dfrac{1}{2}. \end{cases} \tag{37.14}$$

Für Zustände mit einem von Null verschiedenen Drehimpuls verschwindet also (37.12), und nur das Glied (37.13) vom anomalen magnetischen Moment des Elektrons gibt eine Verschiebung des Zustandes. Für S-Zustände aber verschwindet (37.12) nicht, und enthält sogar die kleine Photonenmasse μ. Das Auftreten dieser Größe in unserem Ergebnis ist, genau wie in Ziff. 35, ein Ausdruck dafür, daß wir in unserer Rechnung etwas Wesentliches weggelassen haben. Hier liegt der Fehler darin, daß die formale Entwicklung nach Potenzen von $Z\alpha$ für das gebundene Elektron eigentlich nicht erlaubt ist. Wenn in den virtuellen Zuständen ein Photon mit einer Energie auftritt, die klein verglichen mit der Bindungsenergie des Elektrons ist, kann das Elektron nicht mehr als fast frei angesehen werden, und es ist nicht erlaubt, die singulären S-Funktionen in Gl. (36.13) und (36.14) durch diejenigen eines freien Elektrons zu ersetzen. Um diese Tatsache berücksichtigen zu können, bemerken wir zuerst, daß die Bindungsenergie des Elektrons von der Größenordnung $mZ^2\alpha^2$, d.h. viel kleiner als die Ruhemasse des Elektrons, ist. Es ist deshalb möglich, unsere Rechnung derart in zwei Teile zu zerlegen, daß wir zuerst nur virtuelle Zustände berücksichtigen, wo das Photon eine Energie hat, die kleiner als eine Grenzenergie K ist. Für dieses K wählen wir eine Energie, die viel größer als die Bindungsenergie aber viel kleiner als die Ruhemasse des Elektrons ist. Hierdurch wird es möglich, die Elektronen in den virtuellen Zuständen mit Hilfe der nichtrelativistischen Theorie zu behandeln, was eine erhebliche Vereinfachung in den formalen Rechnungen bedeutet. Für die anderen Zustände, für die also die Energie des virtuellen Photons größer als K ist, können wir die Wirkung der Bindung vernachlässigen, und die obige Rechnung verwenden. Hierbei können wir μ gleich Null setzen, dürfen aber nicht bei den Integrationen im k-Raum über den ganzen Raum integrieren. Statt der kleinen Masse μ tritt dann die Energie K als Abschneidegröße in (37.12) auf. Den gewünschten Zusammenhang zwischen μ und K erhalten wir am einfachsten aus den Rechnungen in Ziff. 35. In Gl. (35.12) bekommen wir, wenn wir statt μ die Größe K einführen

$$\left. \begin{aligned} \int\limits_{K<|\mathbf{k}|<\varDelta E} \frac{dk\,\delta(k^2)}{k\,q\cdot k\,q'}\,\Theta(k) &= \frac{1}{2}\int\limits_{K}^{\varDelta E} k\,dk \int\limits_0^1 d\alpha \int \frac{d\Omega_k}{[(\mathbf{p}+\mathbf{Q}\alpha)\,\mathbf{k}-E\,|\mathbf{k}|]^2} = \\ &= 2\pi\log\frac{\varDelta E}{K}\int\limits_0^1 \frac{d\alpha}{A}\,. \end{aligned} \right\} \tag{37.15}$$

Wenn $\left|\dfrac{Q^2}{m^2}\right|\ll 1$ ist — der einzige Fall, der uns hier interessiert, — erhalten wir hieraus

$$\frac{d\sigma^{\text{Strahl}}}{d\Omega} = \frac{d\sigma^{(0)}}{d\Omega}\frac{e^2}{2\pi^2}\log\frac{\varDelta E}{K}\frac{1}{3}\frac{Q^2}{m^2}\,. \tag{37.16}$$

Die zwei Funktionen F_1 und F_2 in Gl. (35.16) haben, wie einfach nachgeprüft werden kann, die Potenzentwicklungen

$$F_1 = \frac{1}{3}\frac{Q^2}{m^2} + \cdots, \tag{37.17}$$

$$F_2 = -\frac{5}{18}\frac{Q^2}{m^2} + \cdots. \tag{37.18}$$

Durch Vergleich von (37.16) und (35.16) folgt unter Anwendung von (37.17) und (37.18)

$$\log\frac{2K}{\mu} - \frac{5}{6} = 0\,. \tag{37.19}$$

Hierdurch erhalten wir statt (37.12)[1]

$$\delta E^{(1)} = \frac{4}{3\pi}\frac{m\,Z^4\alpha^5}{n^3}\left[\log\frac{m}{2K} + \frac{31}{120}\right]\delta_{l,0}\,. \tag{37.20}$$

Für die Behandlung der nichtrelativistischen Zwischenzustände gehen wir von der SCHRÖDINGER-Gleichung

$$-\frac{1}{2m}\varDelta\varphi + \frac{ie}{m}A_l^{\text{Strahl}}(x)\frac{\partial\varphi}{\partial x_l} - \frac{Z\alpha}{r}\varphi = E\,\varphi \tag{37.21}$$

aus. Das Glied mit dem Strahlungsfeld wird hier als eine kleine Störung betrachtet, und gibt in erster, nichtverschwindender Näherung[2]

$$(\varDelta E)_n = \sum_{m,\,\mathbf{k},\,\lambda}\frac{|H^{(1)}_{n,\,m+\mathbf{k}}|^2}{E_n - E_m - \omega}\,, \tag{37.22}$$

$$H^{(1)}_{n,\,m+\mathbf{k}} = -e_l^{\{\lambda\}}\langle m\,|\,v_l\,|\,n\rangle\frac{e}{\sqrt{2V\omega}}\,, \tag{37.23}$$

$$\langle m\,|\,v_l\,|\,n\rangle = -\frac{i}{m}\int d^3x\,\varphi_m^*(\boldsymbol{x})\frac{\partial\varphi_n(\boldsymbol{x})}{\partial x_l}\,e^{i\mathbf{k}\boldsymbol{x}}\,. \tag{37.24}$$

---

[1] Die Rechtfertigung für die Anwendung des Ergebnisses (37.19) in (37.12) liegt darin, daß die Ultrarotglieder in (37.12), wie aus (31.23) abgelesen werden kann, genau von einem Integral vom Typ (35.12) kommen. In beiden Fällen handelt es sich also um eine Abschneidung in *demselben* k-Raum.

[2] Bei dieser Behandlung des nichtrelativistischen Problems denken wir uns die longitudinalen und skalaren Freiheitsgrade des Strahlungsfeldes mit der elektrostatischen Wechselwirkung zwischen den Partikeln ersetzt (vgl. Ziff. 38α). Da hier nur ein Elektron vorhanden ist, und die elektrostatische Selbstenergie dieselbe für ein freies und ein gebundenes Elektron ist und damit weggelassen werden kann, tritt nur das transversale, elektromagnetische Feld in (37.21) auf. Die Summation über λ in (37.22) geht also nur von 1 bis 2.

In (37.22) bis (37.24) bedeutet wie vorher $\varphi_n(x)$ die Eigenfunktion des Zustandes $|n\rangle$ des ungestörten Problems. E_n ist die entsprechende Energie. Der Grenzübergang $V \to \infty$ und Summation über die Polarisationsrichtungen λ des Photons gibt

$$(\Delta E)_n = \frac{2}{3}\frac{\alpha}{\pi} \int\limits_0^K \omega \, d\omega \sum_m \frac{\langle n|v_k|m\rangle \langle m|v_k|n\rangle}{E_n - E_m - \omega}. \tag{37.25}$$

Hierbei haben wir den Exponentialfaktor in (37.24) gleich 1 gesetzt, was wegen der über K gemachten Voraussetzungen erlaubt ist.

Der Ausdruck (37.25) enthält die totale Energieänderung des Zustandes $|n\rangle$, d.h. auch die Änderung der nichtrelativistischen, kinetischen Energie, die wegen der Selbstmasse auftritt. Ist das äußere Feld gleich Null, so enthält (37.25) nur diesen letzten Beitrag. In diesem Fall verschwindet das Integral (37.24) für $n \neq m$, und wir erhalten

$$(\Delta E)_n^{\text{frei}} = -\frac{2}{3}\frac{\alpha}{\pi} K \langle n|\bar{v}^2|n\rangle = \frac{1}{2}\delta m \langle n|\bar{v}^2|n\rangle, \tag{37.26}$$

mit

$$\delta m = -\frac{4}{3}\frac{\alpha}{\pi} K. \tag{37.27}$$

Die eigentliche Niveauverschiebung ist also

$$\begin{aligned}
\delta E^{(3)} &= (\Delta E)_n - (\Delta E)_n^{\text{frei}} = \\
&= \frac{2}{3}\frac{\alpha}{\pi} \sum_m \langle n|v_k|m\rangle \langle m|v_k|n\rangle \int\limits_0^K \left[\frac{\omega}{E_n - E_m - \omega} + 1\right] d\omega = \\
&= \frac{2}{3}\frac{\alpha}{\pi} \sum_m |\langle n|\bar{v}|m\rangle|^2 (E_m - E_n) \log\frac{K}{|E_m - E_n|}.
\end{aligned} \tag{37.28}$$

Die Summe in (37.28) muß für jeden Zustand $|n\rangle$ numerisch ausgerechnet werden. Um ein Gefühl für die Größenordnung zu bekommen, ersetzen wir die Energien im Logarithmus durch einen Mittelwert $\langle E\rangle$, und erhalten

$$\delta E^{(3)} = \frac{2}{3}\frac{\alpha}{\pi} \log\frac{K}{\langle E\rangle} \sum_m |\langle n|\bar{v}|m\rangle|^2 (E_m - E_n). \tag{37.29}$$

Gl. (37.29) ist als eine Definition des Mittelwertes $\langle E\rangle$ anzusehen. Diese Größe ist wahrscheinlich von der Größenordnung der Bindungsenergie. Die Summe in (37.29) kann exakt ausgerechnet werden

$$\begin{aligned}
\sum |\langle n|\bar{v}|m\rangle|^2 (E_m - E_n) &= \langle n|[\bar{v}, H^{(0)}]\bar{v}|n\rangle = \langle n|\bar{v}[H^{(0)}, \bar{v}]|n\rangle = \\
&= -\frac{1}{2m^2}\left(\langle n|\left[\boldsymbol{p}, \frac{Z\alpha}{r}\right]\boldsymbol{p}|n\rangle + \langle n|\boldsymbol{p}\left[\frac{Z\alpha}{r}, \boldsymbol{p}\right]|n\rangle\right) = \\
&= \frac{Z\alpha}{2m^2}\int d^3x \, \text{grad}\left(\frac{1}{r}\right) \text{grad}|\varphi_n(x)|^2 = \frac{2\pi Z\alpha}{m^2}|\varphi_n(0)|^2 = 2\frac{Z^4\alpha^4}{n^3} m \, \delta_{l,0},
\end{aligned} \tag{37.30}$$

$$\delta E^{(3)} = \frac{4}{3\pi} \frac{m Z^4 \alpha^5}{n^3} \log\frac{K}{\langle E\rangle} \delta_{l,0}. \tag{37.31}$$

Die gesamte Niveauverschiebung wird jetzt nach (37.31), (37.20) und (37.13)

$$\delta E = \frac{4}{3\pi}\frac{m Z^4 \alpha^5}{n^3}\left\{\log\frac{m}{2\langle E_s\rangle} + \frac{19}{30}\right\} \qquad \text{für} \quad l = 0, \tag{37.32a}$$

$$\delta E = \frac{4}{3\pi}\frac{m Z^4 \alpha^5}{n^3}\left\{\log\frac{\text{Ry}}{\langle E_l\rangle} + \frac{3}{8}\frac{C_{l,j}}{2l+1}\right\} \qquad \text{für} \quad l \neq 0. \tag{37.32b}$$

Das erste Glied in (37.32b) ist hinzugefügt worden, um zu berücksichtigen, daß die Summe (37.28) für $l \neq 0$ nicht exakt verschwindet, was sie nach (37.30) tun sollte. In diesem Fall ist sie aber von K unabhängig.

Der nichtrelativistische Teil der obigen Rechnung ist zuerst von BETHE[1] ausgeführt worden. Die letzten Glieder in (37.32) sind von KROLL und LAMB und von FRENCH und WEISSKOPF[2] unabhängig voneinander angegeben worden. Die hier gebrauchte Methode stimmt im wesentlichen mit einer Rechnung von FEYNMAN[3] überein. Unabhängig von ihm haben auch TOMONAGA und Mitarbeiter[4] mit ähnlichen Methoden das Ergebnis (37.32) abgeleitet. Schließlich muß auch erwähnt werden, daß KRAMERS früher als die oben zitierten Autoren eine halbklassische Diskussion der Niveauverschiebung der elektromagnetischen Wechselwirkung gegeben hat[5].

Für den Vergleich mit der Erfahrung muß zuerst der Mittelwert $\langle E \rangle$ der Energie berechnet werden. Dies ist von BETHE, BROWN und STEHN[6] sowie von HARRIMAN[7] gemacht worden. Wir schreiben ihr Ergebnis als

$$\langle E_s \rangle = 16{,}640 \text{ Ry für den 2s-Zustand,} \qquad (37.33\text{a})$$

$$\langle E_p \rangle = 0{,}9704 \text{ Ry für den 2p-Zustand.} \qquad (37.33\text{b})$$

Für die zwei Zustände $2p_{\frac{1}{2}}$ und $2p_{\frac{3}{2}}$ in Wasserstoff gibt (37.32b) einen Energieunterschied

$$\delta E = \frac{\alpha^5}{32\pi} m. \qquad (37.34)$$

Nach der DIRACschen Theorie kommt hierzu noch eine Energiedifferenz

$$\delta' E = m \frac{\alpha^4}{32} \left[1 + \frac{5}{8} \alpha^2 + \cdots \right], \qquad (37.35)$$

so daß der gesamte Energieunterschied durch

$$\delta E + \delta' E \equiv \Delta E = m \left[\frac{\alpha^4}{32} + \frac{5}{256} \alpha^6 + \frac{\alpha^5}{32\pi} \left(1 - \frac{0{,}656}{\pi} \alpha \right) \right] \qquad (37.36)$$

gegeben ist. In dieser Gleichung haben wir $\frac{\alpha}{2\pi}$ in (37.7) und deshalb auch in (37.34) durch das magnetische Moment vierter Ordnung ergänzt (vgl. Ziff. 33), um auch das nächste Glied in der Entwicklung nach dem Strahlungsfeld zu berücksichtigen. Mit dem Wert (36.41) für die Feinstrukturkonstante erhalten wir hieraus für Deuterium

$$\Delta E = 10971{,}6 \text{ Mc/sec}. \qquad (37.37)$$

Dies stimmt sehr gut mit der Messung von DAYHOFF, TRIEBWASSER und LAMB überein, die das Ergebnis

$$\Delta E = (10971{,}6 \pm 0{,}2) \text{ Mc/sec} \qquad (37.38)$$

---

[1] H. A. BETHE: Phys. Rev. **72**, 339 (1947).

[2] N. M. KROLL u. W. E. LAMB: Phys. Rev. **75**, 388 (1949). — J. B. FRENCH u. V. F. WEISSKOPF: Phys. Rev. **75**, 1240 (1949).

[3] R. P. FEYNMAN: Phys. Rev. **74**, 1430 (1948); **76**, 769 (1949).

[4] H. FUKUDA, Y. MIYAMOTO u. S. TOMONAGA: Progr. Theor. Phys. **4**, 47, 121 (1949). Vgl. auch Y. NAMBU, Progr. Theor. Phys. **4**, 82 (1949), sowie O. HARA u. T. TOKANO, Progr. Theor. Phys. **4**, 103 (1949).

[5] H. A. KRAMERS: Report Solvay Conference 1948, Bruxelles 1950.

[6] H. A. BETHE, L. M. BROWN u. J. R. STEHN: Phys. Rev. **77**, 370 (1950).

[7] J. M. HARRIMAN: Phys. Rev. **101**, 594 (1956).

erhalten haben[1]. Alternativ kann diese Messung als eine unabhängige Bestimmung der Feinstrukturkonstante verstanden werden, was sich mit Rücksicht auf die Unsicherheiten in der Interpretation der Hyperfeinstruktur rechtfertigen läßt. In dieser Weise findet man[1]

$$\frac{1}{\alpha} = 137{,}0383 \pm 0{,}0012. \tag{37.39}$$

Gewöhnlich bezeichnet man mit dem Wort „LAMB-*Verschiebung*" (auf Englisch „LAMB shift") nicht den Energieunterschied (37.36), sondern die Aufspaltung der Niveaus $2s_{\frac{1}{2}}$ und $2p_{\frac{1}{2}}$ des Wasserstoffatoms. Nach der DIRACschen Theorie würden diese zwei Zustände exakt die gleiche Energie haben, während nach (37.32) das Niveau $2s_{\frac{1}{2}}$ eine ein wenig größere Energie als das andere hat. Wir erhalten

$$L = \delta E\,(2s_{\frac{1}{2}}) - \delta E\,(2p_{\frac{1}{2}}) = \frac{m\,\alpha^5}{6\pi}\left[\log \frac{m\,\langle E_p \rangle}{2\,\mathrm{Ry}\,\langle E_s \rangle} + \frac{91}{120}\right]. \tag{37.40}$$

Mit den numerischen Ergebnissen (37.33) und dem Wert (37.39) [oder (36.41)] für α erhält man hieraus

$$L = 1052{,}1\ \mathrm{Mc/sec}. \tag{37.41}$$

Das experimentelle Ergebnis ist[2]

$$L = (1057{,}8 \pm 0{,}1)\ \mathrm{Mc/sec}. \tag{37.42}$$

Der Unterschied von (37.42) und (37.41) ist weit außerhalb den angegebenen Fehlergrenzen. Wie mehrere Autoren gezeigt haben[3] läßt sich diese Diskrepanz zum größten Teil durch das nächste Glied in der Entwicklung nach $Z\alpha$ erklären. Der entsprechende Beitrag ist von der Größenordnung $7\ \mathrm{Mc/sec}$. Wenn auch andere kleine Effekte wie Glieder der Größenordnung α^2 von den Funktionen $\overline{\Pi}\,(p^2)$, $\overline{R}\,(p^2)$ und $\overline{S}\,(p^2)$ die endliche Ausdehnung und die Mitbewegung des Kernes berücksichtigt werden[4] wird der theoretische Wert auf

$$L = (1057{,}9 \pm 0{,}2)\ \mathrm{Mc/sec} \tag{37.43}$$

geändert. Innerhalb der Fehlergrenzen stimmen (37.43) und (37.42) vollständig überein. Ähnliche Messungen von Niveauverschiebungen sind auch in Deuterium[2] (für $n = 2$), in gewöhnlichem Wasserstoff[5] für $n = 3$, in Heliumion He$^+$ (für $n = 2$)[6] und im Heliumatom[7] gemacht worden. Die Ergebnisse sind

$$\delta E(2s_{\frac{1}{2}}) - \delta E(2p_{\frac{1}{2}}) = (1059{,}0 \pm 0{,}1)\ \mathrm{Mc/sec}\ \text{in Deuterium}, \tag{37.44}$$

$$\delta E(3s_{\frac{1}{2}}) - \delta E(3p_{\frac{1}{2}}) = (315 \pm 10)\ \mathrm{Mc/sec}\ \text{in Wasserstoff}, \tag{37.45}$$

$$\delta E(2s_{\frac{1}{2}}) - \delta E(2p_{\frac{1}{2}}) = (14043 \pm 13)\ \mathrm{Mc/sec}\ \text{in He}^+, \tag{37.46}$$

$$\delta E(2p_2) - \delta E(2p_1) = (2291{,}7 \pm 0{,}4)\ \mathrm{Mc/sec}\ \text{in Helium}, \tag{37.47}$$

$$\delta E(3p_1) - \delta E(3p_0) = (8113{,}8 \pm 0{,}2)\ \mathrm{Mc/sec}\ \text{in Helium}, \tag{37.48}$$

$$\delta E(3p_2) - \delta E(3p_1) = (658{,}6 \pm 0{,}2)\ \mathrm{Mc/sec}\ \text{in Helium}. \tag{37.49}$$

[1] E. S. DAYHOFF, S. TRIEBWASSER u. W. E. LAMB: Phys. Rev. **89**, 106 (1953).
[2] E. S. DAYHOFF, S. TRIEBWASSER u. W. E. LAMB: Phys. Rev. **89**, 98 (1953).
[3] M. BARANGER, H. A. BETHE u. R. P. FEYNMAN: Phys. Rev. **92**, 482 (1953). — R. KARPLUS, A. KLEIN u. J. SCHWINGER: Phys. Rev. **86**, 288 (1952).
[4] E. E. SALPETER: Phys. Rev. **89**, 92 (1953). — C. M. SOMMERFIELD: Phys. Rev. **107**, 328 (1957). — A. PETERMANN: Helv. phys. Acta **30**, 407 (1957).
[5] W. E. LAMB u. T. M. SANDERS: Phys. Rev. **103**, 313 (1956).
[6] R. NOVICK, E. LIPWORTH u. P. F. YERGIN: Phys. Rev. **100**, 1153 (1955).
[7] I. WIEDER u. W. E. LAMB: Phys. Rev. **107**, 125 (1957).

Die entsprechenden, theoretischen Werte sind

$$\delta E(2\,s_{\frac{1}{2}}) - \delta E(2\,p_{\frac{1}{2}}) = (1059{,}3 \pm 0{,}2)\ \text{Mc/sec in Deuterium}[1], \qquad (37.50)$$

$$\delta E(3\,s_{\frac{1}{2}}) - \delta E(3\,p_{\frac{1}{2}}) = (314{,}95 \pm 0{,}05)\ \text{Mc/sec in Wasserstoff}[2], \qquad (37.51)$$

$$\delta E(2\,s_{\frac{1}{2}}) - \delta E(2\,p_{\frac{1}{2}}) = (14043 \pm 3)\ \text{Mc/sec in He}^{+}[3]. \qquad (37.52)$$

Innerhalb der Fehlergrenzen stimmen alle diese Werte mit den gemessenen sehr gut überein. Für das Zweielektronenproblem im Heliumatom sind die mathematischen Schwierigkeiten so groß, daß es bis jetzt keine hinreichend genaue Theorie gibt, womit (37.47) bis (37.49) verglichen werden können. Auf optischem Weg ist auch der Energieunterschied zwischen den $2\,p_{\frac{3}{2}}$ und $1\,s_{\frac{1}{2}}$-Zuständen in Deuterium von G. HERZBERG[4] mit solcher Genauigkeit gemessen worden, daß hierdurch ein Wert für die Verschiebung des 1s-Niveaus erhalten wird. Die in dieser Weise erreichte Genauigkeit für die gemessene Verschiebung ist viel kleiner als bei den oben zitierten Messungen. Das Ergebnis ist $(0{,}26 \pm 0{,}04)$ cm^{-1} und stimmt mit dem theoretischen Wert 0,2726 cm^{-1} überein. Schließlich kann auch erwähnt werden, daß optische Messungen des Röntgenspektrums bei einigen schweren Elementen den Einfluß der strahlungstheoretischen Verschiebung der Energieniveaus angedeutet haben[5]. Zusammenfassend muß gesagt werden, daß die hier gezeigte, gute Übereinstimmung zwischen Theorie und Experiment als eine Bestätigung für die Richtigkeit der allgemeinen Ideen der Quantenelektrodynamik und der Renormierung angesehen werden muß. Wie schon in Ziff. 29 gesagt worden ist, gibt die Funktion $\overline{\Pi}^{(0)}(p^2) - \overline{\Pi}^{(0)}(0)$ in (37.2) einen Beitrag (etwa 27 Mc/sec), der viel größer als die experimentelle Unsicherheit ist, so daß die gute Übereinstimmung der berechneten und gemessenen Werte der LAMB-Verschiebung auch als eine Bestätigung für die Existenz der Vakuumpolarisation betrachtet werden muß.

38. Positronium[6]. Der Vollständigkeit halber wollen wir auch eine Diskussion des gebundenen Zustandes aus einem Elektron und einem Positron, des sog. „Positronium", geben. In erster, nichtrelativistischer Näherung ist hier, genau wie im Wasserstoffatom, die Bindungsenergie durch die instantane, elektrostatische Wechselwirkung der beiden Partikeln bestimmt. Der einzige Unterschied liegt darin, daß die reduzierte Masse hier gleich der halben Elektronenmasse wird, so daß die Eigenwerte der Energie durch

$$E_n^{(0)} = -\frac{m}{4}\frac{\alpha^2}{n^2} \qquad (38.1)$$

gegeben sind. Das Spektrum des Positroniums ist also in dieser Näherung stark entartet — genau wie das entsprechende Spektrum des nichtrelativistischen Wasserstoffatoms. Eine genauere Behandlung gibt aber eine Feinstruktur des Spektrums, in der die Aufspaltung der Niveaus von der Größenordnung $m\alpha^4$ ist. Diese Aufspaltung hat, genau wie beim Wasserstoff, ihren Grund teils in relativistischen Gliedern in der kinetischen Energie, teils in Spineffekten und in

---

[1] Siehe Fußnote 4, S. 322.

[2] J. M. HARRIMAN: Phys. Rev. **101**, 594 (1956). Der in dieser Arbeit gegebene theoretische Wert für die Niveauverschiebung ist in (37.51) für den geänderten Wert des anomalen magnetischen Moments des Elektrons vierter Ordnung korrigiert worden.

[3] Siehe Fußnote 6, S. 322.

[4] G. HERZBERG: Proc. Roy. Soc. Lond., Ser. A, **234**, 526 (1956).

[5] R. L. SHACKLETT u. J. W. M. DuMOND: Phys. Rev. **106**, 501 (1957).

[6] Ausführlich wird über Positronium von L. SIMONS in Bd. XXXIV dieses Handbuches berichtet.

Korrekturen der elektrostatischen Wechselwirkung wegen der endlichen Ausbreitungsgeschwindigkeit elektromagnetischer Effekte. Unsere Behandlung des Positronismus muß deshalb so durchgeführt werden, daß wir zuerst die elektrostatische Wechselwirkung der Partikeln isolieren und exakt behandeln, um nachher die anderen Glieder mit Hilfe einer Störungsrechnung zu berücksichtigen.

α) *Die elektrostatische Wechselwirkung.* Die vollständige HAMILTON-Funktion des Systems von Elektronen und elektromagnetischen Feldern kann in der folgenden Form geschrieben werden

$$H = H_\psi^{(0)} + H_{Tr}^{(0)} + H_l^{(0)} + H_{sk}^{(0)} + H_{Tr}^{W} + H_l^{W} + H_{sk}^{W}. \tag{38.2}$$

Hier bedeutet das erste Glied die HAMILTON-Funktion der freien Elektronen, das zweite, dritte und vierte Glied die HAMILTON-Funktionen von freien Photonen mit transversaler, longitudinaler und skalarer Polarisation (vgl. Ziff. 6), während die drei letzten Glieder die Wechselwirkungsoperatoren der Elektronen mit den drei Arten von Photonen darstellen. Im x-Raum spalten wir also das elektromagnetische Feld in drei Teile nach dem folgenden Schema auf

$$A_k(x) = \mathscr{A}_k(x) + \frac{\partial \Lambda(x)}{\partial x_k}, \tag{38.3}$$

$$\frac{\partial \mathscr{A}_k(x)}{\partial x_k} = 0, \tag{38.4}$$

$$\Lambda(x) = -\frac{1}{4\pi} \int\limits_{x_0' = x_0} \frac{d^3 x'}{r_{xx'}} \frac{\partial A_k(x')}{\partial x_k'} \equiv \Delta^{-1} \frac{\partial A_k(x)}{\partial x_k}, \tag{38.5}$$

$$A_4(x) = i V(x). \tag{38.6}$$

Mit Hilfe der Bezeichnungen

$$\chi(x) = \frac{\partial A_\mu(x)}{\partial x_\mu} = \Delta \Lambda(x) + \frac{\partial V(x)}{\partial x_0}, \tag{38.7}$$

$$\dot{\chi}(x) = \frac{\partial^2 A_\mu(x)}{\partial x_0 \partial x_\mu} = \frac{\partial^2 V(x)}{\partial x_0^2} + \Delta \frac{\partial \Lambda(x)}{\partial x_0} = \Delta \left(\frac{\partial \Lambda(x)}{\partial x_0} + V(x) \right) + \varrho(x) \tag{38.8}$$

[die letzte Umformung in (38.8) folgt aus der Bewegungsgleichung von $V(x)$; $\varrho(x)$ ist die Ladungsdichte] können wir die Summe der Glieder $H_l^{(0)}$, $H_{sk}^{(0)}$ und H_{sk}^{W} nach einigen partiellen Integrationen in der folgenden Weise schreiben

$$\begin{aligned}
H_l^{(0)} + H_{sk}^{(0)} + H_{sk}^{W} &= \frac{1}{2} \int d^3 x \left[\frac{\partial^2 \Lambda(x)}{\partial x_k \partial x_l} \frac{\partial^2 \Lambda(x)}{\partial x_k \partial x_l} + \frac{\partial^2 \Lambda(x)}{\partial x_k \partial x_0} \frac{\partial^2 \Lambda(x)}{\partial x_k \partial x_0} - \right. \\
&\quad \left. - \frac{\partial V(x)}{\partial x_k} \frac{\partial V(x)}{\partial x_k} - \frac{\partial V(x)}{\partial x_0} \frac{\partial V(x)}{\partial x_0} \right] + \int d^3 x\, \varrho(x) V(x) = \\
&= H_C + \frac{1}{2} \int d^3 x \left[\left(\Delta \Lambda(x) - \frac{\partial V(x)}{\partial x_0} \right) \chi(x) + \left(V(x) + \Delta^{-1} \varrho(x) - \frac{\partial \Lambda(x)}{\partial x_0} \right) \dot{\chi}(x) \right]
\end{aligned} \tag{38.9}$$

mit

$$H_C = \frac{1}{8\pi} \iint\limits_{x_0 = x_0'} \frac{d^3 x\, d^3 x'}{r_{xx'}} \varrho(x) \varrho(x'). \tag{38.9a}$$

Abgesehen von Gliedern, die die Nebenbedingung (38.7) und ihre Zeitableitung enthalten, ist also die Summe der drei Glieder in (38.9) gleich der *instantanen*, elektrostatischen Wechselwirkung der Elektronen. Machen wir ferner die Eichtransformation

$$\psi(x) \to \psi(x)\, e^{i e \Lambda(x)}; \qquad H_\psi^{(0)} + H_l^{W} \to H_\psi^{(0)}, \tag{38.10}$$

so erhalten wir statt (38.2)

$$H = H_\psi^{(0)} + H_{Tr}^{(0)} + H_C + H_{Tr}^W + \frac{1}{2} \int d^3x \left[(\ldots) \chi(x) + (\ldots) \dot{\chi}(x) \right], \quad (38.11)$$

$$H_{Tr}^{(0)} = \frac{1}{2} \int d^3x \left[\frac{\partial \mathscr{A}_k(x)}{\partial x_l} \frac{\partial \mathscr{A}_k(x)-}{\partial x_l} + \frac{\partial \mathscr{A}_k(x)}{\partial x_0} \frac{\partial \mathscr{A}_k(x)}{\partial x_0} \right], \quad (38.11\,\text{a})$$

$$H_\psi^{(0)} = \frac{1}{2} \int d^3x \left[\overline{\psi}(x), \left(\gamma_k \frac{\partial}{\partial x_k} + m \right) \psi(x) \right], \quad (38.11\,\text{b})$$

$$H_{Tr}^W = - \int d^3x \, \mathscr{A}_k(x) j_k(x) = - \frac{ie}{2} \int d^3x \, \mathscr{A}_k(x) \left[\overline{\psi}(x), \gamma_k \psi(x) \right]. \quad (38.11\,\text{c})$$

Für die physikalisch interessanten Zustände, für die die Nebenbedingung erfüllt sein muß, sind die zwei letzten Glieder in (38.11) ohne Bedeutung und können daher weggelassen werden. Hierdurch ist also die Wirkung der longitudinalen und skalaren Photonen durch die COULOMBsche Energie (38.9a) ersetzt worden[1]. Die explizite, relativistische Kovarianz ist zwar hierdurch verloren gegangen, was aber bei unseren Anwendungen nicht allzuviel stören wird.

β) Das ungestörte Problem. Für den ungestörten Zustand des Positroniums schreiben wir den Zustandsvektor in der Form

$$|z\rangle = \sum_{q, q'} \Phi(q, q') \, |q, q'\rangle \quad (38.12)$$

und lassen das Störungsglied H_{Tr}^W und das letzte Integral in (38.11) weg. Das Symbol $|q, q'\rangle$ bedeutet hier einen Eigenzustand von $H_\psi^{(0)}$ mit einem Elektron-Positronpaar[2]. Hieraus folgt die SCHRÖDINGER-Gleichung

$$\left. \begin{array}{r} \sum_{q, q'} (E_q + E_{q'}) \, \Phi(q, q') \, |q, q'\rangle + \sum |q, q'\rangle \langle q, q'| \, H_C \, |q_1, q_1'\rangle \Phi(q_1, q_1') = \\ = E \sum \Phi(q, q') \, |q, q'\rangle \end{array} \right\} \quad (38.13)$$

oder im x-Raum in nichtrelativistischer Näherung

$$\left[-\frac{1}{2m} \frac{\partial^2}{\partial x_1^2} - \frac{1}{2m} \frac{\partial^2}{\partial x_2^2} - \frac{e^2}{4\pi r} \right] \psi(x_1, x_2) = (E - 2m) \, \psi(x_1, x_2), \quad (38.14)$$

mit

$$\psi(x_1, x_2) = \sum_{q, q'} e^{iq x_1 + iq' x_2} \, \Phi(q, q'). \quad (38.15)$$

Die Bindungsenergie $E - 2m$ erhält hierdurch die durch (38.1) gegebenen Werte.

γ) Behandlung der transversalen Photonen mit Hilfe der Störungstheorie. Für eine vollständigere Behandlung des Problems müssen wir in (38.12) auch Zustände mit *transversalen* Photonen berücksichtigen, d.h. wir schreiben in nächster Näherung

$$|z\rangle = \sum_{q, q'} \Phi(q, q') \, |q, q'\rangle + \sum_n a_n \, |n, k\rangle. \quad (38.16)$$

Das zweite Glied in (38.16) enthält hierbei nur Zustände, die aus einem Zustand mit einem Paar vom Operator H_{Tr}^W erzeugt werden können, d.h. Zustände, die außer dem Photon kein, ein oder zwei Paare enthalten. Wir schreiben formal den Vektor $|z\rangle$ in (38.16) als

$$|z\rangle = e^{iS} \, |\varphi\rangle, \quad (38.16\,\text{a})$$

---

[1] Vgl. Ziff. 8, wo gezeigt wurde, daß diese Freiheitsgrade des Feldes bei freien Photonen keinen Einfluß hatten. Der dort angegebene Grenzübergang für die Behandlung der Zustandsvektoren muß eigentlich auch hier verwendet werden, um die zwei letzten Glieder in (38.11) in konsistenter Weise zu eliminieren.

[2] Zustände dieser Art müssen scharf von Zuständen mit einer gegebenen Zahl von *einlaufenden* Partikeln unterschieden werden. Vgl. Ziff. 11, besonders die Gln. (11.47) bis (11.53).

wo der Vektor $|\varphi\rangle$ wieder von der Form (38.12) ist, und wo die Transformationsmatrix S durch H_{Tr}^{W} in der folgenden Weise bestimmt wird

$$H' |\varphi\rangle = E |\varphi\rangle , \qquad (38.17)$$

$$\left.\begin{aligned} H' &= e^{-iS} H\, e^{iS} \approx H + i\,[H, S] - \tfrac{1}{2}\,[[H, S], S] \approx \\ &\approx H_0 + H_{Tr}^{W} + i\,[H_0, S] + i\,[H_{Tr}^{W}, S] - \tfrac{1}{2}\,[[H_0, S], S], \end{aligned}\right\} \qquad (38.17\,\mathrm{a})$$

$$H_0 = H_{\psi}^{(0)} + H_{A}^{(0)} + H_C . \qquad (38.17\,\mathrm{b})$$

Durch die Wahl

$$i\,[H_0, S] = - H_{Tr}^{W} \qquad (38.18)$$

werden alle Glieder, die die Erzeugungs- oder Vernichtungsoperatoren der Photonen linear enthalten, in dieser Näherung eliminiert. Da weiter alle Diagonalelemente des Operators H_{Tr}^{W} verschwinden, kann Gl. (38.18) von einer nichtsingulären Matrix S erfüllt werden. Der Kommutator auf der linken Seite von (38.18) ist formal die Zeitableitung des Operators S in einer Wechselwirkungsdarstellung [vgl. Gl. (2.9)], die zum Operator H_0 gehört. Gl. (38.18) wird also durch

$$S = - \int\limits_{-\infty}^{x_0} H_{Tr}^{W}(x_0')\, dx_0 \qquad (38.18\,\mathrm{a})$$

erfüllt, wobei der zeitabhängige Operator $H_{Tr}^{W}(x_0)$ in dieser Wechselwirkungsdarstellung dargestellt worden ist. Setzen wir (38.18a) in (38.17a) ein, so wird der neue HAMILTON-Operator

$$H' = H_{\psi}^{(0)} + H_{Tr}^{(0)} + H_C - \frac{i}{2} \int\limits_{-\infty}^{x_0} [H_{Tr}^{W}(x_0), H_{Tr}^{W}(x_0')]\, dx_0' . \qquad (38.19)$$

Da das letzte Glied in (38.19) den Kommutator der Photonenoperatoren, d.h. eine c-Zahl, enthält, sind die Photonenvariablen des Problems formal eliminiert worden. Unter Benutzung der Gleichung

$$[\mathscr{A}_k(x), \mathscr{A}_l(x')] = - \frac{1}{(2\pi)^3} \int dk\, e^{ik(x'-x)}\, \delta(k^2)\, \varepsilon(k) \left[\delta_{kl} - \frac{k_k k_l}{k^2}\right] \qquad (38.20)$$

erhalten wir dann

$$\left.\begin{aligned} &[H_{Tr}^{W}(x_0), H_{Tr}^{W}(x_0')] = \\ &= \iint d^3x\, d^3x'\, j_k(x)\, j_l(x')\, \frac{-1}{(2\pi)^3} \int dk\, e^{ik(x'-x)}\, \delta(k^2)\, \varepsilon(k) \left[\delta_{kl} - \frac{k_k k_l}{k^2}\right]. \end{aligned}\right\} \qquad (38.21)$$

Für den Übergang zu einer SCHRÖDINGER-Darstellung müssen alle in H' vorkommenden Operatoren in demselben Zeitpunkt betrachtet werden, weshalb wir den Stromoperator $j_l(x')$ in der Form

$$j_l(x') = - \frac{ie}{2} \iint\limits_{x_0''=x_0'''=x_0} d^3x''\, d^3x''' \,[\overline{\psi}(x''')\, \gamma_4\, S(x'''-x'),\, \gamma_l\, S(x'-x'')\, \gamma_4\, \psi(x'')] \qquad (38.22)$$

schreiben. In (38.22) sollten eigentlich die singulären Funktionen des vollständigen, ungestörten Problems benutzt werden, d.h. unter Einschluß von H_C in den ungestörten HAMILTON-Operator. Wir machen aber hier wie in den vorigen Ziffern die Näherung, daß wir diese Funktionen durch die singulären Funktionen für freie Partikeln ersetzen. Hiernach kann das Zeitintegral in (38.19) einfach ausgeführt werden, und wir erhalten nach Übergang zur SCHRÖDINGER-Darstellung[1]

$$\delta H_{Tr} = \frac{i}{2} \int_{-\infty}^{0} dx_0' \, [H_{Tr}^W(0), H_{Tr}^W(x_0')] = \frac{e^2}{8} \frac{1}{(2\pi)^{13}} \int \cdots \int \frac{d^3q \, d^3q_1 \, d^3q' \, d^3q_1'}{(q-q_1)^2} \times$$
$$\times \delta(q + q_1' - q_1 - q') \left[\delta_{kl} - \frac{(q-q_1)_k (q-q_1)_l}{(q-q_1)^2} \right] [\overline{\varphi}(q_1), \gamma_k \varphi(q)] \times$$
$$\times [\overline{\varphi}(q'), \gamma_l \varphi(q_1')] \qquad (38.23)$$

mit

$$\varphi(q) = \int d^3x \, e^{-i q x} \psi(x)|_{x_0=0}. \qquad (38.23\,\text{a})$$

δ) *Die Feinstruktur des Positroniums.* Der übrige Teil der Rechnung ist im Prinzip einfach wenn auch ein wenig mühsam. Die gesamte Störungsenergie wird im Schwerpunktsystem

$$\delta H = \delta H_r + \delta H_C + \delta H_{Tr} + \delta H^{\text{Austausch}}, \qquad (38.24)$$

$$\langle q, -q | \delta H_r | q_1, -q_1 \rangle = - \frac{(q^2)^2}{4m^3} \delta(q - q_1), \qquad (38.24\,\text{a})$$

$$\langle q, -q | \delta H_C | q_1, -q_1 \rangle = - \frac{e^2}{(2\pi)^3} \frac{1}{(q-q_1)^2} \times$$
$$\times [u^{*(+)}(q) u^{(+)}(q_1) u^{*(-)}(q) u^{(-)}(q_1) - 1], \qquad (38.24\,\text{b})$$

$$\langle q, -q | \delta H_{Tr} | q_1, -q_1 \rangle = - \frac{e^2}{(2\pi)^3} \frac{1}{(q-q_1)^2} \overline{u}^{(+)}(q) \gamma_k u^{(+)}(q_1) \times$$
$$\times \overline{u}^{(-)}(q) \gamma_l u^{(-)}(q_1) \left[\delta_{kl} - \frac{(q-q_1)_k (q-q_1)_l}{(q-q_1)^2} \right], \qquad (38.24\,\text{c})$$

$$\langle q, -q | \delta H^{\text{Austausch}} | q_1, -q_1 \rangle = \frac{e^2}{(2\pi)^3} \frac{-1}{4(m^2+q^2)} \times$$
$$\times \overline{u}^{(+)}(q) \gamma_\mu u^{(-)}(q) \overline{u}^{(-)}(q_1) \gamma_\mu u^{(+)}(q_1). \qquad (38.24\,\text{d})$$

In (38.24) bedeutet δH_r die relativistischen Korrekturen der kinetischen Energie, δH_C die entsprechenden Glieder für die elektrostatische Energie und δH_{Tr} die von (38.23) herrührenden Glieder. Bei dieser Genauigkeit müssen auch Austauscheffekte der Elektronen berücksichtigt werden, daher das Glied (38.24d). Um diesen Ausdruck zu erhalten, geht man am einfachsten von der Summe $H_C + \delta H_{Tr}$ aus[1]. Unter Anwendung der angenäherten Gleichungen

$$u_{\text{groß}}^{(+)}(q) = \left[1 - \frac{q^2}{8m^2} \right] |s\rangle, \qquad (38.25\,\text{a})$$

$$u_{\text{klein}}^{(+)}(q) = \frac{q\,\sigma}{2m} |s\rangle \qquad (38.25\,\text{b})$$

---

[1] Wenn (38.23) und (38.9a) addiert werden, erhalten wir das Ergebnis

$$H_C + \delta H_{Tr} = \frac{e^2}{8} \frac{1}{(2\pi)^{13}} \times$$
$$\times \int \cdots \int \frac{d^3q \cdots d^3q_1'}{(q-q_1)^2} \delta(q + q_1 - q_1 - q') [\overline{\varphi}(q_1), \gamma_\mu \varphi(q)] [\overline{\varphi}(q'), \gamma_\mu \varphi(q_1')].$$

Dies ist genau der Wechselwirkungsoperator von Ziff. 27 für die Streuung zweier Elektronen aneinander. Dort wurde aber der ganze Ausdruck als eine kleine Störung behandelt, was hier nicht gestattet ist.

und der exakten Relation (vgl. Ziff. 14)

$$u^{(-)}(-q) = -C\,\bar{u}^{(+)}(q); \qquad C = \gamma_2\gamma_4, \tag{38.26}$$

wo $|s\rangle$ die nichtrelativistische Spinfunktion des ungestörten Problems ist, können wir die Ausdrücke (38.24) nach Potenzen von q^2/m^2 und $(q-q')^2/m^2$ entwickeln. Nach ziemlich langen Rechnungen erhalten wir in dieser Weise

$$\delta H = \delta H_r + \delta H_l + \delta H_{ls} + \delta H_s + \delta H^{\text{Austausch}}, \tag{38.27}$$

$$\langle \delta H_l \rangle = -\frac{e^2}{(2\pi)^3}\left[\frac{1}{m^2\,Q^2}\left(q^2 - \frac{(q\,Q)^2}{Q^2}\right) - \frac{1}{4\,m^2}\right]; \quad Q = q - q_1, \tag{38.27a}$$

$$\langle \delta H_{ls} \rangle = -\frac{e^2}{(2\pi)^3}\,\frac{3i}{2\,m^2}\,\frac{([q\times Q]\cdot S)}{Q^2}, \tag{38.27b}$$

$$\langle \delta H_S \rangle = \frac{e^2}{(2\pi)^3}\,\frac{1}{2\,m^2}\left[1 - S^2 - \frac{(Q\,S)^2}{Q^2}\right], \tag{38.27c}$$

$$\langle \delta H^{\text{Austausch}} \rangle = \frac{e^2}{(2\pi)^3}\,\frac{S^2}{4\,m^2}. \tag{38.27d}$$

Hier ist S der Gesamtspin des Positroniums, und die Glieder (38.27) sind nach ihrer Abhängigkeit des Spins gruppiert worden. Die Erwartungswerte der Ausdrücke (38.27) können dann für die Lösungen von Gl. (38.14) ausgerechnet werden; wir erhalten so die verschobenen Energiewerte des Positroniums:

$s = 0$:

$$\delta E = \frac{m\,\alpha^4}{16}\left[\frac{11}{4\,n^4} - \frac{4}{n^3\,(l+\frac{1}{2})}\right], \tag{38.28a}$$

$s = 1$:

$$\delta E = \frac{m\,\alpha^4}{16}\left[\frac{11}{4\,n^4} - \frac{4}{n^3\,(l+\frac{1}{2})}\right] + \frac{7}{12}\,\frac{m\,\alpha^4}{n^3}\,\delta_{l,0} + \frac{m\,\alpha^4\,(1-\delta_{l,0})}{8\,n^3\,(l+\frac{1}{2})}\,A_{l,j} \tag{38.28b}$$

mit

$$A_{l,j} = \begin{cases} \dfrac{3l+4}{(l+1)\,(2l+3)} & \text{für} \quad j = l+1 \\[2mm] -\dfrac{1}{l\,(l+1)} & \text{für} \quad j = l \\[2mm] -\dfrac{3l-1}{l\,(2l-1)} & \text{für} \quad j = l-1. \end{cases} \tag{38.28c}$$

Hieraus erhalten wir für die Aufspaltung der Zustände $1\,^3S_1$ und $1\,^1S_0$

$$\Delta E = \tfrac{7}{12}\,m\,\alpha^4 = 2{,}044 \cdot 10^5 \text{ Mc/sec.} \tag{38.29}$$

Formeln für die Feinstruktur von Positronium sind von Pirenne[1], Landau und Berestetski[2] und von Ferrell[3] angegeben worden. Experimentelle Untersuchungen der Energieaufspaltung (38.29) sind von Deutsch und Mitarbeitern[4] ausgeführt worden und haben das Ergebnis

$$\Delta E = (2{,}0338 \pm 0{,}0004)\,10^5 \text{ Mc/sec} \tag{38.30}$$

[1] J. Pirenne: Arch. Sci. phys. nat. **28**, 233 (1946); **29**, 121, 207, 265 (1947).
[2] L. D. Landau u. V. B. Berestetski: J. exp. theor. Phys. USSR. **19**, 673 (1949). — V. B. Berestetski: J. exp. theor. Phys. USSR. **19**, 1130 (1949).
[3] R. Ferrell: Phys. Rev. **84**, 858 (1951) und Diss. Princeton 1951.
[4] M. Deutsch u. S. Brown: Phys. Rev. **85**, 1047 (1952). — R. Weinstein, M. Deutsch u. S. Brown: Phys. Rev. **98**, 223 (1955). Vgl. auch V. W. Hughes, S. Marder u. C. S. Wu: Phys. Rev. **106**, 934 (1957).

ergeben. Der Unterschied zwischen (38.29) und (38.30) wird vollständig durch das nächste Glied in der Entwicklung nach α erklärt. KARPLUS und KLEIN[1] haben den Energieunterschied zwischen $1\,^3S_1$ und $1\,^1S_0$ unter Berücksichtigung von Gliedern der Größenordnung $m\alpha^5$ ausgerechnet. Sie erhalten das Ergebnis

$$\Delta E = \frac{m\alpha^4}{4}\left[\frac{7}{3} - \frac{\alpha}{\pi}\left(\frac{32}{9} + 2\log 2\right)\right] = 2{,}0337 \cdot 10^5\,\text{Mc/sec}. \tag{38.31}$$

Ähnliche Ergebnisse für die 2S- und 2P-Zustände sind von FULTON und MARTIN[2] angegeben worden.

$\varepsilon)$ *Die Lebensdauer des Positroniums.* Ein Elektron und ein Positron, sei es im Positronium oder als freie Partikeln, können unter Aussendung von zwei oder mehreren Photonen einander vernichten. Dies bedeutet, daß das Positronium kein stabiles Gebilde ist, sondern eine endliche Lebensdauer hat. Wir wollen hier diese Lebensdauer abschätzen.

Das Matrixelement der S-Matrix für einen Übergang von einem Zustand $|q, q'\rangle$ mit einem Paar zu einem Zustand mit zwei Photonen ist nach den Regeln in Ziff. 21 und 22[3]

$$\langle q, q'\,|\,S\,|\,k_1, k_2\rangle = \delta(q + q' - k_1 - k_2)\frac{(2\pi)^4}{V^2}\frac{e^2}{2\sqrt{\omega_1\omega_2}}\,\bar{u}^{(+)}(q) \times$$
$$\times\left[\frac{i\gamma\,e^{(1)}(i\gamma\,(q-k_1)-m)\,i\gamma\,e^{(2)}}{-2q\,k_1} + \frac{i\gamma\,e^{(2)}(i\gamma\,(q-k_2)-m)\,i\gamma\,e^{(1)}}{-2q\,k_2}\right]\bar{u}^{(-)}(-q'). \tag{38.32}$$

Die Vektoren $e^{(1)}$ und $e^{(2)}$ sind hier die Polarisationsvektoren der zwei Photonen k_1 und k_2. Mit den in Abschnitt V mehrmals verwendeten Methoden erhalten wir hieraus die Übergangswahrscheinlichkeit w pro Zeiteinheit für die Vernichtung eines Zustandes $|z\rangle$

$$|z\rangle = \sum_q \Phi(q)\,|q, q'\rangle\big|_{q+q'=0}, \tag{38.33}$$

$$w = \frac{\omega^2}{2(2\pi)^2}\iint d^3x\,d^3x'\,\varphi^*(x)\,\varphi(x')\frac{1}{V^2}\sum_{q,q'} e^{iqx-iq'x'}\int d\Omega_k\,U^*(q', k)\,U(q, k), \tag{38.34}$$

$$U(q, k) = \frac{e^2}{2\omega}\,\bar{u}^{(+)}(q) \times$$
$$\times\left[\frac{i\gamma\,e^{(1)}[i\gamma\,(q-k_1)-m]\,i\gamma\,e^{(2)}}{-2q\,k_1} + \frac{i\gamma\,e^{(2)}[i\gamma\,(q-k_2)-m]\,i\gamma\,e^{(1)}}{-2q\,k_2}\right]u^{(-)}(q)\Big|_{-k_2=k_1=k}, \tag{38.35}$$

$$\varphi(x) = \frac{1}{\sqrt{V}}\sum_q \Phi(q)\,e^{iqx}. \tag{38.36}$$

In (38.34) können wir wieder mit Hilfe von (38.25) und (38.26) zum nichtrelativistischen Grenzfall, d.h. $|q| \ll m$ und $\omega \approx m$, übergehen. Wenn die zwei Photonen zueinander parallel polarisiert sind, erhalten wir

$$U(q, k) = 0 \quad \text{für} \quad e^{(1)} \| e^{(2)}. \tag{38.37a}$$

wenn die zwei Polarisationsvektoren zueinander senkrecht stehen, folgt statt dessen

$$U(q, k) = \frac{-i\,e^2}{\sqrt{2}\,m^2}\left(1 - \frac{S^2}{2}\right) \quad \text{für} \quad e^{(1)} \perp e^{(2)}. \tag{38.37b}$$

---

[1] R. KARPLUS u. A. KLEIN: Phys. Rev. **87**, 848 (1952).

[2] T. FULTON u. P. C. MARTIN: Phys. Rev. **95**, 811 (1954)

[3] Wie schon oben betont wurde, sind die Zustände mit einlaufenden Partikeln in (38.32) von den Zuständen mit „Partikeln zur Zeit Null" in (38.12) und (38.16) eigentlich verschieden. Nur im Fall, wenn es keine Wechselwirkung gibt, sind diese zwei Arten von Zuständen einander gleich. Trotzdem können wir sie hier miteinander identifizieren, da es sich hier um die erste, nichtverschwindende Näherung einer Störungsrechnung handelt. In höheren Näherungen ist eine solche Identifikation *nicht* erlaubt.

In (38.37b) bedeutet wieder S der Gesamtspin des Positroniums. Für Triplett-
zustände verschwindet somit auch (38.37b); diese Zustände können also nicht
unter Aussendung von zwei Photonen zerfallen[1]. Für Singulettzustände[2] folgt
andererseits aus (38.34) und (38.37b)

$$w^{\text{singulett}} = \frac{4\pi\alpha^2}{m^2}\,|\varphi(0)|^2 = \frac{m\alpha^5}{2n^3}\,\delta_{l,0} = \frac{0{,}80\cdot 10^{10}}{n^3}\,\delta_{l,0}\,\sec^{-1}, \tag{38.38}$$

$$w^{\text{triplett}} = 0. \tag{38.39}$$

Das Ergebnis (38.39) bedeutet nicht, daß der Triplettzustand stabil ist, sondern
nur, daß er unter Aussendung von wenigstens drei Photonen zerfallen muß.
Die Übergangswahrscheinlichkeit dieses Zerfalls muß aber von der Größenordnung $m\alpha^6$ sein, und eine genaue Ausrechnung nach der oben verwendeten
Methode[3] gibt das Ergebnis

$$w^{\text{triplett}} = \frac{2}{9\pi}\,(\pi^2 - 9)\,\frac{m\alpha^6}{n^3}\,\delta_{l,0} = \frac{0{,}72\cdot 10^7}{n^3}\,\delta_{l,0}\,\sec^{-1}. \tag{38.40}$$

Der Unterschied zwischen (38.38) und (38.40) ist für die experimentelle Veri-
fizierung der Existenz des Positroniums verwendet worden[4]. Eine direkte Messung von w^{triplett} für $n=1$, $l=0$ ist auch von DEUTSCH[4] ausgeführt worden,
und das Ergebnis

$$w_{\text{exp}}^{\text{triplett}} = (0{,}68 \pm 0{,}07)\cdot 10^7\,\sec^{-1} \tag{38.41}$$

stimmt sehr gut mit (38.40) überein.

39. Übersicht über strahlungstheoretische Korrekturen bei anderen Prozessen.

$\alpha)$ *Compton-Streuung.* Strahlungstheoretische Korrekturen für die KLEIN-
NISHINA-Formel (25.23) wurden von mehreren Autoren ausgerechnet. Zuerst
haben JOST und CORINALDESI[5] das entsprechende Problem für Partikeln mit
Spin Null behandelt. Für den nichtrelativistischen Grenzfall geben sie das Resultat[6]

$$d\sigma = \frac{1}{2}\,r_0^2\,(1 + \cos^2\Theta)\,d\Omega\left[1 - \frac{4\alpha}{3\pi}\,\frac{\omega^2}{m^2}\times\right.$$
$$\left.\times\left(\frac{-3(1+\cos\Theta+\cos^2\Theta)+\cos^3\Theta}{1+\cos^2\Theta}\log\frac{m}{\omega} + (1-\cos\Theta)\log\frac{m}{2\Delta E}\right) + \cdots\right], \tag{39.1}$$

wobei

$$r_0 = \frac{e^2}{4\pi m} = \frac{\alpha}{m} \tag{39.2}$$

und

$$\omega \ll m. \tag{39.3}$$

---

[1] Dieser Satz ist hier nur in der betrachteten Näherung bewiesen. Mit Hilfe des Er-
haltungssatzes für den Drehimpuls kann aber auch gezeigt werden, daß der Satz für einen
^{3}S-Zustand als exakte Auswahlregel gilt. Die zwei Photonen, die wegen der Impulserhaltung
in entgegengesetzter Richtung auslaufen müssen, haben entweder den Gesamtdrehimpuls
Null (bei zueinander senkrechten Polarisationsrichtungen) oder zwei (bei parallelen Polarisationsrichtungen); können also nicht aus einem ^{3}S-Zustand entstehen. Vgl. auch L. MICHEL:
Nuovo Cim. **10**, 319 (1953).

[2] J. A. WHEELER: Ann. N. Y. Acad. Sci. **46**, 221 (1946).

[3] A. ORE u. J. L. POWELL: Phys. Rev. **75**, 1696 (1949). — R. FERRELL: Diss. Princeton
1951.

[4] M. DEUTSCH: Phys. Rev. **82**, 455 (1951); **83**, 866 (1951).

[5] E. CORINALDESI u. R. JOST: Helv. phys. Acta **21**, 183 (1948).

[6] In diesem Grenzfall geht der Wirkungsquerschnitt für die COMPTON-Streuung in die
klassische THOMPSONsche Formel über, sowohl für eine Partikel mit Spin Null wie für die
hier sonst studierten Partikeln mit Spin $\frac{1}{2}$. Bei größeren Energien unterscheidet sich die
Formel für Spin Null von der KLEIN-NISHINA-Formel.

Hier bedeutet ω die Frequenz des einfallenden Photons, und ΔE ist, wie in Ziff. 35, das Auflösungsvermögen des Meßgerätes. Das Glied mit ΔE rührt wieder von einer Ultrarotkatastrophe her, die bei einer Integration über virtuelle Photonen auftritt. Wie bei der Streuung von Elektronen in einem äußeren Feld wird diese Divergenz auf Grund der Eigenschaften des Meßgerätes gedeutet.

Für Partikeln mit Spin $\frac{1}{2}$ erhält man im nichtrelativistischen Grenzfall wieder Gl. (39.1)[1]. Für $\omega \gg m$ ist der Wirkungsquerschnitt von einer viel komplizierteren Form; wir verzichten daher auf die explizite Gleichung[1]. Auch in diesem Fall erhält man eine Ultrarotkatastrophe, die in ähnlicher Weise behandelt wird. Der Korrektionsfaktor in (39.1) ist von der Form $1 + O\left(\alpha \dfrac{\omega^2}{m^2}\right)$, d.h. die strahlungstheoretischen Korrekturen verschwinden für $\omega \ll m$. Dies gilt nicht nur in erster Näherung sondern kann allgemein bewiesen werden[2].

β) *Streuung von zwei Elektronen aneinander.* Die Korrekturen zu Gl. (27.20) sind von REDHEAD ausgewertet worden[3]. Das vollständige Ergebnis ist auch hier sehr kompliziert, und wir beschränken uns auf den nichtrelativistischen Grenzfall. Ist das eine Elektron in Ruhe, während das andere Elektron mit der Geschwindigkeit v einfällt und um den Winkel Θ gestreut wird, so können wir den korrigierten Wirkungsquerschnitt in der folgenden Form schreiben:

$$d\sigma = 4\pi r_0^2 \frac{\sin 2\Theta\, d\Theta}{v^4} \left[\frac{1}{\sin^4 \Theta}\left(1 - \pi v \alpha \sin\Theta\, (1 - \sin\Theta)\right) + \right.$$
$$+ \frac{1}{\cos^4\Theta}\left(1 - \pi v \alpha \cos\Theta\,(1 - \cos\Theta)\right) -$$
$$\left. - \frac{1}{\sin^2\Theta \cos^2\Theta}\left(1 + \frac{\pi v \alpha}{2}(1 - \sin\Theta - \cos\Theta)\right)\right] \qquad (39.4)$$

für
$$v \ll 1. \qquad (39.4\text{a})$$

Im allgemeinen Fall, d.h. wenn (39.4a) nicht erfüllt ist, enthalten auch die Korrektionsglieder dieses Querschnittes Ultrarotglieder, die wie in Ziff. 35 behandelt werden müssen. Diese Glieder fallen in (39.4) weg, da sie mit v^2 multipliziert werden und hier somit vernachlässigt werden können.

γ) *Die Selbstspannung des Elektrons.* Ein anderes Problem, das sich in einfacher Weise mit den hier entwickelten Methoden behandeln läßt, ist die sog. „Selbstspannung" des Elektrons. Wir untersuchen dazu den Energie-Impulstensor $T_{\mu\nu}$ unseres Systems

$$T_{\mu\nu}(x) = T_{\mu\nu}^{(1)}(x) + T_{\mu\nu}^{(2)}(x), \qquad (39.5)$$

$$T_{\mu\nu}^{(1)}(x) = \tfrac{1}{8}\left([\overline{\psi}(x), \gamma_\mu\, \partial_\nu\, \psi(x)] + [\overline{\psi}(x), \gamma_\nu\, \partial_\mu\, \psi(x)] - \right.$$
$$\left. - [\partial_\mu^*\, \overline{\psi}(x), \gamma_\nu\, \psi(x)] - [\partial_\nu^*\, \overline{\psi}(x), \gamma_\mu\, \psi(x)]\right), \qquad (39.6)$$

$$T_{\mu\nu}^{(2)}(x) = -\tfrac{1}{2}\{F_{\mu\lambda}, F_{\nu\lambda}\} + \tfrac{1}{4}\delta_{\mu\nu}\, F_{\lambda\varrho}\, F_{\lambda\varrho}, \qquad (39.7)$$

$$\partial_\mu = \frac{\partial}{\partial x_\mu} - i\, e\, A_\mu(x), \qquad (39.8)$$

$$F_{\mu\nu} = \frac{\partial A_\nu(x)}{\partial x_\mu} - \frac{\partial A_\mu(x)}{\partial x_\nu}. \qquad (39.9)$$

[1] L. M. BROWN u. R. P. FEYNMAN: Phys. Rev. **85**, 231 (1952). Eine frühere Behandlung desselben Problems wurde von M. R. SCHAFROTH, Helv. phys. Acta **22**, 501 (1949); **23**, 542 (1950) gegeben.

[2] W. THIRRING: Phil. Mag. **41**, 1193 (1950). — F. E. LOW: Phys. Rev. **96**, 1428 (1954). — M. GELL-MANN u. M. L. GOLDBERGER: Phys. Rev. **96**, 1433 (1954).

[3] M. L. G. REDHEAD: Proc. Roy. Soc. Lond., Ser. A **220**, 219 (1953). Eine andere Behandlung im extrem relativistischen Grenzfall ist von AKHIESER u. POLOVIN, Akad. Nauk USSR. **90**, 55 (1953) gegeben worden.

Im Ruhesystem des Elektrons verschwinden alle Komponenten des Erwartungswerts des Tensors $T_{\mu\nu}$ für einen Zustand mit nur einem Elektron mit Ausnahme der Diagonalglieder. Dies folgt sofort aus Symmetriegründen. Wir führen die Bezeichnungen

$$E(0) = -\int \langle q|T_{44}|q\rangle|_{q=0}\, d^3x, \tag{39.10}$$

$$S(0) = \int \langle q|T_{11}|q\rangle|_{q=0}\, d^3x \tag{39.11}$$

ein. $E(0)$ ist offenbar die Gesamtenergie eines ruhenden Elektrons, während wir $S(0)$ als „Selbstspannung" des Elektrons bezeichnen wollen. Da Gl. (39.5) bis (39.7) für die *nichtrenormierte* Theorie aufgestellt worden sind, gilt offenbar

$$E(0) = m_{\mathrm{exp}} = m_0 + \delta m, \tag{39.12}$$

wo m_0 die Masse des nackten Elektrons und δm die elektromagnetische Selbstmasse ist. Aus

$$T^{(1)}_{\mu\mu} = -\frac{m_0}{2}\left[\overline{\psi}(x), \psi(x)\right], \tag{39.13a}$$

$$T^{(2)}_{\mu\mu} = 0 \tag{39.13b}$$

folgt weiter

$$3\,S(0) - E(0) = \int d^3x\, \langle q|T_{\mu\mu}(x)|q\rangle|_{q=0} = -\frac{m_0}{2}\int d^3x\, \langle q|[\overline{\psi}(x), \psi(x)]|q\rangle|_{q=0} \tag{39.14}$$

oder

$$m_0 + \delta m - \frac{m_0}{2}\int d^3x\, \langle q|[\overline{\psi}(x), \psi(x)]|q\rangle|_{q=0} = 3\,S(0). \tag{39.15}$$

Ist H die HAMILTON-Funktion der nichtrenormierten Theorie [Gln. (17.18) bis (17.22)], so gilt aber weiter

$$\frac{1}{2}\int d^3x\, \langle q|[\overline{\psi}(x), \psi(x)]|q\rangle|_{q=0} = \langle q|\frac{\partial H}{\partial m_0}|q\rangle\Big|_{q=0} = \frac{\partial}{\partial m_0}(m_0 + \delta m). \tag{39.16}$$

Aus (39.15) und (39.16) schließen wir[1]

$$S(0) = -\frac{1}{3}\left[m_0\frac{\partial \delta m}{\partial m_0} - \delta m\right] = -\frac{m_0^2}{3}\frac{\partial}{\partial m_0}\left(\frac{\delta m}{m_0}\right). \tag{39.17}$$

Im Prinzip wäre es also möglich, die Selbstspannung aus der Selbstmasse durch Differentiation zu bekommen. In Wirklichkeit ist aber die Selbstmasse eine unendliche Größe [wenigstens in erster Näherung der Störungstheorie, vgl. (32.6)], so daß Gl. (39.17) eigentlich keinen Sinn hat. Wir wollen jetzt mit Invarianzbetrachtungen zeigen, daß die Selbstspannung (39.17) identisch verschwinden muß. Gl. (39.17) kann dann z.B. verwendet werden, um eine Abschneidegröße A in (31.18) als Funktion der Masse m_0 zu *definieren*.

Um dies zu zeigen, studieren wir das Elektron in einem System, wo es sich mit der Geschwindigkeit v in der x-Richtung bewegt. Bezeichnen wir alle Größen im neuen Koordinatensystem mit einem Strich, so gelten die folgenden Transformationsformeln

$$\langle T'_{44}\rangle = \frac{1}{1 - v^2}\left(\langle T_{44}\rangle - v^2\langle T_{11}\rangle\right), \tag{39.18}$$

$$i\langle T'_{41}\rangle = \frac{v}{1 - v^2}\left(\langle T_{44}\rangle - \langle T_{11}\rangle\right), \tag{39.19}$$

$$d^3x' = \sqrt{1 - v^2}\, d^3x. \tag{39.20}$$

---

[1] A. PAIS u. S. T. EPSTEIN: Rev. Mod. Phys. **21**, 445 (1949).

Für die Energie $E(v)$ und den Impuls $P_x(v)$ im neuen Koordinatensystem erhalten wir also

$$E(v) = \frac{1}{\sqrt{1-v^2}}\left(E(0) + v^2 S(0)\right),\qquad (39.21)$$

$$P_x(v) = \frac{v}{\sqrt{1-v^2}}\left(E(0) + S(0)\right).\qquad (39.22)$$

Damit $E(v)$ und $P_x(v)$ die Transformationseigenschaften eines Vierervektors haben, ist es also notwendig, *daß $S(0)$ identisch verschwindet*. Also muß gelten

$$\frac{\partial}{\partial m_0}\left(\frac{\delta m}{m_0}\right) = 0.\qquad (39.23)$$

Die dimensionslose Größe $\delta m/m_0$ darf also nicht von m_0 abhängen. In einer konvergenten Theorie wäre das auch aus Dimensionsgründen unmöglich, da die einzige dimensionslose Veränderliche, die hier auftreten könnte, e^2 wäre. In einer Theorie mit Abschneiden kann aber die Masse m_0 in der Kombination A/m_0^2 auftreten, wo A die Abschneidegröße ist. Unser Ergebnis zeigt also, daß wir A proportional zu m_0^2 wählen müssen[1]. Wir erwähnen auch, daß ein Abschneiden mit Hilfe der in Ziff. 30 beschriebenen Regularisierung ebenfalls das Ergebnis Null für die Selbstspannung liefert[2].

$\delta)$ *Streuung von Lichtquanten an einem äußeren Feld und aneinander.* In Ziff. 29 haben wir gesehen, daß ein äußeres Feld virtuelle Paare erzeugen kann, und daß das Vakuum sich deshalb wie ein polarisierbares Medium verhält. Eine wenigstens indirekte Bestätigung dieses Effektes erhält man durch die genaue Ausmessung der LAMB-Verschiebung. Für ein freies Photon, wo also der Energie-Impulsvektor die Gleichung $k^2 = 0$ erfüllt, verschwindet der Effekt nach Ausführung der Ladungsrenormierung nach Gl. (29.23). Wenn aber das Photon ein äußeres Feld durchläuft, kann es virtuelle Paare erzeugen, die am äußeren Feld gestreut werden können[3], um dann wieder unter Aussendung eines neuen Photons vernichtet zu werden. Es resultiert somit eine Streuung des Photons an dem äußeren Feld. Dieser Effekt wurde zum ersten Male von DELBRÜCK[4] erwähnt. Eine vollständige Auswertung des Wirkungsquerschnittes dieses Effektes ist bisher noch nicht geschehen. Für den Streuwinkel Null ist die Streuamplitude von ROHRLICH und GLUCKSTERN[5] ausgerechnet worden, während BETHE und ROHRLICH[6] den Streuquerschnitt für kleine Winkel und große Energien abgeschätzt haben. Für ein COULOMB-Feld mit der Ladung Ze ist der Wirkungsquerschnitt von der Größenordnung

$$\sigma \sim (Z\alpha)^4 r_0^2.\qquad (39.24)$$

Der totale Querschnitt ist viel kleiner als z.B. der Querschnitt für COMPTON-Streuung $(\sigma_{\text{Compton}} \sim r_0^2)$, aber die Winkelverteilung ist von der der COMPTON-Streuung sehr verschieden. Die DELBRÜCK-Streuung hat für kleine Winkel ein sehr scharfes Maximum und könnte dadurch eventuell nachgewiesen werden[7].

Wenn das äußere Feld in der DELBRÜCK-Streuung durch ein zweites Photon ersetzt wird, erhält man einen Prozeß, in welchem zwei Photonen mit Hilfe von

---

[1] S. BOROWITZ u. W. KOHN: Phys. Rev. **86**, 985 (1952). — Y. TAKAHASHI u. H. UMEZAWA: Progr. Theor. Phys. **8**, 193 (1952).

[2] F. ROHRLICH: Phys. Rev. **77**, 357 (1950). — F. VILLARS: Phys. Rev. **79**, 122 (1950).

[3] Aus der Ladungsinvarianz der Theorie kann gezeigt werden, daß die virtuellen Partikeln wenigstens *zweimal* an dem äußeren Feld gestreut werden müssen, damit ein von Null verschiedenes Resultat herauskommt.

[4] M. DELBRÜCK: Z. Physik **84**, 144 (1933).

[5] F. ROHRLICH u. R. L. GLUCKSTERN: Phys. Rev. **86**, 1 (1952).

[6] H. A. BETHE u. F. ROHRLICH: Phys. Rev. **86**, 10 (1952).

[7] Vgl. R. R. WILSON: Phys. Rev. **90**, 720 (1953).

virtuellen Paaren aneinander gestreut werden. Eine sorgfältige Auswertung des Wirkungsquerschnittes für diesen Prozeß ist von Karplus und Neumann[1] gemacht worden. Der Wirkungsquerschnitt ist hier von der Größenordnung

$$\sigma \sim \alpha^2 r_0^2, \tag{39.25}$$

und der ganze Effekt ist mit den heute zu Verfügung stehenden experimentellen Möglichkeiten kaum beobachtbar. Im Prinzip bedeutet aber dieser Effekt eine interessante Abweichung vom Superpositionsprinzip der klassischen Elektrodynamik.

VII. Allgemeine Theorie der Renormierung.

40. Allgemeine Definition von Partikelzahlen. Im vorigen Kapitel haben wir mehrere Beispiele von strahlungstheoretischen Korrekturen durchgerechnet und gezeigt, daß die in erster Näherung auftretenden, unendlichen Größen sich mit Hilfe von Renormierungen der Ladung und Masse des Elektrons physikalisch interpretieren und damit beseitigen lassen. Die übrigbleibenden, endlichen Glieder können mit experimentellen Messungen verglichen werden, wobei sich eine außerordentlich gute Übereinstimmung zwischen den berechneten und gemessenen Werten gezeigt hat. In einigen Fällen sind auch Ergebnisse von Berechnungen der Glieder höherer Ordnung angegeben worden, doch ohne daß wir die Behandlung der dabei auftretenden, unendlichen Größen näher diskutiert haben. Es muß jedoch betont werden, daß die Idee der Renormierung an sich eigentlich *nicht* mit dem Auftreten von unendlichen Größen verbunden ist. Auch wenn die Selbstmasse und Selbstladung endlich wären, wäre es notwendig gewesen, sie zuerst in der Theorie zu isolieren, bevor ein Vergleich mit den Experimenten stattfinden könnte. In diesem Kapitel wollen wir nun versuchen, eine so allgemeine Behandlung des Renormierungsverfahrens wie möglich zu geben, wobei wir uns nicht auf die Störungstheorie stützen wollen. Hierbei werden wir uns zunächst nicht darum kümmern, ob die auftretenden Zwischenresultate endlich sind oder nicht. In dieser Diskussion werden wir oft von Zuständen mit einer gegebenen Zahl von Partikeln reden. In einer Theorie mit Wechselwirkung ist aber die Definition von Partikelzahlen nicht ganz trivial. Wir beginnen daher mit einer Erörterung dieses Begriffes.

An einem speziellen Beispiel haben wir schon in Ziff. 11 gesehen, daß es in einer Theorie mit Wechselwirkung verschiedene Möglichkeiten gibt, Zustände mit einer gegebenen Zahl von Partikeln zu definieren. Wir erinnern hier an die wichtigsten Begriffe. Partikelzahlen werden mit Hilfe der Fourier-Zerlegung eines *freien* Feldes definiert, indem wir die verschiedenen Entwicklungskoeffizienten als Erzeugungs- oder Vernichtungsoperatoren deuten. Dabei spielen die kanonischen Vertauschungsrelationen eine entscheidende Rolle und bestimmen, wie wir bereits mehrmals in Ziff. 6, 12 und 13 gesehen haben, die Eigenwerte der Partikelzahlen. Aus der Tatsache, daß die freien und die gekoppelten Felder dieselben kanonischen Vertauschungsrelationen für gleiche Zeiten haben, folgt, daß wir für jede Zeit T freie Felder $A_\mu^{(0)}(x, T)$ und $\psi^{(0)}(x, T)$ [vgl. (11.47)] einführen können, die durch die Gleichungen

$$\psi^{(0)}(x, T) = -i \int\limits_{x_0' = T} S(x - x') \gamma_4 \psi(x') \, d^3x', \tag{40.1}$$

$$A_\mu^{(0)}(x, T) = -\int\limits_{x_0' = T} \left[\frac{\partial A_\mu(x')}{\partial x_0'} D(x - x') + A_\mu(x') \frac{\partial D(x - x')}{\partial x_0} \right] d^3x' \tag{40.2}$$

---

[1] R. Karplus u. M. Neuman: Phys. Rev. **83**, 776 (1950); gewisse Spezialfälle sind früher von A. I. Akhiezer, Phys. Z. Sowjet. **11**, 263 (1937), und H. Euler, Ann. Phys. **26**, 398 (1936), studiert worden.

definiert sind. Diese Größen erfüllen offenbar die Gleichungen für die freien Felder und sind für $x_0 = T$ mit den gekoppelten Feldern identisch. Hieraus können wir jetzt ein System von Zustandsvektoren konstruieren, wo jeder Vektor ein Eigenvektor des HAMILTON-Operators

$$H^{(0)}(T) = H^{(0)}\big(A_\mu^{(0)}(x, T), \psi^{(0)}(x, T)\big) \tag{40.3}$$

ist. Der Operator $H^{(0)}$ ist also hier eine Summe der Operatoren (17.20) und (17.21). Mit Hilfe der Bewegungsgleichungen (40.1) und (40.2) kann leicht gezeigt werden, daß der Operator (40.3) von x_0 unabhängig ist. Er hängt also nur von der „Anfangszeit" T ab. Hieraus folgt aber nicht, daß der Operator (40.3) mit dem vollständigen HAMILTON-Operator $H\big(A_\mu(x), \psi(x)\big)$ des Systems kommutiert, denn die Operatoren (40.1) und (40.2) und damit auch (40.3) enthalten die Zeitkoordinate explizit in den singulären Funktionen. In der Tat sehen wir, daß $H^{(0)}(T)$ mit $H^{(0)}\big(A_\mu(x), \psi(x)\big)$ für $x_0 = T$ identisch ist, und da die letzte Größe nicht mit $H^{(1)}\big(A_\mu(x), \psi(x)\big)$ für $x_0 = T$ kommutiert, kann auch (40.3) nicht mit dem vollständigen HAMILTON-Operator des Systems kommutieren. Wir schließen also, daß die oben eingeführten Zustandsvektoren bei einem allgemeinen T keine Eigenzustände des HAMILTON-Operators sind. Die in dieser Weise eingeführten Partikelzahlen können also nicht die wirklichen „physikalischen" Partikeln beschreiben. Trotzdem werden die entsprechenden Zustände oft, besonders in der älteren Literatur, verwendet und dann als „Zustände mit freien Partikeln" bezeichnet[1]. Die physikalischen Zustände müssen dann als Linearkombinationen von Zuständen mit freien Partikeln gebildet werden, und aus dem gewöhnlichen Formalismus der Quantentheorie (Erhaltungssätze für Wahrscheinlichkeit und Vollständigkeitsrelation) folgt dann, daß die Transformation von den „freien" zu den „physikalischen" Zuständen durch eine unitäre Matrix beschrieben wird. In dieser Formulierung ist es dann die Bestimmung dieser Matrix, die die Hauptaufgabe der Theorie ist. Durch das Beispiel in Ziff. 11 und auch durch die Diskussion in Ziff. 17 mit den folgenden Anwendungen haben wir aber gesehen, daß die Theorie auch in anderer Weise formuliert werden kann, und daß diese alternative Fassung sich bei der Anwendung der Störungstheorie als sehr nützlich erwiesen hat. Hierbei lassen wir die Zeit T in (40.1) und (40.2) gegen $-\infty$ gehen, wodurch die entsprechenden, freien Felder formal in die früher gebrauchten „einlaufenden" Felder $A_\mu^{(0)}(x)$ und $\psi^{(0)}(x)$ übergehen. Als Bewegungsgleichungen der Operatoren in der HEISENBERG-Darstellung erhalten wir dann Gl. (17.14) und (17.15), die wir hier in der folgenden Form schreiben

$$\psi(x) = \psi^{(0)}(x) - \int S_R(x - x')\, f(x')\, dx', \tag{40.4}$$

$$f(x) = i\, e\, \gamma\, A(x)\, \psi(x), \tag{40.4a}$$

$$A_\mu(x) = A_\mu^{(0)}(x) + \int D_R(x - x')\, j_\mu(x')\, dx', \tag{40.5}$$

$$j_\mu(x) = \frac{i\,e}{2}\,\big[\overline{\psi}(x), \gamma_\mu\,\psi(x)\big]. \tag{40.5a}$$

Mit Hilfe dieser freien Felder können wir dann wieder ein System von Zustandsvektoren mit bestimmten Partikeln einführen. Wir wollen hier und im folgenden diese Partikeln die „einlaufenden" Partikeln nennen. Die entsprechenden

---

[1] Oben haben wir Zustände mit freien Partikeln dieser Art in Ziff. 38, Gl. (38.12) usw. für die Behandlung von Positronium gebraucht. Dort setzten wir speziell $T = 0$ und sind bei dieser Zeit von der HEISENBERG-Darstellung zu einer SCHRÖDINGER-Darstellung übergegangen. Die physikalischen Zustände sind dort als Linearkombinationen von Zuständen mit freien Partikeln aufgebaut worden.

Zustandsvektoren $|\text{Ein}\rangle$ sind also Eigenvektoren des Operators $H^{(0)}\big(A_\mu^{(0)}(x),$ $\psi^{(0)}(x)\big)$, d.h.

$$H^{(0)}\big(A_\mu^{(0)}(x),\,\psi^{(0)}(x)\big)\,|\text{Ein}\rangle = E_{\text{Ein}}\,|\text{Ein}\rangle. \tag{40.6}$$

Der wesentliche Unterschied zwischen diesen Zuständen und denen, die Eigenzustände von (40.3) mit einem endlichen T sind, liegt im folgenden: Die mit Hilfe von (40.1) und (40.2) definierten Partikeln würden auftreten, wenn die Wechselwirkung im System zur Zeit T *plötzlich* verschwinden würde. Wegen der Wechselwirkung ändert sich die Zahl dieser Partikeln unaufhörlich, und man kann ihnen keine wirkliche physikalische Bedeutung zuschreiben. Die in (40.6) angedeuteten Partikeln aber sind physikalisch die, die vor einer sehr langen Zeit in unserem System existiert haben. Diese Partikeln haben einen physikalischen Sinn, denn bei einem Streuproblem handelt es sich gerade um eine gewisse Zahl einlaufender Partikeln, die aneinander gestreut werden, um dann wieder als neue, freie Partikeln voneinander wegzulaufen. Dabei kann sehr wohl die Anzahl der neuen Partikeln größer oder kleiner als die der ursprünglichen sein. Mathematisch liegt der Vorteil der einlaufenden Partikeln darin, daß wir eine unendliche Zeitspanne zur Verfügung haben, um die Wechselwirkung der Partikeln „einzuschalten". Im Gegensatz zur Beschreibung mit Hilfe der oben in Gl. (40.3) definierten Partikeln können wir also hier die Wechselwirkung (die Ladung) *adiabatisch* einschalten[1]. Nach dem Adiabatensatz der Quantenmechanik sind dann die Zustände $|\text{Ein}\rangle$ auch Eigenzustände des vollständigen Hamilton-Operators des Systems. Der bis jetzt vollständigste Beweis des Adiabatensatzes wurde von Born und Fock gegeben[2], aber wie schon in Ziff. 11 betont wurde, existiert kein wirklich befriedigender Beweis für ein System mit einer unendlichen Zahl von Freiheitsgraden. Zwar haben wir in Ziff. 18 angedeutet, wie ein Beweis für *jedes Glied* in einer Entwicklung nach der Ladung geführt werden kann[3]. Wir wollen aber hier ohne weitere Diskussion *annehmen*, daß der Adiabatensatz für die Quantenelektrodynamik gültig ist, auch wenn die Lösung nicht durch die Störungsreihe dargestellt wird. Alternativ können wir auch sagen, daß die Existenz usw. einer den Adiabatensatz erfüllenden Lösung gemeint wird, wenn wir unten die Existenz einer Lösung usw. diskutieren. Über andere, stärker singuläre Lösungen können wir keine mathematischen Aussagen machen. Weiter wollen wir unten die Verabredung machen, daß wir immer einen Zustand mit *einlaufenden* Partikeln meinen, wenn wir von einem Zustand mit einer gegebenen Zahl von Partikeln reden. Ein solcher Zustand ist also ein Eigenzustand sowohl zum Operator (40.6) wie zum vollständigen Hamilton-Operator der wechselwirkenden Felder[4].

Es soll vielleicht erwähnt werden, daß wir keine Voraussetzung über die Vollständigkeit unseres Systems von Zuständen machen müssen. Es ist durchaus mathematisch zulässig, daß auch andere Eigenzustände des vollständigen Hamilton-Operators existieren, daß also die einlaufenden Zustände nur einen Unterraum im Hilbert-Raum bilden. Die anderen Zustände würden dann gebundenen Zuständen von zwei oder mehreren Partikeln entsprechen. Zwar gibt es in der Quantenelektrodynamik keinen Grund zu der Vermutung, daß

---

[1] Wie wir in der Störungstheorie gesehen haben, ist ein solches Einschalten auch nötig, damit gewisse, oszillierende Integrale einen wohldefinierten Wert erhalten.

[2] Siehe Fußnote 2, S. 213.

[3] In der renormierten Theorie ist eine ziemlich vollständige Diskussion für die störungstheoretische Behandlung des Problems von F. J. Dyson, Phys. Rev. **82**, 428 (1951), gegeben worden.

[4] Für eine alternative Formulierung der „Adiabatenhypothese" vgl. H. Lehmann, K. Symanzik u. W. Zimmermann, Nuovo Cim. **1**, 205 (1955).

solche Zustände existieren[1], aber wenn das entsprechende Argument in einer Mesontheorie gebraucht werden sollte, muß man auf das Auftauchen solcher Zustände (das Deuteron usw.) vorbereitet sein.

41. Die Massenrenormierung des Elektrons. Wir sind jetzt im Stande, die in Ziff. 32 ausgeführte Massenrenormierung des Elektrons ein wenig allgemeiner zu diskutieren. Dafür fordern wir, daß ein Zustand mit einem (physikalischen, d.h. einlaufenden) Elektron eine Masse haben soll, die genau gleich der Masse m auf der linken Seite der DIRAC-Gleichung ist. Um dies zu erreichen, addieren wir also eine Größe δm zu der rechten Seite der Gleichung und erhalten statt (40.4) und (40.4a)

$$\left(\gamma \frac{\partial}{\partial x} + m\right) \psi(x) = f(x),\qquad (41.1)$$

$$f(x) = -i\, e\, \gamma\, A(x)\, \psi(x) + \delta m\, \psi(x).\qquad (41.2)$$

Die Hauptaufgabe dieser Ziffer ist dann, eine (wenigstens implizite) Definition der Größe δm zu geben, die nicht an eine explizite Störungsrechnung gebunden ist. Zu diesem Zweck studieren wir die Matrixelemente des Operators $\psi(x)$ zwischen dem Vakuum (d.h. wieder dem physikalischen Vakuum oder, was dasselbe ist, dem Vakuum der einlaufenden Partikeln) und einem Zustand $|q\rangle$ mit einem Elektron mit dem Impuls q, d.h. die Größe $\langle 0 | \psi(x) | q\rangle$. Nach Gl. (3.21) ist die x-Abhängigkeit dieser Größe durch

$$\langle 0 | \psi_\alpha(x) | q\rangle = \langle 0 | \psi_\alpha | q\rangle\, e^{iqx}\qquad (41.3)$$

gegeben. *Nach* Ausführung der Renormierung der Masse soll also die Zeitkomponente q_0 in (41.3) durch $\sqrt{q^2 + m^2}$ gegeben sein. Dies ist die Definition der Massenrenormierung. Hieraus schließen wir, daß die x-Abhängigkeit des Matrixelements des *einlaufenden* Feldes genau dieselbe wie die x-Abhängigkeit des Matrixelements (41.3) ist, da in der ersten Größe definitionsgemäß das m von (41.1) als Masse auftritt. Also schreiben wir

$$\langle 0 | \psi_\alpha^{(0)}(x) | q\rangle = \langle 0 | \psi_\alpha^{(0)} | q\rangle\, e^{iqx},\qquad (41.4)$$

wo [vgl. Gl. (12.22)] die Größe $\langle 0 | \psi_\alpha^{(0)} | q\rangle$ durch die Funktionen $\frac{1}{\sqrt{V}}\, u_\alpha^{(r)}(q)$ von Ziff. 12 gegeben sind.

Um jetzt einen Zusammenhang zwischen den x-unabhängigen Faktoren in (41.3) und (41.4) zu bekommen und um eine Gleichung für die „Selbstmasse" δm in (41.2) zu erhalten, brauchen wir den folgenden Kunstgriff. Aus der Bewegungsgleichung für $\overline{\psi}(x)$

$$\overline{\psi}(x) = \overline{\psi}^{(0)}(x) - \int \overline{f}(x'')\, S_A(x'' - x)\, dx''\qquad (41.5)$$

und aus der Integralgleichung

$$\overline{\psi}(x) = -\int_{x'}^{x} \overline{f}(x'')\, S(x'' - x)\, dx'' - i \int_{x_0''=x_0'} \overline{\psi}(x'')\, \gamma_4\, S(x'' - x)\, d^3x''\qquad (41.6)$$

folgt die Gleichung

$$\overline{\psi}^{(0)}(x) = \int_{-\infty}^{x'} \overline{f}(x'')\, S(x'' - x)\, dx'' - i \int_{x_0''=x_0'} \overline{\psi}(x'')\, \gamma_4\, S(x'' - x)\, d^3x''.\qquad (41.7)$$

---

[1] Das in Ziff. 38 behandelte Positronium ist nicht stabil und also kein wirklicher Eigenzustand des vollständigen HAMILTON-Operators. Vgl. hierzu auch W. GLASER u. G. KÄLLÉN: Nucl. Phys. **2**, 706 (1957).

In (41.6) und also auch in (41.7) ist die Zeit x_0' vollständig beliebig. Gl. (41.7) erlaubt uns also, das einlaufende Feld $\overline{\psi}^{(0)}(x)$ als ein „Flächenintegral" über das Feld $\overline{\psi}(x)$ bei einer beliebigen Zeit x_0' und ein vierdimensionales „Volumenintegral" von $-\infty$ bis x_0' auszudrücken. In diesen Gleichungen sind also nur die Grenzen für die Zeitintegration explizit ausgeschrieben worden. Die räumlichen Integrationen werden immer über das Periodizitätsvolumen V ausgeführt. Aus (41.7) erhalten wir nun, wenn wir die beliebige Zeit gleich der Zeit in einem beliebigen Operator $F(x)$ wählen

$$\{F(x), \overline{\psi}^{(0)}(x')\} = \int\limits_{-\infty}^{x} \{F(x), \overline{f}(x'')\}\, S(x'' - x')\, dx'' - $$
$$\left.- i \int\limits_{x''=x_0} \{F(x), \overline{\psi}(x'')\}\, \gamma_4\, S(x'' - x')\, d^3x''.\right\} \quad (41.8)$$

Das letzte Integral in (41.8) enthält nur Operatoren, für welche die Zeitkoordinaten gleich sind, und kann daher mit den kanonischen Vertauschungsrelationen ausgerechnet werden.

Wir studieren jetzt den Vakuumerwartungswert der linken Seite von (41.8)

$$\langle 0|\{F(x), \overline{\psi}^{(0)}(x')\}|0\rangle =$$
$$\left.= \sum_{|z\rangle} \langle 0|F(x)|z\rangle \langle z|\overline{\psi}^{(0)}(x')|0\rangle + \sum_{|z\rangle} \langle 0|\overline{\psi}^{(0)}(x')|z\rangle \langle z|F(x)|0\rangle.\right\} \quad (41.9)$$

Die Summe über Zustände $|z\rangle$ in (41.9) enthält im Prinzip einen Beitrag von jedem Zustand in einem vollständigen System von Zustandsvektoren. Wählen wir als solches System speziell die physikalischen (d.h. einkommenden) Partikelzustände (eventuell ergänzt durch gebundene Zustände), dann folgt definitionsgemäß, daß die Zustände $|z\rangle$ wegen der Operatoren im ersten Glied genau ein Elektron und im zweiten Glied genau ein Positron enthalten muß. *Wenn wir also den Vakuumerwartungswert der Größe (41.8) ausrechnen, erhalten wir die Matrixelemente der Operatoren $F(x)$ zwischen dem Vakuum und Einelektron- bzw. Einpositronständen.* Wenn wir uns weiter an die Gln. (15.1) bis (15.3) erinnern, wonach die Funktionen $S(x'' - x')$ auf der rechten Seite von (41.8) als eine Summe über die Matrixelemente (41.4) geschrieben werden können, so erhalten wir durch Vergleich der Koeffizienten von $\langle q|\overline{\psi}^{(0)}(x')|0\rangle$

$$\langle 0|F(x)|q\rangle = i \int\limits_{-\infty}^{x} \langle 0|\{F(x), \overline{f}(x'')\}|0\rangle \langle 0|\psi^{(0)}(x'')|q\rangle dx'' +$$
$$\left.+ \langle 0|\frac{\partial F(x)}{\partial \psi(x)}|0\rangle \langle 0|\psi^{(0)}(x)|q\rangle.\right\} \quad (41.10)$$

Gl. (41.10) erlaubt uns, das Matrixelement zwischen dem Vakuum und einem Einelektronzustand für einen *beliebigen* Operator $F(x)$ durch den Vakuumerwartungswert des Antikommutators desselben Operators mit der rechten Seite der Dirac-Gleichung auszudrücken. Der Vorteil dieses Verfahrens liegt darin, daß das Vakuum bei einer Lorentz-Transformation invariant ist (dies gilt *nicht* für die Einpartikelzustände) und daß wir deshalb einfache Invarianzüberlegungen benutzen können. Als Beispiel wählen wir für $F(x)$ speziell den Operator $\psi(x)$. Es folgt

$$\langle 0|\psi_\alpha(x)|q\rangle =$$
$$\left.= i \int\limits_{-\infty}^{x} \langle 0|\{\psi_\alpha(x), \overline{f}_\beta(x'')\}|0\rangle \langle 0|\psi_\beta^{(0)}(x'')|q\rangle dx'' + \langle 0|\psi_\alpha^{(0)}(x)|q\rangle,\right\} \quad (41.11)$$

wo wir der Deutlichkeit halber auch die Spinorindices der Operatoren ausge-schrieben haben. Der Ausdruck $\langle 0 | \{\psi(x), \bar{f}(x'')\} | 0 \rangle$ kann wegen (3.21) nur von der Koordinatendifferenz $x - x''$ abhängen und kann weiter aus Invarianz-gründen in der Form

$$\langle 0 | \{\psi_\alpha(x), \bar{f}_\beta(x'')\} | 0 \rangle = \int dp\, e^{ip(x-x'')} \{\delta_{\alpha\beta} A(p) + i\, (\gamma_\mu)_{\alpha\beta}\, p_\mu\, B(p)\} \qquad (41.12)$$

geschrieben werden. Wir machen hier die Voraussetzung, die wir unten häufig benutzen wollen, nämlich daß der Energie-Impulsvektor jedes physikalischen Zustandes zeitartig ist, und daß das Vakuum der Zustand kleinster Energie ist. Die Energie des Vakuums sei auf Null normiert. Gl. (41.12) folgt dann aus der Tatsache, daß nur die zwei Kombinationen $\delta_{\alpha\beta}$ und $(\gamma p)_{\alpha\beta}$ aus γ_μ und p_μ die richtigen Transformationseigenschaften haben. Die zwei invarianten Funk-tionen A und B hängen nur vom Vektor p ab, und zwar in invarianter Weise[1].

Da die Größe (41.12) für raumartige $x - x''$ verschwindet, ist auch

$$\Theta(x - x'')\, \langle 0 | \{\psi(x), \bar{f}(x'')\} | 0 \rangle$$

„invariant", und wir schreiben

$$i\,\Theta(x - x'')\, \langle 0 | \{\psi(x), \bar{f}(x'')\} | 0 \rangle = \frac{1}{(2\pi)^4} \int dp\, e^{ip(x-x'')} [A'(p) + i\,\gamma\, p\, B'(p)] \qquad (41.13)$$

mit neuen Funktionen $A'(p)$ und $B'(p)$. Aus (41.11) folgt dann

$$\left.\begin{aligned} \langle 0 | \psi(x) | q \rangle &= [1 + A'(q) + i\,\gamma\, q\, B'(q)]\,\langle 0 | \psi^{(0)}(x) | q \rangle = \\ &= [1 + A'(q) - m\, B'(q)]\,\langle 0 | \psi^{(0)}(x) | q \rangle. \end{aligned}\right\} \qquad (41.14)$$

Bei der letzten Umformung in (41.14) ist die Bewegungsgleichung von $\psi^{(0)}(x)$ benutzt worden. Für jeden Einpartikelzustand $|q\rangle$ ist $q^2 = -m^2$ und $q_0 > 0$. Aus der allgemeinen Form[1] der Funktionen $A'(q)$ und $B'(q)$ schließen wir dann, daß *der Faktor* $1 - A'(q) - m B'(q)$ *vom räumlichen* q *unabhängig ist*, und daß wir also (41.14) in der folgenden Form schreiben können

$$\langle 0 | \psi(x) | q \rangle = N \langle 0 | \psi^{(0)}(x) | q \rangle, \qquad (41.15)$$

wo N eine „universelle" (d.h. eine von x und q unabhängige) Konstante ist. Aus (41.15) folgt jetzt

$$\langle 0 | f(x) | q \rangle = \left(\gamma\, \frac{\partial}{\partial x} + m\right) \langle 0 | \psi(x) | q \rangle = 0. \qquad (41.16)$$

Die zwei Gln. (41.10) und (41.16) können jetzt verwendet werden, um eine im-plizite Gleichung für die Selbstmasse δm in (41.2) zu bekommen. Zu diesem Zweck setzen wir $F(x)$ in (41.10) gleich $f(x)$ und erhalten

$$\left.\begin{aligned} 0 = i \int \Theta(x - x')\, \langle 0 | \{f(x), \bar{f}(x')\} | 0 \rangle\, \langle 0 | \psi^{(0)}(x') | q \rangle\, dx' + \\ + [i\, e\, \gamma_\nu \langle 0 | A_\nu(x) | 0 \rangle + \delta m]\, \langle 0 | \psi^{(0)}(x) | q \rangle \end{aligned}\right\} \qquad (41.17)$$

oder

$$\delta m \langle 0 | \psi^{(0)}(x) | q \rangle = -i \int \Theta(x - x')\, \langle 0 | \{f(x), \bar{f}(x')\} | 0 \rangle\, \langle 0 | \psi^{(0)}(x') | q \rangle\, dx', \qquad (41.18)$$

da der Vakuumerwartungswert der Potentiale in unserer Eichung verschwindet. Um die rechte Seite von (41.18) umzuformen, kehren wir wieder zu Gl. (3.21)

---

[1] Die allgemeinste Form von A ist also $A_1(p^2) + A_2(p^2)\,\varepsilon(p)$, wo $A_i(p^2)$ nur für zeitartige p von Null verschieden ist. Man kann zeigen (vgl. unten), daß in diesem Fall $A_1(p^2) = 0$ ist. Das Entsprechende gilt auch für die Funktion $B(p)$.

zurück. Mit ihrer Hilfe schreiben wir

$$
\langle 0 | \{ f_\alpha(x), \bar{f}_\beta(x') \} | 0 \rangle = \frac{-1}{(2\pi)^3} \int\limits_{p_0>0} dp\, e^{ip(x-x')} \times
$$

$$
\times \left[\Sigma_1^{(+)}(p^2) + (i\gamma p + m)\, \Sigma_2^{(+)}(p^2) \right]_{\alpha\beta} + \frac{1}{(2\pi)^3} \int\limits_{p_0>0} dp\, e^{ip(x'-x)} \times
$$

$$
\times \left[\Sigma_1^{(-)}(p^2) + (-i\gamma p + m)\, \Sigma_2^{(-)}(p^2) \right]_{\alpha\beta} \tag{41.19}
$$

mit

$$
\left[\Sigma_1^{(+)}(p^2) + (i\gamma p + m)\, \Sigma_2^{(+)}(p^2) \right]_{\alpha\beta} = - V \sum_{p(z)=p} \langle 0 | \bar{f}_\beta | z \rangle \langle z | f_\alpha | 0 \rangle, \tag{41.19a}
$$

$$
\left[\Sigma_1^{(-)}(p^2) + (-i\gamma p + m)\, \Sigma_2^{(-)}(p^2) \right]_{\alpha\beta} = V \sum_{p(z)=p} \langle 0 | f_\alpha | z \rangle \langle z | \bar{f}_\beta | 0 \rangle. \tag{41.19b}
$$

Die vier Funktionen $\Sigma_i^{(\pm)}$ sind durch die Gln. (41.19a) und (41.19b) definiert. Die Summationen in diesen Gleichungen werden über alle (physikalischen) Zustände erstreckt, für welche der totale Energie-Impulsvektor gleich dem Vektor p (bzw. $-p$) ist. V ist wieder das Periodizitätsvolumen, und in (41.19) haben wir den Grenzübergang $V \to \infty$ ausgeführt. Aus der Ladungsinvarianz der Theorie können wir jetzt zeigen, daß nur zwei der Funktionen $\Sigma_i^{(\pm)}$ voneinander unabhängig sind. Es gilt z.B.

$$
\left[\Sigma_1^{(+)}(p^2) + (i\gamma p + m)\, \Sigma_2^{(+)}(p^2) \right]_{\alpha\beta} = - V \sum_{p(z)=p} \langle 0 | \bar{f}_\beta | z \rangle \langle z | f'_\alpha | 0 \rangle. \tag{41.20}
$$

Unter Anwendung der Matrix C in Gl. (14.3) erhalten wir

$$
\left[\Sigma_1^{(+)}(p^2) + (i\gamma p + m)\, \Sigma_2^{(+)}(p^2) \right]_{\alpha\beta} = - V \sum_{p(z)=p} C_{\alpha\delta} \langle 0 | f_\varepsilon | z \rangle \langle z | \bar{f}_\delta | 0 \rangle (C^{-1})_{\beta\varepsilon} =
$$

$$
= C_{\alpha\delta} \left[\Sigma_1^{(-)}(p^2) + (-i\gamma p + m)\, \Sigma_2^{(-)}(p^2) \right]_{\varepsilon\delta} (C^{-1})_{\varepsilon\beta} =
$$

$$
= \left[\Sigma_1^{(-)}(p^2) + (i\gamma p + m)\, \Sigma_2^{(-)}(p^2) \right]_{\alpha\beta}. \tag{41.21}
$$

In (41.21) haben wir (14.4) bis (14.6) ausgenützt. Aus diesem Ergebnis folgt

$$
\Sigma_i^{(+)}(p^2) = \Sigma_i^{(-)}(p^2) \equiv \Sigma_i(p^2), \tag{41.22}
$$

weshalb wir (41.19) als ein Integral über den *ganzen* p-Raum schreiben können

$$
\langle 0 | \{ f_\alpha(x), \bar{f}_\beta(x') \} | 0 \rangle = \frac{-1}{(2\pi)^3} \int dp\, e^{ip(x-x')} \left[\Sigma_1(p^2) + (i\gamma p + m)\, \Sigma_2(p^2) \right]_{\alpha\beta} \varepsilon(p). \tag{41.23}
$$

Zunächst interessieren wir uns aber für den Ausdruck $\Theta(x - x') \langle 0 | \{ f(x), \bar{f}(x') \} | 0 \rangle$. Wir schreiben $\Theta(x - x') = \frac{1}{2}(1 + \varepsilon(x - x'))$ und benutzen für $\varepsilon(x - x')$ die Fourier-Darstellung

$$
\varepsilon(x - x') = \frac{1}{i\pi} P \int\limits_{-\infty}^{+\infty} \frac{d\tau}{\tau}\, e^{i\tau(x_0 - x'_0)}. \tag{41.24}
$$

Hieraus folgt jetzt

$$
\frac{1}{(2\pi)^3} \varepsilon(x - x') \int dp\, e^{ip(x-x')} \varepsilon(p)\, \Sigma_1(p^2) =
$$

$$
= \frac{-2i}{(2\pi)^4} \int dp\, e^{ip(x-x')} P \int\limits_{-\infty}^{+\infty} \frac{d\tau}{\tau}\, \frac{p_0 + \tau}{|p_0 + \tau|}\, \Sigma_1\left(\boldsymbol{p}^2 - (p_0 + \tau)^2 \right) =
$$

$$
= \frac{-2i}{(2\pi)^4} \int dp\, e^{ip(x-x')} P \int\limits_0^{\infty} \frac{da\, \Sigma_1(-a)}{a + p^2} \tag{41.25}
$$

und

$$\frac{1}{(2\pi)^3}\,\varepsilon(x-x')\int dp\, e^{ip(x-x')}\,(i\gamma p+m)\,\varepsilon(p)\,\Sigma_2(p^2) =$$

$$= \frac{-2i}{(2\pi)^4}\int dp\, e^{ip(x-x')}\,(i\gamma p+m)\,P\int_0^\infty \frac{da\,\Sigma_2(-a)}{a+p^2} -$$

$$- \frac{2i}{(2\pi)^4}\int dp\, e^{ip(x-x')}\,P\int_{-\infty}^{+\infty} d\tau\,\frac{i\gamma_4(p_0+\tau)}{|p_0+\tau|}\,\Sigma_2\big(p^2-(p_0+\tau)^2\big).$$

$$(41.26)$$

Das letzte Integral in (41.26) verschwindet aus Symmetriegründen, und wir erhalten

$$-i\,\Theta(x-x')\,\langle 0|\,\{f(x),\overline{f}(x')\}\,|0\rangle = \frac{1}{(2\pi)^4}\int dp\, e^{ip(x-x')}\times$$

$$\times\big[\overline{\Sigma}_1(p^2)+i\pi\,\varepsilon(p)\,\Sigma_1(p^2)+(i\gamma p+m)(\overline{\Sigma}_2(p^2)+i\pi\,\varepsilon(p)\,\Sigma_2(p^2))\big],$$

$$(41.27)$$

$$\overline{\Sigma}_i(p^2) = P\int_0^\infty \frac{da}{a+p^2}\,\Sigma_i(-a).$$

$$(41.27a)$$

Einsetzen von (41.27) in (41.18) gibt unter Berücksichtigung der Bewegungsgleichung für $\psi^{(0)}(x)$

$$\delta m\,\langle 0|\,\psi^{(0)}(x)\,|q\rangle = \big[\overline{\Sigma}_1(-m^2)+i\pi\,\Sigma_1(-m^2)\big]\,\langle 0|\,\psi^{(0)}(x)\,|q\rangle.\quad (41.28)$$

Aus (41.16) und aus der Definition (41.19) folgt aber, daß $\Sigma_1(-m^2)$ verschwindet. Also folgt aus (41.28)

$$\delta m = \overline{\Sigma}_1(-m^2) = P\int_0^\infty \frac{\Sigma_1(-a)}{a-m^2}\,da.$$

$$(41.29)$$

Dies Ergebnis ist eine implizite Gleichung für die Bestimmung der Selbstmasse; implizit, da die Funktion $\Sigma_1(p^2)$ mit Hilfe der rechten Seite der DIRAC-Gleichung definiert worden ist, die selbst nach (41.2) die Selbstmasse enthält.

42. Umnormierung des DIRAC-Operators. Gleichung für die Konstante N. In Gl. (41.15) haben wir gesehen, daß das Matrixelement des vollständigen Operators $\psi(x)$ zwischen dem Vakuum und einem Einelektronzustand proportional zu dem entsprechenden Matrixelement für das einlaufende Feld ist. Wir wollen jetzt eine solche Umnormierung des DIRAC-Feldes ausführen, daß die Proportionalitätskonstante in (41.15) gleich 1 gesetzt wird. Dies wird am einfachsten dadurch erreicht, daß wir jedes Matrixelement $\langle a|\psi(x)|b\rangle$ durch dieselbe Konstante N dividieren, oder daß wir einen neuen Operator

$$\psi'(x) = \frac{1}{N}\,\psi(x)$$

$$(42.1)$$

einführen. Dies neue, „renormierte" Feld erfüllt die folgende Vertauschungsrelation

$$\{\overline{\psi}'(x),\psi'(x')\}_{x_0=x_0'} = \frac{1}{N^2}\,\gamma_4\,\delta(\boldsymbol{x}-\boldsymbol{x}').$$

$$(42.2)$$

Da jedes Glied der DIRAC-Gleichung genau einen Operator $\psi(x)$ enthält, fällt der Faktor N bei dieser Umformung heraus, und die Gleichung für $\psi'(x)$ sieht formal genau wie die Gleichung für $\psi(x)$ aus

$$\left(\gamma \frac{\partial}{\partial x} + m\right)\psi'(x) = f'(x),\qquad(42.3)$$

$$f'(x) = i\,e\,\gamma\,A(x)\,\psi'(x) + \delta m\,\psi'(x).\qquad(42.4)$$

Mit diesem neuen $f'(x)$ können wir wieder Funktionen $\Sigma_i'(p^2)$ nach (41.23) definieren, und erhalten selbstverständlich

$$\Sigma_i'(p^2) = \frac{1}{N^2}\,\Sigma_i(p^2),\qquad(42.5)$$

$$\frac{\delta m}{N^2} = \overline{\Sigma}_1'(-m^2).\qquad(42.6)$$

Von nun an wollen wir die Konvention einführen, daß wir vom alten $\psi(x)$ nicht mehr sprechen wollen, sondern daß im folgenden *nur der renormierte Operator untersucht werden soll*. Es wird deshalb nicht mehr nötig sein, den renormierten Operator immer mit einem Strich zu bezeichnen, sondern wir schreiben für ihn kurz $\psi(x)$. In ähnlicher Weise *bedeuten von nun an* $f(x)$ *und* $\Sigma_i(p^2)$ *immer die renormierten Funktionen*. Wenn alle auftretenden Größen endlich wären, wäre diese Umnormierung der Feldoperatoren ohne tiefere Bedeutung. Wie wir aber bald sehen werden [vgl. auch (32.20)], ist aber die Konstante N^{-1} keine endliche Größe. Diese Umformung ist dann sehr nützlich, da wir auf diese Weise eine unendliche Größe in der Theorie isoliert haben, um sie separat studieren zu können.

Eine zu (42.6) ähnliche Gleichung für die Konstante N können wir in folgender Weise erhalten. Wir schreiben die Integralgleichung für das renormierte Feld in der folgenden Form[1]

$$\psi(x) = \frac{1}{N}\,\psi^{(0)}(x) - \int S_R(x-x')\,f(x')\,dx'.\qquad(42.7)$$

Der Antikommutator (42.2) kann dann als

$$\begin{aligned}\{\overline{\psi}(x),\psi(x')\} &= \frac{1}{N^2}\{\overline{\psi}^{(0)}(x),\psi^{(0)}(x')\} + \frac{1}{N}\left\{\overline{\psi}^{(0)}(x),\psi(x') - \frac{1}{N}\psi^{(0)}(x')\right\} + \\ &\quad + \frac{1}{N}\left\{\overline{\psi}(x) - \frac{1}{N}\overline{\psi}^{(0)}(x),\psi^{(0)}(x')\right\} + \\ &\quad + \iint S_R(x'-x'')\{\overline{f}(x'''),f(x'')\}\,S_A(x'''-x)\,dx''\,dx'''\end{aligned}\qquad(42.8)$$

geschrieben werden. Wenn wir den Vakuumerwartungswert ausrechnen, enthalten das zweite und das dritte Glied in (42.8) nur die Matrixelemente $\langle 0|\,\psi(x')\,|q\rangle$ und $\langle 0|\,\overline{\psi}(x)\,|q\rangle$ [vgl. die Diskussion nach Gl. (41.9)]. Mit Hilfe der Definition

$$\langle 0|\,\psi(x)\,|q\rangle = \langle 0|\,\psi^{(0)}(x)\,|q\rangle\qquad(42.9)$$

---

[1] Die Konstante N ist von der Ladung e abhängig und wird deshalb während des adiabatischen Einschaltens eine zeitabhängige Funktion $N(x_0) = N(e(x_0))$. Eigentlich sollte also das Integral in (42.7) in folgender Weise aussehen

$$\int S_R(x-x')\,\frac{N(x_0')}{N(x_0)}\,f(x')\,dx'.$$

Der Einfachheit halber verzichten wir hier auf diese explizite Schreibweise.

und den Funktionen $\Sigma_i(p^2)$ erhalten wir somit

$$\langle 0\,|\,\{\bar\psi(x),\psi(x')\}\,|\,0\rangle = -\,i\,S(x'-x)\left[\frac{1}{N^2}+\frac{2(N-1)}{N^2}\right]-$$
$$-\frac{1}{(2\pi)^3}\int dp\,e^{i p\,(x'-x)}\,\varepsilon(p)\,\frac{i\gamma\,p-m}{p^2+m^2}\left[\Sigma_1(p^2)+(i\gamma\,p+m)\,\Sigma_2(p^2)\right]\frac{i\gamma\,p-m}{p^2+m^2}\,. \tag{42.10}$$

Unter Berücksichtigung der Identität

$$\frac{i\gamma\,p-m}{p^2+m^2}\left[\Sigma_1+(i\gamma\,p+m)\,\Sigma_2\right]\frac{i\gamma\,p-m}{p^2+m^2}=$$
$$=(i\gamma\,p-m)\left[\frac{-\Sigma_2}{p^2+m^2}-\frac{2m\,\Sigma_1}{(p^2+m^2)^2}\right]-\frac{\Sigma_1}{p^2+m^2} \tag{42.11}$$

folgt aus (42.10), wenn $x_0=x_0'$

$$\frac{1}{N^2}\gamma_4\,\delta(\boldsymbol{x}-\boldsymbol{x}')=\gamma_4\,\delta(\boldsymbol{x}-\boldsymbol{x}')\left[\frac{1+2(N-1)}{N^2}+\int\limits_0^\infty da\left\{\frac{\Sigma_2(-a)}{a-m^2}-\frac{2m\,\Sigma_1(-a)}{(a-m^2)^2}\right\}\right] \tag{42.12}$$

oder

$$\frac{N-1}{N^2}=-\frac{1}{2}\left(\bar\Sigma_2(-m^2)+2m\,\bar\Sigma_1'(-m^2)\right), \tag{42.13}$$

$$\bar\Sigma_1'(-m^2)=-\int\limits_0^\infty\frac{da\,\Sigma_1(-a)}{(a-m^2)^2}\,. \tag{42.13a}$$

Die Integralgleichung (42.7) und die daraus folgende Gl. (42.13) bedürfen einer näheren Diskussion, da ein unkritischer Gebrauch der hier gegebenen Gleichungen sehr leicht zu Widersprüchen führen kann. So würde man z.B. aus (42.7) und (41.16) gern schließen, daß das letzte Glied von (42.7) für Übergänge zwischen dem Vakuum und einem Einpartikelzustand verschwindet, und daß daher

$$\langle 0\,|\,\psi(x)\,|\,q\rangle=\frac{1}{N}\,\langle 0\,|\,\psi^{(0)}(x)\,|\,q\rangle \tag{42.14}$$

gelten sollte. Vergleich von (42.14) und (42.9) gibt dann $N=1$. In ähnlicher Weise würde man aus (42.9) und der Tatsache [vgl. oben nach Gl. (41.28)], daß die Funktionen $\Sigma_i(p^2)$ für $p^2=-m^2$ verschwinden, erwarten, daß das erste Glied auf der rechten Seite in (42.10) mit einem Faktor 1 statt mit $\frac{1}{N^2}\,(1+2(N-1))$ multipliziert erscheinen sollte. Die Lösung dieser beiden Rätsel liegt darin, daß zwar $\langle 0\,|\,f(x)\,|\,q\rangle$ verschwindet, das Faltungsintegral

$$\frac{N-1}{N}\,\langle 0\,|\,\psi^{(0)}(x)\,|\,q\rangle=\int S_R(x-x')\,\langle 0\,|\,f(x')\,|\,q\rangle\,dx' \tag{42.15}$$

jedoch von Null verschieden ist. Als wir das Verschwinden von $\langle 0\,|\,f(x)\,|\,q\rangle$ bewiesen, haben wir nämlich die Zeitableitung[1] der Konstante N vernachlässigt. Dies ist wegen des adiabatischen Charakters des Einschaltens für alle *endlichen* Zeiten erlaubt. Wenn aber, wie in (42.15), von $-\infty$ an integriert wird, ist diese Vernachlässigung eigentlich *nicht* erlaubt, und deshalb kann man in dieser Weise scheinbare Widersprüche finden. In Ziff. 32, Gl. (32.10) u. f., haben wir ausführlich die erste, störungstheoretische Näherung dieses Phänomens ausgerechnet. Dort haben wir auch gesehen, daß das Matrixelement von $f(x)$ [Gl. (32.14)] nach Subtraktion des Gliedes mit $\Sigma_1^{(0)}(-m^2)$ wegen eines Ausdrucks

$$(q^2+m^2)\,\delta(q^2+m^2) \tag{42.16}$$

---

[1] Vgl. Fußnote 1, S. 342.

verschwindet. Im Faltungsintegral (42.15) wird aber durch einen Faktor $q^2 + m^2$ dividiert, so daß die rechte Seite eigentlich von der unbestimmten Form

$$\frac{q^2 + m^2}{q^2 + m^2}\,\delta(q^2 + m^2) \tag{42.17}$$

ist. Dies gilt zunächst, wenn das Einschalten unberücksichtigt bleibt. Wenn aber das Einschalten sorgfältig durchgeführt wird, erhalten wir statt (42.16) ein Glied der Größenordnung α [Gl. (32.16)]. Ein ähnliches Glied tritt auch statt des Nenners $q^2 + m^2$ auf [Gl. (32.13)], und das Verhältnis von Zähler und Nenner ist im Limes $\alpha \to 0$ wohldefiniert und gibt ein von Null verschiedenes $1 - \dfrac{1}{N}$ in (42.15). Für das Verständnis der obigen Gleichungen ist es wichtig sich daran zu erinnern, daß der Operator $f(x)$ diese singulären Gebilde enthält. Da die Funktionen $\Sigma_i(p^2)$ mit Hilfe von $f(x)$ definiert worden sind, enthalten sie auch ähnliche, singuläre Teile. Hierdurch wird der formale Widerspruch in (42.10) erklärt. Wird das adiabatische Einschalten sorgfältig durchgeführt, ist es nach dem oben Gesagten evident, daß die zwei Funktionen $\Sigma_i(p^2)$ Glieder der Form

$$\alpha^2\,\delta(p^2 + m^2) \tag{42.18}$$

enthalten müssen. Diese Glieder geben aber im Integral (42.13 a) einen von Null verschiedenen Beitrag, der gerade so eingerichtet ist, daß wir (42.10) auch in folgender Form schreiben können

$$\langle 0 | \{\overline{\psi}(x),\,\psi(x')\} | 0 \rangle = \frac{-1}{(2\pi)^3} \int dp\, e^{ip(x'-x)}\,\varepsilon(p) \left[\delta(p^2 + m^2)\,(i\gamma p - m) + \right. \\ \left. + \frac{i\gamma p - m}{p^2 + m^2}\,[\Sigma_1^{\mathrm{reg}}(p^2) + (i\gamma p + m)\,\Sigma_2^{\mathrm{reg}}(p^2)]\,\frac{i\gamma p - m}{p^2 + m^2}\right]. \tag{42.19}$$

Die zwei neuen Funktionen $\Sigma_i^{\mathrm{reg}}(p^2)$ sind hier so definiert, daß sie überall mit Ausnahme des Punktes $p^2 = -m^2$ gleich den ursprünglichen Funktionen $\Sigma_i(p^2)$ sind. Die singulären Ausdrücke (42.18) im Punkt $p^2 = -m^2$ sind aber in $\Sigma_i^{\mathrm{reg}}(p^2)$ explizit subtrahiert worden, damit nicht nur $\Sigma_i^{\mathrm{reg}}(-m^2)$ verschwindet sondern auch $(p^2 + m^2)^{-2}\,\Sigma_i^{\mathrm{reg}}(p^2)$ für $p^2 = -m^2$ gleich Null gesetzt werden kann. Mit diesen neuen Funktionen erhalten wir aus (42.19) statt (42.13) die Gleichung

$$\frac{1}{N^2} = 1 + \overline{\Sigma}_2^{\mathrm{reg}}(-m^2) + 2m\,\overline{\Sigma}_1^{\mathrm{reg}\,\prime}(-m^2). \tag{42.20}$$

Für das folgende wird es in den meisten Fällen am einfachsten sein, mit den ursprünglichen Funktionen $\Sigma_i(p^2)$ formal zu rechnen, und die singulären Teile (42.18) erst im Ergebnis explizit zu subtrahieren.

43. Die Renormierung der Ladung. So, wie wir in Ziff. 41 und 42 die Renormierung der Masse und des Feldoperators der Elektronen ohne Störungstheorie formal durchgeführt haben, wollen wir in dieser Ziffer eine ähnliche Behandlung der Ladungsrenormierung geben. Da das Photon wegen der Eichinvarianz der Theorie keine Selbstmasse hat, ist es für uns nicht nötig, eine Umnormierung der Energie des Photons auszuführen, sondern wir haben sofort dieselbe x-Abhängigkeit für die Matrixelemente des vollständigen Potentials $A_\mu(x)$ und für die des einlaufenden Feldes $A_\mu^{(0)}(x)$ zwischen dem Vakuum und einem Einphotonzustand $|k\rangle$. Der allgemeinste, relativistisch kovariante Zusammenhang der beiden Matrixelemente ist in diesem Fall

$$\langle 0 | A_\mu(x) | k \rangle = C\left[\delta_{\mu\nu} + M\,\frac{\partial^2}{\partial x_\mu\,\partial x_\nu}\right]\langle 0 | A_\nu^{(0)}(x) | k \rangle. \tag{43.1}$$

Die zwei Konstanten C und M in (43.1) sind von k und x unabhängig. Ein formaler Beweis für (43.1) kann in genau derselben Weise durchgeführt werden, wie in Ziff. 41 die Gl. (41.15) bewiesen worden ist. Unter Anwendung der Gleichung

$$A_\mu^{(0)}(x) = \int\limits_{-\infty}^{x'} D(x - x'')\, j_\mu(x'')\, dx'' - \\ - \int\limits_{x_0''=x'} \left[\frac{\partial A_\mu(x'')}{\partial x_0''} D(x - x'') + A_\mu(x'')\frac{\partial D(x - x'')}{\partial x_0}\right] d^3x'' \qquad (43.2)$$

[vgl. Gl. (41.7)] und der kanonischen Vertauschungsrelationen erhalten wir nämlich für einen beliebigen Operator $F(x)$

$$[F(x),\, A_\mu^{(0)}(x')] = \int\limits_{-\infty}^{x} D(x' - x'')\, [F(x),\, j_\mu(x'')]\, dx'' - i\, D(x' - x)\frac{\partial F(x)}{\partial A_\mu(x)} + \\ + i\frac{\partial D(x' - x)}{\partial x_0'}\frac{\partial F(x)}{\partial \dfrac{\partial A_\mu(x)}{\partial x_0}}. \qquad (43.3)$$

In den zwei letzten Gleichungen bedeutet $j_\mu(x)$ einfach die rechte Seite der Bewegungsgleichung für $A_\mu(x)$

$$\Box\, A_\mu(x) = -j_\mu(x). \qquad (43.4)$$

Die Einzelheiten des Stromoperators sind für (43.2) und (43.3) ohne Bedeutung. Der Vakuumerwartungswert von (43.3) gibt — genau wie in Ziff. 41 — einen Ausdruck für das Matrixelement von $F(x)$ zwischen dem Vakuum und einem Einphotonzustand. Es folgt

$$\langle 0|F(x)|k\rangle = i\int\limits_{-\infty}^{x}\langle 0|[F(x),\, j_\mu(x'')]|0\rangle\langle 0|A_\mu^{(0)}(x'')|k\rangle\, dx'' + \\ + \left[\langle 0|\frac{\partial F(x)}{\partial A_\mu(x)}|0\rangle - i\,k_0\langle 0|\frac{\partial F(x)}{\partial \dfrac{\partial A_\mu(x)}{\partial x_0}}|0\rangle\right]\langle 0|A_\mu^{(0)}(x)|k\rangle. \qquad (43.5)$$

Wenn wir für $F(x)$ speziell $A_\mu(x)$ wählen, folgt (43.1) aus (43.5) unter Anwendung von Invarianzüberlegungen für die auftretenden Vakuumerwartungswerte.

Die Konstante C in (43.1) entspricht ziemlich genau der Konstante N in (41.15), während die Konstante M ihren Grund in den speziellen Vektoreigenschaften der Potentiale hat. Wenn der Zustand $|k\rangle$ ein *transversales* Photon enthält, fällt übrigens dieses Glied automatisch heraus. Die Konstante N in Ziff. 42 wurde eigentlich aus der Theorie nicht mit Hilfe eines Kompensationsgliedes eliminiert (das einzige Kompensationsglied in (41.2) enthält die Selbstmasse) sondern nur durch die Umnormierung des Feldoperators $\psi(x)$ abgespaltet und separat studiert. Ein wenig anders verhält es sich mit der Konstante C in (43.1), da die beobachtbaren Größen hier die elektromagnetischen Feldstärken und somit *lineare* Kombinationen der Potentiale sind. Die Konstante C hat also insoweit eine „physikalische" Bedeutung, als sie die Einheiten der Feldstärken — d.h. auch der Ladung — der vollständigen Felder $A_\mu(x)$ mit denen der einlaufenden Felder $A_\mu^{(0)}(x)$ verknüpft. Der Einfachheit halber wollen wir für diese zwei Arten von Feldern dieselben Einheiten gebrauchen und müssen also $C=1$ setzen. Dies kann nur durch ein Kompensationsglied erreicht werden; z.B. so, daß wir ein besonderes Glied zum Stromoperator hinzuaddieren

$$j_\mu(x) = \frac{i\,e\,N^2}{2}\,[\overline{\psi}(x),\, \gamma_\mu\psi(x)] - L\,\Box\, A_\mu(x). \qquad (43.6)$$

Man kann das Glied mit der Ladungsrenormierungskonstante L in (43.6) auf die linke Seite in (43.4) bringen und danach die Gleichung durch $1-L$ dividieren. Dieser Faktor kann dann als eine Renormierung der Ladung gedeutet werden. Der Faktor N^2 im ersten Glied von (43.6) kommt hinein, weil $\psi(x)$ hier das renormierte Dirac-Feld ist. Für das folgende wird es aber für uns zweckmäßiger sein, die Ladungsrenormierung so zu definieren, daß das Kompensationsglied explizit eichinvariant ist. Dies wird am einfachsten so erreicht, daß wir den renormierten Strom als

$$j_\mu(x) = \frac{i\,e\,N^2}{2}\,[\overline{\psi}(x),\gamma_\mu\psi(x)] - L\left(\square\,A_\mu(x) - \frac{\partial^2 A_\nu(x)}{\partial x_\mu\,\partial x_\nu}\right) \tag{43.7}$$

definieren. Der Unterschied von (43.6) und (43.7) ist wegen

$$A_\mu(x) = A_\mu^{(0)}(x) + \int D_R(x-x')\,j_\mu(x')\,dx' \tag{43.8}$$

und also

$$\frac{\partial A_\mu(x)}{\partial x_\mu} = \frac{\partial A_\mu^{(0)}(x)}{\partial x_\mu} + \int D_R(x-x')\,\frac{\partial j_\mu(x')}{\partial x'_\mu}\,dx' = \frac{\partial A_\mu^{(0)}(x)}{\partial x_\mu} \tag{43.9}$$

nur für sehr spezielle Matrixelemente mit skalaren und longitudinalen Photonen von Bedeutung.

Da das neue Kompensationsglied in (43.7) die Ableitungen der Potentiale enthält, müssen wir jetzt untersuchen, ob die kanonischen Vertauschungsrelationen durch die neuen Glieder in der Lagrange-Funktion eventuell geändert werden. Unsere vollständige Lagrange-Funktion lautet nun

$$\mathscr{L} = \mathscr{L}_\psi + \mathscr{L}_A + \mathscr{L}_W, \tag{43.10}$$

$$\left.\begin{aligned}\mathscr{L}_\psi = &-\frac{N^2}{4}\left[\overline{\psi}(x),\left(\gamma\,\frac{\partial}{\partial x}+m\right)\psi(x)\right] - \frac{N^2}{4}\left[-\frac{\partial\overline{\psi}(x)}{\partial x_\mu}\gamma_\mu + m\,\overline{\psi}(x),\psi(x)\right] + \\ &+\frac{1}{2}\,\delta m\,N^2\,[\overline{\psi}(x),\psi(x)],\end{aligned}\right\} \tag{43.11}$$

$$\mathscr{L}_A = -\frac{1-L}{4}\left(\frac{\partial A_\mu(x)}{\partial x_\nu} - \frac{\partial A_\nu(x)}{\partial x_\mu}\right)\left(\frac{\partial A_\mu(x)}{\partial x_\nu} - \frac{\partial A_\nu(x)}{\partial x_\mu}\right) - \frac{1}{2}\frac{\partial A_\mu(x)}{\partial x_\mu}\frac{\partial A_\nu(x)}{\partial x_\nu}, \tag{43.12}$$

$$\mathscr{L}_W = \frac{i\,e}{2}\,N^2\,A_\mu(x)\,[\overline{\psi}(x),\gamma_\mu\psi(x)]. \tag{43.13}$$

Hieraus erhalten wir mit den üblichen Quantisierungsvorschriften

$$\{\overline{\psi}(x),\psi(x')\}_{x_0=x_0'} = \gamma_4\,\frac{1}{N^2}\,\delta(\boldsymbol{x}-\boldsymbol{x}') \tag{43.14}$$

in voller Übereinstimmung mit (42.2), und weiter

$$[A_\mu(x),A_\nu(x')]_{x_0=x_0'} = 0, \tag{43.15}$$

$$\left[\frac{\partial A_\mu(x)}{\partial x_0},A_\nu(x')\right]_{x_0=x_0'} = \frac{-i}{1-L}\,\xi_{\mu\nu}\,\delta(\boldsymbol{x}-\boldsymbol{x}'), \tag{43.16}$$

$$\xi_{\mu\nu} = \delta_{\mu\nu} - L\,\delta_{\mu 4}\,\delta_{\nu 4}, \tag{43.16a}$$

$$\left[\frac{\partial A_\mu(x)}{\partial x_0},\frac{\partial A_\nu(x')}{\partial x_0'}\right]_{x_0=x_0'} = \frac{L}{1-L}\left(\delta_{\mu 4}\frac{\partial}{\partial x_\nu} + \delta_{\nu 4}\frac{\partial}{\partial x_\mu}\right)\delta(\boldsymbol{x}-\boldsymbol{x}'). \tag{43.17}$$

Für $L=0$ gehen (43.15) bis (43.17) in (17.8) und (17.9) über. Die Relationen (17.10), (17.12) und (17.13) gelten unverändert in der renormierten Theorie.

Abgesehen vom Ersetzen von $\delta_{\mu\nu}$ durch $\xi_{\mu\nu}$ in (43.16) sehen wir, daß die Konstante $\sqrt{1-L}$ in gewissem Sinn dieselbe Rolle für das elektromagnetische Feld wie die Konstante N für das Elektronenfeld spielt. Beide treten in ähnlicher Weise in den Vertauschungsrelationen der renormierten Felder auf. Wenn wir das letzte Glied in (43.12) außer acht lassen, können wir die Renormierung der Ladung so verstehen, daß wir das Feld $A_\mu(x)$ durch $\sqrt{1-L}\,A_\mu(x)$ und die Ladung e durch $\dfrac{e}{\sqrt{1-L}}$ ersetzt haben. Hierdurch ist auch verständlich, warum das Wechselwirkungsglied (43.13) formal von L nicht beeinflußt wird. Der Ausnahmecharakter des letzten Gliedes in (43.12) hat seinen Grund in der eichinvarianten Form der Stromdefinition (43.7). Um den Ausdruck (43.7) für den Strom zu erhalten, brauchen wir nur den eichinvarianten Teil von (17.3) mit $1-L$ zu multiplizieren. Diese Form der Ladungsrenormierung wurde zuerst von Gupta angegeben[1].

Nach diesen formalen Vorbereitungen sind wir jetzt imstande, eine explizite Gleichung für L abzuleiten. Dazu verwenden wir dieselbe Methode, die wir in Ziff. 42 für die Ableitung von (42.13) gebraucht haben. Wir berechnen also den Vakuumerwartungswert des Kommutators von zwei Potentialen $A_\mu(x)$

$$
\begin{aligned}
\langle 0|\,[A_\mu(x), A_\nu(x')]\,|0\rangle &= \langle 0|[A_\mu^{(0)}(x), A_\nu^{(0)}(x')]|0\rangle + \\
&+ \langle 0|\,[A_\mu(x)-A_\mu^{(r)}(x), A_\nu^{(r)}(x')]\,|0\rangle + \langle 0|[A_\mu^{(r)}(x), A_\nu(x')-A_\nu^{(r)}(x')]|0\rangle + \\
&+ \iint dx''\,dx'''\,D_R(x-x'')\,D_R(x'-x''')\,\langle 0|\,[j_\mu(x''), j_\nu(x''')]\,|0\rangle .
\end{aligned}
\qquad (43.18)
$$

Wie zuvor wird es hier zweckmäßig sein, eine neue Bezeichnung für den Vakuumerwartungswert im letzten Glied einzuführen. Wir schreiben also

$$
\begin{aligned}
\langle 0|\,[j_\mu(x), j_\nu(x')]\,|0\rangle &= \frac{-1}{(2\pi)^3}\int\limits_{p_0>0} dp\, e^{ip(x'-x)}\,\Pi_{\mu\nu}^{(+)}(p) + \\
&+ \frac{1}{(2\pi)^3}\int\limits_{p_0<0} dp\, e^{ip(x'-x)}\,\Pi_{\mu\nu}^{(-)}(p),
\end{aligned}
\qquad (43.19)
$$

mit

$$
\Pi_{\mu\nu}^{(+)}(p) = V \sum_{p^{(z)}=p} \langle 0|j_\nu|z\rangle\langle z|j_\mu|0\rangle , \qquad (43.20\text{a})
$$

$$
\Pi_{\mu\nu}^{(-)}(p) = V \sum_{p^{(z)}=-p} \langle 0|j_\mu|z\rangle\langle z|j_\nu|0\rangle = \Pi_{\nu\mu}^{(+)}(-p). \qquad (43.20\text{b})
$$

Aus allgemeinen Invarianzgründen folgt, daß die zwei Funktionen $\Pi_{\mu\nu}^{(\pm)}(p)$ von der Form

$$
\Pi_{\mu\nu}^{(+)}(p) = A(p^2)\,\delta_{\mu\nu} + B(p^2)\,p_\mu p_\nu = \Pi_{\nu\mu}^{(-)}(-p) = \Pi_{\mu\nu}^{(-)}(p) \qquad (43.21)
$$

sein müssen. Aus der Kontinuitätsgleichung des Stromes, die auch für den renormierten Strom erfüllt ist, folgt andererseits

$$
0 = p_\mu \Pi_{\mu\nu}^{(\pm)}(p) = [A(p^2) + p^2 B(p^2)]\,p_\nu , \qquad (43.22)
$$

weshalb

$$
\Pi_{\mu\nu}^{(\pm)}(p) = (-p^2\,\delta_{\mu\nu} + p_\mu p_\nu)\,\Pi(p^2), \qquad (43.23)
$$

$$
\Pi(p^2) = \frac{V}{-3p^2} \sum_{p^{(z)}=p} \langle 0|j_\mu|z\rangle\langle z|j_\mu|0\rangle . \qquad (43.24)
$$

$$
\langle 0|[j_\mu(x), j_\nu(x')]|0\rangle = \frac{-1}{(2\pi)^3}\int dp\, e^{ip(x'-x)}\varepsilon(p)\,[-p^2\,\delta_{\mu\nu} + p_\mu p_\nu]\,\Pi(p^2). \qquad (43.25)
$$

---

[1] S. N. Gupta: Proc. Phys. Soc. Lond. A **64**, 426 (1951).

Mit Hilfe von (43.1) und (43.25) können wir jetzt (43.18) in der folgenden Form schreiben

$$\langle 0|[A_\mu(x), A_\nu(x')]|0\rangle = \frac{-1}{(2\pi)^3} \int dp\, e^{ip(x'-x)} \varepsilon(p) \left[\delta_{\mu\nu}\left(\delta(p^2) - \frac{\Pi(p^2)}{p^2}\right) + \left. + p_\mu p_\nu\left(\frac{\Pi(p^2)}{(p^2)^2} - 2M\,\delta(p^2)\right)\right]. \right\} \tag{43.26}$$

Wenn die zwei Zeiten x_0' und x_0 gleich sind, muß die rechte Seite von (43.26) gemäß (43.15) verschwinden. Das erste Glied in der eckigen Klammer verschwindet identisch aus Symmetriegründen, während das zweite Glied eine Gleichung für M ergibt. Wir erhalten für $\mu = 4;\ \nu \neq 4$

$$0 = \frac{-i}{(2\pi)^3} \int d^3p\, e^{i\mathbf{p}(\mathbf{x}'-\mathbf{x})} p_\nu \int dp_0 |p_0| \left(\frac{\Pi(p^2)}{(p^2)^2} - 2M\,\delta(p^2)\right) = \left.= -\frac{\partial}{\partial x_\nu'}\,\delta(\mathbf{x}'-\mathbf{x})\left[\int_0^\infty \frac{da\,\Pi(-a)}{a^2} - 2M\right], \right\} \tag{43.27}$$

oder

$$M = \frac{1}{2} \int_0^\infty \frac{da\,\Pi(-a)}{a^2}. \tag{43.28}$$

Für andere Kombinationen von μ und ν verschwindet auch das letzte Glied in (43.26) identisch.

Aus (43.26) folgt weiter, wenn wir nach der Zeit x_0 ableiten und danach wieder die zwei Zeiten einander gleich setzen

$$\langle 0|\left[\frac{\partial A_\mu(x)}{\partial x_0}, A_\nu(x')\right]|0\rangle_{x_0=x_0'} = -i\,\delta_{\mu\nu}[1 + \overline{\Pi}(0)]\,\delta(\mathbf{x}'-\mathbf{x}) - \left.-\frac{i}{(2\pi)^3}\int d^3p\, e^{i\mathbf{p}(\mathbf{x}'-\mathbf{x})}\int_0^\infty da \int dp_0 |p_0|\, p_\mu p_\nu\,\delta(p^2+a)\left[\frac{\Pi(-a)}{a^2}-2M\,\delta(a)\right] = \right\} \tag{43.29}$$

$$= -i\,\delta(\mathbf{x}-\mathbf{x}'))\left[\delta_{\mu\nu}(1+\overline{\Pi}(0)) - \delta_{\mu 4}\delta_{\nu 4}\overline{\Pi}(0)\right],$$

$$\overline{\Pi}(p^2) = P \int_0^\infty \frac{da\,\Pi(-a)}{a+p^2}. \tag{43.30}$$

Ein Vergleich von (43.29) und (43.16) gibt jetzt

$$\frac{1}{1-L} = 1 + \overline{\Pi}(0). \tag{43.31}$$

Dies ist die gewünschte Gleichung für die Konstante L[1]. Gleichzeitig haben wir in (43.28) auch eine ähnliche Gleichung für M in (43.1) bekommen. Nach Ableitung von (43.26) sowohl nach x_0 wie auch nach x_0' läßt sich ohne Schwierigkeiten nachprüfen, daß unter Anwendung von (43.28) und (43.31) auch (43.17) erfüllt ist.

---

[1] Eine ähnliche Gleichung für die Ladungsrenormierung ist zuerst von H. UMEZAWA u. S. KAMEFUCHI, Progr. Theor. Phys. **6**, 543 (1951), angegeben worden. Für das vollständige System der hier gegebenen Gleichungen für die Renormierungskonstanten vgl. G. KÄLLÉN, Helv. phys. Acta **25**, 417 (1952); H. LEHMANN, Nuovo Cim. **11**, 342 (1954); M. GELL-MANN u. F. E. Low, Phys. Rev. **95**, 1300 (1954).

44. Allgemeine Eigenschaften der Funktionen $\Pi(p^2)$ und $\Sigma_i(p^2)$. In den früheren Ziffern dieses Kapitels haben wir ein System von Gleichungen für die Bestimmung der Renormierungskonstanten der Quantenelektrodynamik formal niedergeschrieben. Das Gleichungssystem ist formal hinreichend, um die Renormierungskonstanten zu bestimmen, da es die gleiche Anzahl von Konstanten und Gleichungen enthält; wir müssen jedoch noch die Konsistenz des Systems diskutieren und falls möglich entscheiden, ob das Gleichungssystem überhaupt physikalisch brauchbare Lösungen besitzt. Es wird uns hier nicht vollständig gelingen, diese schwierige Frage zu beantworten, aber wir hoffen, wenigstens die Grundlagen für eine zukünftige Behandlung geben zu können.

Die Renormierungskonstanten sind in unserem Formalismus als Integrale über gewisse Gewichtsfunktionen $\Pi(p^2)$ und $\Sigma_i(p^2)$ gegeben. Da diese Funktionen im folgenden offenbar eine sehr wichtige Rolle spielen werden, beginnen wir mit einer Diskussion ihrer Eigenschaften. Wir beginnen zunächst mit der wichtigen Bemerkung, die für die folgende Diskussion von entscheidender Bedeutung sein wird, daß die Definitionen (41.19) und (43.24) *nur Summen mit einer endlichen Zahl von Gliedern enthalten.* Um dies zu beweisen, bemerken wir zuerst, daß, wenn wir augenblicklich nur Zustände mit einer (einlaufenden) Partikel studieren, nur eine endliche Zahl und zwar $\dfrac{V}{(2\pi)^3}\,d^3p$ von ihnen den Impuls zwischen p und $p+dp$ haben. Diese Glieder geben also höchstens einen Beitrag zu den Gewichtsfunktionen, wenn $p^2 = -m^2$ ist, und dieser Beitrag „verschwindet" sogar[1] wegen der Renormierungsbedingung (41.16) und einer ähnlichen Bedingung für den Stromoperator $j_\mu(x)$. Für Zustände mit *zwei* einlaufenden Partikeln studieren wir die Gewichtsfunktionen in dem speziellen Koordinatensystem, in welchem das räumliche p verschwindet. Dann haben die zwei Partikeln gleiche und entgegengesetzt gerichtete räumliche Impulse q, und wenn die zwei Massen gleich m_1 und m_2 sind, ist die Gesamtenergie $p_0 = \sqrt{q^2 + m_1^2} + \sqrt{q^2 + m_2^2}$. Diese Gleichung bestimmt $|q|$ als Funktion von p_0; $|q| = \dfrac{p_0}{2} \sqrt{1 - \dfrac{(m_1 - m_2)^2}{p_0^2}} + \sqrt{1 - \dfrac{(m_1 + m_2)^2}{p_0^2}}$, und die Anzahl der Zustände dieser Art in den Summen (41.19) und (43.24) ist wieder endlich und gleich

$$\mathcal{N} = \frac{V}{(2\pi)^3}\,\frac{-p^2}{4}\,\sqrt{1 + \frac{(m_1 - m_2)^2}{p^2}}\,\sqrt{1 + \frac{(m_1 + m_2)^2}{p^2}}\,. \tag{44.1}$$

In ähnlicher Weise können wir dann mit drei oder mehreren Partikeln verfahren und zeigen, daß es eine endliche Zahl von Zuständen mit einer endlichen Zahl von einlaufenden Partikeln gibt, die einen gegebenen, gesamten Energie-Impulsvektor p haben. Andererseits kann es aber in einem Zustand mit einem gegebenen, endlichen p nur eine endliche Zahl von Partikeln mit von Null verschiedener Masse geben. Diese endliche Zahl ist, wie man sich einfach überlegt, kleiner als $\sqrt{-\dfrac{p^2}{m^2}}$, wenn m die kleinste Masse der vorkommenden Partikeln ist. Zwar können prinzipiell noch unendlich viele Photonen, die die Masse Null haben, in unseren Zuständen auftreten; wir vermeiden jedoch am einfachsten diese Schwierigkeit, wenn wir eine kleine Photonenmasse μ einführen. Hierdurch erreichen wir automatisch, daß alle Schwierigkeiten mit den sog. „Ultrarotdivergenzen" (vgl. z. B. Ziff. 35) vermieden werden. Unter diesen Voraussetzungen enthalten dann die Definitionen unserer Gewichtsfunktionen nur endliche Summen, d.h. im Limes $V \to \infty$ nur Integrale über endliche Gebiete im p-Raum.

---

[1] Das Wort „verschwindet" ist hier in Anführungszeichen gesetzt, weil diese Glieder doch zu den *Integralen* gewisse Beiträge geben können. Vgl. die Diskussion nach Gl. (42.15).

Wenn also alle Matrixelemente der renormierten Operatoren endlich sind, sind die Gewichtsfunktionen endliche Größen[1]. Hierbei ist auch vorausgesetzt worden, daß es höchstens eine endliche Zahl von gebundenen Zuständen mit gegebener Bindungsenergie gibt; eine Voraussetzung, die recht harmlos erscheint.

Wir bemerken weiter, daß die Gewichtsfunktionen wegen der auf S. 339 nach Gl. (41.12) gemachten Voraussetzungen über das Massenspektrum unseres Systems für raumartige Werte von p^2 verschwinden müssen. Diese Tatsache ist auch bei den obigen Umformungen mehrmals benutzt worden. Wir können aber jetzt weiter gehen und zeigen, daß die Funktion $\Pi(p^2)$ keinen Beitrag von Zuständen mit weniger als drei Photonen (oder einem Paar) enthält. Dies folgt teils aus der Renormierungsbedingung, wonach der Beitrag von Einphotonzuständen verschwindet, teils aber aus der Ladungsinvarianz der Theorie, womit gezeigt werden kann[2], daß auch Matrixelemente des Stromoperators zwischen dem Vakuum und Zuständen mit zwei (einlaufenden) Photonen verschwinden, so daß die Funktion $\Pi(p^2)$ für $-p^2 < 9\mu^2$ gleich Null ist. Wegen der Ladungserhaltung der Theorie müssen aus ähnlichen Gründen die Zustände in (41.19) die Ladung e haben[3], und daraus folgt, daß sie wenigstens ein Elektron enthalten müssen. Die reinen Einpartikelzustände geben auch hier keinen Beitrag, und die ersten, nicht verschwindenden Beiträge kommen von Zuständen mit einem Elektron und einem Photon, so daß die Funktionen $\Sigma_i(p^2)$ für $-p^2 < (m+\mu)^2$ verschwinden. Die unteren Integrationsgrenzen in (42.20) und (43.30) können also durch $(m+\mu)^2$ bzw. $9\mu^2$ ersetzt werden[4]. Unter Berücksichtigung der kleinen Photonenmasse muß auch $\overline{\Pi}(0)$ in (43.31) durch $\overline{\Pi}(-\mu^2)$ ersetzt werden.

Zuletzt wollen wir noch beweisen, daß die Funktion $\Pi(p^2)$ immer positiv ist. Aus den Definitionen (43.20) und (43.23) folgt z. B.

$$V \sum_{p^{(z)}=p} \langle 0| j_x |z\rangle \langle z| j_x |0\rangle = (p_x^2 - p^2)\, \Pi(p^2). \tag{44.2}$$

---

[1] Das Wort „endlich" muß hier so verstanden werden, daß das Integral über eine der Gewichtsfunktionen über ein endliches Gebiet endlich ist, d. h., daß die Gewichtsfunktionen keine stärkeren Singularitäten als Deltafunktionen enthalten. Solche Deltafunktionen, falls sie überhaupt vorkommen, treten nur in Zusammenhang mit Zuständen auf, die *keine* Streuzustände sind.

[2] Nach einer zu (43.3) ähnlichen Rechnung findet man

$$\langle 0| [[j_\mu(x), A_\nu^{(0)}(x')], A_\lambda^{(0)}(x'')] |0\rangle =$$

$$= \int_{-\infty}^{x} dx''' \int_{-\infty}^{x'''} dx^{IV} \left[D(x' - x''') D(x'' - x^{IV}) \langle 0| [j_\lambda(x^{IV}), [j_\nu(x'''), j_\mu(x)]] |0\rangle + \right.$$

$$\left. + D(x' - x^{IV}) D(x'' - x''') \langle 0| [j_\nu(x^{IV}), [j_\lambda(x'''), j_\mu(x)]] |0\rangle \right].$$

Wegen der Ladungssymmetrie [vgl. Gl. (14.21), die auch in der Theorie mit wechselwirkenden Feldern gilt] verschwindet die rechte Seite und damit auch die Matrixelemente $\langle 0| j_\mu(x)|k, k'\rangle$.

[3] Aus den kanonischen Vertauschungsrelationen folgt

$$[j_4(x'), \psi(x)]_{x_0 = x_0'} = -i e \psi(x)\, \delta(\boldsymbol{x} - \boldsymbol{x}')$$

und daher

$$[Q, \psi(x)] = -e \psi(x) \quad \text{mit} \quad Q = -i \int d^3 x\, j_4(x).$$

Berechnen wir das Matrixelement dieser Operatorgleichung zwischen dem Vakuum und einem Zustand $|z\rangle$ mit der Ladung $Q^{(z)}$, so folgt

$$-Q^{(z)} \langle 0| \psi(x) |z\rangle = -e \langle 0| \psi(x) |z\rangle$$

und somit $Q^{(z)} = e$, wenn das betrachtete Matrixelement des DIRAC-Feldes von Null verschieden ist.

[4] In (42.13) muß auch der singuläre Beitrag im letzten Glied berücksichtigt werden, so daß hier auch über den Punkt $a = m^2$ integriert werden muß.

Die x-Komponente des Stromoperators muß reelle Erwartungswerte haben, so daß dieser Operator „selbstadjungiert" sein muß, d.h.

$$\langle z| \, j_x \, |0\rangle = (\langle 0| \, j_x \, |z\rangle)^* \, (-1)^{N_4^{(z)}}. \tag{44.3}$$

Das Symbol $N_4^{(z)}$ bedeutet hier die Zahl der (einlaufenden) skalaren Photonen im Zustand $|z\rangle$. Hieraus folgt

$$\Pi(p^2) = \frac{V}{p_z^2 - p^2} \sum_{p^{(z)}=p} |\langle 0| \, j_x \, |z\rangle|^2 \, (-1)^{N_4^{(z)}}. \tag{44.4}$$

In der Summe auf der rechten Seite von (44.4) geben alle Zustände ohne skalare Photonen (oder allgemeiner mit einer geraden Zahl von skalaren Photonen) positive Beiträge. Wir wollen jetzt zeigen, daß der negative Beitrag eines Zustands mit einem skalaren Photon genau gleich dem Beitrag eines entsprechenden Zustands mit einem longitudinalen Photon ist. Nach Gl. (43.3) bis (43.5) erhalten wir nämlich für das Matrixelement des Stromes zwischen dem Vakuum und einem Zustand $|a, k\rangle$, wo a alle anwesenden Partikeln mit Ausnahme des Photons symbolisiert, den folgenden Ausdruck

$$\langle 0| \, j_\mu(x) \, |a, k\rangle = i \int \Theta(x - x') \, \langle 0| \, [j_\mu(x), j_\nu(x')] \, |a\rangle \langle 0| \, A_\nu^{(0)}(x') \, |k\rangle \, dx'. \tag{44.5}$$

Der Beitrag des letzten, dreidimensionalen Integrals in (43.2) ist eine c-Zahl, und daher verschwindet das entsprechende Matrixelement, wenn $|a\rangle$ nicht das Vakuum ist. Nach Abspalten der x-Abhängigkeit schreiben wir (44.5) als

$$\langle 0| \, j_\mu \, |a, k\rangle = F_{\mu\nu}(a, k) \, \langle 0| \, A_\nu^{(0)} \, |k\rangle \tag{44.6}$$

mit

$$F_{\mu\nu}(a, k) = \frac{i}{(2\pi)^4} \int dx \, e^{ikx} \, \Theta(-x) \, \langle 0| \, [j_\mu(0), j_\nu(x)] \, |a\rangle. \tag{44.6a}$$

Aus der Kontinuitätsgleichung des Stromes und aus dem Verschwinden des betrachteten Matrixelements des Stromkommutators für raumartige x folgt

$$F_{\mu\nu}(a, k) \, k_\nu = 0. \tag{44.7}$$

Gl. (44.7) ist offenbar ein Ausdruck für die Eichinvarianz der Theorie auch für virtuelle Zustände. Die Gln. (44.6) und (44.7) geben zusammen das Resultat, daß der Absolutwert der Matrixelemente (44.6) für skalare Photonen gleich der entsprechenden Größe für longitudinale Photonen ist:

$$|\langle 0| \, j_\mu \, |a, k, \lambda = 3\rangle| = |\langle 0| \, j_\mu \, |a, k, \lambda = 4\rangle|. \tag{44.8}$$

Aus (44.8) folgt die behauptete Kompensation der Beiträge der skalaren und longitudinalen Photonen in (44.4). In ähnlicher Weise kann man ohne Schwierigkeit auch dann argumentieren, wenn mehr als ein skalares Photon anwesend ist; damit haben wir gezeigt, daß die Funktion $\Pi(p^2)$ in (44.4) als eine (endliche) Summe von nur positiven Gliedern ausgedrückt wird.

Ein ähnlicher Beweis läßt sich jedoch *nicht* für die Funktionen $\Sigma_i(p^2)$ führen da der Operator $f(x)$ in (41.19) nicht eichinvariant ist, und daher eine Kompensation zwischen longitudinalen und skalaren Photonen dort nicht erwartet werden kann.

Aus dem positiven Charakter von $\Pi(p^2)$ folgt nach (43.31) die wichtige Ungleichung

$$0 < L \le 1. \tag{44.9}$$

Die Ladungsrenormierungskonstante L in der Quantenelektrodynamik liegt also immer zwischen Null und Eins[1]. Hierbei ist $L = 1$ ein singulärer Punkt der Theorie, denn in diesem Fall kompensieren sich formal die höchsten Ableitungen der Potentiale in der Bewegungsgleichung. Dem Fall $L = 1$ entspricht ferner, wie aus den Bemerkungen nach Gl. (43.17) ersichtlich ist, eine unendliche Ladungsrenormierung.

45. Physikalische Bedeutung der Funktionen $\Pi(p^2)$ und $\overline{\Pi}(p^2)$. Zusammenhang mit den früheren Ergebnissen. Während die in Ziff. 41 gegebene Formulierung der Massenrenormierung recht durchsichtig ist, ist die in Ziff. 43 ausgeführte Ladungsrenormierung in ziemlich abstrakter Weise formuliert worden. Der Zusammenhang mit der in Ziff. 29 in erster störungstheoretischer Näherung formulierten Ladungsrenormierung in einem äußeren Feld ist ebenfalls nicht unmittelbar evident. Wir wollen deshalb in dieser Ziffer ein schwaches, äußeres Feld in unser System einführen, um das Problem der Vakuumpolarisation studieren zu können. Gleichzeitig werden wir auch ein tieferes Verständnis für die physikalische Bedeutung der eingeführten Funktionen $\Pi(p^2)$ und $\overline{\Pi}(p^2)$ gewinnen.

Die Wechselwirkungsenergie eines äußeren Feldes $A_\mu^{\text{äuss}}(x)$ mit dem System von quantisierten Feldern ist in der renormierten Theorie

$$\delta E = -\int d^3x\, j_\mu(x)\, A_\mu^{\text{äuss}}(x), \tag{45.1}$$

wo $j_\mu(x)$ der renormierte Strom ist. Nach (43.7) enthält aber dieser Operator Ableitungen der Feldoperatoren zweiter Ordnung, so daß (45.1) als Zusatzglied in unserer Lagrange-Funktion nicht geeignet ist. Wir wählen deshalb statt (45.1) den Ausdruck

$$\delta\mathscr{L} = \frac{i\,e\,N^2}{2}\left[\overline{\psi}(x), \gamma_\mu\psi(x)\right] A_\mu^{\text{äuss}}(x) + L A_\mu(x)\, j_\mu^{\text{äuss}}(x), \tag{45.2}$$

der sich formal von (45.1) nur durch eine Viererdivergenz unterscheidet. In (45.2) bedeutet $j_\mu^{\text{äuss}}(x)$ den äußeren Strom

$$j_\mu^{\text{äuss}}(x) = -\left(\Box\,\delta_{\mu\nu} - \frac{\partial^2}{\partial x_\mu \partial x_\nu}\right) A_\nu^{\text{äuss}}(x). \tag{45.3}$$

Hieraus erhalten wir die folgenden Bewegungsgleichungen

$$\left(\gamma\frac{\partial}{\partial x} + m\right)\psi(x) = i\,e\,\gamma\,A(x)\,\psi(x) + \delta m\,\psi(x) + i\,e\,\gamma\,A^{\text{äuss}}(x)\,\psi(x), \tag{45.4}$$

$$\Box\,A_\mu(x) = -\frac{i\,e\,N^2}{2}\left[\overline{\psi}(x), \gamma_\mu\psi(x)\right] + L\left(\Box\,A_\mu(x) - \frac{\partial^2 A_\nu(x)}{\partial x_\mu \partial x_\nu} - j_\mu^{\text{äuss}}(x)\right). \tag{45.5}$$

Wir interessieren uns hier nur für den Fall, daß das äußere Feld sehr schwach und so regulär ist, daß wir nach ihm entwickeln können. Man kann leicht verifizieren, daß die zwei ersten Glieder einer solchen Entwicklung durch

$$\psi(x) = \Psi(x) - i\int\Theta(x-x')\left[j_\nu(x'), \Psi(x)\right] A_\nu^{\text{äuss}}(x')\,dx' + \cdots, \tag{45.6}$$

$$A_\mu(x) = \mathsf{A}_\mu(x) - i\int\Theta(x-x')\left[j_\nu(x'), \mathsf{A}_\mu(x)\right] A_\nu^{\text{äuss}}(x')\,dx' + \left.\rule{0pt}{14pt}\right\}$$
$$+ \frac{L}{1-L}(\delta_{\mu\nu} - \delta_{\mu 4}\,\delta_{\nu 4}) A_\nu^{\text{äuss}}(x) + \cdots \qquad\qquad \tag{45.7}$$

---

[1] Die Ungleichung (44.9) wurde zuerst von J. Schwinger bewiesen (unveröffentlicht). Vgl. weiter die in Fußnote 1, S. 348 erwähnten Arbeiten.

gegeben sind[1]. Hier bedeuten $\psi(x)$ und $A_\mu(x)$ die Lösungen von (45.4) und (45.5), wenn das äußere Feld verschwindet, d.h. sie sind genau die in den früheren Ziffern studierten Operatoren. Wir beweisen (45.6) und (45.7) dadurch, daß wir sie in die Bewegungsgleichungen (45.4) und (45.5) substituieren[2]. Einsetzen von (45.6) in (45.4) gibt

$$\left(\gamma\,\frac{\partial}{\partial x}+m\right)\psi(x)=i\,e\,\gamma\,\mathsf{A}(x)\,\psi(x)+\delta m\,\psi(x)-$$
$$-\,i\int\Theta(x-x')\left[\mathsf{j}_\nu(x'),\,i\,e\,\gamma\,\mathsf{A}(x)\,\psi(x)+\delta m\,\psi(x)\right]\times$$
$$\times A_\nu^{\text{äuss}}(x')\,dx'-\gamma_4\int_{x_0=x_0'} d^3x'\,\left[\mathsf{j}_\nu(x'),\,\psi(x)\right]A_\nu^{\text{äuss}}(x').\qquad(45.8)$$

Unter Anwendung von (45.6) und (45.7) können wir die zwei ersten Glieder auf der rechten Seite von (45.8) und das vierdimensionale Integral in folgender Weise zusammenfassen, wobei Glieder, die in $A_\mu^{\text{äuss}}(x)$ quadratisch sind, vernachlässigt werden:

$$i\,e\,\gamma\,\mathsf{A}(x)\,\psi(x)+\delta m\,\psi(x)$$
$$-\,i\int\Theta(x-x')\left[\mathsf{j}_\nu(x'),\,i\,e\,\gamma\,\mathsf{A}(x)\,\psi(x)+\delta m\,\psi(x)\right]A_\nu^{\text{äuss}}(x')\,dx'=$$
$$=\,i\,e\,\gamma\,A(x)\,\psi(x)+\delta m\,\psi(x)-i\,e\,\frac{L}{1-L}\,\gamma_k\,A_k^{\text{äuss}}(x)\,\psi(x).\qquad(45.9)$$

Wenn wir die Zeitableitungen zweiter Ordnung mit Hilfe der Bewegungsgleichungen aus dem Stromoperator eliminieren, ihn also in der folgenden Form schreiben

$$\mathsf{j}_\mu(x)=\frac{\xi_{\mu\lambda}}{1-L}\left\{\frac{i\,e\,N^2}{2}\left[\overline{\Psi}(x),\gamma_\lambda\,\psi(x)\right]+L\,\frac{\partial^2 A_\nu(x)}{\partial x_\lambda\partial x_\nu}\right\}-L\,\delta_{\mu 4}\,\square\,\mathsf{A}_4(x),\qquad(45.10)$$

$$\xi_{\mu\lambda}=\delta_{\mu\lambda}-L\,\delta_{\mu 4}\,\delta_{\lambda 4},\qquad(45.11)$$

so können wir den Kommutator im letzten Glied in (45.8) mit Hilfe der kanonischen Vertauschungsrelationen ausrechnen. In dieser Weise folgt

$$\gamma_4\left[\mathsf{j}_\nu(x'),\,\psi(x)\right]_{x_0=x_0'}=-\frac{i\,e\,\xi_{\nu\lambda}}{1-L}\,\gamma_\lambda\,\psi(x)\,\delta(\overline{x}-\overline{x}').\qquad(45.12)$$

Einsetzen von (45.12) in (45.8) gibt unter Anwendung von (45.9) die rechte Seite von (45.4)

---

[1] Diese Gleichungen können auch mit Hilfe einer sog. Funktionalableitung geschrieben werden

$$\frac{\delta\psi(x)}{\delta A_\nu^{\text{äuss}}(x')}=-i\,\Theta(x-x')\left[j_\nu(x'),\psi(x)\right],$$

$$\frac{\delta A_\mu(x)}{\delta A_\nu^{\text{äuss}}(x')}=-i\,\Theta(x-x')\left[j_\nu(x'),A_\mu(x)\right]+\frac{L}{1-L}\,(\delta_{\mu\nu}-\delta_{\mu 4}\,\delta_{\nu 4})\,\delta(x-x').$$

In ähnlicher Weise können wir Gl. (45.17) unten als

$$\frac{\delta\langle 0|j_\mu(x)|0\rangle}{\delta j_\nu^{\text{äuss}}(x')}=-\frac{\delta_{\mu\nu}}{(2\pi)^4}\int dp\,e^{i p(x-x')}\left[\overline{\Pi}(p^2)-\overline{\Pi}(0)+i\,\pi\,\varepsilon(p)\,\Pi(p^2)\right]$$

schreiben. Diese Schreibweise wird von mehreren Autoren vorgezogen und ist z.B. von J. Schwinger, Proc. Nat. Acad. Sci. U.S.A. **37**, 432, 435 (1951) benutzt worden. Vgl. auch V. Fock: Phys. Z. Sowjet. **6**, 425 (1934).

[2] Für einen anderen Beweis vgl. R. E. Peierls: Proc. Roy. Soc. Lond., Ser. A **214**, 143 (1952).

In ähnlicher Weise kann (45.7) verifiziert werden. Einsetzen in (45.5) und einige zu (45.9) ähnliche Umformungen ergeben

$$
\begin{aligned}
\Box A_\mu(x) = &-\frac{i e N^2}{2(1-L)} \left[\overline{\psi}(x), \gamma_\mu \psi(x)\right] + i \int_{x_0=x_0'} d^3x' \left(\left[\mathsf{j}_\nu(x'), \mathsf{A}_\mu(x)\right] \frac{\partial A_\nu^{\text{äuss}}(x')}{\partial x_0'} + \right. \\
&\left. + \left[\mathsf{j}_\nu(x'), \frac{\partial \mathsf{A}_\mu(x)}{\partial x_0}\right] A_\nu^{\text{äuss}}(x') \right) + \frac{i L}{1-L} \int \Theta(x-x') \left[\mathsf{j}_\nu(x'), \frac{\partial^2 \mathsf{A}_\lambda(x)}{\partial x_\mu \partial x_\lambda}\right] \times \\
&\times A_\nu^{\text{äuss}}(x')\, dx' + \frac{L}{1-L}(\delta_{\mu\nu} - \delta_{\mu 4}\delta_{\nu 4}) \Box A_\nu^{\text{äuss}}(x) - \frac{L}{1-L}\frac{\partial^2 \mathsf{A}_\nu(x)}{\partial x_\mu \partial x_\nu}.
\end{aligned}
\tag{45.13}
$$

Aus (45.10) folgt weiter

$$
\begin{aligned}
i \int_{x_0=x_0'} d^3x' &\left(\left[\mathsf{j}_\nu(x'), \mathsf{A}_\mu(x)\right] \frac{\partial A_\nu^{\text{äuss}}(x')}{\partial x_0'} + \left[\mathsf{j}_\nu(x'), \frac{\partial \mathsf{A}_\mu(x)}{\partial x_0}\right] A_\nu^{\text{äuss}}(x') \right) = \\
&= \frac{L}{1-L}\left(-\frac{\partial^2 A_\nu^{\text{äuss}}(x)}{\partial x_\mu \partial x_\nu} + \delta_{\mu 4}\Box A_4^{\text{äuss}}(x) \right),
\end{aligned}
\tag{45.14}
$$

$$
\begin{aligned}
\int \Theta(x-x') &\left[\mathsf{j}_\nu(x'), \frac{\partial^2 \mathsf{A}_\lambda(x)}{\partial x_\mu \partial x_\lambda}\right] A_\nu^{\text{äuss}}(x')\, dx' = \\
&= \frac{\partial^2}{\partial x_\mu \partial x_\lambda} \int \Theta(x-x')\left[\mathsf{j}_\nu(x'), \mathsf{A}_\lambda(x)\right] A_\nu^{\text{äuss}}(x')\, dx' + i\, \frac{L}{1-L}\, \frac{\partial}{\partial x_\mu}\, \frac{\partial A_k^{\text{äuss}}(x)}{\partial x_k}.
\end{aligned}
\tag{45.15}
$$

Einsetzen von (45.14) und (45.15) in (45.13) gibt unter Anwendung von (45.7) die rechte Seite von (45.5). Hierdurch ist die Lösung (45.6), (45.7) verifiziert worden.

Wie in Ziff. 29 interessieren wir uns zunächst für den Vakuumerwartungswert des Stromoperators. Aus (45.7) folgt nach zweimaliger Differentation unter Anwendung von (45.14)

$$
\begin{aligned}
\langle 0|\, j_\mu(x)\, |0\rangle = &-i \int \Theta(x-x') \langle 0|\, \left[\mathsf{j}_\nu(x'), \mathsf{j}_\mu(x)\right] |0\rangle \times \\
&\times A_\nu^{\text{äuss}}(x')\, dx' + \frac{L}{1-L}\, j_\mu^{\text{äuss}}(x).
\end{aligned}
\tag{45.16}
$$

Das erste Glied in (45.16) enthält den Vakuumerwartungswert des Stromkommutators für das ungestörte Problem, d.h. im wesentlichen die Funktion $\Pi(p^2)$ aus (43.25). Wegen der Θ-Funktion in (45.16) erhalten wir nach Übergang zum p-Raum nicht genau die Funktion $\Pi(p^2)$ sondern [vgl. die Rechnung in Ziff. 41, besonders Gl. (41.25)] eine Linearkombination der Funktionen $\Pi(p^2)$ und $\overline{\Pi}(p^2)$. Es folgt unter Anwendung von (43.31)

$$
\langle 0|\, j_\mu(x)\, |0\rangle = \frac{1}{(2\pi)^4} \int dp\, e^{ipx}\left[-\overline{\Pi}(p^2) + \overline{\Pi}(0) - i\pi\, \varepsilon(p)\, \Pi(p^2)\right] j_\mu^{\text{äuss}}(p),
\tag{45.17}
$$

$$
j_\mu^{\text{äuss}}(p) = \int dx\, e^{-ipx} j_\mu^{\text{äuss}}(x).
\tag{45.17a}
$$

Das Ergebnis (45.17) ist eine Verallgemeinerung der Gl. (29.23), (29.33), (29.34), und die dort eingeführten Funktionen $\Pi^{(0)}(p^2)$ und $\overline{\Pi}^{(0)}(p^2)$ sind die ersten störungstheoretischen Näherungen der exakten Funktionen $\Pi(p^2)$ und $\overline{\Pi}(p^2)$. Genau wie in Ziff. 29 entspricht (45.17) eine „Dielektrizitätskonstante"

$$
\varepsilon(p^2) = 1 - \overline{\Pi}(p^2) + \overline{\Pi}(0) - i\pi\, \varepsilon(p)\, \Pi(p^2)
\tag{45.18}
$$

für das Vakuum. Diese Funktion $\varepsilon(p^2)$ ist wegen des letzten Gliedes in (45.16), d.h. wegen der Ladungsrenormierung, für $p^2=0$ zu eins normiert worden. Dies bedeutet also, daß das Vakuum für ein Lichtquant die Dielektrizitätskonstante eins hat. Hierdurch ist der Zusammenhang der Ladungsrenormierung von Ziff. 43 mit den Ergebnissen von Ziff. 29 gezeigt worden. Zugleich haben wir die gewünschte Interpretation der Π-Funktionen mit Hilfe von Gl. (45.18) gefunden.

Der Imaginärteil der Dielektrizitätskonstante entspricht, wie schon in Ziff. 29 gesagt worden ist, einer Energiezufuhr vom äußeren Feld zu den quantisierten Feldern, d.h. einer Erzeugung von reellen Partikeln. Die Funktion $\Pi^{(0)}(p^2)$ wurde daher auch zum ersten Male in Zusammenhang mit der Erzeugung von reellen Paaren durch ein äußeres Feld in Ziff. 24 eingeführt worden. Hier können wir die Rechnung von Ziff. 29, Gl. (29.38), wiederholen, und die gesamte, vom äußeren Feld abgegebene Energie als

$$\delta E = -\int \frac{\partial A_\mu^{\text{äuss}}(x)}{\partial x_0}\,\langle 0|\,j_\mu(x)\,|0\rangle\,dx = \frac{1}{(2\pi)^3}\int dp\,|p_0|\,\frac{j_\mu^{\text{äuss}}(p)\,j_\mu^{\text{äuss}}(-p)}{-2p^2}\,\Pi(p^2) \qquad (45.19)$$

schreiben.

Eine ähnliche Interpretation der Funktionen $\Sigma_i(p^2)$ würde sich auf Grund einer Betrachtung über die „Polarisation" des Vakuums durch ein „äußeres Spinorfeld" ergeben. Eine solche Diskussion läßt sich sehr wohl durchführen, hat aber physikalisch nur wenig Interesse, da „äußere Spinorfelder" in der Natur nicht zur Verfügung stehen.

46. Ladungsrenormierung für die Einelektronenzustände. Die in Ziff. 45 gegebene Diskussion hat die Ladungsrenormierung mit dem Problem der Vakuumpolarisation in einem äußeren Feld in Zusammenhang gebracht. Es gibt aber in diesem Zusammenhang ein anderes Problem von prinzipiellem Interesse, und zwar die Frage der Ladung eines Zustands mit einem Elektron. Es ist nicht unmittelbar evident, ob die bis jetzt gegebenen Vorschriften auch für die Ladung eines solchen Zustandes automatisch den richtigen Wert geben oder ob verschiedene Renormierungen für ein äußeres Feld und für ein Elektron nötig sind. In Ziff. 34 haben wir gesehen, daß in erster Näherung der Störungstheorie dieselbe Renormierung beide Probleme löst, und wir wollen hier eine Verallgemeinerung von (34.13) aufstellen, die nicht auf der Störungstheorie beruht.

Zu diesem Zweck bilden wir zuerst die Matrixelemente des Stromoperators zwischen zwei Einelektronenzuständen. Diese können wir mit denselben Methoden erhalten, die wir schon früher in mehreren Fällen benutzt haben, um Matrixelemente verschiedener Operatoren zwischen dem Vakuum und Einpartikelzuständen auszurechnen. Wir berechnen also zuerst den Kommutator des Stromes und des einlaufenden DIRAC-Feldes. Unter Anwendung der zu (41.7) komplex konjugierten Gleichung erhalten wir

$$\left[j_\mu(x), \psi^{(0)}(x')\right] = -N\int \Theta(x-x''')\,S(x'-x''')\left[j_\mu(x), f(x''')\right]dx''' - \\ -iN\int_{x_0'''=x_0} S(x'-x''')\,\gamma_4\left[j_\mu(x), \psi(x''')\right]d^3x''' . \qquad (46.1)$$

Das letzte Glied kann mit Hilfe von (45.12) vereinfacht werden

$$\left[j_\mu(x), \psi^{(0)}(1)\right] = -N\int \Theta(x3)\,S(13)\left[j_\mu(x), f(3)\right]dx''' - \frac{eN}{1-L}\,\xi_{\mu\lambda}\,S(1x)\,\gamma_\lambda\,\psi(x) , \qquad (46.2)$$

wo wir auch eine vereinfachte Schreibweise für die verschiedenen x-Koordinaten eingeführt haben, die keiner näheren Erklärung bedarf. Als nächsten Schritt berechnen wir jetzt den Antikommutator von (46.2) mit $\overline{\psi}^{(0)}(x'')$ und bilden sofort den uns interessierenden Vakuumerwartungswert

$$\langle 0|\left\{\left[j_\mu(x), \psi^{(0)}(1)\right], \overline{\psi}^{(0)}(2)\right\}|0\rangle = \\ = \frac{ieN}{1-L}\,\xi_{\mu\lambda}\,S(1x)\,\gamma_\lambda\,S(x2) - N\int \Theta(x3)\,S(13)\,dx''' \times \\ \times \left(\langle 0|\left[j_\mu(x), \left\{f(3), \overline{\psi}^{(0)}(2)\right\}\right]|0\rangle - \langle 0|\left\{\left[j_\mu(x), \overline{\psi}^{(0)}(2)\right], f(3)\right\}|0\rangle\right). \qquad (46.3)$$

Das erste Glied in der letzten Klammer wird mit Hilfe der aus (41.8) folgenden Gleichung

$$\{f(3), \overline{\psi}^{(0)}(2)\} = N \int \Theta(3\,4)\,\{f(3), \overline{f}(4)\}\,S(4\,2)\,d\,x^{\mathrm{IV}} - \frac{i}{N}\,[i\,e\,\gamma\,A(3) + \delta\,m]\,S(3\,2) \quad (46.4)$$

umgeformt. Es folgt

$$\langle 0|[j_\mu(x), \{f(3), \overline{\psi}^{(0)}(2)\}]|0\rangle = N \int \Theta(3\,4)\,d\,x^{\mathrm{IV}}\langle 0|[j_\mu(x), \{f(3), \overline{f}(4)\}]|0\rangle\,S(4\,2) + \\ + \frac{e}{N}\,\gamma_\lambda\,S(3\,2)\,\langle 0|[j_\mu(x), A_\lambda(3)]|0\rangle. \qquad (46.5)$$

Das andere Glied in (46.3) kann in ähnlicher Weise behandelt werden

$$[j_\mu(x), \overline{\psi}^{(0)}(2)] = N \int \Theta(x\,4)\,[j_\mu(x), \overline{f}(4)]\,S(4\,2)\,d\,x^{\mathrm{IV}} + \frac{e\,N}{1-L}\,\overline{\psi}(x)\,\gamma_\lambda\,S(x\,2)\,\xi_{\lambda\mu} \quad (46.6)$$

und

$$N \int \Theta(x\,3)\,S(1\,3)\,d\,x'''\langle 0|\{\overline{\psi}(x), f(3)\}|0\rangle = \\ = -\langle 0|\{\overline{\psi}(x), \psi^{(0)}(1) + i\,N \int_{x_0''' = x_0} S(1\,3)\,\gamma_4\,\psi(3)\,d^3 x'''\}|0\rangle = i\,S(1\,x)\,\frac{N-1}{N}. \qquad (46.7)$$

Zusammenfassend erhalten wir also

$$\langle 0|\{[j_\mu(x), \psi^{(0)}(1)], \overline{\psi}^{(0)}(2)\}|0\rangle = \frac{i\,e}{1-L}\,[1 + 2\,(N-1)]\,\xi_{\mu\lambda}\,S(1\,x)\,\gamma_\nu\,S(x\,2) - \\ - e \int \Theta(x\,3)\,S(1\,3)\,\gamma_\lambda\,S(3\,2)\,d\,x'''\langle 0|[j_\mu(x), A_\lambda(3)]|0\rangle - \\ - N^2 \iint d\,x''' \,d\,x^{\mathrm{IV}}\,S(1\,3)\,(\Theta(x\,3)\,\Theta(3\,4)\,\langle 0|[j_\mu(x), \{f(3), \overline{f}(4)\}]|0\rangle - \\ - \Theta(x\,3)\,\Theta(x\,4)\,\langle 0|\{f(3), [j_\mu(x), \overline{f}(4)]\}|0\rangle)\,S(4\,2). \qquad (46.8)$$

Für die weitere Rechnung drücken wir den Kommutator zwischen dem Strom und dem Potential in (46.8) mit Hilfe der Funktionen $\Pi(p^2)$ und $\overline{\Pi}(p^2)$ aus. Offenbar gilt

$$\langle 0|[j_\mu(x), A_\lambda(3)]|0\rangle = \int D_R(3\,4)\,\langle 0|[j_\mu(x), j_\lambda(4)]|0\rangle\,d\,x^{\mathrm{IV}} = \\ = \frac{-1}{(2\pi)^3}\int d\,p\,e^{i\,p\,(3\,x)}\,\varepsilon(p)\,[p_\mu\,p_\lambda - p^2\,\delta_{\mu\lambda}]\,\frac{\Pi(p^2)}{p^2} \qquad (46.9)$$

und also

$$\Theta(x\,3)\,\langle 0|[j_\mu(x), A_\lambda(3)]|0\rangle = \\ = \frac{i\,\delta_{\mu\lambda}}{(2\pi)^4}\int d\,p\,e^{i\,p\,(x\,3)}\,[\overline{\Pi}(p^2) + i\,\pi\,\varepsilon(p)\,\Pi(p^2)] + \Theta(x\,3)\,\frac{\partial^2\,\Phi(x\,3)}{\partial x_\mu\,\partial x_\lambda}, \qquad (46.10)$$

$$\Phi(x) = \frac{1}{(2\pi)^3}\int d\,p\,e^{i\,p\,x}\,\varepsilon(p)\,\frac{\Pi(p^2)}{p^2}. \qquad (46.10\text{a})$$

Die neue Funktion $\Phi(x)$ hat die Eigenschaften

$$\Phi(x)|_{x_0 = 0} = 0, \qquad (46.11\text{a})$$

$$\frac{\partial\Phi(x)}{\partial x_0}\bigg|_{x_0 = 0} = -i\,\overline{\Pi}(0)\,\delta(\boldsymbol{x}). \qquad (46.11\text{b})$$

Also gilt

$$\Theta(x\,3)\,\frac{\partial^2\,\Phi(x\,3)}{\partial x_\mu\,\partial x_\lambda} = \frac{\partial^2}{\partial x_\mu\,\partial x_\lambda}\,(\Theta(x\,3)\,\Phi(x\,3)) - i\,\overline{\Pi}(0)\,\delta_{\mu 4}\,\delta_{\lambda 4}\,\delta(x\,3), \quad (46.11\text{c})$$

und wir erhalten

$$- e \int \Theta(x3)\, S(13)\, \gamma_\lambda\, S(32)\, dx'''\, \langle 0|\, [j_\mu(x), A_\lambda(3)]\, |0\rangle =$$

$$\left. \begin{aligned} &= \frac{-ie}{(2\pi)^4} \int dp \int dx'''\, e^{ip(x3)}\, S(13)\, \gamma_\mu\, S(32)\, [\bar{\Pi}(p^2) + i\pi\,\varepsilon(p)\,\Pi(p^2)] + \\ &\quad + i\,\delta_{\mu 4}\, \frac{L}{1-L}\, S(1x)\, \gamma_4\, S(x2)\, . \end{aligned} \right\} \quad (46.12)$$

Für den Ausdruck unter dem Doppelintegral in (46.8) führen wir eine spezielle Bezeichnung ein:

$$\left. \begin{aligned} &N^2\, [\Theta(x3)\, \Theta(34)\, \langle 0|\, \{[f(3), j_\mu(x)], \bar{f}(4)\}\, |0\rangle + \\ &\quad + \Theta(x4)\, \Theta(43)\, \langle 0|\, \{f(3), [j_\mu(x), \bar{f}(4)]\}\, |0\rangle] - \\ &\quad 2i\sigma\, \frac{N-1}{1-L}\, L\, \delta_{\mu 4}\, \gamma_4\, \delta(3x)\, \delta(x4) = \\ &= \frac{ie}{(2\pi)^8} \iint dp\, dp'\, e^{ip(3x)+ip'(x4)}\, \Lambda_\mu(p, p') \end{aligned} \right\} \quad (46.13)$$

und erhalten aus (46.8) unter Benutzung von (46.12) und (46.13)

$$\left. \begin{aligned} \langle q|\, j_\mu\, |q'\rangle &= \langle q|\, j_\mu^{(0)}\, |q'\rangle \left[1 - \bar{\Pi}(Q^2) + \bar{\Pi}(0) - i\pi\,\varepsilon(Q)\,\Pi(Q^2) + 2\,\frac{N-1}{1-L} \right] + \\ &\quad + i\,e\, \langle q|\, \bar{\psi}^{(0)}\, |0\rangle\, \Lambda_\mu(q, q')\, \langle 0|\, \psi^{(0)}\, |q'\rangle\, , \end{aligned} \right\} \quad (46.14)$$

$$Q = q' - q\, . \qquad (46.14a)$$

Dies ist der gewünschte Ausdruck für unser Matrixelement. Hieraus erhalten wir für die Ladung des Zustandes $|q\rangle$

$$\langle q|\, Q\, |q\rangle = e\left[1 + 2\,\frac{N-1}{1-L} + \bar{u}(q)\, \Lambda_4(q, q)\, u(q) \right]. \qquad (46.15)$$

Um den Beweis zu vollenden, berechnen wir $\Lambda_4(p, p')$ aus (46.13)

$$\left. \begin{aligned} \Lambda_4(p, p') &= -2(N-1)\, \bar{\Pi}(0)\, \gamma_4 - \frac{iN^2}{e} \iint dx\, dx^{\mathrm{IV}}\, e^{ip(x3)+ip'(4x)} \times \\ &\quad \times (\Theta(x3)\, \Theta(34)\, \langle 0|\, \{[f(3), j_4(x)], \bar{f}(4)\}\, |0\rangle + \\ &\quad + \Theta(x4)\, \Theta(43)\, \langle 0|\, \{f(3), [j_4(x), \bar{f}(4)]\}\, |0\rangle)\, . \end{aligned} \right\} \quad (46.16)$$

Wenn wir hier sofort $p = p'$ setzen, stoßen wir auf sehr singuläre Ausdrücke, weshalb wir zunächst nur die *räumlichen* Komponenten der beiden Vektoren einander gleich setzen. Dann folgt

$$\left. \begin{aligned} \Lambda_4(p, p')_{p=p'} &= -2(N-1)\, \bar{\Pi}(0)\, \gamma_4 + \\ &\quad + \frac{N^2}{e} \int dx_0 \int dx^{\mathrm{IV}}\, e^{-i(p_0 - p'_0)(x_0 - x'''_0) + ip'(43)} \times \\ &\quad \times (\Theta(x3)\, \Theta(34)\, \langle 0|\, \{[f(3), Q], \bar{f}(4)\}\, |0\rangle + \\ &\quad + \Theta(x4)\, \Theta(43)\, \langle 0|\, \{f(3), [Q, \bar{f}(4)]\}\, |0\rangle)\, . \end{aligned} \right\} \quad (46.17)$$

Mit Hilfe der kanonischen Vertauschungsrelationen und der Tatsache, daß die Ladung Q zeitunabhängig ist[1], beweisen wir leicht

$$[Q, f(3)] = -i \int\limits_{x_0 = x'''_0} d^3x\, [j_4(x), f(3)] = -e\, f(3) \qquad (46.18a)$$

---

[1] Aus der Zeitunabhängigkeit von Q könnte man vielleicht schließen, daß die Ladung des physikalischen Elektrons gleich der Ladung des einlaufenden Elektrons sein müßte, so daß die Rechnungen dieser Ziffer unnötig wären. Es muß aber beachtet werden, daß die Ladung *während des Einschaltens* keine Bewegungskonstante zu sein braucht. Bei den Rechnungen dieser Ziffer wird die Zeitunabhängigkeit der Ladung nur während *endlicher* Zeitintervalle benutzt.

und
$$[Q, \bar{f}(4)] = e\bar{f}(4),\qquad(46.18\,\mathrm{b})$$
so daß

$$\Lambda_4(p, p')_{p=p'} = -2(N-1)\,\overline{\Pi}(0)\,\gamma_4 + \\ + N^2 \int dx_0 \int dx^{\mathrm{IV}}\, e^{-i(p_0-p_0')(x_0-x_0''')+ip'(43)} \times \\ \times (\Theta(x3)\,\Theta(34) + \Theta(x4)\,\Theta(43))\,\langle 0|\{f(3),\bar{f}(4)\}|0\rangle. \qquad(46.19)$$

Die Zeitintegration kann jetzt leicht ausgeführt werden, und wir erhalten nach Einführung der Σ-Funktionen nach (41.19)

$$\Lambda_4(p, p')_{p=p'} = -2(N-1)\,\overline{\Pi}(0)\,\gamma_4 + \\ + N^2\left[P\,\frac{1}{p_0 - p_0'} + i\pi\delta(p_0 - p_0')\right][\Sigma^R(p') - \Sigma^A(p)], \qquad(46.20)$$

mit

$$\Sigma^{R,A}(p) = \overline{\Sigma}_1(p^2) \pm i\pi\varepsilon(p)\,\Sigma_1(p^2) + (i\gamma p + m)[\overline{\Sigma}_2(p^2) \pm i\pi\varepsilon(p)\,\Sigma_2(p^2)]. \qquad(46.20\,\mathrm{a})$$

Gl. (46.20) kann in formal invarianter Form als

$$(p - p')\,\Lambda(p, p') = -2(N-1)\,\overline{\Pi}(0)\,\gamma(p - p') - iN^2[\Sigma^A(p) - \Sigma^R(p')] \qquad(46.21)$$

geschrieben werden. Die Herleitung von (46.21) gilt aber nur, wenn der Vektor $p - p'$ zeitartig ist.

In (46.20) können wir jetzt p_0' gegen p_0 gehen lassen, und erhalten

$$\bar{u}(q)\,\Lambda_4(q, q)\,u(q) = -2(N-1)\,\overline{\Pi}(0) + N^2\bar{u}(q)\,F(q)\,u(q), \qquad(46.22)$$

$$F(q) = \lim_{\varepsilon \to 0}\frac{1}{\varepsilon}[\overline{\Sigma}_1(-m^2 + 2q_0\varepsilon) - \overline{\Sigma}_1(-m^2) + \gamma_4\,\varepsilon\,\overline{\Sigma}_2(-m^2)] = \\ = \gamma_4\,\overline{\Sigma}_2(-m^2) + 2q_0\,\overline{\Sigma}_1'(-m^2). \qquad(46.23)$$

Wegen
$$\bar{u}(q)\,q_0\,u(q) = m\bar{u}(q)\,\gamma_4 u(q) = m, \qquad(46.24)$$

gibt jetzt (46.22) mit Hilfe von (42.13)

$$\bar{u}(q)\,\Lambda_4(q, q)\,u(q) = -2(N-1)\,(\overline{\Pi}(0) + 1) = -2\,\frac{N-1}{1-L}, \qquad(46.25)$$

und die Ladung des Zustandes $|q\rangle$ wird nach (46.15)

$$\langle q|\,Q\,|q\rangle = e. \qquad(46.26)$$

Hiermit ist gezeigt worden, daß unsere Definition der Ladungsrenormierung nicht nur die Dielektrizitätskonstante des Vakuums für ein Photon auf eins normiert, sondern daß sie auch die Ladung eines Einelektronzustandes gleich e macht[1].

47. Beweis, daß die Theorie wenigstens eine unendliche Größe enthält. Bis jetzt ist die Diskussion ohne Rücksicht auf den eventuell unendlichen Wert der Renormierungskonstanten geführt worden. In Kap. VI haben wir in mehreren Beispielen gesehen, daß in erster, nichtverschwindender Näherung der Störungstheorie die Renormierungskonstanten zwar unendlich sind, aber daß alle beobachtbaren Größen, wenn sie in dieser Weise ausgerechnet werden, endlich sind, und daß sie weiter in sehr guter Übereinstimmung mit experimentellen Messungen stehen. Es ist sofort klar, daß wir in der Störungstheorie im Prinzip zu höheren Näherungen weitergehen und den hier gegebenen Renormierungsformalismus konsequent nach Potenzen von e entwickeln können. Man kann zeigen, daß wir

---

[1] Man kann zeigen, daß auch ein Zustand mit n Elektronen die Ladung $n \cdot e$ hat. Vgl. E. Karlson: Proc. Roy. Soc. Lond., Ser. A **230**, 382 (1955).

in dieser Weise in jeder Näherung der Störungstheorie endliche Resultate für alle beobachtbaren Größen erhalten[1]. Wenn man dann noch zeigen könnte, daß die so erhaltene Reihe konvergent ist, hätten wir eine befriedigende Theorie — wenigstens für die beobachtbaren Größen. Leider ist es aber bis jetzt nicht möglich gewesen, die Konvergenz der so erhaltenen Reihe zu diskutieren. Untersuchungen über gewisse vereinfachte Modelle einer quantisierten Feldtheorie[2] haben aber gezeigt, daß für diese Modelle die erhaltene Störungsreihe *divergiert* (auch nach Renormierung), und man kann daher auch nicht die Möglichkeit ausschließen, daß auch die Störungsreihe der Quantenelektrodynamik. divergiert. Wir gehen auf diese Rechnungen nicht näher ein, bemerken aber, daß wenn es uns gelungen wäre, die Divergenz der Störungsreihe zu beweisen, damit auch nicht viel entschieden wäre. Es ist logisch sehr wohl möglich, daß es eine Lösung der Quantenelektrodynamik gibt, die durchaus endlich und physikalisch befriedigend ist, die sich aber nicht in eine konvergente Potenzreihe nach der Ladung entwickeln läßt. Es wäre sogar möglich, daß es eine Lösung mit endlichen Renormierungskonstanten gäbe, die aber von einer solchen Form sein könnte, daß die Renormierungskonstanten in einer formalen Entwicklung mit unendlichen Koeffizienten auftreten würden. Es ist deshalb von gewissem Interesse, diese Fragen ohne Anwendung der Störungstheorie zu diskutieren.

Wir wollen in dieser Ziffer zeigen, daß die zuletzt erwähnte Möglichkeit auszuschließen ist, d.h. wir wollen zeigen, daß wenn es überhaupt eine Lösung der hier gegebenen Gleichungen gibt, diese Lösung wenigstens eine unendliche Renormierungskonstante enthält, und es wird sich sogar herausstellen, daß unter den Konstanten die unendlich sind, sich entweder N^{-1} oder $(1-L)^{-1}$ (oder beide) befinden. Um dies zu beweisen, fangen wir mit der Annahme an, daß es eine durchaus endliche Lösung gäbe. Dies bedeutet gewisse Annahmen über die Gewichtsfunktionen $\Pi(p^2)$ und $\Sigma_i(p^2)$ für große Werte von $-p^2$, und mit diesen Annahmen wollen wir dann zeigen, daß der Formalismus einen Widerspruch enthält, womit dann unser Satz bewiesen ist.

Das Hauptwerkzeug unserer Methode ist die Funktion $\Pi(p^2)$, die in (43.24) definiert worden ist. In Ziff. 44 wurde gezeigt, daß diese Funktion, obwohl die Definition (43.24) gewisse Glieder mit negativen Vorzeichen enthält, als eine Summe von (einer endlichen Zahl von) positiven Gliedern geschrieben werden kann. Wir erhalten also *eine untere Grenze* für die Funktion $\Pi(p^2)$, wenn wir nur einige Glieder in (43.24) berücksichtigen. Speziell können wir schreiben

$$\Pi(p^2) > \frac{V}{-3p^2} \sum_{q+q'=p} \langle 0|j_\mu|q,q'\rangle \langle q',q|j_\mu|0\rangle. \tag{47.1}$$

Der Zustand $|q,q'\rangle$ in (47.1) ist ein Zustand mit einem (einlaufenden) Paar, und die in (47.1) auftretenden Matrixelemente des Stromoperators können den Rechnungen von Ziff. 46 entnommen werden. Aus den Gl. (46.8), (46.12) und (46.13) folgt

$$\langle 0|j_\mu|q,q'\rangle = \langle 0|j_\mu^{(0)}|q,q'\rangle \left[1 - \overline{\Pi}(Q^2) + \overline{\Pi}(0) - i\pi\Pi(Q^2) - 2\frac{N-1}{1-L}\right] + \left.\right\}$$
$$+ie\langle 0|\overline{\psi}^{(0)}|q'\rangle \Lambda_\mu(-q',q)\langle 0|\psi^{(0)}|q\rangle, \tag{47.2}$$

$$Q = q + q'. \tag{47.2a}$$

---

[1] Der Beweis dieser Tatsache ist von DYSON und Mitarbeitern unter Anwendung von Methoden, die von den hier entwickelten ein wenig verschieden sind, gegeben worden. Vgl. F. J. DYSON: Phys. Rev. **75**, 1736 (1949); **82**, 428 (1951); **83**, 608 (1951). — A. SALAM: Phys. Rev. **82**, 217 (1951). — J. C. WARD: Proc. Phys. Soc. Lond., Ser. A **64**, 54 (1951).

[2] C. A. HURST: Proc. Cambridge Phil. Soc. **48**, 625 (1952). — W. THIRRING: Helv. phys. Acta **26**, 33 (1953). — A. PETERMANN: Phys. Rev. **89**, 1160 (1953) und Arch. Sci. phys. nat. **6**, 5 (1953). — R. UTIYAMA u. T. IMAMURA: Progr. Theor. Phys. **9**, 431 (1953).

Die Funktion $\Lambda_\mu(q', q)$ kann aus Invarianzgründen in folgender Form geschrieben werden

$$\begin{aligned} \Lambda_\mu(q', q) = \sum_{\varrho, \varrho' = 0,1} (i\gamma q' + m)^{\varrho'} \times & \\ \times \left[\gamma_\mu F^{\varrho'\varrho}(q', q) + q'_\mu G^{\varrho'\varrho}(q', q) + q_\mu H^{\varrho'\varrho}(q', q)\right](i\gamma q + m)^\varrho, & \end{aligned} \right\} \quad (47.3)$$

wo die Funktionen F, G und H invariant und von den γ-Matrizen unabhängig sind. Aus der Ladungssymmetrie der Theorie oder aus der expliziten Definition (46.13) folgt, daß die Funktion $\Lambda_\mu(q', q)$ eine gewisse Symmetrie in q und q' besitzen muß. Die folgende Relation kann unter Verwendung der in Ziff. 41, Gl. (41.21), gebrauchten Methode leicht bewiesen werden [vgl. Gl. (14.6) für die γ-Matrizen]:

$$\Lambda_\mu^T(q', q) = - C^{-1}\Lambda_\mu(- q, - q')\, C. \tag{47.4}$$

Aus (47.4) folgt für die in (47.3) eingeführten Funktionen F, G und H

$$F^{\varrho'\varrho}(q', q) = F^{\varrho\varrho'}(- q, - q'), \tag{47.5}$$

$$G^{\varrho'\varrho}(q', q) = H^{\varrho\varrho'}(- q, - q'). \tag{47.6}$$

Wenn (47.3) in (47.2) oder in (46.14) eingesetzt wird, geben nur Glieder mit $\varrho = \varrho' = 0$ einen Beitrag, da die anderen wegen der Bewegungsgleichung für das einlaufende Feld verschwinden.

Da weiterhin $q^2 = q'^2 = - m^2$ ist, erhalten wir

$$\begin{aligned} \langle q|j_\mu|q'\rangle = \langle q|j_\mu^{(0)}|q'\rangle \times & \\ \times \left[1 - \overline{\Pi}(Q^2) + \overline{\Pi}(0) - i\pi\,\varepsilon(Q)\,\Pi(Q^2) + 2\frac{N-1}{1-L} + \overline{R}(Q^2) + i\pi\varepsilon(Q)\,R(Q^2)\right] - & \\ - \frac{e}{2m}(q_\mu + q'_\mu)\langle q|\overline{\psi}^{(0)}|0\rangle\langle 0|\psi^{(0)}|q'\rangle[\overline{S}(Q^2) + i\pi\varepsilon(Q)\,S(Q^2)], & \end{aligned} \right\} \quad (47.7)$$

mit

$$Q = q' - q, \tag{47.7a}$$

und

$$\begin{aligned} \langle 0|j_\mu|q, q'\rangle = \langle 0|j_\mu^{(0)}|q, q'\rangle \times & \\ \times \left[1 - \overline{\Pi}(Q^2) + \overline{\Pi}(0) - i\pi\,\Pi(Q^2) + 2\frac{N-1}{1-L} + \overline{R}(Q^2) + i\pi R(Q^2)\right] - & \\ - \frac{e}{2m}(q_\mu - q'_\mu)\langle 0|\overline{\psi}^{(0)}|q'\rangle\langle 0|\psi^{(0)}|q\rangle[\overline{S}(Q^2) + i\pi\,S(Q^2)] & \end{aligned} \right\} \quad (47.8)$$

mit

$$Q = q + q'. \tag{47.8a}$$

Zwischen den neuen Funktionen $R(Q^2)$, $\overline{R}(Q^2)$, $S(Q^2)$ und $\overline{S}(Q^2)$ und den alten Funktionen F, G und H bestehen die folgenden Relationen

$$\begin{aligned} \overline{R}(Q^2) + i\pi\,\varepsilon(Q)\,R(Q^2) = F^{00}(q, q') & \\ - \frac{e}{2m}[\overline{S}(Q^2) + i\pi\varepsilon(Q)S(Q^2)] = H^{00}(q, q') = G^{00}(- q', - q) & \end{aligned} \right\} \quad (47.9)$$

$$\text{für} \quad Q = q' - q, \quad q^2 = q'^2 = - m^2 \quad \text{und} \quad \varepsilon(q) = \varepsilon(q') = 1.$$

Gl. (47.9) gibt die allgemeinste Form an, die die rechte Seite aus Invarianzgründen annehmen kann. Aus den Realitätseigenschaften des Stromoperators folgt dann, daß alle vier neuen Funktionen reell sein müssen.

Wir kehren jetzt zu (46.13) zurück. Zuerst bemerken wir, daß diese Gleichung in einer zu Gl. (45.16) ähnlichen Weise aufgebaut ist, d.h. sie enthält einen Vakuumerwartungswert multipliziert mit Θ-Funktionen. Wenn wir also eine Funktion $\mathscr{F}_\mu(p, p')$ in folgender Weise definieren

$$\langle 0| \{[f(3), j_\mu(x)], \bar{f}(4)\} |0\rangle = \frac{-1}{(2\pi)^6} \iint dp\, dp'\, e^{ip(3x)+ip'(x4)} \mathscr{F}_\mu(p, p'), \qquad (47.10)$$

können wir wie in Ziff. 44 zeigen, daß ihre Definition (47.10) nur eine Summe über eine endliche Zahl von Zwischenzuständen enthält. Wenn die renormierten Operatoren existieren ist also die Funktion $\mathscr{F}_\mu(p, p')$ endlich. Mit Hilfe der Integraldarstellung

$$\Theta(x3) = \frac{1}{2\pi i} \int_{-\infty}^{+\infty} \frac{d\tau}{\tau - i\varepsilon} e^{i\tau(x3)_0}, \qquad (47.11)$$

erhalten wir zunächst

$$\Theta(x3)\langle 0| \{[f(3), j_\mu(x)], \bar{f}(4)\} |0\rangle = \frac{i}{(2\pi)^7} \iint dp\, dp'\, e^{ip(3x)+ip'(x4)} \overline{\mathscr{F}}_\mu(p, p'), \qquad (47.12)$$

mit

$$\overline{\mathscr{F}}_\mu(p, p') = \int_{-\infty}^{+\infty} \frac{d\tau}{\tau - i\varepsilon} \mathscr{F}_\mu(p - \eta\tau, p') = - \int_{-\infty}^{+\infty} \frac{dx}{x - (p_0 - i\varepsilon)} \mathscr{F}_\mu(\boldsymbol{p}, x; p'). \qquad (47.12\,\text{a})$$

Hier ist η ein beliebiger, zeitartiger Vektor mit positiver Zeitkomponenten. In ähnlicher Weise erhalten wir aus der zweiten Θ-Funktion

$$\Theta(x3)\,\Theta(34)\langle 0| \{[f(3), j_\mu(x)], \bar{f}(4)\} |0\rangle = \frac{1}{(2\pi)^8} \iint dp\, dp'\, e^{ip(3x)+ip'(x4)} \overline{\overline{\mathscr{F}}}(p, p'), \qquad (47.12\,\text{b})$$

$$\overline{\overline{\mathscr{F}}}_\mu(p, p') = \int_{-\infty}^{+\infty} \frac{d\tau}{\tau - i\varepsilon'} \overline{\mathscr{F}}_\mu(p - \eta'\tau, p' - \eta'\tau). \qquad (47.12\,\text{c})$$

In dieser Weise können wir die Funktionen F, G und H in (47.3) als eine Art verallgemeinerter Hilbert-Transformationen der endlichen Funktion $\mathscr{F}_\mu(p, p')$ in (47.10) plus einen ähnlichen Beitrag vom zweiten Glied in (46.13) auffassen. Der Realteil dieser Ausdrücke gibt die Funktionen $\overline{R}$ uns $\overline{S}$ in (47.9) während der Imaginärteil die Funktionen R und S liefert. [Vgl. die ähnliche Rechnung in Ziff. 29, besonders Gl. (29.27) bis (29.32).]

Aus (46.25) folgt andererseits

$$\langle q| j_\mu^{(0)} |q\rangle \left[2\frac{N-1}{1-L} + \overline{R}(0)\right] - \frac{e}{m} q_\mu \langle q| \overline{\psi}^{(0)} |0\rangle\langle 0| \psi^{(0)} |q\rangle \overline{S}(0) = \left.\right\}$$
$$= \langle q| j_\mu^{(0)} |q\rangle \left[2\frac{N-1}{1-L} + \overline{R}(0) - \overline{S}(0)\right] = 0, \qquad (47.13)$$

oder

$$-2\frac{N-1}{1-L} = \overline{R}(0) - \overline{S}(0). \qquad (47.14)$$

An diesem Punkt müssen wir uns daran erinnern, daß die Funktionen $\overline{R}(p^2)$ und $\overline{S}(p^2)$ mit Hilfe von (47.9), (47.3) und (46.13) aus den Operatoren $f(x)$ in (41.2) definiert sind, und daß diese Operatoren singuläre Ausdrücke der Art (42.18) enthalten. Wir müssen deshalb auch entsprechende, singuläre Teile von R und S erwarten[1], und die Rechnungen von Ziff. 46 erlauben uns in einfacher Weise, diese singulären Teile abzuspalten. Das Argument, das von (46.16) zu (46.25) führt, kann offenbar sowohl mit dem ursprünglichen $f(x)$ wie auch mit

---

[1] In einer früheren Arbeit [G. KÄLLÉN, Dan. Mat. Fys. Medd. **27**, Nr. 12 (1953)] wurden diese Glieder übersehen. Hierdurch wurde in (47.19) ein Faktor $2N-1$ statt N^2 erhalten.

nur dem regulären Teil von $f(x)$ durchgeführt werden, und wir schließen, wenn $R^{\mathrm{reg}}(p^2)$ und $S^{\mathrm{reg}}(p^2)$ die regulären Teile der Funktionen $R(p^2)$ und $S(p^2)$ sind, daß zusammen mit (47.14) auch die folgenden Relation bestehen muß

$$\overline{R}^{\mathrm{reg}}(0) - \overline{S}^{\mathrm{reg}}(0) = \frac{N^2}{1-L}\left(\overline{\Sigma}_2^{\mathrm{reg}}(-m^2) + 2m\overline{\Sigma}_1'^{\mathrm{reg}}(-m^2)\right) = \frac{1-N^2}{1-L}. \tag{47.15}$$

Andererseits ist das Ergebnis (46.26) von der speziellen Behandlung der singulären Ausdrücke unabhängig, und wir können (47.8) nach einer zu (33.2) bis (33.6) ähnlichen Umformung zusammenfassend als

$$\begin{aligned}
\langle 0|j_\mu|q,q'\rangle = \langle 0|j_\mu^{(0)}|q,q'\rangle\,\big[1 + \overline{\Pi}(Q^2) - \overline{R}^{\mathrm{reg}}(Q^2) + \overline{S}^{\mathrm{reg}}(Q^2) - \\
- i\,\pi\,(\Pi(Q^2) - R^{\mathrm{reg}}(Q^2) + S^{\mathrm{reg}}(Q^2))\big] + \\
+ i\,Q_\nu\,\langle 0|m_{\mu\nu}^{(0)}|q,q'\rangle\,[\overline{S}^{\mathrm{reg}}(Q^2) - i\,\pi\,S^{\mathrm{reg}}(Q^2)]
\end{aligned} \tag{47.16}$$

schreiben. Bis jetzt haben wir von unserer Voraussetzung, daß die Renormierungskonstanten endlich sein sollen, keinen Gebrauch gemacht, und Gl. (47.16) ist unter Anwendung von nur allgemeinen Voraussetzungen abgeleitet worden. Jetzt wollen wir aber explizit berücksichtigen, daß $\dfrac{1-N^2}{1-L}$ und $\dfrac{1}{1-L}$ als endlich angenommen worden sind. Dies bedeutet, daß das Integral (43.30) für die Funktion $\overline{\Pi}(0)$ sowie die Integrale, die nach (47.12) in der Definition (47.9) eingehen, konvergent sind. Unter dieser Voraussetzung erhalten wir

$$\lim_{-Q^2\to\infty}\overline{\Pi}(Q^2) = \overline{\Pi}(0) - \lim_{-Q^2\to\infty}\int_0^\infty \frac{\Pi(-a)\,da}{a\left(1+\dfrac{a}{Q^2}\right)} = \overline{\Pi}(0) - \overline{\Pi}(0) = 0 \tag{47.17}$$

und

$$\begin{aligned}
\lim_{|p_0-p_0'|\to\infty}\overline{\overline{\mathscr{F}}}_\mu(p,p') &= \lim_{|p_0-p_0'|\to\infty}\iint \frac{d\tau\,d\tau'}{(\tau-i\,\varepsilon)(\tau'-i\,\varepsilon')}\,\mathscr{F}_\mu(\boldsymbol{p},p_0-\tau-\tau';\boldsymbol{p}',p_0'-\tau') = \\
&= \lim_{|p_0-p_0'|\to\infty}\iint \frac{dx\,dy\,\mathscr{F}_\mu(\boldsymbol{p},x;\boldsymbol{p}',y)}{[x-y-(p_0-p_0'-i\,\varepsilon)]\,[y-(p_0'-i\,\varepsilon')]} = 0.
\end{aligned}$$

Wenn $-Q^2$ sehr groß ist, erhalten wir also aus (47.16)[1]

$$\langle 0|j_\mu|q,q'\rangle \to \frac{N^2}{1-L}\,\langle 0|j_\mu^{(0)}|q,q'\rangle. \tag{47.19}$$

Gl. (47.19) kann in folgender Weise physikalisch interpretiert werden. Wenn $-Q^2$ sehr groß ist, d.h. wenn die kinetische Energie der einen Partikel im Ruhsystem

---

[1] In (47.19) wird auch vorausgesetzt, daß die Gewichtsfunktionen wie $\Pi(p^2)$ für große Werte von $-p^2$ verschwinden. Die eigentliche Voraussetzung ist aber nur, daß z.B. das Integral (43.30) konvergiert, und dies ist eine schwächere Bedingung. Als Beispiel denke man an das Integral $\displaystyle\int_0^\infty \frac{\sin a}{a}\,da$. Wenn wir einen Augenblick die Bezeichnung $F = R^{\mathrm{reg}} - S^{\mathrm{reg}} - \Pi$ einführen, so sehen wir aus (47.20), daß der wesentliche Punkt die *Divergenz* des Integrals

$$J = \int_0^\infty \frac{da}{a}\left|\frac{N^2}{1-L} + \overline{F} - i\,\pi\,F\right|^2$$

ist. Es gilt

$$J \geq \left(\frac{N^2}{1-L}\right)^2 \int^\infty \frac{da}{a} + 2\,\frac{N^2}{1-L}\int^\infty \frac{da}{a}\,\overline{F}.$$

Für große Werte von a verschwindet aber $\overline{F}$ nach (47.17) und (47.18) und das Integral J ist wegen des ersten Gliedes divergent. Dies ist für den Beweis hinreichend und in diesem Sinne soll das Ergebnis (47.19) verstanden werden.

der anderen sehr groß ist, spielt die Wechselwirkung der Partikeln keine wesentliche Rolle, sondern der Strom ist praktisch der Strom von zwei freien Partikeln. Wenn wir uns einen Augenblick die „physikalische" Partikel als eine Mischung von „freien Partikeln zur Zeit Null" denken, kann der Faktor $N^2(1-L)^{-1}$ als ein Ausdruck dafür verstanden werden, daß die zwei Partikeln bei sehr großen Energien die „Wolken der virtuellen Photonen und Paare" durchdringen können, und daß somit die „nackten" Partikeln mit einander wechselwirken. Führen wir das nichtrenormierte, elektromagnetische Feld $A_\mu^{nr}(x) = \sqrt{1-L}\, A_\mu(x)$, das nichtrenormierte DIRAC-Feld $\psi^{nr}(x) = N\psi(x)$ und die „nackte" Ladung $e_0 = \dfrac{e}{\sqrt{1-L}}$ ein, so können wir (47.19) tatsächlich in folgender Form schreiben

$$\lim_{-Q^2 \to \infty} \square \, \langle 0 \,|\, A_\mu^{nr}(x) \,|\, q, q' \rangle = i\, e_0 \langle 0 \,|\, \overline{\psi}^{nr\,(0)}(x)\, \gamma_\mu\, \psi^{nr\,(0)}(x) \,|\, q, q' \rangle . \tag{47.19a}$$

Gl. (47.19a) ist mit der ersten Näherung der Bewegungsgleichung der nichtrenormierten Felder identisch.

Dies Ergebnis setzen wir in die Ungleichung (47.1) ein und erhalten

$$\left. \begin{aligned} \lim_{-p^2 \to \infty} \Pi(p^2) &\geq \left(\frac{N^2}{1-L}\right)^2 \lim_{-p^2 \to \infty} \frac{V}{-3p^2} \sum_{q+q'=p} \langle 0 \,|\, j_\mu^{(0)} \,|\, q, q' \rangle \langle q', q \,|\, j_\mu^{(0)} \,|\, 0 \rangle \\ &= \left(\frac{N^2}{1-L}\right)^2 \lim_{-p^2 \to \infty} \Pi^{(0)}(p^2) = \frac{e^2}{12\pi^2}\left(\frac{N^2}{1-L}\right)^2 . \end{aligned} \right\} \tag{47.20}$$

Wir haben also bewiesen, daß falls N^{-1} und $(1-L)^{-1}$ beide endlich sind, die Funktion $\Pi(p^2)$ für große Werte von $-p^2$ sicher größer als die positive Zahl $\dfrac{e^2}{12\pi^2}\left(\dfrac{N^2}{1-L}\right)^2$ ist. Dann aber kann das Integral (43.30) nicht konvergieren in Widerspruch zu unseren Annahmen über die Konstante L. Daher müssen wir schließen, daß entweder N^{-1} oder $(1-L)^{-1}$ oder beide unendlich sind, d. h. daß wenigstens eine der Renormierungskonstanten unendlich ist. Es sei nochmals betont, daß dieses Ergebnis *ohne* Anwendung der Störungstheorie erhalten worden ist.

48. Schlußbemerkungen. Wir sind am Schluß unserer Diskussion der allgemeinen Theorie der Renormierung angekommen. Rückblickend sehen wir, daß es uns gelungen ist, die in der Theorie vorkommenden Renormierungskonstanten zu separieren und als Integrale über gewisse Gewichtsfunktionen zu schreiben. Wir haben weiter gezeigt, daß auch in einer Theorie mit unendlichen Renormierungskonstanten diese Gewichtsfunktionen *endlich* sein müssen, wenn nur die Matrixelemente der renormierten Operatoren endliche Größen sind. In Ziff. 45 ist weiter gezeigt worden, daß Integrale über dieselben Gewichtsfunktionen aber mit einem zusätzlichen Faktor a im Nenner als beobachtbare Größe vorkommen.

$\left[\text{Vgl. z. B. Gl. (45.17), wo die Funktion } \overline{\Pi}(p^2) - \overline{\Pi}(0) = -p^2\, P \displaystyle\int\limits_0^\infty \frac{da\,\Pi(-a)}{a\,(a+p^2)} \text{ als}\right.$

beobachtbare Größe auftritt]. Wenn unsere Theorie wirklich physikalisch brauchbare Lösungen hat, müssen wir also fordern, daß die beobachtbaren Integrale wie

$$\int\limits_0^\infty \frac{\Pi(-a)\,da}{a^2} \tag{48.1}$$

konvergieren, auch wenn Integrale wie

$$\int\limits_0^\infty \frac{\Pi(-a)\,da}{a} \tag{48.2}$$

divergent sind. *Es ist bis jetzt aber nicht gelungen, einen Beweis für die Behauptung (48.1) zu erbringen.* Die Tatsache, daß die Integrale in jeder Näherung der Störungstheorie konvergieren, ist in diesem Zusammenhang ohne größere Bedeutung, wenigstens solange die Konvergenz oder Divergenz der Störungsreihe noch nicht diskutiert worden ist. Man fragt sich sogar, ob es hier nicht möglich wäre, das Argument in Ziff. 47 so zu verallgemeinern, daß man statt der Konvergenz von (48.2) nur die Konvergenz von (48.1) voraussetzen sollte, um dann wieder asymptotische Bedingungen wie (47.19) für gewisse Matrixelemente finden zu können und schließlich eventuell unter Berücksichtigung mehrerer Zustände in (43.24) eine schärfere Abschätzung als (47.20) für die Gewichtsfunktionen zu erhalten. Mit dieser neuen Abschätzung würde sich dann eventuell auch ein Widerspruch zu (48.1) ergeben, womit also bewiesen wäre, daß die Theorie überhaupt keine physikalisch brauchbare Lösung hätte. Die Einzelheiten eines solchen Programms sind aber sehr verwickelt, und es ist bis jetzt nicht gelungen, hier etwas wirklich zu beweisen[1].

In diesem Zusammenhang kann erwähnt werden, daß in der letzten Zeit ein interessantes Modell einer renormierbaren Feldtheorie von T. D. Lee[2] konstruiert worden ist. Dies Modell ist zwar unrelativistisch aber trotzdem von Interesse, weil es sowohl eine Renormierung der Kopplungskonstante wie auch eine Renormierung der Masse enthält[3] und doch zum Teil exakt lösbar ist. Ein genaues Studium dieses Modells hat dann gezeigt[4], daß die nach Renormierung erhaltene Lösung kein vernünftiges Energiespektrum hat, sondern daß ein „pathologischer" Zustand mit negativer Wahrscheinlichkeit in der Theorie auftritt. Es ist durchaus möglich, daß etwas ähnliches auch in anderen Theorien mit unendlicher Ladungsrenormierung, d.h. möglicherweise auch in der Quantenelektrodynamik, vorkommt. Wir müssen uns daran erinnern, daß wir in unserer Diskussion gewisse *Voraussetzungen* über das Massenspektrum der Theorie gemacht haben [vgl. die Bemerkungen nach Gl. (41.12)], und daß unsere Argumente nur für Lösungen dieser Art Gültigkeit haben. So ist z.B. Ziff. 47 bewiesen worden, daß es keine Lösung mit physikalisch vernünftigem Massenspektrum gibt, wo alle Renormierungskonstanten endlich sind, aber wir können keinesfalls die Möglichkeit ausschließen, daß andere, unphysikalische Lösungen mit beliebigen Eigenschaften existieren.

Man könnte zwar meinen, daß die hier besprochenen, ungelösten Fragen der Quantenelektrodynamik, wie interessant sie auch vom prinzipiellen Standpunkt sind, doch praktisch weniger bedeutungsvoll wären, da wir in der Quantenelektrodynamik doch eine Theorie haben, die uns· erlaubt, beobachtbare Größen mit sehr großer Genauigkeit auszurechnen und mit experimentellen Ergebnissen zu vergleichen. Gerade in dem Umstand, daß die Störungstheorie der Quantenelektrodynamik mit der Erfahrung so gut übereinstimmt, liegt aber ein Hinweis, daß der heutige Formalismus wenigstens als Grenzfall einer zukünftigen, vollständigeren Theorie auftreten muß und deshalb eines Studiums wert ist. Das entsprechende kann kaum von den Mesonentheorien[5] in ihrer heutigen Form gesagt werden.

---

[1] Vgl. hierzu G. Källén: Proc. CERN Symposium Genf **2**, 187 (1956).

[2] T. D. Lee: Phys. Rev. **95**, 1329 (1954).

[3] Die anderen bekannten, lösbaren Modelle wie z.B. das in Ziff. 11 durchgerechnete Beispiel enthalten zwar manchmal eine Massenrenormierung aber keine Renormierung der Ladung.

[4] G. Källén u. W. Pauli: Dan. Mat. Fys. Medd. **30**, Nr. 7 (1955).

[5] Hierzu vgl. Bd. XLIII dieses Handbuches.

Sachverzeichnis.

(Deutsch-Englisch.)

Bei gleicher Schreibweise in beiden Sprachen sind die Stichwörter nur einmal aufgeführt.

Subject Index.

(English-German.)

Where English and German spelling of a word is identical the German version is omitted.

Adiabatic perturbation, *adiabatische Störung* 82—87.
— switching on, *adiabatisches Einschalten* 233, 297, 336.
— theorem, *Adiabatensatz* 212, 233.
Advanced function, *avancierte Funktion* 192.
Alpha particle, *Alphateilchen* 113, 119.
Angular momentum, commutation relations, *Drehimpuls, Vertauschungsrelationen* 102, 103.
— — conservation law in DIRAC's theory, *Drehimpulssatz der DIRACschen Theorie* 159.
— — conservation law of field theory, *Drehimpulssatz der Feldtheorie* 180.
— —, matrix elements, *Drehimpuls, Matrixelemente* 103.
— — operator, *Drehimpulsoperator* 44, 45, 102, 103.
Angular variable, *Winkelvariable* 96.
Annihilation operator, *Vernichtungsoperator* 187.
Anomalous magnetic moment of the electron, *anomales magnetisches Moment des Elektrons* 299.
Anticommutator, *Antikommutator* 217.
Antisymmetric (eigen)functions, *antisymmetrische (Eigen-)Funktionen* 112, 114.
— states, *antisymmetrische Zustände* 119.
Average, quantum mechanical, *quantenmechanischer Mittelwert* 25, 26.

BOHR's correspondence principle, BOHRsches *Korrespondenzprinzip* 24, 96.
BOLTZMANN principle, BOLTZMANNsches *Prinzip* 72.
BOSE-EINSTEIN statistics, BOSE-EINSTEIN-*Statistik* 119.
Bremsstrahlung 266—271.

Canonical commutation relations of field theory, *kanonische Vertauschungsrelationen der Feldtheorie* 174.
— conjugate wave function, *kanonisch konjugierte Wellenfunktion* 174, 177.
— — — — of the DIRAC theory, *kanonisch konjugierte Wellenfunktionen der DIRAC-Theorie* 216.
— momentum, *kanonisch konjugierter Impuls* 174.
— quantization, *kanonische Quantisierung* 173.

Canonical transformation, time dependent, *zeitabhängige kanonische Transformation* 243—246.
Causality, *Kausalität* 283.
Central field, *Zentralfeld* 44.
Charge conjugation, *Ladungskonjugation* 221.
— renormalization, *Ladungsrenormierung* 282, 344—348.
— — of the one-electron state, *Ladungsrenormierung des Einelektronenzustandes* 301—305, 355—358.
Classical mechanics as a limiting case, *klassische Mechanik als Grenzfall* 87.
Closed loop, *geschlossenes Polygon* 253, 254.
Coherence properties of radiation, *Kohärenzeigenschaften der Strahlung* 133.
Collision problem *Stoßproblem* 73.
Commutation relations, canonical, *kanonische Vertauschungsrelationen* 36, 101, 102, 103.
— —, —, of field theory, *kanonische Vertauschungsrelationen der Feldtheorie* 174.
— —, covariant formulation, *Vertauschungsrelationen, kovariante Formulierung* 190.
— — of current components, *Vertauschungsrelationen der Stromkomponenten* 225.
— — of the electromagnetic field components, *Vertauschungsrelationen der elektromagnetischen Feldkomponenten* 182, 183.
Complementary, *Komplementarität* 1, 7.
Completeness relation, *Vollständigkeitsrelation* 13, 48.
COMPTON effect, COMPTON-*Effekt* 263—266, 269.
Conservation law of angular momentum in field theory, *Erhaltungssatz des Drehimpulses in der Feldtheorie* 180.
— — of energy and momentum in field theory, *Erhaltungssätze für Energie und Impuls in der Feldtheorie* 175.
Continuity equation, *Kontinuitätsgleichung* 15, 25, 89.
— — of the DIRAC theory, *Kontinuitätsgleichung in der DIRACschen Theorie* 139, 140.
Continuous group, *kontinuierliche Gruppe* 100.
— spectrum of eigenvalues, *kontinuierliches Eigenwertspektrum* 42.
Correspondence principle, *Korrespondenzprinzip* 24, 96.
COULOMB law, COULOMBsches *Gesetz* 43.

Offsetdruck: Offsetdruckerei Julius Beltz, Weinheim/Bergstr.